高 等 院 校 园 林 专 业 系 列 教 材

"十二五"江苏省高等学校重点教材（编号：2013－1－114）

园林树木栽培学（第2版）

THE CULTIVATION OF LANDSCAPE TREES(2nd Edition)

祝遵凌　主编

东 南 大 学 出 版 社 · 南 京

出版前言

推进风景园林建设,营造优美的人居环境,实现城市生态环境的优化和可持续发展,是提升城市整体品质,加快我国城市化步伐,全面实现小康社会,建设生态文明社会的重要内容。高等教育园林专业正是应我国社会主义现代化建设的需要而不断发展的,是我国高等教育的重要专业之一。近年来,我国高等院校中园林专业发展迅猛,目前全国有 150 所高校开办了园林专业,但园林专业教材建设明显滞后,适应时代需要的教材很少。

南京林业大学园林专业是我国成立最早、师资力量雄厚、影响较大的园林专业之一,是首批国家级特色专业。自创办以来,专业教师积极探索、勇于实践,取得了丰硕的教学研究成果。近年来主持的教学研究项目获国家级优秀教学成果二等奖 2 项,国家级精品课程 1 门,省级教学成果一等奖 3 项,省级精品课程 4 门,省级研究生培养创新工程 6 项,其他省级(实验)教学成果奖 16 项;被评为国家级园林实验教学示范中心、省级人才培养模式创新实验区,并荣获"风景园林规划设计国家级优秀教学团队"称号。为培养合格人才,提高教学质量,我们以南京林业大学为主体组织了山东建筑工业大学、中国矿业大学、安徽农业大学、郑州大学等十余所院校中有丰富教学、实践经验的园林专业教师,编写了这套系列教材,准备在两年内陆续出版。

园林专业的教育目标是培养从事风景园林建设与管理的高级人才,要求毕业生既能熟悉风景园林规划设计,又能进行园林植物培育及园林管理等工作,所以在教学中既要注重理论知识的培养,又要加强对学生实践能力的训练。针对园林专业的特点,本套教材力求图文并茂,理论与实践并重,并在编写教师课件的基础上制作电子或音像出版物辅助教学,增大信息容量,便于教学。

全套教材基本部分为 15 册,并将根据园林专业的发展进行增补,这 15 册是《园林概论》、《园林制图》、《园林设计初步》、《计算机辅助园林设计》、《园林史》、《园林工程》、《园林建筑设计》、《园林规划设计》、《风景名胜区规划》、《城市园林绿地规划原理》、《园林工程施工与管理》、《园林树木栽培学》、《园林植物造景》、《观赏植物与应用》、《园林建筑设计应试指南》,可供园林专业和其他相近专业的师生以及园林工作者学习参考。

编写这套教材是一项探索性工作,教材中定会有不少疏漏和不足之处,还需在教学实践中不断改进、完善。恳请广大读者在使用过程中提出宝贵意见,以便在再版时进一步修改和充实。

高等院校园林专业系列教材编审委员会
二〇〇九年十月

高等院校园林专业系列教材
编审委员会

出版前言

  推进风景园林建设,营造优美的人居环境,实现城市生态环境的优化和可持续发展,是提升城市整体品质,加快我国城市化步伐,全面实现小康社会,建设生态文明社会的重要内容。高等教育园林专业正是应我国社会主义现代化建设的需要而不断发展的,是我国高等教育的重要专业之一。近年来,我国高等院校中园林专业发展迅猛,目前全国有150所高校开办了园林专业,但园林专业教材建设明显滞后,适应时代需要的教材很少。

  南京林业大学园林专业是我国成立最早、师资力量雄厚、影响较大的园林专业之一,是首批国家级特色专业。自创办以来,专业教师积极探索、勇于实践,取得了丰硕的教学研究成果。近年来主持的教学研究项目获国家级优秀教学成果二等奖2项,国家级精品课程1门,省级教学成果一等奖3项,省级精品课程4门,省级研究生培养创新工程6项,其他省级(实验)教学成果奖16项;被评为国家级园林实验教学示范中心、省级人才培养模式创新实验区,并荣获"风景园林规划设计国家级优秀教学团队"称号。为培养合格人才,提高教学质量,我们以南京林业大学为主体组织了山东建筑工业大学、中国矿业大学、安徽农业大学、郑州大学等十余所院校中有丰富教学、实践经验的园林专业教师,编写了这套系列教材,准备在两年内陆续出版。

  园林专业的教育目标是培养从事风景园林建设与管理的高级人才,要求毕业生既能熟悉风景园林规划设计,又能进行园林植物培育及园林管理等工作,所以在教学中既要注重理论知识的培养,又要加强对学生实践能力的训练。针对园林专业的特点,本套教材力求图文并茂,理论与实践并重,并在编写教师课件的基础上制作电子或音像出版物辅助教学,增大信息容量,便于教学。

  全套教材基本部分为15册,并将根据园林专业的发展进行增补,这15册是《园林概论》、《园林制图》、《园林设计初步》、《计算机辅助园林设计》、《园林史》、《园林工程》、《园林建筑设计》、《园林规划设计》、《风景名胜区规划》、《城市园林绿地规划原理》、《园林工程施工与管理》、《园林树木栽培学》、《园林植物造景》、《观赏植物与应用》、《园林建筑设计应试指南》,可供园林专业和其他相近专业的师生以及园林工作者学习参考。

  编写这套教材是一项探索性工作,教材中定会有不少疏漏和不足之处,还需在教学实践中不断改进、完善。恳请广大读者在使用过程中提出宝贵意见,以便在再版时进一步修改和充实。

高等院校园林专业系列教材编审委员会

二〇〇九年十月

《园林树木栽培学》第 2 版
编写组成员

主　编　祝遵凌

成　员　（以姓氏笔画为序）

王荣华　江苏师范大学

王凌晖　广西大学

申亚梅　浙江农林大学

刘光立　四川农业大学

芦建国　南京林业大学

杨秀莲　南京林业大学

祝遵凌　南京林业大学

郝日明　南京农业大学

栗　燕　河南农业大学

曹　兵　宁夏大学

第 2 版前言

本教材自 2007 年出版以来,被相关院校广泛使用,得到了广大师生的一致好评,同时也收到了很多宝贵的改进意见,编者在此深表感谢。2013 年仲夏,本教材被遴选为江苏省重点教材,迎来了修订再版的契机。

在此次修订过程中,课程的结构和体系做了部分调整。除每章增加案例分析、实验实习内容与要求外,各章节修改情况如下:

第 0 章绪论新增。

第 1 章增加了"1.4.5 树木规格的描述"。

第 2 章增加了"2.5.1 城市环境概述"、"2.5.5 城市水文环境对园林树木的影响"和"2.5.6 城市市政建设对园林树木的影响"。

第 3 章增加了"3.1.4 园林树木的调查总结"、"3.2 园林树种的引种与驯化"、"3.5.5 园林树木配置实例"和"3.7 城市风景林林相改造理论与方法"。

第 4 章增加了"4.4.6 反季节栽植技术措施"。

第 5 章根据第 1 版"4.5 特殊环境园林树木的栽植"部分,增加了"5.1.2 屋顶绿化的种植设计"、"5.2 墙体垂直绿化"、"5.5 铺装地面园林树木栽植"、"5.6 干旱地与盐碱地的园林树木栽植"和"5.7 室内绿化"。

第 6 章增加了"6.1.3 我国大树移栽的发展简史"、"6.2 国家和地方相关法律法规"、"6.3.8 过密树的移植与老树的清除"和"6.3.9 大树裸根浅埋高栽技术与机械移植技术"。

第 7 章增加了"7.3.5 根环束的危害"、"7.4.1 园林树木的病虫害种类及特点"、"7.5.6 洗尘"、"7.5.7 树木围护和隔离"、"7.5.8 看管和巡查"、"7.6 园林树木的化学处理栽培措施"和"7.8 园林树木的安全性管理"。

第 8 章根据第 1 版"园林树木的整形修剪"部分,增加了"8.1.3 芽的类型"、"8.1.4 树相和树势"、"8.3.3 园林树木常用修剪工具和机械"、"8.4.6 近年绿化中树木修剪的新问题"、"8.6.7 树状花木的修剪与整形"。

第 9 章增加了"9.4 古树名木养护管理国家和地方法规简介"中《上海市古树名木保护管理条例》和"9.5 园林树木的价值与评估"。

第 10 章增加了各园林树木的最新研究进展。

编者删除了相关章节陈旧过时的内容,吸收、归纳、补充了最新科技成果。未标注出处的图片均由编者自摄或绘制。

本教材具有以下四个特点:

(1) 与教学大纲的一致性 本书参考了大多数院校的园林、城市规划等专业所开设的本课程及相近课程的教学大纲，同时对教师多年来的教学积累进行总结和提升，明确了该课程应解决的主要问题，全面而系统地介绍了园林树木栽培的基础理论知识和实践技术。

（2）继承性　本教材在《园林树木栽培学》第1版的基础上，引用了国内外专家学者研究的最新技术和方法等成果，反映了园林树木栽培研究的最新动态。参阅的大量专著、期刊等给编者以启发，大大丰富了本书的编撰。

（3）实践性　根据编者多年教学和实践经验进行总结，案例均来自园林实践或实际工程，达到了理论与实践的有机结合。

（4）可读性　本教材用大量直观的彩图和手绘图来详细说明问题，在实践性较强的章节中用贴近生活和实践的例子来诠释疑点难点，使本书深入浅出，更利于读者对理论知识和实践操作的理解和参考。与纸质图书配套的在线图片和视频等，便于读者更加直观的解读。

本次修订由祝遵凌担任主编，每章采取合作修订方式，具体分工为：第0章（祝遵凌）、第1章（祝遵凌、栗燕）、第2章（祝遵凌、曹兵）、第3章（祝遵凌、申亚梅）、第4章（祝遵凌）、第5章（祝遵凌）、第6章（祝遵凌）、第7章（祝遵凌、刘光立、杨秀莲）、第8章（刘光立、祝遵凌、王荣华）、第9章（祝遵凌）、第10章（祝遵凌）。

本教材在修订过程中，得到了江苏省教育厅、各编写教师所在学校以及多方专家的关心和支持。我已毕业的硕士马德兴、杜丹、李宁、钱燕萍、周琦、王飒以及硕士生火艳、吴驭帆、圣倩倩、李余鉴等参与了修订资料的整理与文字校对工作，部分艺术设计硕士生承担了修订稿部分图表的制作，在此一并表示诚挚的感谢！

由于编者水平有限，不足之处恳请专家、学者及广大读者批评指正（邮箱：zhuzunling@njfu.edu.cn），以期逐步完善和提高。

祝遵凌
二〇一四年十二月于南京林业大学

《园林树木栽培学》第 1 版
编写组成员

主　编　祝遵凌

副主编　王凌晖　陈　涛　王立新

成　员　（以姓氏笔画为序）

王立新　温州科技职业学院

王荣华　徐州师范大学

王凌晖　广西大学

陈　涛　河南科技大学

陈　晖　南京林业大学

杜灵娟　西北农林科技大学

杨秀莲　南京林业大学

张　果　西北农林科技大学

赵警卫　中国矿业大学

祝遵凌　南京林业大学

第 1 版前言

20 世纪 80 年代以来,我国大多数农林等相关院校,在园林植物学、园林树木学、花卉学、园林植物栽培学和花卉栽培学等课程的基础上,逐步把"园林树木栽培学"独立出来,列为园林和城市规划等相关专业的专业必修课。可见,这门课程的发展与我国经济的飞速发展、国家的富强和人民生活的日益改善是一脉相承的。多年来,我国经济的繁荣带动了园林树木栽培学的发展,而园林建设实践和理论的发展和需求,又使该课程逐步得以完善。

园林工作者学习和掌握本课程相关知识和技能的必要性和重要性是不言而喻的,因为本课程涉及的内容如植物选择与配置、栽植与养护技术、大树栽植、古树名木的养护与管理等,贯穿于园林规划设计、施工管理、监理、绿地养护管理等过程中。作为园林及相关专业的大学生们,更应知其然并且知其所以然。

本教科书具有以下四个特点:

(1) 与教学大纲的一致性 本书对照目前大多数院校的园林、城市规划等相关专业所开设的本课程及相近课程的教学大纲,明确了该课程应解决的主要问题,并作重点阐述,同时对许多教师多年来的教学积累进行总结和提升。

(2) 继承性 引用了国内外诸多专家学者关于本学科的研究成果,目的是反映园林树木栽培领域的最新动态,体现最新的技术和方法。特别是参阅了国内目前发行的有关专著和教材后深受启迪,对本书的编写大有帮助,编者对先辈和同仁非常感谢。

(3) 实践性 对园林树木栽培实践中的一些经验和教训进行了总结,并在光盘中收录了 50 分钟的影像资料,力求做到理论与实践的有机结合。

(4) 可读性 为使本书深入浅出,尽量用直观的图片来说明问题,用贴近生活和实践的例子来诠释疑点。为此除了书中插图外还在光盘中收集了 500 余张图片资料,以期读者在通读本书之后,即能对本学科有一个深刻的印象和理解。

本书由祝遵凌主编,王凌晖、陈涛、王立新任副主编,南京林业大学芦建国教授主审。每章采取合作编写的方式,具体分工为:第 1 章(祝遵凌、陈涛、杨秀莲)、第 2 章(陈涛、杨秀莲)、第 3 章(祝遵凌、王立新、王凌晖)、第 4 章(王立新、祝遵凌)、第 5 章(祝遵凌、王立新)、第 6 章(王凌晖、祝遵凌)、第 7 章(祝遵凌、王凌晖)、第 8 章(祝遵凌、陈晖、陈涛、王凌晖、王荣华、赵警卫、张果、杜灵娟)。

本书在编写过程中,得到了南京林业大学风景园林学院院长、本系列教材编委会主任王浩教授的关心和支持,以及多方专家教授的指点和帮助,得到了各编写教师所在学校的支持。南京林业大学本课程历任教师刘玉莲、芦建国、丁彦芬、田如男等的教学和实践积累使笔者受益匪浅。校友黄山,南京林业大学教师龚源丰、王昌平、章辉,南京工业大学教师吴明才,参加了本书影像资料的收集,南京林业大学党委宣传部周吉玲副部长、柏昱、过艺群、教务处徐卫东等参加了录像资料的编辑，黄山、南京林业大学风景园林学院本科生吴继斌、刘颀、杨晨等，承担了本书部分图表的制作，硕士生张珺、孙钦花、姜楠南等参与了文字校对工作，在此一并表示诚挚的感谢！

由于编者水平有限，加之时间仓促，书中不妥之处还请学者、专家及广大读者批评指正，以期逐步完善和提高。

祝遵凌

二○○七年五月于南京林业大学

目　录

10

0 绪 论

园林树木是以树木为研究对象,研究树木生长发育习性、引种驯化、繁殖、栽植、养护管理及园林应用的理论和技术。我国园林树木栽培历经几千年的发展,尤其是新中国成立以来,在栽培理论和技术上获得了较大的成就。同时,节约型园林的建设为树木栽培技术提出了新的要求。本章详细介绍了园林树木栽培的意义与内容、我国园林栽培技术的历史与发展和园林树木栽培学的学习内容和要求。

0.1 园林树木栽培的意义与内容

栽植园林树木不仅可以创造一定的经济价值,还具有美化和改善环境的功能。

0.1.1 园林树木栽培的意义

园林树木是指适合于城乡各类园林绿地应用的木本植物,是各类绿地植栽的主干。依据生长类型,园林树木可分为乔木类、灌木类、藤蔓类和匍地类;依据主要观赏特性,园林树木可分为观形、观叶、观花、观果、观枝干和观根等类型;依据园林用途,园林树木可分为庭荫树、独赏树、行道树、园景树、风景林类、绿篱类、地被类等类型。

随着人们对生态环境的日渐重视,园林绿化水平已成为评价城市物质文明和精神文明的重要指标,极大地促进了以园林树木为主流的绿化建设,成为城市规划和建设不可缺少的组成部分。园林树木变化万千的外形,丰富多彩的颜色、质感等不仅有美化环境的功能,而且还具有改善环境的作用。特别是近年来随着生态园林的发展,树木在调节气候、减少风沙危害、保持水土、涵养水源、净化空气和滞尘减噪等方面的作用越来越受到人们的重视。此外,园林树木还在旅游开发、生产附属产品等方面具有生产物质财富、创造经济价值的作用。

园林树木综合效益的发挥离不开园林树木的栽培和管理。随着经济的发展和人类精神追求的进步,对于环境质量与艺术审美的要求也与日俱增,因此园林树木栽培的技术和方法也要相应提高。

狭义的园林树木栽培是指从苗木出圃开始直至树木衰亡、更新这一较长时期的栽培实践活动。广义的园林树木栽培包括苗木培育,定植移栽,土、肥、水管理,整形修剪,树体支撑加固,树洞修补及树木各种灾害的防治等。园林树木栽培的实质是在掌握树木生长发育规律及生态习性的基础上,根据人们的需求,对树木及其环境采取直接或间接的养护管理措施,及时调节和干预,促进或抑制其生长,使其充分发挥综合效益。

0.1.2 园林树木栽培的研究内容

园林树木栽培研究具体而言有以下任务:

研究园林树木的生长发育规律及其调控技术;

研究和发掘园林绿化种质资源、引种驯化栽培的技术体系;

研究园林树木栽培的立地条件及其控制技术,特别是特殊立地环境下的栽培养护技术;

研究园林树木配置、整形修剪、营养管理以及安全性管理等理论和技术;

研究各类园林树木栽培、养护管理的关键技术;

研究大树移植的理论与技术;

研究古树名木的保护及复壮措施。

0.2 我国园林树木栽培的发展历史

我国园林树木栽培历经几千年的发展,在栽培理论和技术上已达较先进的水平。近年来,在树种选择、栽植与养护技术方面取得不少成绩。

0.2.1　我国园林树木栽培历史

我国树木栽培有数千年的历史，经历了由栽培树种多为果树及桑、茶等具有一定经济价值的树木，到逐渐分化出具观赏、遮阴等应用价值树种的阶段。在浙江余姚县河姆渡新石器时期的遗址中发掘出 7 000 年前的刻有盆栽植物的陶片，表明我们的祖先在新石器时期就已经开始栽培植物。在周代就有"列树以表道"的记载，说明当时已开始种植行道树；《周礼》中有园圃专职人员栽培花木的记载。春秋战国时期吴王夫差曾在吴县造"梧桐园"，在嘉兴建"会景园"时就"穿沿凿池，构亭营桥，所植花木，类多茶与海棠"，说明当时的宫室已栽培花木。《诗经》中有桃、李、杏等原产于中国的果树栽培及将其植于宅院以纳凉的记录。春秋战国时期已开始进行街道的绿化。从《汉书》、《汉长安故都》等中得知：秦时就广植行道树，长安城内栽有槐、榆、松柏、梧桐、杨、女贞、枇杷、杨梅、荔枝等绿化树木和果树；派"四府"主持山林政令，兼栽植宫中与街道的绿化树木。《西京杂记》详细记录了西汉盛世园林植物栽培的发展：上林苑栽植的具备生产和观赏价值的花木达两千余种，且开创了植物引种驯化的先河。

北魏贾思勰的《齐民要术》详细记载了谷物的栽培方法、梨树嫁接技术、树木幼苗的繁殖方法等，系统总结了当时的农业经验："凡栽一切树木，欲记其阴阳，不令转易，大树髡之，小者不髡。先为深坑，内树讫，以水沃之，着土令为薄泥，东西南北摇之良久，然后下土坚筑。时时灌溉，常令润泽。埋之欲深，勿令动……"，意思是说要根据树木的喜阴喜阳特性，不改变原方位进行栽植。移栽大树时，要先截冠，修剪掉一部分枝叶，以防风摇。栽植时要挖深坑，树木栽入后即浇水，使土变成稀泥，再将树往四周各方向摇动，增加稀泥与树木的接触面积，最后要回土踩实，经常浇水以保证土壤湿润。树要栽得深，栽后要防止晃动。"凡栽种树正月为上时，谚曰：正月可栽大树，言得时则易生也。二月为中时，三月为下时……早栽晚出，虽然，大率宁早为佳，不可晚也"，意思是说移植树木以正月最好，二月也行，三月最迟，且不同植物有发芽适宜的时间。移栽过早，叶片发芽较迟，但宁可早栽，不可太晚。

唐代进入了我国树木栽培的发展盛期，开始了树木的盆景栽培。柳宗元在《种树郭橐驼传》中介绍了种树的经验："能顺木之天，以致其性焉尔。凡植木之性，其本欲舒，其培欲平，其土欲故，其筑欲密。既然已，勿动勿虑……"，说明顺应树木天性、满足树木生长习性和适地适树的重要性。种植时，树木根要舒展，培土要均匀，尽量多用故土，筑土要紧密。定植后，便不再去移动，以保证树木移栽成活。

明代《种树书》叙述了桑、竹、木等树木栽培方面的生产技术和经验，对于树木栽植时期、挖掘、修剪、栽后支撑等内容作了详尽的介绍。书中还提到间作制度，既能充分用地，提高土地利用率，又有利于改变土壤结构，促进植株生长。王象晋的《群芳谱》，对针、阔叶树的栽培方法和技术进行了系统描述和记载。

清代以后，我国的树木栽培技术得到了进一步发展，取得了巨大的成就。汪灏等人在《群芳谱》的基础上进行了一定的增删、改编、扩充，出版了《广群芳谱》。陈淏子的《花镜》在总结古代各类文献专著的基础上，分栽、移植、扦插、接换、压条、下种、收种、浇灌、培壅、整顿十目，记载了三百余种植物的形态特征、生长习性，花木的栽培技术和方法，系统阐述了树木的移栽技术，是我国古代园艺学的一份珍贵遗产。

我国古代的树木栽培经历了数千年漫长的历史发展，栽培理论和技术已达较先进的水平，对现今的树木栽培仍具有重要的实践意义和参考价值。

0.2.2　我国园林树木栽培的发展现状

20 世纪 70 年代后，随着城市建设速度加快，我国城市园林绿化需求越来越大，园林树木栽植养护得到前所未有的重视。在树种选择方面，开始重视适地适树，强调树种选择的科学性，同时加强了乡土树种应用，体现树种选择的地域性，并且突出多树种配置栽植，体现树种选择的多样性；在树种栽植功能方面，更加重视园林树木的生态性，同时重视群落的稳定性和景观性；在栽植养护技术层面上，开始引进或应用树木移栽机，进行科学施肥，采用树洞填充与修补及进行合理的根区环境改良，以复壮树木等。同时各大城市也进行了园林树种栽培养护技术调查，加强了对古树名木的研究与保护。

随着我国园林事业的不断发展，我国的树木栽植养护技术取得了不少成绩。从选种育苗开始，有组织培养、容器育苗等；树木栽植方面有全光照间歇喷雾扦插技术、无土栽培技术等栽植技术；大树移植和古树名木保护方面还有古树的复壮技术及大树裸根移植技术；以及植物生长调剂应用、配方施肥、保护地培养技术等，这些技术使得园林树木栽培上升到了新的高度。同时重视树木栽植养护设施的使用，如简易塑料大棚和小棚的应用，使苗木的繁殖速度得到了提高，一些珍贵花木在塑料棚内能获得较高的生根率，缩短生根期，降低了苗木生产成本。同时由于技术的不断提升，屋顶花园和墙体垂直绿化逐渐成熟，使得城市绿化"见缝插绿"，得到了新的发展空间。

0.3　园林树木栽培技术的新进展及发展趋势

近年来，随着国家和人民对环境的逐渐重视，城乡园林绿化建设得到了迅速发展,园林树木栽培的技术和方法有了较大的提升。随着建设节约型园林目标的提出,更加速了节水、节能、节地、节材等园林树木栽培新技术的发展。

0.3.1 园林树木栽培技术的新进展

园林树木栽培新技术主要包括容器育苗、大树移栽技术、树木复壮技术、抗蒸腾剂的使用、树木施肥、树洞修补、病虫害防治、苗木生产设施等。

1. 容器育苗

容器育苗即采用各种容器装入配制好的营养土进行育苗,具有移栽成活率高、移栽后缓苗期短、生长快等优点。对于容器育苗,国内目前研究比较多地集中在育苗容器和基质等方面。蜂窝式纸容器已推广到全国20多个省市,该容器体积小(折叠式),贮运方便,移栽无需去除容器,成活率可达95%,为园林树木的移栽和在较短时间内达到快速绿化的效果起到了十分重要的作用。美国康奈尔大学开发的4种混合基质,英国温室作物研究所开发的GCRI混合物,荷兰的岩棉和泥炭等,德国工业啤酒花废料,波兰的泥炭与枯枝落叶或树皮粉等都根据当地的实际情况和取材的可能性提出了轻型基质的材料和配比方案。陈之龙等人研制的秸秆复合基质重量轻、吸水量大、养分含量丰富、成本低,其作用优于蛭石和土壤。针对容器苗根部畸形,学者提出了物理方法矫正、化学法断主根、NAA促进侧根生长和改变苗型设计等改良方法。可采用肥力管理和光周期控制改善容器苗质量。目前,对容器育苗中的苗木质量调控机理等方面的研究不够深入,应加强这方面研究,以培养出质量更高的容器苗。

2. 大树移栽技术

大树移栽技术在移栽机械设备方面有了更多进步,且在特殊移栽季节的成活处理、养护管理方面有了更多的新技术。

1) 树木栽植机械的应用

树木栽植机于20世纪60年代始于美国。随后,各国不断研制适于本国国情的机械。TM700型移栽机、悬挂式直铲树木移植机等设备的出现,提高了树木移栽的成活率和养护管理水平,劳动生产率也得到了较大提升,减少了苗木栽植成本。

2) 包装材料的改进

为提高大树移植的成活率,包装材料已由传统的软材包扎向软硬材包扎结合的趋势转变。很多工程采用麻绳、塑料布、铅丝或预制铁板进行包扎移植,而不是单纯使用草绳,大大提高了移植成活率,起到了重复利用和节约成本的效果。

3. 树木复壮技术

通过对树冠修剪、喷水、施肥、树干注射、打孔施肥等

复壮手段,同时施以复壮剂、菌根剂等,促进树木对营养的吸收和生长。

1) 树干注射技术

树木移植或对树势衰弱的树木进行复壮时,多使用活力素注干液和助壮剂等树干注射液满足树体对水分和营养的需求,提高其移栽成活率。同时可在注射液中加入具有防治病虫害作用的农药,最大限度保证树木良好的生长环境和条件。

2) 菌根生物技术应用

树木根系分泌物可促进菌根真菌萌发和生长。因此将外生菌根与树木的根系进行接种,可提高育苗和树木移栽成活率,该技术也可用于树木复壮。

4. 抗蒸腾剂的使用

20世纪60年代掀起了使用抗蒸腾剂的热潮。目前,抗蒸腾剂已广泛应用于树木的栽培养护和农业生产。抗蒸腾剂的使用大大提高了阔叶树带叶栽植的成活率,改善了绿地建设初期景观效果。如浓度为$10 \sim 500\ \mu\mathrm{mol/L}$的硫氢化钠水溶液,使用时现用现配,将其喷施于植物茎叶表面,对植物抗蒸腾的效果明显、水溶性好、成本低、安全无毒、制备简单,同时还可以补充植物所需的硫和钠,具有叶面肥的作用,提高了树木的抗逆性,对改善树木营养、防治病虫害起到了良好效果。

5. 树木施肥

近年来已研究了肥料的新类型和施用的新方法,其中微孔释放袋就是代表之一。推广的树木营养钉,可以用普通木工锤打入土壤,其施肥速度可比打孔施肥快$2 \sim 5$倍。在肥料成分上根据树木种类、年龄、胸径、物候及功能等逐渐推广所需要的配方肥料。

6. 树洞修补

在树洞处理上,过去常用混凝土填充树洞。如今,已有越来越多的新型轻质材料用于树洞修补,如弹性环氧胶、木炭和玻璃纤维、发泡剂(聚丙乙烯)、聚氨酯泡沫等。这些材料强韧亦具弹性,易灌注,且可与多种杀菌剂和农药混合使用,达到保护树体的效果。

7. 病虫害防治

由于日益严重的农药残留和过度使用化学农药,导致了较严重的环境污染。为了保护环境,应逐步淘汰有毒的化学农药,开发新型环保、高效低毒的农药,并利用生物防治促进树木栽培养护的发展。目前使用的新型农药有植物源农药和生物源农药。植物源农药主要包括植物毒素、植物内源激素、植物源昆虫激素、拒食剂、引诱剂、驱避剂等;生物源农药包括阿维菌素、井冈霉素、多抗霉素、武夷菌素、苏云金杆菌、苦参素等。

8. 苗木生产设施

随着工业迅速发展,新型材料的出现使苗木生产设施出现极大改进。塑料大棚和温室的材料由单一塑料材料

薄膜向复合功能薄膜方向发展,复合功能薄膜集高保温、防雾滴、高耐久和高强度于一体,很大程度上满足现代园艺发展要求。长寿膜、无滴膜、保温膜、有色膜等各类膜材料能从不同方面满足苗木生产要求。同时温室内部设施发展迅速,水帘降温系统、微雾降温系统等技术使其在夏季仍发挥作用,实现全年生产。其他设施如增温系统、灌溉系统、遮阴系统也不断得到改进,自动播种机、移苗机、包装机以及介质混合机等各种苗木设备使得树木栽培方法得到极大发展。

0.3.2　园林树木栽培的研究趋势

由于城市绿化建设的高速发展和高标准要求,使树木的栽培养护管理面临着挑战:

① 栽植苗木规格加大、外调量大,导致园林树木栽培及养护成本增加,绿化效果降低;

② 园林树木配置、造型等不能满足绿化要求;

③ 过于重视景观效果,而忽略了树种规划、选择和配置的科学性;

④ 重栽轻养,园林树木的养护、安全性管理、古树名木的保护重视不够,投入不足。

树木栽培的研究方向主要有:

① 园林树木的抗逆性生理研究:主要是水分逆境、污染逆境、养分不足等,尤其是节水型园林建设的树木栽培养护;

② 园林树木保护(安全管理)的研究:园林工程对树木根系的伤害与恢复,对树干的伤害及其修复技术,心材腐朽的防治及古树名木保护与复壮技术;

③ 根据园林绿地功能需要的整形修剪技术研究;

④ 园林树木长效养护管理技术研究。

0.3.3　节约型园林树木栽培技术的发展

2005 年《国务院关于做好建设节约型社会近期重点工作的通知》中提出了建设节约型园林的目标和要求。节约型园林要求投入的最小化和效益的最大化,是生态效益、社会效益、经济效益的综合统一,节约园林树木的栽培随着节约型园林的出现应运而生。节约型园林栽培技术体系主要包括植物群落配置,园林节地节水、节能技术,利用生物多样性综合防治园林病虫害的技术,园林废弃物再利用技术,园林工程材料,养护作业机械和工具等。

1. 节水

在节约型园林的营造技术中,大多还停留在雨水利用、植物规划、灌溉工程和技术层面。灌溉方面,我国已逐步推广普及喷灌、滴灌和微灌等形式,但技术设施、专业规范程度有待改进。按照灌溉设施理论节水量计算,喷灌方式可节水 30%～40%,滴灌节水 80%～90%,微喷节水 60%～70%,渗灌节水 80%,而地下灌溉是根据植物需水

量而以持续受控方式向其根部输送水分的新型灌溉技术,是比较有潜力的节水灌溉方式。此外,依据不同的植被类型采用不同的灌溉方式,如草坪等低矮植物采取喷灌的灌溉方式。同时,大力开发城市污水再生利用技术,通过专用污水管道,对污水净化后回收利用,不仅满足植物的灌溉,而且节约了水资源,为建设节约型园林奠定了基础。

2. 节能

节约型园林节能技术包括利用太阳能及浅层地热,植物材料的应用以及人造材料的再利用,推进枯枝败叶等园林垃圾的循环再利用等。此外,通过新技术开发节能装置,使各类机械设施使用更高效;根据一些材料的特殊性质达到节能效果,如反光材料指示牌节约电能,浅色建筑反射太阳辐射节约能源;还可以根据各地自身的气候特点,营造适宜的小气候环境条件,从而达到节能的目的。

3. 节地

节地是指在相同面积的土地上创造最大的综合效益,体现在以下三个方面。

(1) 复层空间的利用　建立竖向交通,多维利用城市土地的立体空间,节约绿化用地;合理规划路网,提高绿地使用率。

(2) "见缝插绿"　充分挖掘可用绿化场地和空间,开展绿荫工程,如绿荫停车场、林荫广场,发挥立体绿化的生态效益。通过大量种植乔木,结合道路、停车场、边坡、墙面、屋顶等设施绿化和立体绿化,最大限度地提高城市的绿化覆盖率。

(3) 混合利用土地　尽可能集约占地并避免造成土地资源的浪费,有效利用废弃的土地和淘汰的城市空间,在旧城改造和城市更新过程中,已关闭或废弃的工厂可以在生态恢复后成为市民的休闲地等。

4. 节材

重视废弃材料的循环利用,如一些废弃的植物材料和工业材料可以设计为独特的景观,同时植物废料可以沤肥,减少化肥使用的同时也保护了当地环境。

0.4　园林树木栽培学的学习内容与要求

园林树木栽培学是研究园林树木栽植和养护理论与技术的课程。它包含植物学、树木学、花卉学、苗圃学、气象学、土壤学、植物生理学、遗传学、育种学及昆虫和植物病理学等众多学科的基础知识,是园林专业的一门专业课程,也是栽培学中一个重要组成部分。但园林树木栽培养护学与其他类植物栽培学不同,蔬菜栽培学、果树栽培学和作物栽培学等一般都以发挥栽植物的生产功能为主,而园林树木栽培养护学则是以发挥树木生态功能和审美

功能,通过将苗圃培育出来的苗木种植在园林绿地中,经过人为养护管理,发挥长久综合功能。

本课程内容包括园林树木的栽培类型和生长发育规律、环境对园林树木生长发育的影响、园林树木的选择与配置、园林树木栽植、特殊环境园林树木的栽植、大树移栽、园林树木的养护管理、园林树木的整形修剪、古树名木的养护与管理、常用园林树木的栽培养护技术等。

本课程阐述树木栽培和养护管理的基本理论和技术,以阐述园林树木生长发育规律与环境的关系为知识基础,服务于园林绿化实践。要求学生了解树木栽培的历史和现状,掌握栽培的理论与技术原理,总结历史及现实的栽培经验与教训,提高动手能力,掌握实践技术。同时要求学生理论联系实践,通过观察、比较、归纳、总结和实际操作等方法,掌握园林树木栽培的规律和本质,并在实践中检验理论的正确性,在实践中得以提高。使学生掌握园林树木栽培与养护理论与技术的同时,加强在树木栽培工作中解决实际问题的能力,让学生初步具有园林绿化施工与养护实际操作和解决生产实际问题的能力。

■ 思考题

1. 简述我国园林树木栽培的历史。
2. 目前有哪些园林树木栽培的新技术?
3. 简述园林树木栽培技术的发展趋势。

1 园林树木生长发育规律

■ **学习目标**

掌握园林树木的生命周期及年周期,园林树木各器官的生长发育规律,园林树木生长发育的整体性,园林树木群体及其生长发育规律。根据园林树木的生长发育规律,能为具体树种制定合理的栽培管理技术措施。

■ **篇头案例**

旱柳(*Salix matsudana*),落叶乔木,树冠丰满,枝叶茂密,发芽早,落叶迟,生长迅速,园林中常用作行道树和庭荫树,分布甚广。每年4—5月,旱柳果实成熟,柳絮如雪,飘至水岸,极易萌生幼苗。旱柳可长至高20 m,胸径80 cm,一般寿命50～70年,生境条件良好寿命可达200年。一株如此高大的旱柳却是由单细胞的合子逐步生长发育而长成的,旱柳是如何实现这种生长和发育的? 又是如何完成从生到死的全过程?

1.1 园林树木的生命周期

树木的生命周期是指从繁殖(如种子萌发、扦插)开始,经过多年的生长、开花或结果,直至树体死亡的整个时期,它反映了树木个体发育的全过程。

1.1.1 园林树木生命周期的变化规律

1. 离心生长与离心秃裸

树木自繁殖成活后,以根颈为中心生长,根具有向地性,向纵深发展,在土中逐年发生并形成各级骨干根和侧生根;地上芽具有背地性,向空中发展,形成各级骨干枝和侧生枝。这种由根颈向两端不断扩大其空间的生长,称为"离心生长"(图1.1a)。树木因受遗传性、树体生理和所处土壤条件等方面影响,其离心生长是有限的,即根系和树冠只能达到一定的大小和范围。

树体的茎枝在不断离心生长过程中,外围生长点增多,枝叶茂密,使树木内膛光照恶化,壮枝竞争养分的能力强,内膛骨干枝上早年形成的侧生小枝得到的养分较少、长势较弱,虽然开花结实较早,但寿命短,逐年由骨干枝基部向枝端方向出现枯落,这种现象称为"自然打枝"。同样,根系在离心生长过程中,随着年龄的增长,骨干根上早年形成的须根,由基部向根端方向出现衰亡,这种现象称为"自疏"。这种在树体离心生长过程中,以离心方式出现的根系"自疏"和树冠的"自然打枝",统称为"离心秃裸"(图1.1b)。

2. 向心更新与向心枯亡

随着树龄的增加,由于离心生长与离心秃裸,造成地上部分大量的枝芽生长点及其产生的叶、花、果都集中在树冠外围,由于受重力影响,骨干枝角度变得开张,枝端重心外移,甚至弯曲下垂。离心生长造成分布在远处的吸收根与树冠外围枝叶间的运输距离增大,使枝条长势减弱。当树木生长接近在该环境达到的最大树体时,某些中心干明显的树种,其中心干延长枝发生分杈或弯曲,称为"截顶"或"结顶"。

当离心生长日趋衰弱,具长寿潜伏芽的树种,常于主枝弯曲高位处萌生直立旺盛的徒长枝,开始进行树冠的更新。徒长枝仍按离心生长和离心秃裸的规律形成新的小树冠,俗称"树上长树"。随着徒长枝的扩展,加速主枝和中心干的先端出现枯梢,全树由许多徒长枝形成新的树冠,逐渐代替原来衰亡的树冠。当新树冠达到其最大限度以后,同样会出现先端衰弱、枝条开张而引起的优势部位

a. 离心生长　　　　　　　　b. 离心秃裸

图 1.1　离心生长与离心秃裸示意图

a. 向心更新　　　　　　　　b. 向心枯亡

图 1.2　向心更新与向心枯亡示意图

下移,从而又可萌生新的徒长枝来更新。这种更新和枯亡的发生,一般都是由外(冠)向内(膛)、由上(顶部)而下(基部),直至根颈部进行的,故称为"向心更新"和"向心枯亡"(图 1.2)。

树木离心生长的持续时间、离心秃裸的快慢、向心更新和向心枯亡的特点与树种、环境条件及栽培技术等有关。

3. 不同类别树木的更新特点

不同类别的树木,其更新能力和方式有很大差别,下面分 5 类进行说明。

1)具有潜伏芽的树种

具有潜伏芽的树种,潜伏芽的寿命是向心更新的决定性因素。具有长寿潜伏芽的树种,可靠潜伏芽萌生的徒长枝进行多次主侧枝的更新。但如果潜伏芽寿命短,一般很难自然发生向心更新,若由人工更新,锯掉衰老枝后,也很难发出枝条来,即使有枝条发出,树冠也多不理想,如樱花、桃、紫叶李等。藤本类大多数具有潜伏芽,先端离心生长常比较快,主蔓基部易光秃,在消除顶端优势后,侧芽易萌发,可以进行向心更新,如紫藤、凌霄等。

2)无潜伏芽的树种

没有潜伏芽的树种,只有离心生长和离心秃裸,而无向心更新。如马尾松、油松、黑松等松属的许多种,虽有侧枝,但没有潜伏芽,也就不会出现向心更新,而多半出现顶部先端枯梢,或由于衰老,易受病虫侵袭造成整株死亡。

3)具有顶芽无侧芽的树种

只具顶芽无侧芽的树种,只有顶芽延伸的离心生长,而无侧生枝的离心秃裸,也就无向心更新,如棕榈等。

4)根蘖更新的树种

有些乔木除靠潜伏芽更新外,还可靠根蘖更新,如泡桐等;有些只能以根蘖更新,如竹类。当年萌发的竹笋在短期内就达到离心生长最大高度,地上部分不能向心更新,而以竹鞭萌蘖更新。

5)灌木类树种

灌木离心生长时间短,地上部分枝条衰亡较快,寿命多不长,有些灌木干、枝也可向心更新,但多以从茎枝基部及根上发生萌蘖更新为主,如法国冬青、石楠、黄杨等。有些藤本类的更新类似灌木,如五叶地锦等。

1.1.2　园林树木生命周期的划分

园林树木种类很多,其生命周期的节律变化存在很大差异,如樱花、玉兰、丁香等寿命仅几十年,樟树、栎树寿命约 800 年,而松、柏、银杏等寿命可超过千年。同一树种其个体的生命周期也因起源不同可分为两类:一类是由种子开始繁殖的个体,称实生树;另一类是由营养器官繁殖的个体,称为营养繁殖树。

实生树一生可划分出许多形态特征和生理特征明显变化的年龄时期,即从卵细胞受精产生合子开始,然后发育成胚胎,形成种子,萌发成幼苗,长成大树,开花结实,直到衰老、更新、死亡的全部生活史。根据栽培养护的实际需要,可以大致将其生命周期划分为种子期、幼年期、青年期、壮年期和衰老期。

营养繁殖树的发育阶段是母体相应器官和组织发育的延续,没有种子期和幼年期(或幼年期很短),不必再经历个体发育的全过程,一生只经历青年期、壮年期和衰老期。营养繁殖树没有性成熟过程,如有成花诱导条件(环剥、施肥、修剪),随时都可成花,即只有成熟阶段和老化阶段。有些树种的实生树和营养繁殖树在外形上有很大的区别,如雪松实生树枝条紧密,而扦插繁殖树枝条稀疏。

了解园林树木生命周期的变化规律及其与外界环境的关系,就可以通过合理的栽培措施调控其生长发育,以便充分发挥园林树木的综合功能和效益。

1. 种子期

树木产生种子,是长期自然选择的结果,是其延续生命的需要。种子期是从卵细胞受精形成合子开始,至胚胎具有萌发能力并以种子形态存在的时期。种子期可以分为前后两个阶段,前一阶段是从受精到种子形成,后一阶段是从种子脱离母体到开始萌发。

种子期的长短因树种而异。有些树种种子成熟后,只要有适宜的温度、水分和空气条件就能发芽,如白榆、柳树等;有些树种的种子成熟后,即便给予适宜的条件也不能立即萌发,而必须经过一段时间的休眠,如银杏、女贞等。

在种子期的两个阶段中,前一阶段母体的营养物质主要供给胚胎,以保证种子的成熟;后一阶段因种子已脱离母体,为了维持种子的生活力,必须为种子创造适宜的贮藏条件。所以,种子期的主要栽培管理任务是促进种子的形成和安全贮藏以及在适宜的环境条件下播种并使其顺利发芽。

2. 幼年期

幼年期是从种子萌发形成幼苗到该树种特有的营养形态构造基本形成,并具有开花潜能的时期。

这一时期树木地上、地下部分的离心生长旺盛,光合作用面积迅速增大,开始形成地上的树冠和骨干枝,逐步形成树体特有的结构,树木在高度、冠幅、根系长度和根幅等方面生长很快,体内同化物质积累增多,为营养生长转向生殖生长从形态上和内部物质上奠定基础。

幼年期经历时间的长短主要因树木种类、品种不同而异。少数园林树木如紫薇、月季等,当年播种当年就能开花;绝大多数树种需要 3～5 年,如桃、李、杏等;有些树木则长达 20～40 年,如银杏、冷杉、云杉等。俗话说"桃三杏四李五年",就是指不同树种幼年期长短存在差异。另外,树木幼年期的长短还受繁殖方法的影响,通常有性繁殖的树木幼年期较长,而一些无性繁殖的树木,若母株已达成年期,繁殖成活后便能很快开花结实。

幼年期的园林树木遗传性尚未稳定,易受外界环境条件的影响,所以要搞好定向培育工作。加强土壤管理,充分供应肥水,促进营养器官匀称而健壮地生长;轻修剪、多留枝,使其根深叶茂,形成良好的树体结构。另外,对于观花、观果的树木,当树冠长到适宜的大小时,则应设法促其生殖生长,缩短幼年期。

3. 青年期

青年期是从植株第一次开花到花朵、果实性状逐渐稳定的时期。

青年期是树木一生中离心生长最快的时期,树冠和根系迅速扩大,生命力旺盛,树体开始形成花芽,开花结果数量逐年上升,但花和果实尚未达到本品种固有的标准性状,质量较差,坐果率低。

青年期的树木遗传特性已渐趋稳定,有机体可塑性也大为降低。所以,该期应给予良好的环境条件,加强肥水管理,使树木一直保持旺盛的生命力,迅速扩大树冠,增加叶面积和树体内营养物质的积累。花灌木应采取合理的整形修剪,调节树木长势,培养骨干枝和丰满优美的树形。

为了使青年期的树木多开花结果,同时为了促进其迅速进入壮年期,对于以观花、观果为目的的园林树木,首先应当采用轻度修剪,以便使树冠尽快达到预定的最大营养面积,同时缓和树势,在树木健壮生长的基础上促进花芽形成。过重修剪会从整体上削弱树木的总生长量,减少光合产物的积累,同时又刺激了部分枝条进行旺盛的营养生长,新梢生长较多,会大量消耗贮藏养分。其次,对于生长过旺的树,应多施磷、钾肥,少施氮肥,并适当控水,也可以使用适量的化学抑制物质,以缓和营养生长。相反,对生长过弱的树,应增加肥水供应,促进树体生长。

4. 壮年期

壮年期是从树木生长势自然减慢,大量开花结实开始,到结实量大幅度下降,树冠外缘小枝出现干枯的时期。

壮年期树木的根系和树冠都已扩大到最大限度,树冠分枝数量增多,树冠已定型,植株粗大,花芽发育完全,开花结果部位扩大,花、果数量增多,花果性状已经完全稳定,并充分反映出品种的固有性状;树木遗传性状最为稳定,对不良环境的抗性强;是观花、观果树木一生中最具观赏价值的时期,经济效益最高。但由于开花结果数量大,消耗营养物质多,且各年有波动,容易出现大小年现象;枝条和根系的生长也受到了抑制,壮年期的后期骨干枝离心生长停止,树冠顶部和主枝先端出现枯梢,根系先端也干枯死亡。

维持树木旺盛的生长发育,防止树木早衰,最大限度地延长树木观赏时间是壮年期栽培管理的重点。首先要充分供应肥水,施肥量随开花结果量逐年增加,如早施基肥,分期追肥;其次,要合理地修剪,均衡配备营养枝、预备枝和结果枝,使生长、开花结果及花芽分化达到平衡状态;另外,大年适当疏除部分花芽,并将病虫枝、老弱枝、重叠枝、下垂枝和干枯枝疏剪,改善树冠通风透光条件。对长势衰弱的树,应适当重剪,使其回缩更新。

5. 衰老期

衰老期是从树木骨干枝及骨干根生长发育显著衰退到整个植株死亡的时期。

衰老期树木生长势逐年减弱,营养枝和结果母枝越来越少,骨干枝、骨干根大量死亡,顶端优势丧失,树冠出现截顶,光合能力下降;根系以离心方式出现自疏,吸收功能明显下降。此时,树体平衡遭到严重破坏,开花结实量大为减少,对逆境的抵抗力差,极易遭受病虫害及其他不良环境条件的危害,树体逐渐走向衰老死亡。树木的衰老是一个复杂的生理生化过程。衰老时,蛋白质、核酸和叶绿素含量下降,光合和呼吸速度减弱,生长素和赤霉素含量减少,脱落酸增多。

各种环境条件和栽培措施会影响衰老的进程,如增强光照,加强土壤、肥料和水分的管理,并采取适当修剪和防治病虫害等措施,可延缓衰老。

以上所述园林树木生命周期中各发育时期的变化是逐渐转化的、连续的,各时期之间无明显界限。有研究者把实生树的生命周期划分为幼年阶段、成年(成熟)阶段和老化阶段,其特点是幼年阶段未结束时,不能接受成花诱导,即用任何人为的措施都不能使其开花;开花是树木进入性成熟最明显的特征,但幼年阶段的结束与首次开花可能不一致,而要经过一个"过渡时期"。在这种观点下,营养繁殖树的生命周期只有成熟阶段和老化阶段。另外,栽培管理技术对各时期的长短与转化有明显的作用,通过合理的措施,能在一定程度上加速或延缓下一阶段的到来。例如,通过嫁接可以缩短幼年阶段,使树木提早开花结实。

1.2 园林树木的年周期

园林树木在一年的生长发育过程中,随着环境条件特别是气候(如水、热状况等)的季节性变化,在形态上和生理上产生与之相适应的生长和发育的规律性变化,如萌芽、抽枝、开花、结实、落叶、休眠等,称为年生长发育周期,简称年周期。年周期是生命周期的组成部分,是制定栽培管理工作年历的基础,了解树木的年生长发育规律对于植物造景和防护设计以及制定不同季节的栽培管理措施具有十分重要的意义。

1.2.1 园林树木的物候观测

1. 物候及物候期

在年周期中,因受环境条件的影响,树木在内部生理机能发生改变的同时,外观形态也出现相应的变化。园林树木在一年中,各个器官随着气候的季节性变化而发生的规律性萌芽、抽枝、展叶、开花、结实、落叶和休眠等形态变化,称为树木的物候或物候现象。物候是树木年周期的直观表现,可作为树木年周期划分的重要依据;与之相适应的树木在一年中随着气候变化各生长发育阶段开始和结束的具体动态时期,称为树木的生物气候学时期,简称物候期。不同物候期树木器官所表现出的外部特征则称为物候相。通过物候相认识树木生理机能与形态发生的节律性变化及其与自然季节变化之间的规律,能很好地服务于园林树木的栽植与养护。

我国物候观测已有3 000多年的历史,是世界上最早从事物候观测的国家之一。北魏贾思勰的《齐民要术》记述了通过物候观测,了解树木的生物学和生态学特性,直接用于农、林业生产的情况。该书在"种谷"的适宜季节中写道:"二月上旬及麻菩杨生,种者为上时,三月上旬及清明节桃始花为中时,四月中旬及枣叶生、桑花落为下时。"林奈(1707—1778,瑞典植物学家,现代生物学分类命名奠基人)于1750—1752年在瑞典第一次组织了该国的18个

物候观测网。1780年第一次组织了国际物候观测网,1860年在伦敦第一次通过物候观测规程。我国从1962年起由中国科学院组织了全国物候观测网。为了统一物候的观测,中国科学院地理研究所宛敏渭等人于1979年编著了《中国物候观测方法》。

我国树木的物候特点是:亚热带和温带的落叶树木,在一年的生命活动中,明显地表现出落叶期和休眠期两个物候期。常绿树木则无集中落叶现象,叶子的寿命比较长,随着新叶的长出,老叶因失去机能而逐渐脱落;常绿树大多数无明显的休眠期,但随着水分条件的变化,仍然出现生长和休眠的交替。园林树木物候期变化具有3个明显的特点:顺序性、重叠性和重演性。

1) 顺序性

不同的树木种类,甚至不同品种类型,在一年中物候期变化的顺序是不同的,如梅花、蜡梅、紫荆、玉兰、日本樱花等为先花后叶型;而紫薇、木槿等则是先叶后花型。但同一种树木物候变化顺序是固定的,而且在不同的地区这种顺序也是统一的,不同年份或地区只是开始早晚和持续时间长短的差异。在自然状态下前一物候期的完成为后一物候期做好了准备,后一物候期必须在前一物候期通过的基础上才能正常进行,不能跨越。

2) 重叠性

园林树木在生长期受树种遗传规律的制约,尽管各个物候的外在表现有一定的先后顺序性,但若在水、热条件充足的地区,树木能四季生长,会出现开花与结果、萌芽与落叶在同一植株上并见的现象;或因树体结构的复杂性及生长发育差异性的影响,在树木不同部位的物候表现也可能不完全一致。如油茶可以同时进入果实成熟期和开花期,俗称为"抱子怀胎"。两个或多个物候期并进,必然出现养分竞争,所以园林树木栽培管理中要设法调节矛盾,缓和竞争,保证观赏部位正常发育。

3) 重演性

由于环境条件的非节律性变化,在一年中,树木的同一物候现象可以多次重复出现。如许多树木新梢的延长生长可多次进行,有些树木一年可多次开花结果。

2. 物候观测的意义

物候观测可以帮助我们了解各种园林树木在不同物候期中的习性、姿态、色泽等季节变化,通过合理的配置,使树种间的花期相互衔接,提高园林风景的质量;为科学制订园林树木的周年管理生产计划,如移栽、嫁接、整形、施肥、灌溉等提供依据;为确定树种栽植的先后顺序和时期提供依据,保证树木适时栽植,提高成活率,合理安排劳力;为育种原材料的选择提供科学依据,如进行杂交育种时,必须了解育种材料的花期、花粉成熟期、柱头适宜授粉期等,才能成功地进行杂交;可以研究不同树木种类或品种随地理气候变化而变化的规律,为树木的栽培区划提供

依据;通过长期的物候观测,能掌握物候变化的周期,为天气预报、农林业生产措施的制定和风景区季节性旅游时期的确定提供依据。

3. 物候观测的方法

园林树木各项物候项目的观察记载,关键是识别各生长发育期的特征。根据《中国物候观测方法》提出的基本原则,结合园林树木的特点,主要应做好以下4个方面的工作:

1) 确定观测地点

物候特性的形成,是树木长期适应环境的结果,不同的树木种类物候期有很大差异,如常绿树没有明显的休眠期,而落叶树有较长的裸枝休眠期。同一树种不同品种也有自己的物候特性,如山茶中的'早桃红',花期为12月至翌年1月;而'牡丹茶'的花期则为2—3月。由于温度的变化与波动,同一树种在不同地点,其物候期也不相同。白居易"人间四月芳菲尽,山寺桃花始盛开"的诗句,即说明不同海拔高度树木物候期的差异。因此,对观测地点的情况如地理位置、行政隶属关系、海拔、土壤、地形等应做详细记载,且观测地点应多年不变。

2) 确定观测对象

根据观测的目的不同,选定物候观测树种。新栽树木物候表现多不稳定,通常应选择露地正常生长多年的树木,同地同种树木应选3~5株为观测对象,并观测树冠南面中、上部外侧枝条。同时对观测植株的情况,如树种或品种名、起源、树龄、生长状况、株高、冠幅、干径、伴生植物种类、孤植或群植等加以记载,必要时还需绘制平面图,对观测植株或选定的观测标准枝应作好标记。观测对象也应多年不变。

树木在不同的年龄时期,其物候期出现的早晚也有差异,一般年龄小,春天萌动早,秋天落叶迟。因此,选择不同年龄的植株同时进行观测,更有助于认识树木的生长发育规律,缩短研究时间。

3) 确定观测时间与年限

在物候变化大的时期如生长旺盛期,观测时间间隔宜短,可每天或2~3天观测一次,若遇特殊天气,如高温、低温、干旱、大雨、大风等,应随时观测;反之,间隔期可长。一天中宜在气温最高的下午两点钟前后观测。在可能的情况下,观测年限宜长不宜短,一般要求3~5年。年限越长,观测结果越可靠。

4) 观测记录与资料的整理

物候观测人员宜固定,工作必须认真负责,应边观测边记录,个别特殊表现要附加说明,不应仅是对树木物候表现时间的简单记载,有时还要对树木有关的生长指标加以测量。观测资料要及时整理,分类归档。对树木的物候表现,应结合当地气候指标和其他有关环境特征进行定量、定性的分析,建立相关联系,撰写出树木物候观测报告,以更好地指导生产实践。

4. 物候观测的内容

物候观测的内容常因观测的目的和要求不同,而有主次、详略的差异。例如,为了确定树木最佳的观花期或移植时间,观测内容的重点将分别是树木的开花期和芽的萌动或休眠时期等。树木物候表现的形态特征因树种而异,因此应根据具体树种来确定物候期划分的依据与标准。树木物候观测记载的项目可根据工作要求确定,并应重复记录1~2次。一般情况下,树木地上部分的物候观测内容如表1.1所示。

表 1.1 园林树木物候观测记录表

树种名称(学名):　　　树木年龄:　　　观测地点:　　　生态环境:　　　观测人:

萌动期		展叶期			开花期								果熟期				新梢生长期							叶变色期			落叶期		
芽开始膨大期	芽开放期	开始展叶期	展叶盛期	最佳观春色叶期	花蕾或花序出现期	开花始期	开花盛期	开花末期	第二次开花期	二次开花期	三次开花期	最佳观花期	果实成熟期	果实脱落开始期	果实脱落末期	最佳观果期	一次梢开始生长期	一次梢停止生长期	二次梢开始生长期	二次梢停止生长期	三次梢开始生长期	三次梢停止生长期	最佳观枝期	叶开始变色期	叶全部变色期	最佳观秋色叶期	开始落叶期	落叶末期	最佳观树形期

注:根据《中国物候观测方法》(宛敏渭,刘秀珍,1979)修改。

1.2.2　园林树木的年周期

树木的年周期是指树木在一年中随环境周期变化而出现形态和生理机能的规律变化。由于园林树木种类繁多,原产地立地条件各异,因此其年周期的变化也各不相同。常绿树木的年生长周期比较复杂,不同树种,甚至同一树种在不同年龄和不同的气候区,物候进程也有很大的

差异。如香樟、石楠叶龄1年,广玉兰约1年,雪松2年,罗汉松较长;马尾松在其分布的南带,一年抽2~3次梢,而在北带只抽一次梢。落叶树的年周期可明显地分为生长期和相对休眠期,以及这两个时期间的过渡时期,即生长转入休眠期和休眠转入生长期。在一年的这四个时期里,落叶树发生着规律性的物候变化,本书结合上述物候观测内容,根据落叶树木地上部分在一年中生长发育的规

律及其物候特点,将年周期大致划分为以下几个时期:

1. 萌芽展叶期

萌芽展叶期是从春季树液流动(以树木新伤口何时出现水滴状分泌液来确定)、芽萌动膨大开始,经芽的开放至树体上新叶展出为止。

1) 萌芽期

萌芽是树木由休眠转入生长的标志,代表新的年生长周期的开始。萌芽期是指春季树木的花芽或叶芽开始萌动生长的时期,萌芽为树木最先出现的物候特征。休眠阶段的营养积累与转化,为萌芽从内部的物质上做好了准备,即萌芽几乎全部是利用上年贮藏在枝和干内的营养,对土壤中的无机养分与水分吸收甚少。按芽萌动的程度,萌芽期可划分为:

(1)芽萌动期 当有适合的温度和水分,经一定时间,树液开始流动,出现"伤流"(如核桃、葡萄等树种较为明显),此时的芽吸水膨大,颜色由深变浅。因树种及芽的类型不同,具体形态特征有差别,如枫杨、核桃等裸芽类芽体松散,颜色由黄褐色变成浅黄色;具有鳞片的冬芽,芽鳞开始开裂;而刺槐等具隐芽者,芽痕呈现"八"字形开裂。

(2)芽开放期 芽体显著变长,顶部破裂,芽鳞片脱落,可见幼叶颜色,裸芽进一步松散,变成幼叶状。

2) 展叶期

(1)展叶初期 是指第一批从芽苞中发出卷曲着的或按叶脉折叠着的小叶,并有1~2片小叶平展的时期。此期春色叶树种的叶色有较高观赏价值,一些常绿阔叶树也开始了新、老叶的更替。

(2)展叶盛期 树体上50%以上的枝条的叶片已开放,外观上呈现出翠绿的春季景象,落叶树由当初完全利用体内贮藏营养,转入光合产物的自生产,叶色逐渐变浓绿。

(3)全部展叶期 树冠上的新叶已全部展开,次第发生的新叶之间以及新老叶之间在叶色、叶形上无大的差异,叶片的面积达到极限。此时,一些常绿阔叶树的当年生枝接近半木质化,可采作扦插繁殖的插穗。

萌芽展叶期的早晚因树木种类、年龄、位置、产地、树体营养状况以及环境条件等不同而异。同一树种,幼树比老树萌芽早;营养好的植株比营养差的植株萌芽早;发育充实的发育枝下部芽较中上部的芽萌发早。一般树种萌芽的起始温度约为3~5℃,而柑橘类需要9~10℃以上。芽在气温高的年份萌发早于正常年份;原产南方的树木,萌芽生长需要较高的温度,如果种植地北移,萌芽期会相应延迟。芽的萌发一般一年1次,有的树木则一年多次。栽培提示:萌芽期是确定树木合理栽培时间的重要依据,许多树木宜在芽萌动前1~2周栽植。如南北引种时,要考虑物候期的差异,避免盲目性。对于耐寒树木可以设法提早萌芽,延长生长期。对于不耐寒树木,则设法推迟萌芽,避免遭受冷害、霜害。此外,展叶期树木的光合效能很低,总的生长

量相对较小,对萌芽开花的树木,这时应追稀薄肥料。

2. 新梢生长期

新梢生长期指从叶芽萌抽新梢到封顶形成休眠顶芽所经历的时期。在此过程中,新梢不但依靠顶端分生组织进行加长生长,而且树木依靠形成层细胞分裂进行加粗生长。随着新梢的生长,植株不断长大,叶面积增加,有机养分制造增多。不同的树木每年抽新梢的次数不相同,有些年周期内只在春季抽一次新梢,如核桃;有些则能抽几次新梢,有春梢、夏梢或秋梢之分,如白兰、桂花等。

栽培提示:新梢生长期为树木营养生长旺盛时期,也是培育管理的关键时期之一。在栽培过程中,可以通过控制施肥等措施,使新梢不要抽得过迟,否则消耗养分多,枝条内积累的营养物质减少,组织不充实,抗寒力差,冬季易受冻害。

3. 开花期

花蕾的花瓣从松裂至花瓣脱落为止,称为开花期,可分为始花期、盛花期和末花期等。

(1)始花期 树体上大约5%的花蕾开放成花。

(2)盛花期 树体上大约50%以上的花蕾开放成花。

(3)末花期 树体上仅存留5%的花蕾开放成花。

开花是园林树木的一个重要物候现象,树体在一年内出现两次以上开花,称为多次开花。许多树木的花具有很高的观赏价值,开花的数量和质量直接关系到园林种植设计的美化效果。了解树木的开花过程和时期,有助于确定最佳的观花期。

4. 果实期

树木开花后经过授粉、受精后子房膨大,发育成果实,称为坐果。从坐果至果实成熟脱落为果实期。对采种和观果树木,又常将果实期分以下两个时期:

(1)果熟期 树体上大部分果实已成熟的时期。

(2)脱落期 树体上开始有果实脱落到绝大部分果实落离树体时止。有些树木的果实成熟后,长期宿存,脱落期较长。

了解树木的果熟期和脱落期,有助于确定最佳的观果期和采种时期,而对非观果、非采种树木,在可能的情况下,应于坐果的初期及时摘除幼果,以减少树体养分消耗。

5. 秋叶变色和落叶期

这个时期是指从落叶树在秋、冬季叶色变为黄色或红色等秋色,叶柄基部开始形成离层至叶片落尽或完全失绿的阶段。落叶是树木普遍的自然现象,自然落叶是树木完成营养积累而进入休眠期的标志。落叶树种能否正常落叶,也反映其对当地自然条件是否适应。

树木在长期的自然选择过程中,在落叶前后自身发生相应的变化,以利于树木的抗寒越冬。主要表现在:落叶前,由于叶片自身衰老和外界温度下降、日照变短而使叶片内部发生一系列生理生化变化,如叶绿素分解、叶子变

色、光合及呼吸作用减弱、一部分营养物质如氮和钾等向枝干转移等;落叶后,随气温降低,树体细胞内脂肪和单宁物质增加,细胞液浓度和原生质黏度增加,原生膜形成拟脂层,透性降低等。

一般落叶树木在日平均温度降至15℃以下、日照短于12 h即准备落叶,但不同的树木种类对温度的敏感程度不一。昼夜温差大、干旱或水涝以及病虫害都会引起早期落叶,导致营养积累减少,对来年生长和开花不利。如果生长后期肥水过量、高温高湿,使枝梢不能及时停止生长,则会延迟落叶。园林树木在栽培上应积极采取有效措施,防止过早或延迟落叶。

秋叶变色和落叶期可分为以下几个时期:

(1)秋叶变色期 可大致划分为秋色叶始期、初期、盛期及全秋色叶期。通过对秋色叶期的了解,有助于确定最佳的观赏秋叶期。

(2)落叶初期 树体有10%左右的叶片脱落。树木即将进入休眠,应停止促进树木生长的措施。

(3)落叶盛期 全树有50%以上的叶片脱落。

(4)落叶末期 树体上几乎所有的叶片均已脱落,此时常为树木移栽的适宜时期。

(5)无叶期 树上叶片已全部脱落,树木进入休眠期。

6. 休眠期

休眠是树体全部或局部在某一时期表现为生长相对停止的现象。休眠期则是从叶落尽或完全变色至第二年春季树液流动,芽开始膨大为止的时期。休眠是树木在长期的系统发育过程中对不良外界环境的一种适应。树木休眠是一个相对的概念,休眠期内,虽然在外部形态上看不出有生长迹象,但树木体内仍然微弱缓慢地进行着呼吸、蒸腾、根系的吸收、养分的合成与转化、芽的分化发育等生理活动,所以也称为相对休眠期。

1)自然休眠和被迫休眠

树木的休眠根据其生态表现和生理活性可分为自然休眠和被迫休眠。自然休眠是由树木体内生理过程和器官本身的特性所决定的。此时即使给予适宜的发芽条件,树木也不能正常地萌发生长。它要求一定期限的低温条件(3~7℃)才能顺利通过自然休眠期而转入生长。一般树木的自然休眠期在12月到翌年2月,此时树木抗寒力最强,不易发生冻害。被迫休眠是指通过自然休眠期后,已经开始或完成了萌芽生长所需的准备,但因外界环境条件(特别是低温)限制,使芽不能萌发而成休眠状态,一旦环境条件适宜,树木即开始活动进入生长期。

2)树木进入休眠的时间

树木进入休眠的时间因树木种类、品种、树龄和部位等不同而不同,可概括如下:

(1)不同树种休眠早晚不同,同一树种年龄不同休眠

早晚也不同 温带树木多数在晚夏至初秋就开始停止生长,逐步进入休眠,某些芽在落叶前早已发生;幼树生长旺盛,进入休眠期比成年树晚。

(2)同一树体不同器官休眠早晚不同 一般情况下,地上部分主干、主枝进入休眠晚,以根颈最晚,故易受冻。位于上部的中小枝、弱枝及早熟的枝芽比主干、主枝进入休眠早,一般规律是由上而下逐渐进入休眠,而解除休眠则相反。长枝下部的芽进入休眠早,顶芽仍可能继续生长,但上部侧芽不萌发不一定是由于休眠,可能因顶端优势产生的激素抑制的缘故。

(3)同一树体不同组织休眠早晚不同 皮部、木质部、髓部较早,形成层较晚,初冬遇严寒形成层常发生冻害;待形成层进入自然休眠后,细胞液浓度增大,抗寒力比皮层、木质部显著增强,所以深冬的冻害多发生在木质部和髓部。

栽培提示:掌握树木各物候期的起止时间,以及各物候期的特点,是制定栽培技术和措施的依据。树木进入休眠期是移植树木的最佳时间,要抓住有利时机进行栽植。在我国北方,树木由生长转入休眠时,要保护好叶片,提高光合效能,促使新梢及时停止生长,提高抗寒能力。在树木由休眠转入生长期时,应对那些在早春对低温敏感的树木采取树干涂白、灌水降低土温等措施延长休眠期,以利防寒。

1.3 园林树木各器官的生长发育

在树木栽培实践中,通常把树体分为地上和地下两大部分,地上部分与地下部分的交界处为根颈。地上部分包括茎干、枝条及芽、叶、花、果等,地下部分则为根系。为了深入地掌握和控制树木的生长发育,必须了解各器官的生长习性及其相互关系,这对采取相应栽培措施来促进或控制根系的生长,进而促进或抑制地上部分的生长发育有重要意义。

1.3.1 根系的生长

根系是树木重要的营养器官,全部根系占植株体总量的25%~30%,它是树木在进化过程中为适应陆地生活而发展起来的。除了把植株牢牢地固定在土壤中,吸收水分、矿质营养和少量的有机物质以及贮藏部分养分外,根还能合成一些特殊物质,如激素类(细胞分裂素、赤霉素、生长素)和其他生理活性物质,对地上部分生长有调节作用。根在代谢过程中分泌酸性物质,能溶解土壤养分,创造微生物活动的有利环境,引诱土壤微生物到根系分布区,将复杂有机化合物转变成为根系易于吸收的类型。许多树木的根上有与微生物共生而形成的菌根和根瘤,能增加根系吸水、吸肥、固氮的能力,有利于树木地上部分生

长。此外,许多树木的根系还是良好的繁殖材料,可用于种群的扩繁。

1. 根系的类型

根据根系的发生与来源,园林树木的根系可分为实生根系、茎源根系和根蘖根系3个类型。

1)实生根系

指用种子繁殖和用实生砧木嫁接繁殖的根系。它来源于种子的胚根,并发育形成树木的主根,是树木根系生长的基础。一般主根发达,根系较深,生理年龄小,生活力旺盛,对外界环境适应能力强。实生根系个体间的差异比无性繁殖的根系大,在嫁接的情况下,还受地上部分接穗的影响。

2)茎源根系

指用茎繁殖,如扦插、压条、埋干等形成的根系。它是由茎、枝形成层和维管束组成的根原始体生长出的不定根。其特点是主根不明显,根系较浅,生理年龄较老,生活力弱,但个体间差异较小。

3)根蘖根系

指有些树木的根形成不定芽后分株繁殖个体的根系,如石榴、樱桃、泡桐等形成的根蘖苗,或用根插形成独立植株后所具有的根系。它是母株根系皮层薄壁组织不定芽长成独立植株后的根系,因而是母株根系的一部分,其特点与茎源根系相似。

在正常情况下,树木根系生长在土壤中,但有少数树种,如池杉、榕树、水松等,为适应特定环境的需要,常产生根的变态,在地面上形成支柱根、呼吸根、板根或吸附根等气生根,具有较高的园林观赏价值(图1.3,图1.4)。

2. 根系分布特点

园林树木依据其根系在土壤中伸展的方向可以分为水平根和垂直根(图1.5)。

图1.3 落羽杉呼吸根

图1.4 榕树气生根

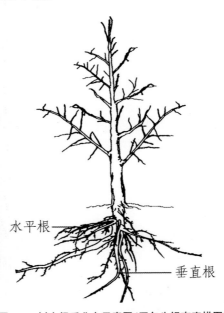

图1.5 树木根系分布示意图(四年生银杏实描图)

13

水平根是指与地面近乎平行生长的根系。在正常情况下，绝大多数园林树木水平根系的密集范围，一般在树冠垂直投影外缘的内外侧，这也是施肥的主要部位。

垂直根是指与地面近于垂直生长的根系。在适宜的土壤条件下，绝大多数园林树木根系垂直分布的密集范围在40～60 cm的土层内。具吸收功能的根，则集中分布在20 cm左右深的土层中。有些树木，如银杏、核桃、香樟、栎类等，它们的垂直根系较发达，根系分布较深，常被称为深根性树种；主根不发达，侧根水平方向生长旺盛，大部分根系分布于上层土壤的树木，如杉木、刺槐、樱桃等树种，则被称为浅根性树种。深根性树种能更充分地吸收利用土壤深处的水分和养分，耐旱、抗风能力较强，但起苗、移栽难度大。生产上，多通过移栽、截根等措施，来抑制主根的垂直向下生长，以保证栽植成活率。浅根性树种则起苗、移栽相对容易，并能适应含水量较高的土壤条件，但抗旱、抗风及与杂草的竞争力较弱。园林生产上，可以将深根性与浅根性树种进行混交，利用它们根系分布上的差异性，以达到充分利用地下空间及水分和养分的目的。

栽培提示：根在土壤中的分布深度和范围，除取决于树种外，还受土壤条件、繁殖方式、栽培技术措施及树龄等因素影响。许多树木的根系，在深厚、肥沃及水肥管理较好的土壤中，水平根系分布范围较小，分布区内须根多；而在土层浅、干旱瘠薄的土壤中，须根稀少，但水平根可以伸展到很远，有些根甚至能在岩石缝隙内穿行生长。用扦插、压条等方法繁殖的苗木，根系分布较实生苗浅。树木在青、壮年时期，根系分布范围最广。此外，由于树根有明显的趋肥和趋水性，所以提倡深耕改土，施肥要达到一定深度，诱导根向下生长，以提高树木的适应性。

3. 影响根系生长的因素

根系生长势的强弱和生长量的大小，随树体的营养状况和根际环境（即土壤温度、湿度与通气、营养条件等）的不同而异。

1）树体的营养状况

树体的有机养分对根系生长影响很大，根系的生长与功能的发挥依赖于地上部分所供应的碳水化合物，因此，在土壤条件良好时，树木根群的总量主要取决于地上部输送的有机物质的多少。当叶片受到损害或结果过多时，有机营养供应不足，根系的生长便会受到明显阻碍，此时即使加强施肥，一时也难以改善根系生长状况。如果采用疏果措施，减少消耗，或通过保叶，改善叶的机能，则能明显促进根系的生长发育。

2）根际环境条件

（1）土壤温度　树木根系的活动与温度有密切的关系，但树种不同，对开始发根的温度要求也不一致。一般原产温带、寒带的树木需要的温度较低，而热带、亚热带树种则要求较高。根的生长有最佳温度和上、下限温度。大多数树木根系生长的最适温度为15～20℃，上限温度为40℃，下限温度为5～10℃。温度过高或过低会造成根系生长缓慢或停止，甚至会造成伤害。由于不同深度土壤的土温随季节变化，分布在不同土层中的根系活动也不同。以我国淮河流域为例，早春土壤解冻后，离地表30 cm以内的土温上升较快，温度也适宜，表层根系活动较强烈；夏季表层土温过高，30 cm以下土层温度较适合，中层根系较活跃。90 cm以下土层，周年温度变化较小，根系往往常年都能生长。

（2）土壤湿度　树木根系的生长需要有充足的水分。研究表明，当土壤含水量达到最大田间持水量的60%～80%时，最适宜根系生长。一般认为，具有大量分支和深入下层的根，能有效利用深层土壤的水分和矿质，也就比较耐旱。当土壤水分降低到某一限度时，即使温度、通气状况及其他因子都适合，根也会停止生长；过于干旱，根的木栓化加速，自疏现象加重；根在干旱条件下受害，远比叶片出现萎蔫要早；在缺水时，叶子可以夺取根部的水分，这样根系不仅停止生长和吸收，严重时甚至死亡；在轻微干旱时，土壤通气性大为改善，同时又抑制了地上部的生长，使较多的碳水化合物先用于根群生长，致使根群趋于发达，有利于根的发育。土壤水分过多则导致通气不良，发根少，根系在缺氧情况下，就不可能进行正常的呼吸和其他生理活动，易引起树木生长不良和早衰。同时二氧化碳和其他有害气体就会在根系周围积累，当达到某一浓度时，就可能引起根系中毒，导致根的停长或烂根死亡。

（3）土壤通气状况　树木根系的生长需要良好的通气状况，为促进新根的发生和充分发挥根的功能，土壤必须有足够的氧气。通气良好条件下的根系密度大、分枝多、须根也多。土壤含氧量对根的影响与二氧化碳的含量关系密切，如果土壤中二氧化碳含量不太高，根际周围的空气含氧量即使低到3%，根系仍能正常发挥功能；如果根际二氧化碳含量升高到10%或更多，则根的代谢功能即受破坏。栽培中除了考虑土壤中空气的含氧量外，更要注重土壤孔隙度或非毛细管孔隙度。孔隙度低，土壤气体交换恶化。一般来说，根系在土壤孔隙度7%以下时生长不良，在1%以下时几乎不能生长。为了使树木正常生长，土壤的孔隙度要求在10%以上。城市由于铺装路面多、市政工程施工夯实以及人流踩踏频繁，造成土壤坚实，土壤内外气体不易交换，以致引起二氧化碳等有害气体的积累中毒，有些元素还会转变成有害的离子，影响根系的生长并对根系造成伤害（图1.6）。

（4）土壤营养条件　一般情况下，土壤营养状况不会像温度、水分、通气那样成为限制根系生长的因素，但土壤营养可影响根系的质量，如发达程度、须根密度、生长时间的长短等。根总是向肥多的地方生长，在肥沃的土壤或施肥条件下，根发达，须根密，活动时间长；相反，在瘠薄的土壤中，根系瘦弱，须根稀少，生长时间较短。

另外，根的生长与土壤类型、土壤厚度、母岩分化状况及地下水位高低都有密切的关系。

4. 根系的年生长周期

一般情况下，树木根系的生长无自然休眠期，只要条件

图 1.6　路面铺装影响树木根系生长

图 1.7　榕树气生根的利用

适宜,就可全年生长或随时可由停顿状态迅速过渡到生长状态。但根系的年生长有较明显的周期性,与地上部分的生长与休眠交替进行,且根系生长在先。由于树木的根系庞大,分布范围广,功能多样,即使在生长季,一棵树的所有根也并非在同一时间内都生长,而是一部分根生长时,另一部分根可能呈停顿状态,使根的生长情况变得更复杂。例如,在有些树根系的垂直分布深度内,中上层土温受气温影响变化大,使其中的根系生长出现季节性波动,但下层土温变化小,往往能使根系常年都处于生长状态。在年周期中,根系的生长动态受很多内外因素的影响,不同的时期有不同的限制因子,但在很大程度上还是受土温的影响。

根系生长与地上部分器官的相互关系是复杂的,但其生长高峰总是与地上部分器官相互交错发生。在温带地区,通常根系春季提早生长,秋季延后休眠,这样很好地满足了地上部分生长对水分、养分的需求。在春末与夏初之间以及夏末与秋初之间,不但温度适宜根系生长,而且树木地上部分运输至根部的营养物质量也大,因而在正常情况下,许多树木的根系都在一年中的这两个时期分别出现生长高峰。在盛夏和严冬时节,土壤分别出现极端的高温和低温,抑制根系活动。尤其在夏季,根系的主要任务是供给蒸腾耗水,于是根系的生长相应处于低谷,有的甚至停止生长。生长在南方或温室内的树木,根系的年生长周期通常不明显。

5. 根系的生命周期

在树木的一生中,根系也要经历发生、发展、衰老、死亡和更新的过程与变化。从生命活动的总趋势看,根系的寿命应与该树种的寿命长短一致,但当树木衰老濒于死亡时,根系仍能维持一段时间的寿命,为萌发更新提供了可能性。根的寿命受环境条件的影响很大,并与根的种类及功能密切相关。不良的环境条件,如严重的干旱、高温等,会使根系逐渐木质化,加速衰老,丧失吸收能力。一棵树上的根,寿命由长至短的顺序大致是支持根、贮藏根、运输根、吸收根。许多吸收根,特别是根毛,它们对环境条件十分敏感,存活的时间很短,处于不断死亡与更新的动态变化之中。对多数侧根来说,一般寿命为数年至数十年。

树木根系的生长与树龄有关,幼年期生长很快,一般都超过地上部分的生长速度,并以垂直向下生长为主,为以后树冠的旺盛生长奠定基础。树冠达最大时,根幅也最大。至此,不仅根系的生物量达最大值,而且在此期间,根系的功能也不断地得到完善和加强,尤其是根的吸收能力显著提高。随着树龄的增加,根系的生长速度趋于缓慢,并在较长时期内与地上部分的生长保持一定的比例关系,直到吸收根完全衰老死亡,根幅缩小,整个根系结束生命周期。

栽培提示:根系是树木的生命之本,栽培中要综合考虑树木根系的分布特点,根系与地上部分的枝、干、叶、花、果等的营养关系,并根据栽培地的土壤等条件,为根系营造良好的生长环境,以提高树木的适应性和发挥其综合功能。同时,也可以充分利用部分树种奇特的根系结构,如池杉和榕树的气生根等,开发和提高树木的综合观赏价值。图 1.7 中把榕树气生根用竹片引入地面土中,以培养独树成林。

1.3.2　芽的生长与特性

1. 芽的概念和功能

芽是多年生植物为适应不良环境条件和延续生命活动而形成的一种重要器官。它是枝、叶、花等器官的原始体,是带有生长锥和原始小叶片而呈潜伏状态的短缩枝或是未伸展的紧缩的花或花序,前者称为叶芽,后者称为花芽。花芽的着生方式有 3 种(图 1.8):a. 在新梢的顶端着生花芽,在年内开花,如蔷薇、紫薇、胡枝子等;b. 在新梢顶端或叶腋内着生花芽,年内开花,如桂花、山茶花等;c. 在头一年枝的顶端着生花芽,翌年春天开花,如山茶、瑞香、辛夷、多花栎木等。芽与种子有部分相似的特点,在适宜的条件下,可以形成新的植株。因此,芽是树木生长、开花结实、修剪整形、更新复壮、保持母本优良性状及营养繁殖的基础。下面结合几个与芽有关的概念,讲述芽的相关特性。

芽分为定芽与不定芽。树木的顶芽、腋芽或潜伏芽的发生均有一定的位置,称为定芽;而在根插、重剪或老龄的枝、干上常出现一些位置不确定的芽,称为不定芽。不定芽常用作更新或调整树形,老树更新有赖于枝、干上的潜伏芽。

a. 在新梢的顶端着生花芽　　　　b. 在新梢顶端或叶腋内着生花芽　　　　c. 在头一年枝的顶端着生花芽

图1.8　花芽的着生方式

定芽在树木枝上按一定规律排列的顺序称为芽序。因定芽着生的位置是在叶腋间,所以芽序与叶序相同。不同树种的芽序不同,多数树种的芽序是互生的,如榆树、板栗等;芽序为对生的树种有蜡梅、丁香、白蜡等;芽序为轮生的树种有松类、夹竹桃等。有些树木的芽序,也因枝条类型、树龄和生长势而有所变化。

树木的芽序与枝条的着生位置、方向有密切关系,了解树木的芽序对整形修剪、安排主侧枝的方位等具有重要作用。

2. 芽的特性

了解芽的特性,对研究园林树木的树形和整形修剪等具有重要意义。

1) 芽的异质性

同一枝条上不同部位的芽在发育过程中,由于枝条内部的营养状况、外界环境条件的差异,存在着大小、饱满程度以及其他特性的差别,称为芽的异质性。了解芽的异质性及其产生的原因,便于在树冠上选择插条、接穗的部位和在整形修剪时剪口芽的选留。

枝条基部的芽发生在初春,此时正处于生长开始阶段,叶面积小、气温低、光合效能差,故芽的发育程度较差,常形成瘪芽或隐芽。其后,气温逐渐升高,展现的新叶面积增大,光合作用增强,芽的发育状况得到改善,充实饱满。

有些树木(如梨等)的长枝有春梢、秋梢之分,即枝于春季生长为春梢后,夏季停长,当秋季温度、湿度适宜时,顶芽又萌发为组织常不充实的秋梢,在寒冷时易受冻害。如果长枝生长延迟至秋后,因气温降低,枝梢顶端往往不能形成顶芽。所以,一般长枝的基部和顶端部分或秋梢上的芽质量较差,中部的最好;中短枝中、上部的芽较为饱满;树冠内部或下部的枝条,由于光照不足,其上面的芽质量欠佳。

2) 芽的早熟性和晚熟性

枝条上的芽从形成到萌发所需的时间长短因树种而异。有些树木在生长季的早期形成的芽,当年就能够萌发,甚至有些树种的芽一年内能连续抽生2～3次新梢,并能多次开花,如米兰、月季、茉莉等。芽的这种不经过冬季低温休眠,能够当年萌发的特性称为芽的早熟性。具有早熟芽的树种,一般分枝较多,进入结果期早。有些树种的芽当年一般不萌发,必须经过一定的低温时期来解除休眠,第二年春天才能萌发成枝,芽的这种特性称为芽的晚熟性,如银杏、毛白杨等。当然,也有一些树种兼有以上两者特性,如葡萄的副芽是早熟性芽,而主芽则是晚熟性芽。

芽的早熟性与晚熟性是树木比较固定的习性,但在不同的年龄和环境条件下也会有所变化。如生长在较差环境条件下的适龄桃树,一年只萌发一次枝条;而具晚熟性芽的悬铃木等树种的幼苗,在水肥条件较好时,当年常会萌生两次枝。

3) 萌芽力和成枝力

树木母枝上叶芽萌发抽枝的能力称为萌芽力,一般以萌发的芽数占该枝条总芽数的百分率来表示。凡枝条上的叶芽有一半以上能萌发的为萌芽力强的树木,如悬铃木、榆树等;凡枝条上的芽多数不萌发,而呈现休眠状态的则为萌芽力弱的树木,如梧桐、广玉兰等。萌芽力强的树种,一般耐修剪,树木易成型。

枝条上的叶芽萌发后能够抽成长枝的能力称为成枝力,一般以具体成枝数或以长枝占萌芽数的百分率表示。不同树种的成枝力不同,如悬铃木等萌芽力强,成枝力也强,树冠密集,幼树成型快。若是成枝力强的花果树,则进入开花结果期早,但会因树冠过早郁闭而影响树冠内的通风透光,引起内部短枝早衰。而银杏、西府海棠等树种的成枝力较弱,树冠内枝条稀疏,幼树成型较慢,遮阴效果也差,但树冠通风透光较好。

4) 芽的潜伏力

树木枝条基部的芽或上部的某些副芽,在一般情况下不萌发而呈潜伏状态,这类芽称之为潜伏芽,也称隐芽。当树木衰老或枝条受到某种刺激时,潜伏芽萌发抽生新梢的能力称为芽的潜伏力。潜伏芽寿命长的树种容易更新复壮,甚至能多次更新,所以这种树木的寿命也较长,否则相反。如桃树的潜伏芽寿命较短,所以桃树不易更新复壮,寿命也短。

潜伏芽的寿命长短与树种的遗传特性有关,但环境条件和养护措施等也有重要的影响。如桃树一般的经济寿命仅有10年左右,但在良好的养护管理条件下,30年树龄的桃树仍有相当高的产量;栽植于高速公路石质边坡上的银杏,其萌发抽生新梢的能力较同时栽植于土壤条件较好的公园绿地中的要小得多,其雌株的挂果量也较少。

栽培提示:树木在进行整形修剪之前,必须先了解修剪对象的芽的特性,比如对于潜伏芽潜伏力强的树种可根据实际需要实施重剪,修剪次数也可以相应增加。

1.3.3　茎枝的生长

树木的芽萌发后生成茎枝,茎以及由它长成的各级

16

枝、干是组成树冠的基本部分,茎枝是长叶和开花结果的部位,也是扩大树冠的基本器官。

1. 茎枝的生长类型

茎枝的生长方向与根系相反,表现出背地性。除主干延长枝、突发性徒长枝呈垂直向上生长外,多数因不同枝条对空间和光照的竞争而呈斜向生长,也有少数呈水平或下垂生长的。按园林树木茎枝的伸展方向和形态,大致可分为以下4种生长类型(图1.9)。

1) 直立型

茎干有明显的背地性,垂直地面,枝直立或斜生于空间,多数树木都是如此。在直立茎的树木中,也有一些变异类型,按枝的伸展方向可分为垂直型、斜伸型、水平型和扭旋型等。

2) 下垂型

这类树种的枝条生长有十分明显的向地性,当萌芽呈水平或斜向伸出之后,随着枝条的生长而逐渐向下弯曲,甚至有些树种在幼年时都难以形成直立的主干,必须通过高接才能直立。此类树种容易形成伞形树冠,如垂柳、龙爪槐等。有时也把下垂生长类型作为直立生长类型的一种变异类型。

3) 攀援型

茎长得细长柔软,自身不能直立,但能缠绕或具有适应攀附他物的器官(如吸盘、卷须、吸附气根、钩刺等),借他物为支撑向上生长。在园林中,常把具有缠绕茎和攀援茎的木本植物统称为木质藤本,简称藤木,如紫藤、葡萄、地锦类、凌霄类、蔷薇类等。

4) 匍匐型

茎蔓细长,自身不能直立,又无攀附器官的藤本或无直立主干的灌木,常匍匐于地面生长。在热带雨林中,有些藤如绳索状趴伏在地面或呈不规则的小球状匍匐于地面。匍匐灌木如偃柏、铺地柏等。攀援藤木在无他物可攀时,也只能匍匐于地面生长,这种生长类型的树木,在园林中常作地被植物。

2. 树木的分枝方式

除少数树种(如棕榈科的许多种)不分枝外,分枝是树木生长的基本特征之一。大多数树木的分枝都有一定的规律性,在空间足够的条件下,构成不同的树冠外形。了解树木的分枝习性,对培养树木、观赏树形、整形修剪、提高树木的光能利用率或促使树木提早成花等都有重要的意义。归纳起来,主要有以下4种分枝方式(图1.10):

a. 直立生长型(水杉)

b. 下垂生长型(垂柳)

c. 攀缘生长型(爬山虎)

d. 匍匐生长型(花叶蔓长春)

图 1. 9　茎枝的生长类型

17

| a. 单轴分枝(银杏) | b. 多歧式分枝(苦楝) | c. 合轴分枝(樱花) | d. 假二叉分枝(楸树) |

图1.10　分枝方式

1) 总状分枝

又称单轴分枝,这类树木的顶芽优势极强,每年都能向上继续生长且生长旺盛,能形成高大通直的主干或主蔓,同时依次发生侧枝,侧枝又以同样方式形成次级侧枝。这种具有明显主轴的分枝方式称为总状分枝或单轴分枝,如圆柏、雪松、水杉、池杉、银杏、杨树、栎等。这种分枝方式在裸子植物中表现更为明显,其中有很多为名贵的观赏树种和极为重要的用材树种。

2) 合轴分枝

此类树木的顶芽在经一段时间生长后,先端分化出花芽或自枯,而由邻近的侧芽代替延长生长,以后又按照上述方式进行分枝生长,从而形成了曲折的主轴,这种分枝方式称为合轴分枝。被子植物以合轴分枝为最多,大多数园林树种都属于这一类,如柳树、石楠、樱花、悬铃木、国槐等。

3) 假二叉分枝

具有对生芽的树木顶芽自枯或分化为花芽,则由其下对生芽同时萌发生长所代替,形成叉状延长枝,以后照此继续分枝,其外形上似二叉分枝,因此称为假二叉分枝。这种分枝方式实际上是合轴分枝的另一种形式,如泡桐、楸树、丁香、女贞、桂花等。

4) 多歧式分枝

这类树种顶芽在生长期末,生长不充实,侧芽之间的节间短或在顶梢直接形成3个以上长势均等的侧芽,下一个生长季节梢端附近能抽出3个以上的新梢同时生长,称为多歧式分枝。具有这种分枝方式的树种一般主干低矮,如苦楝、臭椿等。

树木的分枝方式不是一成不变的,有些树木在同一植株上有两种不同的分枝方式,许多树木年幼时呈单轴分枝,生长到一定树龄后,就逐渐变成为合轴或假二叉分枝。因而在幼、青年树木上,可见到两种不同的分枝方式,如在白玉兰上可以见到单轴分枝与合轴分枝及其转变的痕迹。

3. 顶端优势

树木顶端的芽或枝条在生长上比其他部位的芽或枝条占有优势的现象称为顶端优势。一个近于直立的枝条,其顶端的芽能抽生最强的新梢,而侧芽所抽生的枝,其生长势多呈自上而下递减的趋势,最下部的一些芽则不萌发。顶端优势也表现在分枝角度上,枝自上而下开张;如去除先端对角度的控制效应,则所发侧枝又可垂直生长。另外也表现在树木中心干生长势比同龄主枝强,树冠上部枝生长势比下部的强。一般乔木都有较强的顶端优势,越是乔化的树种,其顶端优势也越强,反之则弱。

4. 干性与层性

园林树木中心干的强弱以及维持时间的长短称为树木的干性。顶端优势明显的树种,中心干强而持久。凡是中心干明显而坚挺并能长期保持优势的称为干性强,即枝干的中轴部分比侧生部分具有明显的相对优势,如雪松、水杉、广玉兰等;而梅、桃以及灌木树种则干性弱。干性强弱是构成树冠骨架的重要生物学依据,同时对树木高度和树冠的形态、大小等有重要的影响。由于顶端优势和芽的异质性,使强壮的一年生枝产生部位比较集中,主枝在中心干上的分布或二级枝在主枝上的分布形成明显的层次,这种现象称为树木的层性。具有层性的树冠,有利于通风透光。

1) 干性与层性的成因与特点

一般顶端优势强而成枝力弱的树种层性明显,如马尾松、广玉兰、枇杷等树种几乎一年一层,这一习性可作为测定树木树龄的依据之一。此类乔木在中心干上的顶芽萌发成一强壮的延长枝和几个较壮的主枝及少量细弱侧生枝,基部的芽多不萌发,而成为隐芽。同样,在主枝上以与中心干上相似的方式,先端萌生较壮的主枝延长枝和几个自先端至基部长势递减的侧生枝。其中有些枝较弱,生长停止早,节间短,单位长度叶面积多,生长消耗少,积累营养物质多,因而容易形成花芽,成为树冠中开花、结实的部分。

2) 干性与层性的影响因素

(1) 不同树种的干性和层性强弱不同　雪松、龙柏、水杉（图 1.11）等树种干性强而层性不明显；南洋杉（图 1.12）、黑松、广玉兰等树种干性强，层性也明显；悬铃木、银杏等树种干性比较强，主枝也能分层排列在中心干上，层性最为明显。梅、柑橘等树种自始至终都无明显的干性和层性。

（2）树木的干性和层性在树木的生命周期里也会发生变化　有的树种一开始就有明显的层性，如油松等；香樟、苦楝等树种，幼年期能保持较强的干性，进入成年期后，干性和层性都明显衰退；而有些树种则随树龄增大，弱枝衰退、死亡，层性才逐渐明显起来，如苹果、梨等。树木的层性随中心干的生长优势和保持年代而变化，树木进入壮年之后，中心干的优势减弱或失去优势，层性也就消失。

（3）树木的干性与层性在不同的栽培条件下会发生一定变化　如群植能增强干性，孤植会减弱干性，人为修剪也能影响树木的干性和层性。栽培中通常把树木砍头，但如果对干性强而侧芽萌发力不强的树种截干，往往不能形成预想的大树冠，如水杉、池杉、杨树、桉树等。

5. 枝干的生长特性

枝干的生长包括加长生长和加粗生长，生长的快慢用一定时间内增加的长度或粗度，即生长量来表示。生长量的大小及其变化，是衡量树木生长势强弱和生长动态变化规律的重要指标。

1）加长生长

随着芽的萌动，树木的枝、干也开始了一年的生长。加长生长主要是枝、茎尖端生长点的向前延伸，生长点以下各节一旦形成，节间长度就基本固定。加长生长按由慢到快再到慢的节律进行，生长曲线呈 S 形。加长生长的起止时间、枝梢旺盛生长期长短、生长量大小与树种特性、年龄、环境条件等有密切关系。

树木在生长季的不同时期抽生的枝质量不同，枝梢生长初期和后期抽生的枝一般节间短，芽瘦小；枝梢旺盛生长期抽生的枝，不但长而粗壮，营养丰富，且芽健壮饱满，为扦插、嫁接繁殖的理想材料。枝梢旺盛生长期树木对

水、肥需求量大，应加强抚育管理。

2）加粗生长

树木枝、干的加粗生长是形成层细胞分裂、分化、增大的结果。加粗生长比加长生长稍晚，其停止也略晚；在同一植株上新梢形成层活动开始和结束均较老枝早，主干和大枝的形成层活动自上而下逐渐停止，所以下部枝干停止加粗生长比上部稍晚，并以根颈结束最晚。当芽开始萌动时，在最接近芽处，形成层先开始活动，然后向枝条基部发展。因此，落叶树种形成层的开始活动稍晚于萌芽，同时离新梢较远的树冠下部的枝条，形成层细胞开始分裂的时期也较晚。由于形成层的活动，枝干出现微弱的增粗，此时所需的营养物质主要靠上一年的贮备。此后，随着新梢不断加长生长，形成层活动也持续进行。新梢生长越旺盛，则形成层活动也越强烈，时间越长。秋季由于叶片积累大量光合产物，枝干明显加粗。

不同的栽培条件和措施，对树木的加长和加粗生长会产生一定的影响，如适当增加栽植密度有利于加长生长，保留枝叶可以促进加粗生长。

6. 影响枝条生长的因素

影响枝条生长的因素很多，主要有以下几个方面：

1）树种或品种与砧木

不同树种或品种由于遗传型的差异，新梢生长强度有很大的变化。有的生长势强，枝梢生长强度大，称长枝型；有的生长缓慢，枝短而粗，即所谓短枝型；还有介于上述两者之间的，称半短枝型。

砧木对地上部分枝梢生长的影响很明显。通常砧木可分为乔化砧、半矮化砧和矮化砧 3 类。同一树种或品种嫁接在不同砧木上，其生长势有明显差异，并使整体上呈乔化或矮化的趋势。

2）有机养分

树木体内贮藏养分的多少对枝梢的萌发、伸长有显著的影响。贮藏养分不足，新梢短而纤细。春季先花后叶类

图 1.11　水杉干性强，在长江流域用作行道树

图 1.12　南洋杉层性强，在南方用作行道树

树木,若开花结实过多,消耗了大量养分,则新梢生长较差。

3）内源激素

树木体内5大类激素都影响枝条的生长。生长素、赤霉素、细胞分裂素多表现为刺激生长;脱落酸及乙烯多表现为抑制生长。新梢加长生长受到成熟叶和幼嫩叶所产生的不同激素的综合影响。幼嫩叶内产生类似赤霉素的物质,能促进节间伸长;成熟叶产生的有机养分与生长素类配合引起叶和节的分化,产生的休眠素可抑制赤霉素。摘去成熟叶可促进新梢加长生长,但不增加节数和叶数;摘除幼嫩叶,仍能增加节数和叶数,但节间变短而减少新梢长度。

应用生长调节剂,可以影响内源激素水平及其平衡,促进或抑制新梢生长。如生长延缓剂B9、矮壮素（CCC）可抑制内源赤霉素的生物合成;B9也影响吲哚乙酸的作用,喷B9后枝条内脱落酸增多,而赤霉素含量下降,因而枝条节间短,停止生长也早。

4）母枝所处部位与状况

树冠外围的新梢较直立,光照好,生长旺盛;树冠下部和内膛枝因为芽质差,有机养分少,光照差,所发新梢较细弱。潜伏芽所萌发的新梢多为徒长枝。新梢的枝向不同,其生长势也不同,这与新梢中生长素含量的高低有关。

母枝的强弱和生长状况对新梢的生长影响很大。新梢随母枝直立至斜生,顶端优势减弱,并随母枝弯曲下垂而发生优势转位,在弯曲处或最高部位发生旺长枝,此现象称为背上优势。园林中常利用枝条生长的姿态来调节树势。

5）环境与栽培条件

生长季节长短、温度高低与变化幅度、光照强度与光周期、养分水分供应情况等环境因素都对新梢生长有影响,但不同因素的影响不同。在生长季节中,水分的多少往往是影响新梢生长的关键因素;气温高、生长季长,新梢的年生长量大;低温、生长季热量不足,则新梢年生长量小;光照不足时,新梢细长而不充实;施氮肥和浇水过多或修剪过重,都会引起过旺生长。

7. 树体骨架的形成

枝、干为构成树木地上部分的主体,对树体骨架的形成起重要作用。了解树体骨架的形成,对树木整形修剪,调整树体结构以及观赏作用的发挥具有重要意义。树木的整体骨架构造依枝、干的生长方式,大致可分为以下3种类型:

1）单干直立型

树木具有一明显的与地面垂直生长的主干,称单干直立型。这种树木顶端优势明显,由骨干主枝、延长枝及细弱侧枝等3类枝构成树体的主体骨架。通常树木以主干

为中心轴,着生多级饱满、充实、粗壮、木质化程度高的骨干主枝,起扩大树冠、塑造树型、着生其他次级侧枝的作用。由于顶端优势的影响,主干和骨干主枝上的多数芽为隐芽,长期处于潜伏状态。由骨干主枝顶部的芽萌发形成延长枝,进一步扩展树冠。延长枝上再着生细弱侧枝,完善树体骨架。细弱枝相对较矮小,养分有限,可直接着生叶或花。通常细弱枝更新较频繁,随树龄的增加,主干、骨干主枝以及延长枝的生长势也会逐渐转弱,从而使树体外形不断变化,丰富观赏效果。

2）多干丛生型

由根颈附近的芽或地下芽抽生形成几个粗细接近的枝干,构成树体的骨架,在这些枝上,再萌生各级侧枝,此形态称为多干丛生型。这类树木以灌木为主,离心生长相对较弱,顶端优势也不十分明显,植株低矮,芽抽枝能力强,树冠的扩展主要靠下部的芽逐年抽生新的枝干来完成。有些种类枝条中下部芽较饱满,抽枝旺盛,使树体结构更紧密,容易更新复壮。

3）藤蔓型

藤蔓型树种有一至多条从地面生长出来的明显主蔓,它们的藤蔓兼具单干直立型和多干丛生型树木枝干的生长特点,但藤蔓自身不能直立生长,因而无确定冠形。如九重葛、紫藤等主蔓自身不能直立,但其顶端优势仍较明显,尤其是在幼年时,主蔓生长很旺,壮年以后,主蔓上的各级分枝才明显增多,其衰老更新特性常介于单干直立型和多干丛生型之间。

栽培提示:树木的茎枝是整形修剪形成基本树形的基础,要根据其影响因素培育适合栽培目的和环境要求的树木茎枝。另外,由于树木内源激素的调节或外界环境的影响（如人为措施、火烧、病虫害等）,使得树木的茎枝出现异常的形态,有些可以用作观赏,成为园林中的一景。

1.3.4　叶和叶幕的形成

叶是进行光合作用制造有机养分的主要器官,植物体内90%左右的干物质是由叶片合成的。叶片的活动是树木生长发育的物质基础,植物体的生理活动,如蒸腾作用和呼吸作用主要是通过叶片进行的,因此了解叶片的形成对园林树木的栽培有重要作用。

1. 叶片的形成与生长

树木单叶的发育,自叶原基出现以后,经过叶片、叶柄（或托叶）的分化,直到叶片的展开和叶片停止增长为止,构成了叶片的整个发育过程。叶片的大小与前一年或前一生长时期形成叶原基时的树体营养状况以及当年叶片生长期的长短有关。对于不同树种、品种和同一树种的不同枝梢来说,单个叶片自展叶到叶面积停止增长所用的时间及叶片的大小是不一样的。从长梢看来,一般中

下部叶片生长时间较长,而中上部较短;短梢叶片除基部叶片发育时间短外,其余叶片大体比较接近。单叶面积的大小,一般取决于叶片生长的天数以及旺盛生长期的长短。如生长天数长,旺盛生长期也长,叶片则大,反之则小。

初展的幼嫩叶,由于叶组织量少,叶绿素浓度低,光合效率较低;随着叶龄增加,叶面积增大,生理上处于活跃状态,光合效率大大提高,直至达到一定的成熟度为止,然后随叶片的衰老而降低。展叶后在一定时期内光合能力强。常绿树以当年的新叶光合能力为最强。由于叶片出现的时期有先后,同一树体上就有各种不同叶龄的叶片,并处于不同发育时期。一般说来,春季叶芽萌动生长,枝梢也处于开始生长阶段,基部先展的叶生理活动较活跃,随着枝的伸长,活跃中心不断向上转移,而基部的叶逐渐衰老。

2. 叶幕的形成

树木的叶幕是指叶片在树冠内集中分布的群集总体,它是树冠叶面积总量的反映。园林树木的叶幕随树龄、整形、栽培目的与方式不同,其形状和体积也不相同。

幼年或人工整形的树木,叶片可充满整个树冠,其树冠的形状与体积即是叶幕的形状和体积。自然生长无中心干的成年树,叶幕与树冠体积并不一致,其枝叶一般集中在树冠表面,叶幕往往仅限于冠表较薄的一层,多呈弯月形叶幕。具有中心干的成年树,多呈圆头形。老年树多呈钟形叶幕,具体依树种而异。成片栽植的树林的叶幕,顶部呈平面形或立体波浪形。为结合花果生产,或为避开高架线的行道树,多经人工整形修剪使其充分利用光能,常见有杯状整形的杯状叶幕;按层状整形的,则形成分层形叶幕;按圆头形整形的呈圆头形、半圆头形叶幕(图1.13)。

落叶树木的叶幕在年周期中有明显的季节变化,其形成的速度与强度因树种或品种、环境条件和栽培技术的不同而异。在一般情况下,树势强及年龄幼的树或以抽生长枝为主的树种、品种,叶幕形成的时间较长,叶面积高峰期出现较晚;树势弱、年龄大或短枝型树种、品种,其叶幕形成的时间短,高峰期也早。如桃树以长枝为主,叶幕高峰形成较晚,其树冠叶面积增长最快时期是在长枝旺盛生长之后;而苹果的成年树以短枝为主,其树冠叶面积增长最快是在短枝停梢期,故其叶幕形成早,高峰出现也早。落叶树木的叶幕,从春天发叶到秋季落叶,大致能保持5~8个月的生活期,所以较理想的叶面积生长动态应是前期叶面积增长较快,中期保持合理,后期合适的叶面积保持期较长,以防止叶幕过早下降;常绿树由于叶片的生存期大多可达一年以上,而且老叶多在新叶形成之后逐渐脱落,故叶幕比较稳定。

栽培提示:园林树木的叶和叶幕是重要的可供观赏的部位,可以根据栽培目的、树龄、立地条件等进行修剪和整形,确定其形状和体积。同时,在树木的年周期里,可以根据叶色的变化适时适当地改变叶幕的形状和体积,以增加观赏的多样化。

1.3.5 花芽分化

树木在整个发育过程中,最明显的质变是由营养生长转为生殖生长,花芽分化及开花是生殖发育的标志。

1. 花芽分化的概念

树木新梢生长到一定程度后,体内积累了大量的营养物质,一部分叶芽内部的生理和组织状态便会转化为花芽的生理和组织状态,这个过程称花芽分化。狭义的花芽分化指的是其形态分化,广义的花芽分化包括生理分化、形态分化、花器官的形成与完善直至性细胞的形成。花芽分化是树木重要的生命活动过程,是完成开花的先决条件,花芽分化的数量和质量直接影响到开花。了解花芽分化的规律,对于促进花芽的形成和提高花芽分化的质量,增加花果质量和满足观赏需要都具有重要意义。

2. 花芽分化期

根据花芽分化的指标,树木的花芽分化可分为生理分化期、形态分化期以及性细胞形成期。

1)生理分化期

树木叶芽内生长点内部由叶芽的生理状态转向形成花芽的生理状态的过程称为生理分化期。此时,叶芽与花

a. 塔形   b. 分层形   c. 弯月形   d. 圆头形

图1.13 叶幕形状示意图

芽外观上无区别,主要是生理生化方面的变化,如体内营养物质、核酸、内源激素和酶系统的变化。叶芽生理状态转向花芽生理状态的过程,是决定能否形成花芽的决定性质变时期,也是为形态分化奠定基础的时期。生理分化时期,芽内部生长点不稳定,代谢极为活跃,对外界因素高度敏感,条件不适极易发生逆转,因此,促进花芽分化的各种措施必须在生理分化期进行才有效。生理分化期约在形态分化前的1~7周(一般是4周左右)。树种不同,生理分化开始的时期亦不同,例如牡丹在7—8月,月季在3—4月。生理分化期持续时间的长短,除与树种和品种的特性有关外,与树体营养状况及外界的温度、湿度、光照条件均有密切关系。

2) 形态分化期

由叶芽生长点的细胞组织形态转化为花芽生长点的组织形态过程称为形态分化。这一时期是叶芽经过生理分化后,在产生花原基的基础上,花或花器的各个原始体的发育过程。此时,芽内部发生形态上的变化,依次由外向内分化出花萼、花冠、雄蕊、雌蕊原始体,并逐渐分化形成整个花蕾或花序原始体,形成花芽。大部分园林树木分化过程大同小异,且形态分化过程是不可逆的。整个分化过程需1~4个月的时间,有的更长。一般情况下,花芽形态分化时期又可分为以下5个时期:

(1) 分化初期　因树种不同而略有不同。一般是芽内突起的生长点逐渐肥厚,顶端高起呈半球状,四周下陷,从而与叶芽生长点相区别,在组织形态上改变了芽的发育方向,是花芽分化的标志。此期如果内外条件不具备,也可能退回到营养芽状态。

(2) 萼片形成期　下陷四周产生突起体,即为萼片形成的原始体,达此阶段才可肯定为花芽。

(3) 花瓣形成期　萼片内基部发生突起体,即花瓣原始体。

(4) 雄蕊形成期　花瓣原始体内基部发生的突起,即雄蕊原始体。

(5) 雌蕊形成期　花瓣原始体中心底部发生的突起,即雌蕊原始体。

雄蕊、雌蕊形成期,有些树种延续时间较长,一般是在第二年春季开花前完成。关于花芽形态分化的过程及形态变化,还因树种是混合芽还是单纯花芽,是单花还是花序,是单子房还是多室等而略有差别。

3) 性细胞形成期

从雄蕊产生花粉母细胞或雌蕊产生胚囊母细胞开始,到雄蕊形成二核花粉粒和雌蕊形成卵细胞,称为性细胞形成期。于当年内进行一次或多次分化并开花的树木,其花芽性细胞都在年内较高温度下形成;在夏秋分化、次春开花的树木,其花芽经形态分化后要经过冬春一定低温累积条件下,才能形成花器和进一步分化完善与生长,再在第

二年春季开花前较高温度下完成。性细胞形成时期,如不能及时供应消耗掉的能量及营养物质,就会导致花芽退化,并引起落花落果。

3. 花芽分化的季节型

树木的花芽分化与环境条件有着密切关系,花芽分化开始时期和持续时间的长短,因树种与品种、地区、年龄等的不同而异。根据不同树种花芽分化的季节特点,可归纳为以下4种类型:

1) 夏秋分化型

绝大多数早春和春夏间开花的树木,如海棠类、榆叶梅、樱花、迎春、连翘、玉兰、紫藤、丁香、牡丹、枇杷、杨梅、杜鹃、泡桐、栀子花、紫叶小檗、广玉兰、合欢等,都是于前一年夏秋(6—8月间)开始分化花芽,并延迟到9—10月完成花器的主要部分,后经冬季休眠,第二年春夏开花。但也有些树种,如板栗、柿子等分化较晚,在秋天只能形成花原始体,需要延续更长的时间才能完成花器分化。

2) 冬春分化型

原产温暖地区的荔枝、龙眼和柑橘类等树种,一般12月秋梢停止生长后至次年春季萌芽前,花芽逐渐分化与形成,其分化时间较短且连续进行,不需要休眠就能开花。此类型中,有些延迟到年初才开始分化,而在冬季较寒冷的四川等地区,有提前分化的趋势。

3) 当年分化型

许多夏秋开花的树木,如木槿、紫薇、槐树、珍珠梅、荆条等,都是在当年新梢上形成花芽并开花,不需要经过低温。

4) 多次分化型

有些树木在一年中能多次抽梢,且每抽梢一次,就分化一次花芽并开花,如茉莉、月季、四季桂、白兰、无花果、葡萄等,以及华南地区的一些植物,如八角、榕树、桉树、台湾相思、巴西橡胶等。此类树木中,春季第一次开花的花芽有些可能是去年形成的,各次分化交错发生,没有明显停止期。

4. 花芽分化的特点

树木的花芽分化虽因树种不同而有很大的差别,但各种树木在分化期都有以下特点:

1) 花芽分化临界期

树木从生长点转为花芽形态分化之前,都有一个生理分化阶段。在此时期,生长点细胞原生质处于不稳定状态,对内外因素均高度敏感,易于改变代谢的方向。因此,生理分化期也称花芽分化临界期,是控制花芽分化的关键时期。花芽分化临界期因树种、品种而异,如苹果于花后2~6周,柑橘于果熟采收前后。

2) 花芽分化的长期性与不一致性

大多数树木的花芽分化期并非绝对集中于一个短时期内,而是相对集中又有些分散,以全树而论是分期分批

陆续进行的,这与各生长点在树体各部位枝上所处的内外条件和营养生长停止时间有密切关系。不同的品种间花芽分化期差别也很大,有的从5月中旬开始生理分化,到8月下旬为分化盛期,至12月初仍有10%～20%的芽处于分化初期状态,甚至到翌年2～3月间还有5%左右的芽仍处在分化初期状态。这说明,树木落叶后,在暖温带可以利用贮藏养分进行花芽分化。

3) 花芽分化的相对集中性和相对稳定性

各种树木花芽分化的开始期和盛期在不同年份有差别,但差距不大。例如,苹果在6—9月,桃在7—8月,柑橘在12月至翌年2月。花芽分化的相对集中和相对稳定性与气候条件和物候期有密切关系。通常多数树木是在新梢(春、夏、秋梢)停长后,为花芽分化高峰。

4) 花芽分化所需时间因树种和品种而异

从生理分化到雌蕊形成所需时间,因树种、品种而不同。芦柑需半个月,苹果需1.5～4个月,甜橙需4个月,梅花的形态分化从7月上中旬至8月下旬花瓣形成,牡丹在6月下旬至8月中旬为分化期。

5) 花芽分化早晚因条件而异

树木花芽分化时期不是固定不变的。一般幼树比成年树晚,旺树比弱树晚,同一树上短枝、中长枝及长枝上腋花芽形成依次渐晚。一般停止生长早的枝分化早,但花芽分化多少与枝长短无关,大年时新梢停长早,但因结实多,使花芽分化变晚。

5. 影响花芽分化的因素与相关理论研究

由于花芽分化的多少,直接影响花果产量和观赏价值,长期以来人们就很注意研究影响花芽分化的因素,并提出了一些相关的理论和学说。

1) 芽内生长点处于分裂又不过旺的状态

这种学说认为只有形成花芽的新梢处于停止加长生长或处于缓慢生长时,才能进入花芽的生理分化状态,正在进行旺盛生长的新梢或已进入休眠的芽是不能进行花芽分化的。

2) 营养物质的供应是花芽形成的物质基础

充分的营养物质不仅是花芽分化的基础,也是形成成花激素的物质前提。近百年来不同学者提出了以下4种学说:

(1) 碳氮比学说　认为细胞中氮的含量占优势时,促进营养生长;碳水化合物稍占优势时,有利于花芽分化。

(2) 细胞液浓度学说　认为细胞分生组织进行分裂的同时,细胞液的浓度增高,才能形成花芽。

(3) 氮代谢的方向学说　认为氮的代谢转向蛋白质合成时,才能形成花芽。

(4) 成花激素学说　自20世纪30年代以来,许多研究证明:叶制造的某种成花物质,输送到芽中使花芽分化。有人认为该成花物质是一种激素,有的则认为是多种激素

水平的综合影响。

3) 内源激素的调节

内源激素的调节是花芽形成的前提,目前已知能促进花芽形成的激素有细胞分裂素、脱落酸和乙烯;对花芽形成有抑制作用的激素有生长素和赤霉素。利用生长延缓剂B9、矮壮素(CCC)、多效唑(PP333)等植物生长调节剂,也可以调节树体内促花激素与抑花激素之间的平衡关系,以达到促进花芽形成的目的。

4) 遗传基因的影响

不同树木在一定条件下,首次成花的快慢不同,这是受其遗传性所决定的。控制花芽分化的遗传基因只有在一定的外界条件和内在因素的刺激下,才能使花芽分化。当实生树通过幼年期长到一定的大小和年龄以后,才能接受成花诱导。

5) 枝叶、花、果与花芽分化

在树木的短枝上叶成簇生,营养物质累积多,容易形成花芽。一般情况下,树木开花多结实则多,消耗树体营养也多,以致会影响花芽分化。

6) 花芽分化的外界环境条件

(1) 光照　光照不仅影响树木营养物质的合成与积累,也影响内源激素的产生与平衡。在强光下激素合成慢,特别是在紫外光的照射下,生长素和赤霉素被分解或活化受抑制,从而抑制新梢生长,促进花芽分化。

(2) 温度　温度影响树木的光合作用、根系的吸收率及蒸腾等一系列生理过程,也影响体内激素的水平,还间接影响花芽分化的时期、质量和数量。各种树木的花芽分化都要求有一定的温度,过高或过低都不利于花芽分化。如苹果花芽分化的最适温度为22～30℃,平均气温10℃以下时分化停滞。

(3) 水分　在花芽生理分化期前,适当控制和降低土壤含水量,可提高树体内的氨基酸特别是精氨酸的水平,增加叶中脱落酸的含量,从而抑制赤霉素的合成和淀粉酶的产生,促进淀粉积累,抑制生长素的合成和新梢生长,利于花芽分化。夏季适度干旱利于树木花芽形成,但长期干旱同样也影响花芽分化。

(4) 矿质元素　施用氮肥对花原基的发育具有强烈影响,当树木缺乏氮素时,受到叶组织的生长限制,成花的诱导作用受阻碍。铜、钙、镁等元素的缺乏可使一些树木的成花减少,磷对成花的作用因树种而异。当大多数元素相当缺乏时,会影响成花。

花芽分化需要在适宜的内外条件综合作用下才能进行,但决定花芽分化的首要因子是营养物质(包括结构物质、能量物质和遗传物质等)的积累水平,而激素的作用及充足的光照、适宜的温度和昼夜温差、适当干旱等,则是花芽分化的重要条件。

总之,树木形成花芽需要具备三方面条件:生长点处

于分裂又不过旺状态,有效同化产物在一定部位和一定时间里的相互作用及内源激素的平衡,以及适宜的环境条件。

6. 控制花芽分化的途径及栽培措施

在了解树木花芽分化规律和条件的基础上,可综合运用各种栽培技术措施,控制并调节树木生长发育的外部条件和平衡树木各器官间的生长发育关系,从而达到控制花芽分化的目的,例如通过适地适树、选择砧木、繁殖方法、水肥控制、整形修剪、疏花疏果、疏枝间伐以及生长调节剂的使用等。为了促进树木多开花结果,增强观赏效果,应采取措施促进花芽分化,如生理分化期增施磷、钾肥,应用生长调节物质控制新梢生长,适当控水,环割或环剥等。

控制花芽分化必须遵循以下两个基本原则:一是充分利用花芽分化长期性的特点,对不同树种、不同年龄和不同大小年的树木采取相应的控制措施,提高控制效果;二是充分利用不同树种的花芽分化临界期,抓住控制花芽分化的关键时期,实施各种技术措施进行促控。必须强调,对树木采取促进花芽分化的措施时,需要在健壮生长的基础上才能取得满意的效果。

1.3.6 开花与授粉

一个正常的花芽,在花粉粒和胚囊发育成熟后,花萼与花冠展开的现象称为开花。在园林生产实践中,开花的概念有着更广泛的含义,例如裸子植物的球花(孢子叶球)和某些观赏树木的有色苞片或叶片的展显,都称为"开花"。

开花是树木生命周期中幼年阶段结束的标志,除一生只开一次花的植物如竹子外,一般树木都年年开花。花是树木美化环境的主要器官,了解开花习性并掌握开花规律,有助于提高园林种植设计的效果。

1. 开花的时期与顺序

供观花的园林树木种类很多,由于受其遗传特性和环境条件(尤其是气温)的影响,在一个地区内一般都有比较稳定的开花时期。除特殊小气候环境外,同一地区各种树木每年开花期相互之间有一定的顺序性和季节性。如梅花花期早于碧桃,结香早于榆叶梅,玉兰早于樱花等。南京地区部分树种开花先后顺序为梅花、柳树、杨树、榆树、玉兰、樱花、桃树、紫荆、紫薇、刺槐、合欢、梧桐、木槿、槐树。表1.2中列出了长江三角洲地区部分树种的开花季节。

在同一地区,同一树种不同品种间开花时间早晚也不同,按花期都可分为早花、中花和晚花三类,如樱花即有早樱和晚樱之分。同一树体上不同部位枝条开花早晚不同,一般短花枝先开放,长花枝和腋花芽后开。同一花序开花早晚也不同,如伞形总状花序其顶花先开,伞房花序基部边花先开,而柔荑花序于基部先开。

表 1.2 长江三角洲地区部分树种的开花季节一览表

开花季节	树种举例
春季	桃树、牡丹、泡桐、含笑、笑靥花、梅花、杏、金缕梅、丁香、玫瑰、樱花、月季、连翘、梨、金钟、杜鹃、木香、迎春、雪柳、黄槐、山茶、棣棠、金银花、木绣球、海棠、紫藤、云南黄馨、木莲、四照花、紫荆、瑞香、白玉兰、忍冬、榆叶梅、紫玉兰等
夏季	紫薇、茉莉花、夹竹桃、凌霄、石榴、锦带花、夜来香、栀子、月季、木槿、六月雪、九里香、合欢、夏鹃、白兰花、广玉兰、金丝桃、夏蜡梅、枸杞、六道木、木芙蓉、木槿等
秋季	月季、茉莉、紫薇、九里香、早蜡梅、木芙蓉、桂花、凤尾兰、伞房决明等
冬季	茶梅、结香、油茶、迎春(冬末)、山茶、蜡梅等

雌雄同株树木的雌、雄花既有同时开放的,也有雌花先开或雄花先开的;雌雄异株树木的雌、雄花既有同时开放的,也有雌花先开或雄花先开的,例如银杏在江苏省泰州市于4月中旬至下旬初开花,一般雄花比雌花早开1～3天。

2. 开花的类型

不同树木开花与新叶展开的先后顺序不同,概括起来可分为3类:

1) 先花后叶类

此类树木在春季萌动前已完成花器分化,花芽萌动不久即开花,先开花后长叶。如迎春、连翘、紫荆、日本樱花、梅花、榆叶梅等。

2) 花叶同放类

此类树木的花器分化也是在萌动前完成,开花和展叶几乎同时,如紫叶李等。此外,多数能在短枝上形成混合芽的树种也属此类,如海棠、核桃等。混合芽虽先抽枝展叶而后开花,但多数短枝抽生时间短,很快见花,此类开花较前类稍晚。

3) 先叶后花类

此类树木中如柿子、枣、葡萄等,是由上一年形成的混合芽抽生相当长的新梢,在新梢上开花,加之萌芽要求的气温高,故萌芽开花较晚。此类多数树木花器是在当年生长的新梢上形成并完成分化,一般于夏秋开花,在树木中属开花最迟的一类,如木槿、紫薇、槐、桂花、荆条等。有些能延迟到初冬才开花,如枇杷、油茶、茶花等。

3. 花期的延续时间

花期的长短受树木种类、品种和外界环境以及树体营养状态的影响而有差异。

1) 因树种与类别而异

园林树木种类繁多,几乎包括各种花器分化类型的树木,加上同种花木品种多样,在同一地区树木花期延续时间差别很大。在北京地区,开花短的只有7～8天,如白丁香、樱花、榆叶梅等;花期长者可达60～131天,如木槿、紫薇、珍珠梅等。不同类别树木的开花还有季节特点。春季和初夏开花的树木多在前一年的夏季花芽开始分化，于秋冬季或早春完成，到春天一旦温度适宜就陆续开花，一般花期短而一致；而夏秋开花者多为当年生枝上分化花芽，分化有早有晚，开花也就不一致，加之个体间差异大，因而花期较长。

2) 因树龄、树体营养以及环境条件而异

年幼树和壮年树的开花整齐度和花期比老、弱树齐而长。树体营养状况好，花期延续时间长。花期因天气状况而异，如遇凉爽、湿润天气可以延长，而遇到温度高、干燥天气则缩短。在不同小气候条件下，开花期长短不同，树阴下和阴坡阴面，阴凉湿润，花期较阳坡与全光下长。高山地区随着地势增高花期延长，这与随海拔增高气温下降、湿度增大有关。

4. 每年开花的次数

树木每年开花的次数也因树种、品种、树体营养状况、环境条件等不同而异。

1) 因树种与品种而异

多数园林树种或品种每年只开一次花，但也有些树种或品种一年内有多次开花的习性。如月季、茉莉、柽柳、四季桂等，紫玉兰中也有多次开花的变异类型。

2) 二度开花

原产温带和亚热带的树种，大多一年只开一次花，但当遭受刺激或气候反常变化等原因时一年可再次开花。树木再次开花有两种情况：一种是花芽发育不完全或因树体营养不足，部分花芽延迟到春末夏初才开，这种现象时常发生在某些品种的梨或苹果的老树上；另一种是秋季发生第二次开花现象，为与一年两次开花习性相区别，称为"二度开花"。这种一年再度开花现象，既可能由不良条件引起，也可以由条件的改善而引起，还可以由这两种条件的交替变化引起。

例如近年来，由于气温变暖等环境影响，在河南信阳地区和江苏南京地区，均出现梨"二度开花"现象，甚至"二度结实"。2006 年 11 月中下旬，南京中山植物园里海棠、含笑、樱花和白鹃梅等原本在春季开花的植物，却在深秋"二度开花"，主要是由于当年南京市的气温反复无常，9月初持续高温，一直持续十几天，进入 10 月份后天气骤冷，一下降了十几摄氏度，仿佛一夜入冬，这种大规模降温持续一段时间后，气温又开始回升，南京仿佛突然之间从冬天跨入了春天，导致了一些植物"二度开花"。

由于树木花芽分化的不一致性，树木二度开花时的繁茂程度不如春季，有些尚未分化或分化不完善，就不能开花。出现二度开花一般对园林树木影响不大，有时还可人为采用加温、摘叶和涂生长素等方法，促成春季开花的树种于国庆节再度开花。

5. 授粉和受精

树木开花、花药开裂、成熟的花粉通过媒介达到雌蕊柱头上的过程称为授粉。授到柱头上的花粉萌发形成花粉管伸入到胚囊，使精子与卵子结合的过程称为受精。对树木自身而言，花的主要功能是授粉受精，最终产生果实与种子，以达到繁衍后代的目的。

1) 授粉与结实方式

(1) 自花授粉，自花结实　树木同一品种内授粉叫自花授粉。自花授粉并结实，无论有无种子，称为自花结实。具有自花亲和性的品种，自花授粉后获得的种子，培育的后代一般都能保持母本的性状，但很容易衰退。

(2) 异花授粉，异花结实　树木不同品种间进行授粉叫异花授粉。异花授粉获得的种子的杂种优势使后代具有较强的生命力，培育的后代一般很难继承父、母本的优良品性而形成良种，所以生产上不用这类种子直接繁育苗木，尤其是花灌木等，仅用于做嫁接苗的砧木。有时自花授粉不易获得果实，经异花授粉后，可提高坐果率，增加产量。

(3) 单性结实　未经过受精而形成果实的现象叫单性结实。单性结实的果实大都无种子，但无种子的果实并不一定都是单性结实。例如无核白葡萄可以受精，但因内珠被发育不正常，不能形成种子，称种子败育型无核果。

(4) 无融合生殖　一般是指不受精也产生发芽力的胚(种子)的现象，如湖北海棠，其卵细胞不经受精可形成有发芽力的种子，是无融合生殖的一种，也叫孤雌生殖。

2) 影响授粉受精的因素

(1) 授粉媒介　有的花以风媒授粉，如松柏类、榆树、悬铃木、杨柳科和壳斗科的树木等；有的以虫媒授粉，如大多数花木和果木等。但是风媒和虫媒并不绝对，有些虫媒树木如椴树、白蜡也可借风力传播授粉。

(2) 授粉适应　在长期的自然选择过程中，树木对传粉有不同的适应。尽管授粉有上述几种方式，但绝大多数树木还是以异花授粉为主，树木对异花授粉的适应主要表现在以下几个方面：

① 雌雄异株：如杨、柳、杜仲、银杏等。

② 雌雄异熟：有些树木雌雄同株或同花，但常有雌雄异熟的适应性。如核桃为雌雄同株异花，多为雌雄异熟型。泡桐树常雄花先熟，柑橘常雌花先熟。对于一些雌雄异熟的树木可采集花粉后进行人工辅助授粉。

③ 雌雄不等长：有些树种雌雄虽同花、同熟，但其雌雄蕊不等长，影响自花授粉与结实，如某些杏的品种。

④ 柱头的选择性：柱头分泌液对不同花粉刺激萌发上有选择性，或抑或促。

(3) 营养条件对授粉受精的影响　亲本树体的营养状态是影响花粉发芽、花粉管伸长速度、胚囊寿命以及柱头接受花粉时间的重要内因。在树体营养良好的情况下，花粉管生长快、胚囊寿命长、柱头接受花粉的时期也长，这样就延长了有效授粉期。氮素不足的情况下，花粉管生长缓慢、胚囊寿命短,当花粉管到达珠心时,胚囊已经失去功能,不能受精。对于生长势弱或衰老树,花期根外喷尿素可提高坐果率;生长后期施氮肥有利于提高次年结实率。

硼对花粉萌发和受精有良好作用,有利于花粉管的生长。在萌(花)芽前喷 1%～2% 硼砂或在花期喷 0.1%～0.5% 的硼砂,可增加苹果坐果率。秋施硼肥,有利于提高欧洲李第二年的坐果率和产量。

钙也有利于花粉管的生长,故有人认为花粉管向胚珠方向的向性生长,是对从柱头到胚珠钙的浓度梯度的反应。缺磷的树木发芽迟、花序出现迟,降低了异花授粉的概率,还可能降低细胞激动素的含量,因此施磷可提高坐果率。用赤霉素处理,可以使自花不结实的树种或品种,提高坐果率。

多量的花粉有利于花粉发芽,如果花粉密度不大,增加花粉水浸提液,仍可促进花粉发芽。

(4) 环境条件对授粉受精的影响　温度影响花粉发芽和花粉管的生长,不同树种或品种的最适温度不同,如苹果是 10～25℃,30℃ 以上不利于发芽。

花期遇低温会使胚囊和花粉受害。温度不足,花粉管生长慢,待到达胚囊前胚囊已失去受精能力。低温期长,开花慢,叶生长相对加快,消耗养分多,不利于胚囊的发育与受精。花期遇到气温高、空气干燥时,对花喷水可提高授粉受精。虫媒花低温不利于昆虫传粉。

如花期遇大风,会使柱头干燥蒙尘,不利于花粉发育,也不利于昆虫活动。阴雨潮湿,使花粉不易散发或易失去活力,还能冲掉柱头黏液,也不利于传粉。另外,大气污染会影响花粉发芽和花粉管生长。

3) 提高授粉受精效率的措施

根据树木授粉受精的影响因素,提高授粉受精效率的措施可以从树木的内因和外因两个方面来考虑。

(1) 配置授粉树　不论是"自花结实"还是"自花不实"的树种与品种,除能单性结实者外,异花授粉均能提高结实量,生产上常按一定比例混栽。园林绿化中若不能配置授粉树,则可用异品种高枝嫁接或在花期人工授粉。

(2) 调节营养　首先要加强头一年夏秋的管理,保护叶片不受病虫危害,合理负担,提高树体营养水平,保证花芽健壮饱满。其次要调节春季营养的分配,均衡树势,不使枝叶旺长,必要时采用控梢措施。对生长势弱或衰老树,可于花期在根外喷洒尿素、硼砂等,对促进授粉受精有积极的作用。

(3) 人工辅助授粉　对于一些雌雄异熟的树木可采集花粉后进行人工辅助授粉。比如用人工授粉的方法可使鹅掌楸的结实率大幅度提高。

(4) 改善环境条件　搞好环境保护、控制大气污染,对易受大气污染影响的植物的授粉受精是很重要的。另外在花期禁止喷洒农药,保护有益于传粉昆虫的活动,促进虫媒花的授粉受精。

栽培提示:花是园林树木的重要观赏器官之一,花朵的大小、色泽、数量等与树体内的营养状况有着密切的关系,应加强对树木的土壤、营养和水分等的管理,如对春夏开花的树木加强冬季或早春的施肥是非常重要的。

1.3.7　坐果与果实的生长发育

在园林树木栽培中,了解果实的生长发育,对提高观果树木的观赏价值、提高果实与种子的产量和质量具有重要的意义。

1. 坐果与落花落果

树木开花并经过授粉受精后,子房膨大发育成果实,在生产上称为坐果。坐果率的高低受营养、外界环境条件、病虫害等影响。开花后,一部分未能授粉受精的花脱落了;另一部分虽已授粉受精,但因营养不良或其他原因也造成花果脱落。因此,坐果数比开花的花朵数要少,坐果后能真正成熟的果实则更少。这种从花蕾出现到果实成熟的全过程中,发生花果陆续脱落的现象称为落花落果。而因花未受精等非机械和外力作用所造成的落花落果现象,统称为生理落果。

由于树木对适应自然环境和保持生存能力的自身调节,使得各种树木的坐果率不同,如枣的坐果率仅占开花朵数的 0.5%～2%。树木自控结果的数量可防止养分过量地消耗,以保持健壮的生长势,达到营养生长与生殖生长的平衡,但在栽培中应该尽力避免一些非正常性的落花落果。

1) 落花落果的时期和次数

(1) 早期落花　树木于第一次开花后的花朵脱落,因花未受精,未见子房膨大,对果实的丰欠影响不大。

(2) 落幼果　约在花后 2 周内出现,子房已膨大,幼果已初步发育,对果实的丰欠有一定影响。

(3) 六月落果　在第一次落果后 2～4 周出现,大体在 6 月间,此时幼果已有指头大小,故对丰欠影响较大。

(4) 采前落果　有些树种或品种在果实成熟前有落果现象,称为采前落果。

2) 落花落果的原因

造成树木落花落果的原因很多,概括起来主要有以下 4 点:

(1) 授粉、受精不完全　最初落花、落幼果是由于花器发育不全或授粉受精不良而引起的。

(2) 营养不良　幼果的生长发育需要大量的养分,尤其胚和胚乳的生长,需要大量的氮才能构成所需的蛋白质,而此时有些树种的新梢生长也很快,同样需要大量的氮素,两者之间发生对氮争夺的矛盾,常使胚的发育终止而引起落果,因此应在花前施氮肥。磷是种子发育重要的元素之一,花后施磷肥可提高早期和总坐果率。缺锌也易引起落花落果。

(3)生长素的不足或器官间生长素的不平衡 幼胚发育初期生长素供应不足,只有那些受精充分的幼果,种胚量多且发育好,能产生大量生长素,对养分水分竞争力强而不会脱落。果实将近成熟时,种胚产生生长素的能力逐渐降低,容易引起采前落果。

(4)环境影响 水不仅为一切生理活动所必需的物质,而且果实发育和新梢生长都需要大量的水,但水分过多,造成土壤缺氧而削弱根系的呼吸,使树体营养不良,或水分不足引起花、果柄形成离层,均会导致落花落果。

(5)其他因素 过多施氮肥和灌水、栽植过密、修剪不当、通风透光不好等,也会加重采前落果。另外,果实大、结果多、果柄短、果实互相挤压以及夏秋暴风雨也会造成采前落果。

3)提高坐果率的方法

(1)为花果生长创造良好的条件 创造良好的授粉条件是提高树木坐果率和减少落花落果的有效措施,改善树体营养是提高坐果率和减少过多落果的物质基础。

(2)适时和适当的疏花疏果 在花期、幼果期进行必要的疏花疏果,可平衡营养生长与生殖生长的关系,使叶片数与果实数成一定比例,克服大小年现象。至于疏花疏果的数量,要根据具体树种、具体条件而定,并要一定的实践经验才能获得满意的效果。

(3)适宜的栽培管理措施 在幼果生长期内,既要保证新梢的健壮生长,也要采用摘心或环剥等措施防止新梢生长过旺,以提高坐果率。在盛花期或幼果生长初期喷涂2,4-D、赤霉素等生长刺激素,以提高幼果中生长素的浓度,防止果柄产生离层而落果,也可促进养分输向果实,有利于幼果的生长发育。

值得注意的是,园林生产中栽植的观果树木与果树不同,更强调树体外围的结果数量,尽管实际产量可能不高,但也要给人以丰收的景象,如火棘、柿树等。

2. 果实的生长发育

坐果后,子房便开始膨大,进入果实生长发育期。其间需要经过细胞分裂、组织分化、种胚发育、细胞膨大和细胞内营养物质的积累转化等过程。果实生长发育的好坏,对果实和林木种子生产以及园林树木的观果都有影响。

1)果实生长发育所需的时间

树木各类果实成熟时,外表上显示出固有的成熟特征,该时期为形态成熟期。不同树木果实发育所需时间不同,如蜡梅约需6周,香榧需74周,大多数树木需15周左右。果熟期与种熟期有的一致,有的不一致。有些种子要经过后熟,而个别也有较果熟期早的。果熟期长短因树种和品种而异,榆树、柳树等最短,桑、杏次之,樱桃的种子则需要后熟。松属树种因第一年春传粉时球花很小,第二年春才能受精,种子发育成熟需要整整两个生长季,故果熟需跨年。一般早熟品种发育期短,晚熟品种发育期长。另外,还受环境条件的影响,高温干燥,果实生长期缩短,反之则长;山地条件、排水好的地方果熟期早。

2)果实的生长发育

果实生长发育与其他器官一样,也遵循由慢至快再到慢的S形生长曲线规律。果实的生长首先以伸长生长为主,后期转为以横向生长为主。因果实内没有形成层,其增大完全靠果实细胞的分裂与增大,重量的增加大致与其体积的增大成正比。果实体积的增大,取决于细胞的数量、体积和细胞间隙。

花器和幼果生长的初期是果实细胞主要分裂期,对许多春天开花、坐果的多年生树木来说,供应花果生长的养分主要依靠去年贮藏的养分,所以采用秋施基肥、合理修剪、疏除过多的花芽等,对促进幼果细胞的分裂具有重要作用。

果实发育中后期,主要是果肉细胞的增大,果实除含水量增加外,碳水化合物的含量也直线上升。此期保持合适的叶果比、良好的光照和适宜的土壤水肥条件,是提高果实产量和质量的保证。此时若过多浇水和施用氮肥,虽能增加一定产量,但果实含糖量和品质下降。

在果实发育的不同阶段,一种或几种激素相互作用,调控果实的发育。对大部分果实来说,前期促进生长的细胞分裂素、赤霉素等激素的含量高,后期则抑制生长的乙烯、脱落酸等激素的含量高。

3)果实的着色

果实的着色是其成熟的标志之一。由于叶绿素分解,细胞内已有的类胡萝卜素、黄酮素等使果实显出黄、橙等色;而果实中的红、紫色是由叶片中的色素原输入果实后,在光照、温度及氧气等环境条件下,经氧化酶而产生的花青素苷转化形成的。花青素苷是碳水化合物在阳光的照射下形成的,所以在果实成熟期,保证良好的光照条件,对碳水化合物的合成和果实的着色很重要。有些园林树木果实的着色程度决定了它的观赏价值高低,如忍冬类树木果实虽小,但色泽或艳红或黑紫,煞是好看。

4)促进果实发育的栽培措施

首先要增施有机肥料,注意栽植密度,使树木的地上与地下部分有良好的生长空间和营养条件,保持树体代谢的相对平衡和对无机养料最强的吸收能力;其次,要合理进行整形修剪,使树体形成良好的形态结构,调节好营养生长和生殖生长的关系,注意通风透光,提高光合效率和树体营养水平;第三,在落叶前后施足基肥,并在花芽分化、开花和果实生长等不同阶段进行追肥,保证肥水供应;最后,要合理适时地采用摘心、环剥和应用生长激素来提高坐果率,并根据观赏的要求适当疏除幼果,同时要加强病虫害防治等。

1.4 园林树木生长发育的整体性

树木是一个结构与功能均较复杂和完善的有机整体，构成这个有机体的各部分器官之间，生长发育的各阶段或过程间，既存在相互依赖、相互调节的关系，也存在相互制约、相互对立的关系。这种相互对立与统一的关系，表现为树木生长发育的整体性。研究树木的整体性，有助于更全面、综合地认识树木生长发育规律，以指导生产实践。

园林树木生长发育的整体性的表现，主要包括各器官之间、地上部分与地下部分、营养生长与生殖生长的相关性等。

1.4.1 各器官之间的相关性

1. 顶芽与侧芽、根端与侧根的相关性

园林树木中顶芽生长抑制侧芽发生或侧枝生长的现象十分普遍，表现出明显的顶端优势，如塔柏、雪松等。这种顶端优势现象对植株的形状和开花结果部位影响很大，如果除去顶芽，则顶芽抑制的作用被解除，优势位置下移，促进了侧芽萌发，利于扩大树冠；当主枝受害或主芽受伤后，休眠芽萌发可以代替失去的器官。同理，去掉侧芽则可保持顶端优势。

园林生产实践中，可根据不同的栽培目的，利用修剪措施来控制树势和树形。如对碧桃幼树进行摘心，可加速整形，提早开花结果。另外，对月季等顶芽摘心可促进侧芽萌发，延长花期。

同样，正在生长的根系顶端对于侧根的形成有抑制作用，当切断主根的先端，则有利于促进侧根的发生，切断侧根，又可多发侧须根。当移栽园林苗木时，可切断主根促进侧根生长，增加根量，以扩大吸收面积，有利于成活。对某些老龄树深翻改土，切断少许一定粗度的根，有利于促发须根、吸收根，以增强树势，更新复壮。

2. 果与枝的相关性

正在发育的果实争夺养分较多，对营养枝的生长、花芽分化有抑制作用。如果结实过多，就会对全树的长势和花芽分化起抑制作用，并出现开花结实的"大小年"现象。其中，果实中的种子所产生的激素抑制附近枝条的花芽分化。

3. 树高与直径的相关性

通常树木树干直径的开始生长时间迟于树高生长，但生长期较树高生长期长。一些树木的高生长与直径生长能相互促进，但由于顶端优势的影响，往往加高生长或多或少地会抑制直径的生长。

4. 营养器官与生殖器官的相关性

营养器官与生殖器官的形成都需要光合产物，而生殖器官所需的营养物质是由营养器官供给的。营养器官的健壮生长是达到多开花、多结实的前提，但营养器官的扩大本身也要消耗大量养分，常与生殖器官的生长发育出现养分上的竞争，二者的关系较为复杂。

5. 其他器官之间的相关性

树木的各器官是互相依存和作用的，如叶面水分的蒸腾与根系吸收水分的多少有关，花芽分化的早晚与新梢生长停止期的早晚有关、枝量与叶面积大小有关、种子多少与果实大小及发育有关等，这些相关性是普遍存在的，体现了植株整体的协调和统一。

总之，树木各部位和各器官互相依赖，在不同的季节有阶段性，局部器官除有整体性外，又有相对独立性。在园林树木栽培中，利用树木各部分的相关性可以调节树体的生长发育。

1.4.2 地上部分与地下部分的相关性

在树木各器官的相关性中，以根系与地上各器官的相关关系最为紧密。俗语说，"根靠叶养，叶靠根长"、"根深叶茂"、"根固则枝荣"等，概括了树木地上部分与地下部分之间密切相关的关系。

1. 地上部分与地下部分的动态平衡

根系生命活动所需的营养物质和某些特殊物质，主要是由叶片光合作用生产的，这些物质沿着韧皮部向下运输以供应根系；同时，地上部分生长所需的水分和矿质元素，则主要由根系吸收，并沿木质部向上运输。这种上下依赖的关系，在生长量上常反映一定的比例，称为根冠比或根枝比。根冠比值高说明根的生理机能活性强，反之则弱。凡根系发育良好，地上部分也生长健壮；如根系遭受病虫危害或人为伤根太多、或土壤过于浅薄和板结，则根系生长弱，植株地上部分生长也慢，开花少；若根系死亡，地上部分也随之死亡。如果地上部分遭受病虫危害或修剪过重，也会使根系生长减弱，发展受抑制。因此，地上部分与地下部分之间，必须保持良好的协调和平衡关系，才能确保整个植株的健康发育。

2. 根系和地上部分的对应关系

根系和地上部分还有一定的对应关系，不少树木的根系分布范围与树冠基本一致，哪边枝叶旺，哪边根就壮，但根系的垂直生长多小于树高，有些树种幼苗的苗高常与主根长度成线性相关。

3. 地上部分与地下部分的生长节奏交替

树体能够通过错开各自的生长高峰，来调节地上部分与地下部分对养分的竞争关系。例如，许多树木根系的旺盛生长时间与枝、叶的旺盛生长期相互错开，如根在早春季节先于地上部分萌动生长，有些树木的根还能在夜间生长，这样就缓和了水分、养分方面的供求矛盾。

1.4.3 营养生长与生殖生长的相关性

1. 树木营养生长的特点

1）年周期的营养特点

树木在年周期中的营养代谢有氮素代谢与碳素代谢

两种类型,即树木两大营养来源。营养物质在树体内的运输与分配,具有按不同物候期集中分配为主的特性,这种集中运输与分配营养物质的现象,与这一时期的旺盛生长中心相一致,故又称为"营养分配中心"。显然,营养分配中心随物候变化而转移。树木在生长发育过程中,要消耗大量的营养,所以树体内的营养存在着消耗与积累的关系。当树木枝叶生长过旺,营养物质消耗过多,光照条件恶化,则不利于花芽分化和果实发育。秋季气温降低时,是提高树体储藏养分水平的好时机,此时土温高,树体消耗低、光合作用仍然旺盛,可以进行根外追肥,以无机促有机。

2) 生命周期的营养特点

树木在一生中,储藏营养物质既有季节性也有常备性,在不同的年龄阶段,其氮素代谢与碳素代谢的消长变化所支配的营养水平又有不同的特点。树木幼年期,如果立地条件太差,营养物质积累水平低下,容易长成未老先衰的"小老头树"。对于成年树,如果营养物质储藏水平低时,就会出现开花结实的"大小年"现象。壮龄老年树如果开花结实较多,消耗过多,此时树体所在地本身就因为长期的吸取而土力下降,树体输导组织障碍而无法获取远处的营养,就会发生树势衰弱甚至早亡的现象。

所以,应根据树木所处的不同年龄和物候期"以无机促有机,以有机夺无机",使前期氮素代谢增强,形成大量高效能的叶面积,中期扩大和稳定储藏代谢,后期进一步提高储藏代谢,以维持树木年周期和生命周期中的代谢平衡,为其综合功能的发挥创造条件。

2. 营养生长与生殖生长的相关性

这种相关性主要表现在枝叶生长、果实发育和花芽分化之间的相关。树木生殖器官的生长发育建立在营养器官生长良好的基础上,没有健壮的营养生长,就难有生殖生长。生长衰弱,枝细叶小的植株难以分化花芽和开花结果,即使成花,也极易因营养不良而发生落花落果。健壮的营养生长要有足够的叶面积,叶面积不足时,花芽难以分化。许多扦插苗、嫁接苗,即使阶段发育成熟,并已经开花结果,但繁殖成幼苗后,还必须经过一段时间的营养生长才能开花结果。

树木营养器官的生长,也要消耗大量的养分,营养生长过旺,势必会抑制花芽分化、开花和结果等生殖生长,如徒长枝上不能形成花芽,生长过旺的幼树不开花或开花延迟等。欲使园林树木花果生长发育良好,达到良好的观花观果目的,必须将花果的数量与叶片面积控制在适宜的比例。如果开花结果过多,不仅会抑制营养生长,还会致使根系得不到足够的光合养分,影响根系的生长,树体的营养条件进一步恶化,反过来花果也因此发育不良,降低了观赏价值和产量,甚至发生落花落果或出现"大小年"的现象。所以,在园林树木栽培管理中应防止片面追求多花或

多果的不良倾向,协调好营养生长和生殖生长的矛盾。对观花观果树木,在花芽分化前要促使植株有健壮的营养生长,到了开花坐果期,要适当控制营养生长,使养分集中供应花果,以提高坐果率;在果实成熟期,应防止植株叶片早衰脱落或贪青徒长,以保证果实充分成熟。以观叶为主的树木,则应尽量延迟其发育,阻止开花结果,保证旺盛的营养生长,以提高其观赏价值。

1.4.4 树木生长大周期

树木各器官的生长规律都是起初生长缓慢,随后逐渐加速,继而达到最高速度,随后又减慢,直到完全停止,即按照慢—快—慢这种"S"曲线规律进行。树木一生按此规律生长的过程,称之为"生长大周期"。

不同树木在一生中生长高峰出现的早晚及延续期限不同。一般阳性树,如油松、马尾松、落叶松、毛白杨、旱柳、垂柳等,其生长最快的时期多在15年前后出现,以后则逐渐减慢;而耐阴树种,如红松、华山松、云杉、紫杉、红豆杉等,其生长高峰出现较晚,多在50年以后,且延续期较长。所以,实践中经常根据早期生长速度的差异,把园林树木划分为速生树、中生(速)树和慢生(长)树3类。

1.4.5 树木规格的描述

树木的规格一般以树高、胸径、冠幅、枝下高、地径等表示。树高指地面至树木顶梢的高度,通常用 m 表示。胸径指距地面 1.3 m 处树干的直径,通常用 cm 表示。冠幅指树冠的平均直径,一般取树木东西向和南北向树冠直径的平均值,常用 m 表示。枝下高指地面至苗木最下一个分枝的高度,通常用 cm 表示。地径指近地面处树干直径,常用 cm 表示。

1.5 园林树木群体及其生长发育规律

园林树木群体包括自然群体和栽培群体。群体的生长发育和演替可分为幼年期、青年期、成年期、老年及更替期。

1.5.1 园林树木群体的组成

1. 园林树木群体的概念

生长在一起的植物集体称为植物群体。按其形成和发展中与人类栽培活动的关系来讲,可分为两类:一类是植物自然形成的,称为自然群体或植物群落;另一类是人工形成的,称为人为群体或栽培群体。所以,园林树木群体即为生长在一起的木本植物的栽培群体。

自然群体(植物群落)是由生长在一定地区内,并适应

该区域环境综合因子相互影响的植物个体组成,具有一定的组成结构和外貌,是依历史的发展而演变的。在环境因子不同的地区,植物群体的组成成分、结构关系、外貌及其演变发展过程等都有所不同。

栽培群体是完全由人类的栽培活动而创造的。它的发生、发展总规律虽然与自然群体相同,但是它的形成与发展的具体过程、方向和结果,都受人的栽培管理活动支配。

2. 园林树木群体的组成

1) 自然群体的组成结构及外貌特征

各种自然群体均由一定的不同树木种类所组成,但各个种类在数量上并不是均等的,在群体中数量最多或数量虽不太多但所占面积却最大的成分,即称为“优势种”(也称为建群种)。优势种可以是一种或一种以上,是本群体的主导者,对群体的影响最大。各种自然群体具有以下形貌上的特征:

群体的外貌主要取决于优势种的生活型。例如,一片针叶树群体,其优势种为水杉时,则群体的外形呈尖峭突立的林冠线;而当优势种为铺地柏时,则形成一片贴伏地面的、低矮的、宛如波涛起伏的外貌。

群体中树木个体的疏密程度与群体的外貌有着密切的关系。例如,稀疏的松林与浓郁的松林有着不同的外貌。群体的“疏密度”一般用单位面积上的株数来表示。

群体中种类的多少,对其外貌有很大的影响。例如单纯一种树木的林丛常形成高度一致的线条,如果是多种树木生长在一起,则无论在群体立面上或平面上的轮廓、线条,都有不同的变化。

各种群体所具有的色彩形相称为色相。例如针叶林常呈蓝绿色,柳树林呈浅绿色,桂花林则呈深绿色的色相。

由于季节的不同,在同一地区所产生不同的群落形相就称为季相。以同一个群体而言,一年四季中由于优势种的物候变化以及相应的可能引起群体组成结构的某些变化,也都会使该群体呈现有季相的变化。树木生活期的长短各不相同,由于优势种寿命长短的不同,可影响群体的外貌和季相的变化。

各地区不同的植物群体,常有不同的垂直结构“层次”,如热带雨林中可形成多层次植物群。这种层次是依植物种的高矮及不同的生态要求而形成的。除了地上部分的分层现象外,在地下部分,各种植物的根系分布深度也有着分层现象。层次是从群体结构的高低来划分的,即着重于形态方面。

层片是着重从生态学方面划分的,如常绿高位芽植物和落叶高位芽植物为两个层片。在一般情况下,按较大的生活型类群划分时,则层片与层次是相同的,即大高位芽植物层片即为乔木层,矮高位芽植物层片即为灌木层。

2) 栽培群体的组成结构

栽培群体完全是人为创造的,其中有采用单纯种类的种植方式,也有采用立体混合等各种配置方式,因此其组成结构的类型是多种多样的。栽培群体所表现的形貌也受组成成分、主要的植物种类、栽植的密度和方式等因子所制约。

关于园林栽培群体的命名,园林界尚无统一规定,陈有民曾在20世纪50年代末提出园林植物群体的命名法。此法所依据的原则是园林植物群体的形成必须有园林效果,园林植物群体有其组成成分和结构,表现出一定的形貌和内部、外部的生理生态关系,从而导致对一定栽培技术措施的反应与需求性。他主张对组成配置结构单元的群体,首先记明各层次的主要种类和次要种类的名称,然后在前面标明园林配置结构和用途的专门名词,即成为该园林栽培群体的名称。例如单纯树种的栽培群体可有“自然风景式油松纯林”、“双行绿篱式桧柏群体”等;混交种植的群体有“林荫道式油松＋槭树群体”。

1.5.2 群体的生长发育与演替

园林树木群体的生长发育可以分为以下4个时期:

1. 幼年期(群体的形成期)

指种子或根茎开始萌发到开花前的阶段。这是未来群体的优势种在一开始就有一定数量的有性繁殖或无性繁殖的物质基础,例如种子、萌蘖苗、根茎等。在本时期中植物的独立生活能力弱,与外来其他种类的竞争能力较小,对外界不良环境的抗性弱,但植株本身与环境相统一的遗传可塑性较强。

2. 青年期(群体的发育期)

指群体中的优势种从开花、结实到树冠郁闭后的一段时期,或先从形成树冠的郁闭到开花结实时的一段时期。在稀疏的群体中常发生前者的情况,在较密的群体中则常发生后者的情况。由于光照、水分、肥分等因素的关系,这个时期个体发生下部枝条的自枯现象,群体内部种内出现自疏,种间也进行着激烈的竞争,从而调整群体的结构组成。

3. 成年期(群体的相对稳定期)

指群体经过自疏及组成成分间的生存竞争后的相对稳定阶段。在群体的发展过程中始终贯穿着生理生态上的矛盾,但在经过自疏及种间斗争的调整后,已形成大体上较稳定的群体环境、群体结构和组成关系。这时群体的形貌多表现为层次结构明显、郁闭度高等。各种群体相对稳定期的长短有很大差别,它根据群体的结构、发展阶段及外界环境因子等而不同,有的仅能维持数十年,有的则可长达数百年。

4. 老年及更替期（群体的衰老期及群体的更新与演替）

指群体从相对稳定期到群体主要树种的衰老直至死亡的阶段，这是树种间竞争的结果，是群体必然发生的演变现象。这主要是由于群体中个体的衰老，形成树冠的稀疏，郁闭状态被破坏，日光透入树下，土地变得较干，土温也有所增高，同时由于群体使其内部环境的改变，例如树木的落叶对于土壤理化性质的改变等，群体所形成的环境逐渐发生巨大的变化，引起与之相适应的植物种类和生长状况的改变，造成群体优势种演替的条件。一个群体相对稳定期的长短，除了与本身的生物习性及环境影响有关外，与其更新能力也有密切的关系。群体的更新通常用种子更新和营养繁殖更新两种方式进行，在环境条件较好时，由种子萌生幼苗，如环境对幼苗的生长有利，则提供了该种植物群落能较长期存在的基础。

栽培提示：实践中要通过对群体生长发育和演替的了解，掌握其变化的规律，改造自然群体，引导其向有利于人类需要的方向变化和发展；对于栽培群体，则在规划设计之初，就要能预见其发展过程，并在栽培养护过程中保证其具有较长期的稳定性。

1.6　案例分析

蔷薇科樱属樱花品种相当繁多，数目超过 300 种以上，色鲜艳亮丽，枝叶繁茂旺盛，是早春重要的观花树种，常用于园林观赏。在同一海拔高度的不同品种樱花和在不同海拔高度的同一种樱花，其开花与结实物候期亦有差异。因此，选取具有代表性的樱花栽植地区，对数个品种的樱花物候期进行观测，有利于掌握樱花物候节律，了解不同品种樱花在不同物候期中观赏特性的季节变化，揭示其生长发育与周围环境之间的关系，为樱花不同季相观赏期的预测、樱花的引种驯化和在园林及城市绿化美化中的推广应用提供科学依据和实际指导。

1. 南京地区樱花品种的物候表现

1）开花期

2 月 25 日：'迎春樱'；

3 月 1 日—15 日：'寒樱'、'樱桃'、'野生早樱'、'椿寒樱'；

3 月 15 日—4 月初：'日本樱花'、'大山樱'、'红山樱'、'大岛樱'；

4 月 15 日：'松月'和'普贤象'。

2）展叶期

3 月—3 月 15 日：'迎春樱'（开花后展叶）；

3 月 14 日—4 月 15 日：'寒樱'、'樱桃'、'野生早樱'、'椿寒樱'（开花后展叶）；

4 月 20 日—5 月：'日本樱花'、'大山樱'、'红山樱'、

'大岛樱'（开花后展叶）；

4 月 25 日：'松月'和'普贤象'（花叶同放）。

3）观果期

5 月：'迎春樱'；

5—6 月：'寒樱'、'樱桃'、'野生早樱'、'椿寒樱'；

5—7 月：'日本樱花'、'大山樱'、'红山樱'、'大岛樱'；

6—7 月：'松月'和'普贤象'（花叶同放）。

2. 武汉地区樱花品种的物候表现（比南京地区早 10 天左右）

1）开花期

2 月 15 日：'迎春樱'；

2 月 20 日—3 月 5 日：'寒樱'、'樱桃'、'野生早樱'、'椿寒樱'；

3 月 5 日—25 日：'日本樱花'、'大山樱'、'红山樱'、'大岛樱'；

4 月 5 日：'松月'和'普贤象'。

2）展叶期

2 月 25 日—3 月：'迎春樱'；（开花后展叶）

3 月 5 日—3 月 25 日：'寒樱'、'樱桃'、'野生早樱'、'椿寒樱'（开花后展叶）；

4 月 5 日—4 月 20 日：'日本樱花'、'大山樱'、'红山樱'、'大岛樱'（开花后展叶）；

4 月 5 日：'松月'和'普贤象'（花叶同放）。

3）观果期

4—5 月：'迎春樱'；

5 月：'寒樱'、'樱桃'、'野生早樱'、'椿寒樱'；

5—6 月：'日本樱花'、'大山樱'、'红山樱'、'大岛樱'；

6—7 月：'松月'和'普贤象'（花叶同放）。

3. 北京地区樱花品种的物候表现（比南京地区晚 15 天左右）

1）开花期

3 月 10 日：'迎春樱'；

3 月 15 日—30 日：'寒樱'、'樱桃'、'野生早樱'、'椿寒樱'；

4 月 1 日—4 月 15 日：'日本樱花'、'大山樱'、'红山樱'、'大岛樱'；

5 月 1 日：'松月'和'普贤象'。

2）展叶期

3 月 15—3 月 30 日：'迎春樱'；（开花后展叶）

4 月 5 日—4 月 25 日：'寒樱'、'樱桃'、'野生早樱'、'椿寒樱'（开花后展叶）；

5 月 10 日：'日本樱花'、'大山樱'、'红山樱'、'大岛樱'（开花后展叶）；

5 月 5 日：'松月'和'普贤象'（花叶同放）。

3）观果期

5—6 月：'迎春樱'；

5—7 月：'寒樱'、'樱桃'、'野生早樱'、'椿寒樱'；

6—7 月：'日本樱花'、'大山樱'、'红山樱'、'大岛樱'；

7 月：'松月'和'普贤象'（花叶同放）。

■ 思考题

1. 什么是生长与发育？它们之间有何关系？
2. 试以某一种园林树木为例，简述树木的生命周期和年周期。
3. 什么是物候及物候期？物候观测在园林树木栽培中有何意义？
4. 园林树木根系的类型及其分布特点有哪些？简述影响根系生长的因素。
5. 园林树木的芽有哪些特性？
6. 园林树木茎枝的生长有哪些类型？分枝有哪些方式？
7. 影响枝条生长的因素有哪些？
8. 影响花芽分化的因素和控制花芽分化的途径各有哪些？
9. 简述园林树木营养生长与生殖生长的相关性。
10. 从园林树木地上部分与地下部分的相关性出发，解释"根深叶茂、根固枝荣"的含义。
11. 简述树木群体生长发育和演替多个时期的主要特点。

1.7　实验/实习内容与要求

根据园林树木物候期的观测方法，要求学生对当地落叶树种制定物候观测方案，确定观测内容，并进行实地观测与记载。

2 环境对园林树木生长发育的影响

■ 学习目标

掌握各种环境因子对园林树木生长发育影响的机理;能够熟练地根据环境因子的特点,进行园林树木的选择,尤其是各类抗性树种的选择;了解地形地势因子对园林树木生长发育的影响。

■ 篇头案例

"人间四月芳菲尽,山寺桃花始盛开"。西安在洛阳的西南部,海拔比洛阳高约 280 m,西安的紫荆(*Cercis chinensis*)始花期比洛阳迟 13 天,即海拔高度每上升 100 m,春季紫荆的始花期约延迟 4 天;到了夏季,西安的刺槐(*Robinia pseudoacacia*)盛花期比洛阳迟 5 天,即海拔高度每上升 100 m,刺槐的盛花期延迟 1.8 天。可见,园林树木的生长发育过程虽然主要受其遗传基因的控制,但外界环境条件也起着重要的作用。

环境是指树木生存地周围空间一切因素的总和。树木与环境之间是一个相互联系的辩证统一体,从环境中分析出来的因素称为环境因子,其中对树木起作用的因子称为生态因子,包括光照、温度、水分、空气等气候因子,成土母质、土壤结构、土壤理化性质等土壤因子,动物、植物、微生物等生物因子以及坡度、坡向、海拔等地形因子等。

园林树木只有在适宜的环境中才能良好地生长发育。气候和土壤等因子是树木生存不可缺少的必要条件,它们直接影响着园林树木的生长发育,故又称为生存因子;而地形、地势、生物及人为影响,则间接地影响着树木生长发育的进程和质量。可见,树木的生长发育与环境之间的关系十分复杂,只有根据树木的生长规律创造适宜的环境条件,并制定合理的栽培技术措施,才能促进树木正常生长发育,以达到美化环境的目的。

2.1 气候因子对园林树木生长发育的影响

气候因子包括光照、温度、水分和空气等,对园林树木的生长发育有着重要的影响。

2.1.1 光照

光是绿色植物最重要的生存因子,也是植株制造有机物质的能量来源。树木生长过程中所积累干物质的 $90\%\sim95\%$ 来自光合作用,光对树木生长发育的影响主要是通过光质、光照强度和光照长度来实现的。

1. 光质对园林树木生长发育的影响

光是太阳的辐射能以电磁波的形式投射到地球表面上的辐射线,其波长约在 $150\sim3\,000$ nm,而能量的 99% 则集中在波长为 $150\sim4\,000$ nm 的范围内。人眼能看见波长为 $380\sim770$ nm 范围内的光,即可见光,对树木进行光合作用起着重要作用,但人眼看不见的波长小于380 nm 的紫外线部分和波长大于 770 nm 的红外线部分,对树木也有一定作用。

一般而言,树木在全光范围,即在白光下才能正常生长发育,但不同波长的光对植株生长发育的作用不同,主要体现在以下几个方面:

(1)在树木的光合作用中,叶绿素对光线的吸收有选择性,叶绿素吸收红光最强烈,因此红光有助于叶绿素的形成,其次是蓝紫光和黄橙光,绿光则几乎全被反射。

(2)红光、橙光有利于树木碳水化合物的合成,加速长日照植物的发育,延迟短日照植物的发育,蓝紫光则相反,所以栽培上为培育优质的壮苗,可选用不同颜色的玻璃或塑料薄膜覆盖,人为地调节可见光成分。

(3) 蓝光、紫光能抑制树木的加长生长,对幼芽的形成和细胞的分化均有重要作用,它们还能促进花青素的形成,使花朵色彩鲜丽。紫外线也具有同样的功能,因此,高山上的树木生长慢,节间短缩,植株矮小而花色鲜艳。热带植物花色浓艳也是因为紫外线较多之故。紫外线还能促进种子发芽、果实成熟、杀死病菌孢子等。

(4) 红外线是一种热线,它被地面吸收转变为热能,能增高地温和气温,提高树木生长所需要的热量。

2. 光照强度对园林树木生长的影响

光照强度是单位面积上所接受到的可见光的能量,简称照度,单位为勒克斯(lx)。各种园林树木都要求在一定的光照强度下生长,而不同的树木对光照强度的反应不同,如月季等,光照充足时,植株生长健壮;有些园林树木如含笑、红豆杉等,在强光下生长不良,但半阴条件下健康生长。另外,园林树木在不同的生长发育时期对光照强度的要求也不同。

1) 园林树木的需光量及对光照强度的适应性

各种树木维持生命活动所要求的光照强度不同,通常用光补偿点和光饱和点来表示。光补偿点是光合作用所产生的碳水化合物的量与呼吸作用所消耗的碳水化合物的量达到动态平衡时的光照强度。在这种情况下,树木不会积累干物质,即此时的净光合作用等于零。在光补偿点以上,随着光照的增强,光合强度逐渐提高,这时光合强度超过呼吸强度,树木体内开始积累干物质,但是到一定值后,再增加光照强度,光合强度也不再增加,这种现象叫光饱和现象,此时的光照强度就叫光饱和点。根据园林树木正常生长发育对光照强度的要求及适应性的不同,可划分为 3 种类型:

(1) 阳性树种 该类树木要求较强的光照,光补偿点高,约为全部太阳光照强度的 3%～5%,通常不能在林下正常生长和完成其更新,如松树、刺槐、悬铃木等。

(2) 阴性树种 该类树木在较弱的光照条件下,比在强光下生长良好,光照强度过大时,会导致光合作用减弱。其光补偿点低,不超过全部太阳光照强度的 1%,如珊瑚树、红豆杉等。

(3) 耐阴树种 该类树木对光照强度的要求介于阳性树种和阴性树种之间,对光的适应幅度较大,既能在全日照下良好生长,也能忍受适当的庇荫,如枇杷、冷杉等。

2) 园林树木耐阴力的测定

(1) 生理指标法 耐阴性强的树木光补偿点较低,有的仅为 100～300 lx,而不耐阴的阳性树则为 1 000 lx。耐阴性强的树种其光饱和点较低,有的为 5 000～10 000 lx,而一些阳性树的光饱和点可达 50 000 lx 以上,一般树种约在 20 000～50 000 lx。因此从测定树种的光补偿点和光饱和点上可以判断其对光照的需求程度。但是植物的光补偿点和光饱和点是随生境条件的其他因子以及植物本身的生长发育状况和部位的不同而改变的。例如红松的补偿点,在郁闭的林下为 70 lx,在半阴处为 100 lx,在全光下为 150 lx,相差达一倍以上。此外,由于温度、湿度的变化又可影响到呼吸作用和蒸腾作用的强度,从而亦影响到光补偿点和光饱和点的数值,因此在判断植物的耐阴性时需要综合地考虑到各方面的影响因素。

(2) 形态指标法 根据树木的外部形态来大致推知其耐阴性,其标准有以下几方面:

① 树冠呈伞形者多为阳性树,树冠呈圆锥形而枝条紧密者多为耐阴树种。

② 树干下部侧枝较早自行枯落者多为阳性树,下枝不易枯落而且繁茂者多为耐阴树。

③ 树冠的叶幕区稀疏透光,叶片色较淡而质薄的落叶树和叶片寿命较短的常绿树为阳性树。叶幕区浓密,叶色浓而深且质厚的落叶树和叶可在树上存活多年的常绿树为耐阴树。

④ 常绿性针叶树的叶呈针状者多为阳性树,叶呈扁平或呈鳞片状且表、背区别明显者为耐阴树。

⑤ 常绿阔叶树多为耐阴树,而落叶树种多为阳性树或中性树。

(3) 耐阴力的影响因素 树木的耐阴性与树龄和环境条件等有关,当这些因素发生变化以后,树木的耐阴能力也有可能随之变化。例如,一般阳性树种比耐阴树种的寿命短,而阳性树种的生长速度较快;树木的耐阴性常随树龄的增长而降低,在同样的庇荫条件下,幼苗可以生存,而成年树却感到光照不足;对同一树种而言,一方面生长在其分布区南界的植株要比生长在其分布区中心的植株耐阴,而生长在分布区北界的植株则较喜光,另一方面海拔愈高,树木的喜光性愈强;此外,土壤的肥力也可影响树木的需光量,如榛树在肥土中最低需光量为全光照的 1/50～1/60,而在瘠土中则为全光照的 1/18～1/20。

了解园林树木的耐阴力,对于合理地进行园林树木配置、引种驯化、苗木培育和养护管理等工作尤为重要。

3) 对园林树木"午休"的研究

园林树木的"午休"现象,是指树木的光合作用在午间受到抑制的现象。许大全(1992)认为高温、强光、低湿和土壤干旱等环境条件引起的气孔部分关闭、光呼吸增强、光抑制等是光合作用"午休"现象发生的主要因素。光合作用"午休"现象是植物在长期进化过程中形成的自我保护机制,通过减少水分损失,减轻或避免光破坏,以求得在不利环境下的生存,然而这不利于植物高产。遮阴有利于减轻甚至避免园林树木光合作用"午休"现象。例如,不同遮阴条件下,银杏发生光合作用"午休"现象的情况不同,全光照下"午休"现象严重,遮阴条件下"午休"现象大大减轻甚至得以避免,如在54%自然光下的银杏"午休"程度比全光照减轻了很多。

4) 园林树木生长发育阶段与光照强度的关系

(1) 光照强度和营养生长的关系 光能促进细胞的增大和分化、控制细胞的分裂和伸长,光照强度对树木地上部分枝叶的生长有重要影响。强光能减弱顶芽向上生长,增强侧芽生长的能力,使树姿开张或易形成密集短枝;当光照不足时,枝条长且直立生长势强,表现为徒长和黄化。光照强度能间接地影响树木的根系生长,当光照不足时,对根系生长有明显的抑制作用,根的伸长量减少,新根发生数也少,甚至停止生长。虽然根系生长在土壤中,但它的物质来源仍然大部分依赖地上部分的同化物质。当因光照不足,同化量降低时,同化物质首先供给地上部分使用,然后才能输送到根系,所以阴雨季节对根系的生长影响很大。

由于缺光,树体表现出徒长或黄化,根系生长不良,必然影响上部枝条成熟,不能顺利越冬休眠,根系浅且抗旱抗寒能力低。此外,光在某种程度上能抑制病菌活动,使日照条件较好的立地上生长的树木病害明显减少。光照过强会引起日灼,特别在大陆性气候地区、沙地和昼夜温差剧变情况下更易发生。叶和枝经强光照射后,当树干温度为50℃以上或在40℃持续2 h以上,即会发生日灼。日灼与光强、树势、树冠部位及枝条粗细等有密切关系。

(2) 光照强度与树木生殖生长的关系 光照强弱与树木花芽形成关系密切,光照不足,不利于花芽分化,坐果率低,果实发育不良,造成落果;光对果实的品质也有较为明显的影响,在通风透光条件下,果实着色较佳,含糖量和维生素C含量高,酸度降低,耐贮性增强;果实中花青素含量与光强有密切关系,在光照强且低温条件下,有利于花青素形成。另外,树木花的着色也主要依赖花青素,花青素只能在光照条件下形成,散射光下形成比较困难;光线的强弱还与花朵开放时间有关。

3. 光照长度对园林树木生长的影响

除光质和光照强度外,昼夜的长短及一天中光照持续时间的长短对园林树木的生长发育也具有重要影响。一天中昼夜长短的变化称为光周期;长短的昼夜交替对园林树木开花结实的影响称为光周期现象。植物光周期现象在很大程度上与原产地所处的纬度有关,是其在进化过程中对日照长短的适应性表现,也是决定植物自然分布的因素之一。光照长度是植株成花的必需因子,有些园林树木需要在昼短夜长的秋冬季开花,有些只能在昼长夜短的夏季开花。根据植物对光照长度的要求不同可将其分为4类:

(1) 长日照植物 这类植物光照时间必须大于14 h/d,才能由营养生长转入生殖生长,否则植株的花芽因不能顺利地分化和发育而不能开花,如美人蕉等。

(2) 短日照植物 这类植物当光照时数少于12 h/d时才能开花,即在24 h中需一定时间的连续黑暗(一般需14 h以上)才能形成花芽,并且在一定范围内,黑暗时间越长,开花越早,否则便不开花或明显推迟花期,如蜡梅等。但是,当光照时间小于6 h/d,维持生长发育的光合作用时间不足,植株生长不良,花芽质量差。

(3) 中日照植物 这类植物只有在昼夜长短大致相等时才能开花。如广玉兰、桂花等。

(4) 中间性植物 这类植物对光照与黑暗的长短要求不严格,只要生长条件适宜,发育成熟后随时都能开花,如紫薇等。

栽培提示:栽培中要充分利用光能,移植树木时要注意根据实际情况适时遮阴。在引种时,尤其在引种以观花为主的树木时,必须考虑它对日照长短的反应,可以利用植物的光周期现象,通过人为控制光照和黑暗时间的长短,来达到提早或延迟开花的目的。因光照的长短对树木的营养生长和休眠也起重要的作用,延长光照时数会促进树木的生长或缩短生长期,缩短光照时数则会促进树木进入休眠或延长生长期,所以为了使从南方引种的树木及时准备越冬,可用短日照的办法使之提早休眠以增强抗逆性。

2.1.2 温度

温度是树木生存和进行各种生理生化活动的必要条件之一。树木生长发育对温度的适应性表现为最低温度、最适温度和不能超过的最高温度,即温度"三基点"。对树木起限制作用的温度指标主要是年平均温度、有效积温和极端最高、最低温度。

1. 温度与树木生长发育的关系

温度对树木生长发育的影响,主要体现在以下几个方面:

1) 温度对树木地理分布和各种生理活动的影响

适宜的温度是树木生存的必要条件之一。树木的自然分布呈现明显的地带性分布特点。树木的种子只有在一定的温度条件下才能吸水膨胀,促进酶的活化,加速种子内部的生理生化活动,从而发芽生长。一般树木种子在0~5℃开始萌动,以后发芽速率与温度升高呈正相关,最适温度为25~30℃,最高温度是35~45℃,温度再高反而对种子发芽不利。对温带和寒温带的许多树种的种子,则需经过一段时间的低温,才能顺利地发芽。

2) 温度对树木生长发育速度的影响

一般树木生长最适温度为20~35℃,最低和最高温度因树木种类及发育阶段差异较大。生长在不同地带或不同树种对温度三基点的要求不同,如原产北方的树木比

35

南方树木生长要求的温度低,将热带和亚热带树木移到寒冷的北方栽培,常因气温太低不能生长发育,甚至冻死;喜凉爽的北方树木移至南方,虽然温度增加,但会因冬季低温不够而生长不良或影响开花;同一树种在不同的发育时期对温度的适应性也不相同,如早春开花的梅、海棠等开花期比叶芽萌发期耐低温。通常在 0~35℃ 范围内,温度升高,生长加快,生长季延长;温度下降,生长减慢,生长季缩短。究其原因,是树木在一定温度范围内,温度上升,细胞膜透性增强,树木生长时必需的二氧化碳、盐类的吸收增加,同时光合作用增强,蒸腾作用加快,酶的活动加速,促进了细胞的延长和分裂,从而加快了树木的生长速度。

3) 温度对树木光合作用的影响

光合作用也有温度三基点,光合作用的最低温度,约等于树木展叶时所需的最低温度,在其他条件均适宜时,最低温度为 5~6℃,最适温度因树种不同而异,一般在 25~35℃,最高为 45~50℃。但是,由于光合作用的最适温度应比光合作用进行最快时的温度略低一点,故最适温度也不是固定不变的,且持续时间越长,光合作用的最适温度就会降低。

4) 温度对树木呼吸作用的影响

一般情况下,当环境温度超过 50℃ 的高温时,乔木树种呼吸作用迅速下降,接近枯死,在 30~40℃ 之间最强,呼吸作用最低温度为 0℃。通常呼吸作用的最适温度要比光合作用的最适温度高。自然界昼夜温度有节奏的变化称为温周期。温周期对树木的生长有很大影响,一般树木夜间生长比白天快,因为夜间温度降低,呼吸减弱,水分充足,白天制造的养料集中在根部,供给夜间细胞的分裂和伸长,这种因温度昼夜变化而发生的反应称为温周期现象。

5) 温度对树木蒸腾作用的影响

温度高低可以改变空气的湿度,从而影响蒸腾过程;另外,温度的变化又直接影响叶面温度和气孔的开闭,并使角质层蒸腾与气孔蒸腾的比例发生变化,如温度愈高,角质层蒸腾的比例愈大,蒸腾作用也愈强烈。如果蒸腾作用消耗的水分超过从根部吸收的水分,树木幼嫩部分则发生萎蔫以至枯黄。

6) 温度对树木根系生长的影响

温度对树木根系生长的影响主要体现在:影响对水分的吸收,制约各种盐类的溶解速度,影响土壤微生物的活性以及有机物分解和养分的转化。土温与太阳辐射、气温和土壤特性有关,受土壤导热率、热容量、土层温差等影响,具体与土壤颜色、质地、结构、湿度有关。在适宜的土温条件下,根系生长旺盛,新根不断形成。如土温过高,能促使树木根系提早木质化,降低了根系吸收的表面积,同时抑制了根细胞内酶的活动;土温降低,水的黏度增加,水

或溶质进入根细胞的速度减慢,妨碍其在体内的输导,从而降低了根的吸收作用。

7) 温度对树木开花的影响

不同树木完成花芽分化所要求的最适温度不同,如山茶花要求白天温度 20℃ 以上,夜间温度 15℃。一般温度高,发育快,果实成熟早。但有些树种开花结实在某一阶段需要低温的刺激,否则就不能开花结实,因低温能引起一系列生理生化的变化,从而使生长转为发育。一般发育阶段的温度三基点比生长时的温度三基点高,所以开花结果时遇到低温,则易遭受损害。另外,花青素的形成受温度影响较大,温度的高低还会影响花色。温度还能影响果实种子的品质,特别是在果实成熟期,需要足够的温度,这样果实含糖量才高,颜色好。

2. 适栽树种的年平均温度和有效积温

1) 适栽树种的年平均温度

不同树种的适栽年平均温度不同,如柿为 10~20℃、枇杷为 16~17℃,其中有些树种的不同品系间适栽年平均温度也有差异。因年平均温度不能反映温度的特点和变化,它在使用中有一定的局限性。

2) 有效积温

树木生长有一个生物学有效的起点温度,并需达到一定温度总量才能完成其生命活动。有效积温是指植物开始生长活动的某一段时期内的温度总值,即植物生长季中生物学有效温度的累积值,其计算公式如下:

$$S = (T - T_0)n$$

式中:T——n 日期间的日平均温;

T_0——生物学零度;

n——生长活动的天数。

(1) 生物学零度 在综合外界条件影响下,能使树木萌芽的日平均温度称为生物学零度,即生物学有效温度的起点。在温带地区,一般用 5℃ 作为生物学零度,亚热带地区为 10℃,热带地区多用 18℃。

(2) 生物学有效积温 是生长季中生物学有效温度的累积值。生长季是指不同地区能保证生物学有效温度的时期,其长短决定于所在地区全年内有效温度的日数。

各种树木在其生长期中对温度热量的要求不同,这与树种的原产地温度条件有关,如原产寒温带的落叶松、红松等,其开始发根、发芽要求的温度低,并适应较短的温暖期和较凉爽的夏季;而原产亚热带的树木如木棉、白兰花等,开始发根、发芽温度要求则较高,并喜炎热的夏季。

各种树木在其生长期内,从萌芽到开花直至果实成熟,都要求一定的积温。同一树种不同品种对热量要求不同,一般一年生树木中营养生长开始早的品种,对夏季的热量要求较低;反之则高。同品种树木在不同地区,对热

量积温要求也有差异,这与生长季节长短和昼夜温差有关。生长季短,但夏季温度高时,可缩短积温的日数。夜间温度低,呼吸消耗少,而白天温度高、合成碳水化合物多时,则需要积温日数也相对减少。

3. 温度变化对树木的影响

1) 季节性变温对植物的影响

季节性变温和其他气候因子的综合作用,可能会影响园林树木的物候期,使其产生一定范围的波动。所以,在园林建设中必须对当地的气候变化以及植物的物候期有充分的了解,才能采取合理的栽培管理措施。

2) 昼夜变温对植物的影响

一日中温度的最高值与最低值之差称为"日较差"或"气温昼夜变幅"。昼夜变温对植物的影响,主要表现在以下几个方面:

(1) 种子的发芽 多数种子在变温条件下发芽良好,而在恒温条件下反而发芽略差。

(2) 植物的生长 大多数植物均表现为在昼夜变温条件下比恒温条件下生长良好。其原因可能是适应性及昼夜温差大,有利于营养积累。

(3) 植物的开花结实 在变温和一定程度的较大温差下,开花较多且较大,果实较大,品质也较好。

植物的温周期特性与植物的遗传性和原产地日温变化的特性有关。一般而言,原产于大陆性气候地区的植物在日变幅为10～15℃条件下,生长发育最好,原产于海洋性气候区的植物在日变幅为5～10℃条件下生长发育最好,一些热带植物能在日变幅很小的条件下生长发育良好。

3) 极端温度对树木的影响

树木对温度的要求,是其在系统发育过程中对温度长期适应的结果,过高、过低都会对树木产生不良的影响,会打乱其生理进程的程序而造成伤害,严重的会造成死亡。极端温度可分为低温和高温两种情况。

(1) 高温对树木的伤害 高温伤害是指当温度超过树木生长的最适温度范围后,若继续上升,会使树木生长发育受阻,甚至死亡的现象。一般当气温达到35～40℃时,树木停止生长,因为高温破坏了树木光合作用和呼吸作用的平衡,使营养物质的消耗大于积累,从而使树木因缺少营养物质而受害。当温度达到45℃以上时,植株细胞内蛋白质凝固变性,树木体内代谢的有害物质积累,造成局部伤害或全株死亡。另外,由于高温使生理活动加快,从而引起蒸腾作用的加速,导致萎蔫枯死,或使叶片过早衰老减少有效叶面积。如观叶树木在高温下叶片褪色失绿,并使根系早熟与木质化,降低吸收能力而影响植物的生长。高温还会使树皮灼伤和开裂,引起病虫害的感染,使观花类树木花期缩短或花瓣焦灼。高温特别是在炎热夏季的中午,幼苗的形成层和输导组织常常被灼伤,在根颈部形成一个圈,从而造成苗木死亡。

不同种类的树木,对高温的忍耐力不相同。耐高温树种有灯台树、毛白杨、大叶楠、柽柳、厚皮香、罗汉松、冬青、女贞、黄爪龙、构树、棕榈、银杏、麻栎、香樟、泡桐、水青冈、水松、水杉、苦楝、枫香、梧桐、木棉、水曲柳、白蜡、三角枫、七叶树、紫薇、山梅花、黄金榕、珊瑚树、山茶、蚊母、海桐、五叶地锦等。

同一树木在不同的物候期,耐高温的能力也不同,其中,种子期最强,开花期最弱。在栽培过程中,应适时采取降温措施,如喷水、遮阴等,帮助树木安全越夏。另外,许多北方树种引种到亚热带、热带地区,由于花芽所经低温不够,花芽进一步分化受阻,造成花芽质量差以至花芽脱落等。

(2) 低温对树木的伤害 低温伤害是指当温度降低到树木能忍受的极限低温以下时所受到的伤害。低温伤害主要有3种:一是冻害,即冬季温度低于0℃,造成植株体内结冰,组织受到机械伤害,甚至导致树木死亡。二是霜害,由于气温急剧下降至0℃或0℃以下,空气中的过饱和水汽在树木体表面凝结成霜,使植株幼嫩组织或器官造成伤害。三是寒害,是指气温在0℃以上的低温对树木造成的伤害。除此之外,北方地区冬季严寒,土壤冻结层很深,根系无法吸收水分以供给蒸腾作用产生的消耗,常会引起生理干旱;低温还会造成树木的冻拔等(图2.1);有时树干会冻裂。

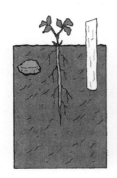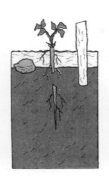

图 2.1　树木冻拔示意图

从树木本身来看,不同树种其耐寒力大小不同,同一树种在不同的生长发育阶段其抗寒力也不同。树木体内含有水分的多少,以及树体中内含物的性质和数量,都影响树木的耐寒能力。许多原产南方的树种,向北移植时,年平均温度、生物学有效积温都够,但常受冬季最低温的限制,而不能露地自然生长;但在城市"热岛"效应和局部小气候条件下,栽培分布比自然分布可更偏北,许多南方的树木如玉兰、雪松等栽到北京地区,只需在苗期和新栽后的第一个冬季培土包草、搭风障等即可自然生长。

从气温变化来看,如果是逐渐降温,树木不易受害,因为在逐渐降温过程中,树木体内细胞的淀粉逐步转化成糖,促使幼嫩部分木质化,减少了水分含量,提高了耐寒力;但若是突然的降温或气温冷热变化频繁或持久降温等,就会造成树木受害或死亡。

2.1.3 水分

水主要来源于大气降水和地下水,有时树木还可以利用数量极微的凝结水。水是生物生存的重要因子,没有水就没有生命,它直接或间接地影响树木的生长、开花和结实。

1. 树木对水分的需要

树木对水分的需要是指树木在维持正常生理活动过程中所吸收和消耗的水分。

1) 树木的需水量

树木的需水量常用蒸腾强度来表示,蒸腾强度因树种、生长发育时期和环境条件而不同。树木吸收消耗水分的数量较大,如1株橡树消耗水量大约570 kg/d。树木所吸收的水分绝大部分消耗于蒸腾,用于体内有机物质的合成一般仅占0.5%~1.0%,其余均由蒸腾作用散失于周围空间。一般来说,阔叶树的蒸腾强度大于针叶树,南方树种的蒸腾强度大于北方树种,幼龄期的蒸腾强度大于老龄期,抽枝发叶和径高生长旺盛期的蒸腾强度大于休眠期,晴朗多风天气树木的蒸腾强度比阴天大。总之,树木主要是通过根系来吸收水分,不断供应叶片的蒸腾,当吸收与蒸腾之间达到动态平衡时,树木生长发育良好。

水参与树木一切组织细胞的构成和生命活动,树木体内水的含量可占植株总重量的40%~97%,细胞原生质中的含水量一般在70%~90%。水是树木光合作用的物质基础和必要条件,它不仅使酶具有活性,同时通过生理生化反应,分解出氢,以供光合作用合成有机物质,对树木体内各种物质的合成、转化以及对土壤中矿物质的溶解和被根系吸收都起着重要的作用。实践表明,不同树种在消耗同样的水分时,所制造干物质的量差异很大,这决定于各种树木光合作用和蒸腾作用的水平,一般每合成1 g干物质需水125~600 g。水还能通过蒸腾作用来调节与平衡植株体的温度,维持细胞的膨压,保持树木的固有姿态,

使枝条伸直,叶片平展,花朵丰满,以充分地发挥其观赏效果和绿化功能。

2) 树种在年周期中对水分的需要特点

树种年发育周期中,对水分的需要量随物候期不同而变化。树木在早春萌芽阶段需水量不多,但此期若水分不足,常会推迟萌芽或萌芽不整齐。进入枝叶生长期需水量最多,对缺水敏感,如供水不足,会削弱生长或早期停长。花芽分化期间适当控水,有利于抑制营养生长,促进花芽分化;水分缺乏时,花芽分化困难,形成花芽少;但水分过多,阴雨连绵,花芽分化也难以进行。开花期需水较少,但大气湿度不足花朵难以完全绽开,而且缩短花期,影响观赏效果;土壤水分的多少,对花朵色泽的浓淡也有一定的影响,水分不足,花色变浓。果实发育期间需水较多,但过多则会引起后期落果或发生裂果和病害。秋季根系生长高峰期需一定水分,如果秋旱,会影响根系生长,进而影响营养的吸收和有机营养物质的制造积累及转化,并削弱越冬能力;但秋季水分过多,则会使秋梢生长过旺,枝条成熟度差,较易受冻害。休眠期需水相对较少,但缺水也会使枝条干枯或受冻。

3) 树种在生命周期中对水分的需要特点

在树木的生命周期中,植株体内的含水量一般随年龄的增长而递增,但到一定数值后又开始递减。土壤水分是树木的主要水分来源,一切营养物质只有溶于适当的水中才能被吸收利用,因此,水分是提高土壤肥力的重要因素,而且水分还能调节土壤温度。一般当土壤水分含量达10%~15%时,树木地上部分凋萎,光合作用迅速降低,地上部分停止生长,影响花芽的分化与形成;当土壤含水量低于7%时,根系停止生长,并木栓化,同时因土壤溶液浓度过高,根系发生外渗现象,引起烧根。但是,当土壤含水量过高时,氧气缺少,二氧化碳相对增加,从而引起嫌气细菌的活动,促使一些有毒物质积累,常造成根系腐烂、中毒以至死亡。因此,生产上应特别注意加强土壤水分管理。

综上所述,水分在树木的各个生长发育期内都很重要,又易受人为控制,因此,为园林树木生长发育适时创造最适宜的水分条件,是充分发挥其最佳的观赏效益和绿化功能的主要途径之一。

根据树木生长对水分需要量的大小,可将它们大致分为:

(1) 旱生树种 可忍受长期的天气干旱和土壤干旱,并能维持正常生长发育的树种,称为耐旱树种,如柽柳、侧柏、胡颓子等。

(2) 湿生树种 在土壤含水量过多甚至在土壤表面短期积水的条件下能正常生长的树种,它们要求有充足的水分,过于干旱时容易死亡,如落羽杉、池杉、枫杨、垂柳等(图2.2)。

图 2.2　生长于水中的落羽杉

图 2.3　生长于石壁上的树木具有浅而伸展幅度宽的密集根系

（3）中生树种　这类树木适宜生长在干湿适中的环境下，对土壤水分要求并不严格；大多数园林树种均属此类，它们都能适应一定幅度的水分变化。

以上 3 类树木之间并没有明显的界限，一般认为土壤水分保持在田间持水量的 60%～80% 时，根系可以正常地生长、吸收、运转与输导。

2. 树木对水分的适应

1）耐旱树种对干旱的适应

大气和土壤干旱，会降低树木的各种生理过程，影响其生长、产量和观赏性状，而耐旱树种都具有较强的抗旱性，其原生质具有忍受严重失水的适应能力，在面临干旱时，或保持从土中吸收水分的能力，或及时关闭气孔，减少蒸腾面积以降低水分的损耗，或通过体内贮存水分和提高输水能力以度过逆境。因此，耐旱树种通常都具有下列形态的生理适应特征：

（1）根系发达　耐旱树种的根系一般都很发达，有的甚至把根扎入土壤深层以利用地下水。如南方石灰岩山地上树木的根常沿石缝向下延伸 20～30 m，直至插入土中为止；有一些耐旱树种扎根并不深，但其分生侧根很多，形成浅而且伸展幅度宽的密集根系（图 2.3）。

（2）高渗透压　耐旱树种根细胞的渗透压高达 2 026.5～4 053.0 kPa，有的甚至可达 8 106.0～10 132.5 kPa，因而提高了根系吸收水分的能力。同时，细胞内有亲水胶体和多种糖类，其抗脱水能力很强。

（3）具有控制蒸腾作用的结构或机能　耐旱树种有的叶很小，甚至退化成鳞片状、毛状；有的部分枝退化为刺；有的在干旱时落叶、落枝；有的叶面有厚的角质层、蜡层或绒毛；有的气孔数目少或气孔下陷；有的叶色较淡，树皮厚、木栓组织发达等。这些都有利于降低蒸腾作用，以适应干旱。但是，低蒸腾作用并不一定是耐旱的标志，也并非所有的耐旱树种都具备以上各种特征。每一树种都有其固有的耐旱特征，即使生长在同一干旱生境内，它们适应干旱的方式也是极其多样的。

常见的耐旱树种有柽柳、银杏、枇杷、棕榈、马尾松、龙柏、赤松、油松、侧柏、桧柏、黑松、毛白杨、五角枫、白榆、白玉兰、白蜡、朴树、合欢、杏、皂荚、国槐、刺槐、枫香、泡桐、柿树、香椿、臭椿、桑树、梧桐、毛竹、榉树、澳洲鸭脚木、九里香、小叶女贞、丝兰、胡颓子、六道木、接骨木、丁香、猬实、紫薇、蜡梅、枸骨、黄杨、五叶地锦、爬山虎等。

2）湿生树种对过多水分的适应

湿生树种因环境中经常有充足的水分，没有任何避免蒸腾过度的保护性形态结构，反而具有对水分过多的适应特征。如根系不发达，分生侧根少，根毛也少，根细胞渗透压低（810.6～1 215.9 kPa）；叶大而薄，栅栏组织不发达，角质层薄或缺，气孔多而常开放等。此外，为适应缺氧的生境，有些湿生树种的茎组织疏松，有利于气体交换。

常见的耐湿树种有水杉、珊瑚朴、榉树、垂柳、落羽杉、墨西哥落羽杉、南方铁杉、赤杨、枫香、枫杨、重阳木、油杉、大叶楠、金钱松、水松、薄壳山核桃、紫穗槐、海桐、栀子、珊瑚树、白蜡、凌霄等。

3）中生树种对水分的适应

该类树种不能长期忍受过干和过湿的生境，根细胞的渗透压为 506.6～2 533.1 kPa。大多数树木属于此类。

3. 水分的其他形态对树木的影响

水分的其他形态主要包括雪、冰雹、雨凇、雾凇和雾等。这些水分的特殊表现形式对树木的生长发育具有正面和负面的影响。如降雪有增加土壤水分、保护土壤、防止土温过低、避免结冻过深、有利于植物越冬等作用，但雪量较大会使树木受到雪压，引起枝干倒折。雨凇、雾凇会在树枝上形成一层冻壳，严重时冰壳愈渐加厚，最终使树枝折断，这种情况一般以乔木受害较多，特别是木质脆的树木最易受害。

4. 树木对水的影响

研究表明，大面积的森林群落，能增加降雨量，提高林内及周围环境内的空气湿度，增加土壤水分；森林群落还能调节河水流量，防止洪水泛滥和水土流失，并能降低沼泽地的地下水位等。园林树木群落中甚至单株树木也具有同样的作用，只是影响程度和范围较小。另外，有些园林树木还能降解市区污水中富含的酚、铬、铅等有毒物质，具有净化污水的作用。

栽培提示：水是生命之源，栽培实践中应充分掌握和了解不同园林树木对水分的适应能力，掌握它们在一年四季和整个生命周期的需水特性，以搞好园林树木的配置与养护管理。

2.1.4　空气

大气成分主要是78%的氮气和21%的氧气，并含有二氧化碳及微量的稀有气体，在工矿区、城镇还混有大气污染物、烟尘等。大气成分及其含量对园林树木的生长有很大作用，氧气不足影响呼吸，二氧化碳不足影响光合作用，有害气体增多则危害树木的生长。

1. 大气主要成分对园林树木的影响

（1）二氧化碳（CO_2）　空气中二氧化碳含量虽然只有0.03%，并且随时间、地点的变化而异，但对树木的生长十分重要。二氧化碳是树木进行光合作用合成有机物质的原料之一，其含量与光合强度密切相关；当光照充足时，二氧化碳的浓度便成为限制光合速度的主要因子。

（2）氧气（O_2）　树木在各个时期都需要氧气进行呼吸作用，释放能量以维持生命活动。土壤通气状况对树木生长影响很大，氧气是土壤空气中最重要的成分，土壤通气性好坏主要是指含氧的状况。种子发芽需要一定的氧气，在板结、紧密的土壤中播种，常因缺氧而发芽不好。树木生长期间，根系和土壤微生物都要进行呼吸，不断地消耗氧气并排出二氧化碳等，若土壤通气不良，会减缓土壤空气与大气间的交换，使氧气含量下降，二氧化碳含量增加，土壤中易形成有毒物质使根系中毒，影响根系生长甚至停长，从而导致树木早衰和老树死亡。因此，栽培中及时松土、排水，为树木根系创造良好的氧气环境是很重要的。

（3）氮气（N_2）　空气中虽然含有78%的氮气，但它不能直接为多数树木所利用，空气中的氮只有通过豆科植物或某些非豆科植物固氮根瘤菌才能固定成氨或铵盐。土壤中的氨或铵盐经硝化细菌的作用成为亚硝酸盐或硝酸盐被树木吸收，进而合成蛋白质，构成植物。

2. 空气污染对园林树木的影响

随着工业发展和农药的使用等原因，环境污染问题日趋严重。一些有毒有害物质进入大气，造成大气污染，对树木的生长发育产生较大危害。了解空气污染对树木的影响，可选择不同抗性的树种进行栽培，能在一定程度上发挥园林树木的净化作用和适应性。

1）各种树木对空气污染的抗性特点

有毒气体主要破坏叶器官，产生以影响光合作用为主的一系列不良作用。大气污染有持续性、阵发性、单一污染和混合污染等几种形式，不同污染源对树木的危害不同，不同树木对污染的抗性也不同，受害表现为急性型、慢性型、时爆发型及抗耐型4种。园林树木对有毒气体的敏感程度或有害气体对树木的危害程度因树种、年龄、发育时期和环境因子不同而异，具有以下几种特点：

① 木本植物比草本植物抗性强；

② 阔叶植物比针叶植物抗性强；

③ 常绿植物比落叶植物抗性强；

④ 壮龄树比幼龄树抗性强；

⑤ 叶片厚，具有角质层，单面积内气孔数少比小型叶或羽状复杂且叶面很小的抗性强；

⑥ 具有乳汁或特殊汁液的桑科、夹竹桃科等抗性强。

另外，树木生长旺季和花期受害重；晴天和中午温度高、光线强、危害重，阴天和早晚危害轻；空气湿度75%以上时，不利于气体扩散，叶片气孔张开，吸收有毒气体多，受害严重。

2）污染物的类型及相应抗性树种的选择

（1）氧化性类型　如氯气（Cl_2），能很快破坏叶绿素，使叶片褪色漂白脱落，初期伤斑主要分布在叶脉间，受害组织与健康组织之间没有明显的界限，伤斑呈不规则状或块状。该类型污染物还有臭氧、二氧化氮等。

① 对 Cl_2 抗性强的树种有龙柏、侧柏、大叶黄杨、海桐、蚊母、山茶、女贞、夹竹桃、凤尾兰、棕榈、构树、木槿、紫藤、无花果、樱花、枸骨、臭椿、榕树、九里香、小叶女贞、丝兰、广玉兰、柽柳、合欢、皂荚、槐树、黄杨、白榆、丝棉木、沙枣、香椿、苦楝、白蜡、杜仲、厚皮香、桑树、柳树、枸杞、五叶地锦等。

② 对 Cl_2 反应敏感的树种有薄壳山核桃、枫杨、木棉、樟子松、紫椴、赤杨、杜鹃等。

（2）还原性类型　如二氧化硫（SO_2），通过气孔进入叶片，被叶肉吸收变为亚硫酸盐离子，使树木受到诸如气孔机能失调、叶肉组织细胞失水变形、细胞质壁分离等损害，树木的新陈代谢受到干扰，光合作用受到抑制，氨基酸总量减少；其外表症状表现为叶脉间有褐斑，继而无色或白色，严重时叶缘干枯，叶片早期脱落。硫化氢、一氧化碳、甲醛等也属此类型。

① 对 SO_2 气体抗性强的树种有大叶黄杨、雀舌黄杨、瓜子黄杨、海桐、蚊母、山茶、小叶女贞、棕榈、凤尾兰、香橙、夹竹桃、女贞、枸骨、枇杷、金橘、构树、无花果、枸杞、青冈栎、白蜡、木麻黄、相思树、榕树、十大功劳、九里香、侧柏、银杏、广玉兰、鹅掌楸、柽柳、梧桐、重阳木、合欢、皂荚、刺槐、槐树、紫穗槐、桂花、碧桃、美人蕉等。

② 对 SO_2 气体反应敏感的树种有苹果、梨、羽毛槭、郁李、悬铃木、雪松、油松、马尾松、云南松、湿地松、落叶松、白桦、毛樱桃、樱花、贴梗海棠、油梨、梅花、玫瑰、月

季等。

（3）粉尘类型　如镉、铅等重金属，飞沙、尘土、烟尘等。该类型烟尘中的微粒粉末堵塞气孔，覆盖叶面，影响光合作用、呼吸作用和蒸腾作用的进行。

抗粉尘和滞尘能力较强的树种有香榧、粗榧、香樟、黄杨、女贞、苦槠、青冈栎、楠木、冬青、珊瑚树、桃叶珊瑚、广玉兰、石楠、枸骨、桂花、夹竹桃、栀子花、槐树、厚皮香、银杏、刺楸、榆树、朴树、木槿、重阳木、刺槐、苦楝、臭椿、构树、三角枫、桑树、紫薇、悬铃木、泡桐、五角枫、乌桕、皂荚、榉树、青桐、麻栎、樱花、蜡梅、黄金树、大绣球、梧桐、白榆、白杨、柳树、榕树、凤凰木、青冈栎、海桐等。

（4）酸性类型　如氟化氢（HF），它通过叶的气孔或表皮吸收进入细胞内，经一系列反应转化成有机氟化物影响酶的合成，导致叶组织发生水渍斑，后变枯呈棕色；它对树木的危害首先表现在叶尖和叶缘，然后向内扩散，最后萎蔫枯黄脱落。另外，酸性类型还有氯化氢、硫酸烟雾等。

① 对 HF 抗性强的树种有大叶黄杨、海桐、蚊母、山茶、凤尾兰、瓜子黄杨、龙柏、构树、朴树、花石榴、桑树、香椿、丝棉木、青冈栎、侧柏、皂荚、槐树、柽柳、木麻黄、白榆、沙枣、夹竹桃、棕榈、细叶香桂、杜仲、红花油茶、厚皮香、黄栌、银杏、天目琼花、金银花等。

② 对 HF 反应敏感的树种有葡萄、杏、梅、山桃、榆叶梅、紫荆、梓树、金丝桃、慈竹、池柏、白千层、南洋楹等。

（5）碱性类型　如氨（NH_3）等，对园林树木的生长和发育产生一定影响。

① 对 NH_3 抗性强的树种有女贞、香樟、丝棉木、蜡梅、柳杉、银杏、紫荆、杉木、石楠、石榴、朴树、无花果、皂荚、木槿、紫薇、广玉兰等。

② 对 NH_3 反应敏感的树种有紫藤、小叶女贞、杨树、虎杖、悬铃木、薄壳山核桃、杜仲、珊瑚树、枫杨、木芙蓉、楝树、刺槐等。

3. 风对园林树木生长的影响

风是气候因子之一。轻微的风对园林树木生长极为有利，如帮助植株传播花粉，促进气体交换，增强蒸腾，提高根系的吸水能力，改善光照和光合作用，降低地面高温，减少病原菌等。而大风对树木有伤害作用，冬季的大风易引起植物生理干旱；花、果期大风会造成落花落果；经常被大风吹刮的树木会变矮、弯干、偏冠；强风能折断枝条和树干，尤其风雨交加的台风天气，使土壤含水量增高，极易造成树木倒伏甚至整株被拔起。

各种树木的抗风能力差别很大，一般而言，凡树冠紧密、材质坚韧、根系深广的树种，抗风力强；而树冠庞大、材质柔软或硬脆、根系浅的树种，抗风力弱。但是同一树种又因繁殖方法、立地条件和配置方式的不同而异。用扦插繁殖的树木，其根系比用播种繁殖的浅，故易倒伏；生长在土壤松软而地下水位较高处的树木亦易倒伏；孤立树和稀

植的树比密植者易受风害，而以密植的抗风力最强。

常用的抗风树种有圆柏、侧柏、桃叶珊瑚、棕榈、女贞、槐树、厚皮香、杨梅、枇杷、榕树、龙柏、黑松、夹竹桃、法国冬青、菩提树、椰子、海枣、浙江楠、马尾松、南洋杉、银杏、木瓜、柽柳、垂柳、苦楝、梧桐、无花果、榆树、木槿、榉树、合欢、鹅掌楸、核桃、樱桃、龙爪槐、羽叶丁香、复羽叶栾树、乌桕、海桐、竹类等。

2.2　土壤因子对园林树木生长发育的影响

土壤是指陆地表面具有肥力的疏松层，它是园林树木栽培的基础，也是水、肥、气、热的源泉。土壤对树木生长发育的影响是由诸如母岩、土层厚度、质地、结构、营养元素含量、酸碱度以及微生物等综合因素所决定的，树木的生长发育要从土壤中吸收水分和营养元素，以保证其正常的生理活动。因此，土壤又是自然界物质和能量转化的场所。

1. 土壤的质地与厚度

土壤质地的优劣关系着含氧量的多少和土壤肥力高低，对园林树木生长发育和生理机能都有很大的影响。一般当土壤含氧量在 12％时，根系才能正常地生长和更新；壤质土内肥力水平高，微生物活动频繁，不但能分解释放出多量的养分，又能保持肥分，故大多数园林树木要求在土质疏松，肥沃的壤土上生长。

土层厚度决定园林树木根系分布的范围，通常土壤疏松、土层深厚则根系分布深，而且能吸收较多的水分和养分，并能增强其适应性和抗逆性；土层过浅，则树木生长不良，植株矮小，枝梢干枯、早衰或寿命变短。

2. 土壤的酸碱度

土壤酸碱度一般指土壤溶液中的 H^+ 浓度，用 pH 值表示，多在 4.0～9.0 之间。土壤酸碱度影响着理化特性、营养元素的分解及存在状态、溶液的成分及微生物活动，从而影响园林树木的生长发育。如在碱性土壤中，树木对铁元素的吸收困难，常造成喜酸性土壤的树木产生失绿症，这是由于土壤中的 pH 值过高，不利于铁元素的溶解，导致可吸收的铁元素过少，影响了叶绿素的合成，而使叶片发黄。

每种树木都要求在一定的土壤酸碱度下生长，过强的酸性或碱性对树木的生长都不利，甚至造成死亡。根据园林树木对土壤 pH 值的要求，可将其分为 3 类：

（1）喜酸性树木　这类树木在土壤 pH 值为 6.8 以下时生长良好，如杜鹃、山茶、栀子花、苏铁、珙桐、木荷、厚皮香、野鸦椿、杨梅、红花檵木、山茶、杜鹃、马醉木、六月雪、茶梅、九里香、石楠、油茶、胡枝子等。

（2）喜碱性树木　这类树木在土壤 pH 值为 7.2 以上

时生长良好,如侧柏、紫穗槐等。

（3）中性树木　这类树木在土壤 pH 值为 6.8～7.2 时生长良好,如杉木、雪松、杨、柳等。大多数树木在中性土壤上能生长良好。

3. 盐碱土对园林树木的影响

盐碱土包括盐土和碱土两大类。盐土是指含有大量可溶性盐类的土壤,多由海水浸渍而成,为滨海地带常见,以含氯化钠、硫酸钠为主,不呈现碱性反应。碱土是以含碳酸钠和碳酸氢钠为主,pH 呈强碱性的土壤,多见于干旱、少雨的内陆。就我国而言,盐土面积较大,而碱土面积较小。

大多树木在盐碱土上生长极差甚至死亡,主要是盐类使土壤溶液的浓度大于细胞液浓度,迫使细胞液反渗透,造成质壁分离;另外,各种盐类对根系有腐蚀作用,致使植株凋萎枯死。树木种类不同,抗盐碱能力也不同,总体来讲,落叶树在土壤含盐量达 0.3% 时才会引起伤害,而常绿针叶树则在含盐量为 0.18%～0.2% 时,便会引起伤害。因此,在盐碱地进行园林绿化时,既要注意土壤的改造,更要选择一些抗盐碱性强的园林树木,如柽柳、紫穗槐、乌桕、海桐、苦楝、刺槐、白蜡、紫薇、火炬树、银芽柳、木槿、卫矛等。

4. 土壤肥力对园林树木的影响

土壤肥力是指土壤及时满足植物对水、肥、气、热要求的能力,它是土壤物理、化学和生物学特性的综合反映,欲提高土壤肥力,就必须使土壤同时具有良好的物理性质、化学性质和生物学性质。

园林树木种类繁多,耐瘠薄能力也不同。绝大多数树木均喜欢生长在深厚、肥沃而适当湿润的土壤中,即生长在肥力高的土壤上,称为肥土树种,如梧桐、樟树等;某些树种在一定程度上能在较瘠薄的土壤上生长,这些具有耐瘠薄能力的树种被称为瘠土树种或耐瘠薄树种,如侧柏、油松、木麻黄、构树等。城市园林配置园林树木时,除了考虑栽植点的诸气候因子外,还要视其肥力状况选择适当的树种,对喜肥和喜深厚土壤的树木,应栽植在深厚、肥沃和疏松的土壤上;耐瘠薄的树木则可在土质稍差的地点栽植。当然,将耐瘠薄的树木种植在肥沃的土壤上,会生长得更好。

5. 园林树木栽培的其他基质

园林树木除了在土壤中栽培外,温室木本花卉、盆栽木本花卉和树木无性繁殖时还大量使用培养土。培养土应具备营养成分完整且丰富、通气透水性好、保水保肥能力强、酸碱度适宜或易于调节、无异味、无有毒物质和不易滋生病虫等条件,常用的培养土有以下几种:

（1）堆肥土　用植物的残枝落叶、青草或有机废弃物与田园土分层堆积 3 年,每年翻动 2 次,经充分发酵堆积而成。堆肥土含有丰富的腐殖质和矿质,pH 值为 6.5

～7.4,原料易得,但制备时间长;制备时,应保持潮湿、堆积疏松,使用前需消毒。

（2）腐叶土　用阔叶树的落叶、厩肥或人粪尿与田园土层层堆积,经 2 年的发酵腐熟而成,每年注意翻动 2～3 次。其土质疏松,营养丰富,腐殖质含量高,pH 值 4.6～5.2,为应用最广泛的培养土;注意堆积时应提供有利于发酵的条件,贮存时间不宜超过 4 年。

（3）草皮土　草地或牧场上层 5～8 cm 表层土壤经一年腐熟而成。草皮土含矿质较多,腐殖质含量较少,pH 值 6.5～8.0,适于栽培玫瑰等花卉。

（4）松针土　用松、柏等针叶树的落叶或苔藓类植物经大约一年时间的堆积腐熟而成。松针土属强酸性土壤,pH 值 3.5～4.0,腐殖质含量高,适宜于栽培喜酸性土的植物,如杜鹃花等。

（5）沼泽土　取沼泽地上层 10 cm 土壤直接做栽培土或用水草腐烂而成的草炭土代替。沼泽土为黑色,腐殖质丰富且呈强酸性反应,pH 值 3.5～4.0;草炭土一般为微酸性,用于栽培喜酸性土的木本花卉及针叶树。

（6）泥炭土　取自山林泥炭藓长期生长并炭化的土壤。泥炭土一般有两种:一是褐泥炭,黄至褐色,富含腐殖质,pH 值 6.0～6.5,具有防腐作用,适宜于加河沙后作扦插床用土;二是黑泥炭,矿物质含量丰富,有机质含量较少,pH 值 6.5～7.4。

（7）河沙及沙土　取自河床或沙地。河沙及沙土养分含量很低,但通气透水性好,pH 值 7.0。

（8）腐木屑　由锯末或碎木屑腐化而成。腐木屑的有机质含量高,保水、保肥性好,如果加入人粪尿腐化更好。

（9）蛭石、珍珠岩　不含营养物质,但其保肥水,通透性好,卫生洁净,一般做扦插用的插壤,利于插穗成活。

（10）煤渣　煤渣含有矿物质,卫生洁净,通透性好,多用于排水层。

6. 土壤污染对园林树木的影响

除大气污染外,现代工业发展和能源种类造成的污染沉降物及有毒气体,随雨水进入土壤,当土壤中的有害物质含量超过土壤的自净能力时就发生土壤污染。大气污染的沉降物、污水、建筑垃圾、残留量高且残留期长的化学农药、重金属元素以及放射性物质等都会造成土壤污染（图 2.4）。

土壤中的镉、砷,过量的铜和锌等有毒物质能直接影响树木生长和发育,或在树木体内积累。有些污染物质能引起土壤 pH 值的变化,如二氧化硫与雨水形成的酸雨,导致土壤酸化,使氮不能转化为供树木吸收的硝酸盐或铵盐,使磷酸盐变成难溶性的沉淀,并使铁转化为不溶性的铁盐,从而影响树木生长。水泥等碱性粉尘能使土壤碱化,使树木吸收水和养分困难或引起缺绿症。

图2.4 厂区土壤受建筑垃圾污染严重

土壤被污染后,会破坏土壤中微生物系统的自然生态平衡,引起病菌大量繁衍和传播,造成疾病蔓延;土壤被长期污染后,其结构破坏,土质变劣,土壤微生物活动受抑制或破坏,土壤肥力渐降或土壤盐碱化,甚至成为不毛之地。土壤污染具有持续性,而且往往难以采取大规模的消除措施,如某些有机氯农药在土壤中自然分解需几十年。

2.3 生物因子对园林树木生长发育的影响

在园林树木生存环境中,影响其生长发育的生物因子主要有动物、植物及微生物。它们与树木间有着各种或大或小、直接或间接的相互影响,即使在树木之间也存在着错综复杂的相互影响。有些生物对园林树木的生长有益,称为有益生物,如蜜蜂可以帮助传粉,促进结实;蚂蚁、螳螂、七星瓢虫等是害虫的天敌。有些生物对园林树木生长有害,称为有害生物,有害生物种类很多,如有害昆虫、导致树木生病的细菌、真菌、病毒、线虫及寄生性种子植物等。另外,有些动物以及人类的经营活动也影响到园林树木的生长。栽培上,要正确利用有益生物,抑制有害生物,以促进园林树木生长。

2.4 地形地势因子对园林树木生长发育的影响

地形本身并非影响园林树木分布及生长发育的直接因子,而是由于不同的海拔高度、坡度大小和坡向等对环境条件的影响而间接地作用于树木的生长发育过程。

1. 植物自然分布的特点

(1) 垂直分布 由于海拔高度的变化而形成不同的植物分布带。从低海拔处向高海拔处上升,海拔每升高100 m,年平均温度下降约0.6℃,而相对湿度却有增加。在一定范围内,降水量也随海拔的增高而增加,如泰山在海拔160.5 m处的年降水量为859.1 mm,海拔1 541 m处的年降水量增至1 040 mm。海拔升高日照渐强,紫外线含量增加。垂直分布的模式是从热带雨林过渡到阔叶常绿树带、阔叶落叶树带、针叶树带、灌木带、高山草原带、高山冻原带直至雪线(图2.5)。一般而言,除了热带的高山以外,很难见到全部各带的垂直分布,普通只能见到少数的几带,图2.6列举了中国西部某地植被垂直分布状况。

(2) 水平分布 由于经度和纬度气候带的影响,自赤道向两极,热量随纬度的提高而渐减,并依经线的方向距离海洋愈远时,则由海洋性气候渐变为大陆性气候,植物就受这种变化的影响而形成自然的水平分布带。这种分布的状况可用模式如图2.7。地形及土壤因子对植物水平分布带也起一定作用。

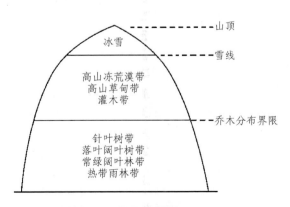

图2.5 植物垂直分布模式图(陈有民,1990)

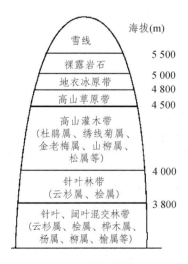

图2.6 中国西部某地植被垂直分布图(陈有民,1990)

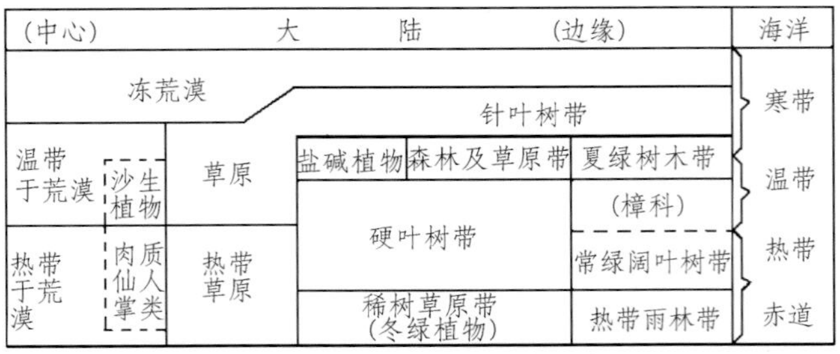

(中心)	大 陆		(边缘)	海洋
冻荒漠		针叶树带		寒带
温带干荒漠	沙生植物	草原	盐碱植物 森林及草原带 夏绿树木带 (樟科)	温带
			硬叶树带	热带
热带干荒漠	肉质仙人掌类	热带草原	常绿阔叶树带	
		稀树草原带(冬绿植物)	热带雨林带	赤道

图 2.7 植物水平分布模式图(陈有民,1990)

图 2.8 坡面绿化采用工程和生态防护相结合

图 2.9 迎春绿化坡面固土效果较好

2. 人工栽培植物群体应考虑的地形地势因子

在园林建设中,人工栽培植物群体应根据植物自然垂直和水平分布的特点,考虑地形地势因子的变化。

(1)海拔高度 海拔高度对温度、湿度和光照有很大的影响,在山区较为明显,影响到树木的生长与分布。因此,山地园林植物的选择与配置(例如近几年来很多地区进行的山地、森林公园、丘陵地带林相改造),应按不同海拔和树木垂直分布的特点,营造风景林,以形成遵循自然规律的植被景观。

(2)坡度 坡度和坡向水热条件的差异,形成了不同的小气候环境,而且对水土的流失与积聚都有影响,因此可直接或间接影响到树木的生长和分布。坡度通常分为六级,即平坦地为 5°以下,缓坡为 6°～15°,中坡为 16°～25°,陡坡为 26°～35°,急坡为 36°～45°,险坡为 45°以上。在坡面上水流的速度与坡度及坡长成正比,当流速愈快、径流量愈大时,冲刷掉的土壤量也愈大,所以实践中应考虑坡度和坡面的实际情况。祝遵凌等(2001)对高速公路边坡植被抗冲刷功能的研究表明:

① 沙土边坡应集中排水,满铺可避免水土流失并且有良好的景观效果;点(条)铺效果不佳,播种极易引起水土流失;

② 黏土边坡土壤侵蚀比沙土段轻得多,在集中下水的条件下,满铺具有良好的水土保持效果,而点铺和播种初期效果不佳,特别是播种植草初期有土壤侵蚀现象,但如果措施得当也能有效控制水土流失;

③ 灌木与草本植物配置,土壤侵蚀轻且景观效果好(图2.8,图2.9)。

(3)坡向 不同方位山坡的气候因子有很大差异,通常情况下,阳坡日照时间长,气温和土温较高,因而蒸发量大,大气和土壤干燥;阴坡日照时间短,接受的辐射热少,气温和土温较低,因而较湿润。不同的坡向对树木冻害、旱害等也有很大影响。所以在园林树木配置中,应充分考虑坡向这一因素,比如在高速公路边坡绿化研究中,发现分别栽植于阳坡和阴坡的葱兰,一年后的成活率相差很大,阳坡的葱兰成活率可达 90%左右,而阴坡只有 20%左右。

2.5 城市环境对园林树木生长发育的影响

热岛效应、土壤变化、空气污染、水体污染、市政建设与施工等不良城市环境严重影响着园林树木的生长发育。在园林树木栽培与养护管理过程中,应尽量减弱或消除环境条件对树木的生长发育产生的不良影响。

2.5.1 城市环境概述

1. 城市环境概念

城市环境既是一种客观存在的空间形式,又是一种主观创造的景观。从系统学的观点看,城市环境是城市的自然环境系统、社会系统、经济系统的统一体,由自然再生产、社会再生产和经济再生产组合在一起,形成了与自然生态系统不相同的城市生态系统。

广义来说,城市环境是自然环境(生态环境)、社会环境和经济环境的统一体。狭义来说,城市环境则指自然环境和社会环境综合作用下的人工环境。在城市的形成和发展过程中,自然环境中的空气、阳光、土壤、地貌等因素,都以不同的方式影响和制约着城市环境,并决定着城市形态的某些特点。然而随着人类改造自然环境和发展生产力的进程,大量的人工环境不同程度地取代和改变了原有的自然环境状况,如建筑物、道路、桥梁等,都使城市的自然空间发生了变化,使城市环境从完全的自然环境状态下解脱出来,形成了功能较为齐全、结构相当复杂的综合性人工化环境。

2. 城市环境的特征

1) 城市环境具有较强的复合性

城市环境是一种高度人工化的自然环境与人工环境的复合体,其最基本的特征是自然环境与人工环境的高度融合。自然环境是城市环境的基础,但人工环境是城市环境的主体。城市是人类对自然环境施加影响最强烈的地方,城市的各种自然要素都带有明显的人工痕迹。但是,城市环境的发展和演化仍然受到自然规律的制约,遵循着自然演化规律,也遵循人类社会的规律。

2) 城市环境具有强烈的人为干预特征

人是城市环境的主体。城市是人口最集中,社会、经济活动最频繁的地方,也是人类对环境干预最强烈,环境变化最大的地方。除了大气环流、地貌类型、主要河流水文特征基本保持自然状态外,其他自然要素都发生不同程度且通常不可逆的变化。城市各项生产活动和建设活动,破坏了城市的生态环境。

3) 城市环境与社会、经济发展紧密相关

城市是由"社会—经济—环境"组成的复杂生态系统,经济、社会的发展与环境发展相互依存,相互作用。环境作为一种资源,是人类社会经济发展的自然基础。发展经济、满足人民生活需求要求人们不断开发自然环境,然而为了长远利用和发展必须努力保护环境。所以环境问题实质是社会和经济的发展问题。

4) 城市环境具有较强的脆弱性

由于城市环境是高度人工化的环境,受到人类活动的强烈影响,自然调节能力弱,主要靠人工活动进行调节,而人类活动具有太多的不确定因素;而且影响城市环境的因素众多,各因素间具有很强的联动性,一个因素的变动会引起其他因素的连锁反应,因此城市环境的结构和功能表现出相当的脆弱性。城市环境的脆弱性,主要表现在环境问题种类繁多,现象严重。城市环境对外部资源的依存性以及城市环境本身的易变性决定着城市环境的脆弱性,也意味着城市对于环境污染的承受力不强。

2.5.2 城市热岛效应对园林树木的影响

园林树木的栽植地点主要在城市、乡镇和风景区,由于人为活动频繁,这些地点与大面积的荒山和宜林地相比,具有特殊的生态环境,并表现出很多不利于树木生长的因素。如城镇的兴建和发展改变了原来的地貌、各种建筑物和道路代替了原有的植物层、新形成的下垫面影响城市内的光热和土壤等条件,因此在一定程度上改变了城市的原有生态系统。

城市内水泥结构建筑物密集,楼层很高,道路也多铺设柏油或水泥,这些物质在白天能吸收大量的太阳辐射热,使气温大幅度升高;夜晚建筑物和道路将白天吸收贮藏的热量逐渐放出,但由于高层建筑多,空气流通不畅,热量不易通过对流散发;同时,因城市上空凝聚较厚一层二氧化碳和尘埃,也阻碍热量散向太空,使城市内的气温和土温增加,并明显地高于周围城郊和空旷地;另外,在小巷林立的街区,空气对流更差,升温更加明显。这些因素使城市形成了特殊的小气候,即所谓"热岛效应"。城市高层建筑多,建筑物的南向或东南向阳光较充足,而北面或西北面日照很少,过于荫蔽,阴、阳两侧也形成了不同的小气候环境。

2.5.3 城市土壤变化对园林树木的影响

1. 土壤演变为填充土并钙化

由于城市内不断地修建房屋、道路,经常埋设地下的排水、供水、供气管道等,使原有土壤的层次和结构屡遭破坏、上下混合;加之大量的建筑垃圾就近掩埋,使土壤中含有大量的碎砖、碎瓦、石砾等废弃物,土壤逐渐演变为填充土,其中废弃的生、熟石灰使土壤富钙和碱化,不利于树木的生长。

2. 排水性差和土壤透气性不良

绝大多数城市内的地形、地势较为平坦,少有起伏,排水性能较差,在大雨或暴雨时,常于低凹地区造成积水,轻者影响树木生长,重则因根系窒息而死。城市内道路多被柏油或水泥硬化,其余土壤也常因频繁的人为活动而透气性不良,所以,城市树木较活跃的根系总是局限在路边和人行道之间踩踏较少的土壤或附近的草地里。有的树木栽植环境就如同栽培于花盆之中,饱受水泥或花岗岩等硬质铺装夏季高温的"烤验",或受建筑物影响,接受不到阳光和雨露,故更需要精心养护。

3. 土壤被污染和毒化

工厂排出的废液进入河流和土壤,有毒的重金属如汞、镉等在土壤中逐渐积累,使土壤被污染。在如此环境中,很多树木,甚至有些能抗污染的树木,都不能正常生长乃至死亡。

2.5.4 城市空气污染对园林树木的影响

城市人口密集,居民日常的燃烧活动和成千上万的机动车辆每天排出大量的二氧化碳、一氧化碳;汽车排出的尾气经紫外线的照射会发生光化学作用,而变成浅蓝色的烟雾,其中90%为臭氧,其他为醛类、烷基硝酸盐、过氧乙酰基硝酸酯,有的还含有为防爆消声而加的铅;工厂生产也释放出含硫、氟、氯等有毒气体及烟尘。由于空气流通很差,以上各种气体不能很快通过对流扩散到太空而聚集在城市上空,使城市内空气严重污染。

2.5.5 城市水文环境对园林树木的影响

1. 城市水文环境的特点

首先,城市水分的收入量大于郊区。除了城市地区的降水一般多于郊区外,一般城市还需要从附近的河流、湖泊、水库等系统引入大量的水,包括大部分的生产和生活用水,以满足大城市运转所需的大部分生产和生活用水。其次,城市径流量增加,这是因为城市下垫面中道路、广场、建筑物等所占的比例高,土壤不疏松易板结,且持水能力不高,降雨后地表径流会在短时间内急剧增高并很快出现峰值,然后径流量迅速降低,因而地下水位难以得到补充。另外,城市下垫面的蒸发量比郊区小,城市通过植物蒸腾作用散失的水分也少。城市水文平衡的特点决定了城市土壤常处于干旱状态,园林树木常会受到水分亏缺的威胁。

2. 城市水文环境对园林树木的影响

随着社会和经济发展,水分的供需矛盾日益突出,越来越多的城市将地下水作为主要水源,但地下水的超量开采引起了地面沉降、河流干涸,加剧了城市环境的恶化,加速了土壤沙化、盐渍化的产生,地下水位下降,湿地面积减少,水域面积缩小,因此城市的水文环境限制了园林树木的生长。城市的构筑物、硬质铺装等造成土壤板结和干旱,严重影响园林树木对水分的吸收,导致植物易出现枯梢,生长受到阻滞,甚至死亡。因此,选择适宜城市生长的耐旱植物可减少灌溉,节约建设用水。

其次,城市工业废水和生活污水的排出量远远超过了河流湖泊所能净化和承受的程度,引起水体物理、化学性质发生变化,造成水体污染。水中有毒物质如果浓度很低,将不会对树木立即产生毒害;但当有毒物质浓度增加,树木将表现受害症状;继续增加到一定限度时,树木将死亡。污染物能够抑制甚至破坏树木的生理生化活动,如镍、钴等元素能严重妨碍根系对铁的吸收,铅妨碍根系对磷的吸收,许多重金属离子能破坏酶的活性。现在很多大城市将污水处理达标后,通过管线输送到市区,用于景观用水或绿地灌溉,节约了地下水的用水量,但是应随时监测水质,避免对树木造成伤害。

2.5.6 城市市政建设对园林树木的影响

市政建设与施工对树木的危害可表现在土壤的填挖、铺装、煤气的泄漏、化雪盐的使用以及污水等,其中以树木立地土壤的填挖与铺装的危害最为常见。

1. 填方

树木根系的生长对土层厚度有一定的要求,过深与过浅对树木生长均不利。根据调查树木生长需要的土壤厚度见表2.1。

表2.1 园林树木生长所必需最低限度的土层厚度

树木类别	树木生存的最小 土层厚度(cm)	树木栽培的最小 土层厚度(cm)
小灌木	30	45
大灌木	45	60
浅根性乔木	60	90
深根性乔木	90	150

注:引自张秀英,2012,内容有删改。

要判断树木根区是否填充过土壤或其他杂物,首先要看干基是否存在扩张现象。在没有填方的地方,树干地面线处的直径明显大于离地30cm左右处的直径,树干竖向轮廓线成弧状进入地下。如果干基不扩张,树干以垂直线进入地下,就可以认为根区可能进行过填充,然后用锹挖一挖干基附近的土壤直至根颈处,就可确定其填方的深度与填方物的类型。填方过深的危害往往要在几年以后才能显现。当人们无法解释树木出现的病态,如生长量减少、某些枝条死亡、树冠变稀和各种病虫害发生等现象时,可能是填土过深所致。填方过深的其他明显症状是树势衰弱,叶小发黄,沿主干和主枝发出无数萌条,许多小枝死亡等。

根区填方过深对树木造成危害的原因主要是填充物阻滞了空气和水的正常运动,根系与根际微生物的功能因窒息而受到干扰,造成对根系的毒害;厌氧细菌的繁衍产生的有毒物质,可能比缺氧窒息所造成的危害更大。由于填方,根系与土壤基本物质的平衡受到明显的干扰,造成根系死亡,地上部分的症状也变得明显。这些症状可能在一个月内出现,也可能几年之后还不明显。

填方对树木危害的程度随树种、年龄、生长状况、填方类型、深度和排水等因素而变。槭树、山毛榉、栎类、鹅掌楸及松树和云杉等受害最严重;桦木、山核桃及铁杉等较少受害;榆树、杨树、柳树、二球悬铃木及刺槐等能发出不定根,受影响最小。幼树和生长势强的树比老树和生长势弱的树适应性强,受害较轻。危害最小的是疏松、多孔的土壤;危害最严重的是通气透水性差的黏壤土,甚至只铺填3~5cm就可造成树木严重损害,甚至死亡。含有适量石砾的填方对树木伤害小。此外,填方越深越紧,对根的干扰越明显,危害也越大。在树木周围堆放大量建筑用沙或土对树木也有不利影响。

2. 挖方

挖方虽然去掉了树木周围的部分土壤,但不像填方那样给树木造成灾难性的影响,可也会因为去掉含有大量营养物质和微生物的表土层,使大量吸收根群裸露和干枯,表层根系也易受低温的伤害。根系的切伤与折断以及地下水位的降低等都会破坏根系与土壤之间的平衡,降低树木的稳定性。对于浅根系树种影响更大,有些甚至会造成树木的死亡。但是如果挖掉的土层较薄,如几厘米或十几厘米,多数树木都会发生适应新条件的变化而不会受到明显的伤害。然而,如果挖掉的土层较厚则应采取预防措施,最大限度地减少挖方对树木根系的伤害。

3. 地面铺装对树木的影响

城市市政建设普遍采用浇注水泥、沥青和铺设砖石等进行地面铺装,不正确的地面铺装,不但会给树木带来严重危害,而且会造成铺砌物的破坏,增加养护或维修的成本。地面铺装对树木危害的主要表现是,在数年期间树木的生长势缓慢下降而不是突然死亡。

(1)铺装有碍水、气交换　铺装可阻碍土壤与大气的水、气交换,使根区的水分与氧气供应大大减少,不但使根系代谢失常,功能减弱,加速老化,而且会改变土壤微生物区系,干扰土壤微生物的活动,破坏树木地上与地下的平衡,减缓树木的生长。

(2)铺装改变了下垫面的物理性质　铺装加大了地表及近地层的温度变幅,在夏季铺装地面的温度有时可达50～60℃,树木的表层根系,特别是根颈附近的形成层更易遭受极端高温与低温的伤害。

(3)干基环割　由于铺装靠近树干基部或裸露地面保留太少,随着主干直径的不断生长,干基越来越逼近铺装材料。如果铺装物薄而脆弱,则随着树木主干与浅层骨干根的加粗而导致铺装圈的破碎、错位和突起,甚至挤倒或摧毁路牙或挡墙;如果铺装物厚而结实,随着树木主干或浅层大根的生长而导致干基或根颈韧皮部和形成层的挤伤或环割,造成树木生长势衰弱,叶小发黄,枝条枯死和萌条增多,最后因韧皮部输导组织及形成层的彻底破坏而死亡。

4. 污水对树木的影响

城市生活污水对树木的生长极为有害。这些污水中含有盐碱,入土后会提高土壤含盐量,可使土壤含盐量达到0.3%～0.8%。土壤水分含盐碱量加大后就会加大其浓度,根系难以吸收,这时树木不但得不到适量的水分补充,反而会使根部的水分渗出,致使树木缺水而生长不良。

5. 煤气对树木的影响

目前,天然气已在许多城市大规模使用,由于管道结构不良、交通震动、施工开挖、接头松动等原因造成了管道煤气泄漏,进而危及树木的生长与存活。在煤气轻微泄漏的地方,树木受害轻,表现为叶片逐渐发黄或脱落,枝梢逐渐枯死。在煤气大量或突然严重泄漏的地方,对园林树木的危害较严重,一夜之间几乎所有的叶片全部变黄,枝条枯死。如果不及时采取措施解除煤气泄漏,其危害就会扩展到树干,使树皮变松,真菌侵入,危害症状加重。

6. 化雪盐对树木的影响

道路结冰后为了交通安全常在道路上撒化雪盐以促进冰雪的融化。目前使用最多的化雪盐是氯化钠,约占95%。冰雪融化后的盐水无论是溅到树木茎、叶还是侵入根区土壤都会对树木造成伤害。常绿针叶树对盐的敏感性大于落叶树;浅根性树种对盐的敏感性大于深根性树种。受盐危害的树木春天萌动晚,发芽迟,叶片变小,叶缘和叶片有枯斑,呈棕色甚至叶片脱落;夏季可发几次新梢,一年开花两次以上,导致芽的干枯;早秋变色落叶,枯梢甚至整枝或整株死亡。

盐分通过水的渗透吸收以及对原生质上的特殊离子作用而对树木造成伤害。盐渗入土壤,造成土壤溶液浓度升高,树木根系从土壤溶液吸收的水分就会减少。树木根系要从这样的溶液中吸收水分就必须有更高的渗透压,否则就会发生反渗透,使树木失水、萎蔫,甚至死亡。化雪盐对树木的影响范围可达离喷撒处9 m的地方。在自然状况下,受影响树木要经8～15年才能完全恢复其生长势。

总之,影响园林树木生长发育的环境因子多而复杂,且各因子的作用不是孤立的,它们之间既互相联系又互相制约,在一定条件下,各因子可以相互补充,但却不能相互代替,它们地位同等重要,共同综合作用于园林树木。事实上,尽管各因子都为树木生长发育所必需,但对某一树种某一生长发育阶段而言,常常有1～2个因子起决定性作用,这些因子称为"主导因子",而其他因子则起从属作用(图2.10～图2.12)。

图2.10　城市人为活动对园林树木的影响

图 2.11　城市铺装对园林树木的影响

图 2.12　城市光电对园林树木的影响

在园林树木栽培上,了解树木与环境的关系,就是要为园林树木选择和创造适宜的环境条件,制定切实可行的栽植方案和栽培管理措施,以创造出丰富多彩的园林景观。

2.6　案例分析

南京地铁三号线穿越主城而过,沿线两侧都是绿化密集区域,地铁施工和绿化保护是个难解的矛盾。这就要求平衡好地铁建设与绿化保护的关系,尽量少移植或不移植大树,但地铁施工和行道树保护的矛盾依然存在。

由于地铁三号线的沿线交通走廊道路容量有限,道路含人行道宽度仅 20～23 m,而车站标准宽度就已经达到 22～24 m,因此车站基坑占用了整个路幅宽度,行道树处于基坑范围内。同时,地铁三号线建设遭遇地质难题,由于沿线地层主要以古河道河床为主,包含淤泥质粉土、粉细砂层等不良地质条件。因此,主城地铁车站均采用明挖的施工方法,地铁车站施工必须移植现状树木。南京市地铁指挥部进行多方案研究,重点车站在选址上更是研究出几套方案进行比选论证后确定,平衡好"保大树、保交通"的关系。在满足地铁施工最低要求的同时,尽最大努力少移植树木,并采取一切措施做好行道树的保护和施工后的绿化恢复工作。在树木的迁移过程中,尽量做到以下几点。

一是最大限度保护树木:地铁建设过程中做好绿化保护,尽量少移植或不移植大树。

二是最大限度优化方案:相关部分从车站选址到车站建筑规模进行优化,压缩车站站台宽度,减少出入口数量和尺寸等措施,将地铁施工对绿化的影响降到最低。

三是最大限度保持绿量:绿色植被是宝贵的生态财富和文化财富。移植的树木,必须由园林专业单位实施,由专业部门和人员对树木的维护全过程跟踪服务,确保移植树木的成活。

在地铁建设和树木迁移的进程中,每棵大树的移植需有审批和配套的维护管理制度。近年来,南京市先后出台了《南京市城市建设工程树木移植、保护咨询评估规定》和《南京市人民政府关于进一步加强城市古树名木及行道大树保护的意见》等规章制度,要求城市建设工程中涉及古树名木、一定规模以上行道大树的移植、保护,应进行树木移植、保护咨询评估,并引入公众参与评估机制。当建设工程与大树保护发生冲突时,原则上工程让树,不得砍树。经批准的重大基础设施建设项目,凡涉及需移植古树名木或数量较多、规格较大的行道树,在前期规划设计时,应主动提出避让和保护方案,经城市绿化主管部门和专家充分论证和多方案比较后,与主体方案共同报批。

2.7　实验/实习内容与要求

根据环境对树木生长发育的影响,列举所在地区具有一定抗性的树种。

■ 思考题

1. 简述园林树木各阶段的生长发育与光照的关系。
2. 什么是年平均温度和有效积温?它们与树木生长发育有何关系?
3. 极端高温与极端低温对树木的伤害有哪些?如何有效地防止它们对园林树木产生伤害?
4. 举例说明耐旱树种对干旱的适应和湿生树种对水分过多的适应。
5. 按空气污染物的毒害机制可将空气污染分为哪几种类型?它们对园林树木各有何影响?
6. 城市生态环境有哪些特点?对园林树木栽植有何影响?

3 园林树木的选择与配置

■ **学习目标**

掌握园林树木选择的基本理论和方法；各种用途园林树木选择的具体要求；能够熟练地根据不同园林绿地的特点进行树种的选择；掌握园林树木配置的原则、要求、配置的方式和方法。

■ **篇头案例**

华东地区某小区，业主要求小区开发商对植于其窗前的树种进行更换。开发商不解，小区投入使用已2年有余，绿化在该市居住区中堪称优良，该业主也入住近两年了。该业主住在一楼，位于阴面的厨房窗外是郁郁葱葱长势良好的夹竹桃林。刚入住时，树还较小，随着时间的推移，夹竹桃越长越大，部分枝条可从窗户伸进厨房。听说夹竹桃有毒，所以业主坚决要求更换树种。实践中，我们还会遇到诸如此类的问题，如受到污染的土壤栽哪些树种？庭院里，如何用植物组合来体现四季景观的丰富多彩？这些问题，便涉及本章要谈的园林树木的选择与配置问题。

3.1 园林树木的调查

园林树木的调查就是对场地区域及所在地域范围内的园林树木种类、生长状况、生境关系、景观效果等方面进行的调查，是园林绿化的重要基础。

3.1.1 园林树木调查的目的和意义

制定园林绿化规划和方针、政策，确定园林绿化建设措施，编制设计方案，了解园林树木在城市发展中的作用和效益，科学合理地经营管理好现有园林树木资源以使其发挥更大的效益，都必须掌握园林树木资源的现状及其发展变化趋势和特点，而园林树木调查就是有效的基本途径，其意义概括起来有以下几个方面：

① 了解园林树木的现状，包括结构、生长、健康等状况，为编制养护和管理作业计划提供依据。

② 为测算园林树木的价值、功能、效益提供基础资料。

③ 分析园林树木资源的现状，预测其未来发展趋势，为制定和调整园林绿化方针政策、编制规划和计划提供依据。

④ 分析园林绿化建设工作成效，为评价工作实绩、考核工作目标完成情况提供依据。

⑤ 检查园林绿化方针、政策、计划、方案和有关规定、措施的执行落实情况。

⑥ 为编制地区发展规划和经济计划提供相关的生态环境建设目标和基础数据。

3.1.2 园林树木调查的组织与工作程序

1. 组织

树木调查要在当地园林主管部门、教学、科研单位或有一定技术实力的绿化公司主持下进行，必须由一批具备相当业务水平、工作认真的专业技术人员组成调查研究组。全组人员共同学习树木调查的方法和具体要求，分析被调查园林绿地类型及生境条件，并各选一个标准点作调查记载的示范，对一些疑难问题进行讨论，统一认识。然后可根据人员数量分成小组分片包干实行调查。每小组内可分工进行记录、测量工作，一般3～5人为一组，1人记录，其他人测量数据。

2. 工作程序

园林树木调查的工作程序一般分三个阶段，即准备工作阶段、外业调查工作阶段和内业总结阶段。

1) 准备工作阶段

准备工作阶段的主要工作内容可以分为组织准备和技术准备两部分。

(1) 组织准备

① 接受任务,明确调查对象和要求。

② 根据调查任务和地区的实际情况制订外业工作计划,明确调查内容、技术指标、定额、进度、劳动组织和人员配备等。

③ 编制调查工作定额指标和装备供应计划、经费预算。

④ 组织调查队伍,介绍任务、要求和方法,制订分区、分项进度计划。

(2) 技术准备

① 收集现有资料。要尽可能地收集现有的测绘、图面资料,当地自然、经济和社会等有关资料,有关园林绿化和园林树木栽培管理的数据和文字资料,特别是现有的图面资料。在实际调查前做到心中有数,可以有效地提高调查效率和调查质量。

② 制定技术方案。根据调查对象的特点制定出切实可行的调查技术方案,包括境界勾绘和测量的方法、内容和项目,调查精度和要求等,并编制出实施细则和工作步骤。

③ 领取或购置航片和地形图。尽量能准备好最近时期的航片,购置相应的地形图。

④ 进行室内判读勾绘。利用航片、城市测绘资料和地形图,结合现有的图面材料进行室内判读,勾绘出园林树木分布位置和境界。

⑤ 外业调查训练。选择有代表性的地段进行外业调查训练,统一调查方法,熟悉调查仪器,掌握调查资料的使用方法,提高工作效率。

2) 外业调查工作阶段

(1) 区划测量 在原有的基本图基础上,结合航片勾绘和境界测量方法,核实各类境界线、区划,测定树木分布具体地段的位置和边界。

(2) 细部调查 在区划出的树木分布地段内,根据不同树木栽培类型的要求进行各项内容的调查和测量。

(3) 外业调查质量检查 在调查完一定面积或区段后要及时对调查质量进行检查,以便及时发现问题予以纠正,必要时要调整调查方法,修改有关方案。

3) 内业总结阶段

主要包括编制调查簿、绘制分布图等(详见3.1.4)。

3.1.3 园林树木的调查内容与方法

园林树木调查是掌握现状、分析变化、发现栽培养护和管理等方面存在的问题,并据此提出解决问题的途径和方法,以建立园林树木资源和管理技术档案的基础工作。园林树木调查在内容、技术方法、结果整理和分析等方面都有其自身特点,也因不同调查对象而有所区别,需要进行专门的学习。对一个城市、城区、小区或公园的园林树木进行调查,应结合总体园林绿地调查进行;但在城市园林绿地调查中,园林树木是主要的调查内容。

1. 调查内容

不同树木种类、栽培类型以及不同配置方式的园林树木,在栽培、养护、管理等方面的重点不同,园林树木调查的内容因不同的调查对象而有较大差别。

对于大多数园林树木来说,无论其栽培方式、目的和分布情况如何,都有一些必须掌握的基本情况,如栽培类型、分布位置、数量(面积、株数、林带长度和宽度)、立地条件、种类、年龄(或栽植年度)、密度(郁闭度或覆盖度)、高度、粗度、生长情况等。

(1) 分布位置 包括在整个调查区域范围内的分布位置和具体地点上的局部位置,除了文字记载外还要绘制分布图,将园林树木的分布情况反映在图面上。

(2) 立地条件 主要有自然立地和人工立地两大类。人工立地是指经人为改造后基本没有原来的土壤条件的立地,而自然立地是指基本保持其原有土壤条件的立地。

(3) 种类 主要反映园林树木的生物学差异及其类群,要分别按乔灌木、落叶常绿、针阔叶等不同类型,记载科、属、种的学名。

(4) 数量 可以是片林的面积、树木带的长度和宽度、散生树木的株数。对于管理强度和水平较高的地区,片林和树木带可以同时调查记录面积和株数或者树木带长度和株数,面积用 hm^2 表示,长度用 m 表示。有时为了计算园林绿地覆盖率,也以树木带的栽植地宽度作为计算树木带的面积。

(5) 年龄 一般来说,天然林木可记载其年龄或龄级,对人工栽植的树木要记载其栽植年度和年龄。

(6) 密度、郁闭度 主要是针对片林。密度一般用单位面积上的树木株数来定量描述,树木带密度可以用株行距来定量描述。郁闭度(覆盖度)用树冠覆盖地面的面积占其分布面积的比率来表示,可以用百分制或十成制表示。

(7) 高度、粗度和冠幅 高度是树木从地面到树梢的高度,一般以 m 为单位,乔木树种记载到小数点后一位数字,灌木树种记载到小数点后两位数字。乔木树种的粗度以树木距地面 1.3 m 高处的胸高直径(cm)表示,灌木树种则不需调查粗度。冠幅是指树冠在水平方向上的双向直径(东西×南北),或树冠在地面投影的双向直径。

(8) 生长情况 主要是文字描述性记载,比如生长情况良好、中等、差、树势衰弱、濒临死亡等,还可以记载树木受病虫害危害及人为损害的情况等。

2．调查方法

1）园林树木群体特征的调查

（1）片林调查

① 面积：一般不直接采用测量绿地的面积，而是先将片林的边界勾绘在一定比例尺的图纸上，再在图纸上用求积仪测量其面积。如果建立有地理信息管理系统，可以将园林树木分布图输入后从中直接读出面积。

② 密度：可采用样地或标准地法，在调查的绿地中选择有代表性的地段，设置调查地块作为标准地，以标准地调查结果作为绿地调查的结果。

③ 郁闭度：对于树冠比较低矮的片林可以采用样线法。在绿地内有代表性的地段或样地内，用皮尺、测绳等工具拉样线。十字交叉拉样线，样线长度 30～50 m。累计样线上有树冠的长度，合计后计算有树冠的样线长度占样线总长度的比例，以百分比或换算成十成制表示。对于树冠较高的片林，既可以采用样线法，也可以采用样点法。在样地或标准地内确定两条十字交叉的直线，用相同的步幅沿直线每走 1 步或 2 步抬头看一次作为一个观测样点，看正对观测者的上方是否被树冠覆盖，分别记下有、无树冠覆盖的点数，计算有树冠覆盖的点数占总样点数的比例，以百分比或换算成十成制表示。

（2）公园树木的调查　公园不同于单纯的片林，树木的分布构成比较复杂。一般的城市公园采用样带调查，即从公园的一侧开始，每隔一段距离设一样带，调查样带内的所有树木，样带的宽度可根据具体情况设计，一般要求调查的面积为公园总面积的 5%～20%。

（3）行道树的调查　行道树比较规则，因此一般调查其总量的 10%。沿道路每 1 km 调查 100 m 范围内道路两侧的所有树木，记载株数、株距、缺株以及每株树木的个体特征。

2）园林树木个体特征的调查

（1）树木高度调查　除幼树或可以用测杆或特制的伸缩式测高杆直接测定的低矮树木外，一般都使用测高器测定。

（2）树木粗度调查　粗度用直径来表示，一般是测定立木于测者胸高部位的直径，简称胸径。有时也需要测定树木上部某一特定高度处的直径，可利用上部直径测树仪进行测定。

（3）胸径的测定　胸高指成人的胸高位置，是测定立木直径时常用的测量数据，树干一般在此高度处受根部扩张的影响已很小。我国胸高位置在平地为距地面 1.3 m 处，在坡地以坡上方距地面 1.3 m 处。胸高以下分叉的树，可当作分开的两株树分别测定胸径。一般用胸径尺测定。

（4）上部直径的测定　通常把胸高以上任意部位的直径称为上部直径，主要用光学仪器测定，其中以林分速测镜比较常用。

（5）树木年龄调查

① 直接查数年轮法：伐倒树木，截取根颈处树干圆盘，将圆盘工作面刨光，由髓心向外 2 个或 2 个以上方向逐年查数年轮数。如果截取的树干圆盘断面高于根颈，则树木年龄等于总年轮数加上树干长到此断面高所需年数。当圆盘年轮识别困难时可用化学染剂着色，利用春秋材着色的浓度差异辨认年轮；当髓心有心腐现象时，应将心腐部分量其直径并剔除它的年轮，则树木年龄等于总年轮数加上心腐生长所需年数。本法要伐倒个别单株，而且费工费时，调查时要控制使用。

② 生长锥木芯查数年轮法：用生长锥在树干上钻取木芯，然后查数木芯的年轮数，如果木芯是由树皮直通髓心，则树木年龄等于总年轮数加上树干长到钻取木芯高度处所需的年数。用此法时一定要保证木芯通过髓心，并要防止木芯碎裂，查数年轮时要注意区别树木的伪年轮。

③ 查数轮生枝法：有些树种每年自梢端生长出轮生顶芽，逐渐发育成轮生侧枝，如松树、云杉等；有些树种虽然没有严格的轮生枝，但每年所发生的枝条中，基部的较粗大而上部的较细小或没有枝条，如杨树、银杏等。当树木年龄不太大、枝条脱落不严重时，可通过查数轮生枝和轮生枝痕迹的方法确定树木年龄。

④ 查阅档案法：查阅栽植技术档案或访问有关人员，根据栽植年度和苗木情况确定树木年龄。

⑤ 目测法：根据树木直径大小、树皮颜色、树皮粗糙程度和树冠形状等特征估计其年龄。

古树名木年龄的测定方法：古树名木的年龄调查，既要求有一定的准确性，还不能伤害树木本身，影响其生长，最常用的方法有两种。

① 可以通过历史考证来确定，也可以通过相关历史事件或其他相关历史资料进行考证推断。

② 既没有历史记录又没有可靠的历史考证依据时，可以通过对本地区已经伐倒或死亡的同类树木的年轮进行测定，确定其一定年代期间的直径生长量，再根据树木的直径推断其年龄。

树木生长情况调查　一般用目测调查法，由 2～3 人组成一组，可有若干组同时进行，但必须事先进行培训，形成统一的标准。实际工作时，通过观察树木的生长势、树冠饱满度、叶色、枯枝的多少、病虫害情况、受损程度等来确定树木的健康等级。

3.1.4　园林树木的调查总结

调查结束后要对调查资料进行整理、统计和总结，形成完整的调查成果，主要成果应包括调查登记表或登记卡片、统计表、树木分布图和调查报告。

1．调查表簿

调查簿包含反映各项调查因子的表格。可按城市的行

表 3.1　园林树木调查簿（簿册式）表头式样

城区小区	斑块编号	栽植方式	数量			生态条件（地貌、地形、土壤、水文、地质）	种类（科、属、种、类型）	规格（年龄、高度、胸径）	生长情况	园林用途（景观效果评价）	特殊意义	养管措施评价
			面积(hm²)	长/宽(m)	株数							

表 3.2　园林树木统计表

绿地类型：　　　　　　　　　　位置：　　　　　　　　　斑块编号：

树种	学名	株数	平均径阶(cm)	平均树高(m)	平均冠幅(m)	树木生长状况（株数）						胸径等级(cm)（株数）				
						I	II	III	IV	V	VI	<10	10~20	20~30	30~40	>40

政分区和小区，分别将不同栽培类型归并装订成册，称为簿册式园林树木调查簿（表 3.1）。园林树木调查簿也可以是卡片的形式和计算机数据库档案的形式。

统计表在调查簿的基础上进一步统计整理，得到反映统计单位和地区树木总体状况的表格。常见的统计表有各类土地面积统计表、片林树种统计表、绿地树种统计表、散生树木统计表、古树名木统计表等，可以根据需要分别按不同的类目进行统计汇总，填入相应的统计表中。

① 各类土地面积统计表　反映各类土地面积组成情况、绿地覆盖率等。

② 树木统计表　即不同绿地类型树木的统计表，用来反映不同树种的面积组成情况、数量及树木个体特征（表 3.2）。

2. 树木分布图

园林树木调查结果的图面表现形式，是将树木的类型、种类、数量和其他一些属性标注制成的专题图件。它与园林规划设计图不同，要求反映树木现状的真实情况。

3. 调查报告

野外作业结束后，将资料集中，进行总结分析，编写调查报告。主要内容包括：

（1）前言　说明调查的目的、意义、组织情况及参加工作人员、调查的方法步骤等内容。

（2）自然环境情况　说明调查区的自然地理位置、地形地貌、海拔、气象、水文、土壤、污染情况及植被情况等。

（3）城市性质及社会经济简况

（4）被调查区域园林绿化现状

（5）树种调查统计表　通过对调查资料的整理，总结出本城市树种名录，根据需要列出生长最佳树种表，抗污染树种表，特色树种表，边缘分布树种表，名木、古树、大树表等。

（6）经验教训　总结被调查区域在园林绿化实践中成功与失败的经验教训，找出存在的问题及其解决办法。

（7）专群意见　概括总结当地人民群众及国内外专家们的意见及要求。

（8）参考图书、文献资料　列出参考图书、文献资料的目录。

（9）附件　列出有关的图片、腊叶标本的名单。

3.2　园林树木的引种与驯化

园林树木的引种驯化是通过人工将野生或栽培树木的种子或营养体从其自然分布区域或栽培区域引入到新的地区进行适应性栽培的过程。在树木引种过程中，由于树木异地栽植生长，对新环境的适应性是引种成败的关键。

3.2.1　引种驯化的意义

园林树木引种驯化是提高城市树种多样性、实现绿化树木良种化、增加绿地景观的有效途径。引种驯化给人类带来的利益是多方面的。

1. 节约成本

首先引种驯化比培育新品种所需时间短、见效快，节省人力物力。野生植物的引种驯化以及子遗植物和其他珍稀濒危植物的引种，具有更加深远的经济、社会效益。其次引种驯化可以迅速而有效地扩大优良品种的栽培应用，在其自然分布或栽培范围内实行集约化生产或观赏种植。

此外，引种驯化也可更新某些生长缓慢、成景效率低或因病虫害危害严重的树木种类，如引进抗松毛虫能力强、生长快、产脂量高的湿地松和火炬松，取代因遭受松毛虫危害严重而不能达到速生、产脂等栽培目标的马尾松，在我国亚热带低山丘陵地区推广种植后生长良好。

2. 丰富植物多样性

引种驯化有利于迅速而有效地丰富城市园林绿化植物的种类。目前成功引种栽培的树种既有从我国园林树木种质资源中发掘栽培的水杉、珙桐、金花茶等，也不乏从国外引种栽培的树种，如来自日本的五针松、日本樱花、北海道黄杨，来自印度的喜马拉雅雪松，来自北美的刺槐、池杉、广玉兰、湿地松、火炬松，来自地中海地区的月桂、油橄榄等。

3. 增加景观多样性

引种驯化增加景观多样性，使得人们可以欣赏来自世界各地的优美树种。

然而在热衷于从国外、外地引种的时候,却常常忽略了发掘我国自身或本地的树种资源。我国的一些优良珍稀树种在国内园林中很少见到,但在欧洲的应用却十分普遍,如珙桐、连香树、领春木、香果树等,这应当引起园林工作者的思考。

3.2.2　引种驯化的原则

1. 引种驯化的基本原理

引种驯化是建立在树木遗传变异性和生态环境相对稳定性的矛盾统一上,而被引种树木其原产地与引种地区生态条件的差异性以及引种材料的遗传适应范围决定了引种的可能性与成功性。

1)生态环境相似性

生态相似性引种是指遵循自然规律,从纬度、海拔、气候(温度、降水、日照等)、土壤、病害、栽培相似的自然生态分布区去选择引种对象。这是最易获得成功且经济有效的引种途径,其意义在于不仅能成功引种,而且还能找出最佳种植区和建植应用范围,从而获得理想的生态效益。

① 气候条件　气候条件之间的差别主要是温度和湿度,温度包括年平均温度、月平均温度以及极端最高和最低温度,湿度条件包括年降水量及其在不同季节的分布状况。一般从较寒冷地区向较温暖地区、从较干燥地区向较湿润地区、从较高海拔地区向较低海拔地区引种较容易成功;日照时间长短以及光照度随纬度变化而变化,从而影响着树木生长发育,这对花果树种更为重要。

② 土壤条件　土壤酸碱度、质地、矿物质含量及地下水位对引种有很大影响,其中对引种成败影响最大的是土壤酸碱度,有些树种对土壤酸碱度适应范围较窄,引种时要特别注意。

2)引种材料遗传适应性

各种植物都有其地理环境分布规律。有些种类能适应多种不同的自然气候及土壤环境条件,在世界各地普遍分布,被称为"广布种"。这类树木适应性强,容易引种成功,如柳树、柿树、槭树、忍冬、柽柳、绣线菊等。有些植物仅局限于特殊环境,要求较为严格的生态条件,称为"窄域种",如黄枝油杉、珙桐、羊角槭、荷叶铁线蕨等。

植物的遗传适应性取决于植物的自我调节能力,基因型杂合程度高的种类常具有较强的适应能力。遗传适应性强的材料引种易成功,因此最好以种子为引种材料,可塑性大、选择性强,经过3~5代培育后就能成功。因此,摸清引进树种的原产地、了解其适应能力是引种能否成功的前提,应遵循"适地、适树、适法"的栽培原则,避免主观盲目引种。

2. 引种驯化应注意的问题

引种驯化是一项复杂的综合性工作,也是一个长期的

过程,引种的树木必须经受栽培区较长时间的考验才能确定是否能推广种植。

1)反对盲目引种

引种应有明确的目标,所选树种确有优点而当地无替代者,如经济效益超过当地树种或能提供当地树种不能提供的珍贵产品,具有某些特殊的优良性状等。除上述目的外,引种前还必须考虑引种对象引种栽培的难易程度,避免过高成本投入,更好地发挥生态效益。

2)提倡慎重推广

引种宜逐步进行,切不可盲目进行大面积的推广种植。应先建立引种预试圃进行栽植试验,鉴定引进树种的适应性;再在品种比较圃中选择优良个体进行区域性栽培试验,列出最适栽培区和一般栽培区。引种同时可结合在大量群体中进行品种选育,以加快推广应用进程。

3)加强栽培管理

对于引种驯化区的树木要格外精心管理,为引种树木提供良好生长环境。主要栽培措施包括:细致整地、施足基肥,以改善土壤的物理及化学性状;适时中耕、合理灌溉,以提高土壤保水和透气性能;及时追肥、协调营养,防治病虫、精心管护。

4)注重引入地区乡土园林植物

从工程设计入手,提高乡土园林植物的利用率;加大科研力度,提高对乡土树种的认识;乡土园林植物推广需要相应的政策扶持;乡土园林植物不仅能体现鲜明的地方特色,还具有适应性强、成活率高、管理方便等诸多优点。

5)适当进行国外园林植物的引种驯化

园林植物种质资源丰富多样,因其所适应的生态环境和地理条件不同而分布于不同国家和地区。中国幅员辽阔,自然条件复杂多变,形成的生态气候区也多种多样,具备引入各国园林植物种质资源的优势。可通过引种和配置试验,充分利用地区小气候差异,积极有效地引种异地植物,调整园林结构,增加园林植物种质资源多样性,创造别致的异域景观。

6)珍稀濒危植物的引种驯化

加强对珍稀濒危植物资源的调查工作;先将已有引种驯化经验的种类应用于园林绿化,如银杏、金钱松等;再考虑其他珍稀濒危植物的应用推广;大力宣传珍稀濒危植物的观赏特性及在园林中应用的可能性和积极意义。

3.2.3　引种驯化的方法

根据引种的难易程度,可分为直接引种和间接引种两类。直接引种,指引种栽培的树种在新的栽培区能够正常开花结实,并能较好地发挥其效益;间接引种,则指树木异境栽培后不能正常发育,需要采取某些特殊的选育技术和栽培措施才能促使其正常生长。引种驯化的方法一般可归纳为顺应性引种驯化、保护性引种驯化和改造性引种驯化。

1. 顺应性引种驯化

直接引进种子或无性系,在此基础上选择优良个体,进行栽培驯化,即顺应性引种驯化。

1)引进种子

树木通过有性繁殖所产生的种子变异性较大,后代个体差异较大的特性有利于筛选优良个体。可直接引进种子进行播种育苗,从1~2年生的实生苗中选出优良单株,在选优的基础上进一步通过集约栽培、定向培育以稳定树木的优良性状,强化其适应性,从而达到驯化的目的。

2)引进无性系

为防止树种某一特殊优良性状的劣变,可引进无性系良种。无性繁殖能很好地保持母本的优良性状,通过扦插、嫁接、芽变等无性繁殖获取大量的个体,并作进一步驯化。

3)种源选择

无论是引进种子还是无性系,都存在种源问题。即便是同一树种,由于长期生长在不同的环境条件,其发育节律亦有一定的差异。树木引种驯化时必须充分考虑和利用不同种源表现的差异性,通过种源试验来确定最适宜的引种范围,提高引种效果。

2. 保护性引种驯化

选择小地形、小生境,使其更接近引进树种原产地的生态条件,又称小气候驯化法,如毛竹北移要求背风向阳进山窝。人工改变栽培措施在一定程度上可调节原产地与引种栽培区的环境差异矛盾,如南树北移,可在秋季早停水肥以充实组织,强迫休眠以适应北方冬季低温。

3. 改造性引种驯化

通过人为干扰促使树木的生理生态习性在一定程度上发生变化,增加对某些条件的抗逆性和适应性,使之适应新的立地条件。

1)处理种苗

由种子繁殖的幼苗处于阶段发育的初期,可塑性大,较易适应环境条件的变化。对种苗进行抗寒性、抗旱性、抗盐碱性的锻炼或应用植物激素处理等措施,提高树木抗逆性以适应新的立地环境。

2)渐进引种

当引种区与原产地自然条件差异较大时,可渐进引种,逐代迁移驯化。驯化与选择相结合,一方面促使树木逐渐获得适于引进地生长发育的适应性,另一方面从分化的个体中选择优良个体,促使引种成功。

3)育种创新

当直接引种不成功或不能满足人们的需要时,需采取育种的手段改变引种材料的遗传性。引进原始材料,运用杂交育种、多倍体育种、突变育种等方法来培育适于在引种地区生长的新类型、新品种。

3.2.4 引种驯化实例

我国园林树木引种的历史悠久,许多针、阔叶树都在19世纪末20世纪初由国外引入。但20世纪50年代以前的引种活动规模小、盲目性大,引进树种多用作城市绿化,很少用于大面积造林。20世纪70年代以来,特别是90年代后的引种工作得到较大发展,据统计,先后引进木本植物1 000多种,造林面积达800万hm²,占人工林总面积1/4以上,其中来自北美洲树种的造林面积占75%。统计表明,有重要价值的外来树种达30余种,简介如下:

刺槐原产北美洲阿巴拉契亚山脉和欧扎克高原、美国密西西比河流域,我国自19世纪引进到山东栽培,现在24个省(直辖市、自治区)广泛栽种,栽种面积达1 000万hm²。自20世纪70年代末开展种源试验和优良无性系选择,优良种源和无性系已经推广应用。

木麻黄自然分布于东南亚、太平洋群岛和澳大利亚,是营建沿海防风固沙和薪炭林的优良树种,并具有共生固氮能力。20世纪50年代后,在南方沿海地区营造了约100万hm²的木麻黄防风固沙林,形成了数千千米的"绿色长城",这对于防风固沙、抵御海啸,保证农业稳产、高产,保障人民生活等发挥了积极作用。

杨树是温带地区的速生阔叶树种,1949年前主要引进钻天杨、箭杆杨、加拿大杨和少量的欧美杨。1950—1960年中国林业科学研究院等先后从波兰、德国、罗马尼亚、苏联等引种,20世纪70年代后陆续从法国、意大利等17个国家引种栽培72/58杨、I-9/55杨树良种及其无性系331个,从中选出一批速生杨树品种;南京林业大学从引入的美洲黑杨中选育出优良无性系,在黄淮流域大面积栽培。但是,我国杨树受天牛和其他食叶害虫危害相当严重,是一个亟待解决的重大问题。

火炬松、湿地松原产于美国东南部,20世纪30年代引入我国,70年代大面积栽培。在南方多数省区相似的立地条件和抚育条件下,火炬松、湿地松生长比马尾松生长快,适宜作为短轮伐期的速生丰产纸浆林,已成为我国南方丘陵山区的重要造林树种。

20世纪以来我国先后引进柏科的许多树种,至今保存2属52种4变种,表现最好、栽培面积较大的是柏木属、扁柏属和圆柏属的10余个种。日本扁柏已成为长江中下游各省区中高山地带的优良造林树种,墨西哥柏等已成为我国中亚热带中低山地区的优良造林树种,铅笔柏在北亚热带和暖温带湿润地区栽培较广,欧洲刺柏和铺地柏在北方一些城市广泛用作园林树种,北美香柏、日本花柏和日本香柏为华东、华中地区的常用绿化树种,罗汉柏为南方部分城市的优良观赏树种。

3.3 园林树木的选择

1. 园林树木选择的意义

园林树木的选择是园林绿化工程成败的关键与核心。这是因为园林树木的选择与应用,直接关系到园林绿化系统景观审美价值的高低和综合功能的发挥。如果能充分考虑树种的生态学特点与形态特征,合理规划树种间的选配、避免种间竞争,形成结构合理、功能健全、种群稳定的复层群体结构,既有利于充分利用环境资源,又能形成优美的景观。

在园林绿化中,正确选择优良的园林绿化树木资源,将其合理应用于当地的园林生产实践或园林工程施工,可以充分发挥其经济、生态效益。因此,只有认真了解与其相关的基础知识,仔细把握绿化市场的需求信息,才可以避免人云亦云、盲目"跟风"所造成的损失,在日益激烈的绿化苗木市场竞争中保持良好的发展势态。

园林绿化树种选择得当,则成活率高,生长快,郁闭早,观赏效果好;反之,绿化树种选择不当,成活率低,生长不良,绿化效果差,观赏性大大降低,徒劳费工,浪费种苗和资金,即使能成活,也可能难以成林,绿化造林地的潜力长时间内不能充分发挥,也不能很好地起到园林的防护及美化作用。

2. 园林树木选择的原则

城市园林树木的选择,需根据城市性质,并结合园林树木的生态功能、美化功能及生产功能进行绿化树种的选择。如昆明地处滇中高原,自然植被以北亚热带常绿阔叶与针叶混交林为主,常绿与落叶阔叶林混交,故大量栽植常绿树种,加上色彩丰富的落叶树,才能达到"四季常青"、"四时花香"之春城景色。再如武汉市夏日长而热,园林绿化要体现江城风格,故要达到"绿荫护夏、红叶至秋、花开四季、冬夏常青"的效果,就要求以冠大荫浓的树种为主。

1) 适地适树

城市的生态环境与条件较好的造林地相比,有很多不利于植物生长的因素存在,要注意生物学特性与环境相协调,针对特定的土壤、小气候条件确定相适应的树木种类,做到适地适树、适地适花。

适地适树要求园林树木的生物学特性与绿化造林地的生态环境(立地条件)相适应。选用的绿化树种能否满足园林绿化的要求,必须以适地适树为前提;而树种栽植后是否达到适地适树,又必须以满足绿化造林目的要求的程度为目标。而且每种植物的观赏价值不同,在园林中各具用途,既要选用不同层次、不同色彩的乔、灌、草相结合,花期合理搭配,达到彩化、美化和绿化的目的,又要使立地和树种相适应。

2) 以乡土树种为主,适当引进外来树种

选择园林树木要满足其生态学要求,要充分考虑植物的地带性分布规律及特点。本地树种最适应当地的自然条件,具有抗性强、耐旱、抗病虫害等特点,为本地群众喜闻乐见,也能体现地方特色,应选为城市绿化的主要树种。为了丰富绿化景观,还要注意对外来树种的引种驯化和试验。适应当地生态条件适宜的树种,应积极采用;但不能盲目引种不适于本地生长的外来树种。

3) 选择抗性强的植物

抗性强是指植物对土壤的酸、盐、旱、涝、贫瘠等,以及对不良气候条件和烟尘、有害气体等具有较强的抵抗能力。选用这些树木作为城市的主体树种,符合园林绿地多数情况下立地条件差的实际,会增强城市的绿化效益,在厂矿企业绿化中尤甚。但是抗逆性强的树种,不一定在树形、姿态、叶色、花期等方面都很理想。为此,在大量选择抗逆性强的树种的同时,还要选择树干通直、树姿端庄、树体优美、枝繁叶茂、冠大荫浓、花艳芳香的树种加以配置,这样才能形成"千姿百态、五彩缤纷"的绿化效果。

4) 满足各种绿地的特定功能要求

要根据绿化功能要求选择园林树木,如体育运动场与儿童活动区周围不能选用带钩刺的植物,防止刺伤。侧重庇荫的绿地,应选择树冠高大、枝叶茂密的树种;侧重观赏的绿地,应选择色、香、姿、韵均佳的植物;侧重吸滤有害气体的绿地,应选用吸收和抗污染能力强的植物。与此同时,结合形态美观、色彩、风韵、季相变化的景观特色,促进绿地植物景观的多样化。

5) 兼顾经济功能

具有观赏价值的园林树木,部分还具有经济功能,如观赏果树、用材树(药用、香料、油料等)。应用时,根据景观功能要求,兼顾其经济效益,拓展园林景观的附加值,提升园林景观的多元化。

6) 速生树和慢生树相结合

一般速生树易衰老、寿命短,慢生树见效慢,但寿命较长。因此,只有合理搭配,才能达到近期与远期景观相结合的目的,做到有计划地、分期分批地使慢生树取代速生树。例如南京市,在解放初期面对着大量荒山空地,要迅速进行绿化,要求短期内有良好的绿化面貌,因此采取先用速生树种,稍后慢长树种逐步取代速生树的模式。速生树种选择用了加杨、枫杨、悬铃木、刺槐、泡桐、黑松、马尾松、垂柳等,同时繁殖乡土树种及名优树种,如银杏、枫香、雪松、龙柏、薄壳山核桃、香樟、水杉、落羽松、池杉、广玉兰、五角枫、柿树、梓树、青桐、桂花、女贞、黄杨、月季等。

7) 重视选择基调树种与骨干树种

基调树种是在城市中分布广、数量大的少数几种树,

其品种数视城市绿地规模而定，一般小型城市基调树为3～5种。骨干树种是城市各类园林绿地中较常用、种类多、数量少的树种。

在长期的园林绿化应用实践中，经过人工筛选，还出现了一批适应性强、优良性状明显、抗逆性好的树种，这些树种是本地区园林绿化的骨干和基础，是经过长期选择的宝贵财富。在生产中，除了大量应用这些树种外，还要选择应用一般树种，只有这样的结合，才能丰富品种，稳定树木结构，增强城市的地域特色和园林特色。例如昆明市，在普遍绿化阶段主要采用了银桦、蓝桉、滇杨等，由于生长快，3～5年内绿树成荫，但20年后要衰老更新。针对此现象，提出了树种选择规划，规划要求着手培养50～100年以上的长寿树种，如香樟、楠木、银杏、鹅掌楸、香油果等，计划在育苗中，速生树占60%，慢生树占40%。

8）制定合理的主要树种的比例

乔木与灌木的比例　乔木应是城市绿化的主体，一般占70%以上。只有这样才能起到防护、美化城市和形成地方特色的作用。

落叶与常绿的比例　落叶树由于年复一年的落叶，对有害气体和灰尘的抵抗能力强，所以在北方以落叶树为主。一般落叶树占60%左右，常绿树占40%左右。在南方应注意选择适生的落叶树种，加大其比例，逐渐改变过去单一的常绿植物街景，以丰富季相色彩。

乔木、灌木和草本相结合　为丰富城市植物景观层次，增加城市绿量，在树种选择时，应注意乔木与灌木的搭配，同时注重常绿与落叶的比例关系，结合草坪与地被植物，打造景观多样、层次丰富、生态贡献率高的植物景观群落。

总之，树木选择以乔木为主，结合灌木、藤本、地被、花卉，这样可为设计栽培群落提供丰富的素材。

9）应选择苗木来源较多，栽培技术可行，成本低的树种。

3.4　园林树木的适地适树

园林树木以其特有的生态平衡功能和环境保护作用，决定了它在现代文明社会建设中不可取代的重要"肺腑"地位。园林绿化中的"适地适树"，就是要尊重自然规律，实行宜乔则乔、宜灌则灌、宜藤则藤、宜草则草。

3.4.1　适地适树的概念

适地适树是园林绿化中树木选择的基本原则。在园林树木栽培中的适地适树，则是指园林绿化所采用的树种的生物学特性和绿化地的立地条件相一致。换句话说，所谓适地适树，就是在种植苗木的时候要充分考虑立地条件，选择适宜于这种条件下生长的树种。这里的"地"指林木生长发育的外界环境即立地条件，"树"指造林树种的生态学特性。广义而言，适地适树的"树"既指树种，又指品种、变种、类型和无性系等。

适地适树包括两层含义。首先，适地适树是相对的，允许地和树在一定范围内存在差异，即在主要矛盾相统一的基础上，次要矛盾的差异主要通过人为来改变，改地适树或改树适地。其次，适地适树同时又是动态的，一般在早期是相适应的，但随着时间推移树木的生长也渐不适地，所以应不断地使地适树，即通过人为活动，如采取有关栽培技术措施来改地适树。

在园林绿化工作中，要注意避免两种倾向：一是过分拘泥于树种的生态学特性，看不到树种的可塑性；二是过于夸大人的主观能动性，不能正确分析立地条件和树种生态学特性。虽然适地适树是相对的，但衡量是否达到适地适树有一个客观标准，且由造林绿化目的来确定。如城市风景林，要求成活、成林、成景、稳定（即对间歇性灾害因子有一定的抗衡力），有较高的生物量，防护效益、景观效果能充分发挥出来。

3.4.2　适地适树的途径

如前所述，适地适树就是绿化树种的生物学特性与绿化地的生态环境条件（立地条件）相适应。选用的绿化树种能否满足绿化目的，必须以适地适树为前提，而树种造林绿化后是否达到适地适树，又必须以满足绿化目的要求的程度为指标。遵循适地适树的原则，要使"地"和"树"相适应，有两条基本途径可供选择。一是选择的途径，即为既定的园林绿化地块选择适宜的绿化树种，或为既定的绿化树种选择适宜的绿化用地，可称为选树适地及选地适树。二是改良的途径，即通过一些措施改善林地的生境条件，或通过另一些措施改良树种的特性，使两者相适应，可称为改地适树及改树适地。

1. 选择途径

选择途径属于单方面适应或单纯适应，包括选地适树和选树适地两方面内容。

（1）选地适树　选地适树就是根据当地的气候土壤条件，确定了主栽树种或拟发展的绿化树种后，选择适合的绿化地进行栽植。

（2）选树适地　选树适地指的是在确定了绿化地以后，根据其立地条件选择适合的绿化树种。绿化时以乡土树种为主，外来树种为辅。乡土树种是当地天然分布的树种，适于该地区绿化地生长，经济效益较高或防护效益较大，适应性强，成活率高，群众有栽培经验，但不一定具有高生产率或优良的景观效果等。外来树种是从分布区以外引入的树种，如刺槐、湿地松、火炬松、水杉等，只有经过引种试验成功后才能在绿化生产上应用。

2. 改造途径

改造途径属于相对适应,包括改地适树和改树适地两方面内容。

(1) 改地适树 改地适树指改善立地条件以适应绿化树种的生长。如通过整地、施肥、灌溉、混交、土壤管理等措施改变绿化地的生长环境,使其适合于原来不太适应的树种生长。比如排灌洗盐可使不太抗盐的杨树在盐碱地生长;通过杉木与马尾松混交,使杉木有可能向较为干热的地区发展。

(2) 改树适地 改树适地指改变树种某些特性,使之能适应绿化造林地条件。如通过选种、育种、引种驯化等措施改变特性,增强树种耐寒、耐旱、耐盐等特性。如杂交马褂木引种到北京地区取得了成功,受到了北京人民的欢迎和喜爱。

上述选择和改造的两条途径是相辅相成的,选择是基础,是改造的依据。改地或改树都是建立在自然规律和一定的技术经济条件的基础上,忽略任何一方都不可取。另外,在当前技术经济条件下,改造的程度是有限的,选择仍然是最基本的途径。

3.4.3 适地适树的方法及要点

适地适树是园林绿化应遵循的一项基本原则,更是生态建设成败的重要因素。为了做好适地适树工作,在园林绿化工程中应从以下5方面入手。

1. 因地制宜

园林绿化具有很强的区域性,不同园林绿化地的气候、地形、土壤、水文、植被、人为活动等因子具有不同的特征,必须科学地选用适宜的园林树种和栽植技术。即使同一地段(如同一段高速公路的阴坡和阳坡),立地小气候也各具特点,选择园林树种,采取的植树技术、措施应有差别。

2. 种苗培育

种苗是适地适树的物质基础,根据园林绿化对树种的需求,实施定向培育。一是选择本地或绿化地最具优势的乡土树种或先锋树种的优良母树林,建立无性系采穗圃,自采自育,定向培育优质壮苗,实现育苗良种化、苗木本地化,并大力推广容器育苗技术。二是积极驯化引进优良树种,特别是具有市场潜力的名优新特树种或品种。通过改变树种达到适地的要求,既能增加园林绿化树种的多样性,提高园林绿化地区森林的稳定性和抗性,又有利于充分发挥园林的生态、经济和社会效益。

3. 树种多样化

适地适树不仅是园林绿化的一项基本原则,也是提高园林树木抗病力,减少病虫害的重要技术措施。营造生态林更应采取这一重要措施营造健康且能永续利用的林分。实践证明,混交林在抗病虫害方面明显好于纯林。

4. 栽培技术

要做好适地适树,还应因地制宜地采取确实可行的栽培技术。具体在第五章中详述。

5. 合理配置

按照园林树木生态习性和园林布局要求,合理配置园林中多种乔木、灌木、花卉、草坪和地被植物等,充分发挥它们的生态功能和观赏特性。

3.4.4 各种用途园林树木的选择

园林绿化过程中,观赏树种选择与应用是在遵循生态功能、类型等基本规律的前提下,由栽培用途所决定的,依据树种在园林绿化中的栽培用途,通常可分为行道树、庭荫树、孤植树、树丛与景观林、园景树、藤木类、花坛树、绿篱树、地被树、盆栽和桩景树等几大类。

1. 行道树

行道树是城市道路绿化的重要元素,为市民、行人提供遮阴,沿道路系统构成城市绿网,是反映城市建设风貌的重要窗口。

1) 行道树选择的标准和要求

城市道路绿化受诸多因素的制约,主要是土层厚度、水分环境、地面辐射热、地上地下管线、建筑基础以及人流等影响,限制了园林树种的种植、生长等。因此,必须选择合适的园林树木作为行道树,才能为创造美丽的城市风景打下坚实的基础。根据以上要求,选择行道树符合以下几项条件:

(1) 生命力强健 移植成活率高,生长迅速而健壮的树种(最好是乡土树种)。

(2) 适应性强,管理粗放 对土壤、水分、肥料要求不高,耐修剪、病虫害少等适应性强的树种。

(3) 景观特色鲜明 树干端直、分枝点较高,冠大荫浓、遮阴效果好,树冠优美、株形整齐,观赏价值较高(或花型、叶型、果实奇特,或花色鲜艳,或花期长),最好叶片秋季变色,冬季可观树形、赏枝干的树种。

(4) 叶幕期长 发芽早、落叶迟,适合本地正常生长,晚秋落叶期在短时间内树叶即能落光,便于集中清扫的树种。

(5) 易繁殖,安全系数高 要求繁殖容易,枝干无刺、花果无毒、无臭味、无飞毛、深根性、少根蘖的树种。

(6) 长寿、抗性强 适应城市生态环境、树龄长、有一定耐污染、抗烟尘的能力,对废水废气、风害等抗性强的树种。

2) 行道树选择举例

行道树的选择是由道路的规格、性质与功能所决定的。一般等级公路、高速公路、城市主干道、机场路、通港路、站前路和商业闹市区的步行街等,对行道树的规格、品种和特征要求都有一定差异。

例如南京市应用较多的行道树有雪松、悬铃木、国槐、银杏、杂交马褂木、香樟等（图 3.1a，图 3.1b）；在美国，美国榆常被用作行道树（图 3.1c）；在日本，银杏、榉树常被用作行道树（图 3.1d）；在云南、海南等地，加拿利海枣、榕树常被用作行道树（图 3.1e，图3.1f）。

我国各地选用的行道树主要有杂交鹅掌楸、北美鹅掌楸、七叶树、灯台树、樱花、金钱松、合欢、雪松、国槐、金枝国槐、银杏、香花槐、金丝垂柳、垂柳、黄山栾树、北京栾树、梓树、大叶女贞、法桐、青桐、白皮松、华山松、油松、黑松、湿地松、楠木、紫楠、红花木莲、乐昌含笑、深山含笑、重阳木、南酸枣、喜树、无患子、黄连木、巨紫荆、白蜡、椴树、枇杷、水杉、柳杉、云杉、池杉、棕榈、扁桃、大花紫薇、木棉、香樟、红枫、五角枫、三角枫、元宝枫、火炬树、千头椿、杜仲、厚朴、木瓜、杜英、乳源木莲、罗汉松、刺槐、乌桕、珙桐、广玉兰、白玉兰、枫香、黄连木、苦楝、枫杨、意杨、毛白杨、落羽杉等。

如前所述，行道树是为了满足美化、遮阴和防护等目的，在道路旁栽植的树木。城市街道上的环境条件较差，主要表现在土壤条件差、烟尘和有害气体的危害，地面行人的践踏摇碰和损伤，空中电线电缆的障碍，建筑的遮阴，铺装路面的强烈辐射，以及地下管线的障碍和伤害（如煤气管的漏气、水管的漏水、热力管的长期高温等）。因此，对行道树种选择的条件制约因素较多，由于结合景观建设，需要大力进行行道树优良树种的选择与培育，为今后城市道路的绿化、美化提供重要材料。

2. 庭荫树

庭荫树指树冠较大，枝叶浓密，能形成较大绿荫的树木，常被栽植于庭园、庭院、公园等绿地中，主要是为人们提供一个阴凉、避晒和清新的室外休憩场所或作为景点装饰用。由于常被用于庭院中，故习称庭荫树。

1）庭荫树选择的标准和要求

庭荫树一般应符合以下条件：树体高大，主干通直，树冠开展，枝叶浓密，树形优美；具有一定的观花、观果、观叶等观赏特性；生长快速，稳定，寿命较长；病虫害少，无污染，抗逆性强。

2）庭荫树选择举例

庭荫树在园林中占有很大比重，在配置时应注重设计法则，充分发挥各种庭荫树的观赏特性，对常绿树及落叶树的比例应避免千篇一律，在树种选择上应在不同的景区侧重应用不同的种类。常用的主要有油松、白皮松、合欢、槐、槭类、白蜡、梧桐、樟树、榕树、泡桐、榉树、香椿、枫杨、无患子、美国薄壳山核桃、黑松、栾树、柿树、枇杷、紫楠、竹柏、圆柏和桂花等。

3. 孤植树

单株树孤立种植叫孤植树，又称独赏树或独植树（图

3.2）。孤植树主要是表现树木的个体姿态美、色彩美或文化美，并形成独立景观，其园林功能有三个：一是作为园林中独立的庇荫树，也作观赏用，即庇荫与观赏结合；二是单纯为了构图艺术上需要，单纯作为观赏，所以孤植树的构图位置应该十分突出；三是展示文化历史意境的需要，指的是具历史时空意境，或具有人文趣味的植物，也可进行独立设计，形成独赏树。

1）孤植树选择的标准和要求

适宜作独赏树的树种，一般应具备以下条件：① 树木高大雄伟，树形优美，树冠开阔宽大，富于变化。如呈圆锥形、尖塔形、垂枝形、风致形或圆柱形等轮廓。② 具有美丽的花、果、树皮或叶色，富于季相变化，具有特色。③ 寿命较长。④ 具有人文趣味。孤植树在园林中，主要显示树木的个体美，常作为园林空间的主景。植于大片草坪上、花坛中心或小庭院的一角与山石相互成景之处。一般采取单独种植的方式，但也偶有用 2～3 株合栽成一个整体树冠。

2）孤植树选择举例

通常选择作孤植树的种类有雪松、南洋杉、松、柏、银杏、木棉、玉兰、广玉兰、凤凰木、槐、垂柳、栎类、榕树、石楠、湖北海棠、白皮松、红枫、鸡爪槭、香樟、无患子、柿树、榆树、朴树、七叶树、枫香等。

4. 树丛、景观林带与景观林

所谓树丛，指 2 株以上 20 株以下，通过艺术组合形成具有一定的主题景观。它是形成林型景观的基础。所谓景观林一般是多个树丛组合形成较大规模树林状的种植方式。园林中的景观林带种植，方式上可较整齐、有规则，也可灵活自然，做到因地制宜。除防护功能之外，更应注意在树种选择和搭配时考虑到美观和实际需要。

1）景观林带

景观林带组合原则与树丛一样，以带状形式栽种多数量的各种乔木、灌木。多应用于街道、公园、道路旁构成行道树或防护林带，可分割空间，可做背景，亦可庇荫、防风、滞尘、降低噪声等。景观林带可以是单纯林，也可以是混交林，要视其功能和效果的要求而定。如杭州花港观鱼公园中广玉兰路，主要采用常绿树（广玉兰、含笑、山茶等）构成景观林带贯穿于整个公园，在划分景观空间的同时，也构成了一道背景林。而防护林带的树木配置，可根据要求进行树种选择和搭配，种植形式均采用成行成排的形式。然而，为达到生态多样性以及群落结构的稳定性，也采用自然种植的手法。

根据林带的功能可分为城郊防护林带、环境保护林带和风景林带。

（1）城郊防护林带　城郊防护林主要具有防风、防尘、防洪等功能，树种选择要求生长快、寿命长、繁殖易、萌蘖性强、耐水淹、干枝柔韧、冠形浓密、深根性树种，如杨、

a. 杂交马褂木用作行道树

b. 悬铃木用作行道树

c. 美国榆用作行道树

d. 榉树用作行道树

e. 加拿利海枣用作行道树

f. 榕树用作行道树

图 3.1　行道树的选择

柳、乌桕、枫杨、蔓荆子、柠条、马尾松、紫穗槐、胡枝子、柽柳、杜梨等。海边区域防护林要求选择抗风、抗盐碱以及抗水湿等，如木麻黄、桉树等。

（2）环境保护林带　在大型社区、疗养区周围、大型厂矿附近，以保健为目的，选用能挥发具有杀菌能力的分泌物或抗污染物能力强且能吸收污染气体的树种，如松树、桉树、榆、冬青、丁香、桑树、刺槐、女贞、臭椿、夹竹桃、大叶黄杨、合欢、苦楝、柳树、栎树、构树、悬铃木、油茶、樱桃、柑橘、白蜡、麻栎、青冈栎、棕榈等。

（3）风景林带　为城市提供旅游、保健、美化及游憩活动和休息场所，风景林树种应具有发叶早、落叶晚或四季常青、花果艳丽、树形美观、色泽鲜明等特点，且具有一定的经济效益。例如雪松、香樟、核桃、银杏、杜仲、肉桂、桂花、木兰科的树种等。

a. 香樟用作孤植树

b. 毛白杨在北京用作高尔夫球场孤植树

图 3.2　孤植树

2）片林

片林指的是园林绿地中成片栽植的树林。片林可粗略分为密林(郁闭度0.7～1.0)与疏林(郁闭度0.4～0.6)。密林又有单纯密林和混交密林之分,前者简洁壮阔,后者华丽多彩,但从生物学的特性来看,混交密林比单纯密林好,混交密林可考虑将常绿树种与观花树种、色叶树种搭配,形成色彩丰富的景观效果。疏林中的树种应具有较高观赏价值,树木种植要三五成群,疏密相间,有断有续,错落有致,务必使构图生动活泼。疏林还常与草地和花卉结合,形成草地疏林和嵌花草地疏林。密林的郁闭度高,其下层不能种植花卉草坪。片林以一两种乔木为主体,与数种乔木和灌木搭配,组成较大面积的树木群体。树木的数量较多,以表现群体为主,具有"成林"的意境。通常片林是以七八十株以上的乔灌木组成的树木群体,主要是表现树木的群体美,因而对单株要求不严格,树种也不宜过多。

5. 园景树

园景树是园林树种选择与应用中种类最为繁多、形态最为丰富、景观作用最为显著的骨干树种。树种类型有观树形、观树叶、观花和观果等,如常绿阔叶树种,雍容华贵,绿荫如盖,独立丰满,群落浩瀚;花果木树种,花开满树,灿若云霞,果挂满枝,形若珠玑。常见的园景树种分3类:

(1)观形赏叶树种　主要有雪松、金钱松、日本金松、巨杉、南洋杉、白皮松、水松、丝棉木、重阳木、枫香、黄栌、青榨槭、红叶李、南天竹、枫香、乌桕、水杉、无患子、鹅掌楸、悬铃木、槭树、黄连木、爬山虎、棕榈等。同时,垂枝树木以其独特的造型优势在园林造景中得到广泛应用,目前可供选择的垂枝型园林树木已达20多个种类,如垂柳、金丝垂柳、垂枝银芽柳、垂枝梅、垂枝樱花、垂枝桃、垂枝杏、龙爪槐、金叶垂槐、龙爪榆、垂枝桑、垂枝桦、垂枝黄栌、垂枝紫叶水青冈、垂枝铅笔柏、垂枝圆柏等。

(2)观花赏果树种　主要有玉兰、珙桐、黄山栾树、梅花、樱花、桃、紫薇、紫丁香、桂花、腊梅、绣球荚蒾、秤锤树、枸骨、火棘、牡丹、茶花、杜鹃、月季、珍珠梅、金丝梅、红叶桃、碧桃、寿星桃、金银木、丁香、紫荆、木槿、芙蓉、结香、木绣球、木香、夹竹桃、红瑞木、绣线菊、剑麻、南天竹、花石

榴、迎春、棣棠、连翘、十大功劳、映山红、贴梗海棠、六月雪、蔷薇、栀子花、榆叶桃、红千层、海桐等。

(3)竹类　如毛竹、刚竹、紫竹、孝顺竹、罗汉竹等。

6. 藤本树

藤本类(藤木类)包括各种缠绕性、吸附性、攀缘性、钩搭性等茎枝细长难以自行直立的木本植物。藤本树在园林中有多方面的用途,可用于各种形式的棚架供休息或装饰作用,可用于建筑及设施的垂直绿化(图3.3),可攀附灯杆、廊柱,亦可使之攀缘于施行过防腐措施的高大枯树上形成独赏树的效果,又可悬垂于屋顶、阳台,还可覆盖地面作地被植物用。在具体应用时,应以绿化空间特征为基础,根据植物的生态学特性、美学特性进行种类选择。

藤本类植物因攀援器官和攀援性能不同,对所绿化的物体有不同的要求。如缠绕性植物是运用软茎缠绕物体进行攀爬,这类植物有猕猴桃等;吸附性藤本植物是利用其吸盘吸附物体进行攀爬,这类植物主要有爬山虎等;攀援性植物主要依据其根与茎进行攀爬,如常春藤、扶芳藤等;而勾搭性植物主要是根据其茎上面的刺进行攀爬,如刺葡萄、野蔷薇等。这些植物对提高绿化质量、增强园林效果、美化特殊空间等具有独到的生态环境效益和观赏效能。其主要应用形式包括棚廊、柱架、门(窗)檐、墙垣、山石的攀附等(图3.4)。可供选择的藤本有紫藤、金银花、木香、木通、云实、野蔷薇、凌霄、爬山虎、薜荔、葡萄、常春藤、常春油麻藤、络石、扶芳藤等。

7. 花坛树

花坛是指按照整形式或半整形式的图案栽植观赏植物以表现花卉群体美的园林设施,常见花坛有规则式、自然式和混合式3种,通常是以矮小的具有色彩的观赏期长的花灌木为主要材料,再配以草本花卉;或者以草本花卉为主要材料,再配以花灌木,如小叶女贞、小蜡、金叶女贞、紫叶小檗、瓜子黄杨、雀舌黄杨、丰花月季、牡丹、杜鹃、海桐、枸骨、火棘、桂花、竹类等(图3.5)。有些灌木易人工培养成各种各样的形状,适合于用作花坛树,如石榴、大叶黄杨等。

图3.3　藤本用于建筑墙体绿化

图 3.4 藤本用于低矮围墙绿化

a. 杜鹃   b. 桂花   c. 刚竹

图 3.5 花坛绿化

8. 绿篱树

用灌木或小乔木成行紧密栽植成低矮密集的林带，组成边界、树墙，称为绿篱。绿篱具有防范、保护、组织空间，装饰小品、喷泉、花坛、花境的背景，遮蔽杂乱景物，隐蔽设施等功能。同时还具有防止灰尘、减弱噪音、防风遮阴等作用。

1）绿篱树选择的标准和要求

（1）生长较慢，耐寒耐旱、耐阴，抗逆性强。

（2）萌芽力与成枝力强，耐修剪。

（3）叶片小而紧密，适宜密植，基部不空，花果观赏期长，叶形美丽。

（4）繁殖容易，栽植易于成活，管理方便。

（5）无毒、无臭，病虫害少，对人畜无害。

2）绿篱树选择举例

园林绿化供选择的常用绿篱树种有黄杨、龙柏、小叶黄杨、大叶黄杨、金边黄杨、雀舌黄杨、紫叶小檗、金叶女贞、小叶女贞、小蜡、洒金柏、千头柏、侧柏、北美崖柏、日本花柏、日本扁柏、红花檵木、冬青、龟甲冬青、无刺枸骨、火棘、金叶桧柏、海桐、珊瑚树、月桂、卫矛、石楠、蚊母树、狭叶十大功劳、栀子花、杜鹃、刺梨、野蔷薇、丰花月季、绣线

菊、云实、箬竹、凤尾竹等（图3.6）。

9. 地被

凡能覆盖地面的植物均称地被植物。园林绿化中应用的地被树种是特指植株低矮、枝叶密集、生长旺盛、抗污染能力强、粗放管理的灌木、藤本及竹类等不同类型的植物。它既可用于大面积裸露平地或坡地的覆盖，也可用于林下空地的填充。地被树具有滞尘、降温、增湿、净化空气、防止表土被冲刷等显著生态功能及绿化景观效应，可为人们提供高质量的生活空间。

1）地被选择标准与要求

地被的栽植应用，无论是从生态意义上，还是从观赏价值上，都不是单株个体所能完成的，而必须依赖群体建植的覆盖效果。优良的地被应具备的基本条件为：

（1）植株低矮，萌芽、分枝力强，枝叶稠密，能有效体现景观效果。

（2）枝干水平延伸能力强，延伸迅速，短期就能覆盖地面、自成群落，生态保护效果好。

（3）适应性强，适宜粗放管理。

（4）绿色期长，耐观赏，富于季相变化。

a. 福建茶在南方常用作绿篱树

b. 小叶女贞用作绿篱树

c. 六道木用作绿篱树

d. 欧洲卫矛用作绿篱树

图 3.6 绿篱树的选择

2）地被树选择举例

可供选择的优良地被树种有铺地柏、砂地柏、偃松、八角金盘、桃叶珊瑚、金丝桃、金缕梅、糯米条、小紫珠、马缨丹、枸杞、石岩杜鹃、锦绣杜鹃、百里香、白刺、山葡萄、菲白竹、菲黄竹、翠竹、络石、常春藤、蔓长春、扶芳藤、地锦、棣棠等（图 3.7）。

10. 盆栽和桩景树

盆景，是运用缩龙成寸、咫尺千里的手法，把山峦风光、树木花石等聚于盆内，使其呈现出大自然万般意境的一项艺术，是自然美和人工美的有机结合。盆景可分为山水盆景及树桩盆景两大类。树桩盆景是以树木的各种形态来表现大自然优美景色的一种艺术，简称桩景。盆栽树依其主要应用范围，可分为室外、室内两大类型。

盆景树种的选择，一般以盘根错节、叶小枝密、姿态优美、色彩亮丽者为佳，若有花果、具芳香，则更为上乘。同时，要求具有萌芽性、成枝力强、耐修剪、易造型、耐干旱瘠薄、生长缓慢、寿命长等生物学特性。

室外盆栽树多为大型的常绿树种，如罗汉松、五针松、南洋杉、花柏、鹅掌柴、苏铁、橡皮树、棕竹、散尾葵等。室内盆栽树多以耐阴的观叶、观果、观树型树种为主，如小叶椿、花叶椿、鱼尾葵、散尾葵、袖珍椰子、变叶木、花叶木薯、南山茶、四季鹃、牡丹、罗浮、佛手、孔雀木等。

桩景树指树桩盆景，也指栽植于园林绿地上，经过艺术加工的、体量比较大的造型树。树桩盆景树种的选择与盆景树要求基本一样，目前我国使用的桩景树材料约有100～200 种，常见的有华山松、日本五针松、黑松、黄山松、圆柏、刺柏、罗汉松、紫杉、澳洲紫杉、榔榆、瓜子黄杨、雀梅、九里香、朴树、福建茶、六月雪、三角枫、鸡爪槭、银杏、贴梗海棠、西府海棠、梅花、蜡梅、杜鹃、果石榴、火棘、金弹子、老鸦柿、佛手、山葡萄、紫藤、凌霄等。地栽桩景树常选用的树种有榕树、紫薇、国槐、罗汉松、五针松、枸骨、榆树、银杏、桂花、蚊母、女贞、梅花、葡萄等。

随着园林建设的需要和栽培技术的发展，许多树木都可以用作盆栽材料，用于难以实施地栽的场所或一些临时性的布景需要。

a. 富贵草用作地被

b. 地锦用作地被

c. 常春藤用作地被

图 3.7　地被树的选择

3.4.5　不同地区园林树种的选择

我国幅员辽阔,不同地区的气候、土壤条件有很大差别,因此要因地制宜、因景制宜、因地选树、因树选地,搞好园林树种的选择工作。下面列举了各区域部分常用树种。

1. 东北地区

以沈阳市为例,园林树种选择分为三类,即主要树种、一般树种和边缘树种。主要树种是指在当地生长健壮,适应性强,树姿优美,可广泛用于多种绿地,应当大力发展和广泛应用的树种。一般树种是指在沈阳市生长良好,适应性和抗逆性均强,可作为一般绿地和特殊需要的树种。边缘树种是指从外地引入沈阳市,需要驯化和保护,很有应用价值的树种。

1)主要树种

(1)常绿乔木　油松、华山松、黑松、丹东桧、西安桧、沈阳桧、塔柏、沙松冷杉、白扦云杉、青扦云杉等。

(2)常绿灌木　朝鲜黄杨、紫杉、砂地柏、铺地柏等。

(3)落叶乔木　加杨、小青杨、小叶杨、抱头毛白杨、银白杨、新疆杨、枫杨、银杏、垂柳、旱柳、绦柳、朝鲜柳、桑、山皂角、龙爪槐、榆、垂枝榆、山核桃、黄檗、小叶朴、大叶朴、臭椿、栾树、梓树、紫椴、糠椴、水曲柳、花曲柳、卫矛、火山樱、山杏、山桃(京桃)、山楂、山里红、花楸、水榆花楸、落叶松、日本落叶松、黄花落叶松、华北落叶松、赤杨、稠李、山槐、刺槐、江南槐、红花洋槐、国槐、火炬树、茶条槭、三角槭、鸡爪槭、元宝槭、五角枫、假色槭、九角枫、色木槭、文冠果、鼠李、灯台树、白桦、天女木兰、李、槲栎、蒙古栎、辽东栎、苹果、沙枣、银柳、山荆子、丁香等。

(4)落叶灌木　紫叶小檗、细叶小檗、千山山梅花、京山梅花、香茶蔍、榆叶梅、重瓣榆叶梅、玫瑰、多季玫瑰、粉团玫瑰、黄刺玫、珍珠绣线菊、树锦鸡儿、紫穗槐、花木蓝、胡枝子、叶底珠、柽柳、刺五加、雪柳、水蜡、东北连翘、卵叶连翘、紫丁香、欧丁香、辽东丁香、枸杞、忍冬、接骨木、溲疏、棣棠、郁李、珍珠梅、日本绣线菊、紫荆、沙棘、红瑞木、照白杜鹃、迎红杜鹃、锦带花、毛樱桃、辽东樱桃、金雀锦鸡儿、荆条、水枸子、省沽油、猬实等。

(5)藤本　地锦、五叶地锦、忍冬、金银花、台尔曼忍冬、花蓼、山荞麦、蛇白蔹、葛藤、山葡萄、北五味子等。

2）一般树种

（1）常绿乔木　红皮云杉、樟子松、红松（果松）、杜松、侧柏、长白松、落叶松、垂枝圆柏等。

（2）常绿灌木　鹿角桧、万峰桧、兴安桧等。

（3）落叶乔木　北京杨、龙爪柳、馒头柳、刺榆、裂叶榆、黄榆、春榆、稠李、杜梨、山梨、山皂角、漆树、华北卫矛、枣、小叶白蜡、毛赤杨、坚桦、风桦、黑桦、鹅耳枥、栓皮栎、黑榆、春榆、龙爪桑、鸡桑、毛山楂、花楸、银槭、青榨槭、色木槭、拧筋槭、糖槭、东北鼠李、车梁木、刺楸、美国花曲柳等。

（4）落叶灌木　榛、毛榛、小檗、大花溲疏、东陵绣球、堇叶山梅花、香茶藨、兴安茶藨、刺梅、蔷薇、大花玫瑰、苦水玫瑰、绿叶悬钩子、华北绣线菊、毛果绣线菊、小叶锦鸡儿、多花胡枝子、刺五加、四照花、朝鲜越橘、金钟、连翘、小叶丁香、北京丁香、关东丁香、波斯丁香、百里香、黄花忍冬、日本锦带花、早花锦带、白锦带等。

（5）藤本　大花铁线莲、大叶铁线莲、猕猴桃、木通、马兜铃、贯叶忍冬、盘叶忍冬等。

3）边缘树种

水杉、玉兰、二乔木兰、木槿、紫叶李、紫叶桃、樱花、悬铃木、合欢、柿树、毛泡桐、光叶榉、丰花月季、牡丹、大叶黄杨、小叶黄杨、锦熟黄杨等。

2．华北地区

黑松、油松、七叶树、楝木、锦带花、蜡梅、大果榆、杏、云杉、天目琼花、枳椇、灯台树、梨、冷杉、落羽杉、香荚蒾、枸杞、苹果、太白红杉、金银木、柿树、楸树、梅、白皮松、华北忍冬、黄檗、牡荆、花楸、华北落叶松、白榆、臭椿、中国槐、紫荆、华山松、千金榆、栾树、核桃楸、黑榆、黄连木、毛泡桐、紫藤、细叶小檗、日本赤松、小叶朴、大叶朴、黄栌、刺楸、南天竹、侧柏、火炬树、锦鸡儿、圆柏、蒙桑、平基槭、高丽槐、山楂、杜松、柽柳、五角枫、海棠果、牡丹、糠椴、紫椴、鄂椴、茶条槭、绣线菊、山荆子、板栗、复叶槭、血皮槭、榆叶梅、红瑞木、麻栎、丁香、槲栎、小叶椴、黄刺玫、黄菠萝、花曲柳、毛白杨、箭杆杨、银白杨、石榴、连翘、鸡爪槭、元宝槭、水蜡树、小叶杨、桂香柳、白蜡、秦岭白蜡、紫槭、白桦、胡颓子、棣棠、牛奶子、马鞍树、池杉、旱柳、玉兰、木瓜、十大功劳等。

3．西北地区

獐子松、千金榆、毛榛、梓树、鸡条树、红松、玉铃花、卫矛、榆叶梅、软枣猕猴桃、鱼鳞云杉、红皮云杉、冷杉、落叶杉、杜松、紫杉、紫椴、糖椴、水曲柳、花曲柳、黄檗、核桃楸、圆叶柳、天女花、灯台树、元宝槭、槲栎、蒙古栎、辽东栎、春榆、花楸、白桦、岳桦、大青杨、五角枫、牛皮杜鹃、马鞍树、暴马丁香、黄花忍冬、小花溲疏、花楷槭、东北山海花、小檗、荚蒾、接骨木、山楂、黄栌、火炬松、连翘、蔷薇、绣线菊、珍珠梅、山梨、玫瑰、山杏、京桃、樱花、锦带花、山葡萄、北

五味子、刺苞南蛇藤、刺楸、赤杨、刺槐、银白杨、新疆杨、多瓣木、杜鹃、小叶女贞等。

4．华中地区

马尾松、黑松、华山松、火炬松、台湾松、湿地松、秦岭冷杉、四川冷杉、柳杉、大果青扦、日本柳杉、水杉、龙柏、池杉、落羽杉、桧柏、侧柏、刺柏、棕榈、罗汉松、广玉兰、紫玉兰、白玉兰、青冈栎、细叶青冈、苦槠、北樟、白楠、红桦、亮叶桦、鹅耳枥、栓皮栎、麻栎、亮叶水青冈、米心水青冈、七叶树、稠李、红桦、山合欢、麻叶绣球、喷雪花、绣线菊、珍珠梅、杏、樱花、碧桃、紫叶李、榆叶梅、棣棠、玫瑰、紫荆、蜡梅、夹竹桃、紫薇、结香、金丝桃、木槿、木绣球、荚蒾、珊瑚树、海仙花、金银花、金钟花、桂花、铜钱树、雪柳、大叶女贞、石榴、枫香、乌桕、竹叶椒、栀子花、六月雪、水杨梅、凌霄、厚壳树、南天竹、十大功劳、黄杨、雀舌黄杨、糙叶树、朴树、白榆、榔榆、黄檀、青檀、榉树、红椿、山茶、千年桐、南酸枣、乳源木莲、棕榈、无花果、薜荔、杜仲、海桐、杜英、糯米椴、南京椴、栾树、重阳木、刺槐、中国槐、皂荚、香椿、苦楝、梓树、楸树、苔木、构树、皂荚、梧桐、黄金树、泡桐、垂柳、棕榈、刚竹、桂竹、紫竹、罗汉竹、淡竹、石绿竹、美竹等。

5．华东地区

银杏、香樟、广玉兰、白玉兰、棕竹、含笑、木莲、鹅掌楸、石楠、马尾松、柳杉、杉木、冲天柏、柏木、罗汉松、粗榧、香榧、红豆杉、枇杷、红豆树、花榈木、夏蜡梅、杨梅、山茶、茶梅、水松、水杉、竹柏、罗汉松、刺柏、火炬松、湿地松、油茶、虎刺、茶树、木荷、厚皮香、桃叶珊瑚、瑞香、映山红、马银花、云锦杜鹃、冬青、青冈栎、细叶青冈、小叶青冈、栲树、桢楠、苦槠、甜槠、米槠、紫楠、红润楠、珙桐、蓝果树、茉莉、八仙花、金缕梅、枫香、檵木、木芙蓉、柑橘、檫树厚朴、木香、珍株梅、郁李、贴梗海棠、西府海棠、垂丝海棠、珊瑚朴、榆树、榉树、毛竹、南酸枣、乳源木莲、油橄榄、棕榈、杏、苏铁、幌伞枫、红千层、芭蕉、刚竹、淡竹、孝顺竹、青皮竹、茶秆竹、慈竹、箬竹、凤尾竹、红椿、梅、碧桃、蔷薇、月季等。

6．西南地区

马尾松、湿地松、火炬松、南亚松、云南松、南洋杉、杉木、水松、水杉、池杉、落羽杉、竹柏、罗汉松、大叶桉、柠檬桉、红椿、桢楠、榕树、羊蹄甲、黄槿、朱槿、象牙树、吊钟花、柚、橄榄、木棉、猴欢喜、番石榴、蒲桃、素馨、黄花夹竹桃、台湾相思、南洋楹、菠萝蜜、木荷、山茶、南山茶、千年桐、乌榄、蝴蝶果、八角、肉桂、蒲葵、南酸枣、乳源木莲、红豆树、油橄榄、黑荆树、棕榈、孔雀豆、石栗、白千层、幌伞枫、槟榔、银桦、一品红、杨桃、黄皮树、人心果、蓝花楹、九里香、银桦、柑橘、木麻黄、苏铁、桃金娘、荔枝、龙眼、幌伞枫、红千层、白千层、芭蕉、棕竹、青皮竹、刺竹、麻竹等。

7．华南地区

白兰花、南洋杉、羊蹄甲、海南松、水松、鸡毛松、竹柏、木麻黄、象牙树、黄槿、朱槿、吊钟花、桉树、柚、肉桂、相思

树、凤凰木、软荚红豆树、楹树、孔雀豆、橄榄、木棉、猴欢喜、番石榴、蒲桃、素馨、黄花夹竹桃、秋枫、荔枝、龙眼、石栗、白千层、红千层、菠萝蜜、番荔枝、一品红、杨桃、黄皮树、昆栏树、菩提树、幌伞枫、槟榔、蒲葵、椰子、棕竹、人心果、番茉莉、硬骨凌霄、蓝花楹、马缨丹、狗牙花、刺竹、麻竹、青皮竹、芭蕉、桃金娘、夜香树、变叶木、银桦、榕树、仙丹花等。

3.4.6 不同栽植地园林树种的选择

城市绿化融生态、文化、科学、艺术和经济发展于一体，关系着城市生态效益、经济效益与社会效益，是体现城市现代风貌的重要的指标。适当选择或增加适合本地生长的外来树种，丰富城市物种多样性、景观多样性等。现将居住区、厂矿区、机关学校、高速公路、公共休闲绿地等不同栽植地园林树木的选择介绍如下。

1. 居住区园林树木的选择

1) 居住区园林树木选择的特点

居住区的树木选择与其他绿地相比有着自身的特点：① 生态功能，包括净化空气、改善小气候、遮阴、隔声、滞尘、杀菌、保健等；② 景观功能，包括划分空间、美化环境、创造主题景观等；③ 使用功能，即为居民提供活动、休憩和游戏场所，以及在发生自然灾害和战争时期起到疏散人群和吸收放射性物质的作用。

2) 居住区园林树木的选择

在居住区绿化中，为了更好地创造出舒适、安全、卫生、宁静的优美环境，选择树种时应注意以下几点事项：

（1）根据绿化生态功能的需要，选择具有良好生态效益的树种 如具有分泌杀菌素、滞尘、香化等功能，可以选择的树种有侧柏、云杉、水杉、柏木、圆柏、雪松、柳杉、黄栌、盐肤木、锦熟黄杨、大叶黄杨、胡桃、欧洲七叶树、合欢、树锦鸡儿、刺槐、国槐、紫薇、楝树、大叶桉、蓝桉、柠檬桉、茉莉、石榴、枣树、枇杷、石楠、银白杨、钻天杨、垂柳、栾树、忍冬、卫矛、旱柳、山桃、榆树、水蜡、赤杨、银桦、君迁子、泡桐、梧桐、榉树、乌桕、朴树、木槿、广玉兰、重阳木、臭椿、构树、三角枫、桑树、夹竹桃、悬铃木、薄壳山核桃、鹅掌楸、榕树、珊瑚树、海桐、桂花、女贞等。

（2）根据四季观，选择适应居住区特殊生境的树种有马尾松、油松、构树、木麻黄、牡荆、小叶鼠李、锦鸡儿、雪松、黑松、垂柳、旱柳、石栎、榔榆、枫香、桃树、枇杷、石楠、火棘、合欢、胡枝子、紫穗槐、紫藤、臭椿、乌桕、盐肤木、木芙蓉、君迁子、夹竹桃、栀子、金银木、枸骨、八角金盘、黄杨、海桐、桃叶珊瑚、常春藤、八仙花、罗汉松、云杉、冷杉、珍珠梅、木荷、络石、地锦、丁香等。

（3）选择耐粗放管理的树种 耐瘠薄、耐干旱、抗污染、耐阴树种如榔榆、珊瑚树、构树、火炬树、臭椿、核桃、玫瑰、葡萄、连翘、迎春等。

（4）选择无飞絮、无毒、无刺和无污染的树种 在儿童游戏场的运动场、活动场周围，忌用带刺、有毒、大量飞毛、落果的植物，如夹竹桃、花椒、玫瑰、黄刺玫、漆树、凤尾兰、枸骨、银杏（雌株）、悬铃木、构树等。

（5）选择多种攀援树木，注重垂直绿化 如地锦、凌霄、常春藤、络石、金银花、紫藤、扶芳藤、常春油麻藤等。

2. 厂矿区园林树木的选择

厂矿区绿化建设不仅改善工作环境，也能提升职工生活质量，同时也反映了工厂的管理水平与精神风貌。工厂与矿区性质不同，其排放物质也有所不同。因此，绿化时需有针对性地进行树种选择。具体要求如下：

1) 工厂绿化树种选择的原则

① 观赏和经济价值高，有利环境卫生，便于管理。

② 优先选择乡土树种，外来树种为辅，但是如果对有害物质抗性或净化能力较强的树种可以加强合理种植。

③ 沿海工厂绿化树种选择时，需具有抗盐、耐潮、抗风、抗飞沙等特性。

④ 耐贫瘠，并对土壤有改良作用的树种。

⑤ 速生和慢生相结合，常绿和落叶树相结合，满足近、远期绿化效果需要，具有四季景观。

⑥ 树种要与厂矿建筑相协调，适当结合乔、灌、草，并考虑季相变化。

2) 厂矿区绿化树种的选择

以华南地区为例，可供选择的树种有泡桐、悬铃木、松柏、芒果、槟榔、榕树、夹竹桃、细叶榕、印度榕、木麻黄、菠萝蜜、丁香、女贞、大叶黄杨、香樟、石栎、重阳木、白兰花、蒲葵、鱼尾葵、散尾葵、雪松、龙柏、木菠萝、金银花、三角梅、竹类等。

3. 大学校园园林树木的选择

校园是师生工作、学习和生活的重要场所，校园内环境建设的好坏直接对师生的身心健康产生很大的影响。优美的校园绿化能培养同学们健康向上的审美情趣，使同学们在学习生活中感受到生命的激昂和生活的丰富多彩，给人留下终生难忘的印象。园林树木对校园环境质量的提高作用很大，因此应重视绿化树种的选择。

1) 校园树种选择的基本原则

（1）校园绿化主景树种应表现本校特色 所选树种要适地适树，寿命长，便于管理，体现教育特色和校园文化，突出个性。

（2）绿化树种应丰富多彩，以培养学生对自然的兴趣与认知 若条件许可，应种植不同树型、花型、果型和不同花期的树种，但不宜种植多刺、有恶臭、易引起过敏的树种。

（3）注重树木的生态效应 植物均可调节气候、涵养水源、保持水土和吸收有害气体（如二氧化碳等）。校园绿化树种选择时要充分发挥其降温、滞尘、减噪、杀菌、香化、增加空气湿度等生态功能,构建优美健康的校园环境。

2) 校园不同功能区的树种选择

校园按功能常可分为入口区、教学科研区、体育运动区、学生生活区、教工生活区等。因此,应在科学性、艺术性原则的基础上,依据各区的功能因地制宜地进行校园绿化树种选择。现将选择要求分述如下:

(1) 入口区　入口区是展现校园景观的重要组成部分。绿化时,应选择树形优美的落叶与常绿乔木进行配置,构建端庄、大方,展现校园文化的入口景观。在进行绿化时,树体不要遮挡主体景观建筑与设施。

(2) 教学科研区　教学科研区是学校的主体建筑群区,占地面积较大,给师生提供教学交流、阅读、休憩等场所。绿化时可构建开阔的草坪空间,在草坪上选择悬铃木、雪松、合欢、无患子、樟树等树姿优美的乔木形成疏林草地,根据空间建设要求,可在周边选用密林作为边界,构成不同的空间。根据该区内不同构造特征,有针对性进行绿化。如在花架旁种植紫藤、葡萄、凌霄等攀援树木,形成绿茵花廊。亭榭四周可布置白皮松等常绿树,配置蜡梅、紫薇、丁香等,使季相变化明显,丰富空间内容。也可用大叶黄杨、小叶女贞等常绿灌木,围成半封闭的空间,宜于学生学习、乘凉。

(3) 学生生活区　该区的绿化功能是创造安静、卫生的环境,便于学习休息。沿宿舍四周砌筑花池,种植一些低矮的花灌木,如金钟、丝兰、珍珠梅、米兰、茉莉、龙柏球等,既不影响室内通风透光,又具有美化效果。楼前有较大场地的宿舍区,可种植树冠较大的落叶乔木,既便于学生在大树下活动,还可遮阴、纳凉。在楼墙适当位置可种植爬山虎等攀援树木,增加立体绿化面积,也可起到防晒、降温的作用。

(4) 校园道路　校园的道路通常分为主干道、次干道和绿地小径。主干道绿化应以遮阴为主,次干道、小径以美化为主。主干道行道树可选用水杉、银杏、白蜡、合欢、栾树、楝树等落叶乔木,短距离的重要路段也可选用雪松、白皮松、华山松等常绿乔木。道路外侧应留有带状绿地,配置草坪、地被植物或花灌木,以打破干道的规则平直。次干道及小径的路旁绿化应活泼有变化,根据路段不同可分段种植不同品种的树木,一般选用常绿树与花灌木间植,如桧柏与红叶李、龙柏与蔷薇等。

4. 中小学校园园林树木的选择

针对中小学校园学生人数多,年龄较小,活泼好动,贪玩爱问的特点,校园内选择的绿化树种应满足以下要求:污染性少,少毛无刺,无毒,无刺激性气味,具有形态美、色彩美或气味美,或具有一定的历史和文化内涵,对于草坪还须具有一定的耐践踏能力,因此选择各类树种

如下:

(1) 具有深厚文化内涵的树种　迎春、枫香、石榴、梧桐、白玉兰、桂花、梅、杏、海棠、牡丹、杜鹃、月季、米兰、茉莉、松、柏、竹等。这些树种,有的沉积了深厚的文化内涵,有的已成为美好愿望的象征。

(2) 我国著名的特产树种　珙桐(鸽子树)、银杏、金钱松、香椿、喜树、水杉等。

(3) 具有很高观赏价值的孤植独赏树种　雪松、金钱松、广玉兰、樟树、国槐、榔榆、鹅掌楸、七叶树、浙江樟等。这些树种或具有端庄的树姿,或具有秀丽的叶形,或四季常青,或色彩艳丽,观赏特色各不相同。其他可供选择的乔木有榉树、朴树、枫杨、木瓜、合欢、黄连木、无患子、木荷、棕榈、白榆、刺槐、水杉、池杉、油桐、梓树、大叶桉、白桦等。

(4) 可选用行道树的树种　香樟、乌桕、广玉兰、国槐、香椿、榔榆、鹅掌楸、龙柏、柳杉、水杉、落羽杉、樱花、圆柏等。

(5) 常绿小乔木与灌木　桂花、栀子花、海桐、小叶女贞、黄杨、雀舌黄杨、洒金千头柏、石楠、凤尾兰、南天竹、珊瑚树、山茶等。

(6) 落叶花灌木　紫荆、西府海棠、垂丝海棠、石榴、紫薇、紫叶李、碧桃、木槿、麻叶绣球、木绣球、鸡爪槭、山麻杆、紫丁香、金钟花、迎春、结香等。

(7) 藤本与竹类　藤本选择紫藤、扶芳藤、金银花、爬山虎、木通、大血藤、葛藤、南蛇藤、葡萄、常春藤等。竹类可选桂竹、刚竹、紫竹、罗汉竹等。

(8) 绿篱与草坪　绿篱可选用海桐、小叶女贞、黄杨、瓜子黄杨等。草坪须选择较能耐践踏的品种,如结缕草、天鹅绒等。

中小学校园不宜种植的树种有夹竹桃、黄蝉、枸骨、枸杞、花椒、十大功劳等。

5. 机关单位绿化树种的选择

机关单位可分为门前区、办公区、生活区等部分,绿化树种的选择请参考校园绿化部分。

6. 高速公路园林树木的选择

近年来随着我国国民经济的迅速崛起,高速公路得到飞速发展,已成为连接国内各大城市的纽带,为人们提供了便利快捷的交通,极大地促进了经济建设的发展。高速公路绿化主要在绿化美化、改善高速道路环境的同时,对调节驾驶员视觉疲劳、减少交通事故具有较大帮助。同时,高速公路绿化对国土绿化、改善国土环境具有重要的意义。

1) 高速公路绿化树种的选择标准

在高速公路绿化中,树木是绿化的主体,选择合适的树种,不仅可以增强绿化美化效果,还可以起到事半功倍的作用,具体选择原则如下:

a. 龙柏和木槿用于中分带绿化

b. 马棘木兰用于路堑段边坡绿化

c. 水杉、雪松、紫叶李用于边沟外绿化

图 3.8 高速公路绿化树种的选择

(1) 以乡土树种为主 以选用乡土树种为基础,引用少量经过驯化的外来树种为辅,二者相结合,充分表现区域内高速干道绿化景观。

(2) 选用抗性强、适应性强的树种 由于高速公路挖、填方路段较多,土壤结构受到破坏,土壤肥力较低,同时路面宽阔,光热辐射强烈,小气候气温较高,因而要求绿化树种要具有耐瘠薄、抗高温、适应性强等特点。同时由于高速公路线路长,管理不便,所选树种也应具有较强的抗逆性和抗病虫害能力。

(3) 乔木树种应根系发达,抗风力强 以免发生风拔或被风吹折的现象,分枝点高,树冠不宜太扩展,以免影响司机视线。花灌木应高矮适中,花色艳丽,花期错落,增加绿化的层次感和美感。

高速公路不同区域的绿化对树种的要求各不相同,常用的优良绿化树种有红皮云杉、沙松、红松、樟子松、赤松、小青杨、小叶杨、垂柳、旱柳、白桦、蒙古栎、紫椴、胡桃楸、家榆、春榆、糖槭、色木、山杏、山荆子、东北连翘、紫丁香、红丁香、小叶丁香、暴马丁香、珍珠梅、夹竹桃、羊蹄甲、石棒绣线菊、胡枝子、红瑞木、锦鸡儿、爬山虎、五叶地锦、山葡萄、蜀桧、圆柏、侧柏、龙柏、湿地松、紫薇、红枫、红叶石楠、紫薇、栾树、无患子、桂花、红叶李、海桐、黄杨、小叶女贞、龟甲冬青、夹竹桃、水杉、落羽杉等。如图 3.8 所示,高速公路绿化树种应因地制宜,但必须满足高速公路安全行车等功能需要。

2) 江苏高速公路适生绿化树种

(1) 苏南地区

① 大乔木类:雪松、樟树、女贞、广玉兰、乐昌含笑、苦槠、石栎、青冈栎、木荷、金钱松、水杉、黄山栾树、无患子、鹅掌楸、湿地松、七叶树、枫香、栾树、南酸枣、重阳木、白玉兰等。

② 小乔木、灌木类:桂花、二乔玉兰、樱花、鸡爪槭、红枫、光叶石楠、椤木石楠、法国冬青、桃叶珊瑚、八角金盘、胡颓子、金丝桃、夹竹桃、云南黄馨、金叶女贞、红花檵木、紫薇、紫叶李、木槿、紫玉兰、贴梗海棠、西府海棠、垂丝海棠、蜡梅、碧桃、紫叶小檗、月季、麻叶绣线菊、伞房决明等。

③ 地被、藤木类:扶芳藤、络石、花叶蔓长春、常春藤、爬山虎、五叶地锦、凌霄、美国凌霄、宁油麻藤、马蔺等。

④ 竹类:孝顺竹、凤尾竹、鹅毛竹、箬竹、淡竹、菲白竹等。

(2) 苏东地区

① 大乔木类:雪松、广玉兰、香樟、女贞、日本柳杉、银杏、墨西哥落羽杉、水杉、意杨、垂柳、刺槐、泡桐、悬铃木、二乔玉兰、白玉兰、苦楝、白蜡、栾树等。

② 小乔木、灌木类:蜀桧、铅笔柏、海桐、小叶黄杨、小叶女贞、金叶女贞、大叶黄杨、金边大叶黄杨、桂花、凤尾兰、龙柏、洒金桃叶珊瑚、夹竹桃、金丝桃、木槿、紫薇、紫叶李、金钟、碧桃、紫玉兰、垂丝海棠、丰花月季等。

③ 藤蔓类:常春藤、花叶蔓长春、络石、爬山虎等。

(3) 苏中地区

① 大乔木类:圆柏、广玉兰、香樟、女贞、银杏、水杉、池杉、落羽杉、垂柳、国槐等。

② 小乔木、灌木类:桂花、夹竹桃、黄杨、火棘、小叶女贞、琼花、梅花、碧桃、紫薇、蜡梅、紫叶小檗、月季、凤尾兰等。

③ 藤蔓类:爬山虎、扶芳藤、络石、常春藤等。

④ 竹类:紫竹、刚竹、淡竹等。

(4) 苏北地区

① 大乔木类:雪松、黑松、龙柏、侧柏、圆柏、广玉兰、女贞、水杉、意杨、毛白杨、旱柳、垂柳、泡桐、国槐、麻栎、栓皮栎、黄连木、白榆、榔榆、朴树、青檀、榉树、刺槐、野鸦椿、臭椿、梧桐、悬铃木、栾树、桑树、皂荚、三角枫、白玉兰、樱花、香椿、白蜡等。

② 小乔木、灌木类:桂花、石楠、蜀桧、火棘、日本女贞、海桐、大叶黄杨、瓜子黄杨、洒金柏、小叶女贞、金叶女贞、紫穗槐、碧桃、山桃、紫叶李、鸡爪槭、红叶李、紫薇、迎春、连翘、金钟等。

67

③ 藤蔓类：爬山虎、凌霄、美国凌霄、常春藤等。

7. 公共休闲绿地园林树木的选择

公共休闲绿地是人们文化娱乐游憩的场所，包括风景区、森林公园、文化休闲公园、体育公园、儿童公园、动物园等。适合公共休闲绿地栽植的园林绿化树木很多，根据功能需要，树种选择灵活多样，但要注意选择较耐土壤紧实、抗污染、易于管理、观赏价值高的树种。如对儿童公园进行树种选择时应注意以下几点：

① 选用叶、花、果形状奇特、色彩鲜艳，能引起儿童兴趣的树木，如扶桑、白玉兰、橡皮树、猪笼草等。

② 乔木应选用高大荫浓的树种，分枝点不宜低于1.8 m。灌木宜选用萌发力强，直立生长的中、高型树种，这种树生存能力强，占地面积小，不会影响儿童的游戏活动。

③ 忌用有刺激性、异味或引起过敏性反应的植物，如漆树的漆液有刺激性，会使人产生皮肤过敏反应；忌用有毒植物，如黄蝉、夹竹桃；忌用有刺植物，如枸骨、刺槐、蔷薇等；忌用有过多飞絮的植物和易生病虫害及结浆果的植物，如钻天杨、垂柳、桑树等。

3.5　园林树木的配置

植物是园林景观的重要载体和构架，与其他要素(山石、水体、建筑、园路以及小品设施等)一起发挥着生态、经济、社会功能。园林植物配置是规划设计的重要环节，包括两方面：一是各树木互相之间的配置，充分考虑树木种类的选择和搭配，树丛的组合，平面和立面的构图、色彩、季相以及园林意境，二是园林树木与其他要素之间的配置。

3.5.1　园林树木配置的原则

造园固然离不开山水，但如没有树木花草，园林的美好境界也难以形成，其中树木又充当着主角。因此，树木的选择是否合理，配置是否得当，直接关系着造园之优劣。造园要讲究艺术效果，当然这要建立在满足树木生态习性的基础上，同时考虑造园的功能要求，满足美观、适用、经济的要求。园林树木的配置原则如下：

1. 要体现设计意图，满足多种功能的需要

园林树木的配置，首先要从设计立意和功能出发，依据园林绿地的性质和功能，选择适当的树种进行合理配置，体现设计意境，满足园林的功能要求。如杭州的西泠印社，以松、竹、梅为主题，比拟文人雅士清高、孤洁的性格；南京的中山陵园选用苍老刚劲、蟠虬古拙的松柏来象征孙中山先生贞不屈，万古长青的意志和精神。

在用树木体现园林的主题上，我国古典园林中有许多值得我们借鉴的佳例。如杭州西湖"柳浪闻莺"的主题是春景，在树种选择上以柳树为主景树，配以桃花；"满陇桂雨"以桂花为主景树创造秋季景观。

园林树木除了要体现一般设计意图之外，还要满足园林树种的生态要求，只有满足园林树木对光照、水分、温度、土壤等环境因子要求，才能使其正常生长并保持较长时间的稳定。

2. 要体现色彩变化，充分发挥植物季相美与形态美

园林树木的色彩能带来极明显的艺术效果：一方面是由树木本身具有的季相特点和形体美引起的，另一方面是通过不同色彩的花木配置形成的。树木的色彩主要包括花色、叶色、果色、茎干色彩，而这些色彩变化反映了树木的特征。一般落叶树比常绿树更能展示季相美。因此在进行树木配置时，将树木最佳景观特征进行组合，并结合树木的形态特征和设计意图，营造变化多样的园林色彩空间。如花港观鱼南门景区疏林草地空间的边界采用无患子＋桂花＋鸡爪槭组合树丛，构成秋色浓郁的氛围。

3. 要与园林绿地性质相协调

园林树木的配置要与环境相协调。一般说来，在规则式园林绿地中，应多采用中心植、对植、列植、环植、篱植、花坛、花台等规则式配置方式；在自然式园林绿地中，则应多采用孤植、丛植、群植、林植、花丛、自然式花篱、草地等自然式配置方式；在混合型园林绿地中，可根据园林绿地局部的规则和自然程度分别采用规则式或自然式配置方式。通常在大门的两侧、主干道两旁、整形式广场周围、大型建筑物附近，多采用规则式配置方式；在自然山水园的草坪、水池边缘、山丘上部、自然风景林缘多采用自然式配置方式。在实际工作中，还要注意不同配置方式之间的过渡。园林树木的选择，无论是体型大小或色彩浓淡，必须同建筑的性质、体量相适应，树木的配置方式也要与建筑的形式、风格以及建筑在园中所起的作用联系起来，这样才能发挥树木陪衬和烘托的作用，协调建筑和环境的关系，丰富建筑物艺术构图，完善建筑物的功能(图3.9，图3.10)。

4. 要与地形地貌及园路结合起来，取得景象统一

1) 与地形的统一

通过树种的合理配置，可以改变地形或突出地形，如在起伏地形的高处栽大乔木，低处配矮灌木，可突出地形的起伏感，反之则有缓平的感觉。在地形起伏处配置观赏树木，还应考虑衬托或加强原地形的协调关系。如在陡峭岩坡，配置尖塔形树木，浑圆土坡处则配置圆头形树木，使其轮廓相协调，增加柔美匀称的感觉。石山的树木应侧重于姿态生动的精致树种，如罗汉松、白皮松、紫薇等；体量较小、表现抽象、形式美的叠石或独立石峰，多半是配置蔓性月季、蔷薇、凌霄、木香、络石之类攀援花木(图3.11)。

图 3.9　儿童游乐园植物配置

图 3.10　美国旧金山九曲花街植物配置

图 3.11　与地形统一的植物配置

2）与水体的统一

园林中的各种水体，无一不借助树木花草以创造丰富的水体景观，一般飞瀑之旁，宜用松、枫及藤蔓突显山崖的险要；溪谷宜用竹、桃、柳等；水中之岛可配置南天竹、棕榈、罗汉松、杜鹃花、桃叶珊瑚、八角金盘、木芙蓉等；水滨宜种落羽杉、池杉、水杉、柳、樱花、蜡梅、梅、桃、棣棠、锦带花、迎春、连翘、紫薇、月季等，作为湖面背景的乔灌木配置，层层搭配，留出水景透视线；岸边树木的配置，可根据设计意图需要或形成宁静的"垂直绿障"，或以红枫、香樟等树木为主景，或与湖石结合，利用花草镶边配置花木，加强水景趣味，丰富水边的色彩（图 3.12）。

3）与园路的统一

园路不仅起交通引导作用，而且是园林景观的重要组成部分，园路变化多样，因此植物配置布局要自然、灵活、富有变化。在主干道两旁或入口处，常采用整齐规则的配置方式，以强调主景。园林中常采用林中穿路、竹中取道、花中求径等顺应自然的处理方法，使得园路变化有致（图 3.13）。

5. 园林树木配置中的经济原则

在发挥主要功能的前提下，树木配置要尽量降低成本，并妥善结合生产。降低成本的途径主要有节约并合理使用名贵树种，多用乡土树种，可能的情况下尽量用小苗，遵循适地适树的原则。园林结合生产，主要是指种植有食用、药用价值及可提供工业原料的经济树木。例如种植果树，既能带来一定的经济价值，还可与旅游活动结合起来，增强游客与景观之间的互动。

因此，园林树木的配置应因地制宜，创造园林空间的变化、色彩季相的变化，体现意境上的诗情画意，并力求符合功能上的综合性、生态上的科学性、配置上的艺术性、经济上的合理性等要求。在实际工作中，要综合考虑，先进行总体规划，再进行局部设计，并力求体现地方风格和特色。

6. 园林树木配置中的种间关系

树木群落成员（包括不同的种类及个体）长时间处在相同的环境中，在它们的生长过程中不可避免地会产生相互影响、相互作用，具体表现在不同树种的种间关系以及由此发生的种群调节。树种种间关系的表现，取决于树种本身的生物学及生态学特性。就生物学特性而言，速生树种与慢生树种、高大乔木与低矮灌木、宽冠树与窄冠树、深根树种与浅根树种混交，从空间上可减少接触，降低竞争程度。

图 3.12　与水体统一的立体绿化示例

图 3.13　与园路统一的树木配置示例

图 3.14　对植

种间关系是指生长在一起的两个或两个以上的树种之间产生的相互影响、相互依赖、相互制约。经典的树种混交理论在选择树种时注重树种的阴阳性、根的深浅性、叶的针阔型和生长特点等方面,忽略了树种间克生作用的影响。理论上讲,群落中物种之间的关系及相互作用的基本形式有三种,即无作用、正作用(有利)、负作用(有害)。有利是双方互相促进,如皂荚、白蜡和七里香等在一起生长有互相促进的显著作用;互抑是竞争激烈,互相抑制,如胡桃与苹果、白桦与松、松与云杉等都不宜种在一起;也有在一定条件下表现为单方的利害,即一个树种对其他树种的生长发育有利或有害,而其自身既不受害也不获益,如以加拿大杨为例,与刺槐混交互利,与榆混交互害,与黄栌混交则对加拿大杨有利、对黄栌有害。

3.5.2　园林树木配置的方式

自然界的山岭岗阜上和河湖溪涧旁的植物群落,具有天然的植物组成和自然景观,是自然式植物配置的艺术创作源泉。所谓园林树木配置方式,就是指园林观赏树木搭配的样式或排列方式。园林树木的平面配置方式,有规则式、自然式和混合式三大类:规则配置整齐、严谨,具有一定的株行距,且按固定的方式排列;自然配置自然、灵活,参差有致,没有一定的株行距和固定的排列方式;混合式配置是在某一植物造景中,同时采用规则式和自然式相结合的配置方式。在中国古典园林和较大的公园、风景区中,树木配置通常采用自然式,但在局部地区,特别是主体建筑物附近和主干道路旁侧也采用规则式。园林树木的景观布置方法主要有孤植、对植、列植、丛植和群植等几种。

1. 园林树木的平面配置方式

1) 规则式配置方式

(1) 中心植　在重要的位置,如建筑物的正门、广场的中央、轴线的交点等重要地点,可种植树形整齐、轮廓端正、生长缓慢、四季常青的观赏树木。在北方可用桧柏、云杉等,在南方可用松、苏铁等。

(2) 对植　对植指的是对称地种植大致相等数量的树木。对植多应用于园门、建筑物入口、广场或桥头的两旁。在自然式种植中,则不要求绝对对称,但也应保持形态的均衡。在进出口、建筑物前等处,在其轴线的左右,相对地栽植同种、同形的树木,要求外形整齐美观,树体大小一致,常用的有桧柏、龙柏、桂花、柳杉、罗汉松、广玉兰等(图 3.14)。

(3) 列植　也称带植,是成行成带栽植树木。列植多应用于街道、公路的两旁,或规则式广场的周围。如用作园林景物的背景或隔离措施,宜密植,形成树屏。一般是将同形同种的树木按一定的株行距排列种植(单行或双行,亦可为多行)。如果间隔狭窄,树木排列很密,能起到遮蔽后方的效果;如果树冠相接,则树列的密闭性更大;也可以等距离反复种植异形或异种树,使之产生韵律感。列植多用于行道树、绿篱、林带及水边种植。

(4) 正方形栽植　按方格网在交叉点种植树木,株行距相等。优点是透光、通风性好,便于管理和机械操作。缺点是幼龄树易受干旱、霜冻、日灼及风害,又易造成树冠密接,一般园林绿地中极少应用。

(5) 三角形栽植　株行距按等边式或等腰三角形排列。此法可经济利用土地,但通风透光较差,不利于机械化操作。

(6) 长方形栽植　为正方形栽植的一般变形,它的行距大于株距。长方形栽植兼有正方形和三角形两种栽植方式的优点,并避免了它们的缺点,是一种较好的栽植方式。

(7) 环植　这是按一定株距把树木栽为圆环的一种方式,有时仅有一个圆环,甚至半个圆环,有时则有多重圆环。

(8) 花样栽植　像西洋庭园常见的花坛那样,构成装饰花样的图形(图 3.15)。

图 3.15　花样栽植

a　单纯树群　　　　　　　　　　　　　　　b　混交树群

图 3.16　群植

2）自然式配置方式

自然式配置方式亦称不规则式配置,不要求株距和行距一致,不按中轴对称排列,构成的平面形状不成规则的几何图形,而是要求搭配自然。

3）混合式配置方式

混合式配置方式是指在某一植物中同时运用规则式和自然式的配置方式,可以考虑以某一种方式为主,另一种方式辅之,因地制宜,达到过渡和变化自然,整体上协调融合。

2. 园林树木的景观配置方法

园林树木的景观配置方法有孤植、丛植、群植、林植等。因孤植、林植(林带与片林)已介绍过,这里仅介绍丛植和群植。

丛植指 3 株以上不同或同种树种的组合,是园林中普遍应用的方式之一。可用作主景或配景,也可用作背景或隔离措施。配置宜自然,符合艺术构图规律,务求既能表现植物的群体美,也能看出树种的个体美。树丛通常由2～10株乔木组成,如加入灌木,总数最多可达数十株。树丛的组合主要考虑群体美,树丛在功能和配置上与孤植树基本相似,但其观赏效果要比孤植树更为突出。作为纯观赏性树丛,可以用两种以上的乔木搭配栽植,或乔灌木混合配置,亦可同山石花卉相结合。庇荫用的树丛,以采用树种相同、树冠开展的高大乔木为宜,一般不用灌木配合。

群植指由十多株以上、七八十株以下的乔灌木组成的树木群体。群植树木的数量较多,以表现群体美为主,具有"成林"之趣,群植对单株要求不严格,树种也不宜过多。树群在园林功能和配置上与树丛类同,不同之处是树群属于多层结构,须从整体上来考虑生物学与美观的问题,同时要考虑每株树在人工群体中的生态环境。树群可分为单纯树群和混交树群两类(图3.16)。

3.5.3　园林树木配置的技术

园林绿化观赏效果和艺术水平的高低,在很大程度上取决于园林树木的配置。如果不注意花色、花期、花叶、树型的搭配,随便栽上几株,就会显得杂乱无章,景观大为逊

72

色。另一方面,园林树木色彩丰富,有的品种在一年中仅一次特别有观赏价值,或者开花期,或者结果期。如银杏,仅在秋季叶子橙黄色时显得十分显眼;紫荆在春季不仅枝条而且连树干在叶芽开放前均为紫色花所覆盖,给人留下深刻的印象。有的树种一年中产生多次观赏效果,如七叶树的春花和秋季的黄色树冠均富有观赏性;忍冬初夏开大量黄色花,秋季有橙红色果;云杉、桧柏等常绿针叶树则常年具有观赏效果。因此,应从不同园林树木的观赏特性来考虑配置,以便创造优美、长效的园林风景。

1. 园林树木配置要点

1) 观花和观叶树木相结合

观赏花木中有一类叶色鲜艳、多变的种类,如叶色紫红的红叶李、红枫,秋季变红叶的械树类,变黄叶的银杏等,和观花树木组合可延长观赏期,同时此类观叶树可作为主景配置。常绿树种也有不同程度的观赏效果,如淡绿色的柳树、草坪,浅绿色的梧桐,深绿色的香樟,暗绿色的油松、云杉等,选择色度对比大的种类进行搭配效果更好。

2) 注意层次搭配

分层配置、色彩搭配是园林树木配置的重要方式。不同的叶色、花色,不同高度的树木搭配,使色彩和层次更加丰富。如高1 m的黄杨球、高3 m的红叶李、高5 m的桧柏和高10 m的枫树进行配置,由低到高,四层排列,构成绿、红、黄等多层树丛。不同花期的种类分层配置,可延长观赏期。如图3.17a所示,用桂花、栀子花、龟甲冬青和狗牙根草坪形成层次分明的绿化效果。图3.17b是公园中的植物配置,远处的乔木、近处的石楠球、低矮的云南黄馨及草坪,既有空间上的层次感,又有季相上的变化。

3) 配置树木要有明显的季节性

可以避免单调、造作和雷同,形成春季繁花似锦,夏季绿树成荫,秋季叶色多变,冬季银装素裹的景象,使游人感到大自然的生机和变化。按季节变化可选择的树种有早春开花的迎春、碧桃、榆叶梅、连翘、丁香等;晚春开花的蔷薇、玫瑰、棣棠等;初夏开花的木槿、紫薇和各种草花等;秋天观叶的枫香、红枫、三角枫、银杏和观果的海棠、山里红等;冬季翠绿的油松、桧柏、龙柏等。总体配置效果应是三季有花、四季有绿,即所谓"春意早临花争艳,夏季浓荫好乘凉,秋季多彩看叶果,冬季苍翠不萧条"的设计原则。在园林林木配置中,常绿树种的比例应占1/3~1/4,枝叶茂密的比枝叶稀疏的效果好,阔叶树比针叶树效果好,乔灌木搭配的比只种乔木或灌木的效果好,有草坪的比无草坪的效果好,多样种植比纯林效果好。另外,也可选用一些药用植物、果树等有经济价值的树木来配置,使游人来到林木葱葱、花草繁茂的绿地或漫步在林荫道上,顿觉满目青翠,心旷神怡,使人流连忘返。

4) 草本花卉与木本花木的搭配

木绣球前可栽植美人蕉,樱花树下配万寿菊和偃柏,能够达到三季有花、四季常青的效果。园林植物配置应在色泽、花型、树冠形状和高度、寿命和生长势等方面相互协调。同时,还应考虑到每个组合内部植物构成的比例,及这种结构本身与游览路线的关系。设计每个组合还应考虑周围裸露的地面、草坪、水池、地表等几个组合之间的关系。下面是几组较好的观赏植物配置组合。

(1) 小檗和芍药 该组合由矮生的小檗灌木和高度相近的芍药组成,淡绿色的小檗和暗绿色的三裂芍药形成协调的色调。总花期近两个月,夏季可欣赏芍药美丽的叶色,秋季欣赏小檗的红叶红果。本组合适用于开阔的绿地花坛。

(2) 芍药和绣线菊 该组合由高度1~1.5 m的植物组成,由开花美丽和叶色美丽的植物相结合,很富有观赏性,总花期一个半月。秋季,它们的叶子均染上红色,令人喜爱。这个组合适合于作复杂植物配置结构中的低层植物群落。

a. 桂花、栀子花、龟甲冬青、狗牙根搭配

b. 大乔木、石楠球、云南黄馨与草坪的搭配

图3.17 多层次搭配

（3）槭树、栀子和小檗　该组合中栀子高2 m,小檗高1 m,环绕高达4 m的槭树林栽植,形成三层观赏结构,欣赏灌木的叶色和树冠形状。这个组合长期保持稳定,槭树和栀子的深绿色叶子同小檗的淡绿色叶子形成美丽的对照。总花期近一个月,秋季槭树翅果红色、叶黄色,栀子果实变成深紫色,落叶前仍垂挂着直到霜降前还装饰着灌木。这个组合适用于林缘地带,作为独立结构或高于乔木的补充组合。

（4）丁香和绣线菊　绣线菊环绕较高的丁香灌木形成第二层花,其白花可作为背景,突出丁香花色的观赏性,花期近一个月。该组合长期保持稳定,可在开阔地上构成独立的群落。

（5）丁香品种组合　多个品种的丁香组合,总花期可达一个半月。可配置于林缘或建筑物墙旁,在开花期十分漂亮,在配置时灌丛间要留有空间。

（6）绣线菊、报春花和雏菊　欣赏花期从春到夏长达三个月,可使用于林缘的饰边群体。

（7）月季品种组合　该群体花期近半年以上,在草坪、旷地、道路交叉处群植效果很好。

（8）茶条槭、荚迷、忍冬、黄栌和卫矛　这是一组灌木组合,总花期一个多月。荚迷的红果一直可保持到深秋,黄栌形成美丽的紫玫瑰色圆锥花序,卫矛在秋季悬挂着果实,茶条槭在深秋红叶艳丽,构成了一道美丽的景观。可在景区中列种或与高干乔木保持一定的种植距离。

（9）云杉和桧柏　这是常绿针叶植物的组合。云杉环绕桧柏种植,适用于公园正门和平坦场地的装饰,形成灰绿与墨绿的单色调。

（10）云杉和月季　云杉深灰色的叶子和月季的红花组成十分鲜艳的对比色调。

2. 配置园林树木时应注意的问题

（1）要根据当地气候环境条件配置树种　以亚热带为例,新近推荐使用的优良落叶的乔木类有无患子、栾树等,耐寒常绿乔木类有山杜英等。

（2）要根据当地土壤环境条件配置树种　例如,杜鹃、茶花、红花檵木等喜酸性土树种,适于pH值5.5～6.5,含铁铝成分较多的土质。而黄杨、棕榈、桃叶珊瑚、夹竹桃、海桐、枸杞等喜碱性土,适于pH植7.5～8.5,含钙质较多的土质。

（3）要根据树种对光照的需求强度配置树种　如香樟密植树下地坪难见阳光,采用了荫蔽性极强的桃叶珊瑚,种植后效果极佳。

（4）要根据环保要求配置树种　许多树木不仅具有绿化、美化环境的作用,而且具有防风、固沙、防火、杀菌、隔音、吸滞粉尘、阻截有害气体和抗污染等保护和改善环境的作用。因此,在城市园林绿地、工矿区、居民区配置树木时,应该根据各个地区环境保护的实际需要进行配置。例如,在粉尘较多的工矿附近、道路两旁和人口稠密的居民区,应该多配置一些侧柏、桧柏、龙柏、青桐、槐树、悬铃木等易于吸带粉尘的树木;在排放有害气体的工业区特别是化工区,应该尽量多栽植一些能够吸收或抵抗有害气体能力较强的树木,如广玉兰、海桐、构树、棕榈等树木。

（5）要根据绿地性质配置树种　各街道绿地、庭园绿化中,根据绿地性质,配置适当树种。如烈士陵园绿化,选用常绿树和柏类树,展现烈士坚强不屈的高尚品德。在幼儿园绿化设计中,配置低矮和色彩丰富的树木,如红花檵木、金叶女贞、十大功劳由红、黄、绿三色组成,带来活泼气氛,还要考虑不能配置有刺、有毒的树木,如夹竹桃、构骨等树木。

3.5.4　园林树木配置的艺术效果

园林树木是园林的主体材料,具有绿化、美化、改善环境和生产等功能。园林树木配置是利用树木作为材料,按照设计意图进行配置,形成优美的景观。所以,园林树木配置就是将树木的观赏特性和生态习性结合起来的美的创作。完美的植物景观设计必须具备科学性与艺术性两方面的高度统一,通过合理规划,使之与环境相协调,材料之间亦有层次、有节奏感,使之呈现出最佳的观赏效果。配置园林树木时要考虑其艺术效果和功能,基本标准是树形整齐,枝叶茂盛,冠大荫浓,树干通直;花、果、叶无异味、无毒、无刺激;繁殖容易,生长迅速,移栽成活率高,耐修剪,养护容易,对有害气体抗性强,病虫害少,能够适应当地环境条件。

在园林空间中,无论是以树木为主景,还是树木与其他园林要素共同构成主景,在树木种类的配置、数量的确定、位置的安排和方式的采取上都应强调主体,做到主次分明,以表现园林空间景观的特色和风格。

（1）对比和衬托　利用园林树木不同的形态特征,运用高低、姿态、叶形叶色、花形花色的对比手法,表现一定的艺术构思,衬托出美的植物景观。在树丛组合时,要注意相互协调,不宜将形态姿色差异很大的树种组合在一起。

（2）动势和均衡　各种树木姿态不同,有的比较规整,如石楠、臭椿;有的有一种动势,如松树、榆树、合欢。配置时,要讲求树木相互之间或树木与环境中其他要素之间的协调;同时还要考虑树木在不同的生长阶段和季节的变化,不要因此产生不平衡的状况。

（3）起伏和韵律　道路两旁和狭长形地带的树木配置,要注意纵向的立体轮廓线和空间变换,做到高低搭配,有起有伏,产生节奏韵律,避免布局呆板。

（4）层次和背景　为克服景观的单调,宜以乔木、灌木、花卉、地被植物进行多层次的配置。不同花色花期的树木相间分层配置，可以使植物景观丰富多彩。背景树一般宜高于前景树，栽植密度宜大，最好形成绿色屏障，色调宜深，或与前景有较大的色调和色度上的差异，以衬托效果。

（5）色彩和季相　树木的干、叶、花、果色彩十分丰富。可运用单色表现、多色配合、对比色处理以及色调和色度逐层过渡等不同的配置方式，实现园林景物色彩构图。将叶色、花色进行分级，有助于组织优美的树木色彩构图。要体现春、夏、秋、冬四季的树木季相，尤其是春、秋的季相。在同一个树木空间内，一般以体现一季或两季的季相，效果较为明显。因为树木的花期或色叶变化期，一般能持续一两个月，往往会出现偏枯偏荣的现象。所以，需要采用不同花期的花木分层配置，以延长花期，或将不同花期的花木和显示一季季相的花木混栽，或用草本花卉特别是宿根花卉弥补木本花卉花期较短的缺陷等方法。

大型的园林绿地和风景区，往往表现一季的特色，给游人以强烈的季候感。如"灵峰探梅"、"西山红叶"等时令美景很受欢迎。在小型园林里，也有牡丹、樱花林、玉兰林等专类花木配置方式，产生具有时令特色的艺术效果。

（6）园林树木空间　在现代园林空间中常以植物为主体，在园林植物中多以树木为主体，经过艺术布局，便可组成适应园林功能要求和优美植物景观的空间环境。

总之，运用不同的配置方式，可组成有韵律节奏的空间，使园林空间在平面上有收有放、疏密有致，在立面上高低参差、断续起伏。从空间的变化来看，一般应在平面上注意配置的疏密和树木丛林曲折的林缘线，在立面上注意林冠线的高低变化。另外，要注意开辟风景的透视线等，尤其要处理好远近观赏的质量和高低层次的变化，形成"远近高低各不同"的艺术效果。

3.5.5　园林树木配置实例

花港观鱼公园地处杭州西湖西南，三面临水，一面倚山，是一个占地 300 余亩的大型公园。该公园以花、港、鱼为特色，全园分为红鱼池、牡丹园、花港、大草坪、密林地五个景区，红鱼池位于园中部偏南处，是全园游赏的中心区域。池岸曲折自然，池中堆土成岛，池上架设曲桥，倚桥栏俯看，数千尾金鳞红鱼结队往来，泼刺戏水。

1. 花港观鱼公园造园特色

花港观鱼公园的最大特色在于把中国园林的艺术布局和欧洲造园艺术手法巧妙统一，中西合璧，而又不露斧凿痕迹，使景观清雅幽深，开朗旷达，和谐一致。特别是运用大面积的草坪和以植物为主体的造景组合空间，在发展具有民族特色而又有新时代特点的中国园林中，具有开拓性的意义。

2. 植物景观空间营造分析

1）充分尊重场地现状，植物配置营造意境

花港观鱼公园植物景观空间在考虑空间尺度、地形等基础上以植物配置来创造空间意境。如大尺度空间雪松大草坪，用稳重而高耸的雪松纯林群植体现雪松群体美，营造雄浑辽阔的气势；坡地小尺度空间悬铃木合欢草坪，充分利用周围植物围合形成幽静空间，并以春花樱花、夏花合欢和秋叶悬铃木群植，营造四季变幻的四时之景；滨水柳林草坪空间通过轻盈柔软的柳树群植体现柳荫绿浪的意境，并借西湖美景，营造宁静自然的氛围（图 3.18）。

2）充分依托边界环境，合理布局空间景观

花港观鱼公园植物景观空间充分依托空间边界环境，在考虑空间景观整体性的基础上，利用障景借景的手法，科学艺术地布局空间景观。边界为园路交汇处时，多用植物景观单元进行遮挡形成障景，避免让人对空间一目了然（图 3.19）；边界为水系或建筑时，考虑空间功能的基础上，采用"嘉者收之，俗者屏之"的手法合理取舍，多组织透景面，丰富空间景观；两空间相邻时，多用植物景观单元有序地对空间或隔或离，通过空间的联系、过渡和分隔，形成空间序列。

图 3.18　借西湖美景营造柳荫绿浪的意境

图 3.19　广玉兰遮挡形成障景

图 3.20　以亭为主景，注重中层植物配置

3）合理搭配主景配景，注重中层植物配置

花港观鱼公园植物景观空间基本都有空间主景，且多为空间构图中心，并用配景烘托陪衬主景。空间主景基本以植物景观为主，也有小型建筑、碑等与植物景观配植形成主景，如藏山阁草坪空间以藏山阁及其周围的植物景观形成主景，分枝较高的无患子形成框景，两侧雪松和广玉兰围合引导视线形成夹景，使视线聚焦至中心主景。另外公园在营造植物景观时注重中层植物的配置，它不仅是决定植物空间围合程度的重要因素，也是影响植物景观效果的主要因素。花港观鱼公园中层植物主要采用开花树种和色叶树为主，如樱花、海棠、鸡爪槭和红枫等（图 3.20）。

4）巧用林缘线林冠线，丰富景观空间层次

花港观鱼公园植物景观空间层次主要由平面上的林缘线和立面上的林冠线来体现（图 3.21）。通过景观单元合理布局，林缘线和林冠线曲折勾勒，开辟透景面，丰富空间层次。比如雪松大草坪空间通过雪松群合理配置，疏密有致勾勒出曲折的林缘线，高低错落勾勒出起伏的林冠线。大空间中创造小空间，丰富空间层次；多景观单元合理布局，林缘线曲折流畅，空间形状复杂，从而增加空间景深，丰富空间景观。

3.6　各种用途园林树木的配置

不同的园林树木具有不同的生态和形态特征，进行植物配置时，要根据园林绿化的功能需要和环境特点，因地制宜，因时制宜，使植物正常生长，充分发挥其生态功能和观赏特性。这里主要介绍一般行道树、高速公路的绿化树木、庭荫树、孤赏树、丛植树、花坛、绿篱、片林和疏林、盆栽和桩景的配置。

3.6.1　一般行道树的配置

道路绿化是城市园林绿化的重要组成部分。城市道路以线的形式分布于市区，联系着城市中分散的"点"和

图 3.21　曲折起伏的林冠线增加空间景深

"面"的园林绿地，以此组成完整的城市园林绿地系统。行道树是以美化、遮阴和防护等为目的，在道路旁栽植的树木。行道树作为城市园林绿化的骨干树种，在创造优美的城市环境和改善生态环境中发挥着十分重要的作用。随着我国城市建设步伐的不断加快和园林绿化事业的迅猛发展，行道树的种类不断丰富。

1. 单排行道树

通常在人流量较大、空间较小的街区采用。行道树间距宜为 5~7 m，周围砌筑 1.5 m×1.5 m 的方形树池，采用干直、冠大、枝叶茂密、分枝点高、落叶时间集中的乔木，一个街区最好选择同一树种，保持树形、色彩等基本一致。

2. 双排行道树

人行道宽度为 5~6 m，门店多为商业用房，人流量较大，采用单排行道树绿化遮阴效果差，布置花坛又影响行人出入，在这种情况下，可交错种植两行乔木。为了丰富景观，可布置两个树种，但在冠形上要力求协调。

3. 绿化带内间植行道树

当人行道宽度为 5~6 m 且人流量不大时，可在人行道与车道之间设置绿化带，绿化带宽度应在 2 m 以上，种植带内间植 4~5 棵行道树，空地种植小花灌木和草坪，周围种植绿篱，这种乔灌草结合的方式，不仅有利于植物的生长，而且极大地改善了行道树的生长环境。

4. 行道树与小花坛

人行道较宽、人流量不大时，除在人行道上栽植一排行道树外，还要结合建筑物特点，因地制宜地在人行道中间设计出或方或圆或多边形的花坛。花坛内可采用小乔木与灌木和花卉配置，形成层次感，也可用花灌木或花卉片植成图案。

5. 游园林荫路

宽度为 8 m 以上的人行道，多为居住区街道或滨河路，这里可布置成弯曲交错的林荫路形式，在林荫路中设置小广场，修建凉亭、坐椅、儿童游戏设施等供行人休息和

娱乐,实际上起到小游园的作用。种植上,可采用乔、灌、草与藤本植物相结合。

城市道路的树木配置首先要服从交通安全的需要,能有效地协助组织车流、人流的集散。同时也起到改善城市生态环境及美化环境的作用。现代化城市中除必备的人行道、慢车道、快车道、立交桥和高速公路外,有时还有林荫道、滨河路、滨海路等。这些道路的植物配置,包括车行道分隔绿带、行道树绿带、人行道绿带等形式。行道树绿带是指在车行道与人行道之间种植行道树的绿带。其功能主要为行人蔽荫,同时美化环境。

在行道树的应用上,目前我国有"一板式"、"二板式"、"三板式"和"花园林荫道"等形式,大都在道路的两侧以整齐的行列式进行种植。在配置上一般均采用规则式,其中又可分为对称式及非对称式。当道路两侧条件相同时多采用对称式,否则可用非对称式;个别城市试行不规则式的配置方式。从配置的地点来看,世界各国多将行道树配置于道路的两侧,但亦有集中于道路中央的,如德国及比利时。如只种植道路一侧时,就北半球地区而言,如果是东西向有建筑的道路,则树应配置于路的北侧;如果是南北向的路,则应植于东侧。

行道树配置要考虑栽植位置和距离。一般行道树距车行道边缘的距离不应少于 0.7 m,以 1～1.5 m 为宜,树距房屋的距离不宜小于 5 m,株距过去习用 4～8 m,实际以 8～12 m 为宜,慢长树种可在其间加植一株,待适当大小时移走。树池通常约为 1.5 m×1.5 m,在有条件处可用林带方式,带宽不应小于 1 m,这种方式比树池对生长更有利。另外,植树坑中心与地下管道的水平距离应大于 1.5 m,在多地震地区,与煤气管道的距离应大于 3～5 m;树木的枝条与地上部高压电线的距离应大于 2.8 m,必要时需适当修剪和设其他防护措施。树木的枝下高,我国多为 2.8～3 m,日本为 2.4～2.7 m。

配置行道树,应避免树种单一和常绿树过多的问题。例如,宁波市在 20 世纪 80 年代以前,行道树主要以香樟、法桐为主,80 年代以后,香樟作为宁波的市树,逐渐代替法桐成为行道树的当家品种。虽然香樟四季常绿、树冠高大,在宁波生长十分适宜,但由于树种单一,进入 90 年代以后,病虫害逐渐严重。所以山杜英、银杏、广玉兰、白玉兰、乐昌含笑、深山含笑、马褂木、栾树、木荷、重阳木、楠木、合欢、国槐、臭椿、乌桕、无患子、红果冬青、喜树、桂花等树种,逐步成为宁波市的行道树种。另外,冬季常绿树景观效果虽然好,但是由于常绿树遮挡阳光,使人有一种阴冷的感觉。所以,在比较狭小的道路或繁华的街道应以种植落叶树为好,如银杏、马褂木、无患子等树种。

3.6.2 高速公路的绿化配置

高速公路的植物配置涉及的主要区域有中央分隔带、

边沟外、边坡、互通区、服务区等,植物配置首先要满足高速公路的行车安全,如中分带的树种要有防眩功能,边坡的植物要有固土功能等,即功能性是高速公路植物配置的首要原则,需注意适栽植物的有机结合,以达到功能性和景观性的统一。

3.6.3 花坛树木的配置

花坛主要用在规则式园林的建筑物前、入口、广场、道路旁或自然式园林的草坪上。中国传统的观赏花卉形式是花台,多从地面抬高数十厘米,以砖或石砌边框,中间填土种植花木。现在也有将木料用作制花坛的素材,或用木料做边框、贴面等,与环境协调一致。

花坛设计时,首先必须从周围的整体环境来考虑所要表现的园景主题、位置、形式、色彩组合等因素,对园林艺术理论以及植物材料的生长开花习性、生态习性、观赏特性等有充分的了解。好的设计必须考虑到三季有花,做出在不同季节中花卉种类的换植计划以及图案的变化,如用月季作为花坛、花境的重要材料,可将各色月季品种大量群植,形成专类花坛,不论大小,均非常美观;若将其点缀于小庭园一隅,再配以山石小品和其他植物,则可形成如诗的画面。

3.6.4 绿篱或绿色雕塑的配置

根据园林环境需要,选择适合主题绿篱或绿色雕塑的种类和形式,如结合园景主题,运用灵活的种植方式和整形修剪技巧,构成有如奇岩巨石绵延起伏的园林景观、绿色雕塑、迷宫等。

绿篱的种植密度根据使用目的、树种、苗木规格和种植地带的宽度而定。矮绿篱和一般绿篱,株距可采用30～50 cm,行距为 40～60 cm,双行式绿篱成三角形交叉排列,绿墙的株距可采用 1～1.5 m,行距 1.5～2 m。

3.6.5 片林和疏林的配置

片林纯林应选用最富于观赏价值而生长健壮的地方树种,片林混交林具有多种结构,如林带结构,大面积混交密林多采用片状或带状混交,小面积混交密林多采用小片状或点状混交,常绿树与落叶树混交。密林栽植密度保持株行距 2～3 m。疏林多与草地结合,成为"疏林草地",夏天可蔽荫,冬天有阳光,草坪空地供游憩、活动,林内景色变化多姿,深受游人喜爱。疏林的树种应有较高的观赏价值,生长健壮,树冠疏朗开展,四季有景可观。

3.7 城市风景林林相改造理论与方法

近年来,城市化进程不断加快,人口迅速膨胀且高度集中,生态环境不断遭到破坏,污染日益严重。随着城市居民生活质量的提高和回归自然的渴求日益迫切,人们逐步认识到城市风景林的重要性。

3.7.1 城市风景林林相改造理论

城市风景林林相改造是指利用林业技术措施,对城市周边具有较好风景价值的森林景观中林木的形态、种类进行调整,能提高生态防护效益和增加经济效益。

1. 城市风景林

风景林是风景旅游区、森林公园、自然保护区景观的重要组成部分,拥有一定的组成结构和外貌,是森林旅游、观光和疗养的重要内容,也是生物学、生态学等自然科学开展科研活动的理想场所。

城市风景林是城市周边具有较好风景价值的森林景观,它为人们提供森林游憩的场所,一般保护较好且不可随意采伐,大多位于城市周边的森林公园内。城市风景林景观与森林的组成成分、季相、垂直结构、分层现象、森林群落中各植物种间的关系等密切相连。

2. 林相改造

林相即“森林的外形”,主要指林冠层次垂直的情况。林相改造就是采用林业技术措施,对整体林相凌乱单调、生态功能低、季相变化少、缺乏地方景观特色的森林进行改造,对林木的形态、种类进行调整,并提高生态防护效能,改善森林景观,增加经济效益。

3.7.2 城市风景林林相改造原则

1. 科学规划,合理布局原则

依据现有城市风景林景观特点,充分满足风景林生态功能,并加强景观绿化美化。依据不同的现状和资源条件,进行科学规划,优化树种配置,使森林生态系统获得最大的稳定性、美学性和经济效益。合理布局,完善并满足相应功能要求,打造具游憩功能、景观美化功能、地方特色的近自然风景林景观。充分考虑城市社会经济的发展速度和人民生活质量提高对风景林景观美化功能的要求,注重科学性和前瞻性。

2. 因地制宜,适地适树原则

充分利用现状和资源条件,考虑植物的生态习性和生长规律,选择适宜的植物种类,对风景林林相进行改造和提升。坚持适地适树,以配置乡土树种为主,同时引进优良的外来树种及珍贵的阔叶林树种,充分发挥风景林的景观与生态效益。通过点、线、面绿化相结合,采用造林、补植、封育等工程措施,达到改善林相的目的。

3. 重点突出,特色鲜明原则

注重发扬地域特色与人文内涵,显露自然,强化自然人文景观特征,凸显风景林景观。对重要特色节点进行改造和丰富,强化区域森林景观特色,展示具有地域特征的空间环境。

4. 生态效益与景观效益并重原则

为了避免植物景观园林化、造林树种外来化、森林景观纯林化的弊端,需要多种造林方式相结合,以林分改造为主、造林更新为辅。根据风景区原有森林群落及植被的分布特点,适时适地的对景区现有的景观价值不高的乔木林分阶段,分批次地进行改造。按照以林配景、以林造景的要求,营造季相变化明显,林相外貌丰富,富有特色又合乎生态旅游要求的森林景观。

3.7.3 城市风景林林相改造方法

城市风景林林相改造是以现有森林植被为基础,在保护和利用的基础上,通过林分结构的改造与配置,打造枝繁叶茂、季相丰富的森林植物景观。主要通过造林、疏伐、补植等技术措施,合理进行植物配置,突出地方植物景观特色,提升城市风景林景观质量。

1. 造林(含人工更新)

针对宜林地、疏林地等地类,可直接进行人工造林,种植乡土树种以及适宜的景观树种,宜采用速生树种与慢生树种相结合的方式。对于近熟林、过熟林等森林景观,通常采用先采伐后人工更新的方法。人工更新是用人工直接播种、栽植苗木、插条或分根等方式重新营造的幼林的过程,它是我国森林更新的主要方法,是及时更新采伐迹地的重要手段。

2. 补植(含间伐补植)

针对植被基础差、林相较为单一的纯林、混交林等森林景观,主要采用补植及间伐与补植相结合的手法,适当增加树木种类,丰富季相景观,加强生态稳定性,增强森林抵御自然灾害的能力,并提高城市风景林景观效果。

补植主要是在原有森林内种植乡土树种和景观树种,增强群落稳定性和景观性。对于郁闭度高于0.5的林分,应先适当间伐后,再进行补植。补植时应考虑立地条件的优劣,做到适地适树。上层树木郁闭度较大时,应选择耐阴树种。

3. 封育

对林相好、植被种类丰富、层次感强、季相变化明显、树种构成与目标景观相近的森林景观,可采用封育方式,加强抚育管护,促使现有天然林景观尽快地向地带性森林景观发展。

3.7.4 城市风景林林相改造树种选择原则

1. 乡土树种为主、外来树种为辅

以乡土植被为主,外来物种为辅;以地带性植被中的乡土树种为基调,利用种间生态特征互补,形成优美景观。

如若风景林区的地带性植被为典型的亚热带常绿阔叶林，在林相改造时，应重点选种一些组成当地常绿阔叶林的建群树种。

2. 适地适树、因地而异

风景林区内植物种类选择首先是满足其生态习性，所选的植物必须符合景区生境，只有遵循适地适树、因地制宜的原则，才能使植物在健康生长的条件下创造出舒适宜人的景观。

3. 四季有景、群落稳定

植物形成复杂的水平与垂直层次可以构建稳定的群落。在林相改造时乔木层尽量采用复层多树种混交群落结构，常绿与落叶树种、针叶与阔叶树种相互搭配，同时在垂直层次上乔、灌、草搭配，形成高低错落的空间结构。林相改造时不破坏现有林地整体景观，而是通过清理林地植被，局部整理，在林下或林中空地套种而非重新造林的方式进行林地结构更新。

3.8 案例分析

南京市老山森林公园是在老山林场基础上建立的、江苏省成立最早的国家级森林公园。具有面积大、国内知名度高、基础雄厚、生态功能强、区位优势突出、交通便捷、开放性好等特点。

3.8.1 南京市老山森林公园林相改造概述

森林公园是一种以森林景观为主体，融合了其他自然景观和人文景观的生态型公园。在森林公园当中森林是主要的观赏和游览对象，并发挥出改善环境、维护自身生态平衡的生态效益。而目前的老山森林公园存在林相单一、林龄老化、林分结构不合理的现象，加之人为干扰，森林生态系统容易出现退化。因此，遵循森林生态系统演替的客观规律，对现有林分进行改造，实现山、林、水的和谐统一，是解决森林公园科学发展的必要举措。

3.8.2 规划基本思路

（1）点　围绕现有景点，对景点周边林分进行改造，形成各具特色的植物景观；突出重点，对一些存在问题较多或开发价值较高的林分根据功能分区重新定位改造。

（2）线　在主要道路两侧建设景观林带，丰富树木种类，形成乔、灌、草立体配置的道路风景林绿色通道。

（3）面　整个山体的林相改造应遵循适地适树的原则，根据不同立地区的环境特征，形成不同的植被功能区（如生态保育林、景观风景林、田园风光经济林等）。

（4）体　以整个老山森林公园为整体，以林相改造和植被恢复为重点，根据区位和交通条件进行多元化的功能分区布局、全方位的森林景观改造。

3.8.3 林相改造分期实施规划

老山林场林区总面积为 7 466 hm²，整体林相改造短期内难以完成，必须分步进行、突出重点，把 A、B、C、D、E 和 F 区作为林相改造重点区域，同时依据不同区域内景观的重要度优先改造一些重要的景点和景区。此外，一些生长退化和病虫害较为严重的林分也应优先进行改造（见表3.3）。

表 3.3　老山林场林相改造分期实施规划

分　期	实施内容
短期规划（2008—2010 年）	B 区针叶林纯林林相改造和经济林茶园的营建
	D 区休闲风景林、桂花园、珍贵用材树种科普风景林营建
	E 区四季风景林、文化风景林、科普风景林、毛竹林、香樟园、紫薇园的营建
	F 区文化风景林、楸树林、榉树林、竹林林相改造
	所有区域内的道路景观林相改造
中期规划（2011—2015 年）	A 区四季风景林、湿地风景林林相改造
	B 区四季风景林、文化风景林、游赏风景林、银杏林林相改造
	C 区经济林观赏果园、科普风景林、文化风景林林相改造
	D 区四季风景林、湿地风景林林相改造
	F 区四季风景林、休闲风景林林相改造
	G 区休闲风景林、经济林观光果园、荷塘月色区建设
	H 区湿地风景林、文化风景林、楸树林林相改造
	I 区文化风景林林相改造
长期规划（2016—2030 年）	H 区、I 区四季风景林林相改造
	所有区域内生态保育林林相改造

林相改造功能分区在空间上是可以重叠的，如春、夏、秋、冬四季风景林本身也可以是生态保育林，同一片林分实现四季皆景也是可能实现的。此外，随着时间的推移，不同类型的森林植被会逐步变化和演替，再加上一些经济林本身具有较高的观赏价值和生态防护功能，一个功能分区也可以兼有其他功能分区的功能。改造平面规划图如图 3.22 所示。

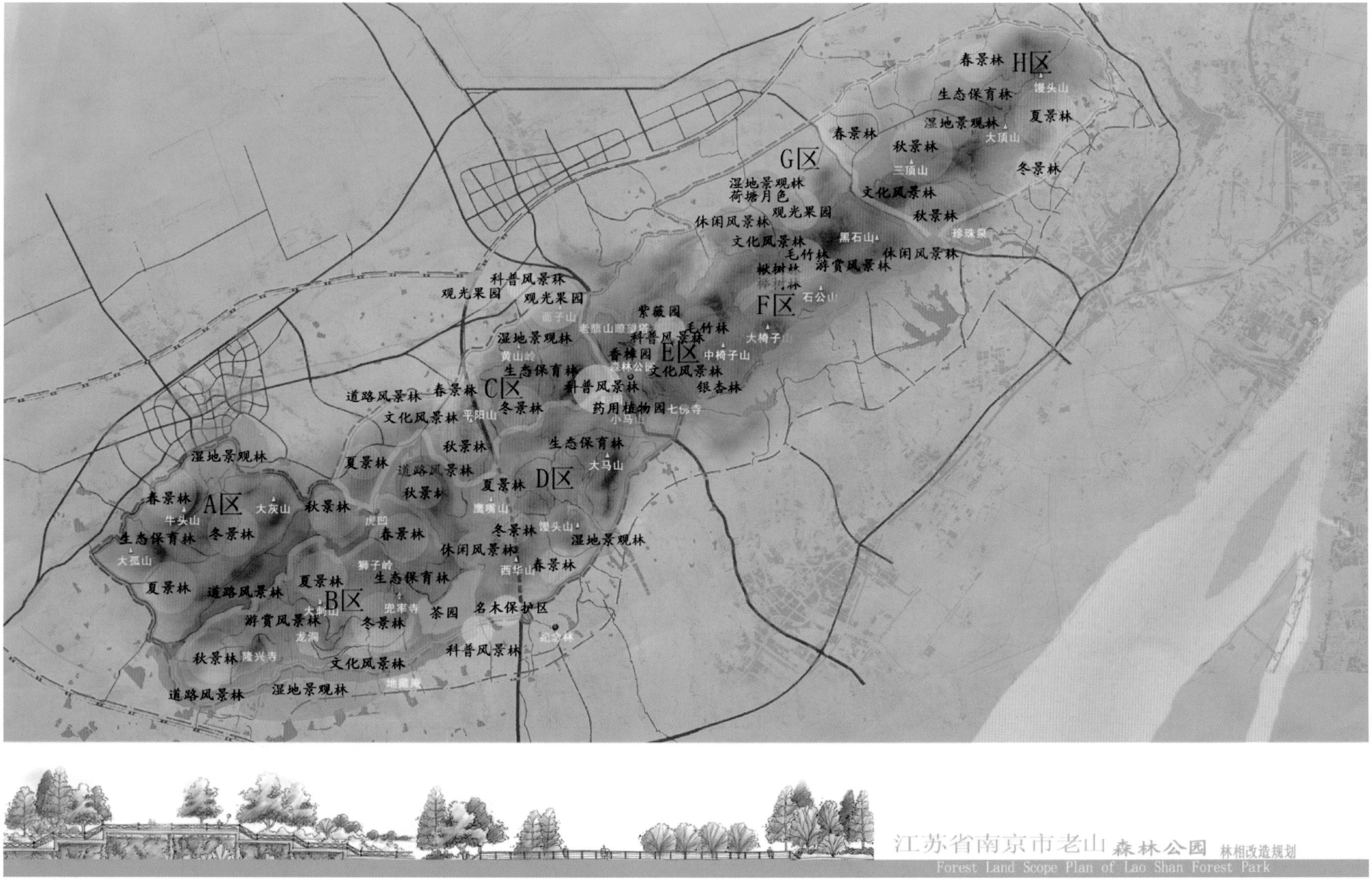

图 3.22　老山森林公园改造总平面图

3.9　实验/实习内容与要求

选择一处公园绿地(街旁绿地、居住区绿地、风景区)等城市绿地进行园林树木调查,面积不少于 10 000 m²,调查内容包括主要树种、规格、配置方式、生长状况、景观效果和养护管理水平等。要求绘制平面图、剖面图以及立面图,分析场地植物选择与配置优缺点,提出改造建议与改造方案。

■ 思考题

1. 什么是适地适树? 适地适树有哪些途径? 如何做到适地适树?
2. 园林树木选择应根据哪些原则和要求?
3. 不同栽植地园林树木选择有哪些要求?
4. 园林树木配置的原则和要求是什么?
5. 园林树木配置的方式方法有哪些?
6. 简述园林树木配置的艺术效果。
7. 简述各种用途树木的配置要求。
8. 简述林相改造的基础原理与方法。

4 园林树木栽植

■ 学习目标

掌握园林树木栽植成活原理；了解各地区园林树木栽植的最佳季节；熟练掌握栽植过程中各工序的技术和方法。

■ 篇头案例

在一次老城区改造的园林绿化工程中，施工单位在栽种完几株乔木并浇透水后，突然树木瘫倒并矮了半截。原来是施工人员在不明确周边地质及地下管线情况下，擅自将栽植的树木更改了位置，结果栽植点恰好位于污水暗渠的上方，由于重量突然加大，超出暗渠盖板承重能力，结果造成盖板破裂，树木塌落下去。那么，一般的种植工程实施前后应注意哪些问题呢？怎样针对不同的栽植地和环境采取相应的技术措施？

4.1 园林树木栽植成活的理论基础

园林树木栽植包括起苗、搬运、种植和栽后管理 4 个基本环节，这些环节与树木栽植的成活率有何关系？树木栽植成活的理论基础是什么？这是每一位园林工作者应该了解的内容。

4.1.1 园林树木栽植成活的原理

正常生长的园林树木未移植之前，在一定的环境条件下，其地上与地下部分，存在着一定比例的平衡关系。尤其是根系与土壤的密切结合，使树体的养分和水分代谢的平衡得以维持。植株一经挖(掘)起，大量的吸收根因此而受损，并且全部根系(裸根苗)或部分根系(带土球苗)脱离了原有的土壤环境，易受风吹日晒和搬运损伤等影响，降低了对水分和营养物质的吸收能力，使树体内水分由茎叶移向根部，当茎叶水分损失超过生理补偿点时，就会干枯、脱落、芽萎缩，而地上部分仍能不断地进行蒸腾，生理平衡遭到破坏，严重时树木会因失水而死亡。因此，栽植过程中，维持和恢复树体以水分代谢为主的平衡是栽植成活的关键。这种平衡与起苗、搬运、种植、栽后管理技术有直接关系，同时也与根系的再生能力、苗木质量、年龄、栽植季节有密切关系。移植时根系与地上部分以水分代谢为主的平衡关系，或多或少地遭到了破坏，植株本身虽有关闭气孔等减少蒸腾的自动调节能力，但此时作用有限。根损伤后，在适宜的条件下，具有一定的再生能力，但生出大量的新根需要一定的时间，才能真正达到新的平衡。可见，如何使树在移植过程中少伤根系和少受风干失水，并促使其迅速发生新根、与新的环境建立起良好的联系是最为重要的。在移植过程中，常需减少树冠的枝叶量，并有充足的水分供应或有较高的空气湿度条件，才能暂时维持这种较低水平的平衡。研究表明，一切利于根系迅速恢复再生能力，尽早使根系与土壤建立紧密联系及抑制地上部分蒸腾的技术措施，都有利于提高树木栽植的成活率。

园林树木栽植的原理，就是要遵循树体生长发育的规律，注意树体水分代谢的平衡，提供相应的栽植条件和管护措施，促进根系的再生和生理代谢功能的恢复，协调树体地上部分和地下部分的生长发育矛盾，使之具有根旺树壮、枝繁叶茂、花果丰硕的健壮生机，圆满达到园林绿化设计所要求的生态指标和景观效果。

4.1.2 影响树木移栽成活率的因素

树木栽植成活，需采取多种技术措施，在各个环节严格把关。如果一个环节把握不好，就可能造成苗木死亡。研究表明，影响苗木栽植成活的因素主要有以下几点：

1. 苗木本身受伤害过重

（1）选苗　所选择的苗木本身含病虫害，生长状况欠佳。

（2）起苗方法不当　如起苗工具不锋利导致苗木根系破损严重，常绿树未进行合理修剪等。

（3）未带土球　常绿大树未带土球移植，导致根系大量受损，叶片蒸腾过量而出现萎蔫而死亡。在生长季节植树，落叶树种必须带土球移植，否则就不易成活。

（4）土球太小　移植常绿树木时，虽带土球，但土球比规范要求小很多，根系受损严重，较难成活。

（5）运苗　对所选择的异地苗木，在长途运输过程中失水过多或有物理伤害，导致苗木成活率下降。

2. 苗木栽植地环境恶劣

（1）土壤盐碱化或重金属含量超标　未进行隔盐处理的盐碱地栽植耐盐碱性差的树种易造成树木死亡，土壤重金属含量超标也易造成苗木死亡。

（2）土壤积水　树木栽在低洼地，若长期受涝，不耐涝的树种很容易死亡。

（3）空气或地下水污染　苗木栽植地附近有害气体含量过高或苗木吸收的水质差导致其死亡。

3. 苗木栽植或养护方法不当

（1）栽植深度不适宜　栽植过浅易干死，栽植过深则可能导致根部缺氧或浇水不透，引起树木死亡。

（2）浇水不透　由于浇水速度过快，表面上看树穴内水已灌满，但很可能没浇透而造成苗木死亡。有时干旱后恰有小雨频繁滋润，地表看似雨水充足，地下实则近乎干透而导致树木死亡。

（3）树曾倒伏　带土球移植的苗木，浇水之后若倒伏，后又被强行扶起，土球易遭到破坏而导致死亡。

（4）未浇防冻水和返青水　当年新植的树木，土壤封冻前应浇防冻水，来年初春土壤化冻后应浇返青水，否则易死亡。

（5）修剪方法不当　由于对树冠的过度修剪，导致树体上下水分供需失衡。

4.1.3　提高树木栽植成活率的原则

1. 适地适树

首先必须了解规划设计树种的生态习性以及对栽植地区生态环境的适应能力，要有相关成功的引种驯化试验和成熟的栽培养护技术，方能保证效果。特别是花灌木新品种的选择应用，要比观叶、观形的园林树种更加慎重，因为此类树种除了要求树体成活以外，还要呈现花果的观赏性状。其次可充分利用栽植地的局部特殊小气候条件，突破当地生态环境条件的局限性，满足新引入树种的生长发育要求，达到适地适树的要求。因此，贯彻适地适树原则的最简便做法，就是选用性状优良的乡土树种，作为景观树种中的骨干树种，特别是在生态林的规划设计中，更应实行以乡土树种为主的原则，以求营造生态群落效应。

在种植时，要考虑枝叶的色彩、形态、风韵的美化作用，又要考虑树木的抗污、抗毒、净化空气的特殊功能，更要考虑到树种是否适应土壤性质，做到适地适树，这是提高植树成活率的重要环节。如柳树耐湿性强，栽培分布极广。土壤贫瘠可栽植榆、松、柏、牡荆等；土层较肥厚的可栽植杨树、核桃楸、椴木、泡桐等；盐碱地可进行改良换土，栽种耐盐碱树种，如柽柳、沙棘、沙枣、榆树、加杨、小叶杨、旱柳、钻天杨、复叶槭、紫穗槐等。

2. 适树适栽

适树适栽，意为根据树种的不同特性采用相应的栽培方法，这是园林树木栽植中的一个重要原则。除了解树种的生态习性以及对栽植地区生态环境的适应能力外，还应慎重掌握树种的光照适应性。园林树木栽植不同于一般造林，大多以乔木、灌木、地被相结合的群落生态种植模式来表现景观效果。因此，多树种群体配置时，对下层树种的耐阴性选择和喜阳花灌木配置位置的思考，就显得极为重要。

地下水位的控制，在适树适栽的原则中具有重要地位。地下水位过高，是影响园林树木栽植成活的主要因素，而现有园林树木种类中，耐湿的树种资源极为匮乏。一般园林树木的栽植，对立地条件的要求为土质疏松、通气透水，特别是雪松、广玉兰、桃树、樱花等，对根际积水极为敏感，栽植时可采用抬高地面或深沟降渍的地形改造措施，并做好防涝引洪的基础工作，以利树体成活和其后的正常生长发育。

3. 适时适栽

园林树木的适宜栽植时期，应根据各种树木的不同生长特性和栽植地区的气候条件而定。一般落叶树种多在秋季落叶后或春季萌芽前进行；常绿树种在南方冬暖地区多行秋植，或于新梢停止生长的雨季进行。冬季严寒地区，易因秋季干旱造成"抽条"而不能顺利越冬，故以新梢萌发前春植为宜；春旱严重地区可行雨季栽植。随着社会的发展和园林建设的需要，人们对生态环境建设的要求愈加迫切，园林树木的栽植也突破了时限，"反季节"栽植已不少见，如何提高栽植成活率已成为研究的重点课题。

4. 适法适栽

园林树木的栽植方法，依据树种的生长特性、树体的生长发育状态、树木栽植时期及栽植地点的环境条件等，可分别采用裸根栽植和带土球栽植。随着栽培技术的发展和栽培手段的更新，近年来在栽培过程中采用新的技术和方法，如施用生根剂、抗蒸腾剂等。研究探索新技术方法和措施,是我们的努力方向。

4.2 不同季节园林树木的栽植

园林树木的栽植时期,应根据树木特性和栽植地区的气候条件而定。根据前述园林树木栽植成活的原理,栽植季节应选在适合根系再生和枝叶蒸腾量最小的时期。就降低栽植成本和提高栽植成活率来说,适栽期还是以春季和秋季为好。即初春树木萌芽前及晚秋树木落叶后至土壤冻结前。这两个时期树木对水分和养分的需求量不大,树体内贮存大量的营养物质;地上部分蒸腾作用较弱,而根系仍然处于较活跃状态;有适合于保湿和树木愈合生根的温度和水分条件;树木具有较强的发根和吸水能力,有利于维持树体水分代谢的相对平衡。

1. 春季栽植

春季栽植指自春天土壤化冻后至树木发芽前进行植树。此时多数地区土壤处于化冻返浆期,水分充足,且土壤已化冻,便于掘苗和刨坑;此时的树木仍处于萌动前的休眠期,蒸发量小,消耗水分少,对于温度、湿度等环境条件反应迟钝,生理活性较低,可耐初春季冷热无常的多变气候,栽植后容易达到地上、地下部分的生理平衡。春植适合于大部分地区和几乎所有树种,对成活最为有利,故称春季是植树的黄金季节,是我国大部分地区的主要植树季节。树木根系的生理复苏,在早春即开始活动,因此春季栽植符合树木先长根、后发枝叶的物候顺序,有利于水分代谢平衡。特别是在冬季严寒地区或对那些在当地不耐寒的边缘树种,更以春植为妥,可免却越冬防寒之劳。春栽宜早不宜迟,若芽苞开放后起苗,会降低成活率。

秋旱风大地区,常绿树种也宜春植,但时间上可稍推迟。具肉质根的树种,如山茱萸、木兰、鹅掌楸等,根系易遭低温冻伤,也以春植为好。春季各项工作繁忙,劳力紧张,要预先根据树木春季萌芽习性和不同栽植地域土壤化冻时期,利用冬闲做好计划安排,并可进行挖穴、施基肥、土壤改良等前期工作,既能合理利用劳力又收到熟化土壤的良效。树种萌芽习性以落叶松、银芽柳等最早,柳、桃、梅等次之,榆、槐、栎、枣等较迟。落叶树种春植宜早,土壤一化冻即可开始。华北地区园林树木的春季栽植,多在3月上旬至4月下旬,华东地区落叶树种的春季栽植,以2月中旬至3月下旬为佳。

有些树种可在刚萌芽时移植,新芽形成时产生的生长激素传导到根部,能促使根部伤口愈合和长出新根,成活率高(如乌桕、苦楝等)。常绿树种移植和定植时间为早春萌发新梢前或梅雨季节,一般应带土球起苗。

对春季干旱多风的西北、华北部分地区,春季气温回升较快,蒸发量大,往往根部来不及恢复,地上部已经发芽,影响成活,不适合春植。

2. 秋季栽植

秋季栽植是指树木落叶后至土壤封冻前栽植树木。在气候比较温暖的南方地区,以秋季栽植更为适宜。此期,树体落叶后进入生理性休眠,对水分的需求量减少,而外界的气温还未显著下降,地温也比较高,树体的根部尚未完全休眠,移植时被切断的根系能够尽早愈合,并可长出新根。经过一个冬季,根系与土壤密切结合,春季发根早,符合树木先生根后发芽的物候顺序。对于不耐寒的、髓部中空的或有伤流的树木不适宜秋植,而对于当地耐寒落叶树的健壮大苗应安排秋植以缓和春季劳动力紧张的矛盾。

华东地区秋植,可延至11月上旬至12月中下旬;而早春开花的树种,则应在11月之前种植;常绿阔叶树和竹类植物,应提早至9—10月进行;针叶树虽在春、秋两季都可以栽植,但以秋植为好。华北地区秋植,适用于耐寒、耐旱的树种,目前多用大规格苗木进行栽植以增强树体越冬能力。

东北和西北北部等冬季严寒地区,秋植宜在树体落叶后至土地封冻前进行。另外,该地区尚有冬季带冻土球移植大树的做法,在加拿大、日本北部等冬寒严重地区,亦常用此法栽植,成活率较高。

秋季栽植有以下优点:

① 秋季栽植避开夏季高温干旱季节,有利于提高苗木成活率。在江苏省北部的部分地区历年绿化工作都是3月中旬开始栽植,4月底扫尾,以致大部分苗木发芽放叶时,正值高温干旱季节。由于苗木初生芽叶鲜嫩,对养分需求量较大,而此时苗木对土壤适应期不足,苗木体内原有储存的养分又基本被新生芽叶所消耗,根部养分供给还不能顺利续接,苗木成活率低。而秋季栽植气温适中,水分蒸发量较小,苗木与新换土壤适应期较长,适宜苗木生长,尤其适宜常绿苗木和抗寒能力较强的苗木生长。待来年夏季高温到来之前,新植苗木早已根深蒂固,能够经受"烤验"。秋季树体对水分的需求量减少,而且气温和地温都比较高,树木地下部分尚未完全休眠,栽植时被切断的根系能够尽早愈合,并有新根长出。

② 秋季栽植避开苗木病虫害高发季节,有利于苗木健壮生长。苗木病虫害的高发季节多在春末初夏,此时春季栽植的苗木正是嫩叶生长阶段,如果防治不及时,往往是叶光茎损。然而,秋季栽植时气候凉爽,害虫大多开始收敛结茧,各种病虫害发生率也较低,是苗木成活生长的大好时机,到来年初夏病虫害高发季节,苗木已具备了一定的抵御能力。秋季起苗,一般在落叶后(10月下旬)开始。秋季起苗有利于苗圃土地为下茬实行秋(冬)深翻,消灭病虫害。

③ 秋季栽植避开绿化大忙时期,有利于组织高质量

苗木,降低工程成本。春季栽植时间紧、任务重,为了抢时间、争速度,各用苗单位纷纷抢购苗木,致使苗木一时紧张,供不应求。秋季栽植则可分解春秋两季的使用苗量,选择余地大,资金也得到了调节。总之,树木秋季栽植缓解了春季栽植时间短、沙尘暴频繁以及劳动力紧张等问题。

3. 雨季栽植

受印度洋干湿季风影响,有明显旱、雨季之分的西南地区,以雨季栽植为好。雨季如果处在高温月份,由于阴晴相间,短期高温、强光也易使新植树木水分代谢失调,故要掌握当地雨季的降雨规律和当年降雨情况,抓住阴雨时期的有利时机进行。江南地区,亦有利用6—7月"梅雨"期连续阴雨的气候特点进行夏季栽植的经验,只要注意采取防涝排水的措施,即可收到事半功倍的效果。雨季造林在每年7月下旬至9月中旬雨量比较集中的季节。温度高,湿度大,墒情好,容易成活。植苗造林一般在连续阴雨天气,不能在无雨或降雨不多的时期强栽等雨。树苗栽植时间一般在下午进行,这样可以减少太阳对苗木的曝晒。经过一夜的缓冲有利于苗木成活。

4. 反季节栽植

反季节栽植主要包括干旱夏季与寒冷冬季的栽植。详见本章4.4节"非适宜季节园林树木的栽植技术"。

5. 不同地区园林树木的栽植时期分析

我国不同地区有不同的气候特点,气候变化对园林树木带来的影响是全方位、多尺度和多层次的,因此,栽植园林树木的最适时期也有区别。

(1)东北大部分地区和华北北部、西北北部 因纬度较高,冬季严寒,故应春栽为好,成活率较高,不用防寒,具体时间为4月上旬至4月下旬(清明至谷雨)前后。如果一年中植树任务量较大时,也可秋栽,以树木落叶后至土壤未封冻前进行,时间约在9月中下旬至10月底,成活率较春栽低,又需防寒,费工费料。另外对当地耐寒力极强的树种,可利用冬季进行"冻土球移植法"。

(2)华北大部分地区与西北南部 冬季时间较长,约有2～3个月的土壤封冻期,且少雪多风。春季尤其多风,空气较干燥。夏秋雨水集中,土壤为壤土且多深厚,贮水较多,故春季土壤水分状况仍较好。大部分地区和多数树种以春栽为主,有些树种也可雨季栽和秋栽。3月中旬至4月中下旬,土壤化冻后尽量早栽。本区夏秋气温高,降雨量集中,也可植树,但只限栽植常绿树、针叶树,并且注意掌握时机。应于当地雨季第一次下透雨开始或春梢停长而秋梢尚未开始生长的间隙移植,并应缩短移植过程的时间,随掘、随运、随栽,最好选在阴天和降雨前进行。本区秋冬时节,雨季过后土壤水分状况较好,气温下降。原产本区的耐寒落叶植物,如杨、柳、榆、槐、香椿、臭椿以及须根少而来年春季生长开花旺盛的牡丹等以秋栽为宜,时

间约为10月下旬至12月上中旬。

(3)华中、华东长江流域地区 冬季不长,土壤基本不冻结,除夏季酷热干旱外,其他季节雨量较多,有梅雨季。除干热的夏季以外,其他季节均可栽植。例如湖北黄石地区,按不同树种可分别进行春栽、梅雨季节栽、秋栽和冬栽。春栽主要集中在2月上旬至3月中下旬,多数落叶树宜早春栽,至少应在萌芽前半个月栽。对早春开花的梅花、玉兰等树木,为了不影响开花,应于花后栽;对春季萌芽较迟的树如枫杨、苦楝、无患子、合欢、乌桕、栾树、喜树、重阳木等,宜于晚春芽萌动时栽。部分常绿树,如香樟、广玉兰、枇杷、柑橘、桂花也宜晚春栽,有时可迟至4—5月,不过应抓紧栽后养护。竹类一般以不迟于出笋前一个月栽为宜。落叶树也可晚秋栽,即10月中旬至11月中下旬,甚至12月上旬也可。萌芽早的花木如牡丹、月季、蔷薇、珍珠梅宜晚秋栽。

(4)华南地区 年降水量丰富,主要集中在春夏季,平均温度较高,雨季来得较早。一般春栽应从2月份开始。由于秋旱,秋栽应晚。因华南冬季土壤不冻结,可冬栽。

(5)西南地区 有明显的干、湿季。冬、春为旱季,夏、秋为雨季。由于冬春干旱,土壤水分不充足,气候温暖且蒸发量大,春栽往往成活率不高。其中落叶树可以春栽,但宜尽早并有充分的灌水条件。夏季为雨季且较长,由于该区海拔较高,不炎热,栽植成活率较高。

综上所述,园林树木的栽植季节应选在适合根系再生和枝叶蒸腾量最小的时期。在四季分明的温带地区一般以秋冬落叶后至春季萌芽前的休眠时期最为适宜。就多数地区和大部分树种来说,以晚秋和早春最好。所以,各地应综合考虑当地气候条件、树木习性和园林建设等需要,确定科学合理的栽植季节。在反季节等特殊情况下栽植,应加强栽植技术和措施等方案的研究,确保栽植成活率。

4.3 园林树木的栽植技术

树木一般的栽植工序和环节包括栽植前的准备、放线、定点、挖穴、换土、起苗、包装、运苗、假植、修剪、栽植、栽后管理与现场清理等。

4.3.1 园林树木栽植工程的前期准备

绿化施工单位在接受施工任务后,工程开工之前,必须做好绿化施工的一切准备工作,主要包括以下几个方面。

1. 了解工程概况

施工单位应通过工程主管部门和设计单位了解工程概况和设计意图,需要了解的内容主要包括设计意图、植

树与其他有关工程的工程量和进度安排、施工期限、工程投资额、施工现场情况、定点放线的依据、工程材料的来源、机械和车辆的条件等。

2. 踏勘现场

在栽植施工前，负责施工的主要人员必须亲自到现场进行细致的踏勘与调查。目前，在各类绿化工程发放标书之前，一般都有一个标前会议，用于解答施工单位的疑问和进行现场踏勘。踏勘现场需要了解的内容主要包括以下几项：

① 各种地上物（如房屋、原有树木、市政或农田设施等）的去留及需要保护的地物（如古树名木等），需要拆迁的应如何办理有关手续与处理办法。

② 现场内外交通、水源、电源情况，现场内外能否通行机械车辆，如果交通不便，则需确定开通道路的具体方案。

③ 施工期间生活设施（如食堂、厕所、宿舍等）的安排。

④ 施工地段的土壤调查，以确定是否换土，估算客土量及其来源等。

3. 制定施工方案

施工方案是根据工程规划设计所制定的施工计划，又叫"施工组织设计"或"组织施工计划"。

1）施工方案的主要内容

根据绿化工程的规模和施工项目的复杂程度制定的施工方案，在计划的内容上要尽量考虑全面而细致，在施工的措施上要有针对性和预见性，文字上要简明扼要，抓住关键，其主要内容如下：

（1）工程概况　工程名称、施工地点；设计意图；工程的意义、原则要求以及指导思想；工程的特点及有利和不利条件；工程的内容、范围、工程项目、任务量、投资预算等。

（2）施工的组织机构　参加施工的单位、部门及负责人；需要设立的职能部门及其职责范围和负责人；明确施工队伍，确定任务范围，任命组织领导人员，并明确有关的制度和要求；确定劳动力的来源及人数。

（3）施工进度　分单项进度与总进度，确定其起止日期。

（4）劳动力计划　根据工程任务量及劳动定额，计算出每道工序所需用的劳动力和总劳动力，并确定劳动力的来源、使用时间及具体的劳动组织形式。

（5）材料和工具供应计划　根据工程进度的需要，提出苗木、工具、材料的供应计划，包括用量、规格、型号、使用期限等。

（6）机械运输计划　根据工程需要，提出所需用的机械、车辆，并说明所需机械、车辆的型号，日用台班数及具体使用日期。

（7）施工预算　以设计预算为主要依据，根据实际工程情况、质量要求和届时的市场价格，编制合理的施工预算。

（8）技术和质量管理措施　制定操作细则：施工中除遵守统一的技术操作规程外，应提出本项工程的一些特殊要求及规定；确定质量标准及具体的成活率指标；进行技术交底，提出技术培训的方法；制定质量检查和验收的办法。

（9）绘制施工现场平面图　对于比较大型的复杂工程，为了了解施工现场的全貌，便于对施工的指挥，在编制施工方案时，应绘制施工现场平面图。平面图上主要标明施工现场的交通路线、放线的基点、存放各种材料的位置、苗木假植地点、水源、临时工棚和厕所等。

（10）安全生产制度　建立、健全保障安全生产的组织；制定保障安全操作规程；制定保障安全生产的检查和管理办法。

绿化工程项目不同，施工方案的内容也不可能完全一样，要根据具体工程情况加以确定。另外，生产单位管理体制的改革、生产责任制、全面质量管理办法和经济效益的核定等内容，对于完成施工任务都有重要的影响，可根据本单位的具体情况加以实施。

2）编制施工方案的方法

施工方案由施工单位的领导部门负责制定，也可以委托生产业务部门负责制定。由负责制定的部门，召集有关单位，对施工现场进行详细的调查了解，称"现场勘测"。根据工程任务和现场情况，研究出一个基本的方案，然后由经验丰富的专人执笔，负责编写初稿。编制完成后，应广泛征求群众意见，反复修改，定稿，报批后执行。

3）栽植工程的主要技术项目的确定

为确保工程质量，在制定施工方案的时候，应对栽植工程的主要项目确定具体的技术措施和质量要求。

（1）定点、放线　把绿地建设的内容，包括种植设计、建筑小品、道路等按比例放样于需进行施工的地面上，确定具体的定点、放线方法（包括平面和高程），保证栽植位置准确无误，符合设计要求。

（2）挖坑　根据苗木规格，确定树坑的具体规格（直径×深度）。为了便于施工中掌握，可根据苗木大小分成几个级别，分别确定树坑规格，进行编号，以便工人操作。

（3）换土　根据现场踏勘时调查的土质情况，确定是否需要换土。如需换土，应计算出客土量，确定客土的来源及换土的方法（成片换还是单坑换），还要确定渣土的处理去向。如果现场土质较好，只是混杂物较多，可以去渣添土，尽量减少客土量，保留一部分碎破瓦片有利于土壤通气。

（4）掘苗　确定具体树种的掘苗方法、包装方法，检查掘苗工具是否齐备和合格。起苗前，应充分做好各项准备工作,如圃地土壤水分状况、工具以及包装材料等。

（5）运苗　确定运苗方法,如用什么车辆和机械,行车路线、遮盖材料、方法及押运人,长途运苗要提出具体要求。

（6）假植　确定假植地点、方法、时间、养护管理措施等。

（7）种植　确定不同树种和不同地段的种植顺序,是否施肥(如需施肥,应确定肥料种类、施肥方法及施肥量)以及苗木根部消毒的要求与方法。按设计要求,将苗木栽植到应栽的位置上,操作是先散苗,后栽种。

（8）修剪　应根据树种生长习性以及对不同修剪的反应而进行,确定各种苗木的修剪方法(乔木应先修剪后种植,绿篱应先种植后修剪)、修剪的高度和形式及要求等。

（9）树木支撑　确定是否需要立支柱,以及立支柱的形式、材料和方法等。

（10）灌水　确定灌水的方式、方法、时间、灌水次数和灌水量,封堰或中耕的要求。

（11）清理现场　应做到文明施工,工完场净。

（12）其他有关技术措施　如灌水后发生倾斜要扶正,确定遮阴、喷雾、防治病虫害等的方法和要求。

4）计划表格的编制和填写

在编制施工方案时,凡能用图表或表格说明的问题,就不要用文字叙述,这样做既明确又简练,便于落实和检查。表格应尽量做到内容全面,项目详细。目前还没有一套统一完善的计划表格式样,各地可依据具体工程要求进行设计。

4. 施工现场的准备

施工现场的准备是栽植工程准备工作的重要内容,这项工作的进度和质量对完成绿化施工任务影响较大,必须加以重视,但现场准备的工作量随施工场地的不同而有很大差别,应因地制宜,区别对待。主要包括清理障碍物,接通电源、水源,修通道路,搭盖临时工棚等。

5. 技术培训

栽植工程开工之前,应该安排一定的时间,对参加施工的全体人员(或骨干)进行一次技术培训,学习本地区植树工程的有关技术规程和规范,贯彻落实施工方案。

4.3.2　栽植工程的施工原则

1. 必须符合规划设计要求

施工人员必须通过设计人员的设计交底充分了解设计意图,理解设计要求,熟悉设计图纸,然后严格按照设计图纸进行施工。如果施工人员发现设计图纸与施工现场实际不符,应及时向设计人员提出。如需变更设计时,必须征求设计部门同意。同时不可忽视施工建造过程中的再创造作用,可以在遵从设计原则的基础上,不断提高,以

取得最佳效果。

2. 施工技术必须符合树木的生活习性

不同树种对环境条件的要求和适应能力表现出很大的差异性,施工人员必须了解其特性,以采取相应的技术措施,保证栽植成活率。

3. 抓紧适宜的栽植时间,合理安排种植顺序

在栽植过程中,应做到起、运、栽一条龙,即事先做好一切准备工作,创造好必要的条件,在最适宜的时期内,抓紧时间,随掘苗、随运苗、随栽苗(即"三随"),环环紧扣,再加上及时的后期养护、管理工作,这样就可以提高栽植成活率。关于栽植时间见本章4.2节。另外,在适宜栽植期间,合理安排不同树种的种植顺序也十分重要。原则上讲应该是发芽早的树种应早栽植,发芽晚的可以推迟栽植,落叶树春栽宜早,常绿树栽植时间可晚些。

4. 加强经济核算,提高经济效益

调动全体施工人员的积极性,增产节约,认真进行成本核算,加强统计工作,不断总结经验,避免施工过程中的一些不必要的重复劳动,特别是与土建工程有交叉的栽植工程,更应注意合理安排顺序。

5. 严格执行栽植工程的技术规范和操作规程

栽植工程的技术规范和操作规程是植树经验的总结,是指导植树施工技术方面的法规,必须严格执行。目前,很多地区已结合本地的实际情况,制定了符合当地实际的栽植技术规范。

4.3.3　栽植地的整理与改良

整地主要包括栽植地地形、地势的整理及土壤的整理与改良。整地方式有全面劈草、带状锄草、挖掘机水平梯田整地等。绿化栽植或播种前应对该地区的土壤理化性质进行化验分析,采取相应的土壤改良、施肥和置换客土等措施。基本的栽植土应符合如下指标:土壤 pH 值应符合本地区栽植土标准或按 pH 值 5.6~8.0 进行选择;土壤全盐含量应为 0.1%~0.3%;土壤容重应为 1.0~1.35 g/cm³;土壤有机质含量不应小于 1.5%;土壤块径不应大于 5 cm。

1. 地形整理及造型

地形整理是指从土地的平面上,根据绿化设计图纸的要求整理出一定的地形,地形整理的方法是采用机械和人工结合的方法,如图 4.1 所示,对场地内的土方进行填、挖、堆筑等,整造出一个能适应各种项目建设需要的地形。此项工作可与清除地上障碍物相结合。地形整理应做好土方调度,先挖后垫,以节省投资。

地形整理时应注意以下要求:

① 有各种管线的区域、建(构)筑物周边的绿化用地整理,应在其完工并验收合格后进行。

a. 平原上人工整地

b. 平原上园林机械整地

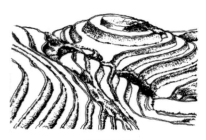
c. 丘陵地区整地

图 4.1 土壤平整

② 应将现场内的渣土、工程废料、杂草、树根及其有害污染物清除干净。

③ 对清理的废弃构筑物、工程渣土、不符合栽植土理化标准的原状土等应做好测量记录、签认。

④ 场地标高及清理程度应符合设计和栽植要求。

⑤ 填垫范围内不应有坑洼、积水。

⑥ 对软泥和不透水层应进行处理。

地形整理还需按设计要求达到一定的造型,以满足景观及竖向排水要求,为后面景观效果的营造打好坚实基础。

地形造型应自然顺畅,施工时测量放线工作应做好记录。造型胎土、栽植土应符合设计要求并有检测报告,回填土壤应分层适度夯实或自然沉降达到基本稳定,严禁用机械反复碾压。回填土及地形造型的范围、厚度、标高、造型及坡度均应符合设计要求(表 4.1)。

表 4.1　地形造型尺寸和高程允许偏差

项　　目		尺寸要求	允许偏差(cm)
边界线位置		设计要求	±50
等高线位置		设计要求	±10
地形相对标高(cm)	≤100	回填土方自然沉降以后	±5
	101～200		±10
	201～300		±15
	301～500		±20

2. 栽植土壤整理与施肥

为了给植物创造良好的生长环境,必须在种植范围内对土壤进行整理。整地分为全面整地和局部整地,栽植灌木特别是用灌木栽植成一定模纹的地面,或播种及铺设草坪的地段,应实施全面整地(表 4.2)。全面整地应清除土壤中的建筑垃圾、石块等,栽植土的表层应整洁,所含石砾中粒径大于 3 cm 的不得超过 10%,粒径大于 2.5 cm 的不得超过 20%,杂草等杂物不应超过 10%。花坛、花境栽植地 30 cm 深的表土层必须疏松。局部整地则是针对零散小块绿地或坡度较大而易发生水土流失的山坡地进行局部块状或带状整地。栽植土表层与道路(挡土墙或侧石)接壤处,栽植土应低于侧石 3～

5 cm;栽植土与边口线基本平直;栽植土表层整地后应平整略有坡度,当无设计要求时,其坡度宜为 0.3%～0.5%。

表 4.2　栽植土表层土块粒径要求

项　　目	栽植土粒径(cm)
大、中乔木	≤5
小乔木、大中灌木、大藤本	≤4
竹类、小灌木、宿根花卉、小藤本	≤3
草坪、花草、地被	≤2

3. 土壤改良

土壤改良是采用物理、化学和生物措施,改善土壤理化性质,提高土壤肥力的方法。如栽植前的整地、施基肥,栽植后的松土、施肥等都属于土壤改良。在建筑遗址、工程遗弃物、矿渣炉灰地修建绿地,需要清除渣土并根据实际采取土壤改良措施,必要时换土,对于树木定植位置上的土壤改良一般在定点挖穴后进行。对于土层薄、土质较差和土壤污染严重的绿化地段,栽植树木前需要填换土壤。换土的地方,应先运走杂石弃渣或被污染的土壤,再填新土,填换土应结合竖向设计的标高或地貌造型来进行。

绿化栽植土壤有效土层厚度应符合表 4.3 的要求。

表 4.3　绿化栽植土壤有效土层厚度

项　目		植被类型	土层厚度(cm)
一般栽植	乔木	胸径≥20 cm	≥180
		胸径<20 cm	≥150(深根) ≥100(浅根)
	灌木	大、中灌木,大藤本	≥90
		小灌木、宿根花卉、小藤本	≥40
		棕榈类	≥90
	竹类	大径	≥80
		中、小径	≥50
		草坪、花卉、草本地被	≥30
设施顶面绿化		乔木	≥80
		灌木	≥45
		草坪、花卉、草本地被	≥15

4.3.4 苗木的选择

由于苗木质量的好坏直接影响到苗木栽植成活率和绿化效果，所以在园林设计和栽植过程中对园林苗木应遵循适树适栽的原则。

1. 苗木质量

栽植的苗木来源于当地培育或从外地购进及从园林绿地或野外搜集。不论哪一种来源，栽植苗（树）木的树种、年龄和规格都应根据设计要求选定（表4.4）。

表4.4 植物材料外观质量要求

项 目		质量要求
乔木灌木	姿态和长势	树干符合设计要求，树冠较完整，分枝点和分枝合理，生长势良好
	病虫害	危害程度不超过树体的5%～10%
	土球苗	土球完整，规格符合要求，包装牢固
	裸根苗根系	根系完整，切口平整，规格符合要求
	容器苗木	规格符合要求，容器完整，苗木不徒长，根系发育良好不外露
棕榈类植物		主干挺直，树冠匀称，土球符合要求，根系完整
草卷、草块、草束		草卷、草块长宽尺寸基本一致，厚度均匀，杂草不超过5%，草高适度，根系好，草芯鲜活
花苗、地被、绿篱及模纹色块植物		株型苗壮，根系基本良好，无伤苗，茎、叶无污染
整形景观树		姿态独特，曲虬苍劲，质朴古拙，多干式

园林绿化用苗质量标准主要包括以下几点：

① 根系发达而完整，主根短直，接近根颈的一定范围内要有较多的侧根和须根，起苗后大根系应无劈裂。

② 主侧枝分布均匀，能构成完美丰满的树冠。常绿针叶树，下部枝叶不枯落成裸干状；干性强并无潜伏芽的某些针叶树（如某些松类、冷杉等），中央领导枝要有较强优势，侧芽发育饱满，顶芽占有优势。

③ 无病虫害和机械损伤。非检疫对象的病虫害危害程度或危害痕迹不得超过树体的5%～10%。自外省市及国外引进的植物材料应有植物检疫证。

④ 植株健壮，苗木通直圆满，枝条茁壮，组织充实，不徒长，木质化程度高。相同树龄和高度条件下，干径越粗质量越好。

2. 苗木规格

各类绿地所需苗木的规格，不可能千篇一律，应根据环境建设的需要、周围环境关系、季节因素等综合考虑，下面列举的规格区间主要从树木的生态学习性角度考虑，仅供参考（表4.5）。

（1）乔木 树干高度合适，杨、柳等速生树胸径应在6～8 cm，国槐、银杏等慢长树胸径应在10～12 cm。分枝点高度一致，具有3～5个分布均匀、角度适宜的主枝。枝叶茂密，树干完整。

（2）花灌木 高在1 m左右，有主干或主枝3～6个，分布均匀，根系有分枝，冠形丰满。

（3）观赏树（孤植树） 树体形态优美，有个体特点。树干高度在2 m以上，常绿树枝叶茂密，有新枝生长，不烧膛。

（4）绿篱 株高大于50 cm，个体一致，下部不脱裸，苗木枝叶茂密。

（5）藤本 有2～3个多年生主蔓，无枯枝现象。

（6）竹类 竹鞭长度大于50 cm，竹鞭3个。

表4.5 植物材料规格允许偏差

项 目			允许偏差（cm）
乔木	胸径	≤5 cm	−0.2
		6～9 cm	−0.5
		10～15 cm	−0.8
		16～20 cm	−1.0
	高度	—	−20
	冠径	—	−20
灌木	高度	≥100 cm	−10
		<100 cm	−5
	冠径	≥100 cm	−10
		<100 cm	−5
球类苗木	冠径	5<0 cm	0
		50～100 cm	−5
		110～200 cm	−10
		>200 cm	−20
	高度	<50 cm	0
		50～100 cm	−5
		110～200 cm	−10
		>200 cm	−20
藤本	主蔓长	≥150 cm	−10
	主蔓茎	≥1 cm	0
棕榈类植物	株高	≤100 cm	0
		101～250 cm	−10
		251～400 cm	−20
		>400 cm	−30
	地径	≤10 cm	−1
		11～40 cm	−2
		>40 cm	−3

3. 苗龄

苗龄指苗木的年龄，即从播种、插条或埋根到出圃，苗木实际生长的年龄。

（1）苗龄的描述　以经历1个年生长周期作为1个苗龄单位。苗龄用阿拉伯数字表示，第1个数字表示播种苗或营养繁殖苗在原地的年龄；第2个数字表示第一次移植后培育的年数；第3个数字表示第二次移植后培育的年数，数字间用短横线间隔，各数字之和为苗木的年龄，称几年生。如：1-0表示1年生播种苗，未经移植。2-0表示2年生播种苗，未经移植。2-2表示4年生移植苗，移植一次，移植后继续培育两年。2-2-2表示6年生移植苗，移植两次，每次移植后各培育两年。0.5-0表示半年生播种苗，未经移植，完成1/2生长周期的苗木。1(2)-0表示1年干2年根未经移植的插条苗、插根或嫁接苗。括号内的数字表示插条苗、插根或嫁接苗在原地（床、垄）根的年龄。

（2）不同苗龄对栽植成活率的影响　苗木年龄对移植成活率有很大影响，并与成活后在新栽植地的适应力和抗逆能力有关。

幼龄苗株体较小，根系分布范围小，起掘时根系损伤率低，移植过程（起掘、运输和栽植）也较简便，并可节约施工费用。由于保留须根较多，起掘过程对树体地下部分与地上部分的平衡破坏较小，栽后受伤根系再生力强，恢复期短，对栽植地环境的适应能力较强，故成活率高。但由于株体小，也就容易遭受人畜的损伤，尤其在城市条件下，更易受到外界损伤，甚至造成死亡而缺株。

壮老龄树木根系分布深广，吸收根远离树干，起掘伤根率高，施工养护费用高，移栽成活率低。但壮老龄树木树体高大，姿形优美，移植成活后能很快发挥绿化效果，根据城市绿化的需要和环境条件特点，可以适当选用。

随着园林绿化事业的发展以及实践中移植大树的经验和教训，提倡用较大规格的幼青年苗木，尤其是苗圃里经多次移植的大苗，而非山野里的老树甚至古树。

4. 苗木用途

针对不同的园林绿化需求选择不同功能的苗木品种，并且了解规划设计苗木品种的生态习性以针对栽植地区生态环境的适应能力，运用相关成功的引种驯化试验和成熟的栽植养护技术，保证发挥所选树种的园林用途。

4.3.5　园林苗木的处理和运输

苗木的处理和运输包括苗木的起掘、修剪、包装、保护、处理和运输等环节和内容。

1. 掘苗

起掘苗木是植树工程的关键工序之一，掘苗质量好坏直接影响植树成活率和最终的绿化成果。苗木原生长品质的好坏是保证掘苗质量的基础，但正确合理的掘苗方法和时间，认真负责的组织操作，是保证苗木质量的关键。掘苗质量同时与土壤含水情况、工具锋利程度、包装材料适用与否有关，故应于事前做好充分的准备工作。

1）掘前准备

（1）选苗、号苗　树苗质量的好坏是影响成活的重要因素之一。为提高栽植成活率，最大限度地满足设计要求，移植前必须对苗木进行严格的选择，这种选择树苗的工作称"选苗"。在选好的苗木上用涂颜色、挂牌、拴绳等方法做出明显的标记，以免误掘，此工作称"号苗"。

（2）土地准备　掘苗前要调整好土壤的干湿程度，如果土质过于干燥应提前灌水浸地。反之，土壤过湿，影响掘苗操作，则应设法排水。

（3）拢冠　常绿树尤其是分枝低、侧枝分叉角度大的树种，如桧柏、龙柏、雪松等，掘前要用草绳将树冠松紧适度地围拢。这样，既可避免在掘取、运输、栽植过程中损伤树冠，又便于掘苗。

（4）工具、材料准备　备好适用的掘苗工具和材料。工具要锋利适用，材料要适量。带土球掘苗用的蒲包、草绳等应提前用水浸泡湿透待用。

2）主要掘苗方法及质量要求

（1）露根掘苗法（裸根掘苗）　适用于大多数阔叶树的较小苗木在休眠期移植，如紫穗槐、桑树、榆树、杨树、油松、樟子松等。此法保存根系比较完整，便于操作，节省人力、运输和包装材料。但由于根部裸露，容易失水干燥和损伤弱小的须根，因此露根掘苗法应要有一定的质量要求。

① 操作规范：掘苗前要先以树干为圆心按规定直径在树木周围划一圆圈，然后在圆圈以外动手下锹，挖够深度后再往里掏底。在往深处挖的过程中，遇到根系可以切断，圆圈内的土壤可边掘边轻轻搬动，不能用锹向圆内根系砍掘。挖至规定深度和掏底后，轻放植株倒地，不能在根部未挖好时就硬推生拔树干，以免拉裂根部和损伤树冠。根部的土壤绝大部分可去掉，但如根系稠密，带有护心土，则不要打除，而应尽量保存。竹类的移植也多用露根法，但应注意保留竹鞭。

② 质量要求：所带根系规格大小应按规定挖掘，如遇大根则应酌情保留。苗木要保持根系丰满，不劈不裂，对病伤劈裂及过长的主侧根都需进行适当修剪。苗木掘完后应及时装车运走，如一时不能运完，可在原坑埋土假植。掘出的土不要乱扔，以便掘苗后用原土将掘苗坑（穴）填平。该法特点是便于操作，省时省工，运输方便。

（2）带土球掘苗法　如图4.2，将苗木一定范围内的根系，连土掘削成球状，用蒲包、草绳或其他软材料包装起出。由于在土球范围内须根未受损伤，并带有部分原土，栽植过程中水分不易损失，对恢复生长有利。但此法操作较困难，费工，消耗包装材料，且土球笨重，增加运输费，所耗投资大大高于裸根栽植。所以凡可以裸根栽植成活的树木，一般不采用带土球移植。但目前栽植部分常绿树、竹类和生长季节栽植落叶树却不得不用此法。因此有必要对带土球苗木的掘苗进行一定的质量要求。

a. 树冠包扎

b. 确定土球位置

c. 确定土球的形状和规格

d. 按确定土球的形状和规格起挖

e. 土球从土坑中挖出

f. 土球包装

图 4.2 带土球掘苗过程

① 划线:以树干为圆心,按规定的土球直径在地面上划一圆圈。标明土球直径的尺寸,作为向下挖掘土球的依据。

② 去表土:表层土中根系密度很低,为减轻土球重量,挖掘前应将表土去掉一层,直至见到有较多的侧生根为准。

③ 挖坑:沿地面上所画圆的外缘,向下垂直挖沟,沟宽以便于操作为度,所挖沟上下宽度要基本一致。随挖随修整土球表面,一直挖掘到规定的土球高度。

④ 修平:挖掘到规定深度后,球底暂不挖通。用圆锹将土球表面轻轻铲平,上口稍大,下部渐小,呈红星苹果状。

⑤ 掏底:土球四周修整完好以后,再慢慢由底圈向内掏挖。直径小于 50 cm 的土球,可以直接将底土掏空,将土球抱到坑外包装;而直径大于 50 cm 的土球,则应将底土中心保留一部分,支住土球,以便在坑内进行包装。对于深根性树种,主根不能切太短,否则难以存活。该法特点是移栽成活率高、见效快,但费时费工。

(3) 容器袋起苗 在起苗前,灌透水一次,第二天或第三天开始起苗时去除空袋和小苗,用铁锹从底部铲断毛细根,然后小心装入塑料袋。一般 10 株或 20 株一袋,扎口后堆放整齐,以备装车和计数。整个起苗过程中应尽量保持容器袋的完整,切勿将袋撕破,也不能使土球破损,应确保成活率。

3) 掘苗根系或土球规格

掘取苗木时根系或土球的规格一般参照苗木的干径和高度来确定。掘取落叶乔木时,其根系的直径常为乔木

树干胸径的 9~12 倍。落叶花灌木,如玫瑰、珍珠梅、木槿、榆叶梅、碧桃、紫叶李等,掘取根系的直径为苗木高度的 1/3 左右。分枝点高的常绿树,掘取的土球直径为胸径的 7~10 倍,分枝点低的常绿苗木,掘取的土球直径为苗高的 1/2~1/3。攀援类苗木的掘取规格,可参照灌木的掘取规格,也可以根据苗木的根际直径和苗木的年龄来确定(表 4.6)。

表 4.6 各类苗木根系和土球掘取规格

树木类别	苗木规格	掘取规格	
乔木(包括落叶和常绿高分枝单干乔木)	胸径(cm)	根系或土球直径(cm)	
	5~8	50~70	
	8~12	80~100	
	12~15	100~120	
落叶灌木(包括丛生和单干低分枝乔木)	高度(m)	根系直径(cm)	
	1.2~1.5	40~50	
	1.5~1.8	50~60	
	1.8~2.0	60~70	
	2.0~2.5	70~80	
常绿低分枝乔灌木	高度(m)	土球直径(cm)	土球高(cm)
	1.0~1.2	30	20
	1.2~1.5	40	30

树木类别	苗木规格	掘取规格	
	高度(m)	土球直径(cm)	土球高(cm)
常绿低分枝乔灌木	1.5～2.0	50	40
	2.0～2.5	60	50
	2.5～3.0	70	60
	3.0～3.5	80	70

上述掘苗规格,是根据一般苗木在正常生长状态下确定的,但苗木的具体掘取规格要根据不同树种和根系的生长形态而定。苗木根系的分布形态,基本上可分为3类:

(1)平生根系 这类树木的根系向四周横向分布,临近地面,如毛白杨、雪松等。在掘苗时,应将这类树木的土球或根系直径适当放大,高度适当减小。

(2)斜生根系 这类树木根系斜行生长,与地面呈一定角度,如栾树、柳树等。

(3)直生根系 这类树木的主根较发达,或侧根向地下深度发展,如桧柏、白皮松、侧柏等,掘苗时要相应减小土球直径而加大土球高度。

2. 苗木的包装

苗木的包装是一项技术性很强的工作,要根据苗木习性、生长地的土质、土壤含水量、苗木的规格、土球规格、起挖季节、运输距离等因素综合考虑,包装的工序操作繁简也不一样。这里介绍的是非大规格(即人工徒手可搬运)乔木和花灌木的包装,并以沙壤土为例。大树移植包装在第6章中介绍。

1)树身包装

苗木在挖掘、运输和栽植等过程中,为防止树体遭受损伤、减少树木水分蒸发量,有时需要对其进行包装。包装的形式多种多样,以达到保护树身的目的。包装材料有草包、麻袋、尼龙袋等,也可以因地制宜、就地取材。以起

挖雪松为例,为防止其枝条被折断,影响栽后的观赏效果,用草绳把树冠适度地拢起来,这样也便于起挖和运输,但捆苗木时不要太紧,以利于通透空气。有的小灌木在起挖后的运输过程中,要用蒲包把整个树身都包起来,以防水分散失过快(图4.3)。目前,树干保湿大致有以下3种方法,在实际操作中要视具体情况再作适当选择。

(1)裹草绑膜 先用草帘或直接用稻草将树干包好,然后用细草绳将其固定在树干上。接着用水管或喷雾器将稻草喷湿,也可先将草帘或稻草浸湿后再包裹。继之用塑料薄膜包于草帘或稻草外,最后将薄膜捆扎在树干上。树干下部靠近土球处让薄膜铺展开来,将基部覆土浇透水后,连同干兜一并覆盖地膜。地膜周边用土压好,这样可利用土壤温度的调节作用,保证被包裹树干空间内有足够的温度和湿度,省去补充浇水之劳作。

(2)缠绳绑膜 先将树干用粗草绳捆紧,并将草绳浇透水,外绑塑料薄膜保湿。基部地面覆膜压土方法同方法一,保湿调温效果明显,同样有利于成活。

(3)捆草绑膜缠布 在一些景观非常优美的环境里,因裹草绑膜会影响景观的效果,可在裹草绑膜完成后,再在主干和大树的外面缠绕一层粗白麻布条。这样既可与环境相协调,也有利于树干的保湿成活。

以上3种保湿方法的原理相同,只是在材料选择上有所差别,这些包扎物具有一定的保湿性和保温性,经裹干处理后,一可避免强光直射和干风吹袭,减少树干、树枝的水分蒸发;二可贮存一定量的水分,使枝干经常保持湿润;三可调节枝干温度,减少夏季高温和冬季低温对枝干的伤害。比传统的人工喷水养护更稳定、更均匀,能将不良天气对大树的影响和伤害降到最低限度。

2)土球包装

(1)乔木 常见的常绿树种如广玉兰、桂花、雪松、香樟、高杆女贞、木荷、杜英、乐昌含笑、常绿白蜡等,不管在

a. 无纺布包装

b. 草绳包装

c. 麻袋包装

图 4.3 灌木包装

图 4.4　纵向捆扎法

任何季节移植,均应带土球并对土球进行包装。落叶树种如榉树、紫薇、梅花、紫叶李、合欢、樱花、银杏、乌桕、水杉、鹅掌楸等,如在休眠期移植小规格的这类树种,可以裸根移植。若在非休眠期移植,或者在休眠期往南往北移植,且纬度跨度较大时,均应带土球。

① 打内腰绳:所掘土球土质松散,应在修平时拦腰横捆几道草绳,若土质坚硬可以不打内腰绳。

② 包装:取适宜的蒲包和蒲包片,用水浸湿后将土球覆盖,中腰用草绳拴好。

③ 捆纵向草绳:用浸湿的草绳,先在树干基部横向紧绕几圈并固定,然后沿土球垂直方向倾斜30°左右缠捆纵向草绳,随拉随捆,同时用事先准备好的木槌、砖石块敲打草绳,使草绳稍嵌入土,捆得更加牢固,但应以不弄散土球为度。每道草绳间距视土质和运距等情况而定,一般相隔8 cm左右,直至把整个土球捆完。若运距较远,可以相对加大草绳的密度(图4.4)。

土球直径小于40 cm,用一道草绳捆一遍,称"单股单轴";土球较大者,用一道草绳沿同一方向捆两道,称"单股双轴";必要时用两根草绳并排捆两道,称"双股双轴"。

④ 打外腰绳:规格较大的土球,纵向草绳捆好后,还应在土球中腰横向并排捆3~10道草绳。操作方法是用一整根草绳在土球中腰部位排紧横绕几道,随绕随用砖头顺势砸紧,然后将腰绳与纵向草绳交叉连接,不使腰绳脱落。

⑤ 封底:凡在坑内打包的土球,于草绳捆好后将树苗顺势推倒,用蒲包将土球底部堵严,并用草绳捆牢。

(2)花灌木　花灌木移植时是否带土球,土球规格应多大,也应视苗木习性和移植季节等综合因素而定。如移植海桐、含笑、山茶、石楠、五针松、火棘、红花檵木等均应带土球,其规格可参照表4.1。栀子花、法国冬青、夹竹桃、丝兰、南天竹、大叶黄杨、金叶女贞、紫叶小檗等易成活的苗木,若在春秋季节移植可以少带土,甚至裸根;但若在夏季移植或长途运输,应带土球。

花灌木的土球规格若较大,其包装同乔木树种(图4.5)。若土球规格较小(如20 cm以下),可纵向打3~4箍草绳即可。切忌用稻草对土球打包或用塑料袋打包,否则在运输过程中土球容易松散。

图 4.5　大型灌木土球包装

3. 苗木的处理和保护

苗木的处理是指苗木在挖掘前至栽植后,为提高苗木的成活率所采取的手段和措施。比如挖掘前对苗木进行适度修剪,并对伤口进行防腐处理;苗木起挖后部分土球受到一定程度的破损,需对土球进行修补;苗木起挖后待装车时间较长,为避免风吹雨打和免遭日晒,对土球(有时需要对整个树体)进行覆盖;苗木在装车后对其进行消毒处理;苗木运到施工现场后,栽植前对部分树苗(比如杨树)的根系进行浸泡等。应视具体情况灵活运用这些处理手段和措施。

1) 修剪

在起苗的过程中,无论怎样小心,总会弄伤一部分根系和干枝,进行一定程度的修剪可以提高成活率和培养良好的树形,也便于起挖和运输。修剪的内容主要有:修剪已经劈裂、严重磨损、生长不正常的偏根、过长根;在不影响树形美观的情况下修剪树枝,即用截枝、疏枝、剪半叶或疏去部分叶片的办法来减少蒸腾作用。对于较高的树应在种植前修剪,低矮树可于栽后修剪,行道树分枝点应保持在2 m或3 m以上。对阔叶落叶树进行修枝以减少蒸腾面积,同时疏去影响树形的枝条,落叶树可抽稀后进行强截,多留生长枝和萌生的强枝,修剪量达6/10~9/10;常绿树采取收缩树冠的方法,截去外围枝条,疏稀内冠不必要的弱枝,修剪量达1/3~3/5,针叶树的地上部分一般不进行修剪,对萌芽较强的树种也可将地上部分截去,移植后可发出更强的主干。对易挥发芳香油和树脂的香樟在移植前一周修剪,珍贵树种的树冠宜作少量修剪,灌木及藤蔓类修剪应做到带土球或湿润地区带宿土,裸根苗木及上年花芽分化的开花灌木不宜作修剪。裸根苗起苗后要进行剪根,剪短过长的根系,剪去病虫根或根系受伤的部分,主根过长也应适当剪短。带土球的苗木可将土球外边露出的较大根段的伤口剪齐,过长须根也要剪短。

起苗过程中不能带上完好土球的,应将植株老根、烂根剪除,把裸根沾上泥浆,再用湿草和草袋包裹,在装车前剪除枯黄枝叶,根据土球完好程度适当剪除部分茎干,甚至可截干,再结合截枝整形等方法最大限度保其成活。

2) 苗木的保护

苗木在挖掘前直至栽植后,为避免苗木遭受损伤,应采取适当的措施提高苗木的成活率。比如起挖规格较大的苗木时在其即将倒地之前,为避免倒地时树冠中部分枝条被压断,用扶木对树冠进行支撑。苗木的保护手段和措施的采用也应视具体情况灵活运用。

4. 苗木的运输

苗木的运输质量,也是影响植树成活的重要环节,实践证明"随掘、随运、随栽"对植树成活率最有保障,可以减少树根在空气中暴露的时间,对树木成活大有益处。另外,若需要长途运输,应加强对苗木的保护,以提高栽植成活率。

1) 苗木装车

运苗装车前必须检验,仔细核对苗木的品种、规格、质量等,凡不符合要求者应由苗圃方面予以更换,拒绝不合格的苗木上车。

装运裸根乔木苗时应树根朝前,树梢向后,顺序排放;车厢内应铺垫草袋、蒲包等物,以防碰伤树皮;树梢不得拖地,必要时要用绳子围拢吊起来,捆绳子的地方需用蒲包垫上;装车不要超高,不要压得太紧;装完后用苫布或稻草等软体物将树根盖严捆好,以防树根失水。装运带土球苗时凡1.5 m以下苗木可以立装,高大的苗木必须放倒,土球向前,树梢向后,并用木架将树冠架稳。土球直径大于60 cm的苗木只装一层,小土球可以码放2~3层,土球之间必须排码紧密以防摇摆。土球上不准站人和放置重物。

2) 苗木运输

运输途中,押运人要和司机配合好,经常检查苫布是否漏风。短途运苗中途不要休息,长途行车必要时应洒水浸湿树根,休息时应选择荫凉之处停车,防止风吹日晒。

3) 苗木卸车

卸车时要爱护苗木,轻拿轻放。裸根苗要顺序拿取,不准乱抽,更不可整车推下。带土球苗卸车时不得提拉树干,而应双手抱土球轻轻放下。较大的土球最好用起重机卸车,若没有条件时应事先准备好一块长木板从车厢上斜放至地,将土球自木板上顺势慢慢滑下,但绝不可滚动土球以免散球。

5. 苗木的假植

苗木运到施工现场不能及时栽植而实施的临时性栽植,称"假植"。假植是减少暴露的有效措施,安排好假植,能降低苗木脱水,提高成活率。

1) 根据假植时间分为临时假植和越冬假植

(1) 临时假植 适用于假植时间短的苗木,选背阴、排水良好的地方挖一假植沟,沟宽度为30~50 cm,长度依苗木的多少而定。将苗木成捆地排列在沟内,用湿土覆盖根。如图4.6所示,临时假植主要采用土壤假植法和水体假植法。

(2) 越冬假植 适用于在秋季起苗,需要假植越冬的苗木。在土壤结冻前,选排水良好的背阴、背风地挖一条与当地主风方向垂直的沟,沟的规格因苗木大小而异。假植1年生苗一般深30~50 cm,大苗还应加深,迎风面的沟壁做成45°的斜壁,按一排苗木一层土进行放置,然后将苗木单株均匀地排在斜壁上,使苗木根系在沟内舒展开,再用湿土将苗木根和苗茎下半部盖严,踩实,使根系与土壤密接。由于冬季温度较低,因此越冬假植主要采用图4.6a的方法。

a. 土壤假植法

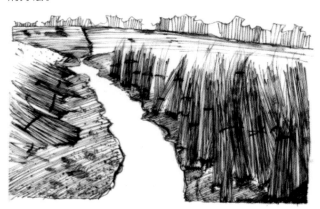

b. 水体假植法

图4.6 苗木假植

图 4.7 较长时间临时性假植

2）根据挖掘方法分为裸根苗假植和带土球苗假植

（1）裸根苗假植 一般而言，苗木起苗至种植，裸根苗应尽量降低暴露时间，超过规定暴露时间不能及时种植时，应用湿润土壤埋填根系，假植储存苗木。如果裸根苗需要短期假植，比如1～3天，可在栽植处附近选择合适地点，先挖一宽约50 cm浅沟，长度视苗数量确定，然后立排一行苗木，紧靠苗根再挖一同样的横沟，并用挖出来的土将第一行树根埋严，挖完后再码一行苗，如此循环直至将全部苗木假植完。如果假植时间较长，在3天以上甚至1个月左右时间，为了少受交叉施工的影响，可事先在不影响施工的地方挖好深30～40 cm、宽1.5～3 m（长度视需要而定）的假植沟，将苗木分类排码，码一层苗木，根部埋一层土，全部假植完毕以后，还要仔细检查，一定要将根部埋严，不得裸露。若土质干燥还应适量灌水，保证树根潮湿。

（2）带土球苗假植 带土球的苗木运到工地以后，如能很快栽完则可不假植，如1～3天不能栽完，应选择不影响施工的地方，将苗木码放整齐，四周培土，树冠之间用草绳围拢。假植时间较长者，土球间隔也应填土，并根据需要经常给苗木进行叶面喷水，如图4.7所示。

4.3.6 栽植穴的确定与要求

1. 栽植穴的确定

栽植穴的准备是改地适树，协调"地"与"树"之间的相互关系，创造良好的生长环境，是提高栽植成活率和促进树木生长的重要环节。首先要了解种植设计施工图的要求，然后通过平板仪、网格法、交会法等定点放线的方法确定栽植穴的位置，株位中心撒白灰或标签作为标记。在放线定点过程中，若发现设计与现实有矛盾，如栽植的位置与建筑相矛盾，应及时向设计和建设单位反馈，以便调整。

2. 刨坑（挖穴）

刨坑（挖穴）的质量好坏，直接影响植株以后的生长。

乔木类栽植树穴的开挖，以预先进行为好。例如，春植若能提前至上一年的秋冬季安排挖穴，有利于基肥的分解和栽植土的风化，可有效提高栽植成活率。

1）刨坑规格

树穴的平面形状没有硬性规定，其大小和深浅应根据树木规格和土层厚薄、坡度大小、地下水位高低及土壤墒情而定。实践证明，大坑有利树体根系的生长和发育。风沙大的地区，大坑不利保墒，宜小坑栽植。刨坑规格见表4.7、表4.8。

表 4.7 落叶乔木、常绿树、落叶灌木刨坑规格

落叶乔木胸径（cm）	落叶灌木高度（m）	常绿树高（m）	坑径（cm）×坑深（cm）
—	—	1.0～1.2	50×30
—	1.2～1.5	1.2～1.5	60×40
3.0～5.0	1.5～1.8	1.5～2.0	70×50
5.1～7.0	1.8～2.0	2.0～2.5	80×60
7.1～10	2.0～2.5	2.5～3.0	90×70
10.1～12		3.0～3.5	100×80
—		竹类	比母竹根苑大20～40 cm，长边以竹鞭长为依据

表 4.8 绿篱刨槽规格

树木高度（m）	单行式/坑径（cm）×坑深（cm）	双行式/坑径（cm）×坑深（cm）
1.0～1.2	50×30	80×30
1.2～1.5	60×40	100×40
1.5～2.0	70×50	120×50
2.0～2.5	80×60	—
2.5～3.0	90×70	—

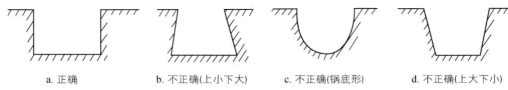

| a. 正确 | b. 不正确(上小下大) | c. 不正确(锅底形) | d. 不正确(上大下小) |

图 4.8　刨坑式样

确定刨坑规格,还必须考虑不同树种的根系分布形态和土球规格,如平生根系的土坑要适当加大直径,直生根系的土坑要适当加大深度。同时要调查刨坑地点的土壤情况,如为城市碴土或板结黏土时,要加大刨坑规格。

2)刨坑操作规范

(1)坑形　以定植点为圆心,按规格在地面划一圆圈,从周边向下刨坑,垂直刨挖到指定深度,不能刨成上大下小的锅底形或 V 形(图 4.8),否则栽植踩实时会使根系劈裂卷曲或上翘,造成根系不舒展且新根生长受阻而影响树木生长。在高地、土埂上刨坑时,要平整植树点地面后适当深刨;在斜坡、山地上刨坑,要外堆土,里削土,坑面要平整;在低洼地坡底刨坑时,要适当填土深刨。

(2)土壤堆放　刨坑时,对质地良好的土壤,要将上部表层土和下部底层土分开堆放,表层土壤在栽种时要填在坑的底部,与树木根部直接接触。杂层土壤中的部分好土,也要和其他石碴土分开堆放。同时,土壤的堆放要有利于栽种操作,便于换土运土和行人通行。

(3)地下物处理　刨坑时发现电缆、管道等,应停止操作,及时找有关部门配合解决。如发现有严重影响操作的地下障碍物时,应与设计人员协商,适当改动位置。

4.3.7　栽植施工程序和技术要领

园林树木栽植是园林绿化工程的重要组成部分,施工之前必须对工程设计意图有深刻的了解,才能完美地表达设计要求。如同样是银杏,作行道树栽植应选雄株,并要求树体大小一致,配置时通常为等距对称;作景观树应用时,树体规格大小可以有异,枝下高没有固定要求;配置时可单株独赏,亦可三五成群,但需注意树冠发育空间。园林树木栽植受施工期限、施工条件及相关工程项目的制约,需根据施工进度编制翔实的栽植计划,及早进行人员、材料的组织和调配,并制定相关的技术措施和质量标准。

1. 栽植施工程序

园林树木栽植是一项时效性很强的工程,直接影响树木的栽植成活率及设计景观效果的表达,必须按照栽植施工程序进行。想要做好园林的绿化施工,应该规范施工工序以及植物栽植的基本技术措施,在进行相关工作的时候,要结合本地区的地形条件以及环境、气候特点进行,选择适合的绿化植物,找准时间和做好前期准备。

栽植前施工单位应根据设计图纸的各种苗木数量、规格,调查落实苗源。栽植施工程序包括:划线定点—整地—挖穴—施肥—栽植—浇水—修剪—整形—设立支撑。

(1)划线定点　依据施工图进行定点放线,是设计景观效果的基础。

定点放线时必须具备完整图纸、测量工具和标志材料。根据施工图纸确定基线和基点进行放线。先放出规则式种植点线,后放出自然式种植点线。对设计图纸上无精确定植点的树木栽植,特别是树丛、树群,可先划出栽植范围,具体定植位置可根据设计思想、树体规格和场地现状等综合考虑确定。一般情况下,以树冠长大后株间发育互不干扰、能完美表达设计景观效果为原则(表 4.9)。各种标记必须明确,放线后应由业主和监理验线认可。当放线与国家规范、建筑、管网间距有矛盾时,应向设计部门提出,待设计方案确定后再放线。

表 4.9　树木栽植与建筑物、构筑物及管线的最小间距

建筑物、构筑物及管线名称		最小间距(m)	
		至乔木中心	至灌木中心
建筑物外墙	有窗	3.0	1.5
	无窗	2.0	1.5
挡土墙顶内和墙角外		2.0	0.5
围墙(2 m 高以下)		1.0	0.75
铁路中心线		5.0	3.5
道路路面边缘		0.75	0.5
人行道路面边缘		0.75	0.5
排水沟边缘		1.0	0.3
体育用场地		3.0	3.0
测量水准点		2.0	1.0
输油管线		5.0	5.0
给水管、闸井		1.5	不限
雨、污水管		1.0	不限
燃气管		1.5	1.5
电力电缆		1.5	1.0
热力管(沟)		2.0	1.0
电力电缆杆、路灯电杆		2.0	不限
消防龙头		1.2	1.2
弱电电缆沟		2.0	不限

(2)整地挖穴　详见 4.3.3 和 4.3.6。

(3)施肥　为了保证园林树木栽植后生长发育良好,树坑挖好后最好施基肥,按照各种园林树木的习性,对喜肥的树木施腐熟有机肥,施肥量由技术人员视树木大小和种植的时间确定。在施肥方面,应在挖坑时,在树坑底部先施基肥;栽植后,可用厩肥或化肥,用沟施或穴施肥料,促其生长。有机质含量高的土壤,能有效促进苗木的根系发育,所以在栽植苗木时,一般应施入一定量的有机肥料,将表土和一定量的农家肥混匀,施入沟底或坑底作为底肥。农家肥的用量为每株树 10～20 kg 为宜。

（4）树体裹干　常绿乔木和干径较大的落叶乔木,应于栽植前或栽植后进行裹干,即用草绳、蒲包、苔藓等材料严密包裹主干和比较粗壮的分枝,一般情况下,主要采用如图 4.9 所示的草绳进行树体裹干。目前,有些地方采用塑料薄膜裹干,此法在树体休眠阶段使用,效果较好,但在树体萌芽前应及时撤换。因为,塑料薄膜透气性能差,不利于被包裹枝干的呼吸作用,尤其是高温季节,内部热量难以及时散发而引起高温,会灼伤枝干、嫩芽或隐芽,对树体造成伤害。树干皮孔较大而蒸腾量显著的树种如樱花、鸡爪槭等,以及大多数常绿阔叶树种如香樟、广玉兰等,栽植后宜用草绳等包裹缠绕树干达 1～2 m 高度,以提高栽植成活率。

图 4.9　树干缠绕草绳

（5）配苗　栽植前首先修枝修根,然后配苗或散苗。修根修枝后如果不能及时栽植,裸根苗根系要泡入水中或埋入土中保存,带土球苗将土球用湿草帘覆盖或将土球用土堆围住保存。栽植前还可用根宝、生根粉、保水剂等化学药剂处理根系,使移植后能更快成活生长,同时苗木还要进行分级,将大小一致、树形完好的一批苗木分为一级,栽植在同一地块中。栽植行道树要先排列好苗木,树冠、分枝点基本一致的苗木依次放在一起,分段放入树坑内摆正,列队调整,做到横平竖直后再分层回填土,土回填到一半时检查列队是否整齐,树冠是否直立,进行调整后定植。长距栽植行道树可牵绳或用其他工具确定,相邻树高低不得相差 50 cm,分枝点相差不得大于 30 cm,树冠基本在一条直线上。对行道树和绿篱苗,栽植前要再一次按大小分级,使相邻的苗大小基本一致。按穴边木桩写明的树种配苗,"对号入座",边散边栽。较大规格的树木可用吊机进行吊载。配苗后还要及时核对设计图,检查调整。

（6）栽植

① 树坑处理:栽植时先检查树坑,树坑过深回填部分土,施肥的树坑在肥料上覆盖土,树坑积水时必须挖排水沟,可在穴底铺 10～15 cm 厚的沙砾或渗水管、盲沟,以利排水(图 4.10)。回填土应细心拣出石块,将混好肥料的表土一半填入坑中,培成丘状。

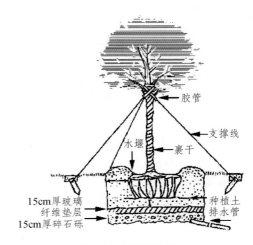

图 4.10　栽植示意图

② 栽植密度:园林树木栽植的深度必须适当,并要注意方向。栽植深度应以心土下沉后树木原来的土印与土面相平或稍低于土面为准。栽植过浅,根系容易失水干燥,抗旱性差;栽植过深,根系呼吸困难,树木生长不旺。主干较高的大树,栽植方向应保持原生长方向,以免冬季树皮被冻裂或夏季受日灼危害。栽植时除特殊要求外,树木应垂直于东西、南北两条轴线。行列式栽植时,要求每隔 10～20 株先栽好对齐用的"标杆树"。如有弯干的苗,应弯向行内,并与"标杆树"对齐,左右相差不超过树干的一半,做到整齐美观。

③ 裸根树木栽植:放入坑内时务必使根系均匀分布在坑底的土丘上,校正位置,使根颈部高于地面 5～10 cm,珍贵树种或根系不完整的树木应向根系喷生根剂。然后将另外一半掺肥表土分层填入坑内,每填一层土都要将树体稍稍上下提动,使根系与土壤密切接触,并踏实。最后将心土填入植穴,直至填土略高于地表面。

④ 带土球树木栽植:栽植前必须踏实穴底土层,后将树木置入种植穴,校正位置,分层填土踏实。

⑤ 特殊绿地的栽植:假山或岩缝间种植,应在种植土中掺入苔藓、泥炭等保湿透气材料。绿篱成块状群植时,应由中心向外顺序退植。坡式种植时应由上向下种植。大型块植或不同色彩丛植时,宜分区分块种植。

⑥ 树木的摆放:应注意将树冠丰满完好的一面朝向主要的观赏方向,如入口处或主行道。在行道树等规则式种植时,如树木高矮参差不齐,冠径大小不一,应预先排列种植顺序,形成一定的韵律或节奏,以提高观赏效果。

⑦ 竹类栽植:竹类定植,填土分层压实时,靠近鞭芽处应

轻压。栽种时不能摇动竹秆,以免竹蒂受伤脱落。栽植穴应用土填满,以防积水引起竹鞭腐烂。最后覆一层细土或铺草以减少水分蒸发。母竹断梢口用薄膜包裹,防止积水腐烂。

(7)修剪整形 栽植过程中的修剪整形,是为了培养树形,减少蒸腾和提高成活率,主要包括根部修剪和树冠修剪。

① 根部修剪:裸根树木栽植之前,首先应对根系进行适当修剪,主要是将断根、劈裂根、病虫根、生长不正常的偏根、破根、腐根和过长的根以及卷曲的过长根剪去。

② 树冠修剪:对于较高的树应于种植前进行树冠修剪,要用截枝、疏枝、剪半叶或疏去部分叶片的办法来减少蒸腾作用,保持树势,主要修剪徒长枝、交叉枝、断枝、病虫枝和有碍观瞻的其他枝条,修剪量依不同树种及景观要求有所不同,低矮树可于栽后修剪。

栽植过程中的修剪量不宜太大,特别是对那些没有把握的枝条,尽量保留,以便栽植后结合环境情况再作决定。

2. 栽后管理

这里所讲的栽后管理,是指栽植后、成活前立即进行的管理工作,可以理解为栽植过程的一部分,是园林树木成活的有力保障,主要包括支撑、灌水、围堰、封堰等,树木

栽后管理注意保温保湿。关于园林树木成活后的正常养护工作,在第7章详细介绍。

(1)设立支撑 倒伏对成活率影响最大,如果倒伏次数太多,大树就很难成活。特别是阔叶常绿树,土球一旦破碎,就更难成活。因此,为防止大规格苗(如行道树)灌水后歪斜,或受大风影响成活,栽后必须设立支柱、拉绳,防摇动或倒伏。园林绿地上的树木支撑还应考虑与环境的协调关系,一些绿地经常出现支撑形式与环境极不相称的现象,使人产生大煞风景的感觉。常用通直的木棍、竹竿作支柱,长度以能支撑树苗的1/3～1/2处即可,也可以用钢丝绳。一般用长1.5～2 m,直径5～6 cm的支柱,可在种植时埋入,也可在种植后再打入(入土20～30 cm)。栽后打入的,要避免打在根系上和损坏土球。树体不是很高大的带土移栽树木可不立支柱。立支柱的方式有单支式、双支式、三支式、四支式和棚架式(图4.11)。单支法又分立支和斜支,单柱斜支应支在下风方向(面对风向)。斜支占地面积大,多用在人流稀少的地方。支柱与树干捆缚处,既要捆紧,又要防止日后摇动擦伤干皮。因此,捆绑时树干与支柱间要用草绳隔开或用草绳包裹树干后再捆。

a. 单支式支撑

b. 双支式支撑

c. 三支式支撑　　　　　　　　　　　　d. 四支式支撑

图4.11　树木支撑

近年来随着对景观效果的要求越来越高,树木支撑也出现了很多新型的实用样式,并在市场上得到了一定的推广。新型聚合材料做成的支撑用于小区绿地、人行道、公园绿地中,在一定程度上减少了对树木的采伐,对环境也是一种保护。

(2)灌水 树木栽植后应在略大于种植穴直径的周围筑起高 10～15 cm 的灌水土堰,堰应筑实,不得漏水,斜坡树坑的下方土堰应高且牢固一些。新植树木应在当日浇第一遍透水,即灌定根水,一定要浇透浇足,使土壤充分吸入水分,以后根据情况及时补水。

一般栽植后间隔 3～5 天连浇 3 遍水,并要浇透,不足的要补水,要注意浇水后的根部培土工作,待树木发芽后,有条件的 1～2 天喷 1 次水,从而加快新芽的生长速度。并要注意新梢容易遭到蚜虫的危害,天气干旱要及时喷药,要经常锄草松土。春秋栽植的树木一般 3～5 天浇一次透水;冬季栽植的树木视土壤情况浇水;夏季栽的树木宜每天早晚浇水。每次浇水时可同时向树冠喷水,直到树木成活为止。根系不发达的树种,浇水量宜较多;肉质根系树种,浇水量宜少。秋季种植的树木,浇足水后可封穴越冬。干热风季节,应对新发芽长叶的树冠喷雾,宜在上午 10 时前和下午 3 时后进行。浇水时浇水管口应放低贴地,防止因水流过急而使根系露出或冲毁围堰,造成跑漏水。浇水后出现土壤下陷,致使树木倾斜时,应扶正、培土。所浇水渗下后,应及时用围堰土封树穴,干旱地区或名贵树种应覆盖地膜保墒,注意不得损伤根系。目前,对于面积较大的绿地来说,灌水方式除单株灌外,还可采用满灌、喷灌等方式。

(3)栽后修剪 树木定植前一般都已进行了一定的修剪,但多数树木尤其是中等以下规格的树木都在定植后修剪或复剪,如图 4.12 所示,主要是对受伤枝条和栽前修剪不够理想的枝条进行复剪。

对较大的落叶乔木,尤其是生长势较强、容易抽出新枝的树木,可进行强修剪,树冠可减少至 1/2 以上,这样既

可减轻根系负担,维持树体的水分平衡,也可减弱树冠招风摇动,增强苗木栽植后的稳定性。枝条茂密、具有圆头型树冠的常绿乔木可适量疏枝。具轮生侧枝的常绿乔木,用作行道树时,可剪除基部 2～3 层轮生侧枝。常绿针叶树,不宜多修剪,只剪除病虫枝、枯死枝、生长衰弱枝、过密的轮生枝和下垂枝。

枝条茂密的大灌木,可适量疏枝。对嫁接灌木,应将接口以下砧木上萌生的枝条疏除。分枝明显、新枝着生花芽的小灌木,应顺其树势适当强剪,促生新枝,更新老枝。用作绿篱的灌木,可在种植后按设计要求整形修剪。双排绿篱应成半丁字排列,树冠丰满方向向外,栽后统一修剪整齐。在苗圃内已培育成型的绿篱,种植后应加以整修。

攀援类和藤蔓性苗木,可剪除过长部分。攀援上架苗木,可剪除交错枝、横向生长枝。

(4)搭架遮阴 大规格树木移植初期或在高温干燥季节栽植,要搭制荫棚遮阴,以降低树冠温度,减少树体的水分蒸发。体量较大的乔、灌木树种,要求全冠遮阴,荫棚上方及四周与树冠保持 50 cm 左右距离,以保证棚内有一定的空气流动空间,防止树冠日灼危害。荫蔽度为 70% 左右,让树体接受一定的散射光,以保证树体光合作用的进行。成片栽植低矮灌木,可打地桩拉网遮阴,网高距苗木顶部 20 cm 左右。树木成活后,视生长情况和季节变化,逐步去掉遮阴物。

(5)防冻害 秋末植树要防冻害,根部受冻,影响吸水;枝干受冻,易失水干枯。在地表封冻前,小花灌木、绿篱根部须封土 3～5 cm,大树封土 20 cm 左右,裂缝要填平,特别是大树晃动产生的干基周围裂缝要及时填平,避免冷风吹入,也可在根颈部包稻草、涂白等。冬季应加强树体保护,减少冻害,若是夏季新植大树应搭遮阴网或架设小喷灌来营造小气候,一般的树木采用浇"冻水"和灌"春水"防寒,为保护易受冻的种类,可采用全株培土(月季、葡萄),根茎培土(高 30 cm),涂白后,主干包草,搭风障等(图 4.13)。

图 4.12 栽后修剪

a. 树体包薄膜防冻

b. 树体根颈部涂白

图 4.13 防冻害措施

图 4.14 树池覆盖物

（6）栽植后管理 树木种植完成后，根据需要还要进行围护、复剪、清理现场等工作，这也是园林树木栽植过程中必不可少的环节。

树木定植后一定要加强管理，必要时用临时栏杆或拉绳进行围护，避免人为损坏，这是保证城市绿化成果的关键措施之一。即使没有围护条件的地方也必须派人巡查看管，防止人为破坏。在人流量较大的城市绿地中，往往把围护和树池处理结合起来，如设置成树池座凳或观赏型树池围栏等，具体形式可结合环境特点，也可以与支撑形式结合起来一起考虑。树池土壤可种植草坪、灌木，也可以用木屑、陶粒等透水透气材料覆盖（图 4.14）。

树木种植工程结束后，应将施工现场彻底清理干净，其主要内容有整畦和清扫保洁。整畦是指对大畦灌水的畦埂整理整齐，畦内进行深中耕。全面清扫施工现场，将无用杂物处理干净，并注意保洁，真正做到文明施工。

4.3.8 各种园林树木的栽植技术

1. 落叶树

1）落叶乔木

（1）掘苗 对胸径 3～10 cm 的乔木，可于春季化冻后至新芽萌动前或秋季落叶后，在地面以胸径的 8～10 倍为直径画圆断侧根，再在侧根以下 40～50 cm 处切断主根，打碎土球，将植株顺风向斜植于假植地，保持土壤湿润。运输时要将根部放在车槽前，干梢向后斜向安置。

（2）挖穴 依胸径大小确定栽植穴直径，土质疏松肥沃的可小些，石砾土、城市杂土应大些，但最小也要比根盘

的直径大 20 cm，深则不小于 50 cm。

（3）定植 于穴中先填 15～20 cm 厚的松土，然后将苗木直立于穴中，使基部下沉 5～10 cm，以求稳固。在四周均匀填土，随填随夯实。填至距地面 8～10 cm 时开始做堰，堰高不低于 20 cm，并设临时支架防风。

（4）浇水 定植后及时浇头遍水，至满堰，第三日再浇两遍水，第七日浇第三遍水，水下渗后封堰。天气过于干燥时，过 10～15 天仍需开堰浇水，然后再封口。

（5）修剪 掘苗后进行。有主导枝的树种，如杨树、银杏、杜仲等，只将侧枝短截至 15～30 cm，而不动主导枝；无主导枝的树种，如国槐、刺槐、泡桐等，由地面以上 2.6～3 m 处截干，促生分枝；垂枝树种，如龙爪槐、垂枝榆等，留外向芽、短截，四周保持长短基本一致，株冠整齐。

2）落叶灌木

（1）掘苗 植株一般高 1～2.5 m，土球直径按品种、规格而定。

（2）修剪 单干类或嫁接苗，如碧桃、榆叶梅、西府海棠，侧枝需短截；丛生类如海棠、绣线菊、天目琼花等，通常当时不做修剪，成活后再依实际情况整形。

（3）挖穴 穴径依株高、冠幅、根盘大小而定，通常比土球直径大 5～20 cm，土质较差的地区适当加大。

（4）其他与落叶乔木同。

3）攀援植物

（1）掘苗 大型种类通常留土球直径不小于 35 cm，如紫藤、葡萄、凌霄等；小型种类不小于 30 cm，如金银木、地锦、蔷薇等，1～2 年生苗可适当缩至 15～20 cm，不作长途运输的可裸根掘苗。

（2）修剪 大型种类于地面以上 2.6～3 m 处截干最

为理想,过低则上架困难。葡萄应留主导枝,侧枝留 3～4 颗芽短截;小型种类可适当剪短,最短不小于 40 cm,小苗不作修剪。

(3)挖穴　通常挖沟栽植,沟宽 40～50 cm,深 40～50 cm,长依实际需要而定。穴栽时,穴直径要大于根盘 10～15 cm,小苗的增大范围可适当缩小。其他与落叶乔木同。

4)小型花灌木

(1)掘苗　依丛株大小,通常挖土球直径 25～40 cm,深 25～30 cm,如迎春、紫叶小檗、金叶女贞、月季等,适栽季节也可以裸根移植。

(2)修剪　除月季需短截外,其他种类均在成活后整形。

(3)整地作畦　多数片植或团栽,翻地深 40 cm,土质差的过筛或换土,月季需施基肥,施肥量为 300～400 kg/100 m²,其他观花类也应施基肥,观叶类可不施肥。

2. 常绿树

1)常绿乔木

(1)掘苗　于春季新芽未萌动前或雨季新枝停止生长后或秋冬之际植株停止生长后进行。先浇透种植地,并将铺散的枝条用草绳捆拢。土球直径依据树木种类和移植季节确定。四周土掘开后,土表及底部切削成球形,用草袋或编织布等物包好,再用草绳捆牢,轻轻推向一侧。若采用机械吊装,受重的主干处要包上麻袋、编织布等物绑牢,吊装绳索拴于垫覆物上,以免损伤树皮而影响成活。

(2)定植　填一层松土,将苗置于穴中央。如土球是用草袋包裹的,松开即可;如是用编织袋、塑料薄膜包裹的,必须取下。然后设立支杆并用草绳捆牢,随即填土,随填随夯实,填至近地面时造堰,并松开枝条捆绑物。

(3)浇水　栽植后即要浇透水,且向枝叶喷水。第三日、第六日浇第二遍和第三遍水,水渗下后封堰。如遇干旱,10～15 天后再开堰浇一次,随后封好。同时,种后 10 天内要每天向枝叶喷水 3 次,以后改为 2 次,直至新枝萌发,再逐步减少或停止。

其他措施同落叶乔木。

2)常绿灌木

一般树高 0.5～2 m,掘苗土球直径不小于 30～40 cm,栽植穴直径不小于 40～60 cm,深 50 cm。栽植措施同落叶灌木。

3. 绿篱

1)常绿绿篱

(1)掘苗　针叶树种常用作绿篱的有松柏、刺柏、侧柏、龙柏等,阔叶树种用作绿篱的有小叶黄杨、大叶黄杨等。一般带土球移植,可用简易蒲包或草袋包裹。黄杨苗在保湿条件下可不带土球,但掘苗后需蘸泥浆。

(2)定植　定植前要在栽植沟外侧临时拉设标线或绳,以免栽歪。将包裹物拆除,苗与苗间以枝条与枝条稍交叉为宜,随栽随填土踏实。

(3)浇水　栽植后即浇水,并扶正出线苗,拆除定标线、绳。第三日浇二遍水,1 周后浇第三遍水,渗下后封堰。若天气过于干旱,15 天后仍应开堰浇水。浇第一遍水时同时喷水,以后每天 2～3 次,直至新芽萌发,再逐步减少次数。

(4)修剪　新芽萌动后月余设定标线,按定标线修剪。

2)落叶树绿篱

于春季化冻后裸根掘苗,栽植时即行修剪。常用作绿篱的落叶树种有榆叶梅、紫穗槐、枸杞、贴梗海棠等,操作同常绿绿篱。

4. 丛生竹

(1)掘苗　于春季芽萌动前或雨季带土球及竹鞭掘苗,掘苗后要及时包裹,若近距离运输可不用包裹。

(2)定植　填部分松土后,栽入株丛,以主枝为直立点,使丛枝尽量直立,随填土随夯实,栽植深度比原生长深度深 6～10 cm,栽后整畦作堰,堰高 15～20 cm,需踏实。

(3)浇水　采用整畦漫灌方式并叶片喷水,保持土壤较湿,不能干旱,不封堰。至老叶部分脱落、新芽萌发后,方可减少浇水和喷水量,雨季来临后停止喷水。

其他树木的栽植措施参考本节相应内容。

4.4　非适宜季节园林树木的栽植技术

园林绿化工程中一般绿化植物的栽种时间都在春季和秋季。但有时为了一些特殊目的而需要突破季节的限制进行绿化施工,即反季节绿化。园林树木本身的生物学特点,决定了反季节绿化比常规绿化投资大、成活率低、成景效果差等不足。为了弥补上述不足,就必须采取一些比较特殊的技术方法来保证树木栽植成活,并达到应有的景观和生态效果。

4.4.1　概述

树木一般适宜在树液停止流动、根系处于休眠生理期的初春或深秋至初冬季节栽植。非适宜季节栽植是指非正常的绿化施工季节的栽植,主要是指夏季栽植和冬季栽植。初夏时节,因气温过高,水分蒸发量大,叶片易水分失衡枯萎;冬季气温过低,根系易受冻,树干受冻易失水枯梢。这些都会对树木栽植成活产生严重影响,尤其是对一些不耐寒的南方常绿阔叶树(如木兰科含笑属、木兰属、木莲属树种),冬季栽植常导致大部分死亡。因此,初夏和冬季不适宜栽植树木,保湿、保温、减少树体水分蒸发,保持土壤湿润,保障适宜地温,促进根系恢复是栽植成活的关键。非适宜季节栽植需从种植树种的选择、植地土壤处理、苗木运输和假植、种植穴和土球直径、种植前的修剪及种植抚育管理等方面严格把关,才能提高成活率,确保绿化的经济效益和社会效益。

非适宜季节栽植技术要点:首先按照园林绿化的要求选择恰当的苗木种类,要求健壮、无病虫害、树形良好,最好有过移植培育经历。苗木运输前,重点做好起苗工作,合理安排裸露起苗与带土球起苗两种方式,采用硬容器屯苗法,当苗木处于休眠期时,应对其断根处理,并将其种植于木箱或花盆中;不断根、不剪枝适合苗木生长季节进行施工的绿化工程。在非适宜季节进行苗木栽植前,一定要确保种植区域的土层符合要求,确保种植穴与土球直径比例要恰当,一般而言,种植穴直径要比移栽树土球的直径大 40～50 cm,深度超出土球高度 15 cm 左右。苗木在落穴过程中应避免土球松散破裂,确保根系不会受到伤害。栽种前,需先对土球进行松绑,清理出蒲包物料,且对栽植的土壤应注意通风、透气,苗木栽植后 2 个月内是苗木养护的重要时期,这段时期决定苗木是否能够成活,需定期养护与检查,以确保施肥、修剪、防虫防病、浇灌以及锄草等工作落实到位。

4.4.2　夏季栽植

初夏栽植的树木因受高温蒸发的影响,所以夏季栽植大树难度大,技术措施要求高,管理也要求更精细。例如,2003 年春季由于"非典"影响,南京某度假村绿化工程被迫停工,"非典"过后为了尽快完成任务,在 6—7 月份反季节栽植了许多大树,其中包括 1 株胸径 50 cm 的银杏,由于采取了相应的技术措施,如使用生根剂、抗蒸腾剂、伤口涂抹剂等,在土质、环境、气候等很差的情况下,成活率达到了 95%。夏季栽植技术措施主要包括以下几点。

1. 苗木的选择

夏季栽植在树木选择上要严格把关,根据设计图纸和说明书的要求选择栽植树种的苗龄与规格,并加以编号。在当地选择生长健壮,根系发达而完整,树干粗壮通直,有一定适合高度,不徒长,主侧枝分布均匀,枝叶繁茂,冠形完整,色泽正常,无病虫害,无机械损伤等符合设计要求的树木。树木的年龄对移植成活率的高低有很大影响,并对成活后在新栽植地的适应和抗逆能力有一定影响,应尽量选择符合设计要求且树龄较小的树木。

2. 栽植穴挖掘及土壤处理

夏季施工栽植穴挖掘的好坏,对栽植质量和日后的生长发育有很大的影响。栽植穴的挖掘和处理除了依照前面讲述的要求和规范外,还应着重注意做好栽植穴的排水,因为夏季栽植后随着浇水的次数增多,浇水量也会大幅度增加。

3. 树木的挖掘及运输

夏季挖掘树木均应带土球,时间选择在阴雨天或下午 4 点以后,以避开高温期。树木土球直径应比常规的要求大一些,掘起后立即修剪根系并喷施生根剂,同时适度修剪地上部分枝叶。然后即刻包装,做到土壤湿润,土球规范,包装结实,不裂不散并且封底。移植规格较大的大树,必须使用大型机械车辆,树木应轻提轻放,不得损伤树木和造成散球。

4. 修剪和遮阴

无论是常绿树还是落叶树,夏季移植均应实行强修剪和遮阴,用草绳等包裹树干、大枝,以减少蒸腾并保持湿润的生长环境。

5. 灌排水

夏季栽植的树木,宜每天早晚浇水。每次浇水时可向树冠喷水。大树栽植后应在略大于种植穴直径的周围筑成高 15～20 cm 的灌水围堰,堰应筑实,不得漏水。新植树木当日透第一遍水,3 日内连灌 3 次透水,1 周内灌第四次透水。灌水渗下后,应及时用围堰土封穴。以后根据当地气候特点、土壤保水、植物需水、根系通气等情况,适时适量进行浇水,促其生根和生长。雨季排水对于新植大树很重要,可采用开沟、埋管、打孔等排水设施及时排涝,防止大树因涝致死。

6. 其他措施

夏季大树栽植后,早晚树冠喷雾,喷施抗蒸腾剂,以减少水分蒸发,保湿降温。对受伤枝条或原修剪不理想的枝进行复剪,并做好抹芽、叶面施肥、病虫害防治。配备专门管理人员加强巡视,出现问题及时解决。

4.4.3　冬季栽植

在冬季大风多发地区,不宜采用冬季栽植,在冬季土壤基本不冻结的长江流域地区,可以冬季栽植大树。冬季一般不宜栽植常绿阔叶树,尤其是不耐寒的常绿树种;在冬季严寒的华北北部及东北地区,对耐寒性强的树种,也可采用冬季栽植。对于冬季栽植为反季节栽植的地区,冬季栽植时宜采取加大土球,随挖随栽,栽后灌足冻水,做好防寒,必要时采取保温裹干、缚膜等措施。对于阔叶树种,冬季栽植只要注意种植穴地表覆盖草保墒、保湿、保温,树体裹干,外裹塑料薄膜保湿保温,一般都有良好的效果。例如,1998 年冬季,大连首创冬季栽树获成功。大连市林业局经过综合分析和考察论证,提出冬季栽植大树的标准:移植针叶树的树高在 25 m 以上,阔叶树的胸径在 5 cm 以上,于上冻前整地,按规格挖好树坑,同时把预备移栽的大树留住土坨,四周挖开,上冻后将大树连土坨一起移出,栽到事先挖好的树坑里,接着灌足水,封好土。实践说明,这种利用树木冬眠带冻土坨栽植的方法,破坏根系少,当年冬季试栽大树28万株,平均成活率达95%。

4.4.4　计划性栽植

园林绿化施工中,有时由于一些客观因素的影响不能适时栽植树木,并且这种情况是预先已知的,需要在适合季节起掘(挖)好苗,养在苗圃或运到施工现场假植养护,等待其他工程完成后立即种植和养护。

1. 起苗

由于种植时间是在非适宜的生长季,为提高成活率,应预先于早春末萌芽时带土球掘(挖)好苗木,落叶树应适当重剪树冠。所带土球的大小规格可按一般大小或稍大一些。包装要比一般的加厚、加密。如果是已在去年秋季掘起假植的裸根苗,应在此时另造土球(称作"假坨"),即在地上挖一个与根系大小相应的、上大下略小的圆形底穴,将蒲包等包装材料铺于穴内,将苗根放入,使根系舒展,立于正中。分层填入细润之土并夯实(注意不要砸伤根系),直至与地面相平。树干用包裹材料捆好。然后挖出假坨,再用草绳打包,正常运输。

2. 假植

在距离施工现场较近、交通方便、有水源、地势较高、雨季不积水的地方进行假植。假植前为防天暖引起草包腐朽,要装筐保护。选用比土球稍大、高20～30 cm的箩筐;土球直径超过1 m应改用木桶或木箱。先在筐底填些土,将土球放于正中,四周分层填并夯实,直至离筐沿还有10 cm高时为止,并在筐边沿加土拍实做灌水堰。按每双行为一组,每组间隔6～8 m作卡车道(每行内以当年生新梢互不相碰为株距),挖深为筐高1/3的假植穴。将装筐苗运来,按树种与品种、大小规格分类放入假植穴中。筐外培土至筐高1/2,并拍实,间隔数日连浇3次水,并适当施肥、浇水、防治病虫、雨季排水、适当疏枝、控徒长枝、去蘖等。

3. 栽植

施工现场可以种植时,提前将筐外所培的土扒开,停止浇水,风干土筐。吊栽时,吊绳与筐间垫块木板,以免松散土坨。入穴后,尽量取出包装物,填土夯实,多次灌水或结合遮阴保证成活。

4.4.5　临时性栽植

在园林绿化施工中预先并无计划,但因特殊需要,必须在非适宜季节栽植树木。遇到这种情况可以按照不同类别的树种采取不同的技术措施,即树种不同,方法有别。

1. 常绿树的栽植

应选择春梢生长已停,二次梢未发的树种。起苗应带较大土球,对树冠进行疏剪或摘掉部分叶片,做到随掘、随运、随栽,及时多次灌水,叶面经常喷水,晴热天气应结合遮阴。易日灼的地区,树干裸露者应用草绳进行卷干,入冬注意防寒。

2. 落叶树的栽植

最好也选春梢已停长的树种,疏掉徒长枝及花、果。对萌芽力强,生长快的乔、灌木可以重剪,最好带土球移植。如裸根移植,应尽量保留中心部位的心土。尽量缩短起(掘)苗、运输、栽植的时间,裸根根系要保持湿润。栽后要尽快促发新根,可灌溉一定浓度(0.001%)的生长素;晴热天气,树冠应遮阴或喷水;易日灼地区应用草绳卷干。应注意伤口防腐,剪后晚发的枝条越冬性能差,当年冬季应注意防寒。

4.4.6　反季节栽植技术措施

针对反季节栽植的不利气候因素及其对树木成活的主要影响,栽植技术主要有选断根处理后须根发达健壮的树木;改善种植地根域土壤环境;适度修剪,裹干保湿,减少树体水分蒸发;树木根基覆盖保持土壤湿润与适温,促进根系恢复4项要点。

1. 选经断根处理、须根发达健壮树木

由于反季节的不利因素影响,在选材上要尽可能地挑选经断根处理,须根根系发达,长势旺盛,健壮无病虫害的树木。其规格及形态应符合设计要求。树木移植前必须经断根处理,促进须根萌发。否则不易成活,即使成活,长势也差。

2. 种植穴地土壤处理、改善根域环境

反季节栽植树木,种植穴地土壤处理尤为重要。要清除种植穴内土壤中的建筑垃圾和废土等有害物质,置换上质地疏松的土壤,改善林木根域环境,促进根系恢复生长,抗御不良气候的影响。在土层干燥处,还应于种植前对种植穴浇水、浸穴。挖穴、定槽后,还要拌土施入腐熟有机肥作为基肥。

3. 树木种植前修剪、减少枝叶水分蒸发

反季节的树木种植前要适度修剪枝叶,减少叶面水分蒸腾,为林木地上部分与地下部分水分平衡创造有利的条件。首先进行苗木根系修剪,将劈裂根、病虫根、过长根剪除。然后对树冠进行修剪,如疏枝、短剪、摘叶等,降低树体水分蒸发,保持树体水分平衡。在保证基本树形的情况下,根据树木生物学特性(耐旱或喜湿特性)确定修剪强度。适度修剪,一般修剪疏除枝叶40%～45%,保留枝叶55%～60%;重度修剪(适用于喜湿树种),修剪疏除枝叶70%～75%,保留枝叶25%～30%;轻度修剪(适用于耐旱树种),修剪疏除枝叶20%～30%,保留枝叶70%～80%。

4. 树体裹干保湿、穴面覆盖保湿保墒

反季节栽植树木需带土球随起树随运随栽,尽量减少运输过程树体水分蒸发。树木土球直径与干径的比例一般应为1∶8～1∶10。土球须用草绳捆牢，不松散。树基至树干2.5～3.5 m处用草绳捆扎裹干，减少树体水分蒸发。运输前，树干要喷水保湿，覆盖棚布，保持树体湿润。栽植时要用原树穴表土逐层回填，浇足浇透定根水。覆完土后在根际1 m²范围内铺盖1层稻草或其他覆盖物保湿保墒(夏季栽)，保温防冻(冬季栽植防根系受冻)。同时，地面铺草覆盖，还有防止土壤因浇水和降雨板结、水分难以渗透至根系吸收层的不良后果，而后铺草杂物的有机物腐烂，还能一定程度上改良种植穴表层土壤的理化性能，促进根系生长。此外，栽后要立即搭设支撑架，防止风吹松动根系。夏季高温时还应随即架设遮阳网遮阴，减少树体因蒸发失水。

树木栽植成活的关键是保证树体以水分代谢为主的生理平衡。为提高反季节栽植的成活率，在栽植过程中可根据实际情况采取以下技术措施：

1) 根系浸水保湿或沾泥浆

裸根苗栽植前当发现根系失水时，应将植物根系放入水中浸泡10～20 h，充分吸收水分后再栽植，可有效提高成活率。小规格灌木，无论是否失水，栽植之前都应把根系浸入泥浆中均匀沾上泥浆。使根系保湿，促进成活。泥浆成分通常为过磷酸钙∶黄泥∶水＝2∶15∶80。

2) 利用人工生长剂促进根系伤口愈合

树木起掘时，根系受到损伤，可用人工生长剂促进根系愈合、生长。如软包装移植大树时，可以用ABT-1、ABT-3号生根粉处理根部，有利于树木在移植和养护过程中迅速恢复根系的生长，促进树体的水分平衡。

3) 利用保水剂改善土壤的性状

城市的土壤随着环境的恶化，保水通气性能愈来愈差，不利于树木的成活和生长。在有条件的地方可使用保水剂改善。保水剂主要有聚丙乙烯酰胺和淀粉接枝型，颗粒多为0.5～3 cm粒径。在北方干旱地区绿化使用，可在根系分布的有效土层中掺入0.1%并拌匀后浇水；也可让保水剂吸足水形成饱水凝胶，以10%～15%掺入土层中，可节水50%～70%。

4) 树体裹干保湿增加抗性

栽植的树木通过草绳等软材料包裹枝干，可以在生长期内避免强光直射树体，造成灼伤，降低干风吹袭导致的树体水分蒸腾，储存一定量的水分使枝干保持湿润，在冬季对枝干又起到保温作用，提高树木的抗寒能力，详见本章4.3.7。

5) 树木遮阴降温保湿

在生长季移植的树木水分蒸腾量大，受到日灼后，成活率下降。因此在非适宜季节栽植的树木，条件允许的话应搭建荫棚以减少树木的蒸腾。对于大树，也可采用树顶挂桶法为树体补充水分。方法是用小塑料桶(或盐水瓶)盛水挂在树干上，靠近树干的一侧底部留有小孔，使水慢慢沿树干渗流，塑料桶的数量视树体大小和树木需水情况而定。也可于树顶部安装喷雾设施，对树体特别是树冠进行适时喷雾。

4.5 案例分析

江苏省某康复疗养基地景观工程因工期紧张，需在6月份栽植两棵大规格香樟，以营造景观效果。

由于是在非适宜季节栽植香樟，为保证成活率，采取了以下有针对性的技术措施：

1. 苗木选择

本工程选择香樟已提前2～3个月对其进行断根处理，在树苑部位已长出新的细根，根的活动比较旺盛。在苗木挖掘时控制土球直径为其胸径的8倍左右。

2. 栽植前准备工作

首先是栽植地土壤改良，在土壤翻耕平整后，根据检测试验的实际酸碱度用过磷酸钙均匀施撒土表，以中和土壤碱性，增强土壤肥力。对土壤进行深翻、平整，使土质疏松，开排水沟，保证栽植地排水通畅不积水。

其次是对运输到位的香樟树干进行浸湿草绳缠绕包裹，直至到主干顶部，较粗的分枝也进行缠绕。

3. 吊运与栽植

考虑到土球及树体总重量大于10 t，选用35 t吊车吊运。考虑到安全吊装一次成功和钢丝绳在起吊过程中会对泥球树根勒成内伤伤及根系，故放弃钢丝绳，采用柔软的起吊绳捆绑树干的吊法。栽植时间为下午四点后。

起吊绳捆绑好后人员远离机械，等机械将树木吊至种植穴上方时，需要工人集体抓住土球部位，按施工员口令进行旋转树木，保证好的观赏面朝向观赏点。

树木位置定好后，需要迅速进行填土将树木栽植完毕，填土后再踏实土壤并继续填土至穴顶。最后，在树体周围做出拦水的围堰，并设立支撑。树木栽好后立即灌水，还要用木棒对树穴周边土壤进行搅动，以便通过水的作用使树穴周边能填满土壤。灌水时不要损坏土围堰，土围堰中要灌满水，让水慢慢浸下到种植穴内。为进一步提高移植后的成活率，在所灌的水中加入生长素，以便刺激新根生长。生长素配制如前所述，将配制好的生长素浇灌液作为第一次定根水进行浇灌。

4. 修剪整形

成活与成景是对立统一的，保证成活率，就必然会在一定程度上破坏成景效果。怎样协调好其间的矛盾，修剪整形是关键因素之一。本次香樟修剪较为严重，约连枝带叶剪掉树冠的1/2，通过大量减少叶面积的措施来降低整个树体的水分损耗。

5. 苗木管理与养护

由于是在非适宜的季节中栽植香樟,因此,香樟栽好后更加要强化养护管理。平时要随时观察,注意浇水,浇水要牢牢掌握"不干不浇,浇则浇透"的原则。还要经常对地面和香樟叶面喷洒清水,以便增加空气湿度,降低植物的蒸腾作用。

■ **思考题**

1. 简述园林树木栽植的成活原理。
2. 园林树木栽植包括哪些环节和过程?
3. 提高园林树木栽植成活率的关键技术有哪些?
4. 非适宜季节栽植应注意哪些问题?
5. 反季节栽植技术措施要点有哪些?

4.6 实验/实习内容与要求

掌握某一园林树木移栽方法,以组为单位参与春季苗木移栽的全过程,掌握大规格苗木移栽的关键技术。

5 特殊环境园林树木的栽植

■ 学习目标

　了解特殊立地条件园林树木的栽植技术和方法;熟练掌握特殊立地环境树木选择。

■ 篇头案例

　盐碱地园林绿化是世界难题,如何掌握正确的盐碱地绿化种植技术,提高苗木成活率,对盐碱地区城市绿化有着十分重要的意义。某市位于山东西北部,年降水量 580 mm,地下水位 0.6～1.2 m,土壤盐碱重,pH 值 6.8～8.2,平均含盐量 0.3％～0.5％,地下水矿化度 4.3 g/L,植物生长受到盐碱危害,存活困难,绿化难度很大。针对该市的立地条件,怎样选择绿化树种、树种何时移植、采用何种栽培技术、移植后树木的养护管理都是园林绿化工作者将要面对的问题。除了盐碱地之外,干旱地、硬化和铺装地面、岩石坡面、墙体等特殊环境下园林树木的栽植方法亦应受到园林工作者的普遍关注和重视。

5.1 屋顶绿化

　屋顶绿化是指植物栽植于建筑物顶部,不与大地土壤连接的绿化。屋顶绿化又可称为"空中花园"、"屋顶花园"或"空中绿洲",是在屋顶、露台、天台或阳台上广植花木,铺植绿草,建造园林景观。日本东京规定,凡是新建建筑物占地面积超过 1 000 m²,屋顶必须有 20％为绿色植物覆盖,否则要被处以罚款。在德国,1990 年已有绿化屋顶900 万 m²,仅汉诺威市用屋顶绿化法就复活了 50％的绿地;巴西的库里提巴市圣都蒙特广场周围虽然大厦林立,但因墙面和屋顶绿草如茵,四季尘土不扬,炎夏凉爽舒适;法国巴黎、英国伦敦一幢幢高楼平顶上栽种各种树木与花草,美不胜收;摩纳哥首都摩纳哥城的居民住宅不仅窗口、阳台,就连屋顶也种了各种植物,处处有精巧、别致的屋顶花园映入眼帘;中国香港也十分重视见缝插绿,很多高楼屋顶都建有花园;新加坡、吉隆坡等城市的过街天桥、桥体和多层停车场,花木扶疏,绿茵如毯,阳台、平台和屋顶花团锦簇。北京、上海、广东、重庆、四川、浙江是全国开展屋顶绿化较好的省市。2011 年和 2012 年,北京市政府和通州区政府分别下发了有关推进"城市空间立体绿化建设"的文件,要求公共机构所属建筑实施"屋顶绿化",以增加北京的绿化面积,应对困扰北京的雾霾问题,缓解城市热岛效应。因此,屋顶绿化作为一种不占用地面土地的绿化形式,应用越来越广泛。它的价值不仅在于能为城市增添绿色,而且能减少建筑材料屋顶的辐射热,减弱城市的热岛效应。如果能很好地加以利用和推广,形成城市的空中绿化系统,对城市环境的改善作用是不可估量的。在城市环境备受重视的今天,世界各地都在积极寻找各式各样的绿化方式来营造美丽的城市景观。其中,屋顶绿化已受到许多城市园林绿化工作者的重视。

5.1.1 屋顶绿化的特点

1. 温湿度条件差

　由于屋顶种植土层薄,热容量小,土壤温度变化幅度大,植物根部冬季易受冻害,夏季易受灼伤。因屋顶位于高处,四周相对空旷,因此风速比地面大,水分蒸发快。屋顶距地面越高,环境条件越差。

2. 造园及植物选择有一定的局限性

　因屋顶承重能力的限制,无法具备与地面完全一致的土壤环境,因此在设计时应避免地貌高差过大。在植物的选择上一般宜以草本为主,适当搭配灌木,很少使用乔木,不宜选用根系穿透性强和抗风能力弱的乔、灌木,一些适应性强、抗风、耐热、耐瘠薄的藤本或草本植物成为首选。

3. 管理费工

屋顶绿化种植层的土壤易失水,浇灌相对频繁,因而易造成养分流失,故需常补充肥料。

5.1.2 屋顶绿化的种植设计

屋顶绿化的形式主要有地毯式、群落式和庭院式。

1. 地毯式

地毯式适宜于承受力比较小的屋顶,以地被、草坪或其他低矮灌木为主进行造园,构成垫状结构。土壤厚度15～20 cm,选用抗旱、抗寒力强的攀援或低矮植物,如地锦、常春藤、紫藤、凌霄、金银花、红叶小檗、蔷薇、狭叶十大功劳、迎春、云南黄馨、佛甲草、八宝景天等。

2. 群落式

群落式适宜于结构顶板承载力较高(一般不小于400 kg/m²)的屋顶,土壤厚度要求30～50 cm。可选用生长缓慢或耐修剪的小乔木、灌木、地被等搭配构成立体栽植的群落,如罗汉松、红枫、紫荆、石榴、箬竹、桃叶珊瑚、杜鹃等。

3. 庭院式

庭院式适宜于承载力大于500 kg/m²的屋顶,可仿建露地庭院式绿地,除了立体植物群落配置外,还可配置浅水池、假山、小品等建筑景观,但应注意承重力点的查看,一般多沿周边设置,安全性较好。

无论哪一种屋顶绿化,树种栽植时要注意搭配,特别是群落式屋顶花园,由于屋顶载荷的限制,乔木特别是大乔木数量不能太多;小乔木和灌木树种的选择范围较大,搭配时注意树木的色彩、姿态和季相变化;藤本类以观花、观果、常绿树种为主。

5.1.3 屋顶绿化种植床的结构

屋顶绿化的种植床结构一般分为保温隔热层、防水层、排水层、过滤层、土壤层、植物层等。种植床厚度应根据屋顶设计负荷载数值确定,见图5.1。

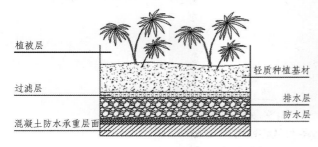

图5.1 种植床的一般结构

5.1.4 植物选择及养护管理

屋顶绿化对植物材料的选择应符合屋顶立地条件和特点。植物应以阳性喜光、耐寒、抗旱、抗风力强的为主。应以草坪、花卉为主,可以穿插点缀一些花灌木、小乔木。常见屋顶绿化植物材料有以下几类:

1. 小乔木

红枫、木芙蓉、天竺桂、桂花、棕榈、蒲葵、龙爪槐、苏铁、玉兰、紫薇、樱花、垂丝海棠、紫叶李、罗汉松等。

2. 灌木

南天竹、紫荆、丝兰、栀子花、十大功劳、桃叶珊瑚、蜡梅、贴梗海棠、红花檵木、木槿、石楠、冬青、四季桂、榆叶梅、火棘、杜鹃、花石榴、黄花槐、小叶女贞、金叶女贞、迎春、紫叶小檗、含笑、伞房决明、海桐、山茶花、茶梅、月季。

3. 竹类

凤尾竹、小琴丝竹、小观音竹、佛肚竹。

4. 藤本

地锦、油麻藤、金银花、紫藤、常春藤、扶芳藤、七里香、三角梅、蔷薇、葡萄等。

5. 草本

萱草、玉簪、美女樱、四季海棠、半枝莲、迷迭香、宿根福禄考、蒲苇、细叶芒、麦冬、美人蕉、葱兰等。

屋顶绿化的养护管理主要是定期检查构筑物的安全性,疏通排水管道,防止被枝叶、泥土等阻塞;注意防风、防倒伏。通过修枝整形,控制植物生长过大、过密、过高。屋顶植物施肥宜用复合型有机肥,要适时浇水以保持土壤湿润,确保植物正常生长,同时应注意检查和防治病虫害。种植土应采用特殊的有机质,减少土壤更换次数,厚度要控制在最低限度。

5.2 墙体垂直绿化

墙体垂直绿化是指利用藤本或其他植物材料装饰建筑物墙面及各种实体围墙表面或运用植物材料本身构造绿色墙体的绿化形式,包括在各类建筑墙面上(如外墙、内廊、屋檐、女儿墙等)的绿化和运用绿色植物形成绿墙的绿化。墙面垂直绿化可极大地丰富墙面景观,增加墙面的自然气息,对建筑外表具有良好的装饰作用。在炎热的夏季,墙体垂直绿化,更可有效阻止太阳辐射、降低居室内的空气温度,具有良好的生态效益。

5.2.1 墙体垂直绿化的特点

1. 不占地面空间,绿视率高

墙面空间绿化不同于地面绿化和屋顶绿化,植物仅附于建筑物外立面,很少或几乎不占地面空间,虽然形式较单一,但绿化效果显著,有较高的绿视率。

2. 保温隔热,降噪除尘

据测试,在夏季,有绿墙的建筑室内温度比无绿墙的低3~5℃。同时,攀援植物叶片上的绒毛或脉纹还可吸尘、反射噪声等。

3. 造价低廉,管护简便

一般来说,由于墙面空间绿化所选用的植物具有生命力强,对土壤、水、肥等生存环境要求较低的特点,因此造价低,管理维护较简便。

5.2.2 墙体垂直绿化的类型

墙体空间绿化根据建筑的结构形态和绿化目的等,一般有以下几种类型:

1. 吸附攀爬型

即将爬山虎、常春藤、薜荔、地锦类、凌霄类等吸附型的藤蔓植物栽植在墙体的附近,让藤蔓植物直接吸附墙面攀爬的绿化(图5.2)。由于不同植物的吸附能力有很大的差异,选择时要根据各种墙面的质地来确定,越粗糙的墙面对植物攀附越有利。在水泥砂浆、清水墙、马赛克、水刷石、块石、条石等墙面,多数吸附类攀缘植物均能攀附,如凌霄、美国凌霄、爬山虎、美国爬山虎、扶芳藤、络石、薜荔、常春藤、洋常春藤等。但对于石灰粉墙墙面的垂直绿化,由于石灰的附着力弱,在超出承载能力范围后,常会造成整个墙面垂直绿化植物的坍塌,故宜选择爬山虎、络石等自重轻的植物种类,或可在石灰墙的墙面上安装网状或者条状支架。

2. 缠绕攀爬型

在墙体的前面安装网支架、格栅,使木通、南蛇藤、络石、紫藤、金银花、凌霄类等卷须类、缠绕类的藤蔓植物借支架绿化墙面。支架安装可采用在墙面钻孔后用膨胀螺旋栓固定,或者预埋在墙内,或用凿砖、打木楔、钉钉、拉铅丝等方式进行。支架形式要考虑有利于植物的攀缘、人工缚扎牵引和养护管理,见图5.3。

3. 下垂型

即在墙面的顶部安装种植容器(花池),种植枝蔓伸长力较强的藤蔓植物,如常春藤、金银花、牵牛、地锦、木香、迎春、云南黄馨、凌霄、扶芳藤、叶子花等,让枝蔓下垂绿化,尤其是开花、彩叶类型装饰效果更好,见图5.4。

图 5.2 吸附攀爬型绿化

图 5.3 缠绕攀爬型绿化

图 5.4　下垂型绿化

图 5.5　植物墙型绿化

4. 植物墙型

即将灌木,如法国冬青、北海道黄杨等,栽植在墙体前面,使树横向生长,呈篱笆状贴附墙面遮掩墙体。即使没有空间也能进行绿化,所以特别适合土地狭小地区(图5.5)。

5. 预制装配构件式

此方法的主要特点就是将建筑预制装配技术与植物人工栽培技术有机地结合在一起,绿化墙主要由承载框架和种植模块两部分组成。承载框架是绿化墙的独立支撑结构,由挂架于建筑外墙合理铰接,绿化墙实际上由多个标准化的种植板块拼装而成,每一个种植板块都是一个独立的、自给自足的植物生长单元。常用的主要有以下三种形式:

1)骨架+花盆式绿化

通常先紧贴墙面或离开墙面 5~10 cm 搭建平行于墙面的骨架,辅以滴灌或喷灌系统,再将事先绿化好的花盆嵌入骨架空格中,其优点是对地面或山崖植物均可以选用,自动浇灌,更换植物方便,适用于临时植物花卉布景,

见图 5.6。

2)模块化墙体绿化

模块化墙体绿化建造工艺与骨架+花盆防水类同,但改善之处是花盆变成了方块形、菱形等几何模块,这些模块组合更加灵活方便,模块中的植物和植物图案通常须在苗圃中按客户要求预先定制好,经过数月的栽培养护后,再运往现场进行安装(图5.7、图5.8)。

3)铺贴式墙体绿化

铺贴式墙体绿化无需在墙面加设骨架,是通过工厂工业化生产,将平面浇灌系统、墙体种植袋复合在一层 1.5 mm 厚高强度防水膜上,形成一个墙面种植平面系统,在现场直接将该系统固定在墙面上,并且固定点采用特殊的防水紧固件处理,防水膜除了承担整个墙面系统的重量外,还同时对被覆盖的墙面起到防水的作用,植物可以在苗圃预制,也可以现场种植,见图5.9。

其他栽植措施同第 4 章介绍的一般树木的栽植规范和技术。

图 5.6　骨架+花盆式绿化

图 5.7　模块化墙体绿化栽植前

图 5.8　模块化墙体绿化栽植羽衣甘蓝 图 5.9　铺贴式墙体绿化

5.3 岩石坡面绿化

岩石坡面绿化技术是通过铺网和喷播作业,在岩石坡面上形成一层植物生养基础,实现在不毛之地的坚硬岩石边坡上种植树草。该技术适用于各种岩石边坡、碎石边、水电站、船闸及其他土木建筑物混凝土墙面的绿化,具有防止水土流失的作用。

5.3.1 岩石坡面生态防护技术

岩石坡面生态防护技术是利用人工合成网等工程材料,在岩石坡面构建一个适合植物生长的功能系统,通过植物的生长活动和其他工程辅助措施进行坡面加固。该技术在日本发展应用得较为成熟,目前在我国大江南北已经较为广泛地应用在矿山复绿、高速公路边坡绿化等工程中。

岩石坡面绿化的形式是多样的,应综合国内外坡面生态防护实践和研究的经验。现将几种常用的坡面生态防护方法的优缺点比较见表 5.1。可见各种方法各有利弊并分别适用不同的坡面,在特定的自然条件和经济技术条件下,应因地制宜地选用这些方法。

表 5.1　几种常用边坡生态防护方法综合比较

种类	方法	优点	缺点	应用坡面
挂网喷播	挂网后,将泥浆状混合物喷射到边坡上	绿化效果快	需较多机械和人力,成本高	岩质边坡或坡面较陡的土石混合边坡
普通喷播	将种子、肥料、水等按一定比例混合成泥浆状喷射到边坡上	绿化效果快,覆盖度高,景观效果好	需较多机械,不利植物长期生长	坡面较缓的土石混合边坡
轮胎固土	将轮胎固定在坡面上,覆客土,然后播种	方法简便,前期景观效果较好	投入高,土层较薄处植物生长受限	岩质边坡
草棒技术	固定草棒和钢丝网,拉紧,排列草棒,固定后覆土	成本较低,方法简便,生态效果好	后期防止水土流失效果不佳	有一定土壤,坡面较缓
草包技术	将种子播撒在两层布质或纸质无纺布中间,制成草包,装土	施工简便	易出现斑秃现象,植物种类单一	岩石边坡,坡面较陡
穴植灌木	直接挖穴,放入客土及肥料,栽种	成本低,施工方法简便易行	覆盖速度慢,后期养护成本高	土石混合,坡面较缓
植生带技术	将带有种子的植生带铺于坡面,固土护坡	方法简便,绿化效果快	植物种类单一,易退化	有一定土壤,坡面较缓
植草技术	按一定规格开挖栽植穴,进行栽植	成本较低,方法简便易行	覆盖度低,易退化	有一定土壤,坡面较缓

种 类	方 法	优 点	缺 点	应 用 坡 面
三维植被网技术	坡顶开挖暗沟;贴地展开网材,顶端固定于暗沟内,播撒草籽,填土	能有效防止水土流失,植草覆盖率较高	需较多机械,不利于植物长期生长	土石混合,坡面较缓
植草塑料固土网垫技术	网垫制作成宽 1 m、长 30 m 或 50 m 的形状,铺于坡面	效果好,节约成本	—	有一定土壤,坡面较缓
HYCEL—OH 液植草护坡	将新型化工产品 HYCEL—OH 液与水按一定比例稀释后和草籽一起喷洒于坡面	施工简单、迅速,不需后期养护,边坡防护、绿化效果好	该产品尚未国产化,价格较高	贫瘠的土质边坡和风化严重的岩石边坡
边坡打孔植草技术	按一定规格于坡面钻孔栽植容器苗木	抗冲刷能力强,植物成活率高	施工难度较大,作业时间相对较长	硬度较大的土质和岩质边坡
土工格室植草护坡技术	在坡面上的固定展开的土工格室内填充改良客土,然后在格室内植草	施工迅速,容易与环境协调,没有圬工护坡的明显人工痕迹,对边坡有较好的稳定加固作用	目前成本优势不明显	岩石边坡,坡面较陡
砌石骨架植草护坡技术	采用砌石在坡面形成框架,结合铺草皮、三维植被网、土工格室、喷播植草、栽植苗木等方法进行防护	对边坡有较好的稳定加固作用	不仅成本较高,而且容易受冻融影响,后期损坏时维修费用也高;从与环境的协调性来看,人工痕迹明显	有一定土壤,坡面较缓

5.3.2 坡面绿化技术方法及实例

1. 施工工序

制作安装坡面锚钉及泄水孔→挂网(加强钢筋连接)→喷播→养护→拆除脚手架。

2. 喷砼工艺流程(图 5.10)

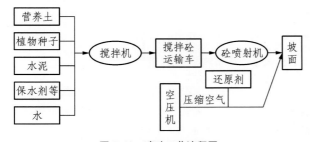

图 5.10 喷砼工艺流程图

2003—2004 年,宁杭高速公路建设期间,为了解决沿线挖方段较多,普遍有水土流失现象的问题,考虑实施坡面生态防护,取代以往的纯工程防护的形式。芦建国、祝遵凌(2005)等人对该路边坡上使用的 8 种防护形式进行了跟踪研究,研究表明几种防护形式在防止土壤侵蚀、绿化视觉效果等方面有一定的差异,比如在防止土壤侵蚀方面,挂网喷播、草棒技术和藤本护坡效果较好,其他几种形式次之。表 5.2 中列举了在该路段中使用的防护形式及选用的植物种类。

表 5.2 宁杭高速公路边坡防护形式及选用的植物种类

生态防护形式	方法和主要植物
挂网喷播(图5.11)	先将铁丝网与坡面固定,种子、肥料、土壤和水等按一定比例混合成泥浆状喷射到边坡上。 马棘木蓝、狗牙根、高羊茅、黑麦草、白三叶、波斯菊、紫花苜蓿、紫穗槐、海桐、小叶女贞、云南黄馨、金钟
普通喷播(图5.12)	将种子、肥料、土壤和水等按一定比例混合成泥浆状喷射到边坡上。 马棘木蓝、狗牙根、黑麦草、高羊茅、白三叶、波斯菊、紫花苜蓿、紫穗槐、海桐、小叶女贞、云南黄馨、金钟
草棒技术	用螺纹钢按一定间距固定草棒和钢丝网,将草棒按一定间距排列,固定后进行覆土。 狗牙根、黑麦草、白三叶、波斯菊、海桐、小叶女贞、云南黄馨、金钟、美人蕉、金丝桃、黄杨、火棘
草护坡	坡面平整后,铺植草坪。 狗牙根、高羊茅
草包技术	将植物种子播撒在两层布质或纸质无纺布中间,装土制成草包。 马棘木蓝、狗牙根、黑麦草、紫穗槐、小叶女贞
藤本护坡	坡面平整后,按一定间距挖穴,栽植植物。 常春藤、狗牙根、白三叶
轮胎固土	将轮胎固定在坡面上,覆客土播种。 狗牙根、黑麦草、马棘木蓝、小叶女贞、紫花苜蓿、云南黄馨
穴植竹子(图5.13)	在坡面上挖出合适的坑穴,穴中放入固体肥料及土壤,栽植植物,然后播草种。 狗牙根、高羊茅、黑麦草、淡竹、苦竹、波斯菊、凤尾竹

图 5.11　挂网喷播

图 5.12　草花混播

图 5.13　竹子穴植

5.4　园林树木的容器栽植

由于现代城市建设的发展，在商业步行街、广场、停车场等城市中心区域，可供植树的地面空间往往有限，水泥地面、沥青路面或地面硬质铺装随处可见，有时地下管道及架空电线密密麻麻，还有的地段受到环境污染，极大地限制了园林树木的栽植。在诸如此类的条件下，为了增加城市绿化量、营造植物景观，容器栽植树木不失为一种行之有效的特殊措施。

5.4.1　容器栽植的特点

容器栽植（图 5.14）的最大特点是具有可移动性与临时性。在自然环境不适合树木栽植、空间狭小无法栽植或临时性栽植等情况下，可采用容器栽植进行环境绿化布置。由于容器栽植可采用保护地设施培育，受气候或地理环境的限制较小，树木种类选择就较自然立地条件下栽植多很多。在北方，利用容器栽植技术，更可在春夏秋三季将原本不能露地栽植的热带、亚热带树种置于室外，丰富

树木的应用范畴。容器栽植的树木，虽根系发育受容器制约，养护成本及技术要求高，但基质、肥料、水分条件易固定，管理与养护方便，栽植成活率高。

5.4.2　栽植容器与基质

可供树木栽植的容器材质各异，常用的有陶、瓷、木、塑料等（见图 5.15）。陶盆透气性好，但易碎，不宜经常搬动；瓷盆多为上釉盆，透气性不良，对树体生长不利；木盆多用坚硬而不易腐烂的杉、松、柏等木料制作，且外部常刷以油漆，既可防腐，又增加美观；强化塑料盆质轻、坚固、耐用，可加工成各种形状、颜色，但透气性不良，夏天受太阳光直射时壁面温度高，不利于树体根系生长；玻璃纤维强化灰泥盆是一种最新的栽植容器，坚固耐用，性能同强化塑料盆，易于运输，但盆壁厚，透气性不良。另外，在铺装地面上砌制的各种栽植槽，有砖砌、混凝土浇筑、钢制等，也可广义理解为容器栽植的一种特殊类型，不过它固定于地面，不能移动。栽植容器的大小选择，主要根据不同类型树木的大小，以容纳满足树体生长所需的土壤为度，并有足够的深度能固定树体。一般情况下容器深度为：中等灌木 40～60 cm，大灌木与小乔木应有 80～100 cm。

a. 容器栽植用于城市街道绿化

b. 容器栽植用于布置墙体垂直绿化

g. 容器栽植用于布置广场绿地

c. 容器栽植用于立交桥绿化

d. 容器栽植用于布置城市休闲空间

e. 容器栽植用于分隔空间

f. 容器栽植用于道路一侧非机动车停车处

h. 容器栽植用于室内绿化

图 5.14　容器栽植的应用与形式

a. 木质容器

b. 陶质容器

c. 塑料容器

d. 混凝土容器

图 5.15　容器材质种类

容器栽植需要经常搬动,故以选用疏松肥沃、容重较轻的基质为佳。常见的有木屑、稻壳、泥炭、草炭、腐熟堆肥等。锯末成本低、重量轻,便于使用,以中等细度的锯末或加适量比例的刨花细锯末混用为好,利于水分扩散均匀。在粉碎的木屑中加入氮肥,经过腐熟后使用效果更佳。但松柏类锯末富含油脂,不宜使用;侧柏类锯末含有毒素物质,更要忌用。泥炭由半分解的水生、沼泽地的植被组成,因其来源、分解状况及矿物含量、pH值的不同,又分为泥炭藓、芦苇苔草、泥炭腐殖质3种。其中泥炭藓持水量高于本身干重的10倍,pH值3.8~4.5,并含有氮(约1%~2%),适于作基质使用。

常用的无机基质有珍珠岩、蛭石、沸石等。蛭石为云母类矿物,在炉中加热至1 000 ℃后,膨胀形成孔多的海绵状小片,无毒无异味,持水力强,透气性差,适于栽培茶花、杜鹃等喜湿树种。珍珠岩属硅质矿物,由熔岩流形成,矿石在炉中加热至760 ℃,成为海绵状小颗粒,容重80~130 kg/m³,pH值5~7,颗粒结构坚固,通气性较好,但保水力差,水分蒸发快,适合木兰类等肉质根树种的栽培,可单独使用或与沙、园土混合使用。

5.4.3 树种选择与养护管理

容器栽植特别适合于生长缓慢、浅根性、耐旱性强的树种。乔木类常用的有桧柏、五针松、柳杉、银杏等;灌木的选择范围较大,常用的有罗汉松、花柏、刺柏、杜鹃、桂花、月季、山茶、红瑞木、榆叶梅、栀子等。地被树种在土层浅薄的容器中也可以生长,如铺地柏、八角金盘、菲白竹等。

自然环境条件下,树体生长发育过程中需要的多种养分,大部分从土壤中吸取。容器栽植因受容器体积的限制,栽培基质所能供应的养分有限,一般无法满足树体生长的需要,施肥是容器栽植的重要措施。最有效的施肥方法是结合灌溉进行,将树体生长所需的营养元素溶于水中,根据树木生长阶段和季节的不同确定施肥量。此外,采用叶面施肥,也是一种简单易行、作用明显的方法。

容器基质的封闭环境不利于根际水分平衡,遇暴雨时不易排水,干旱时又不易适时补充,故根据树体的生长适期给水,是容器栽植养护技术的关键。由于容器内的培养条件固定,可比较容易地根据基质水分的蒸发量,推算出补水需求。例如一株胸径5 cm的银杏,栽植在直径1.5 m,高1 m的容器中,春夏平均蒸发量约为160 L/d,一次浇水后保持在容器土壤中的有效水为427 L,每3天就得浇足水一次。精确的计算可采用在土壤中埋湿度感应器,通过测量土壤含水量来确定灌溉量。水分管理一般采用浇灌、喷灌、滴灌等方法,以滴灌设施最为经济、科学、

并能实现计算机控制、自动管理。

在露地栽植树木困难的一些特殊立地环境,采用容器栽植可提高成活率。一些珍稀树木、新引种的树木、移植困难的树木,可先用容器培育,成活后再行移植。此法在英美等发达国家早已使用,近年来在我国发达地区也引起了重视并逐渐应用。

城市商业区常见的乔木容器栽植系统,若采用滴灌措施,可将连接水管的滴头直接埋在土壤中,水管与供水系统相连,供水量通过微机控制。在容器底部铺有排水层,主要由碎瓦等材料组成,底部中间开有排水孔。容器壁由两层组成,一层为外壁,另一层为隔热层(图5.16)。隔热层对外壁较薄的容器尤为重要,可有效减缓阳光直射,减轻壁温升高对树木根系的伤害。

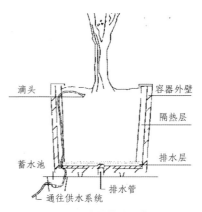

图5.16 容器栽植示意图

5.5 铺装地面园林树木栽植

在具铺装地面的立地环境中植树,如人行道、广场、停车场等硬质地面铺装的立地,建筑施工时一般很少考虑其后的树木种植问题,因此在树木栽植和养护时常发生有关土壤、排灌、通气、施肥等方面的矛盾,需作特殊的处理。

5.5.1 铺装地面栽植的环境特点

1. 树盘土壤面积小

在有铺装的地面进行树木栽植,大多情况下种植穴的表面积都比较小,土壤与外界的交流受制约较大。如城市行道树栽植时容留的树盘土壤表面积一般仅1~2 m²,有时覆盖材料甚至一直铺到树干基部,树盘范围内的土壤表面积极少。

2. 生长环境条件恶劣

栽植在铺装地面上的树木,除根际土壤被压实、透气性差,导致土壤水分、营养物质与外界的交换受阻外,还会受到强烈的地面热量辐射和水分蒸发的影响,其生境比一般立地条件下要恶劣得多。研究表明,夏季中午

的铺装地表温度可高达 50 ℃ 以上,不但使土壤微生物致死,树干基部也可能受到高温的伤害。近年来我国许多城市建设的各类大型城市广场,崇尚采用大理石进行大面积铺装,更加重了地表高温对树木生长带来的危害。

3. 易受机械性伤害

由于铺装地面大多为人群活动密集的区域,树木生长容易受到人为干扰和难以避免的损伤,如刻伤树皮、钉挂杂物,在树干基部堆放有害、有碍物质,以及市政施工时对树体造成的各类机械性伤害。

5.5.2 铺装地面的树木栽植技术

1. 树种选择

由于铺装立地的特殊环境,树种选择应具有耐干旱、耐贫瘠的特性,根系发达,树体能耐高温与阳光暴晒,不易发生灼伤。美国纽约高线公园是在废弃铁路上建成的空中走廊,选用浅根性耐旱的乡土植物是该公园的一大特点,很好地处理了植物与铺装工程的关系(图5.17)。

2. 土壤处理

适当更换栽植穴的土壤,改善土壤的通透性和土壤肥力,更换土壤的深度为 50～100 cm,并在栽植后加强水肥管理。

3. 树盘处理

应保证栽植在铺装地面的树木有一定的根系土壤体积。据美国波士顿的调查资料,在有铺装地面栽植的树木,根系至少应有 3 m³ 的土壤,且增加树木基部的土壤表面积要比增加栽植深度更为有利。铺装地面切忌一直伸展到树干基部,否则随着树木的加粗生长,不仅地面铺装材料会嵌入树干体内,树木根系的生长也会抬升地面,造成地面破裂不平。树盘地面可栽植花草,覆盖树皮、木片、碎石等,一方面提升景观效果,另一方面起到保墒、减少扬尘的作用;也可采用两瓣的铁盖、水泥板覆盖,但其表面必须有通气孔,盖板最好不直接接触土表。如是水泥、沥青等表面没有缝隙的整体铺装地面,应在树盘内设置通气管道以改善土壤的通气性。通气管道一般采用 PVC 管,直径 10～12 cm,管长 60～100 cm,管壁钻孔,通常安置在种植穴的四角。

5.5.3 植物根与铺装地面之间的冲突与解决方法

1. 引起植物根与铺装之间冲突的因素

① 树种 部分根系发达的树种如法桐、香樟等,对路面造成损坏。

② 在较小的种植池内种植根系较大的树种(图 5.18)。

图 5.18 根生长面积较小造成根与铺装地面之间的冲突

③ 土壤黏稠、通气性不佳、水分过量使植物根系生长浅。

④ 因铺装种类差异而造成损坏不同,沥青表面要比 300 mm×600 mm 的混凝土损坏大。

⑤ 种植池的大小。

2. 解决植物根系与铺装之间冲突的方法

(1)优化铺装设计 用较厚材料且在边缘安装护床,可减少移位;在混凝土里加橡胶,可增加韧性;还可在铺装与土壤间留有缝隙,这对植物生长也有好处。

图 5.17 美国高线公园选用浅根性耐旱的乡土植物并很好地处理了植物与铺装的关系

（2）扩大栽植空间 避免在较小的空间内种植较大的树木，可用宽度大于3 m的带状种植池（图5.19）。

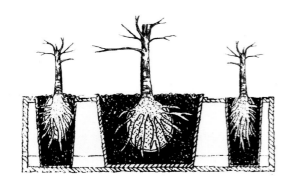

图5.19 根系具有足够生长面积以解决根系与铺装间冲突

（3）清除或松动板结土壤 在铺设铺装之前，土壤常常是板结的。当根系遇到铺装区域，根系因温度和湿度热胀冷缩所产生的差异从缝隙中钻出来时应补救或移除该土。

（4）设置障碍物 一些工具的使用可以引导根系的生长方向，比如在土壤中顺着根系生长一侧放置一挡板。

5.6 干旱地与盐碱地的园林树木栽植

干旱地区常出现生长季节缺水，对树木生长发育影响很大，会造成树木生长不正常，加速树木的衰老，缩短树木的寿命。滨海地区土壤含有大量可溶性盐类，对树木的根系有腐蚀作用，导致生长极差甚至死亡。因此，干旱地和盐碱地园林树木的栽植对园林工作者是一项重大的挑战。

5.6.1 干旱地的树木栽植

1. 干旱地的环境特点

（1）土壤次生盐渍化 当土壤水分蒸发量大于降水量时，不断丧失的水分使得表层土壤干燥，地下水通过毛细管的上升运动到达土表，在不断补充因蒸发而损失的水分的同时，盐碱伴随着毛管水上升，并在地表积聚，盐分含量在地表或土层某一特定部位的增高，导致土壤次生盐渍化发生。

（2）土壤生物减少 干旱条件导致土壤生物种类（细菌、线虫、蚁类、蚯蚓等）数量的减少，生物酶的分泌也随之减少，土壤有机质的分解受阻，影响树体养分的吸收。

（3）土壤温度升高 干旱造成土壤热容量减小，温差变幅加大；同时，因土壤的潜热交换减少，土壤温度升高，这些都不利于树木根系的生长。

2. 干旱地的树木栽植技术

1）栽植时间

干旱地的树木栽植应以春季为主，一般在3月中旬至4月下旬，此期土壤比较湿润，土壤的水分蒸发和树体的蒸腾作用也比较低，树木根系再生能力旺盛，愈合发根快，种植后有利于树木的成活生长。但在春旱严重的地区，在雨季栽植为宜。

2）栽植技术

（1）泥浆堆土 将表土回填树穴后，浇水搅拌成泥浆，再挖坑种植，并使根系舒展；然后用泥浆培稳树木，以树干为中心培出半径为50 cm、高为50 cm的土堆。因泥浆能增强水和土的亲和力，减少重力水的损失，可较长时间保持根系的土壤水分。堆土还减少树穴土壤水分的蒸发，减小树干在空气中的暴露面积，降低树干的水分蒸腾。

（2）埋设聚合物 聚合物是颗粒状的聚丙烯酰胺和聚丙烯醇物质，能吸收自重100倍以上的水分，具极好的保水作用。干旱地栽植时，将其埋于树木根部，能较持久地释放所吸收的水分供树木生长。高吸收性树脂聚合物为淡黄色粉末，不溶于水，吸水膨胀后成无色透明凝胶，可将其与土壤按一定比例混合拌和使用，也可将其与水配成凝胶后，灌入土壤使用，有助于提高土壤保水能力。

（3）开集水沟 旱地栽植树木，可在地面挖集水沟蓄积雨水，有助于缓解旱情。

（4）容器隔离 采用塑料袋容器（10～300 L）将树体与干旱的立地环境隔离，创造适合树木生长的小环境。袋中填入腐殖土、肥料、珍珠岩，再加上能大量吸收和保存水分的聚合物，与水搅拌后成冻胶状，可供根系吸收3～5个月。若能使用可降解塑料制品，则对树木生长更为有利。

5.6.2 盐碱地的树木栽植

本书第2章已介绍土壤盐碱度和盐碱土对树木生长的影响，以下仅对盐碱地树木栽植技术进行阐述。

1. 栽培客土

利用微区改土的原理，对绿化的区域，首先将绿地内原有的盐渍化严重的土壤清理干净，然后再回填pH值、含盐量符合设计要求的种植土进行绿化，即"客土"绿化模式。该方式不受时间、地点限制，施工速度快。

2. 土壤改良

施用土壤改良剂可达到直接在盐碱地栽植树木的目的，如施用石膏可中和土壤中的碱，或施用盐碱改良肥，利用酸碱中和、盐类转化、置换吸附原理，既能降低土壤pH值，又能改良土壤结构，提高土壤肥力。图5.20为盐碱地改良流程图。

3. 客土抬高地面

客土抬高地面，相对降低了地下水位，可解决植物种植初期的成活问题。客土抬高的理想高度，是使地下水位控制在临界深度以下，这样就需要更多的种植客土，客土厚度应该在1.5～2.0 m之间，同时，在盐区区域内，客土容易很快次生盐渍化而影响后期植物的生长和绿化景观效果，因此该技术仍然为一种短期行为，没有解决水盐运动的根本问题。

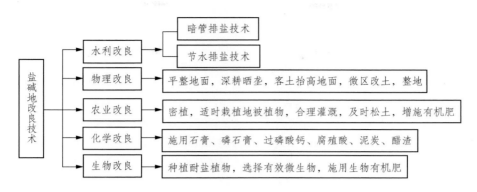

```
                              ┌─────────────────┐
                  ┌──水利改良──┤  暗管排盐技术     │
                  │          └─────────────────┘
                  │          ┌─────────────────┐
                  │          │  节水排盐技术     │
                  │          └─────────────────┘
         盐       │──物理改良──┤平整地面，深耕晒垡，客土抬高地面，微区改土，整地│
         碱       │
         地   ────┤──农业改良──┤密植，适时栽植地被植物，合理灌溉，及时松土，增施有机肥│
         改       │
         良       │──化学改良──┤施用石膏、磷石膏、过磷酸钙、腐殖酸、泥炭、醋渣│
         技       │
         术       │──生物改良──┤种植耐盐植物，选择有效微生物，施用生物有机肥│
                  └
```

图 5.20 盐碱地改良流程图

4. 铺设隔盐层

对盐碱度高的土壤，可采用防盐碱隔离层来控制地下水位上升，阻止地表土壤返盐，在栽植区形成相对的局部少盐或无盐环境。隔离层可使用炉灰渣、碎石子、卵石、麦糠、锯末、树皮、稻草等材料，隔离层铺设厚度一般为30 cm，并用土工布或塑料薄膜与周边的碱土进行隔离，防止绿地四周的碱土中的盐分渗透到绿地内。土工布的底层与隔离层紧密结合，底部用碎石压住20 cm，顶部高出绿地表面约20 cm，并用石块等压紧，防止再回填客土时滑落。

5. 暗管排水

排盐管的铺设一般为水平封闭式。一级管和二级管相结合，一级管的渗入水汇入二级管中，然后流入市政雨水管网排走，若雨水管道埋深较浅不能自行排泄渗水，可在二级管的末端设强排井，定期强排。排盐管底部铺设鹅卵石、炉渣、碎石为隔离层，保证在灌溉和降雨后，重力水通过土壤的非毛细孔隙顺利向下移动，并通过水分的横向运动，降低上层土壤的含盐量。而且由于隔离作用，使下层高含盐水分难以上升，避免上层土壤次生盐化现象。该工艺(图 5.21)主要由种植土、淋层、排盐沟、集水管、排盐管(盲管)、排盐井(观测井)组成，必要时需设强排井。排盐管置于排盐沟中心位置，上铺淋层(碎石 15 cm 或炉渣 20 cm)，淋层上为种植土。

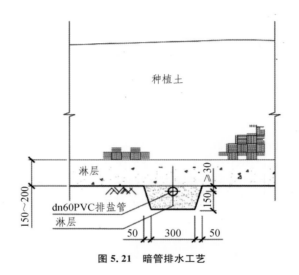

图 5.21 暗管排水工艺

5.7 室内绿化

随着社会经济的迅速发展，现代居住条件随之改善，人们对室内居住环境有了更高的要求，人们也更注重室内装饰。而植物室内栽培美化环境已成为一种时尚，深受人们喜爱。做好植物室内绿化栽培，能改善室内环境质量，促进身心健康，产生明显的生态效应、社会效应和经济效应(图 5.22，图 5.23)。

图 5.22 宾馆大堂绿化景观

图 5.23 与宾馆大堂绿化景观协调
统一的室外绿化景观

5.7.1 室内绿化的作用

1. 陶冶情操

室内植物装饰不仅美化居室，美化环境，更主要的是呈现出一种意境美和艺术美。如置身江南园林中，不只是看到立体的画面，更主要的是体会其意境，感受意境美。室内植物装饰能给人以美的享受，给人以联想，最终实现情景交融、陶冶情操的目的。

2. 美化室内环境

在居室和办公环境中用绿色植物来装饰、美化环境，对观赏植物进行艺术处理，使得其在外观、色彩等方面趋于完美，更加舒适，实现总体美化效果。如用枝叶花朵来对室内建筑结构中刻板的线条、呆滞的形体进行点缀，就会使室内整体氛围显得更加灵动。因此，我们说室内绿化装饰离不开合适的室内观赏植物的点缀。

3. 改善室内空间结构

现代居室空间相对不大，合理、美观地划分空间在室内装饰中显得尤为重要。人们可以根据生活需要对室内环境进行美化，利用成排的植物将室内空间划分，这样划分出不同的自然区域。如攀援的藤本植物是很好的分隔空间的绿色屏风，同时又不破坏空间的整体性，将各区域空间有机结合。此外，室内装饰过程中还可以选择适宜的室内观赏植物来装饰室内难以利用的死角。还可以根据植物自身的高矮、大小调整空间的比例感，提高室内空间利用率。

5.7.2 室内观赏植物的选用

1. 客厅

客厅具有多种功能，是人们日常起居、接待宾客的主要场地。客厅装饰是整个居室绿化装饰工作的重点，因为它不仅能体现主人的情趣爱好，还能呈现主人的身份和地位。通常情况下客厅的绿化装饰要体现出好客和美满的气氛。植物配置切忌杂乱，应力求美观、大方，还要与家具的风格及墙壁的色彩相协调。根据个人需求，如选用马拉巴栗、巴西铁、绿巨人等叶片较大、株形较高大的植物，或利用散尾葵、垂枝榕、黄金葛、绿宝石等为主的藤本植物呈现豪华气派。同时还要在茶几、临近沙发的窗框几案等处放置一些色彩艳丽、小巧玲珑的观叶植物，诸如观赏凤梨、观音莲等，或是放置鲜花等应时花卉。这些都能突出客厅布局的主题，使室内回归大自然，生机盎然。

2. 卧室

调查显示，人的一生大约有1/3的时间是在睡眠中度过的。所以，卧室的装饰十分重要。卧室的植物布置选用上应充分体现有助于休息这一功能，营造出舒缓神经、解除疲劳的气氛。还需要注意到卧室有较多的家具，空间相对狭小，所以要选用小型、淡绿色的植物，与之配套的盆景

色彩最好也是淡雅的。一般可以在案头摆放诸如文竹、蕨类、龟背竹等植物。如果空间相对大一点的话，还可以在地面摆上一些造型规整的植物，如伞树、巴西铁等。

3. 书房

书房植物的选用应以清秀典雅的绿色植物为主，以创造优雅、闲适的环境，缓解主人学习的疲劳，收到镇静悦目的效果。书房设计布置时要根据室内结构、建筑装修和室内配套器物的情况，选择一些可长久放置的、经济适用、色彩淡雅的植物。一般可在书桌上摆设一盆轻盈秀雅的文竹或合果芋等绿色植物，舒缓疲劳；书房的墙角可选择悬垂植物，如常春藤、吊兰等。

4. 餐厅

餐厅的装饰最好能凸显甜美、洁净的主题，一般都可以摆放一些色彩明快的室内观叶植物。一般根据餐厅的面积，多以立体装饰，选小型植物为主。如多层的花架就可陈列一些小巧玲珑的室内观叶植物，诸如观赏凤梨、龟背竹、文竹均可。餐厅的墙角可摆设如黄金葛、荷兰铁等体态清晰的室内观叶植物。这样的装饰都能让人增加食欲，精神振奋。

此外，在门厅入口和走廊过道的绿化装饰选配的植物应以叶形纤细、枝茎柔软为宜，以缓和空间视线，节省空间，活泼空间气氛。

5.7.3 室内植物的栽培

1. 栽培基质

基质的好坏会影响观叶植物的生长。不同的观叶植物对基质的要求稍有差别，但一般应满足下列条件：① 均衡供水，持水性好，但不会因积水导致烂根；② 通气性好，有充足的氧气供给根部；③ 疏松，便于操作；④ 营养丰富，可溶性盐类含量低；⑤ 清洁，无病虫害。优质的基质浇水时渗入性好，不发粘。基质种类繁多，目前常用的栽培基质包括园土、腐叶土、锯末、蛭石、珍珠岩、沙等，但单一种类都有缺点，多种基质混合可以相互弥补缺点，发挥长处。常见基质的配比方法见表5.3。

2. 栽培容器

室内植物的栽培离不开栽培容器。选择花盆时，必须考虑到用盆的大小，花与盆的协调性，以及各种盆具的质地及性能、用途等问题。目前常见的盆有瓦盆、塑料盆、陶瓷盆和木盆四种。瓦盆四周盆土水分蒸发较快，塑料盆和陶瓷盆水分不会从四周蒸发。因此，在室内干燥条件下，瓦盆用水量是塑料盆和陶瓷盆的2倍以上。瓦盆浇水次数多，但不必担心盆土过湿，相反，塑料盆和陶瓷盆浇水次数少，但要防止浇水过多而引起烂根。一般情况下，塑料盆使用较多，这是因为它具有操作简单、造型丰富、价格便宜、功能多样、清洁等多种优点。

表5.3 室内观叶植物常用栽培基质配比表

配 方	通用型		仙人掌类	兰科植物	椰子类	蕨 类	球根类	天南星科
园 土	1/3	1/4	1/4			1/4	1/3	1/3
腐叶土	1/3	1/4	1/4	1/3	1/3	1/2	1/3	1/3
泥 炭				1/3	1/3			
锯 末								1/3
蛭 石							1/3	
珍珠岩	1/3			1/3		1/4		
沙		1/4	1/2		1/3			
厩 肥		1/4						

在选择盆的大小时,根据观叶植物大小平衡考虑,植物长大依次换上大一号的盆。一般出现下列情况时可换盆:① 从盆底长出大量的根;② 土湿而叶枯;③ 浇水时很难渗入;④ 叶逐渐枯萎;⑤ 生育期新芽没有长出;⑥ 叶子上开始出现斑纹。出现以上症状是根拥挤、腐烂的缘故,有必要换上大一号的盆。若想在换盆的时候进行繁殖,或不想使植株太大时,可进行分株。一般在观叶植物的休眠期换盆比较合适。换盆后要充分浇水,但不要过度浇水,否则会抑制根系生长。为了防止萎蔫,可经常给叶面喷水(或喷水雾)。

3. 种植季节

一般较耐寒的室内观叶植物最好在4月份温度较为稳定时候移植;喜温的品种最好在5—6月份移植或分株较合适。种植时候要根据不同植物选择种植容器、种植基质。栽后第一次浇水要浇透。

5.7.4 室内绿化的养护管理

1. 合理浇灌

室内植物的养护管理中最重要的一环就是对植物进行浇水管理。一般情况下都应该遵循干勿湿的原则,平时需要浇水时应一次性浇透,切勿浇拦腰水。另外,根据植物的生长期来具体实施浇水量的大小,如生长期就需大量浇水,休眠期植物停止生长就应该少浇水。比如仙人球、芦荟等植物的自身水分充足,无论哪一生长时期都应该少浇水。季节不同,植物的需水量也有不同。所以要根据不同季节变化决定植物浇水量的大小。一般来说,春夏秋季补充水分要充分、及时。特别是夏季气温高,最好能做到每天早晚浇水各1次。而冬季低温期,要严格控制水分,提高植物的抗寒能力。

2. 合理施肥

肥料分为无机肥和有机肥两种。室内观叶植物是以赏叶为主要目的,所以特别需要氮肥。植物在栽培时须施足经发酵的基肥。在植物的生长期中也要对植物追加速效的无机肥料。

5.8 案例分析

自1851年伦敦世界工业博览会开始,世博会已经走过了160年的历史,正日益成为全球经济文化和科技领域的盛会,担负传播人类的智慧和成果,彰显未来生活理念的社会使命。从2000年汉诺威世博会对场馆的表皮系统与支撑系统和谐统一的内在联系探索,到2005年爱知世博会对垂直绿化技术的集中展示,直至2010年上海世博会大量的场馆综合和深入地运用建筑垂直绿化的设计手法,作为绿色建筑设计中的重要一环,建筑垂直绿化正在以惊人的速度更新和发展着它的理念和技术。

2010年上海世博会选址于上海市中心城区黄浦江两岸综合开发核心段。世博会园区横跨浦江两岸,红线范围内的岸线长达8.3 km,总建筑面积约16.01万km²,具有强烈的亲水特性。作为上海传统工业基地之一,世博会园区内还具有各类丰富的历史遗存,如江南造船厂区(浦西)、上钢三厂区(浦东)等大型历史工业厂区都具有较强的地域文脉特征。基地周边已建和拟建的城市交通网包括城市快速道路(中山南一路、鲁班路)、跨河大桥(南浦大桥、卢浦大桥)、两条隧道(打浦路隧道、石龙路隧道)、四条轨道交通线(地铁6号线、7号线和8号线,轻轨4号线)及2005年批准建设的地铁13号线。世博会园区的选址,是上海中心城旧城改造、浦江两岸功能转型、环境改善和上海城市空间发展战略的重要着眼点。

1. 上海世博会绿化概况

2010上海世博会以"城市,让生活更美好"的创意主题吸引了全世界的目光,东道主利用屋顶绿化、垂直绿化、移动绿化、室内绿化等多元空间绿化,为来自八方的宾客提供了良好的参观环境。各参展国也带来不同的绿化新形式、先进的绿化技术及绿化理念,这些形式新颖、功能多样的绿化景观成功打造了世博园区良好的参观环境,通过运用移动绿化、室内绿化提高了绿化率,实现了绿化形式的多样性,解决了世博会建筑密度和容积率越来越高与迫切需要绿化建设之间的矛盾。世博园区绿地系统结构是"一轴、两带、五园、多契"。5 个功能片区运用道路绿化衔接,加上展示区的配套绿化,构成一个绿化系统网络体系的基本格局。其中包括控制区域6.2 km²,规划区域 5.28 km²,围栏区 3.2 km²。主要的重点范围是动土区域(即规划区域)5.28 km²,区域内公共绿地占22%(也是永久性公共绿地),加上其他广场、道路等,规划绿地率为 50%左右。

垂直绿化作为世博园区空间绿化的一部分,是世博会留给城市园林绿化的风向标。上海世博会的一些主题馆从建造上大量应用了垂直绿化技术,成为本届世博会的亮点之一。

2. 上海世博会垂直绿化技术方法

1) 附壁式

附壁式不需要支架或其他牵引措施,依靠攀缘植物自身特点自由攀爬,形成自然的垂直绿化效果。这种方式一般很少依赖人工设备的辅助,技术要求不高,只要求在建筑设计过程中预留种植空间,满足植物生长需求即可。植物设计主要以吸附类攀缘植物为主,利用植物材料自身的吸附性沿墙面自行攀缘,以布满整个外墙面(图 5.24)。

2) 牵引式

牵引式是在附壁式的基础上,在墙壁上用固定的铁丝网或其他结构作为媒介,对攀爬植物进行牵引形成的垂直绿化效果。牵引式最大的特点是对攀缘植物的生长方向进行引导,生长形态进行控制。这样就能避免植物对建筑物(构筑物)重要部位的覆盖,同时又提高了植物的覆盖速度,设计师通过辅助构件的设置可有效地控制垂直绿化的最终效果。植物一般需要 3~5 年才能实现全面覆盖。牵引绳索与建筑物之间应保持至少 20 mm 的间距(应大于选用植物成景稳定后主干的直径),使植物不会损坏建筑墙面材料。

图 5.24　垂直绿化形式

3) 附架式

附架式就是我们常见的花墙,包括固定框架、栽培容器和浇灌系统,通过金属网架、搭建木架等辅助设施,使植物攀缘在建筑墙面外的构架上,形成离壁式绿化,快速形成绿化墙面的效果,可达到对建筑的遮阳效果。除了辅助设置外,还可在建筑设计过程中预留种植槽或种植箱等作为植物固定的材料。

附架式绿化利用模块与构架结合实现墙面绿化,具体是将各个模块构件通过合理搭接固定在附架上,每个模块的高度一般在60~80 cm之间,里面填满生长基质,由于垂直面的特殊性,模块的内径厚度一般在8~10 cm即可。每个模块都至少有1个栽培植物的孔眼,孔径一般在2.5~3.2 cm之间,每个孔眼的垂直距离一般在25~35 cm之间,定植时一般需要用海绵将植物固定在垂直面上,既可以确保植物稳定生长,又可以避免生长基质的流失。

(1) 灌溉管道布置 附架绿化需要配套水系统进行浇灌,天然雨水无法进入种植介质里。因此在近电源位置需要设计蓄水桶、水泵。出水管一般采用 PE 材料软性滴灌管,正常情况下使用 ϕ16 mm 口径的滴灌管,滴灌管出水均匀,每个出水孔经过贴片处理可以有效地防止堵塞。滴灌管对水泵的性能要求不高,功率 370 W、扬程 30 m 即可满足需要。每个出水孔的距离为 20 cm 或 30 cm,每孔出水量为 2.2~2.5 L/h,每次浇水不宜过多。模块的保水性好,需水较少。滴灌管浇灌不仅可以放置在生长基质

的表面,也可以埋在基质里面而不影响工作,单管的铺设长度最多可达 500 m。

(2) 种植基质 考虑到构架绿化的承重,植物生长基质不可以直接使用田园土,田园土不仅有虫害病害等潜在风险,而且质量较重,长时间种植容易出现土壤板结,不利于植物长期生长,因此基质必须具有轻质、松散适中等重要特点。生长基质一般由泥炭土、煤渣、木屑等混合而成,此类轻基质不仅质量较轻、持水量大、通气性好,有利于植物生长,而且价格便宜。普通土壤的密度约为 2.6~2.8 t/m³,而此类基质的密度一般只有 0.4~0.6 t/m³,即使基质水分饱和时的密度也不会超过 0.8 t/m³,所以轻基质对附架承重不会造成太大影响。

(3) 植物选择 附架绿化可以分层种植,植物可以有多种选择,较高的地方可以种植较矮小的草本花卉,如凌霄、络石、常春藤、矮牵牛等;较低处可以种植一些观赏类蔬菜瓜果,如番茄、草莓、生菜、韭菜等,这样的搭配春夏可观花,秋冬可观叶摘果,既可以达到绿化美观的效果,又可以满足人们休闲生活的需要。

5.9 实验/实习内容与要求

调查南京市区墙体垂直绿化情况。要求拍摄南京市区 10 处以上垂直绿化应用现状,并对垂直绿化形式和植物设计进行分析。

■ 思考题

1. 简述墙体绿化的主要类型。
2. 总结岩石坡面绿化的关键技术和方法。
3. 总结容器栽植的优缺点。
4. 总结盐碱地绿化技术措施。

6　大树移栽

■ 学习目标

　　了解大树移栽的正面和负面影响;掌握大树移栽的一般技术和方法;了解地方性大树移植技术规程;熟练掌握你所在地区常见大树移栽的技术和方法。

■ 篇头案例

　　某研究所家属区拆除旧房,在原地扩大用地面积,拟建新房。旧房附近有 24 株胸径 50～60 cm,树龄 40～150 年的大规格银杏树妨碍建设,需要"搬家"。经报市园林主管部门批准,移至本所 200 m 以外的区域。这些银杏树长势良好,分枝点均在 4 m 左右,树冠 10 m 左右。如何移栽这批银杏? 技术方案应包括哪些环节和内容? 如何在确保移栽成活率的前提下,保护树形的优美? 实践中,类似的问题比比皆是。

6.1　大树移栽概述

　　大树移栽是现代城市园林绿化建设所特有的工作项目,也是植树工程施工所必须研究的课题。移植大树除绿化、香化和美化环境等特有的绿化功能以外,对于城市园林具有特殊的作用。

6.1.1　大树移栽概念

　　大树移栽,即移植大型树木的工程。所谓大树一般是指胸径 15 cm 以上的常绿乔木或胸径 20 cm 以上的落叶乔木,树高 5～12 m,树龄 10～50 年或更长的树木。近年来也有城市移植更大规格的树木,比如胸径在 100 cm 左右,树龄达 100 年以上的树木。大树移栽按树木来源可分为人工培育大树移植木和天然生长大树移植木两类。人工培育的移植木是经过各种技术措施培育的树木,移植后的树木能够适应各种生态环境,成活率较高。天然生长的移植木大部分生长在森林生态环境中,移植后不太适应小气候生态环境,成活率较低。

　　大树移栽条件比较复杂,要求较高,一般农村和山区造林很少采用,但它是城市园林布置和城市绿化经常采用

的重要手段和技术措施。所以,维持树木冠形完整或基本完整,保持其特定的优美树姿,是城市园林建设中大树移栽的基本要求之一。因此,可以把大树移栽的概念理解为,在维持树木冠形完整或基本完整的前提下移植大型树木的工程。

6.1.2　大树移栽的影响

　　大树移栽已成为绿化种植的一部分,与其他事物一样既产生了正面的影响,也有负面的影响。正面的影响如下:

　　(1) 城市景观建设需要　在绿化用地较为紧张的城市中心区域或城市绿化景观的重要地段,如城市中心绿地广场、城市标志性景观绿地、城市主要景观走廊等,适当考虑大树移栽以促进景观效果的早日形成,具有重要的现实意义。种植适量的大树,能立即成荫,当即成林,效果突出。如南京市在"十五"期间,在广场(鼓楼、汉中门、水西门、山西路)、道路(龙蟠路、中山路、机场路)、公园(红山动物园、白马公园、二桥公园、月牙湖公园、雨花台烈士陵园)等建设和改造中栽植了大规格的雪松、香樟、女贞、广玉兰、悬铃木、银杏、白玉兰、石楠、榉树、马褂木、鸡爪槭、三角枫、桂花、水杉等,取得了很好的绿化效果。

图 6.1　上海明珠广场成功移植大量的悬铃木

图 6.2　移植大树并未带来预想的景观效果

（2）城市建设改造的需要　在城市建设过程中，妨碍施工进行的树木，如果被全部伐除、毁灭，将是对生态资源的极大损害。特别是对那些有一定生长体量的大树，应作出保护性规划，尽可能保留。大树移栽是保存绿化成果的一项措施。如图 6.1 所示，上海明珠广场人流量大，成功移植的胸径 20 cm 左右的悬铃木也能较快成林。

（3）提高城市绿化生态效益的需要　园林植物是园林绿地生态效益的"生产者"，根据相关研究表明，以叶面积为主要标志的"绿量"是决定园林绿地生态效益大小的最实质性的因素。大规格树木具有更大的叶面积，可以提高绿量总值，充分发挥园林绿化生态效益的作用，快速改善城市环境质量。

（4）园林造景的需要　园林景观的营造需要选择理想的树形来体现景观的艺术性，但很多幼龄树很难成形，而选用成形的大树成为创造理想作品的必然，使得大树移植在造园和造景中不可缺少。

负面影响主要表现在：

（1）经济投入大　大树移栽虽然有助于改善城市的生态环境，但大树移栽需要较高的栽植养护技术和雄厚的经济基础，技术难度也大，一些地区出现大树移栽成活率过低的现象，费用占整个绿化费用的比例过高。因此，要因地制宜，不能盲目效仿。

（2）破坏树木原生地生态环境和自然资源　目前，一些地方移植的大树来自山野，一定程度上破坏了大树原生地的自然生态环境，移植失败更会造成资源的浪费。因此，应有计划地加强苗圃对大规格苗木的培育工作。

（3）部分大树移栽后恢复太慢，景观效果差　一些地方在移植大树时，为了保证大树成活，不管树木的生态习性和环境的要求，首先就是"砍头去膀"，对树木进行毫无景观价值的强修剪，造成树木在 5 年甚至更长的时间里，都难以恢复正常的生长势，更不用说恢复优美的树冠和树

形了。如图 6.2 所示，南京某小区移植的古树，4 年过后还处于"半死不活"的状态。

6.1.3　我国大树移栽发展简史

1. 新中国成立前

据史料记载，乾隆八年（1743 年）景山等处栽过高达 6 m 左右油松 175 株，白皮松 35 株。在此之前，乾隆四年已在景山栽植白皮松、云杉、油松、桧柏等 980 株，可见当时的绿化规模和移植技术水平已较高。

2. 新中国成立后 50—80 年代

新中国成立后，随着十大建筑的完成，为了尽快绿化环境，北京市的绿化专业队伍采取边研究边应用的方式进行了大树移植工作，1954 年首次在苏联展览馆绿化施工中开创应用大树移植技术，用木箱法移植干径 10 cm，高 4~5 m 常绿和落叶树；1957 年又在人民英雄纪念碑南侧 2 hm² 松林绿化工程中，移植干径 15~20 cm，树高 6~8 m 的油松，木箱规格达 2 m×2 m×1 m，共 506 株。

1959 年新中国成立十周年国庆工程，在天安门广场大批量栽植大树，移植树木规格又有所提高。20 世纪 80 年代以后，移植大树的规格又有大的发展，移植树木胸径为 25~35 cm，树高 10~12 m，用 2.5 m×2.5 m×1.2 m 的木箱移植成功。

3. 20 世纪 90 年代

近些年不断研究和实践移植更大的树木乃至古树，土球方法移植技术不断改进，土球规格也不断加大，掘苗工艺不断改进，用大土球移植法代替小规格木箱移植，不仅大幅度降低了费用，而且成倍地提高了施工速度。按照通行的说法，近些年的"大树进城"始于上海。1997 年上海市政府提出用五年时间，引进 10 万株胸径 15 cm 的大树来扮靓上海街景。这些大树的来源一是外省市及周边农村调整农业产业结构后农民所种，二是道路拓宽需移植的大树，三是上海的生产性苗圃。因此上海移植大树并没有

破坏周边的生态环境。为确保10万株大树有序进城和提高成活率，绿化部门为每棵树建立了档案，进行跟踪管理。5年后，经绿化质监部门鉴定，10万棵大树的成活率超过了既定的指标。某相关人士介绍，上海每株树平均投入5 000元。其管理上也有着较高的科技含量，每棵树的移植都经过了13道工序，由专人负责、挂牌管理。经过一段时间的实践，形成了一整套科学的操作规范和验收标准，使"树挪死"的旧观念不攻自破。据统计，上海外地大树移植成活率达92.6%，市郊大树移植成活率为95.7%。

4. 21世纪以来

随着城市建设的迅速发展和园林绿化水平的快速提高，大树移植在拓宽道路绿化、城区绿地改造、公园建设及庭院绿化等方面的运用越来越普遍，在短期内为提高城市绿地的生态效益，优化绿地结构，改善城市绿地景观起到积极的作用，促进了城市生态环境的形成。进入21世纪以来，我国的大树移栽现状呈现以下几个特点：树木种类多、规格大；无栽植时间的限制；全冠移植，降低大树的修剪量；优质苗源急剧减少；大规格苗木的培育成为主流方向。

哈尔滨从2000年起开始投巨资进行大树移植进城工作。增加绿化率，实施大树进城工程，已成为哈尔滨市建设生态型园林城市的一个重要举措。"六朝古都"南京继2001年成功移植数万棵大树入城后，2002年再次移植4万多棵大树进城。2002年冬天，为建设"森林型生态城市"，大连移植50万株大树。

重庆的"大树进城"工程依托于三峡库区的名贵树种和树木资源。这也许是全国"大树进城"的一个特例。重庆市林业局于2002年5月对"大树移植"提出了相应的意见：对列入国家重点保护植物名录的古树名木、省级以上自然保护区或森林公园内的树木、天然林禁伐区或生态环境十分脆弱地区的树木以及其他需要特别保护地区的树木，未经市林业局批准禁止移植。三峡库区淹没线以下的树木、各项工程建设占用林地范围内的大树、其他非禁止移植区域的大树经批准后可以进行移植。当然，对于三峡库区即将淹没的大批珍贵树种及大树来说，"搬迁"或者干脆"进城"是一种有效的保护手段。三峡库区移民大县云阳县，淹没线以下有400多棵黄桐、小叶榕、龙眼等珍稀大树，大多有几十年甚至上百年的历史。为了不使这些大树葬身于库底，这些大树就成为了"特殊移民"。

自2010年以来青岛市借世园会契机，在市区主要道路及路口节点种植了银杏、朴树、构树、椰榆、对节白蜡等大树，使全市道路景观有所改善，为办好世园会做好铺垫。

6.1.4　大树移栽的特点与适用条件

移栽大树是专业性很强的一项技术工作，要认真研究其本身的特点，具备移植条件时方可进行。

1. 大树移栽要提前规划设计

提前做好大树移植的规划设计，对提高成活率至关重要，可以提前对树木采用断根处理等技术措施。

2. 要认真研究大树原生长地的立地条件

大树的来源，主要来自绿地、山区和郊外，但都要具备足够的土层及按规格能起出土坨和能够包装的土壤，松散的沙质土或因石头砖块过多和地下水位过高等不能严密包装起来的土壤都不宜带土移植，否则影响树木成活。

3. 要具备专业施工队伍

移植大树技术要求复杂，消耗的人力、物力、财力远远超过一般植树工程。作业人员必须经过严格的培训和实际锻炼，必须达到熟练操作程度。

4. 要处理好交通等方面的矛盾

在城市移植大树，从起树地点到栽植地点，必须选择好大树运行的路线，使超宽超高的大树能顺利运行。铁路、公路、立交桥、过街电缆电线，大体高度都在4.5 m以下，如搬运超大规格树木都要设法绕过这些障碍，否则树头就要受到损坏，如无法绕过障碍，就不具备移植大树的条件。根据运输要求，提早考察运输线路，如路面宽度、质量、横空线路、桥梁及负荷、人流量等，做好应对计划，准备好相关的运输设备，如汽车、吊车、绑缚及包装材料等。

5. 大树移栽相应的准备工作

根据绿化工程要求做出详细的树种规划图，确定好定植点，并根据移栽大树的规格挖好定植穴，准备好栽植时必需的设备、工具及材料，如吊车、铁锹、支撑柱、肥料、水源及浇水设备、地膜等。

6. 大树移栽要有足够的经济基础

移植大树与建设单位的经济状况、工程建设资金和项目、绿化资金等息息相关，要考虑移植大树的费用，如苗木费、起苗包装费、吊装运输费、种植费等，还要考虑种植后一段时间内的养护管理费。

总之，移植大树不同于一般的绿化植树，是专业性很强的一项技术工作，同时还需借助于一定的机械才能完成。

6.1.5　大树移栽的树种与规格选择

根据园林绿化施工的要求，坚持适地适树原则，确定好树种、品种规格。描述大树的规格一定要全面，包括胸径、树高、冠幅、树形、树相、树势等。一般易于成活的树种有银杏、柳、杨、梧桐、臭椿、槐、李、榆、梅、桃、海棠、雪松、合欢、榕树、枫树、罗汉松、五针松、木槿、梓树、忍冬等；较难成活的树种有柏类、油松、华山松、金钱松、云杉、冷杉、紫杉、泡桐、落叶松、核桃、白桦等。一般选用乡土树种，经过移栽和人工培育的树种比异地树种、野生树种容易成活，树龄越大成活越难，选择时不要盲目求大。根据确定好的树种、品种和规格，通过多渠道联系和实地考察及成本分析确定好树种的来源,并落实到具体树木。同时做好移栽前各项准备工作,如大树处理、修路、设备工具等。

6.2 国家和地方相关法律法规

为了提高移栽成活率和规范化管理,国家行政部门规定和地方法律法规均有相关的文件明确规定了大树移栽的技术要点和移栽后的养护管理。

6.2.1 国家行政部门规定

2003 年 4 月国家林业局下发了《关于规范树木采挖管理有关问题的通知》,对树木移植进行了法律规定;2009年,全国绿化委员会、国家林业局下发了《关于禁止大树古树移植进城的通知》,明确提出坚决遏制大树进城之风;2012 年 11 月住房和城乡建设部发布了《关于促进城市园林绿化事业健康发展的指导意见》,其中明确指出"要将节约型、生态型、功能完善型园林绿化的具体要求落实到设计方案审查要求中,从源头上控制过大规格苗木、从山区移植古树到城市、引种不适合本地生长的外来植物等不符合科学发展观的做法";2013 年 5 月住房和城乡建设部发布了《关于进一步加强公园建设管理的意见》,其中明确指出公园建设过程中要以栽植本地区苗圃培育的健康、全冠、适龄的苗木为主,坚决制止移植古树名木,严格控制移植树龄超过 50 年的大树;2013 年国家林业局又下发了《关于进一步加强森林资源保护管理的通知》和《关于切实加强和严格规范树木采挖移植管理的通知》,同时,充分利用各种宣传平台发表报道、评论,呼吁制止大树古树非法移植;2014 年,国家林业局发布了《进一步规范树木移栽管理》的通知,杜绝大树古树违法采挖运输运营,禁止使用违法采挖的大树进行城乡绿化。从以上的规定可以看出国家坚决遏制大树进城之风、严格控制大树移植的导向。

6.2.2 地方法律法规

2008 年 8 月,上海市人民代表大会常务委员会公布了《上海市绿化条例》,其中第二十七条、二十八条规定禁止擅自迁移树木,公共绿地上移栽胸径 25 cm 以上的树木、其他绿地移栽胸径 45 cm 以上的树木应向市绿化管理部门提出申请。2014 年 2 月,江苏省绿化委员会公布了《江苏省林业局关于科学开展国土绿化的工作通知》,明确提出要规范大树移栽管理,凡非法采挖、不能全冠移植的大树一律不得用于城乡绿化,鼓励采用苗圃育苗培育良种造林。2014 年 2 月,河南省出台了树木造林绿化的移植标准,明确规定要严格控制大树移栽,严格把好造林绿化苗木规格,除按造林技术规程的方式方法进行造林绿化以外,原则上不能全冠移植或全冠移植要输液的具有一定年龄和径级的树木,均可界定为大树。

6.3 大树移栽技术要点

大树移栽施工的成败优劣直接影响到绿化工程的效果和效益,因此,必须进行精心策划,准确掌握大树移栽流程(图 6.3)、大树移栽的配套技术,栽后加强管理,以确保大树移栽的成功。大树移栽中与栽植有关的一般技术已在第 4 章中介绍,本节仅介绍针对大树移栽特点的相关技术。

6.3.1 大树移栽时期的确定

大树移栽适宜时间在 3 月下旬至 4 月上中旬。此时树木还在休眠,树液尚未流动,但根系已开始萌动处于活跃状态。落叶后至土壤封冻前的深秋,树体地上部分处于休眠状态,也可进行移植。移植时要做到随起、随运、随栽、随浇。

北方最佳移栽时期是早春,适宜大树带土球移栽,较易成活的落叶乔木可裸根栽植。需带大土球移栽且较难成活的大树,可在冬季土壤封冻时带冻土移栽,但要避开严寒期并做好土面保护和防风防寒。春季以后尤其是盛夏季节,由于树木蒸腾量大,移栽大树不易成活,如果移栽必须加大土球,加强修剪、遮阴、保湿也可成活,但费用加大。雨季可带土球移栽一些针叶树种,由于空气湿度大也可成活。落叶后至土壤封冻前的深秋,树体地上部分处于休眠状态,也可进行大树移栽。

南方地区尤其是冬季气温较高的地区,一年四季均可移栽,落叶树还可裸根移栽。移植时间在树木休眠期,春季萌动前和秋季树木落叶后为最佳时间。在城市改建扩建工程中选择可以在生长旺季(夏季)移植,最好选择树木新梢停长且连续阴天或降雨前后。

6.3.2 大树移植前的准备工作

大树移植前的准备工作主要包括了解和掌握苗木生物特性、生态习性及苗木来源地、种植地的土壤等环境因素;做好号苗及苗木处理工作,选择生长强健、发育充实、无病虫害、符合绿化设计要求的苗木,预先进行疏枝、短截及树干伤口处理(涂白调和漆或石灰乳);准备好必需的吊装和运输机械设施(如吊车、平板运输车等)、各种工具、器材、人力及辅助材料,并实地勘测行走路线,制定出详细的起运栽植方案;对栽植地的树穴进行挖掘处理,如雪松树穴除考虑土坨大小外,还要预留出人工坑内作业空间(土坨至坑边保留 40～50 cm),树穴基部土壤保持水平,如需换土,一定要将虚土夯实并用水下沉(防止因土壤不平树木放入后发生倾斜)。移植前应办好有关大树移植审批、检疫手续,制定安全的行车路线及防护措施,对运输沿线进行检查,尽可能事先排除安全隐患。

a. 移植大树的选择

b. 移植前的断根处理

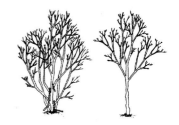
c. 大树地上部分处理

d. 栽植穴准备

e. 大树挖掘

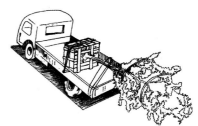
f. 包装运输

g. 大树定植

h. 养护管理

i. 栽后修剪

图 6.3　大树移栽流程图

1. 大树的选择

移植前须用油漆在向阳方位的胸径部位划一个记号。所移植的大树最好选择在交通便利、林分郁闭度小的立地或孤树,平地比斜坡地生长的好移植;在树木直径相同的条件下,树矮的比树高的好移植,树叶小的比树叶大的好,针叶树比阔叶树好,软阔叶树比硬阔叶树成活率高。尽可能选择生长强健、发育充实、无病虫害、符合绿化设计要求的乡土树种。

2. 移植前的断根缩坨

断根缩坨也称回根法,古称盘根法。为提高大树成活率,在移栽前应先根据树种习性、年龄和生长状况,判断移栽成活的难易,决定分 2～3 年于四周一定范围之外开沟,每年只断周长的 1/3～1/2。断根范围一般以干径的 5 倍(包括干径)画圆之外开一宽 30～40 cm、深 50～70 cm 的沟。挖时最好只切断较细的根,保留 1 cm 以上的粗根,于土球壁处,呈环状剥去宽约 10 cm 的皮。涂抹 0.001% 的生长素(萘乙酸等)有利促发新根。填入表土,适当踏实至地平,并灌水。为防风吹倒,应呈 120°设立支架。经提前 2～3 年完成断根缩坨后的大树,土坨内外发生了较多的新根,尤以坨外为多。因此在起掘移植时,所起土坨的大小应比断根坨向外放宽 10～20 cm。为减轻土坨重量,应把表层土铲去。下面介绍一般情况下大树移栽前的断根处理,即在移植前段时间内进行的,而不是提前 2～3 年。

1) 断根时间　我国北方地区应在栽植前的头一年春天断根。南方常绿乔木的断根时间为移植前的 20～25 天;落叶乔木为移植前约 30 天,视树龄大小适当调整,树龄大断根时间长些,树龄小断根时间较短。断根时间会受到原地墒情、天气、季节等因素的影响,因此必须加强观察和总结,因时因地确定断根时间。

2) 修剪整形　大树断根前,就要进行修剪和整形,一般来说落叶乔木易发枝的剪去树冠的 1/2,不易发枝的剪去树冠的 1/3,常绿树一般只剪去影响观赏的重叠枝、病虫枝和不需要的老弱枝。这样便于吊装运输,同时减少大树的枝叶量,与地下根系保持平衡,截口较大处应用蜡封住,以防失水过多。

6.3.3　大树挖掘

1. 挖掘断根、回填原土

首先要确定好开挖直径,一般落叶树种开挖直径以树干直径的 5 倍以上为宜。常绿树种开挖直径为树干直径的 6～8 倍为宜,棕榈科大树则只需头径的 2～3 倍即可。

其次要确定断根深度,断根深度一般为移植土球厚度的2/3,断根时要修根,修根的原则要以不伤主根和利于包扎土球为宜,按土球要求规格预留好土球。最后是进行原土回填,挖掘出的原土去除石块、树根等杂物后,将细土回填,填满即可。

2. 喷水保湿与防积水淹根

断根后的大树,要注意经常观测,如阳光强烈、温度高的天气要进行喷水保湿,雨季则要注意严防根部积水。

3. 大树地上部分处理

移栽大树必须做好树体的处理,对落叶乔木应根据树形要求对树冠进行重修剪,一般剪掉全部枝叶的1/3～1/2。树冠越大,伤根越多,移栽季节越不适宜,越应加重修剪,尽量减少树冠的蒸腾面积。对生长快、树冠恢复容易的槐、枫、榆、柳等可进行去冠重剪。裸根移栽的应尽量多保留根系,并剪掉断根、枯根、烂根,短截无细根的主根,并加大树冠的修剪量。对常绿乔木树冠应尽量保持完整,只对一些枯死枝、过密枝和树干上的裙枝进行适当处理,根部要带土球移栽。

4. 大树挖掘

经过断根处理的大树,在根部出现断根愈伤组织、新根抽发前为最佳起掘时间。是否带土球和土球大小应根据树木习性、立地条件、移植季节等情况综合考虑,并以此确定挖掘的方法和具体操作要求。起掘时要用绳索固定好树木,以防在起掘过程中发生猝倒而折断枝丫或土球散裂。挖掘裸根苗木时,首先保证苗木根系少受损伤。对于常绿树种,移栽时必须带土坨,土坨直径为树高的1/3左右,土坨要完好、平整。土坨形似苹果,底部不超过土坨直径的1/3,用蒲包或麻绳捆绑紧。

挖掘时应沿规定的根幅外圈垂直向下挖,遇粗根时用手锯锯断,以免根部劈裂,当侧根全部挖断后,将树身推倒并切断主根,尽量不伤根皮和须根,保留原土,土球直径大于 1 m 时,为便于包扎土球,土球四周的沟槽一般应大于 60 cm,土球挖好后用湿草袋和草绳包扎后待运输。

带土球树和裸根挖掘起运前,要初步修剪,并将树冠用绳索捆扎拢冠,树冠用草绳缠绕,以利保护树冠和方便车运。土球的捆绑密度应视土质和土球体积而定,土球体积较大的应多缠草绳,以免搬运过程中土球散裂。

6.3.4 栽植穴准备

大树在栽植前应根据树木的生长习性,定好栽植位置,改良土壤(包括肥力、酸碱度),提前挖好栽植穴。栽植穴直径要比移栽土球直径大 30～40 cm,深度超出土球高度 15 cm 左右,挖坑时要将表土和底土分开放置,同时将土中的杂质清理干净,为促进生根和树木尽快生长,要在穴内回填熟土和增施有机肥。此外要根据树木的规格预先做好栽植穴的排水等工作。

6.3.5 包装、运输和定植

1. 包装

包装材料及方法要根据树体和土球大小、土球土壤密度、运输距离综合考虑。目前国内普遍采用人工挖掘软材包装移栽法,适用于挖掘圆形土球,树木胸径为 10～15 cm 或稍大的常绿乔木,用蒲包、草片或塑编材料加草绳包装,图 6.4 左图是常用的软材包装移栽法,图 6.4 右图是运至栽植地待栽植的大银杏,为防止水分散失、土球干燥,在草绳包装外裹上塑料薄膜。包装也可采用木箱包装移栽法,要挖掘方形土台,适宜移栽树木的胸径为 15～25 cm 的常绿乔木。北方寒冷地区可用冻土移栽法。

图 6.4　软材包装移栽法

图 6.5　大树吊运树干裹软隔垫　　　　　图 6.6　大树装车　　　　　图 6.7　吊车卸下大树

2. 运输

大树运输装卸作业质量的好坏是影响大树移栽成活的关键环节,因为在运输装卸过程中往往容易造成生理缺水、土球散落、树皮损伤等后果,因此,要尽量缩短运输装卸时间,运输前对树木进行适量修剪,运输过程中要慢装轻放、支垫稳固、适时喷水。大树吊运是大树移栽中的重要环节之一,直接关系到树的成活、施工质量及树形的美观等。一般采用起重机吊装或滑车吊装、汽车运输的办法完成。机械吊装,应准备相应的钢丝、绳索和垫底材料,钢丝的主绳应固定在土球上,在树干上搭绳要有软隔垫(图 6.5)。由专人指挥,在吊车起吊的操作面要特别注意安全。装车时用隔垫材料固定树干,枝条超宽、超高、超长的进行再次修剪,并用绳索捆扎牢固。树木装进汽车时,要使树冠向着汽车尾部,根部土球靠近司机室(图 6.6),树干包上柔软材料放在木架上,用软绳扎紧,树冠也要用软绳适当缠拢,土球下垫木板,然后用木板将土球夹住或用绳子将土球缚紧在车厢两侧。一般一辆汽车只吊运 1 株树,若需装多株时要尽量减少互相影响。无论是装、运、卸时都要保证不损伤树干和树冠以及根部土球。

苗木过于高大,运输路线上有架空线路时,必须使苗木保持一定的倾斜角度放置。为防止下部枝干折伤,在运输车上要做好支架,起运吊装。要准备好人工起运用的抬杠、抬绳、跳板、衬垫等材料,且道路要修整好。土球底部垫上垫板后,抬绳搭在垫板上才能起运。在运输途中如有架空线较低,则用竹竿支撑,如发现捆绑不牢而滑动,应及时停车加固。人工卸车应将跳板和支撑固定牢实,向外移动土球时,不得拖树干或树冠。

用吊车卸下裸根大树,先要确定树冠的朝向再在树坑中立稳;带土球的大树下车时,因土球重,不能一次定位,应斜放在树坑中,斜放时将树冠的朝向摆好。用吊车吊苗时,钢丝绳与土球接触面应放 1 寸厚的木块,以防止土球因局部受力过大而松散,钢丝绳与树干接触处应裹上麻布等,以免损伤树皮(图 6.7)。

3. 定植

正式移栽前,先在穴底铺一层营养土,紧接着拆除土球上的包扎物,借助吊车把大树缓缓放入穴中,将树冠立起扶正,仔细审视树形和环境,移动和调整树冠方位,要尽量符合原来的朝向,并将最佳观赏面朝向主要观赏方向。保证定植深度适宜,然后拆除土球外包扎的绳包或箱板(草片等易烂软包装可不拆除,以防土球散开),分层夯实,把土球全埋于地下。最后做好水堰,灌足透水。

栽植前要检查树坑的大小和深度是否符合要求,是否需要做排水设施,是否需要放通气管等。土质黏重的坑应用河沙或沙壤土填垫底部,并设置呼吸管(图 6.8)。对树冠进行修整时,剪口用泥浆封顶,再包上防水袋。如树木过高,在中上部系上辅助绳。按照树木的朝向放入树坑,用钢钎撬动土球将树木扶正,剪断草绳(若为麻绳必须取出),取出蒲包或麻袋片,土球周围喷洒生根粉溶液,分层填土,边埋土边夯实,用木棒将埋土分层捣实,填土比原印迹高出约 30 cm。裸根树木栽植时,根系要舒展,不得窝根,当填土至坑的 1/2 时,将树干轻轻提几下,再填土、夯实,栽植深度略深于原来的 2～3 cm。栽植时要保持树木直立,分层埋土踏实。

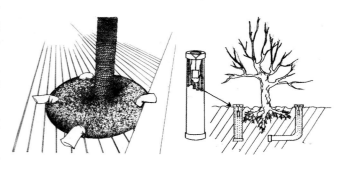

图 6.8　设置呼吸管

128

图 6.9 支柱与树干相接处垫上棕丝

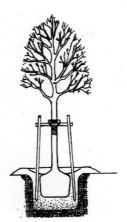

图 6.10 大树的支撑

a. 支撑杂乱对环境造成一定影响

b. 钢丝绳支撑效果较好

图 6.11 大树支撑的影响

图 6.12 围堰浇水

6.3.6 大树移植后的养护管理

大树移植后要立即围堰浇水,并设立支撑进行抚育工作。同时要做好精心的养护管理工作,包括地上部分保湿、水分与土壤管理、人工促发新根等,都是新移植大树成活的重要措施。

1. 支撑

树木定植后,要设立支架、防护栏,支撑树干,防止根部摇动、根土分离而影响成活,支撑形式因地制宜。由于树体较大,更要注意支柱与树干相接部分要垫上蒲包片或棕丝,以防磨伤树皮(图 6.9)。

大树的支撑形式应结合环境综合考虑,尤其是在园林绿地中更应考虑与环境的协调性,以及是否存在各种安全隐患等(图 6.10)。一些绿地中移植的大树,支撑杂乱无章,对环境造成了一定程度的影响(图 6.11a),而用钢丝绳作支撑影响则较小(图 6.11b)。

2. 围堰浇水

大树移植后应立即围堰浇水(图 6.12),灌一次透水,浇足定根水,保证树根与土壤紧密结合,保持土壤湿

润,促进根系发育。一般春季栽植后应视土壤墒情每隔5~7 d浇水,连续浇3~5次。灌水后及时用细土封树盘或覆盖地膜保墒,防止表土开裂透风。在生长旺季栽植,因温度高、蒸腾量大,除定植时灌足饱水外,还要经常给移植树洒水和根部灌水。在夏季还要多对地面和树冠喷水,增加环境湿度,降低蒸腾。移栽后第一年秋季,应追施一次速效肥,次年早春和秋季也至少施肥2~3次,以提高树体营养水平,促进树体健壮生长。浇水的方法也可以使用喷灌等,目前在大树移栽过程中已经使用,效果较好,特别是用于雪松、香樟等常绿树中的移栽。

3. 养护管理

大树移栽后的精心养护,是确保移栽成活和树木健壮生长的重要环节之一,绝不可忽视。

1) 地上部分保湿

新移植大树由于根系受损,吸收水分的能力下降,所以保证水分充足是确保树木成活的关键。除适时浇水外,还应据树种和天气情况对树体进行喷水雾保湿或树干包裹。必要时结合浇水进行遮阴。

图 6.13　包裹树干

（1）包裹树干　为了保持树干湿度,减少树皮水分蒸发,可用浸湿的稻草绳、麻包(图 6.13)、苔藓等材料严密包裹树干和比较粗壮的分枝,从树干基部密密缠绕至主干顶部,再将调制的黏土泥浆糊满草绳,以后还可经常向树干喷水保湿。北方冬季用草绳或塑料条缠绕树干还可以防风防冻。上述包扎物具有一定的保湿性和保温性,经包干处理后,一可避免强阳光直射和热风吹袭,减少树干、树枝的水分蒸发;二可贮存一定量的水分,使枝干经常保持湿润;三可调节枝干温度,减少高温和低温对枝干的伤害,效果较好。

（2）树冠喷水　树体地上部分特别是叶面,因蒸腾作用而易失水,必须及时喷水保湿。喷水要求细而均匀,喷及地上各个部位和周围空间,为树体提供湿润的小气候环境。可采用高压水枪喷雾,或将供水管安装在树冠上方,根据树冠大小安装一个或数个喷头进行喷雾,效果较好,但较费工费料。有人采取"吊盐水"的方法,但喷水不够均匀,水量较难控制,一般用于去冠移植的树体。大树移栽抽枝发叶后,仍需喷水保湿。

（3）遮阴　大树移植初期或高温干燥季节,要搭制荫棚遮阴,以降低棚内温度,减少树体的水分蒸发。在成行、成片种植,密度较大的区域,宜搭制大棚,省材又方便管理;孤植树宜按株搭制。要求全冠遮阴,荫棚上方及四周与树冠保持 50 cm 左右距离,以保证棚内有一定的空气流动空间,防止树冠受日灼危害;遮阴度为 70% 左右,让树体接受一定的散射光,以保证树体光合作用的进行,以后视树木生长情况和季节变化,逐步去掉遮阴网。

2）水分与土壤管理

（1）控水排水　新移植的大树,其根系吸水功能减弱,对土壤水分需求量较小。因此,只要保持土壤适当湿润即可。土壤含水量过大,反而会影响土壤的透气性能,抑制根系的呼吸,对发根不利,严重的会导致烂根死亡。为此,一方面要严格控制浇水量,移植时第一次浇透水,以

后视天气情况、土壤质地检查分析,谨慎浇水,同时要慎防对地上部分喷水过多,致使水滴进入根系区域。另一方面,要防止树穴内积水,种植时留下浇水穴,在第一次浇透水后即应填平或略高于周围地面,以防下雨或浇水时积水。同时,在地势低洼易积水处,要开排水沟,保证雨天及时排水,做到雨止水干。此外要保持适宜的地下水位高度（一般要求 1.5 m 以下）。在地下水位较高时,要做到网沟排水;汛期水位上涨时,可在根系外围挖深井,用水泵将地下水排至场外,严防淹根。大树移植后,据树种不同,对水分的要求也不同,如悬铃木喜湿润土壤,而雪松忌低洼湿涝和地下水位过高,故悬铃木移植后应适当多浇水,而雪松雨季要注意及时排水。

（2）提高土壤通气性　保持土壤良好的透气性能有利于根系萌发。为此,一方面我们要做好中耕松土工作,慎防土壤板结。另一方面,要经常检查土壤通气设施(通气管或竹笼),发现堵塞或积水的,要及时清除,以经常保持良好的透气性能。

3）人工促发新根

（1）保护新芽　新芽萌发,是新植大树进行生理活动的标志,是大树成活的希望。更重要的是,树体地上部分的萌发,对根系具有自然而有效的刺激作用,能促进根系的萌发。因此,在移植初期,特别是移植时进行重修剪的树体萌发的芽要适当加以保护,让其抽枝发叶,待树体成活后再行修剪整形。同时,在树体萌芽后,要特别加强喷水、遮阴、防病防虫等养护工作,保证嫩芽、嫩梢的正常生长。

另一方面,对某些去冠移植的大树,萌芽、萌蘖迅速且密集,应及时根据树形要求摘除部分较弱嫩芽、嫩梢,适当保留健壮的嫩芽、嫩梢,除去根部萌发的分蘖条,以免过多的嫩芽、嫩梢对水分和养分的分散及消耗。

（2）生长素处理与根系保护　为了促发新根,可结合浇水加入 200 mg/L 的萘乙酸或 ABT 生根粉,促进根系

提早快速发育。北方的树木特别是带冻土移栽的树木,移栽后需要泥炭土、腐殖土或树叶、秸秆以及地膜等对定植穴树盘进行土面保温,早春土壤开始解冻时,再及时把保温材料撤除,以利于土壤解冻,提高地温,促进根系生长。

4)其他技术措施

新移植的大树,抗性减弱,易受自然灾害、病虫害、人和禽畜危害,必须加强防范,具体要做好以下几项防护工作。

(1)支撑固定　树大招风,大树种植后即应支撑固定,慎防倾倒。正三角桩最利于树体稳定,支撑点以树体高 2/3 处为好,并加垫保护层,以防损伤树皮。

(2)防病防虫　新植树木抗病虫能力差,要根据当地病虫害发生情况随时观察,适时采取预防措施。坚持以防为主,根据树种特性和病虫害发生发展规律进行检查,认真做好防范工作。一旦发生病情、虫害,要对症下药,及时防治。

(3)科学施肥　对新栽的树木进行施肥可以帮助树木尽快地恢复生长势。大树移植初期,根系吸肥能力低,宜采用根外追肥,一般半个月左右一次。用尿素、硫酸铵、磷酸二氢钾等速效肥料制成浓度为 0.5%～1% 的肥液,选早晚或阴天进行叶面喷施,遇雨天应重喷一次。根系萌发后,可进行土壤施肥,要求薄肥勤施,慎防伤根。

(4)夏防日灼冬防寒　北方夏季气温高,光照强,珍贵树种移栽后应喷水雾降温,必要时应做遮阴伞;冬季气温偏低,为确保新植大树成活,常采用草绳绕干、设风障等方法防寒。长江流域许多地方新移植大树易受低温危害,应做好防冻保温工作,特别是对热带、亚热带树种北移更应重视。因此,在入秋后要控制氮肥,增施磷、钾肥,并逐步延长光照时间,提高光照强度,以提高树体及根系的木质化程度,提高自身的抗寒能力。在入冬寒潮来临前,可采取覆土、地面覆盖、设立风障、搭制塑料大棚等方法加以保护。

新移植大树,也可根据树木本身和环境需要,采取保水措施和挂滴营养液等措施(图 6.14、图 6.15)。

总之,新移植大树的养护方法、养护重点,因其环境条件、季节、气候、树体的实际情况和树种的不同而有所差异,需要我们在实践中进行不断的分析、总结,因时、因地、因树灵活地加以运用,才能收到预期理想的效果。

6.3.7　成活调查与补植

大树是否成活是检验移栽成果的依据,进行有针对性的调查可为提高大树栽植成活率提供有力的依据,从而保证后期补植大树的成活。

大树成活调查可按下列不同的因素进行分类调查,从而能更全面、更准确地判断大树死亡原因,为后续工作提供技术支持。表 6.1、表 6.2、表 6.3、表 6.4 给出了不同因素的调查内容示例。

图 6.14　保水措施

图 6.15　挂滴营养液

表 6.1　栽植时间调查表

种植时间	调查株数		成活株数		成活率(%)		总成活率(%)	备　注
(月份)	常绿	落叶	常绿	落叶	常绿	落叶		
3—5								
6—7								
9—10								
11—12								

表 6.2　大树规格调查表

胸径（cm）	树　种	调查株数	成活株数	成活率	衰退株数	衰退率	备　注
$\phi10\sim14$							
$\phi15\sim20$							
$\phi20$ 以上							

表 6.3　树种调查表

树　种	调查株数	成活株数	成活率	衰退株数	衰退率	备　注

表 6.4　苗源地调查表

苗源地	调查株数		成活株数		成活率（%）		总成活率（%）	备　注
	常绿	落叶	常绿	落叶	常绿	落叶		
江　苏								
浙　江								

开展补植是因为原来种植的大树长势不佳或死亡造成景观效果差，为保证景观效果的延续性而开展的种植活动。因此补植工作不能盲目开展，需要分析大树死亡的原因，综合各方面因素制定补植方案，按照不同种大树的生物学特性，在不同的季节采取不同的措施进行补植，从而提高补植成活率。

补植工作开始前需要了解补植地块的土壤质地及管护状况等，结合成活调查结果进行深入分析。如因管护不到位造成的死亡，补植后就要进行精细化管理；如因土壤酸碱度的差异，例如将喜酸性的植物种在碱性土壤中，就需要进行局部客土以改善小区域的土壤环境；若因通风透光不足造成的死亡，就要对绿地内大树进行疏枝，提高绿带的通透性。总之要尽可能地为补植创造好的立地条件，以便补植后不再出现类似的现象。

与新植相比较，补植工作总量不算太大，但工作程序却非常繁杂。每一处地点的状况都不相同，在制定方案时要结合每一处补植地的实际状况，对整地挖穴种植等涉及的项目及工序都制定明确的标准及要求，便于施工人员操作。因受施工场地等的限制，补植经费相对大于新植的经费，往往补植一棵树要花上新植几棵甚至十几棵的经费，因此在制定经费预算时要综合考虑多方面的因素。

6.3.8　过密树的移植与老树的清除

树木生长过密或树木衰老后，不仅影响观赏的效果，而且会影响正常枝条和根系的生长，所以应及时进行移植或清除，以保证树木的成活率和观赏效果。

1. 生长过密树的移植

造成树木栽植过密的原因很多，多数是因为在绿化施工时，为了追求前期的观赏效果，将树木栽植得较密造成的。有的是为了节约资金，在苗木出圃季节，遇到理想的苗木先买下来，结合栽植进行短时间的围苗，准备在反季节施工时再用，结果后来由于种种原因没有使用，也没有进行适当的栽植，苗木越长越大，造成树木植株过密。有的则是因为不按照设计进行施工，又不了解树木的生长习性，随心所欲地栽植造成的。总之，各式各样的原因致使树木出现生长过密的现象。

不管什么原因造成树木生长过密，都应该及早、及时地进行间密移植。这里的"及时"非常重要，不然，一旦树木生长出现过密现象，不但影响绿化景观效果，而且还会缩短树木的寿命，也给以后的移植造成诸多的不利。因为树木越来越大，临近树木的枝条、根系彼此交错穿插生长，如移植一株树木，很可能要伤及几棵树木的枝条和根系，同时挖掘出来的树木柱形已经不完整，通常利用价值不大；就算能够应用，这时树体已经较大，起挖、吊装、运输都非常麻烦，又增加经费开支。所以，要避免树木栽植过密。首先，要求施工时一定按设计要求去做，不要随意过密地栽植；第二，如果为了绿化效果需要栽植较密，也要注意及时地间密移植；第三，要尊重科学，栽植时一定要了解树种的生物学特性，按其特性采用相应的株行距。

2. 老树的清除

生长、发育、衰老、死亡是树木生长发育的自然规律。园林中很多树木由于生长时间的关系，开始衰老。树木衰老以后，影响观赏效果，如果没有保存的必要，必然要伐除，重新进行栽植。

老树伐除时应注意如下事项：

① 老树或死树伐除前，应报请相关部门检查、批准后方可实施，绝不可自行伐除，以避免有人借剔除老树之名，私自砍伐或挖掘树木，达到利用木材或栽植的目的。

② 在砍伐树木之前，应召开有关技术人员的会议，研究讨论伐除的方案、步骤及有关事项。

③ 伐树时，先将上面的树枝尽量剪除一些，减少树体的重量，以减少危害性。如果树体太高，应该将树身分为

几段锯除,以免伐树时出现危险。注意周围的建筑设施和树木,不要造成损坏。

④ 砍伐老树或死树要注意安全,砍伐树木时一定要按操作程序进行;所用的工具要锋利、要快;工作人员应穿好工作服,戴好安全帽和手套;工作时精神要集中,绝不可说笑打闹,以免出现危险。

⑤ 老树和死树砍伐以后,应将树根挖出,立即进行补栽,特别是在公园和街道上。因为树根的存在,一方面会影响行人,另一方面影响美观。补种树木时应注意,不适宜重茬的树木种类不要再栽植原来的树种,应栽植另外的树木种类,以免造成不必要的麻烦。

6.3.9　大树裸根浅埋高栽技术与机械移植技术

浅埋高栽技术是针对很多大树不能采取或来不及提前采取断根缩坨而使用的新技术。方法是在合适的季节,将大树树冠强度修剪后,裸根移除,然后根据大树尺寸及数量,选择地势平坦但不积水地块,整平床面并挖排水沟。栽植时先按树干 12 倍的口径挖穴,深 10 cm,再填满河沙黄心土(河沙与黄心土比为 1:1),然后将树定植于穴中央,再用黄心土培土压实,培土时掩埋的高度要比原土痕深(为便于堆高,必要时四周用砖堆砌),使整个苗床高出

地面 20～30 cm 以上。由于浅埋高栽技术不是将大树深埋于地下而是高高隆起于地表,较好地解决了基质通气与树干护土保湿的矛盾,成活率较高(图6.16)。浅埋高栽技术对苗木移植季节有较高要求,需在适宜的季节,且对树冠修剪较多,因此也存在一定的不足。对景观效果要求高且较难移植成活的大树不宜采取此法。

图 6.16　大树高栽示意图

近些年,关于带土球移植大树逐渐实现了机械化(图6.17),在国内将这种新型的植树机械取名为树木移植机,

a. 掘苗

b. 修整土球表土

c. 移至就近包装处并
调整包装布对准土球

d. 放下土球

e. 包装

f. 包装成品

图 6.17　机械起挖与包装苗木过程

又名树铲,主要用来移植带土球的树木,可以连续完成挖栽植坑、起树、运输、栽植等全部移植作业。树木移植机分自行式和牵引式两类,目前各国大量发展自行式树木移植机,它由车辆底盘和工作装置两大部分组成。车辆底盘一般都是选择现成的汽车、拖拉机或装载机等稍加改装而成,然后再安装工作装置,包括铲树机构、升降机构、倾斜机构和液压支腿四部分。

树木移植机的优点主要包含以下几个方面:(1)生产率高,比人工移植高5～6倍,成本较人工下降了50%以上,并且树木径级越大效果越显著;(2)移植成活率较高,几乎可以达到100%;(3)延长了移植的时间和时令,春夏季节都可进行,在冬季的南方也可进行;(4)适合了不同城市的不同土壤环境,甚至在石块、瓦砾较多的地方也可以作业;(5)减轻了人工劳作的强度,提高了作业的安全性。在距离远、交通方便的平坦圃地移植效率更明显。它与传统的移植相比,使原本分步进行的众多环节联成一体,使挖穴、起树、吊运、栽等成为一个整体,真正实现了随挖、随运、随栽的流水作业,并免去了许多费工的辅助操作,将会成为今后广为普及的一种移栽方法。图6.17所示为机械起挖与包装苗木的过程。

6.4 地方性大树移植技术规程

大树移植因其能促进景观效果的早日形成,已广泛应用于现代城市园林绿化建设中。目前,各省市已相继出台了地方性大树移植技术规程,尤其是北京市、青岛市和重庆市,其相关的法律法规已较完善,值得园林工作者学习和借鉴。

6.4.1 北京市大树移植技术规程

1. 总则

1.1 大树移植是城市绿化建设中的一种重要技术手段,为了统一技术标准,提高施工质量,使移植大树工程纳入科学化、规范化的管理轨道,特制定本规程。

1.2 本规程适用于本市新建,扩建,改建的公共绿地,居住区绿地,单位附属绿地,城市风景林地,道路绿化以及配合城市改建中的大树移植工作。

1.3 本规程适用于移植干径15～40 cm的乔木或需带直径1.5～3 m土块移植的树木。

1.4 为了保证施工安全和树木移植成活率,上岗人员必须是有经验的技术人员或经过园林部门的培训审核技术工人方可参与该工程。

1.5 本规程是根据北京市园林局系统职工几十年的实践经验和技术总结制定的。

2. 术语

2.1 木箱移植:指移植大树时,根部带土块重量较大,为确保移植过程土块的完好,采取用木箱包装移植。

2.2 缩根法:在大树移植前1～2年,将根系按预定移植时的大小,环树挖60～80 cm宽的沟,将根切断,再还回松散的营养土,使其在根的断口处愈合生新根,利于移植时成活。

2.3 修坨:指土球或木箱移植时对土球或土台,按规格标准修理整形。

2.4 掏底:对土球、土台底部进行挖去土壤和断根。

2.5 腰绳:在土球高的中间部位,缠绕草绳。

2.6 双股双轴:指土球包装时,草绳两根并用缠绕两层。

2.7 铁板条:用0.1 cm厚铁板加工成宽3 cm,长60～100 cm左右的带孔铁条,用于连接木箱板用。也称铁皮(俗称铁腰子)。

2.8 原土壤:树木在原栽植地的深度,地表面土的痕迹。

2.9 观赏面:树冠具有较美的观赏的一面。

2.10 后期养护:树木定植竣工后(或三次浇水后)的养护管理至第二年工程竣工验收移交后为止。(投资来源为工程投资)。

2.11 打包:将土球用蒲包裹严,用草绳捆紧。

3. 移植大树的方法

3.1 根据树木品种和移植时间的不同,一般分裸根移植和带土球移植两种。带土移植又分软包装土球移植和硬包装木箱移植。

3.2 移植时的根系规定,一般根系直径为树木1.3 m处树干直径的7～10倍,根系的深浅视根系的分布而定,一般为70～120 cm。

3.3 移植大树前有条件的或古老大树,应提前1～2年采取缩根法断根。

3.4 适合移植的树种和方法

从理论上讲,只要时间掌握好,措施合理,任何品种树木都能进行移植,现仅介绍常见移植的树木和采取的方法。

(1)常绿乔木 桧柏、油松、白皮松、雪松、龙柏、侧柏、云杉、冷杉、华山松等。

(2)落叶乔木及珍贵观花树木 国槐、栾树、小叶白蜡、元宝枫、银杏、白玉兰等。

(3)宜采取的移植方法

①凡常绿树和落叶树非休眠期移植或需较长时间假植的树木均应采取带土球法移植,一般干径15～20 cm,土质坚硬可采用软包装土球法移植,土球直径1.5～1.8 m。干径20～40 cm采用方木箱移植法,方箱规格为1.8～3 m。一般土球,大木箱规格为干径的7～9倍。

② 凡休眠期移植落叶树均可裸根移植或裸根带少量护心土。一般根系直径为干径的8～10倍(有特殊要求的树木除外)。

3.5 移植大树的时间

落叶树:应在落叶后树木休眠期进行,在北京为春、秋两季。

常绿树:春、夏(雨)、秋三季均可进行,但夏季移植应错过新梢生长旺盛期,一般以春季移植最佳。

4. 移植树木的选择

4.1 应符合设计对树木规格、质量的要求。

4.2 对移植树木的基本要求如下:

(1) 无严重的病虫害。

(2) 无严重的机械损伤。

(3) 要具有必需的观赏性。

(4) 植株健壮,生长量正常。

(5) 起重及运输机械能达移植树木的现场。

4.3 选定移植树木后,应在树干北侧用油漆做出明显的标记,以便找出树木的朝阳面,同时采取树木挂牌、编号并做好登记,以利对号入座。

4.4 建立树木卡片,内容包括树木编号、树木品种、规格(高度、分枝点干径、冠幅)、树龄、生长状况、树木所在地、拟移植的地点。如需要还可保留照片或录像。

5. 移植前的准备工作

5.1 对需要移植的树木,应根据有关规定办好所有权的转移及必要的手续。

5.2 对所移植树木生长地的四周环境、土质情况、地上障碍物、地下设施、交通路线等进行详细了解。

5.3 根据所移植树木的品种和施工的条件,制定具体移植的技术和安全措施。

5.4 做好施工所需工具、材料、机械设备转移的准备工作。施工前请交通、市政、公用、电讯等有关部门到现场,配合排除施工障碍并办理必要手续。

5.5 落叶树移植前对树冠进行修剪,裸根移植一般采取重修剪,剪去枝条的1/2～2/3。带土移植则可适当轻剪,剪去枝条的1/3即可。修剪时剪口必须平滑,截面尽量缩小,修剪2 cm以上的枝条,剪口应涂抹防腐剂。常绿树移植前一般不需修剪,定植后可剪去移植过程中的折断枝或过密枝、重叠枝、轮生枝、下垂枝、徒长枝、病虫枝等。常绿树修剪时应留1～2 cm木橛,不得贴根剪去。剪后涂防腐剂或包装剪口。落叶树修剪时可适当留些小枝,易于发芽展叶。

5.6 确定所移树木后,宜提前1～2年采取缩根(断根)措施。

5.7 树干采取包裹措施,采用麻包片、草绳围绕,一般从根茎至分枝点处,既可减少蒸发又可减少移植过程的擦伤。定植后再行拆除。

6. 树木的挖掘

6.1 裸根挖掘

6.1.1 裸根移植仅限于落叶乔木,按规定根系大小,应视根系分布而定,一般1.3 m处干径的8～10倍。

6.1.2 裸根移植成活的关键是尽量缩短根部暴露时间。移植后应保持根部湿润,方法是根系掘出后喷保湿剂或沾泥浆,用湿草包裹等。

6.1.3 沿所留根幅外垂直下挖操作沟,沟宽60～80 cm,沟深视根系的分布而定,挖至不见主根为准。一般80～120 cm。

6.1.4 挖掘过程所有预留根系外的根系应全部切断,剪口要平滑,不得劈裂。

6.1.5 从所留根系深度1/2处以下,可逐渐向内部掏挖,切断所有主侧根后,即可打碎土台,保留护心土,清除余土,推倒树木,如有特殊要求可包扎根部。

6.2 土球挖掘

6.2.1 带土球移植,应保证土球完好,尤其雨季更应注意。

6.2.2 土球规格一般按干径1.3 m处的7～10倍,土球高度一般为土球直径的2/3左右。

6.2.3 挖掘高大乔木或冠幅较大的树木前应立好支柱,支稳树木。

6.2.4 将包装材料(蒲包、蒲包片、草绳)用水浸泡好待用。

6.2.5 掘前以树干为中心,按规定尺寸划出圆圈,在圈外挖60～80 cm的操作沟至规定深度。挖时先去表土,见表根为准,再行下挖,挖时遇粗根必须用锯锯断再削平,不得硬铲,以免造成散坨。

6.2.6 修坨,用铣将所留土坨修成上大下小呈截头圆锥形的土球。

6.2.7 收底,土球底部不应留得过大,一般为土球直径的1/3左右。收底时遇粗大根系应锯断。

6.2.8 围内腰绳,用浸好水的草绳,将土球腰部缠绕紧,随绕随拍打勒紧,腰绳宽度视土球土质而定。一般为土球的1/5左右。

6.2.9 开底沟,围好腰绳后,在土球底部向内挖一圈5～6 cm宽的底沟,以利打包时兜绕底沿,草绳不易松脱。

6.2.10 用包装物(蒲包、蒲包片、麻袋片等)将土球包严,用草绳围接固定。

6.2.11 打包时绳要收紧,随绕随敲打,用双股或四股草绳以树干为起点,稍倾斜,从上往下绕至土球底沿沟内再由另一面返到土球上面,再绕树干顺时针方向缠绕,应先成双层或四股草绳,第二层与第一层交叉压花。草绳间隔一般8～10 cm。注意绕草绳时双股绳应排好理顺。

6.2.12　围外腰绳,打好包后在土球腰部用草绳横绕20～30 cm的腰绳,草绳应缠紧,随绕随用木槌敲打,围好后将腰绳上下用草绳斜拉绑紧,避免脱落。

6.2.13　完成打包后,将树木按预定方向推倒,遇有直根应锯断,不得硬推,随后用蒲包片将底部包严,用草绳与土球上的草绳相串联。

6.3　木箱挖掘

6.3.1　用木箱移植的土台呈正方形,上大下小,一般下部较上部少1/10左右。

6.3.2　放线,先清除表土,露出表面根,按规定以树干为中心,选好树冠观赏面,划出比规定尺寸大5～10 cm的正方形土台范围,尺寸必须准确。然后在土台范围外80～100 cm再划出一正方形白灰线,为操作沟范围。

6.3.3　立支柱,用3～4根支柱将树支稳,呈三角或正方形,支柱应坚固,长度要在分枝点以上,支柱底部可钉小横棍,再埋严、夯实。支柱与树枝干应捆绑紧,但相接处必须垫软物,不得直接磨树皮,为更牢固,支柱间还可加横杆相连。

6.3.4　按所划出的操作沟范围下挖,沟壁应规整平滑,不得向内洼陷。挖至规定深度,挖出的土随时平铺或运走。

6.3.5　修整土台,按规定尺寸,四角均应较木箱板大出5 cm,土台面平滑,不得有砖石或粗根等突出土台。修好的土台上面不得站人。

6.3.6　土台修整后先装四面的边板,上边板时板的上口应略低于土台1～2 cm,下口应高于土台底边1～2 cm。靠箱板时土台四角用蒲包片垫好再靠紧箱板,靠紧后暂用木棍与坑边支牢。检查合格后用钢丝绳围起上下两道放置,位置分别置于上下沿的15～20 cm处。两道钢丝绳接口分别置于箱板的方向(一东一西或一南一北),钢丝绳接口处套入紧线器挂钩内,注意紧线器应稳在箱板中间的带上。为使箱板紧贴土台,四面均应用1～2个圆木槎垫在绳板之间,放好后两面用驳棍转动,同步收紧钢丝绳,随紧随用木棍敲打钢丝绳,直至发出金属弦音声为止。

6.3.7　钉箱板,用加工好的铁腰子将木箱四角连接,钉铁腰子,应距两板上下各5 cm处为上下两道,中间每隔8～10 cm一道,必须钉牢,圆钉应稍向外倾斜,钉入,钉子不能弯曲,铁皮与木带间应绷紧,敲打出金属颤音后方可撤除钢丝绳。2.5 cm以上木箱也可撤出圆木后再收紧钢丝绳。

6.3.8　掏底,将四周沟槽再下挖30～40 cm深后,从相对两侧同时向土台内进行掏底,掏底宽度相当于安装单板的宽度,掏底时留土略高于箱板下沿1～2 cm。遇粗根应略向土台内将根锯断。

6.3.9　掏好一块板的宽度应立即安装,装时使底板一头顶装在木箱边板的木带上,下部用木墩支紧,另一头用油压千斤顶顶起,待板靠近后,用圆钉钉牢铁腰子,用圆木墩顶紧,撤出油压千斤顶,随后用支棍在箱板上端与坑壁支牢,坑壁一面应垫木板,支好后方可继续向内掏底。

6.3.10　向内掏底时,操作人员的头部、身体严禁进入土台底部,掏底时风速达4级以上应停止操作。

6.3.11　遇底土松散时,上底板时应垫蒲包片,底板可封严不留间隙。遇少量亏土脱土处应用蒲包装土或木板等物填充后,再钉底板。

6.3.12　装上板,先将表土铲垫平整,中间略高1～2 cm,上板长度应与边板外沿相等,不得超出或不足。上板前先垫蒲包片,上板放置的方向与底板交叉,上板间距应均匀,一般15～20 cm。如树木多次搬运,上板还可改变方向再加一层呈井字形。

7.　树木的装卸及运输

7.1　大树的装卸及运输必须使用大型机械车辆,因此为确保安全顺利地进行,必须配备技术熟练的人员统一指挥。操作人员应严格按安全规定作业。

7.2　装卸和运输过程应保护好树木,尤其是根系、土球和木箱应保证其完好。树冠应围拢,树干要包装保护。

7.3　装车时根系、土球、木箱向前,树冠朝后。

7.4　装卸裸根树木,应特别注意保护好根部,减少根部劈裂、折断,装车后支稳、挤严,并盖上湿草袋或苫布遮盖加以保护。卸车时应按顺序吊下。

7.5　装卸土球树木应保护好土球,不散坨。为此装卸时应用粗麻绳捆绑,同时在绳与土球间垫上木板,装车后将土球放稳,用木板等物卡紧,使不滚动。

7.6　装卸木箱树木,应确保木箱完好,关键是拴绳、起吊。首先用钢丝绳在木箱下端约1/3处拦腰围住,绳头套入吊钩内。另再用一根钢丝绳或麻绳按合适的角度一头垫上软物拴在树干恰当的位置,另一头也套入吊钩内,缓缓使树冠向上翘起后,找好重心,保护树身,则可起吊装车。装车时,车厢上先垫较木箱长20 cm的10 cm×10 cm的方木两根,放箱时注意不得压钢丝绳。

7.7　树冠凡翘起超高部分应尽量围拢。树冠不要拖地,为此在车厢尾部放稳支架,垫上软物(蒲包、草袋)用以支撑树干。

7.8　运输时应派专人押车。押运人员应熟悉掌握树木品种、卸车地点、运输路线、沿途障碍等情况,押运人员应在车厢上与司机密切配合,随时排除行车障碍。

8.　树木的种植

8.1　按设计位置挖种植穴,种植穴的规格应根据根

136

系、土球、木箱规格的大小而定。

（1）裸根和土球树木的种植穴为圆坑，应较根系或土球的直径加大 60～80 cm，深度加深 20～30 cm。坑壁应平滑垂直。掘好后坑底部放 20～30 cm 的土堆。

（2）木箱树木，挖方坑，四周均较木箱大出 80～100 cm，坑深较木箱加深 20～30 cm。挖出的坏土和多余土壤应运走。将种植土和腐殖土置于坑的附近待用。

8.2　种植的深浅应合适，一般与原土痕齐平或略高于地面 5 cm 左右。

8.3　种植时应选好主要观赏面的方向，并照顾朝阳面，一般树弯应尽量迎风，种植时要栽正扶直，树冠主尖与根在一垂直线上。

8.4　还土，一般用种植土加入腐殖土（肥土制成混合土）使用，其比例为 7∶3。注意肥土必须充分腐熟，混合均匀。还土时要分层进行，每 30 cm 一层，还后踏实，填满为止。

8.5　立支柱，一般 3～4 根杉木高，或用细钢丝绳拉纤要埋深立牢，绳与树干相接处应垫软物。

8.6　开堰

（1）裸根，土球树开围堰，土堰内径与坑沿相同，堰 20～30 cm 左右，开堰时注意不应过深，以免挖坏树根或土球。

（2）木箱树木，开双层方堰，内堰里边在土台边沿处，外堰边在方坑边沿处，堰高 25 cm 左右。堰应用细土拍实，不得漏水。

8.7　浇水三遍，第一遍水量不宜过大，水流要缓慢，使土下沉。一般栽后两三天内完成第二遍水，一周内完成第三遍水，此两遍水的水量要足，每次浇水后要注意整堰，填土堵漏。

8.8　种植裸根树木根系必须舒展，剪去劈裂断根，剪口要平滑。有条件可施入生根剂。

8.9　种植土球树木时，应将土球放稳，随后拆包取出包装物，如土球松散，腰绳以下可不拆除，以上部分则应解开取出。

8.10　种植木箱树木，先在坑内用土堆一个高 20 cm 左右，宽 30～80 cm 的长方形土台。将树木直立，如土质坚硬，土台完好，可先拆去中间 3 块底板，用两根钢丝绳兜住底板，绳的两头扣在吊钩上，起吊入坑，置于土台上。注意树木起吊入坑时，树下、吊臂下严禁站人。木箱入坑后，为了校正位置，操作人员应在坑上部作业，不得立于坑内，以免挤伤。树木落稳后，撤出钢丝绳，拆除底板填土。将树木支稳，即可拆除木箱上板及蒲包。坑内填土约 1/3 处，则可拆除四边箱板，取出，分层填土夯实至地平。

9. 树木的后期养护管理

9.1　大树移植后的养护管理工作特别重要，栽后第一年是关键，应围绕以提高树木成活率为中心的全面养护

管理工作，首先应有必要的资金和组织保证。设立专人，制定具体养护措施，进行养护管理。

9.2　浇水应及时，水量充足，视树木生长需要和气候变化而定，浇后应中耕或封堰，常绿树还要注意叶面喷水，雨季时还应注意排涝，树堰内不得有积水。

9.3　落叶树移植后注意修剪、去蘖、定芽，成活生长后再逐步改变培养树型。

9.4　对易发生病虫害的树木，应有专人经常观察，采取措施及时防治。

9.5　加强看管维护，防止自然灾害与人为破坏。

6.4.2　青岛市大树移植技术规程

1. 范围

1.1　本规程适用于青岛市各类绿地以及城市改建区域经批准运迁的大树的移植工程，移植难度较大的树木也可参照执行。

1.2　大树移植系指移栽胸径在 20 cm 以上的落叶乔木和胸径在 15 cm 以上的常绿乔木。

1.3　大树移植除应符合本规程外，尚应符合国家及地方现行的相关标准、规范的规定。

2. 术语

2.1　大树：一般指胸径在 20 cm 以上的落叶乔木和胸径在 15 cm 以上的常绿乔木。本规程"大树"泛指胸径 15 cm 以上或所带土球直径要求大于 1.5 m 的树木。

2.2　大树移植：将大树移栽到异地的活动。

2.3　裸根移植：移植树木时，根部不带土或带宿土的移植方法。

2.4　带土球移植：移植树木时，按一定规格切断根系，保留土壤呈圆球或土台，加以捆扎包装进行移植的方法。

2.5　软材包扎法移植：移植树木时，按一定规格切断根系，保留土壤呈圆球或土台，然后用湿草袋、蒲包等软材将根部包缚。

2.6　硬材包扎法移植：移植树木时，按一定规格切断根系，保留土壤呈方体，加以捆扎并用木板或钢板包装进行移植的方法。

2.7　断根缩坨：在大树移植前 2～3 年，将沟内的根全部切断，并将所留粗根进行环状剥皮，在沟内填入肥沃的壤土或营养土，促使断根处萌生大量须根，以利移植成活。也称分期断根法或回根法、盘根法。

2.8　修坨：指带土球移植时，按规格标准对土球进行修理整形。

2.9　掏底：带土球移植时，将土球或土坨底部的土壤掏去并断根。

2.10　腰绳：在土球中间部位缠绕的草绳。

2.11　双股双轴：指土球包装时，草绳两根并用，缠绕两层。

137

2.12　铁板条：用 0.1 cm 厚铁板加工成的带孔铁条，用于连接木箱板用，也称铁皮或俗称"铁腰子"。

2.13　护心土：植物根系中夹带的原生长地土壤。

2.14　客土：将栽植地点或种植穴中不适合种植的土壤更换成适合种植的土壤，或掺入某种栽培基质改善理化性质。

2.15　原土痕：树木在原栽植地树干近地处地表土的痕迹。

2.16　观赏面：树冠具有较美观赏度的一面。

2.17　后期养护：树木定植后（或三次浇水后）至工程竣工验收移交前的养护管理。

2.18　打包：将土球用蒲包裹严，用草绳捆紧。

3.　移植季节和移植方法

3.1　移植季节

移植时期的确定由树木的生物学特性和当地的气候条件决定。一般春季 3—4 月土壤刚解冻、树木尚未萌动前和秋季 10 月以后树木已落叶休眠（已形成冬芽和封顶）后、土壤封冻前为最佳移植时间，即可保证成活率，节省经费开支。春季发芽早的树种应早栽，发芽晚的应晚栽，耐寒的种类可以在秋天栽植，不耐寒的种类宜在春季栽植。但如果技术措施得当，资金允许，无论在何时移植，都会获得一定的成活率。不在以上适宜移植季节移植的树木均应作非季节移植，养护管理均应按非季节移植技术处理。

3.2　移植方法

大树移植一般可分为裸根移植和带土球移植两种。根据采用的包扎材料不同，带土球移植又可分为起土球软材包扎法移植和起土坨硬材包扎法移植，应根据树种、树龄、树体的大小、树木生长状况、立地土质条件、移植地的环境条件、移植时间以及施工单位的具体情况选用适宜的移植方法。

生长正常、易成活的落叶树木，在移植季节可采用裸根移植。

生长正常的常绿树、生长略差的落叶树或较难移植的落叶树在移植季节内移植须采用带土球移植。

生长较弱、移植难度大或非移植季节移植的大树均放大土球范围，并视情况采用硬材包扎法移植。

4.　移植树木的选择

选用树木应符合设计图纸对规格、质量的规定，优先选用乡土树种及苗圃苗，并应满足以下要求：

4.1　植株健壮，生长正常。

4.2　枝条丰满，树形优美，具有较高的观赏性。

4.3　无病虫害。

4.4　根系发育良好。

4.5　无明显的机械损伤。

4.6　栽植地/生长地便于施工机械操作。

5.　移植前的准备工作

为保证大树移植工作顺利进行，移植前要做大量的准备工作。

5.1　转移待移植树木所有权

对需要移植的树木，应根据有关规定办好所有权的转移及必要的手续。

5.2　选定树木的标识、登记

选定移植树木后，应在树干上用油漆做出明显的标记，标明树木的朝阳面，同时应对选定树木做好挂牌、编号及登记，建立树木卡片，树木卡片的内容包括树木编号、树木品种、规格（高度、分枝点、干径、冠幅）、树龄、生长状况、树木所在地、拟移植的地点，如需要还可保留照片或录像。

5.3　栽植地/生长地状况调查

详细调查待移植树木生长地的位置、周边环境、地上障碍物、地下设施、土质状况、地下水位、交通状况等。

5.4　制定施工方案

施工单位根据移植树木种类和施工条件，制定施工方案和计划，其内容大致包括总工期、工程进度、断根缩坨时间、采用的移植方法、人员、机械、工具和材料的准备、各项技术程序的要求以及应急抢救、安全措施等，正式施工前请交通、市政、电讯等部门到现场配合排除施工障碍并办理必要的手续。

5.5　断根缩坨

5.5.1　确定所移树木后，应提前 2～3 年断根缩坨，具体做法如下：

（1）以树木胸径的 5 倍为半径，向外挖环形的沟（软材包扎为环形，硬材包扎为方形），沟宽约 40～60 cm，深 50～70 cm（视水平根系的深度而定）。

（2）将沟内的根除留 1～2 条粗根外，全部切断（3 cm 以上的根用锯锯断，大伤口应涂抹防腐剂，有条件的可用酒精喷灯灼烧进行炭化防腐），并将所留粗根进行宽约 10 cm 环状剥皮，涂抹生长素或生长粉。

（3）在沟内填入肥沃的壤土或营养土，促使断根处萌生大量须根，以利移植成活。

实行此项措施时，并非一次将根全部断完，而是在 2～3 年时间内分段进行，每年只挖全周的 1/3～1/2，故也称分期断根法或回根法、盘根法。

5.5.2　断根缩坨的目的是为了适当缩小土坨，减少土坨重量和促进距根颈较近的部位发生次生根和再生较多须根，提高移栽成活率。苗圃培育的或经过多次移栽的大树，定植前不需要断根处理。存在以下情况的大树，需要提前 2～3 年断根缩坨。

（1）山野里自生的大树。

（2）五年内未做移植或断根处理的大树。

（3）树龄大而树势较弱的大树。

（4）难于移栽成活的珍贵大树。

（5）虽易于移栽，但树体过大的大树。

5.5.3 断根缩坨的时间一般在移植前 2～3 年的春季（萌芽前）或秋季（落叶后），移走时比树周所挖环沟外围大 10～20 cm 起挖。

5.6 修剪

5.6.1 修剪必须在保证树形完整，枝条分布均匀，有利通风透光的基础上进行。

5.6.2 修剪方法及修剪量应根据树木品种、树冠生长状况、移植季节、挖掘方式、运输条件、种植地条件等因素确定。

5.6.2.1 落叶树裸根移植一般采取重修剪，剪去枝条的 1/2～2/3，但应多留生长枝及萌生力强的枝条。带土球移植则可适当轻剪，剪去枝条的 1/3～1/2 即可。落叶树修剪时可适当留些小枝，易于发芽展叶。修剪时剪口必须平滑，截面尽量缩小，修剪 2 cm 以上的枝条，剪口应消毒后涂抹防腐剂或蜡并加以包裹，防止蒸腾。

5.6.2.2 常绿树移植前一般不需修剪，定植后可剪去移植过程中的折断枝或过密、重叠、轮生、下垂、徒长及有病虫害的枝条；修剪时应留 1～2 cm 木橛，不得贴根剪去。

5.6.3 对易挥发芳香油和树脂的树木应在移植前一周进行修剪。

5.7 定方位扎冠

5.7.1 在树干的正南向做标记，用于指示树木朝向，栽植时保持移植树木原本生长方向。

5.7.2 树干、主枝用草绳或草片围绕，减少蒸发及移植过程中的擦伤。

5.7.3 收扎树冠，要求由上至下，由内至外，依次收紧，大枝扎缚处要垫橡皮等软物，以防挫伤树木。

6. 树木的挖掘

树木挖掘前必须拉好浪风绳，其中一根必须在主风向上位，其他两根均匀分布。

6.1 裸根移植

6.1.1 裸根移植仅限于落叶乔木，一般要求根系直径为胸径（离地 1.3 m 处树干直径）的 8～10 倍。

6.1.2 挖掘时应沿所留根幅外垂直下挖操作沟，沟宽 60～80 cm，沟深视根系的分布而定，一般 80～120 cm，以保留完整须根系，不见主根为准。

6.1.3 挖掘过程所有预留根系外的根系应全部切断，切口应平滑，不得劈裂。

6.1.4 从所留根系深度 1/2 处以下，逐渐向内部掏挖，切断所有主侧根后，即可打碎土球，保留护心土，清除余土，推倒树木，如有特殊要求可包扎根部。

6.1.5 根系掘出后可喷保湿剂、蘸泥浆或用湿草包裹，保持根部湿润。挖掘后尽量缩短根系暴露时间，是裸

根移植成活的关键。

6.2 起土球软材包扎法移植

6.2.1 土球规格 带土球移植，应保证土球完好，尤其雨季更应注意，土球直径一般为胸径的 8～10 倍，土球高度一般为土球直径的 4/5 左右。

6.2.2 立支柱 挖掘高大乔木或冠幅较大的树木前应立好支柱，支稳树木。

6.2.3 开挖 挖掘前以树干为中心，按规定尺寸划出圆圈，在圈外挖 60～80 cm 的操作沟至规定深度。挖时先去表土，见表根为准，再向下挖，挖时遇粗根必须用锯锯断再削平，不得硬铲，以免造成散坨。

6.2.4 修坨 用铁锹将所留土修成上大下小呈截头圆锥形的土球。

6.2.5 收底 土球底部不应留得过大，一般为土球直径的 1/3 左右。收底时遇粗大根系应锯断。

6.2.6 围内腰绳 用浸好水的草绳，将土球腰部缠绕紧，随绕随拍打并勒紧，腰绳宽度视土球土质而定，一般为土球高度的 1/5 左右。

6.2.7 开底沟 围好腰绳后，在土球底部向内挖一圈 5～6 cm 宽的底沟，以利打包时兜绕底沿，草绳不易松脱。

6.2.8 打包 用浸好水的包装物如蒲包、蒲包片、麻袋片等将土球包严，用草绳围接固定。打包时绳要收紧，随绕随敲打，用双股或四股草绳以树干为起点，稍倾斜，从上往下绕到土球底沿沟内再由另一面返到土球上面，再绕树干顺时针方向缠绕，应先成双层或四股草绳，第二层与第一层交叉压花。草绳间隔一般 8～10 cm。注意绕草绳时双股草绳应排好理顺。

6.2.9 围外腰绳 打包完成后在土球腰部横绕 20～30 cm 的腰绳，草绳应缠紧，随绕随用木槌敲打，围好后将腰绳上用草绳斜拉绑紧，避免脱落。

6.2.10 起树 将树木按预定方向推倒，遇有直根应锯断，不得硬推，随后用浸好水的蒲包片将底部包严，用草绳与土球上的草绳相串联。

6.3 起土坨硬材包扎法移植

硬材包扎所用材料以木板最为常见，故又称木箱包扎法。根据实际条件也可选用铁板或钢板代替木板，以便重复利用。

6.3.1 放线 清除表土，露出表面根，按规定以树干为中心，划出比规定尺寸大 5～10 cm 的正方形土台范围，然后在土台范围外 80～100 cm 再划出一正方形白灰线作为操作沟范围。

6.3.2 立支柱 用 3～4 根支柱呈三角或正方形将树支稳，支柱应坚固，长度在分枝点以上。支柱与树木枝干应捆绑紧，但相接处必须垫软物，不得直接磨树皮。

6.3.3 开挖 按划出的范围下挖至规定深度，沟壁

应规整平滑,不得向内洼陷。

6.3.4　休整土台　按规定尺寸,修整土台,土台上下大小,一般下部较上部小1/10左右,呈倒梯形,四角应较包扎所用壁板大出5 cm,土台面平滑,无砖石或粗根等突出土台。

6.3.5　上边板　土台修整后先装四面的边板,上边板时板的上口应略低于土台1～2 cm,下口应高于土台底边1～2 cm。靠箱板时土台四角用蒲包片垫好再靠紧箱板,靠紧后暂用木棍与坑边支牢。检查合格后用钢丝绳围起上下两道放置,位置分别置于上下沿的15～20 cm处。两道钢丝绳接口分别置于箱板的方向(一东一西或一南一北),钢丝绳接口处套入紧线器挂钩内,注意紧线器应稳定在箱板中间的带上。为使箱板紧贴土台,四面均应用1～2个圆木樽垫在绳板之间,放好后两面用驳棍转动,同步收紧钢丝绳,随紧随用木棍敲打钢丝绳,直至发出金属弦音声为止。

6.3.6　钉箱板　用加工好的铁腰子将木箱四角连接,钉铁腰子,应距两板上下各5 cm处围上下两道,中间每隔8～10 cm一道,必须钉牢,钉子应稍向外倾斜,钉入,钉子不能弯曲,铁皮与木带间应绷紧,敲打出金属颤音后方可撤除钢丝绳。2.5 cm以上木箱也可撤出圆木后再收紧钢丝绳。

6.3.7　掏底　将四周沟槽再下挖30～40 cm深后,从相对两侧同时向土球内进行掏底,掏底宽度相当安装单板的宽度,掏底时留土略高于箱板下沿1～2 cm。遇粗根应略向土台内将根锯断。向内掏底时,操作人员的头部、身体严禁进入土台底部,掏底时风速达4级以上应停止操作。

6.3.8　上底板　掏好一块板的宽度应立即安装,装时使底板一头顶装在木箱边板的木带上,下部用木墩支紧,另一头用油压千斤顶顶起,待板靠近后,用圆钉钉牢铁腰子,用圆木墩顶紧,撤出油压千斤顶,随用支棍在箱板上端与坑壁支牢,坑壁一面应垫木板,支好后方可继续向内掏底。遇底土松散时,上底板时应垫蒲包片,底板可封严不留间隙。遇少量亏土脱土处应用蒲包装土或木板等物填充后,再钉底板。

6.3.9　装上板　先将表土铲垫平整,中间略高1～2 cm,上板长度应与边板外沿相等,不得超出或不足。上板前先垫蒲包片,上板放置的方向与底板交叉,上板间距应均匀,一般15～20 cm。如树木多次搬运,上板还可改变方向再加一层呈井字形。

7.　树木的装卸及运输

7.1　大树的装卸及运输必须使用大型机械车辆,为确保安全顺利地进行,必须配备技术熟练的人员统一指挥,操作人员应严格按安全规定作业。

7.2　装卸和运输过程应保护好树木,尤其是根系和土球应保证其完好,树冠应围拢,树干要包装保护。装车时根部向前,树冠朝后。

7.3　装卸裸根树木,应特别注意保护好根部,减少根部劈裂、折断,装车后支稳、挤严,并盖上湿草袋或苫布遮盖加以保护。卸车时应按顺序吊下。

7.4　装卸带土球树木应保证土球完整,不散球。为此装卸时应用粗麻绳捆绑,同时在绳与土球间垫上木板,装车后将土球放稳,用木板等物卡紧,使不滚动。

7.5　装卸木箱树木,应确保木箱完好,关键是拴绳、起吊。首先用钢丝绳在木箱下端约1/3处拦腰围住,绳头套入吊钩内。另再用一根钢丝绳或麻绳按合适的角度一头垫上软物拴在树干恰当的位置,另一头也套入吊钩内,使树冠缓缓向上翘起后,找好重心,保护树身,再起吊装车。装车时,车厢上先垫较木箱长20 cm的方木两根,放箱时注意不得压钢丝绳。

7.6　树冠翘起超高部分应尽量围拢,不拖地,为此在车厢尾部放支架,垫上软物(蒲包、草袋)用以支撑树干。

7.7　运输时应派专人押车。押运人员应熟悉掌握树木品种、卸车地点、运输路线、沿途障碍等情况,押运人员应在车上并应与司机密切配合,随时排除行车障碍。

8.　树木的栽植

8.1　挖穴

8.1.1　按设计位置挖种植穴,挖穴时,树穴必须上下大小一致,底口的尺寸不得小于上口。树穴的大小、形状、深浅应根据根系、土球大小及土球形状而定,裸根和土球树木的种植穴为圆坑,应较根系或土球的直径加大60～80 cm,深度加深20～30 cm。木箱树木挖方坑,四周均较木箱大出80～100 cm,坑深较木箱加深20～30 cm。

8.1.2　对含有建筑垃圾、有害物质的树穴必须放大树穴规格,清除废土换上种植土,并及时填好回填土,废土杂物应集中运出。

8.1.3　青岛地区土层浅薄,如挖穴遇岩层,在扩大树穴规格的同时要增设排水设施。

8.1.4　挖穴后,栽植前应在穴内施足腐熟的基肥(有特殊要求的树木除外),并同穴土混合均匀。

8.1.5　地势较低处种植不耐水湿的树种时,应采取高穴堆土种植法。堆土高度根据地势而定,堆土范围为堆土最高处的面积,该面积应小于根的范围(或土球大小2倍),并分层夯实。挖穴时遇有地下管线及构筑物应停止操作。

8.1.6　空穴过夜,必须采取安全措施。

8.2　栽植

8.2.1　大树应使用机械栽植,减少搬运次数,减少苗木的损伤。

8.2.2　栽植的深浅应合适,一般与原土痕齐平或略高于地面10 cm左右。

8.2.3　栽植时应选好主要观赏面的方向,并照顾朝阳面,一般树弯应尽量迎风,栽植时要栽正扶直,树冠主尖与根在一垂直线上。

8.2.4 栽植裸根树木根系必须舒展,剪去劈裂断根,剪口要平滑,有条件可施生根剂。

8.2.5 栽植软包装土球树木时,应将土球放稳,随后拆包取出包装物,如土球松散,腰绳以下可不拆除,以上部分则应解开取出。

8.2.6 栽植硬包装树木,先在坑内用土堆一个高20 cm左右,宽30～80 cm的长方形土台。将树木直立,如土质坚硬,土台完好,可先拆去中间3块底板,用两根钢丝绳兜住底板,绳的两头扣在吊钩上,起吊入坑,置于土台上。注意树木起吊入坑时,树下、吊臂下严禁站人。木箱入坑后,为了校正位置,操作人员应在坑上部作业,不得立于坑内,以免挤伤。树木落稳后,撤出钢丝绳,拆除底板填土,将树木支稳,即可拆除木箱上板及蒲包,坑内填土约1/3处,则可拆除四边箱板,取出,分层填土夯实至地平。

8.3 还土

一般用种植土加入腐殖土(使用肥、土制成的混合土),其比例为7∶3。注意肥土必须充分腐熟,混合均匀。还土时要分层进行,每30 cm一层,还后踏实,填满为止。

8.4 开堰

8.4.1 裸根、软包装土球树开围堰,土堰内径与坑沿相平,堰高20～30 cm左右,开堰时注意不应过深,以免挖坏树根或土球。

8.4.2 硬包装树木,开双层方堰,内堰里边在土台边沿处,外堰边在方坑边沿处,堰高25 cm左右。堰应用细土拍实,不得漏水。

8.4.3 浇水三遍,第一遍水量不宜过大,水流要缓慢灌,使土下沉;一般栽后两三天内完成第二遍水;一周内完成第三遍水。后两遍水的水量要足,每次浇水后要注意整堰,填土堵漏。

8.5 扶架

四角桩扶架,扶架干的支撑点应在树干的2/3处,在树穴四周地面的支撑处应该放置高30 cm的桩,将支撑干的地面支撑点支撑在桩上用铁绳固定,可以避免人为的破坏。扶架时考虑到歪、倒、斜方向的支撑要承受较大的力,所以要选择粗壮的支撑杆(小头直径不小于6 cm)来做支撑,对于歪斜较严重的树木,除四角桩支撑外,在承受力大的一侧可多加一个支撑,并在支撑点处顶上一块适当的木板,用来分散力传送方向,避免对树皮造成损伤。发现土面下沉,必须及时调整支撑部位,防止吊桩。

8.6 树木的保活措施

8.6.1 排水措施

树穴底部铺设8～10 cm厚的粗粒石或珍珠岩作透水层并铺设渗水管,然后回填30 cm左右的种植土,再栽植。

8.6.2 透气措施

在靠近土球处插入2～3条直径8～10 cm的透气管,埋深达土球的2/3处。

8.6.3 生根措施

用50×10⁻⁶(50 ppm)浓度生根粉喷洒根部切口,并用浓度为50 mg/kg(每公斤水50 mg生根粉)的生根粉泥浆涂裹根部。

8.6.4 保水措施

土不干但气温较高空气干燥时,应对地上部分及周围环境喷雾降温,也可用遮阴纱搭建荫棚防止日晒。树枝切口保水涂漆或蜡,必要时进行薄膜绕干,在保水的同时可以保温。

8.6.5 保墒措施

移植后应根据天气和树木生长情况采取相应措施。苗木栽植前,在树穴的中下部树木根际分布区内按不低于50 g/株的量施入保水剂,并与种植土混合均匀后,立即栽树,栽植后浇透水。树穴漫灌,树穴开挖回填种植土至栽植深度后,在树木栽植前先进行大水漫穴,之后栽植树木。土壤干旱时及时做堰浇足水;积水时必须立即开沟或挖井排水。

8.6.6 保温措施

自山东以南省份购进的树木,自起挖地将树木按要求修剪后,须将树木通干以草绳缠绕后包裹薄膜运至栽植地点,以防止树木运输途中受损受冻。树木栽植封穴后,须用薄膜将树穴覆盖。

9. 树木的后期养护管理

移植后的树木后期养护工作应注意:

(1)大树移植,栽后第一年是关键。应以提高树木成活率为目标进行全面养护管理工作,制定具体养护措施,由专人负责进行养护管理,加强看管维护,防止自然灾害与人为破坏。

(2)浇水应及时、充足,视树木生长需要和气候变化而定。浇后应中耕或封堰,常绿树还要注意叶面喷水,雨季时还应注意排涝,树堰内不得有积水。

(3)对易发生病虫害的树木,应有专人经常观察,采取措施及时防治。

6.4.3 重庆市大树移植技术规程

1. 总则

1.1 本规程适用于城市新建、扩建、改建的公共绿地,风景林地,道路绿地以及配合城市建设中的大树移出或栽植工程,居住区绿地、单位附属绿地、厂矿绿地中的大树以及珍贵树木的移出或栽植可参照执行。

1.2 下列文件中的条款通过本标准的引用而成为本标准的条款。凡是注日期的引用文件,其随后所有的修改单(不包括勘误的内容)或修订版均不适用于本标准,然而,鼓励根据本标准达成协议的各方研究是否可使用这些文件的最新版本。凡是不注日期的引用文件,其最新版本适用于本标准。

1.3 本规程不包含古树名木的移植。

1.4 本规程中凡采用"必须"、"严禁"用词的条款为强制性条款。

2. 术语和定义

2.1 移植 大树的移出或栽植。

2.2 大树 一般指胸径为 20~50 cm 的落叶乔木和胸径为 15~50 cm 的常绿乔木。(分枝点高≥130 cm,按胸径划分;分枝点高<130 cm,以第一个分枝点下面的直径划分)

2.3 方向标记 在选择大树时,根据大树的生长朝向而在树干上做的记号。

2.4 缩根法 在大树移植前 1~2 年,将根系按预定移植时的大小,环树挖 50~60 cm 宽的沟,将根切断,断根区应回填含腐殖质的土壤,使其在根的断口处愈合生新根,以利于移植时成活。

2.5 木箱移植 指移植大树时,根部带土球重量较大,为确保移植过程土球的完好,宜采取用木箱包装移植。

2.6 吊带 吊车用的高强度扁平带状吊绳。

3. 移植前的准备工作

3.1 查看

3.1.1 树种选择应符合设计对树木规格、质量的要求,其基本要求如下:

(1) 无严重的病虫害。

(2) 无严重的机械损伤。

(3) 必须具有特定的观赏性。

(4) 植株健壮,生长势正常。

(5) 方向标记。

3.1.2 对需要移出的大树,应了解大树的生长状况,做好方向标记。

3.1.3 有害生物检疫 大树运输前必须符合当地检疫部门对树木的检疫规定。

3.1.4 立地条件 施工前必须对移植地点的地表地下管线分布、土壤状况、邻近建筑物、共生树木、周围环境及道路交通状况等做详实的调查,并清理大树移植现场。

3.2 建立大树移植档案

大树移植宜建立移植档案,其内容有原生地的气候条件、土壤主要理化性状以及移植时间、移植所采用的技术措施、养护管理措施等。

3.3 办理相关手续

施工前配合交通、市政、公用、电讯等有关部门排除施工障碍,并办理必要的相关手续。

3.4 施工人员要求

必须具备一名园林技术人员,或者一名必须经过园林部门培训合格的施工人员现场指导,才能承担大树移植工程。

3.5 施工方案

根据本规程制定移植方案,其主要项目为树木选择、断根及修枝处理、挖掘方法、移植、修剪方法和修剪量、挖穴、移植技术措施、支撑与固定、材料机具准备,以及养护、管理措施等。

3.6 断根及修枝处理

3.6.1 缩根法处理 针对野生或五年以上未做过移植或断根处理的大树,在移植前 1~2 年应进行断根处理;断根应分期、分区交错进行,断根时间宜在萌芽前或休眠期进行。

3.6.2 修枝处理

(1) 修剪方法及修剪量应根据树木品种、生长势、移植季节、挖掘方式、运输条件、种植地条件等因素来确定。大树移植应保持原有冠形,在生长期移植的大树宜以疏剪枝叶为主,休眠期移植的大树宜以短截小枝为主。

(2) 对易挥发芳香油和树脂的树种如针叶树、香樟等,应在移植前一周进行修剪。

(3) 修剪时剪口必须平滑,尽量缩小截面,伤口应光滑平整,凡 5 cm 以上的大伤口应涂抹树木专用防腐剂。

3.7 种植穴挖掘及种植土

3.7.1 种植穴挖掘

(1) 按设计位置挖种植穴,种植穴的大小、形状、深浅应根据根系、土球、木箱规格的大小而定。圆形土球树木的种植穴为圆形坑,木箱树木的种植穴宜为方形坑。种植穴的宽度应较根系或土球的直径加大 60~80 cm,深度加深 20~30 cm。种植穴挖好后坑底部回填 20~30 cm 的种植土。

(2) 种植穴宜上下大小一致,对含有建筑垃圾及有害物质的土壤必须放大树穴,清除建筑垃圾及有害物质,并用符合《园林栽植土质量标准》(DBJ/T-50-044-2005)中Ⅱ级及以上土壤质量标准规定的土壤回填。

3.7.2 种植土

(1) 备足足量的种植土,种植土壤应符合《园林栽植土质量标准》(DBJ/T-50-044-2005)中Ⅱ级及以上土壤质量标准的规定。

(2) 凡不符合Ⅱ级土壤质量标准的种植土,可采取土壤改良或客土,直至符合《园林栽植土质量标准》(DBJ/T-50-044-2005)中Ⅱ级及以上土壤质量标准的规定。

(3) 种植土的 pH 值宜同原生长地的 pH 值相近。

(4) 种植土宜用土壤消毒杀菌剂进行消毒,方法是用甲基托布津或多菌灵按 1∶500 的比例与种植土混合。

(5) 种植穴基部宜施入适量腐熟的有机肥作基肥。

3.8 种植穴排水

3.8.1 种植穴地下水位过高、土壤黏重板结时,应埋设排水管道。

(1) 排水管道能与市政排水管道相连时,应挖盲沟并与市政排水管道相连,盲沟内可填入较大的石块。

（2）排水管道不能与市政排水管道相连时,应在种植穴边缘处挖 2～4 个面积 50 cm×50 cm、深大于种植穴底部 50～100 cm 的排水坑,坑内先回填较大石块,再回填较小的石块(石块大小 5 cm 左右);或将整个种植穴深挖 50～100 cm,回填石块的方法同上;回填至种植穴设计的深度。

3.8.2 挖掘树穴排水沟(坑)时应考虑到土壤下沉深度。

3.8.3 地势较低处移植不耐水湿的树种时,除应采取本规程 3.7.1 的方法外,也可采取堆土种植法。堆土高度根据地势而定,堆土范围最高处面积应大于根的范围(或土球直径的 2 倍),并分层夯实。

3.9 起苗

3.9.1 根据大树的生物学特性,选择最适宜的时期起苗。用草绳或麻布包扎树干及主枝,同时做好树冠扎缚和支撑。

3.9.2 起苗应符合下列规定:

（1）不提倡裸根移植,确需裸根移植的,则应保留直径 150 cm 范围内的根系,尽量保留护心土。遇较大根系必须用利铲铲断或手锯锯断,做到切口平滑,不损伤根皮,根系截口直径大于 2 cm 的,应涂抹树木专用防腐剂。

（2）带土球移植的树木,其土球直径一般为树木胸径的 6～8 倍,土球高度应为土球直径的 2/3 左右。对胸径较大的大树,其土球直径应不小于 150 cm。

（3）挖土球时,宜挖至根系分布层以下,一般为 70～120 cm。

（4）大树放倒前,应先捆扎土球的腰箍。腰箍宜用草绳,随绕随敲打,宽度宜为土球高度的 1/3～1/2。

（5）选用木箱包装,其土球应挖成方形,且箱板必须能承受带土球树木的重量。

3.10 装运

3.10.1 包装

（1）草绳包装

① 应在土球腰箍捆扎完后,再进行包装。

② 草绳以树干为起点,稍倾斜,从上往下绕到土球底沿,再由另一面返到土球上面,再经树干往下绕,反复多次。

③ 相同方向缠绕完后,还可采用相反的方向再行缠绕,二次缠绕的草绳要呈交叉状。

④ 完成包装后,将树木按预定方向缓慢推倒,遇有直根应锯断,不得强行推倒。

（2）木箱包装

① 土球挖好后,先上四周侧箱板,再上底板,最后盖上板。

② 木板上口应略高于土球 1～2 cm,下口应低于土球底边 1～2 cm。

③ 上板长度应与侧箱板外沿相等,不得超出或不足,上板前先垫软物。

④ 宜用钢丝绳沿木板边线 15～20 cm 处呈井字形收紧箱板,每边再用大于 7 cm×7 cm 的木方或直径大于 5 cm 圆木 3～5 根,在交汇处用铁丝固定,木方或圆木用钉子固定于箱板上。

⑤ 钉底板前,如遇底土松散亏土时,用软包装或泥土等物填充后,再钉底板。

⑥ 铁丝宜使用一般用途低碳钢丝 Ⅲ 类(建筑用),规格为 14#(2.032 mm)～8#(4.046 mm)。

3.10.2 吊装及运输

（1）起苗后应当天运输,宜当天移植。装卸和运输过程应保护好树木尤其是土球和根系。

（2）大树应选择吊车进行吊装,吊绳宜选用吊带。起吊部位必须选在土球上或主干基部,选择在主干基部起吊时,则在树干与吊带之间垫木板以避免树皮损伤,选择土球起吊时,则在土球与吊带之间垫软物以避免土球散落。树冠可用绳扎缚并用绳(小于 45°)挂在吊钩上,保证土球朝下。

（3）起吊时必须注意安全,吊臂下和大树周围严禁留人。

（4）土球和木箱在车厢板上应用软物或土壤塞紧,并保证其完好。

（5）树冠应用绳围拢向后,既不得超高,也不得拖地。必要时可在车厢上放置木方,放上软物(草袋、草绳),用以支撑树干。

（6）树干应牢固地捆绑在车厢上。

（7）运输时应派专人押车。押运人员应熟悉卸车地点、运输路线、沿途障碍等情况,随时协助驾驶员排除行车障碍,以免发生不必要的危险。

（8）长途运输时,根部必须覆盖草帘或草袋等物,树冠亦必须用棚布遮盖,以防止叶片水分的蒸发,必要时可对树冠及叶片喷施抑制蒸腾剂。

4. 栽植

4.1 移植时间

4.1.1 提倡选择适宜的季节移植,即树木的休眠期(春季萌动前和秋季落叶后)。

4.1.2 不在适宜的季节移植均应为非适宜季节移植。

4.2 修剪

4.2.1 根系修剪 裸根移植的大树,栽植时应对根系进行必要的修剪和消毒处理。根系修剪应将劈裂根、病虫根剪除,剪口应平滑,不得劈裂,直径 2 cm 以上的粗根,修剪后应涂抹树木专用防腐剂。

4.2.2 树冠修剪 树冠修剪量应根据树种的生物学习性、生长状况、移植季节、栽植环境等因素确定,剪除病虫枝、折断枝、枯死枝、弱枝、过密枝等,修剪后必须保留原有树形。

(1) 落叶乔木

① 裸根移植多在休眠期进行,修剪以短截为主,短截时应保留外向芽,可剪去枝条的 1/5～1/3。一般不提倡裸根移植,个别情况例外。

② 采用带土球移植,修剪应保持原有树形,以疏枝为主,保留骨干枝和部分侧枝,修剪量在休眠期移植时可剪去枝条的 1/5～1/3,在生长期移植时剪去枝叶的 1/3～1/2。

(2) 常绿乔木

① 休眠期移植可适当疏枝,可剪去枝叶的 1/5～1/3。

② 生长期移植可采取疏枝同时疏叶的方法,生长势强的以疏枝为主,可剪去枝叶的 1/3～1/2;生长势弱的以疏叶为主,可剪去叶片的 1/3～2/3。

4.3 栽植

4.3.1 检查 大树栽植前,应检查树体和土球损伤情况。根据土球大小检查种植穴大小及深度是否符合要求,土球底部有散落的,应在树穴相应部位填土,以避免土球下部空洞。

4.3.2 垫土 栽植前树穴底部应垫 10～20 cm 的松软土层。

4.3.3 入穴 大树宜采用吊车入穴,应将土球同包装物一同入穴,保持树干颈部高出地面 5 cm 左右。

4.3.4 姿态 根据树木的朝向标记,将移植大树的朝向同原生长地一致。

4.3.5 拆除包装

(1) 拆除草绳包装 覆土前应将草绳包装拆除,确认土球没有散落时可将捆扎的腰箍拆除,否则用草绳捆扎的腰箍可不拆除。

(2) 拆除木箱包装 木箱入坑接触坑底前,先撤出底部木板,再将木箱放入坑底。坑内填土约 1/3 处,则可拆除上板及四边箱板。

4.3.6 覆土 覆土要分层夯实,保证土球与土壤紧密结合,一般每回填 30 cm 左右用木棍捣实后再行覆土,注意不可损坏土球和损伤根系。

4.3.7 围堰 覆土完后可视具体情况做高出地面 10～20 cm 的浇水围堰。

4.3.8 浇水 栽植完成后应立即浇水,即定根水。方法是由外向内浇水,即先浇土球的外缘,土球暂不浇水,待外缘土壤不再下沉树木不倾斜时再浇透浇足(包括土球)。

4.3.9 辅助措施应用 为保证树木成活,栽植时宜采取以下措施:

(1) 可在靠近土球旁深 2/3 处插入 2～3 根直径 8～10 cm 的透气管,或将直径 8～10 cm 的透气管制作成 U 形,底部贯穿整个种植穴,以增加透气性。透气管可采用 PVC 管。

(2) 消毒剂的施用,在土球入穴覆土前进行,常用广谱性杀菌剂,如多菌灵、百菌清等,使用浓度见产品说明书,用喷雾器将药液喷施于土球表面。

(3) 生根粉的施用,在土球入穴覆土前进行,方法是将有效成分在 0.05～0.15 mg/L 的生根剂喷洒土球根部,或用含有有效成分为 0.05～0.15 mg/L 浓度的泥浆涂沫土球根部。若使用市售产品,则参照产品说明书使用。

(4) 栽植时对直径大于 5 cm 枝条的剪口或树干伤口涂抹树木专用防腐剂。

5. 移植后养护管理

5.1 支撑

5.1.1 大树移植后,必须采取支撑措施以稳固树体,避免人为晃动或被大风吹摇吹歪。支撑通常 1～2 年后方可撤除。

5.1.2 支撑

(1) 四支柱或三支柱法:支撑物可用杉杆或楠竹,方法是先用短的木棒在适宜的高度,用铁丝捆扎成井字形或三角形,与树干接触处应垫软物(如麻袋片),再将支撑柱用铁丝或抓钉固定在井字形或三角形下。

(2) 捆绑法:支撑物可用杉杆或楠竹,方法是在适宜的高度先用草绳或其他软物捆扎,再将长 30 cm、宽 5 cm、厚 2 cm 左右的木条用铁丝捆紧,将支撑物用钉子固定在木条上。

(3) 铁丝宜使用一般用途低碳钢丝 III 类(建筑用),规格为 14♯(2.032 mm)～8♯(4.046 mm)。

5.1.3 支撑高度一般在植株高度的 1/3～2/3 处。

5.1.4 支撑下埋深度,视树种、规格和土质而定,一般下埋 10 cm。如遇硬质铺装,则应在支撑点处打固定铆钉,铆钉深度应大于 10 cm,同时将支撑物与铆钉用铁丝固定。

5.1.5 严禁将支撑物用铁钉或抓钉直接固定在树干上。

5.1.6 公园绿地内大树移植时的支撑,若影响游人游憩活动,可采用空中支撑法。方法是:用三根或四根麻绳在适宜的高度将大树固定,三根或四根麻绳的另一头分别拉紧并固定在移植的大树周围的其他大树或电线杆上,形成空中支撑。

5.2 缠干

5.2.1 宜用草绳从基部开始由下向上将主干和比较粗壮的分枝严密包裹。成活后一年清除,保持树木整洁。

5.2.2 缠完后的树干宜用黏土泥浆涂满草绳,以减少水分蒸发。

5.2.3 对树冠喷水时宜同时将缠干部位喷水保湿,喷水要求细而均匀。

5.3 浇水

5.3.1 定根水浇足以后,一般 1～2 天后浇第二次水,以后可视土壤及天气情况适时浇水。

5.3.2 可采用滴灌的方式,对土壤补充水分。

5.3.3 浇水时,必须注意土壤水分状况,不可过量。

5.3.4 根据天气情况宜经常对树干及树冠进行适度喷水,为树体提供湿润的小气候环境。

5.4 遮阴

5.4.1 大树移植初期或高温干燥季节,必须搭制遮阴棚遮阴。遮阴棚的面积和大树的冠幅宜相等或略大于树冠。

5.4.2 遮阴棚可用竹竿、杉杆或钢管搭建,宜选用遮阳网遮阴,其遮阴度宜为70%左右,以后视树木生长情况和季节变化,逐步去掉遮阳网。

5.4.3 遮阳网应悬于树冠上方30~50 cm,若朝西方向需搭遮阳网防西晒时,则遮阳网应距树冠30~50 cm,保证树冠通风良好。阴雨天宜收起遮阳网。

5.5 检查

5.5.1 定期检查苗木生长发育情况、病虫害危害情况,发现问题及时采取补救或防治措施。

5.5.2 土壤水分状况可采用钻孔的方式进行检查。方法是采用土壤专用钻孔机,采集80~120 cm深度的土壤,检查土壤水分状况。

5.5.3 大风大雨后,应检查支撑和土壤水分状况,发现问题应及时补救。

5.5.4 对萌芽能力较强的树木,定期、分次及时除去基部及树干中下部的萌芽。

5.6 辅助措施应用

5.6.1 抑制蒸腾剂

(1) 为提高大树移植成活率和存活质量,可选择抑制蒸腾剂,以促使叶片气孔关闭和延缓树体新陈代谢,减少树体水分消耗。

(2) 根据产品使用说明书,将产品稀释到需要的浓度,用机动或手动喷雾器进行整株喷洒,包括树干和叶面,以喷湿不滴水为度,隔5~7天喷一次,连喷2~3次。

(3) 高温天气宜在下午7点钟后进行喷施,稀释倍数宜大于说明书的规定。

5.6.2 营养液

(1) 为提高大树移植成活率,宜采用吊袋或吊瓶输液的方式,将营养液通过软管给大树补充水分和营养。

(2) 打孔位置以距树干第一个分枝下50~60 cm为宜,呈45度角,针孔的大小以吊针的大小而定,深度以达到木质部为准。将软管先端的吊针插入针孔内,装有营养液的吊袋(瓶)束缚在树体上。

(3) 同一株大树根据需要可使用多个吊袋或吊瓶,但以螺旋状且呈梯度布置为宜。

(4) 营养液的使用浓度应根据产品使用说明和树木生长情况而定。刚移栽的树体,配备浓度应略低于说明书规定,以后根据大树的恢复情况,可适当增加浓度。

(5) 营养液使用完后应注意针孔的封口。

6. 高温、干旱、低温时段的移植及养护

6.1 非适宜季节移植

6.1.1 必须带土球移植,土球的直径必须大于150 cm。

6.1.2 必须搭制遮阴棚遮阴,包括防西晒的立面遮阴。

6.1.3 应加大枝叶的修剪量,常采用剪其小枝、保留主枝的修剪方式。枝叶的修剪量宜在1/3~2/3。

6.1.4 加强水分管理,确保土壤湿润但不得积水。

6.2 极端气候的养护措施

6.2.1 在高温、干旱时,除对大树搭建遮阴棚外,可采取下列措施:

(1) 可在树冠上方安装1~2个喷雾头,对树干、树冠及周围环境定期喷雾,改善树冠周围的温度和湿度。

(2) 可将软管通过树体安装在树干上方,软管的末端安装喷雾头,对树干、树冠及周围环境定期喷雾。

(3) 可向树冠喷施抑制蒸腾剂,降低蒸腾强度,具体操作参照本规程5.6.1。

6.2.2 不耐低温、易受冻害的大树在冬季低温时,必须用薄膜搭建保温棚。保温棚可用竹竿、杉杆或钢管搭建,棚的四周及顶部用塑料薄膜覆盖,下部可不覆盖,且薄膜应距树冠30~50 cm,并保持薄膜距地面100~200 cm。

6.2.3 久雨或暴雨时,必须随时检查土壤水分,如发生积水,立即开沟排水。积水时间不得超过24 h。

6.5 常见大树的移植

在园林绿化建设实践中,常绿针叶树、落叶阔叶树和常绿阔叶树是常见的大树移植种类,本节结合实践介绍这3类树木的移植技术。

6.5.1 雪松大树移植

雪松树冠呈塔形,姿态端庄,为园林绿化的重要观赏树种之一。雪松对气候适应范围较广,对土壤要求不严,属浅根性乔木,在低洼积水或地下水位较高之处生长不良。华东地区长江中下游地区乃至华北地区均有成功移植雪松大树的经验。

1. 移植时间

雪松在中原、华东一带以春季移植最为适宜,成活率较高。2—3月份气温已开始回升,雪松体内树液也开始流动,但针叶还没有生长,蒸发量较小,容易成活;7—8月份正值雨季,雪松虽已进行了大量生长,但因空气湿度较高,蒸腾量相对降低,此时进行移栽成活率也高。10月前后栽植亦可。

2. 施工前的准备工作

（1）挖栽植穴　该项工作可于挖球前或与挖球同时进行，栽植穴应比土球规格大 20～30 cm，比如移植 7.0～8.5 m 高的雪松树，树穴应挖成 2.5 m×2.5 m×2.0 m，去掉不良土壤，并备好足够的回填土。挖穴时表土和底土分开放置，土质不好的还要换成肥力较高的园土，拣除树穴内部的大石块、砖头、白灰等建筑垃圾。

（2）材料准备　约 9 m 长的竹竿若干根，铁丝若干斤及所需的工具、高压喷雾器、喷头（带杆）若干个、输水管若干米、喷灌机一台。

（3）其他工作　提前做好场地的平整，计划好吊车及运输车辆的行车路线。

3. 起挖、运输

（1）选树　起挖前做好选苗工作，要求所选苗木树形优美，树干通直，无机械损伤。对于树冠偏大、枝条偏密的雪松尽量不要选用，以免增加成活率和降低运输、栽植的费用。提前做好记录，以利于苗木到场后对号入坑。起挖前先用支撑物撑好树木，防止歪倒，以保证安全。另外，还应标记好苗木的阴阳面，以便于栽植时定位。

（2）挖土球　大树起苗前应喷抗蒸腾剂，雪松移植应采用带土球移植法，土球好坏是影响雪松移栽成活的关键。土壤较干燥时，应提前 3 天灌水以保证根部土壤湿润。挖起树木时根部土球不能松散。

① 土球规格：所挖土球的直径约是树木胸径的 7～10倍。土球形状为苹果形，底径约是上径的 1/3，土球横径、纵径比为 5∶4，这样可以保证移植时不致伤害过多的根系而缩短缓苗时间。

② 挖球程序：开始挖球之前应先用草绳把过长的影响施工的下部树枝绑缚起来，这样既便于施工又便于运输，但注意不要折断树枝。然后以树干为中心，根据土球直径划圈线，以决定挖土范围，挖球前先铲去土球上部浮土，再沿圈线向外挖 60～80 cm 宽的环状沟。当挖到规定土球高度时，逐渐将土球底部的土掏去。切忌将土球底部掏空，以防树身倾斜，损坏土球，土球要边挖边修整，最后呈苹果形。挖掘用的铲、镐要锋利，保证断面平整。

③ 缠草绳：土球挖好后，要进行打包，这是保证树木移栽质量的一个重要工序。通常采用螺旋式纵向双层缠绕法。如土质疏松，应先在土球上铺一层蒲包或麻袋片等遮盖物，以防散球。缠草绳一般两人配合进行，先缠腰绳，把草绳拴在树干基部按顺（或逆）时针方向斜向下将草绳拉紧，通过土球底部呈 180°，从另一侧拉出草绳回到树干基部，再缠第二圈，直至缠满为止。草绳排列要紧密，如土质疏松，应缠两遍。土球缠完后，草绳应绕树干缠几圈，高约 30～50 cm，防止装卸时捆绑处树皮损伤，然后用水喷湿草绳，以增加其柔韧性。

（3）运输　根据土球大小选用合适的吊车装卸，7～8 m 高的大树应采用 16 t 吊车吊装，土球用钢丝绳牵拉，钢丝绳之间用 U 形扣连接，钢丝绳与土球接触处垫厚木板，防止其勒入土球。用主钩挂住钢丝绳，副钩挂住树干的 2/3 处，挂钩处树干均应用麻袋片层层包裹，防止绳子勒入树皮。在树干的 1/2 处还应拴一条长绳子，以利于在吊运过程中靠人力保持运动方向。起吊时在树干基部垫一棉垫，以防损伤树皮。苗木上车后，保持土球朝前，树冠朝后，树干放在缠有草绳的三角支架上，防止树冠拖地。近距离运输，要在树干及树冠上喷水，远途运输则必须加盖篷布并定时喷水，以减少树木的水分蒸发。运输过程中，注意保护树头，因为树头折断将使雪松观赏价值大为降低。

4. 栽植、养护

（1）栽植　栽植前在每个树穴内施有机肥 20 kg，并用回填土拌匀填至土球的预留高度。栽植的吊装方法与起挖吊装基本一致。苗木吊到树穴内在未落地前，用人力旋转土球，使其位置、朝向合理，随后将土回填，回填前应把所有的包裹物全部去除，最后分层夯实并做好水穴。为提高雪松成活率，应在雪松移入之前，先往穴内灌水，并将底土搅成泥浆，然后用吊车将树慢慢吊起，摆正树身，把树形好的一侧朝向主要观赏面。必要时对树根喷施生根激素，迅速填土，先填表土，同时，可适当施入一些腐熟的有机肥。最后填底土，分层踏实，植树的深度与树木原有深度一致。填满后要围绕树做一圆形的围堰，踏实，为浇水做好准备。

（2）浇水　苗木栽植后应立即扶架，为确保雪松成活，扶架完毕后应及时浇水。第一次浇水应浇透，并在 3 天后浇第二遍水，10 天后浇第三遍水，每遍水后如有塌陷应及时补填土，待 3 遍透水后再行封堰。为保证成活率，有人在栽植的第四天结合浇水用 100 ppm 的 ABT - 3 号生根粉作灌根处理，3 次浇水之后即可封穴，用地膜覆盖树穴并整出一定的排水坡度，防止因后期养护时喷雾造成根部积水。地膜可长期覆盖，以达到防寒和防止水分蒸发的作用。

（3）支撑　栽后为防树身倾斜，一般用 3 根木杆呈等边或等角三角形支撑树身；支撑点要略高一些，杆与地面成 60°～70°夹角为宜，最后剪掉损伤、折断的枝条，取下捆拢树冠的草绳，把现场清理干净。

（4）疏枝提干　为减少树冠的水分蒸腾，应去掉一些过密的或有损伤的枝条，并通过疏枝保持树势平衡。为增加成活率，在支架完成后，配合苗木的整形作疏枝处理。先去除病枝、重叠枝、内膛枝及个别影响树形的大枝，然后再修剪小枝。修剪过程中应勤看，分多次修剪，切勿一次修剪成形，以免错剪枝条。修剪完成后应及时用石蜡或防锈漆涂抹伤口，防伤口遇水腐烂。为了不影响交通和树下花灌木的生长,雪松移植后应适当提干,一般提干高度不超过 1.2 m。

(5)养护 苗木栽植之后应立即用喷灌机做喷雾养护,以保证树冠所需的水分和空气湿度。为了减小劳动强度,增加养护效果,可以自行设计一套喷水养护系统:提前在每棵雪松上安装 3~4 个喷头,喷头的位置以水雾能将全树笼罩为原则。每天定时喷雾,实践证明效果非常好。雪松不耐烟尘,为减少蒸腾,增强叶片光合作用,保证其成活、美观,在栽后要及时对树冠进行喷水、施肥。喷水、施肥可结合进行,间隔 10 天左右喷一次,喷肥常采用 0.1%尿素。由于内陆地区春天风大且降水量少,苗木的水分蒸发量大,因此浇水、喷雾的次数应适当增加。当苗木安全地度过春天后,养护工作即可进入正常管理。

6.5.2 香樟大树移植

香樟树冠呈广卵形,四季常绿,冠大荫浓,病虫害少,广泛用于城市道路、庭院、小区绿化,是城市绿化的优良常绿阔叶树种。

1. 香樟大树移栽技术

香樟大树移栽的最佳时间为萌芽期,即清明前后10~15 天。移植方法有以下 3 种。

(1)截干法 截干法移栽,通常适用于胸径 10 cm 以上的香樟大树,由于其常年在原地生长,根系分布较广而深,树冠冠幅大,不易移栽。为适于移栽并确保成活率,减少树冠水分和养分的消耗,一般采用截干法进行移栽,其优点是:可以控制树枝的分枝高度;吊装、运输方便;降低树叶的水分及养分的消耗,有利于提高成活率。缺点是:近期绿化效果差,一般需要两年以上才能形成新的冠幅。

(2)断根缩冠法 断根缩冠法移栽是将计划要移栽的香樟大树在原地进行断根缩冠。修剪时保持树形基本骨架,断根范围为树干地径的 5 倍,将粗根锯断,在根部喷洒 0.1%萘乙酸,然后覆土。两年后根据需要进行移栽。其优点是:移栽成活率高,树木恢复生长快,绿化效果也较好。缺点是:周期长,投入费用较高。

(3)带冠移栽法 带冠移栽法基本上是保持原有树冠进行移栽,往往是为了立竿见影的景观效果和特定的要求必须带冠移栽。移栽时技术难度较高,特别是胸径 15 cm 以上的大树必须要用起吊设备。在起挖前应进行树冠重剪,去除弱枝,保留 50%的树叶,减少水分蒸腾散失和养分的消耗,土球的直径为树干地径的 8 倍以上,然后进行土球包扎移栽。

2. 香樟大树移栽措施

树穴底部施腐熟有机肥,穴内换疏松的土壤,以补充养分。移栽时根部喷施 0.1%萘乙酸或生根粉溶液,以促

进新根生长。伤口修复用 0.1%萘乙酸和羊毛酯混合物涂抹枝干、根系伤口,可防止腐烂。种植宁浅勿深,根据地下水位的情况,以土球露地表 1/2~1/4 为宜,过深则易烂根。应用细土使树穴与土球贴实,浇大水,然后在根部地表覆膜,防止水分的蒸发或过多的水分渗入根部,造成烂根。用草绳进行绕干,然后浇湿、浇透,再用薄膜绕干,这样既可保持树干湿润,又可防止树干水分蒸发和烈日灼伤树皮。但切忌因草绳腐烂而损伤树皮。对带冠的大树,可在树冠顶安装喷淋装置,晴天进行叶面喷雾。对带冠移栽的大树,考虑到叶面水分蒸发量过大,可搭遮光棚,降低光照强度,从而减少水分的蒸发。待新叶萌发革质化后用 0.1%尿素进行叶面喷施,以补充根部养分的不足,同时有利于新叶的生长,但切忌秋天喷施。待新枝萌发后,进行整形修剪,剪除弱枝,保留粗壮枝,培育新枝,对于树干上萌发的不定芽要即时抹除。

上述香樟大树移栽的技术措施要点要根据实际情况辩证使用,也可用于其他大树的移栽,但必须依据不同树种的生物学特性,合理使用。总之,为确保大树移栽成活,还是要坚持"三分栽、七分养"的原则。

6.5.3 银杏大树移栽

银杏为中生代子遗的稀有树种,系我国特产,生长较慢,寿命极长,具有欣赏、经济、药用价值,因此被广泛应用于园林绿地中。在栽植过程中采取相应的技术措施可达到高成活率。

1. 选好栽植时间

移栽的最佳时间为树木休眠期内,一般是春季萌动前和秋季落叶后进行。如若是反季节,则最好在阴天或下午日落前后,切忌在中午栽植。

2. 抓好栽植质量

(1)做好准备,随到随栽 大树栽植前提前挖好栽植穴,栽植穴直径比移栽银杏土球的直径大 50~60 cm,深度超出土球高度 30~40 cm。并做好吊运、灌水等各项准备工作。

(2)改良土壤,清除渣土 挖栽植穴时将土中杂质清除干净,同时在预回填土中掺拌疏松肥沃的草炭土对土壤进行改良,以增加土壤的透水和透气性。

(3)科学修剪,减少蒸发 修剪是保证大树移植成活的关键,因此,在不影响树姿的原则上,果断地对银杏大树进行修剪,使大树根部水分吸收与蒸发量保存平衡。银杏生长缓慢,不宜重修剪,在栽植前用吊车将树桩轻轻吊起,根据树形进行合理疏枝,剪除枯死枝、密生枝、内膛枝、重叠枝和破损枝等。在疏去枝条的基础上再疏去部分叶片,每个短枝留叶 2~3 片,原则上使保留下来的枝叶量不超过原有枝、叶量的 1/3。

(4)浅栽踏实,及时浇水 将银杏大树放入种植穴之

前,先测量土球厚度或树体根系厚度,并与穴深比较,调整以保证大树放入树穴后深浅适宜。用吊车将银杏大树小心斜吊入种植穴内,将树干立起,调整树冠主要观赏面朝向,扶正,然后回填土,包装的草绳也一块埋入,回填土时务必仔细,填一层,踩一层,当土填至1/3时调整树体,填满土踩实,使树木土球和填土密切接触。填平后在树坑周围做直径3.0 m的土堰,并浇透水,水渗透后要及时对树体进行扶正、踏实。银杏的栽植深度以根颈与地面平齐为宜,栽植过深易导致根颈处腐烂,如不及时采取措施,最终将导致银杏死亡。

3. 加强栽后管理

(1)设立支撑 银杏大树种植后立即进行树体支撑固定,慎防倾倒。树体移植后要及时对其进行支撑,确保大树稳固。支架与树皮交接处可用草包等作为隔垫,以免磨伤树皮。

(2)树体保湿 银杏大树形体高大,根系距树冠距离长,水分的输送有一定困难,而地上部的枝叶蒸腾面积大,移植后根系水分吸收与树冠水分消耗之间的平衡失调,如不能采取有效措施,极易造成树体失水枯亡。特别是在生长季节栽植的银杏大树,为了保证成活率,需采用包裹树干、树冠喷水等措施对银杏树体进行保湿。方法是先用粗草绳对银杏的主干进行缠扎,再用绿色无纺布进行缠绕,然后用水喷湿,最后用塑料薄膜进行包裹,包裹时塑料薄膜要间断包裹,利于透气。夏季为防止大树水分蒸腾过大,应尽可能地将树干全部包裹起来。除对树干进行包裹外,还需用喷雾器对银杏树冠进行喷清水以补充叶片水分,增加空气湿度,早晚各1次,有利于减少树体水分的散失,喷水要求细而均匀,喷及地上各个部位和周围空间。有条件的地方可用遮阳网对银杏树冠进行遮阳处理,效果更好。

(3)树盘覆盖 树盘覆盖主要是减缓地表蒸发,防止土壤板结。针对银杏大树采用了培土覆膜处理,培土的厚度约高出地面20 cm左右,培土后用塑料薄膜进行地面覆盖。

(4)灌水和排水 按照绿化施工规范要求,树木栽植后应立即浇第1遍水,3天后浇第2遍水,15天后浇第3遍水。理论上树木栽植后,保持土壤含水量在40%～60%是树木最佳成活、生长的主要条件之一。事实上由于土质不良,同一时间浇水后土壤含水量也相差悬殊,应根据树种和土壤类别区别对待,满足树木对水的需求。如遇夏季雨水多,土壤含水量过大,对银杏发根不利,严重的会导致烂根死亡,这时主要应抗涝,做好中耕松土工作,保持土壤良好的透气性。

4. 移植后措施

叶片失绿、芽不萌动,新枝出现萎缩表明植株失水,此时应对叶片进行雾状喷水,以叶面持水不滴水为宜,为避免根部大量积水,可用地膜覆盖树堰,以防止水进入种植

穴内。每天喷水2～3次,同时进行树体输液。

叶片变黄、晃动树干落叶,原因可能是根部水分过多,应及时排水。可视现场情况采用挖排水沟方法,在土球外围挖沟,且沟比土球底部深20 cm,保持排水通畅。

整株叶片出现萎蔫,树势衰弱。原因可能是根系积水以及栽植过深抑制根系呼吸导致树体脱水、树势减弱。可由土球外围挖开,逐步向里检查根系情况。若发现腐烂根系及时进行修剪,直到剪出新生组织为止,并施用生根药剂,然后回填土壤将根部盖住。

6.6 案例分析

2001年河南省中部地区某城市广场上为保证绿化效果,采用了大树移植法移植广玉兰。由于它生长速度较慢,缓苗期长,采用一般规格苗木绿化时需要很长一段时间才能达到设计要求,而壮年期的广玉兰树形较稳定,树姿雄伟,树冠丰满,观赏效果极佳,可以很快形成特殊的绿化效果。然而在移植过程中,由于根系受伤,树叶蒸腾失水,致使成活率不高,易造成巨大的财力、物力、人力的损失。根据上述工程情况和特点,为确保移植广玉兰成活率,采取了以下技术措施:

1. 移植前准备工作

1)选树

首先,根据设计规定的胸径、高度及树形、姿态等方面的具体要求,选择生长健壮,无病虫害的树木为佳。待具体选定后,按种植设计说明,统一调配、编号,并记录每一棵树的详细资料。

2)栽植地土方整理

根据广玉兰的生长习性,重点进行了栽植地土质改良工作。首先对土壤进行酸碱度检测试验。在土壤翻耕平整后,根据检测试验的实际酸碱度用过磷酸钙均匀施撒土表,以中和土壤碱性、增强土壤肥力。对土壤进行深翻、平整,使土质疏松,开排水沟,保证栽植地排水通畅不积水。

3)确定土球规格

移植广玉兰前现场试挖一株,以观察广玉兰根系的分布详细情况,初步探明主侧根系的宽度及根系纵深范围,确定土球大小。泥球直径为树木胸径7～10倍,如土球过大,容易散球并增加运输困难,土球过小会伤害过多根系,影响成活,最终确定人工挖掘为主全冠移植方案。

2. 移植技术措施

1)挖掘

开挖前先用草绳将树冠围拢进行树冠保护,其松紧程度以不折断树枝条、不影响广玉兰观赏价值及挖掘操作为宜。然后铲除树干周围浮土,以树干为中心,比规定泥球大3～5 cm划一圈,并顺此圆圈往外挖沟,沟宽60～80 cm,深度到泥球所要求的高度为止。修整泥球用锋利

铁锨,遇到较粗树根时,用锯或剪将根切断切平,并对根系的伤口进行处理,处理方法是用羊毛脂涂伤口。当泥球修整到1/2深度时,逐步向里收底,直到缩小到泥球直径1/3为止,然后将泥球修整平滑,泥球下部修小平底,泥球挖掘完毕。

2) 泥球包装

泥球修好后,用草绳打上腰箍,腰箍的宽度一般控制在20 cm左右,以防泥球松散,然后用草包片将泥球包严,并用草绳将腰部捆好,以防草包脱落,然后即可打花箍,将双股草绳一头拴在树干上,然后将草绳绕过泥球底部,按顺序拉紧捆牢,草绳的间隔在8～10 cm。花箍打好后,在泥球外面结成网状,最后打成花扣,以免脱落。

3) 吊装及运输

经过计算,每株广玉兰的重量达到5 t,应用10 t吊车。考虑到安全、吊装一次成功和钢丝绳在起吊过程中对泥球树根勒成内伤或伤及根系,故放弃钢丝绳,采用柔软的起吊绳捆绑树干的吊法。广玉兰起吊上运输车辆时,冠后车尾倾斜放置。树干与车接触外用柔软材料衬垫,防止树皮磨伤,及时起运至栽植地。

4) 栽植修剪

栽植前修剪的目的是使树冠的蒸腾减少,栽植前要剪掉全部枝叶的1/3～1/2,同时剪去枯枝和病虫枝,并保持树形完美。

5) 栽植技术

在广玉兰到达之前,将树穴挖好,做到随运随栽。按照广玉兰原来生长朝向定位,在穴底先放入介质土,增加土壤通气性且浅栽,以免过深积水使广玉兰窒息而死亡,拆去草绳,填土夯实。支撑用杉木打成扁担桩紧固。浇生根水要随栽随浇,且浇透。

■ 思考题

1. 简述大树移栽的意义与作用。
2. 了解大树移栽的相关规范与指导。
3. 简述大树移栽的一般技术和方法。
4. 制定你所在地区的大树移栽技术规范。

3. 移植后养护管理

非栽植季节移植后养护管理是确保苗木成活率的保证,根据广玉兰生长习性应采取相应技术措施。

1) 保水措施

新移植的广玉兰由于根系受损伤,吸收水分能力下降,保证水分充足是确保树木成活率的关键。首先,需进行遮阴处理,搭建遮阴棚以降低蒸腾。除正常早晚浇水之外,还应根据广玉兰喜湿润的生长习性等特点进行遮阴棚内喷雾保湿,而且需根据气温调节喷雾时间及水量。

2) 排水措施

广玉兰根系属深根型,侧根发达,肉质根较嫩弱,不耐水,性忌水,故暴雨后或在雨季造成积水时应及时开排水沟排涝以免积水引起烂根。

3) 病虫害防治

移植后的广玉兰抗病虫害能力差,所以要根据这一特点随时观察,适时采取预防措施并加强防治力度。上海地区对广玉兰影响大且发生率高、危险性大的病虫害主要有广玉兰真菌类叶斑病、虫害为蚧壳类虫害(草履蚧、吹棉蚧、龟蜡蚧、角蜡蚧等),应作为防治重点。

2001年夏、秋、冬该城市广场先后三次进行广玉兰大树移植,均采用以上技术和管理方法,移植成活率达到了90%以上,圆满地完成了正常季节、非季节性城市重点园林绿化工程,并达到了预期效果。

6.7　实验/实习内容与要求

结合某一地区大树移栽案例,运用本章所述的技术措施进行调查,对移栽过程进行评价,并制定相应的大树移栽技术方案。

7 园林树木的养护管理

■ 学习目标

　　了解园林树木养护管理的意义和主要内容,掌握园林树木的土壤管理、施肥管理、水分管理、光照管理、树体管理以及园林树木整形修剪的原则和技术要点,了解园林树木常见的自然灾害、病虫害及其防治措施、特殊环境园林树木的养护措施以及园林树木的安全性管理。

■ 篇头案例

　　在党的十八大提出建设美丽中国的大环境下,园林绿化越来越被人重视。在园林绿化实践中,养护管理有着十分重要的作用。然而,各地环境不一,施工技术不同。有些绿化地段种植土壤瘠薄;有的长期干旱,没有及时对树木补充水分;有的树木任意生长,树形紊乱,无观赏价值;有的树木病虫害泛滥……凡此种种,导致树木长势不良,不能充分发挥园林绿化的各种功能效益。针对这些情况,应采取哪些措施对园林树木进行养护管理呢?

7.1 养护管理概述

　　随着我国城市化建设突飞猛进地发展,人们对城市环境质量要求越来越高,园林绿化建设及配套的园林养护管理行业也随之兴起,园林树木的养护管理成了重中之重。

7.1.1 园林树木养护管理的内容和意义

　　地域的差异和自然生态环境的复杂,造就了园林树木各异而多样的生物学特性和生态习性。园林树木养护是园林设计、工程施工的延续,俗语说的“三分种,七分养”无疑是对养护效果重要性最好的诠释。为各种园林树木创造优越的生长环境,满足树木生长发育对光、热、水、肥、气的需求,防治各种自然灾害和病虫害,使树木更适应所处的环境条件,并通过整形修剪和树体保护等措施调节树木生长和发育的关系来维持良好的树形,充分而持久地发挥树木的各种生态效益、社会效益和人文效益,是园林工作者重要而长久的任务。

　　园林树木养护管理的主要内容包括园林树木的土、肥、水、光、树体管理,园林树木整形修剪,自然灾害和病虫害及其防治措施,看管围护以及绿地的清扫保洁等。园林树木养护管理的意义可归纳为以下几个方面:

　　(1)科学的土壤管理可提高土壤肥力,改善土壤结构和理化性质,满足树木对养分的需求。

　　(2)科学的水分管理可以使树木在适宜的水分条件下正常生长发育。

　　(3)施肥管理可对树木进行科学的营养调控,满足树木所需的各种营养元素,确保树木生长发育良好,同时可达到花繁叶茂的绿化效果。

　　(4)及时减少和防治各种自然灾害和病虫害对园林树木的危害,促进树木健康生长,可使园林树木持久地发挥各种功能效益。

　　(5)整形修剪可使树体保持最佳的观赏效果,调整树木的生长状况。

7.1.2 园林树木的管理标准

　　园林树木能否生长良好,并尽快发挥园林设计要求的景观效益、生态效益和社会效益,在很大程度上取决于能否根据树体的年生长进程和生命周期的变化规律,进行适时、经常和稳定的养护管理,为各个年龄期的树体生长创造适宜的环境条件，使树体长期维持较好的生长势。为此，应制定养护管理的技术标准和操作规范，使养护管理工作目标明确，措施有力，做到养护管理的科学化、规范化。

目前，国内的一些城市在城市绿地与园林树木的管理、养护方面，已采用招标的方式，吸收社会力量参与，因此城市主管部门更应制订相应的规范来加强管理。采用分级管理是较为合理的管理方法。例如北京市园林管理局根据绿地类型的区域位势和财政状况，对绿地树木制订分级管理与养护的标准，以区别对待，不失为现阶段条件下行之有效的措施之一。北京市把园林树木的管理养护标准分为四个等级。

1. 一级管理标准

（1）生长势好　生长量超过该树种、该规格的平均生长量（指标经调查后确定）。

（2）叶片健壮　叶片正常，叶片色鲜、质厚、具光泽，落叶树种大而肥厚，针叶树针叶健壮。在正常条件下，不黄叶、不焦叶、不卷叶、不落叶，叶上无虫粪、虫网。被虫咬过的叶片最严重的每株在5%以下（含5%）。

（3）枝干健壮　无明显枯枝死杈，枝条粗壮，过冬枝条已木质化；无蛀干害虫的活卵、活虫；介壳虫最严重处，主干、主枝上平均每100 cm有一条活虫以下（含1头，下同），较细枝条平均每33 cm长在5条活虫以下，株数都在2%以下；无明显的人为损坏，绿地内无堆物、堆料、围栏等；树冠完整美观，分枝点合适，主侧枝分布匀称、数量适宜，内膛不乱，通风透光，绿篱、整形植株等应枝叶茂密，光满无缺，花灌木开花后必须进行修剪。

（4）缺株在2%以下（包括2%，下同）。

2. 二级管理标准

（1）生长势正常　生长量达到该树种、该规格的平均生长量。

（2）叶片正常　叶色、大小、薄厚正常；较严重的黄叶、焦叶、卷叶、带虫粪、虫网、蒙灰尘叶的株数在2%以下；被虫咬过的叶片最严重的每株在10%以下。

（3）枝干正常　无明显枯枝死杈；有蛀干害虫的株数在2%以下；介壳虫最严重处，主干主枝上平均每100 cm有2条活虫以下，较细枝条平均每33 cm长内有10条活虫以下，株数都在4%以下；无较严重的人为损坏，对轻微或偶尔难以控制的人为损坏，能及时发现和处理，绿地、草坪内无堆物堆料、搭棚侵占等；树冠基本完整，主侧枝分布匀称，树冠通风透光，开花灌木大部分进行修剪。

（4）缺株在4%以下。

3. 三级管理标准

（1）生长势基本正常。

（2）叶片基本正常　叶色基本正常；严重黄叶、焦叶、卷叶、带虫粪、虫网、蒙灰尘叶的株数在10%以下；被虫咬过的叶片最严重的每株在20%以下。

（3）枝干基本正常　无明显枯枝死杈；有蛀干害虫的株数在10%以下；介壳虫最严重处，主干主枝上平均每100 cm有3条活虫以下，较细枝条平均每33 cm长内有15条活虫以下，株数在6%以下；对人为损坏能及时处理，绿地内无堆物堆料、搭棚、侵占等，行道树下无堆放白灰等对树木有烧伤、毒害的物质，无搭棚、围墙、圈占等；90%以上树冠基本完整，有绿化效果。

（4）缺株在6%以下。

4. 四级管理标准

（1）被严重吃花树叶（被虫咬食的叶面积、数量都超过一半）的株数达20%；被严重吃光树叶的株数达10%。

（2）严重焦叶、卷叶、落叶的株数达20%；严重焦梢的株数达10%。

（3）有蛀干害虫的株数在30%。介壳虫最严重处，主干主枝上平均成虫数每100 cm有3条活虫以上。较细枝条上平均成虫数每30 cm有15条以上。有虫株数在6%以上。

（4）缺株在6%～10%。

以上的分级养护质量标准，是根据现时的生产管理水平和人力物力等条件而采取的暂时性措施。今后，随着对生态环境建设投入的加大，随着城市绿化养护管理水平的提高，应逐渐向一级标准靠拢，以更好地发挥园林树木的景观生态环境效益。

7.1.3 养护管理工作月历

树木养护管理工作应根据树木生物学特性和生长发育规律以及当地的立地、气候条件进行。因各地气候相差悬殊，养护工作应根据本地情况而定，各地也应根据本地实际情况建立养护管理工作月历。表7.1、表7.2分别以北京和南京为例，说明养护管理工作月历的主要内容。

表7.1　北京市园林树木养护管理工作月历

月份及气候特点	养护管理内容	月份及气候特点	养护管理内容
1月份平均气温-4.7℃，平均降雨量2.6 mm	①修剪，有伤流和易枯梢树推迟至发芽前； ②检查防寒设施； ③根部堆集净雪； ④积肥； ⑤防治病虫害，挖虫蛹、虫茧，剪除虫包	2月份平均气温-1.9℃，平均降雨量7.7 mm	①冬剪，月底结束； ②根部堆雪； ③检查巡视防寒设施； ④积肥，沤制堆肥； ⑤防治病虫害； ⑥春栽准备

月份及气候特点	养护管理内容	月份及气候特点	养护管理内容
3月份平均气温4.8℃，平均降雨量9.1 mm	① 春季植树； ② 春灌； ③ 施肥； ④ 撤除防寒设施,扒开埋土,分批进行； ⑤ 防治病虫害	4月份平均气温13.7℃，平均降雨量22.4 mm	① 春季植树,发芽前完成； ② 施肥,尤对春花植物灌水施肥； ③ 冬季和早春易干梢树修剪； ④ 防治病虫害
5月份平均气温20.1℃，平均降雨量36.1 mm	① 灌水； ② 春花植物花后修剪； ③ 新植树抹芽,除萌； ④ 中耕除草,及时追肥； ⑤ 防治病虫害	6月份平均气温24.8℃，平均降雨量70.4 mm	① 灌水,施肥； ② 疏剪树冠,剪除与环境有矛盾的枝条,特别是行道树； ③ 中耕除草； ④ 防治病虫害； ⑤ 雨季排水准备
7月份平均气温26.1℃，平均降雨量196.6 mm	① 排水,防涝； ② 中耕除草,追肥； ③ 常绿树移植,伏后降一次透雨进行； ④ 修剪,适当稀疏树冠,防风； ⑤ 防治病虫害； ⑥ 防吹倒吹歪； ⑦ 喷水防日灼	8月份平均气温24.8℃，平均降雨量243.5 mm	① 移植常绿树； ② 修剪； ③ 中耕除草； ④ 排水,防涝； ⑤ 防治病虫害； ⑥ 挖掘枯死树木； ⑦ 加强行道树管护,剪除与环境有矛盾的枝条
9月份平均气温19.9℃，平均降雨量63.9 mm	① 绿地整理,挖掘死树,剪除干枯枝、病虫枝； ② 结束绿篱整形修剪； ③ 中耕除草,停施氮肥,长势较弱的追施磷、钾肥； ④ 防治病虫害	10月份平均气温12.8℃，平均降雨量21.1 mm	① 秋季植树； ② 落叶积肥； ③ 下旬开始灌"冻水"； ④ 防治病虫害
11月份平均气温3.8℃，平均降雨量7.9 mm	① 秋季植树； ② 上冻之前完成灌"冻水"； ③ 防寒； ④ 深翻施基肥； ⑤ 秋季补植	12月份平均气温2.8℃，平均降雨量1.6 mm	① 防寒； ② 整形修剪； ③ 消灭越冬害虫； ④ 冬季积肥； ⑤ 加强机具维修和养护； ⑥ 全年工作总结

(引自芦建国,2000,内容有删改)

表7.2　南京市园林树木养护管理工作月历

月份及气候特点	养护管理内容	月份及气候特点	养护管理内容
1月份平均气温1.9℃，平均降雨量31.8 mm	① 冬季植树； ② 深施基肥,积肥,沤制堆肥； ③ 修剪整形,剪除病虫枝、伤残枝及不需要的枝条,挖掘死树,冬耕； ④ 防寒,打雪； ⑤ 防治越冬害虫； ⑥ 检查巡视抗寒设备	2月份平均气温3.8℃，平均降雨量53 mm	① 栽植； ② 整形修剪； ③ 施基肥和冬耕,对春花树木施花前肥； ④ 积肥和沤制堆肥； ⑤ 防治病虫害； ⑥ 防寒
3月份平均气温8.3℃，平均降雨量73.6 mm	① 春季植树； ② 浇水,施肥； ③ 清除树下杂物、废土； ④ 撤除防寒设施,扒开埋土； ⑤ 防治病虫害	4月份平均气温14.7℃，平均降雨量98.3 mm	① 上旬完成落叶树栽植,香樟、石楠、法国冬青等发芽时栽植； ② 松土除草、灌水抗旱； ③ 绿篱修剪,剥芽、除蘖； ④ 防治病虫害,对雪松、月季、海棠等每10天喷次波尔多液
5月份平均气温20℃，平均降雨量97.3 mm	① 春花灌木花后修剪,追施氮肥,中耕除草； ② 新植树木填土、剥芽去蘖； ③ 灌水抗旱； ④ 采收枇杷、十大功劳、结香、接骨木种子； ⑤ 防治病虫害,做好预防预报	6月份平均气温145.2℃，平均降雨量70.4 mm	① 行道树修剪,解决树木与环境的矛盾； ② 抗旱、排涝,处理险树； ③ 中耕除草、追肥； ④ 花后修剪、整形； ⑤ 防治病虫害

月份及气候特点	养护管理内容	月份及气候特点	养护管理内容
7月份平均气温28.1℃，平均降雨量181.7 mm	① 抗旱，排水，防涝，处理倒伏树木； ② 修剪，剥芽，葡萄修剪伏梢； ③ 松土除草，施肥； ④ 防治病虫害，清晨捕天牛，杀灭袋蛾、刺蛾； ⑤ 高温时喷水防日灼	8月份平均气温27.9℃，平均降雨量121.7 mm	① 抗旱排涝； ② 防台风，防汛，解决树木与环境的矛盾，处理倒伏树； ③ 夏季修剪； ④ 中耕除草，施肥； ⑤ 病虫害防治
9月份平均气温22.9℃，平均降雨量101.3 mm	① 中耕除草，整形修剪； ② 结束绿篱整形修剪； ③ 中耕除草，停施氮肥，长势较弱的追施磷、钾肥； ④ 防治病虫害，特别是蛀干害虫； ⑤ 防台风，防暴雨，防吹倒吹歪	10月份平均气温16.9℃，平均降雨量44 mm	① 对新植树木全面检查； ② 香樟、松柏类等常绿树木带土球出圃，供秋季植树； ③ 采收林木种子； ④ 防治病虫害
11月份平均气温10.7℃，平均降雨量53.1 mm	① 秋季植树或补植； ② 冬季修剪，结合修剪贮备插条； ③ 冬翻土地、施肥； ④ 防寒，新品种抗寒处理（如涂白、包扎、搭暖棚、设防风障等）； ⑤ 积肥，沤制堆肥； ⑥ 防治病虫害，消灭越冬虫包、虫茧和幼虫	12月份平均气温4.6℃，平均降雨量30.2 mm	① 秋季植树（落叶树为主）； ② 整形修剪； ③ 施肥； ④ 消灭越冬害虫； ⑤ 积肥，沤制堆肥； ⑥ 深翻、平整土地； ⑦ 加强机具维修和养护； ⑧ 全年工作总结

（引自芦建国，2000，内容有删改）

7.2　园林树木的土、肥、水、光管理

7.2.1　土壤管理

树木栽植前的整地见第4章相关内容，本节介绍树木栽植成功后，以及树木在正常生命周期中的土壤管理工作。

1. 一般管理工作

1）松土除草

园林绿化树种种植生长环境不一，有些栽植地昔日寸草不生，土壤板结，而有些杂草丛生，与栽植树木竞争激烈。复杂的环境也形成了松土除草的方法和要求需要因地制宜。松土除草可以改善土壤的物理和化学性质，疏松表土，切断表层与深层土壤毛细管联系，以减少土壤水分蒸发，促进气体交换，给土壤微生物创造适宜的生活条件，提高土壤中有效养分的利用率，从而改善土壤的通气性、透水性，消除杂草对土壤水分、养分和绿化树种的竞争，减少病虫害，促进树种生长，增加景观效果。在盐碱地上，还要抑制土壤返碱，这是一项必要的养护措施。因此，松土除草亦可称作"无水灌溉"。

松土宜结合除草或者雨后和灌水后一两天进行，深度应根据树木生长情况和土壤条件而定。幼树根系分布浅，松土不宜太深，随着树木的生长，可逐渐加深；土壤质地黏重、表土板结时，可适当深松。总之要做到里浅外深；树小浅松，树大深松；沙土浅松，黏土深松；土湿浅松，土干深松。除草应在天气晴朗时或初晴的上午，土壤不过干又不过湿时进行，要认真细致，做到不伤根、不伤皮、不伤梢，杂草除净，土块、石块拣净，并给树木根部适当培土。

绿化栽植后应及时松土除草，做到"除早、除小、除了"，次数以每年进行2～3次为宜。一般松土除草的深度为5～15 cm。当绿化面积较大时，人工清除杂草，花费劳力多，劳动强度大，可采用化学除草。生产上常用的除草剂有草甘膦、氟乐灵、百草敌、西玛津、五氯酚钠、敌草隆、利谷隆、克芜踪、茅草枯等，可根据杂草的种类和除草时间选用。

2）地面覆盖与地被植物

利用有机物或植物体覆盖地面，可防止或减少水分蒸发，减少地面径流，增加土壤有机质；还能调节土壤温度，减少杂草生长。覆盖材料以就地取材，经济适用为原则，如水草、谷草、豆秸、树叶、树皮、锯屑、马粪、泥炭等。在大面积粗放管理的园林中还可将草坪上或树旁刈割下来的草头堆于树盘附近进行覆盖。对幼树或草地里的树木，一般仅在树盘下进行覆盖，厚度通常以3～6 cm为宜。

地被植物包括草本植物（含绿肥类、牧草类植物）、低矮匍匐灌木和蔓性木本植物。地被植物应选择适应性强，有一定耐阴性，覆盖作用好，繁殖容易，与杂草竞争能力

强,但与树木生长矛盾不大,并有一定观赏或经济价值的品种。地被植物除覆盖作用外,还可以减少尘土飞扬,抑制杂草生长,降低树木养护费用。绿肥作物除覆盖作用外,还可在开花期翻入土内,起到施肥的效用。常用地被植物见表7.3。

表7.3　常用地被植物

类　别	常见种类
草本植物	蕨类、石竹类、鸢尾类、麦冬类、玉簪类、百里香、酢浆草、萱草、沿阶草、吉祥草、勿忘草、蛇莓、石碱花、二月兰、铃兰、丛生福禄考、绿豆、苜蓿、豌豆、紫云英、草苜蓿、羽扇豆、白三叶、红三叶、苕子等
低矮、匍匐灌木	箬竹、菲白竹、倭竹、铺地柏、沙地柏、地锦类等
蔓性木本植物	金银花、木通、木香、扶芳藤、常春藤类、凌霄类、葛藤、蔓性蔷薇、裂叶金丝桃、野葡萄等

2. 土壤改良

土壤改良是针对土壤的不良性状和障碍因素,采取物理、化学和生物措施,改善土壤性状,提高土壤肥力,增加树种功能效益,以及改善人类生存土壤环境的过程。一般根据各地的自然条件、经济条件,因地制宜地制定切实可行的规划,逐步实施,以达到有效改善土壤生产性状和环境条件的目的。

1) 深翻熟化

深翻可以增加活土层的厚度,改善土壤蓄水保肥能力,改善土壤的通透性,增加土壤微生物及活力。土壤活土层增厚会促进根系垂直根和不平根的扩展,增加吸收面积,使地上树体健壮。深翻结合有机肥料可提高土壤的有机质、氮、磷、钾等营养物质含量,增加土壤肥力,促进树木的生长发育。尤其是对于土层不足50 cm的瘠薄山地或砂地、黏土地,熟化和改良效果更为明显。

深翻的深度与栽植地区土壤质地、树种根系生长情况及深翻方式有关。从近植株处逐渐向外加深,切除地表根系,对提高土壤含水量和提高生长量有一定的作用。深度要因地因树而异,一般60～100 cm为宜,最好达到根系的主要分布区以下,范围超过主要根幅以外。黏土宜深、砂土宜浅,地下水位高的宜浅、低的宜深,深根性树种宜深、浅根性树种宜浅。原土层下层为半分化的母质时,要深翻,以增厚土层;下层石砾较多时,也要深翻,并捡尽石砾,补充土壤;下层有黄淤土、白干土、胶泥板或建筑地基等残存物时,深翻深度以打破此层为宜,以利渗水。

深翻的时间一般以秋末冬初为宜,也可在早春进行。秋末深翻可使被切断的根系迅速愈合,当年在伤口处就可产生吸收根,同时增加了蓄水能力,有利于保墒。秋末地上部分停止生长,养分开始回流,同化物的消耗开始减少。如结合施基肥更有利于损伤根系的恢复生长,甚至还有可能刺激长出部分新根,对树木来年的生长十分有益。早春

应该在土壤解冻后及时进行,此时树木地上部分尚处于休眠状态,根系刚开始活动,生长较为缓慢,伤根后容易愈合再生。

深翻次数视具体情况而定,一般黏土、涝洼地深翻后容易恢复紧实,因而保持年限较短,可每年深翻一次。地下水位较低、排水良好、疏松透气的沙土,保持时间较长,则可以每3～4年深翻一次。

2) 客土改良

园林树木的生长环境与其原有生境往往相差甚远,赖以生存的土壤不能满足植物对水分、养分的需求,造成植物生长不良,园林绿化生态、景观等各种功能得不到充分发挥。客土改良通常是指将质地好的壤土(沙壤土)或人工土壤,结合人工添加其他物质,制作满足这些条件的客土,改变树木生长的不良基质。在自然土壤中所应添加的其他物质为:① 纤维材料,即可增加客土的有机质含量,又可防止土壤颗粒散落;② 各类肥料(无机肥和有机肥),提供树木生长所需营养元素;③ 土壤改良剂(如保水剂、黏合剂和土壤稳定剂),提高客土保水性,增强团粒结构和稳定性。土壤结构改良剂分为有机、无机以及无机有机三种。有机土壤改良剂是从泥炭、褐煤及垃圾中提炼出的高分子化合物,无机土壤改良剂如硅酸钠及沸石等,有机无机土壤改良剂如二氧化硅有机化合物等。上述物质可改良土壤理化性质及生物学活性,具有保护根系、防止水土流失、提高土壤通透性、减少地面径流、防止渗漏、调节土壤酸碱度等各种功能。不少国家已开始运用一些特殊的土壤结构改良剂提高土壤肥力。近年来国内外还有人工合成高分子化合物"土壤结构改良剂"的报道。这类改良剂施用于沙性土壤可作保水剂或促进土壤发育。

具体的客土改良需要根据树木生长环境的土壤情况和树木的生态习性进行考虑。综合起来大致有以下几种情况:

(1) 有些树种需要有一定酸度的土壤,如杜鹃、山茶,如果种植地土质不合要求,应将局部地区的土壤换成酸性土,或至少也要加大种植穴,放入山泥、泥炭土或腐叶土等,并混拌有机肥料,以符合酸性树种的要求。

(2) 不适宜树木生长的坚土、重黏土、沙砾土及被有毒的工业废水污染的土壤等,或在清除建筑垃圾后土质仍然不良时,应酌量增大栽植穴,全部或部分换入肥沃的土壤或有粗泥炭、半分解状态的堆肥和腐熟的肥。

(3) 对过黏的土壤结合施用有机肥掺入适量的粗沙,而对沙性过强的土壤结合施用有机肥掺入适量的黏土或淤泥。

(4) 在滨海及干旱、半干旱地区,有些土壤盐类含量过高,对树木生长有害。盐碱土的危害主要是土壤含盐量高和离子的毒害。当土壤含盐量高于临界值,土壤溶液浓度过高,根系很难从中吸收水分和营养物质,引起"生理干

旱"和营养缺乏症。树体不但生长势差,而且容易早衰,因此在盐碱土上栽植树木,必须进行土壤改良。为防止本地土中不利于植物生长的盐分、有毒有害元素的侵入,设立隔离体系:下部用石屑、炉渣等颗粒较大的隔离材料隔离下部原土与客土,阻断毛细管水的上升;横向用墙、板、薄膜等与四周土壤隔离,防止盐分或有毒有害元素横向渗透。除用客土改良外,盐碱土改良的主要措施还有灌水洗盐;深挖、增施有机肥,改良土壤理化性质;用粗沙、锯末、泥炭等进行树盘覆盖,抑制客土水分蒸发,防止盐碱上升等。

3) 培土

在园林树木生长过程中,根据需要在树木生长地添加部分土壤基质,以增加土层厚度,保护根系,补充营养,改良土壤结构。在土层薄的地区采用培土措施,能促进树木健壮生长。南方高温多雨地区,土壤淋洗流失严重,树木根系裸露,生长势差,需要及时进行培土。生产上常把树木种在墩上,并逐年培土,保护根系。北方寒冷地区一般在秋末冬初进行培土,既可起到保温防冻、积雪保墒的作用,又可促进土壤熟化、沉实,有利于树木的生长。

黏质土应培含沙质较多的疏松肥土,甚至河沙,沙质土可培塘泥、河泥等较黏重的肥土和腐殖土。培土量视植株的大小、土源、成本等条件而定。培土厚度要适宜,过薄起不到培土的作用,过厚对树木生长不利,一般为 5～10 cm 为宜,最厚不超过 15 cm。培土工作要经常进行,培土基质类型应根据土质确定。

4) 土壤 pH 值的调节

土壤酸碱性是土壤重要的化学性质,酸性或碱性物质的存在会导致土壤物理、化学及生物学的过程发生改变,影响土壤养分的有效性以及土壤中酶和微生物的活性,进而影响土壤肥力,对植物的生长产生影响。土壤过酸,导致土壤耐旱性减弱,土壤中磷和其他营养元素的有效性下降;土壤过碱,会使磷、铁、锰、锌和硼等元素的有效性显著降低,土壤有机质含量低,酸性淋溶作用强,质地黏重,结构性差,土壤板结,土壤通气性、透水性差,土壤水、气、热不协调,容易发生冲刷,造成水土流失。土壤过酸或过碱还会影响一些有益微生物的活动,因而影响氮、磷和其他元素的转化和供应,导致土壤理化性质变差,造成土壤和植物抗逆性减弱,植物生长不良,抵御旱涝等自然灾害的能力降低。

绝大多数园林树木适宜中性至微酸性土壤,土壤酸碱度调节可以分为土壤酸化和土壤碱化两个方面。

(1) 土壤酸化 主要通过施用释酸物质进行调节,如施用有机肥料、生理酸性肥料、硫磺等。通过这些物质在土壤中的转化,产生酸性物质,降低土壤的 pH 值。

(2) 土壤碱化 对酸性偏高的土壤,施用石灰进行调节是过去常见的改良方法,而近来以碱渣、粉煤灰、白云石、磷石膏、磷矿粉和脱硫废弃物等为主要原料的土壤调

理剂也取得了较好的应用和推广效果。有研究发现,绿肥、草木灰和各种家畜的粪肥等有机物料在提供作物需要的养分、提高土壤肥力水平的同时,还能增加土壤微生物的活性,增强土壤对酸的缓冲性能。用石灰改良酸性土壤时,需注意不能过于频繁地施用,施用同时应与其他碱性肥料,如草木灰、火烧土等配合使用。

通常中性和石灰性土壤不缺钾和钙;钙、磷在酸性条件下有效性较高,铝和铁在碱性条件下有效性较高。在石灰性土壤中施用过磷酸钙,当年苗木只能吸收利用其中磷的 10%,其余大部分则被转化为难溶性的磷酸三钙残留于土壤中;在微酸性到中性土壤中,磷肥的利用率可达 20%～30%;在强酸性土壤中,磷多呈难溶性的磷酸铝和磷酸铁等固定下来,苗木很难吸收利用。因此,在石灰性土壤或强酸性土壤上施肥,磷肥的比例应适当增加。土壤 pH 值调整后,可以充分发挥土壤中的潜在养分的作用,减少施肥量。

5) 土壤生物改良

(1) 植物改良 植物改良是指通过有计划地种植地被植物(本章前节介绍)来达到改良土壤的目的。

(2) 动物改良 一方面是加强现有有益动物种类的保护,对土壤施肥、农药使用、土壤水体污染等进行严格控制,为动物创造一个良好的生存环境。另一方面,推广使用根瘤菌、固氮菌、磷细菌、钾细菌等生物肥料。

总之,应根据实际情况,综合利用松土除草、地面覆盖(图 7.1)、深翻熟化、客土改良(图 7.2)、培土等措施,为园林树木创造良好的土壤环境。

7.2.2 施肥管理

园林树木生长地的土壤条件非常复杂,既有贫瘠的荒山荒地,又有盐碱地和人为干扰的地段;既有土壤结构不良,也会缺肥缺水或是排水和通气不畅。所以科学施肥,改善土壤的理化性质,提高土壤的肥力,增加树木营养,是保证树木健康生长的有力措施之一。

1. 施肥的目的与特点

1) 施肥的必要性

土壤是园林树木重要的生存环境之一,更是给树木提供营养元素的物质基础。施肥不但可以增加土壤肥力,改善树木生存环境,还可以加快幼树生长,提高树木生长量,促进开花结果。由于绿化地段的表土层大多受到破坏,比较贫瘠,肥力不高,另外受自然或人为因素的影响,归还土壤的森林枯落物数量有限或很少,造成有机质的大量损失,某些营养元素的流失严重,难以长期满足树木生长的需要。一些观花观果树木每年大量开花结果消耗较多的养分。此外,随着园林绿化水平的提高,乔、灌、草多层次的配置,更增加了养分的消耗和与树木对养分的竞争。基于以上原因,施肥对于增强园林树木的生长极其重要。

a. 利用有机物覆盖地面　　　　　　　　　　b. 树盘下覆盖木屑等

图 7.1　基部土壤管理

2) 树木所需的营养元素

园林树木在生长过程中,需要多种营养元素,并不断从周围环境特别是土壤中摄取多种营养成分,参与代谢活动或形成结构物质。树木生长需要碳、氢、氧、氮、磷、钾、硫、钙、镁、铁、铜、锰、钴、锌、钼和硼等十几种元素。植物对碳、氢、氧、氮、磷、钾、硫、钙、镁等需求量较多,故这些元素叫大量元素;对铜、锰、钴、锌、钼、硼等需要量很少,这些

元素叫微量元素。从植物需要量来看,铁比镁少得多,比锰大几倍,所以有时称它为大量元素,有时称它为微量元素。在这些元素中,碳、氢、氧是植物体内有机物质的主要组成部分,占植物体总成分的 95% 以上,其他元素只占植物总体的 4% 左右。碳、氢、氧从空气和水中获得,其他元素主要从土壤中吸收。氮、磷、钾 3 种元素是植物所需的主要的大量元素,需要量较多,而这 3 种元素在土壤中含量又较

图 7.2　土壤改良

少。因此,人们用这3种元素作肥料,并称为肥料三要素。施肥量的多少,要根据树木营养诊断的结果而定。

3) 园林树木施肥的特点

根据园林树木生物学特性和栽培的要求与环境条件,其施肥的特点是:

(1) 园林树木是多年生植物,长期生长在同一地点,从施肥种类来看,应以有机肥为主,同时适当施用化学和生物肥料。施肥方式以基肥为主,基肥与追肥兼施。

(2) 园林树木种类繁多,习性各异,作用不一,防护、观赏或经济效用各不相同,因此,在施肥种类、用量和方法等方面都有差异。在这方面各地经验颇多,需要科学、系统地分析与总结。

(3) 园林树木生长地的环境条件是多样的,既有高山、丘陵,又有水边、低湿地及建筑周围等,这样就增加了施肥的难度,所以应根据栽培环境的特点,采用不同的施肥方式和方法。同时,在园林中对树木施肥时必须注意园容的美观,避免在白天施用奇臭的肥料,有碍游人的活动,应做到施肥后随即覆土。

(4) 园林树木在不同的季节对营养元素的需求不同。冬季气温低,植物生长缓慢,大多数植物生长处于停滞状态,一般不施肥;春秋季正值生长旺季,根、茎、叶增长,花芽分化,幼果膨胀,均需要较多肥料,应适当多施追肥;夏季气温高,水分蒸发较多,又是植物生长旺盛期,施追肥深度宜浅,次数可多些。

施肥是综合养护管理中的重要环节,但必须与其他养护管理措施(特别是灌水)密切配合,肥效才能充分地发挥。

2. 施肥的原则

1) 明确施肥的目的

施肥目的不同,所采用的施肥方法也不同。如为了使树木获得丰富的矿质营养,施肥应集中靠近树木根系,迟效与速效肥料配合;为了改良土壤,要使土肥相融,甚至使用不含肥料三要素的物质,如石灰、硫磺等。

2) 综合考虑环境条件

如何做到合理施肥是发挥施肥效益的关键,从原则上讲,施肥必须考虑气候条件、土壤条件、树木特性和肥料性质,有针对性地科学施肥,才能达到预期效果。合理施肥要全面考虑树木的种类及其生长的环境条件,注意二者之间的密切联系。

(1) 气候条件 温度影响树木的物候期和生长期,从而影响施肥的时期和施肥量。一般在寒冷、干旱的条件下,肥料分解缓慢,树木吸收能力也低,施肥时应选择易于分解的"热性"肥料,且待充分腐熟后再施;在高温、多雨的条件下,肥料分解快,吸收强,且养分容易淋失,施肥时应选择分解较慢的"冷性"肥料。特别是在北方,温度高施肥,有利于根部吸收,可以减少速效肥的损失;温度低施

肥,容易发生冻害,生长后期施钾肥,有利于木质化,不宜施氮肥。

降水量的多少及年分布动态影响施肥。大雨前一般不宜施肥,以防止肥料流失,肥料浪费;大雨后土壤中硝态氮大量淋失,此时追施速效氮肥,肥效较好;在树木生长后期大量施肥,在北方容易引起树木贪青,易发生冻害,因此,要控制好最后一次施肥的时间和用量。

(2) 土壤条件 土壤养分状况与土壤的种类、物理性状和酸碱度等有密切关系。施肥应根据树木对土壤养分的需要量和土壤的养分状况,有针对性地进行,缺什么肥料补什么肥料,需要补充多少就施多少。

① 沙性土壤:疏松,透气性好,含水量较低,升温和降温快,通常称为"热土"。一般施用冷性肥料(未腐熟的有机肥料,为延长肥效,在通气条件下可逐渐分解,肥效较持久),如猪粪、牛粪等,并且要求施用较深,可以形成一定的土壤结构,并且防止地温变化过大。另外,沙质土壤,黏粒较少,吸附营养元素能力低,保肥力差,施肥时应少量勤施(多次少施),施肥过多容易烧苗。

② 黏性土壤:质地紧密,透水透气性差,含水量较高,温度变化缓和,通常称为"冷土"。一般施用热性肥料(腐熟程度较好的有机肥料,改土效果较好),如马粪、羊粪,施用深度宜浅不宜深,以及时提高地温,可改良土壤结构,改善土壤透气性和水热状况。另外,黏质土壤吸附能力强,保肥力高,缓冲能力大,施肥以后不易使土壤溶液浓度和pH值急剧变化而出现"烧根"现象。因此,黏土施肥应适当减少次数而加大每次施肥量。

③ 壤土、沙壤土:养分含量高,土壤结构好,保肥能力中等。所以主要是通过适量的施肥,调节水、气、热三相平衡。

土壤养分状况决定施肥量。如土壤中有机质含量高,氮素充足,则可以加大磷、钾肥的量。东北地区的土壤一般含磷量较低,而在石灰性土壤中,磷可以被固定为难溶性的磷酸三钙、磷酸八钙和磷酸十钙等,树木不能利用,通常这类土壤都容易出现缺磷现象,施肥时磷肥的比例应相应增大。

3) 考虑树木特性

必须掌握树木在不同物候期需肥的特性。氮肥在整个生长期都需要,但不同物候期需要量不同。新梢生长期需要量大,然后逐渐下降;在新梢缓慢生长期除氮、磷肥外,还需要一定数量的钾肥。开花、坐果、花芽分化和果实发育期,钾肥的作用很重要。一年中树木在春季和夏秋需肥量大,但进入树木生长后期,对氮和水分的需要一般很少,但此时土壤可供吸收的氮及土壤水分都很高,所以此时应控制灌水和施肥。

4) 考虑肥料的种类和增效节约

肥料的种类分为有机肥、无机肥和微生物肥料,种类

不同,其营养成分、性质、施用对象、条件和成本有很大的差异。有机肥是以有机物质为主的肥料。如厩肥、堆肥、绿肥、泥炭、人粪尿、家禽和鸟粪类、骨粉、饼肥、动物下脚料、秸秆、枯枝落叶等,有机肥富含多种元素,但要经过土壤微生物分解才能逐渐为树木利用,为迟效性肥料,一般用作基肥。无机肥一般为单质化肥,包括经过加工的化肥和天然开采的矿物肥料,常用的有硫酸铵、尿素、硝酸铵、氯化铵、碳酸氢铵、过磷酸钙、磷矿粉、氯化钾、硝酸钾、硫酸钾,还有铁、硼、锰、铜、锌、钼等微量元素的盐类。无机肥属于速效性肥料,多用于追肥。微生物肥料是指用对植物生长有益的土壤微生物制成的肥料,分细菌肥料和真菌肥料。细菌肥料用固氮菌、根瘤菌、磷化细菌和钾细菌等制成;真菌肥料由菌根菌等制成。

针对以上三种不同肥料的特性和植物对肥料的需求,施肥中需要注意以下几点:

(1)有机肥为主,无机肥为辅 使用各种有机肥,根据土壤肥力和园林植物营养需求进行配方施肥,适时辅以合宜的无机肥。

(2)施足基肥,合理追肥 在以有机肥为主的施肥方式中,将有机肥为主的总肥 70% 以上的肥料作为基肥,可以改良土壤性状,提高土壤肥力。并根据植物生长情况与需求适当追肥,追肥以速效肥料为主。

(3)科学配比,平衡施肥 施肥应根据土壤条件、植物的营养需求和气候变化等因素,调整各种肥料的配比和用量,保证植物所需营养成分的比例平衡供给。

(4)熟知特性,增产节约 要合理施用肥料,必须了解肥料本身的特性,施肥中注意养分间的化学反应和拮抗作用,注意肥料在不同土壤条件下对树木的效应。例如,磷肥中的磷酸根离子很容易与钙离子反应,生成难溶的磷酸钙,造成植物无法吸收,出现缺磷;磷肥不宜与石灰混用,也不宜与硝酸钙等肥料混用;钾离子和钙离子相互拮抗,钾离子过多会影响植物对钙的吸收,相反钙离子过多也会影响植物对钾离子的吸收。同时还要考虑是否符合增产节约的原则。如磷矿粉(碱性)的价格较低,后效较长,施用于南方酸性土壤上很有效果,但却不宜施用于北方的石灰性土壤。一般情况下,土壤中磷、钾肥的施用,必须在氮肥充足的基础上才是经济合理的,否则会造成磷、钾肥的无效。有机肥料和磷肥等,除当年有效外,往往有很长的后效,因此在树木施肥时需要考虑一两年前所施肥料的种类,以节约用肥。

3. 施肥的时期与次数

在生产上,根据肥料性质以及施用时期,施肥一般分为基肥和追肥两种类型。

1)基肥

基肥可以长期不断地供应树木所需养分,同时还能起到培肥和改良土壤的作用。基肥以有机肥料、绿肥等迟效

性或缓效性肥料为主,如饼肥、草木灰等。

基肥分秋施基肥和春施基肥。

秋施基肥正值根系又一次生长高峰,伤根容易愈合,并可发出新根。结合施基肥,再施入部分速效性化肥,可以增加树体积累,提高细胞液浓度,从而增强树木的越冬性,并为来年生长和发育打好物质基础。增施有机肥作基肥可提高土壤孔隙度,使土壤疏松,有利于土壤积雪保墒,防止冬春土壤干旱,并可提高地温,减少根际冻害。此外秋施基肥,有机质腐烂分解的时间较充分,可提高矿质化程度,翌春可及时供给树木吸收和利用,促进根系生长。

春施基肥,如果有机物没有充分分解,肥效发挥较慢,早春不能及时供给根系吸收,到生长后期肥效才发挥作用,往往会造成新梢的二次生长,对树木生长发育不利。特别是对某些观花、观果类树木的花芽分化及果实发育不利。

2)追肥

追肥又称补肥。分为前期追肥和后期追肥。

前期追肥又分为生长高峰期追肥、开花前期追肥、花后追肥及花芽分化期追肥。具体追肥时期,则与地区、树种、品种及树龄等有关,应依据树木各物候期特点进行追肥。对观花树木来说,花后追肥与花芽分化期追肥比较重要,尤以花谢后追肥更为关键。观果树木在果实膨大期施一次氮、磷、钾配方的壮果肥,可取得较好效果。对于一般初栽 2～3 年内的花木、庭荫树、行道树及风景树等,每年在生长期进行 1～2 次追肥实为必要。具体施肥时期则需视情况合理安排,灵活掌握。有营养缺乏征兆的树木可随时追肥。树木在生长发育的不同阶段中,对养分需求强度的大小是不同的,而根据树木生长发育的各个时期可进行阶段性的施肥,如幼树施肥、中龄树施肥和成年树施肥等,这样更适合树木整个生活史的营养管理。

4. 施肥量与肥料配方

1)施肥量的确定

施肥量过多或不足对园林树木生长发育均有不良影响。施肥量应根据园林树木的生物学特性、土壤贫瘠程度、树龄和施用肥料的种类来确定。为了获得最佳的施肥效果,必须弄清楚树种在不同土壤中对肥料的需求量以及对氮、磷、钾比例的要求。但是由于不同栽植地的肥力差异很大,由不同树种组成的林分吸收养分总量和对各种营养元素的吸收比例不尽相同,同一树种龄期不同对养分的要求也有差别,加之林分把吸收的一部分养分以枯落物归还土壤,因而使得施肥量的确定相当复杂,无法形成统一的施肥标准。据研究,沙地毛白杨的最佳施肥量为 450 kg/hm²,同时辅以 $m(N):m(P):m(K)=4:3:0$,二者组成最佳组合,立木蓄积量为 41.781 m³/hm²,是对照的 190.3%。但施肥量过大反而抑制毛白杨的生长。施肥有一个最佳施肥量,当施肥量超过一定范围后,树木生长量不仅不会再增加,反而会产生肥害。

理论施肥量的计算:施肥量=(树木吸收肥料的元素量-土壤可供应的元素量)/肥料元素的利用率。

目前生产中已经开始应用先进的计算机技术、营养诊断技术等手段对土壤成分、树木需肥规律进行综合分析,进行配方施肥,从而达到科学高效的目的。

经验施肥量:可根据过去多年积累的施肥经验确定施肥量。一般可按树木每厘米胸径 180~1 400 g 的化肥施用量。也可按株进行确定,杨树每株施肥量大体水平为施硫酸铵 100~200 g,杉木每株施尿素、过磷酸钙、硫酸钾各 50~150 g,落叶松每株施氮肥 150 g、磷肥100 g 和钾肥 25 g。按面积确定时,施用有机肥的数量一般为杨树每公顷 7 500~15 000 kg,杉木 6 000~7 500 kg。在确定具体施肥量时,还应考虑树龄、施肥目的、土壤质地等。

2) 氮、磷、钾的比例

适宜的氮、磷、钾比例可以提高施肥效果,其比例要根据不同的生态条件(气候、土壤)和不同的树种而定。树体内营养元素的比例与施肥的比例是两个不同的概念,要区别开来,树木体内营养元素的比例是由林木本身决定的,而施肥的比例则是由所施肥料各营养元素的比例决定的。

5. 施肥的方法

1) 施肥的位置

正确施肥的位置应有利于根系的吸收。在一般情况下,中幼龄树木的吸收根水平密集分布范围在树冠垂直投影轮廓附近,施肥的水平位置应在树冠滴水线附近,垂直深度密集在根层,衰老树施肥的水平位置则可内移至树冠投影半径的 1/2 附近。施肥时应注意:不要靠近树干基部,不要太浅,也不宜太深。

2) 施肥的方法

根据植物对肥料元素的吸收部位,园林树木施肥主要有土壤施肥和根外追肥两大类方法。

(1) 土壤施肥 土壤施肥是园林树木主要的施肥方法。土壤施肥要与植物的根系分布特点相适应,将肥料施在吸收根集中分布区附近,才能更高效地被根系吸收利用,充分发挥肥效并引导根系向外扩展。在正常情况下,树木具吸收功能的根,多分布在 20 cm 左右深的土层内,根系的水平分布范围多数与树木的冠幅大小一致。所以,应在树冠外围于地面的水平投影处附近挖掘施肥沟或施肥坑。具体的施肥深度和范围还与树种、树龄、土壤和肥料种类等有关。深根性树种、沙地、坡地、基肥以及移动性差的肥料等,施肥时,宜深不宜浅;相反,可适当浅施。随着树龄增加,施肥时要逐年加深,并扩大施肥范围,以满足树木根系不断扩大的需要。

土壤施肥的方法主要有地表施肥、沟状施肥、穴状施肥、打孔施肥和水施等(图 7.3a~e)。

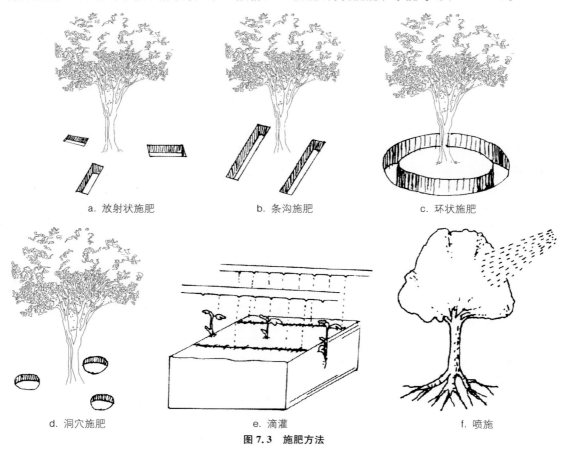

a. 放射状施肥   b. 条沟施肥   c. 环状施肥

d. 洞穴施肥   e. 滴灌   f. 喷施

图 7.3 施肥方法

① 地表施肥：生长在裸露土壤上的小树，可以撒施，但必须同时松土或浇水，使肥料进入土层。注意不要在树干 30 cm 以内干施化肥，否则会造成根颈和干基的损伤。

② 沟状施肥：分为环状沟施、辐射状沟施和条沟施肥，其中以环状沟施较为普遍。环状沟施又分为全环状沟施和半环状沟施，一般施肥沟宽 30～40 cm，沟深依树种、树龄、根系分布深度及土壤质地而定，一般沟深 20～50 cm。此方法具有操作简便、用肥经济的优点，但易伤水平根，多适用于园林孤植树；辐射状沟施较环状沟施伤根要少，但施肥部位也有一定局限性；条状沟施是在树木行间或株间开沟施肥，多适合于呈行列式布置的树木。沟状施肥对草坪树木施肥时会造成草皮的局部破坏。

③ 穴状施肥：施肥区内挖穴施肥。此法简单易行，但对草坪树木施肥时也会造成草皮的局部破坏。

④ 打孔施肥：每隔 60～80 cm 在施肥区内用普通钢钎打一个 30～60 cm 深的孔，将额定施肥量均匀地施入各个孔中，然后用表土堵塞孔洞、踩紧。国外一些树木栽培的专门公司，开始大量使用现代化的打孔设备如电钻、气压钻等，与钢杆或土钻相比，不但速度快，而且有孔壁不太紧实的优点。有一种本身带有动力和肥料的钻孔与填孔的自动施肥机，由汽油发动机驱动，并通过送料斗施入孔中，可以用于树木周围地表已有铺装的地方。

⑤ 水施：主要是与喷灌、滴灌结合进行施肥。水施供肥及时，肥效分布均匀，既不伤根系，又保护耕作层土壤结构，节省劳力，肥料利用率高，是一种很有发展潜力的施肥方式。

土壤施肥的方法除了以上五种常见的方法外，生产中也出现了一些新型的方法，如微孔释放袋施肥和树木营养钉及超级营养棒法。

⑥ 微孔释放袋施肥：将一定量的肥料放于双层乙烯塑料薄膜袋内使用。栽植时，袋子放于吸收根群附近，水汽经微孔进入袋内，使肥料吸水，以液体的形式从孔中溢出供树木吸收。这样释放肥料的速度缓慢，数量也相当小，可以不断地向根系传递，不像土壤直接施肥那样对根系造成伤害，而且节约肥料，不易淋溶流失。

⑦ 树木营养钉和超级营养棒法：现在国际上还推广一种称之为 Jobes 树木营养钉的施肥方法。这种营养钉是将配制好的肥料，用一种专利树脂黏合剂结合在一起，用普通木工锤打入土壤，打入根区深约 45 cm 的营养钉，溶解释放的氮和钾进入根系十分迅速，可立即被树木利用，用营养钉给大树施肥的速度比钻孔施肥快 2.5 倍左右。此外还有一种 Ross 超级营养棒，把配制好的肥料做成营养棒，施肥时将这种营养棒压入树冠滴水线附近的土壤，即完成施肥工作。

（2）根外追肥　是通过树木叶片、枝条和树干等地上器官进行喷、涂或注射，使营养直接进入树体的方法。根外追肥可以避免土壤对肥料的固定和淋失，肥料用量少而效率高，供应养分的速度比土壤中追肥更快。其适用条件情况主要有：气温升高而地温比较低，树木地上部分已经开始生长，而根系尚未恢复正常活动；树木刚定植后，根系受到损伤尚未恢复；土层干燥，同时又缺乏灌溉条件，影响土壤追肥的效果；树木缺乏某种微量元素，而在土壤中施入时无效。

根外追肥分为叶面喷肥和树干注射。

① 叶面喷肥：此法简单易行，用肥量小，发挥作用快，可及时满足树木的急需，并可避免肥料中的某些元素在土壤里产生化学和生物的固定作用，尤以在缺水季节或缺水地区以及不便施肥的地方（山坡）更适合采用此法。叶面喷肥，其营养主要是通过叶片上的气孔和角质层进入叶片，而后运送到树体内的各个器官。一般喷后 15 min 到 2 h 即可被树木叶片吸收利用。但吸收强度和速度则与叶龄、肥料成分，溶液浓度等有关。由于幼叶生理机能旺盛，气孔所占面积较老叶大，因此较老叶吸收快。叶背较叶面气孔多，且叶背表皮下具有较松散的海绵组织，细胞间隙大而多，有利于渗透和吸收，因此，一般幼叶较老叶、叶背较叶面吸收快，吸收率也高。所以在实际喷布时一定要均喷于叶面、叶背，使之有利于树木吸收（图 7.3f）。

同一元素的不同化合物，进入叶内的速度不同。如硝态氮在喷后 15 min 可进入叶内，而铵态氮则需 2 h；硝酸钾经 1 h 进入叶内，而氯化钾只需 30 min；硫酸镁要 30 min，氯化镁只需 15 min。溶液的酸碱度也可影响渗入速度，碱性溶液的钾渗入速度较酸性溶液中的钾渗入速度快。此外，溶液浓度浓缩的快慢、气温、湿度、风速和植物体内的含水状况等条件都与喷施的效果有关。可见，叶面喷肥必须掌握影响树木吸收的内外因素，才能充分发挥叶面喷肥的效果。一般喷前先做小型试验，然后再大面积喷布。喷布时间最好在上午 10 点以前和下午 4 点以后，以免气温高，溶液很快浓缩，影响喷肥效果或导致药害。

但叶面喷肥并不能代替土壤施肥。据报道，叶面喷氮素后，仅叶片中的含氮量增加，其他器官的含量变化较小，这说明叶面喷氮在转移上有一定的局限性。而土壤施肥的肥效持续期长，根系吸收后可将营养成分送到各个器官，促进树木整体生长。同时，向土壤中施有机肥还可以改良土壤的理化性质，使土壤疏松、温度提高，改善根系生长的环境，有利于根系生长发育，但是土壤施肥见效慢。由此可见，土壤施肥和叶面喷肥各具特点，可以互补不足，如能运用得当，既能发挥肥料的最大效用，又能更好地促进树木健壮生长。

② 树干注射：是通过在树干、树枝的韧皮部注射营养肥料来供应树木营养的施肥方法。近年来实验证明，当树木营养不良时，尤其是缺少微量元素时，在树干上打孔，注射相应的营养元素，具有很好的效果。如在树木缺铁时，

可以按照 2 g/cm(直径)的比例注射磷酸铁,将增加树体内的铁元素。若以 0.4 g/cm(直径)的比例给枝条注射尿素,可提高树体组织的含氮量,而且不产生药害。用 0.25%的钾和磷,加上 0.25%尿素的完全营养液,苹果树以 15~75 g/株的量注入树干,可在 24 h 内被树木吸收,其增加的生长量,可等于土壤大量施肥的效果。这种输液方法非常适合树木特殊缺素症的治疗,对不容易进行土壤施肥的林荫道、人行道或根区有其他障碍的地方也很适用。给树木注射的方法是将营养液装在一种专用的容器中,系在树上,将针管插入木质部,甚至髓心,慢慢吊注数小时或数天。这种方法也可用于注射内吸型杀虫剂与杀菌剂,防止病虫害。

6. 稀土在树木中的应用

稀土元素是地壳中的自然生成物,不同的成土母质影响天然土壤中的稀土含量。我国从 1972 年开始稀土元素的农用研究,于 1982 年开始稀土在林业上的应用研究。稀土是树木可吸收的物质,并可以在运转中促进根系生长,促进叶绿素形成,提高树木的光合作用效率,促进树木合成自身所需要的有机营养,从而提高产值;可以促进树木吸收与利用矿质营养元素,增加干物质的积累。稀土还能影响果实有机酸、脂肪、糖、维生素 C 等的含量,能影响植物的生长发育和产量。研究表明,稀土元素可以提高湿地松、杉木种子园的种子产量和质量,提高核桃、枣、板栗、苹果、梨、山楂、柿、杏等果树的坐果率和产量并改善果实品质,如 20 年生核桃树喷施稀土,坐果率比对照提高 10.9%,单株产量提高 32.7%,使用时间分别在初花期和盛花期各一次。用 300 mg/L 稀土喷施金丝小枣,花期坐果率比对照提高 24%~35%。

7.2.3 水分管理

树木的一切生命活动均与水有着极其密切的关系。水分管理包括灌水与排水管理,维持树体水分代谢平衡,才能保证树木的正常生长和发育,满足栽培要求。土壤水分过多或少,都会造成树体水分代谢的障碍,对树木的生长不利。

1. 灌溉与排水的意义

灌溉作为林地土壤水分补充的有效措施,已成为园林树木管理的一项重要措施。灌溉与排水的作用主要有以下几点:

(1)灌溉对提高树木成活率具有十分重要的作用。

(2)灌溉能够改变土壤水势,改善树体的水分状况,促进林木生长。

(3)在土壤干旱的情况下进行灌溉,可迅速改善树木生理状况,维持较高的光合和蒸腾速率,促进干物质的生产和积累。

(4)灌溉使树木维持较高的生长活力,激发休眠芽的萌发,促进叶片的扩大、树体的增粗和枝条的延长,以及防止因干旱导致顶芽的提前形成。

(5)在盐碱含量过高的土壤上,灌溉可以洗盐压碱,改良土壤,甚至可以使原来的不毛之地变得适宜乔灌木生长。

(6)排水的作用是减少土壤中过多的水分,增加土壤中的空气含量,促进土壤空气与大气的交流,提高土壤温度,激发好气性土壤微生物的活动,促进有机质的分解,改善绿地的营养状况,使绿地的土壤结构、理化性质、营养状况得到综合改善。

2. 合理灌溉与排水的依据

1)树种的生物学特性及其物候期

园林树木种类繁多,不同树种具有不同的生态习性,对水分的要求不同。例如观花、观果树种,特别是花灌木,灌水次数均比一般树种多。樟子松、油松、马尾松、木麻黄、圆柏、侧柏、刺槐、锦鸡儿等为耐旱树种,其灌水量和灌水次数较少,甚至在成活后很少灌水,且应注意及时排水。而对于水曲柳、枫杨、垂柳、落羽松、水松、水杉等喜欢湿润土壤的树种应注意灌水,但对排水则要求不严。还有一些对水分条件适应性强的树种,如紫穗槐、旱柳、乌桕等,既耐干旱又耐水湿,对排灌的要求不严。

树木在不同的物候期对水分的要求不同。一般认为,在树木生长期中,应保证前半期的水分供应,以利生长与开花结果;后半期则应控制水分,以利树木及时停止生长,适时进行休眠,做好越冬准备。根据各地的条件,观花观果树木在发芽前到开花期、新梢生长和幼果膨大期、果实迅速膨大期以及果熟期及休眠期,如果土壤含水量过低,都应进行灌溉。对 4 年生泡桐幼树进行的生长期不同月份的灌溉试验表明,7、8、9 三个月份灌溉,既不能显著影响土壤含水量,也不能显著影响泡桐胸径和新梢生长,4、5、6 三个月份灌溉可以显著提高土壤含水量,而且 4 月份灌溉还可以显著地促进胸径和新梢的生长。

此外灌溉还要考虑树木的年龄。新植树木在成活期内对水分要求高,在整个成活期都应保持土壤湿润,特别是在干旱季节要及时灌溉。对于移植的大树,在高温干旱季节因根系还未恢复正常吸水,有必要进行树冠喷水,增加冠内空气湿度,促进水分平衡。一般情况下幼树和新植树木在成活 3~5 年内,仍对水分很敏感,不耐旱,在此期间要增加灌溉次数。定植多年的大树根系深广,抗旱相对较强,除非遇极度干旱天气,一般情况下可不进行灌溉。

2)气候条件

气候条件对于灌水和排水的影响,主要是年降水量与不同时期的分配情况。在干旱的气候条件下,灌水量应多,反之应少,甚至要注意排水。例如北京地区 4—6 月是干旱季节,但正是树木发育的旺盛时期,因此需水量较大。

在这个时期,一般都需要灌水。如月季、牡丹等名贵花灌木,在此期只要见土干就应灌水,而对于其他花灌木则可以粗放些。对于大乔木,在此时就应根据条件决定,但总的来说这是春季干旱转入少雨的时期,树木正处于开始萌动、生长加速而进入旺盛生长的阶段,所以应保持土壤的湿润。在江南地区这时正处于梅雨季节,不宜多灌水。某些花木如梅花、碧桃等于6月底以后形成花芽,所以在6月份应进行短时间扣水,借以促进花芽的形成。

由于各地气候条件的差异,灌水的时期与数量也不相同。如华北地区,灌冻水的时间以土壤封冻前为宜,但不可太早。因为9—10月大水灌溉会影响枝条的木质化程度,不利于安全越冬。在江南地区,9—11月常有秋旱,为了保证树木安全越冬,则应适当灌水。

3)土壤条件

不同土壤具有不同的质地与结构,保水能力也不同。保水能力较好的,灌水量应大一些,间隔期可长一些;保水能力差的,每次灌水量应酌减,间隔期应短一些。对于盐碱地要加大水量;沙地容易漏水,保水力差,灌水次数应适当增加,要"小水勤浇",同时施用有机肥增加其保水保肥性能;低洼地要"小水勤浇",避免积水,并注意排水防碱;较黏重的土壤保水力强,灌水次数和灌水量应适当减少,并施入有机肥和河沙,增加其通透性。

此外,地下水位的深浅也是灌水和排水的重要参考。地下水位在树木可利用的范围内,可以不灌溉;地下水位太浅,应注意排水。

4)其他栽培管理措施

在全年的栽培管理工作中,灌水应与其他技术措施密切结合,以便在相互影响下更好地发挥每种措施的作用。例如,灌溉与施肥,做到"水肥结合"是十分重要的,特别是施肥的前后应该浇透水,既可避免肥力过大、过猛,影响根系的吸收或遭到损害,又可满足树木对水分的正常要求。河南鄢陵花农用的"矾肥水"就是水肥结合防治缺绿病和地下害虫的有效方法,它是用硫酸亚铁(黑矾)、粪干(禽粪、人粪干)、饼肥(棉籽饼、豆饼、菜籽饼)和水按1∶3∶5∶100的质量比例配制,经充分发酵后变成的黑绿色偏酸性肥料,沤制时间夏天为1个月,冬天为3个月,其上面的澄清液经稀释后即可作肥料使用。

此外,灌水应与中耕除草、培土、覆盖等土壤管理相结合,因为灌水和保墒是一个问题的两个方面,保墒做得好可以减少土壤水分的损失,满足树木对水分的要求,并可减少灌水次数。如山东菏泽花农栽培牡丹时就非常注意中耕,并有"湿地锄干,干地锄湿"和"春锄深一犁,夏锄刮破皮"等经验。当地常遇春旱和夏涝,但因花农加强土壤管理,勤于锄地保墒,从而保证了牡丹的正常生长发育。

3. 园林树木的灌水

多数园林树木需要灌溉,以补充土壤供水的不足,甚至在湿润或多雨地区也会发生干旱,需要灌溉,以维持其生命。在半干旱和干旱地区,灌溉更是园林绿地管理的重要环节。

1)园林树木灌溉的时期

树木是否需要灌溉要从土壤水分状况和树木对水分的反应情况来判断。幼树可在树木发芽前后或速生期之前进行,使林木进入生长期有充分的水分供应。落叶后是否冬灌可根据土壤干湿状况决定,也可从树木外部形态判断树木是否需要灌水。例如,早晨看树叶是上翘还是下垂,中午看叶片是否萎蔫及其程度轻重,傍晚看萎蔫后恢复的快慢等,都可作为露地树木是否需要灌溉的参考。名贵树木或抗旱性比较差的树木如鸡爪槭、变叶木、杜鹃等,略现萎蔫或叶尖焦干时就应立即灌水或对树冠喷水,否则就会产生旱害。

用测定土壤含水量的方法确定具体灌水日期,是较可靠的方法。土壤能保持的最大水量称为土壤持水量。一般认为当土壤含水量达到最大田间持水量的60%~80%时,土壤中的水分与空气状况最符合树木生长结实的需要。在一般情况下,当根系分布的土壤含水量低至最大田间持水量的50%时,就需要补充水分。

土壤含水量包括吸湿水与毛管水。可供植物根系吸收利用的,都是可移动的毛管水。当土壤水分减少到不能移动时的含水量,称为"水分当量"。土壤水分低至水分当量时,树木吸收水分困难,必将导致树体缺水。所以,必须在土壤含水量达到水分当量以前及时进行灌溉。如果低至水分当量的土壤含水量继续减少,植物终将枯萎死亡,这时的土壤含水量称为"萎蔫系数"。据研究,萎蔫系数大体相当于各种土壤水分当量的54%。因此,以土壤含水量达到萎蔫系数时进行灌溉,显然是不正确的。不同土壤的最大持水量、持水当量、萎蔫系数等各不相同,表7.4的数据是测定不同土壤含水量后确定是否需要灌溉的参考依据。

表7.4 不同土壤的最大持水量、持水当量、萎蔫系数及容积比重

土壤的种类	最大持水量(%)	持水量的60%~80%	持水当量(%)	萎蔫系数(%)	容积比重(%)
细沙土	28.8	17.3~23.0	5.0	2.7	1.74
沙壤土	36.7	22.0~29.4	10.0	5.4	1.62
壤 土	52.3	31.4~41.8	20.0	10.8	1.48
黏壤土	60.2	36.1~48.2	25.0	13.5	1.40
黏 土	71.2	42.7~57.0	32.0	17.3	1.38

在某一地段,如果已经熟悉其土质并经多次含水量的测定,也可凭经验(如手感法)判断是否需要灌溉。如壤土和沙壤土,手握成团,挤压时土团不易碎裂,说明土壤湿度约为最大持水量的50%以上,一般可不必进行灌溉。如手指松开,轻轻挤压容易裂缝,则证明水分含量少,需要进

行灌溉。

随着科学技术和工业生产的发展,用仪器指示灌水时间和灌水量早已在生产上应用。目前国外用于指导灌水最普遍采用的仪器是张力计(Tensiometer,又称土壤水分张力计)。安装张力计可省去进行土壤含水量测定的许多劳力,并可随时迅速了解树木根部不同土层的水分状况,进行合理的灌溉,以防止过量灌溉所引起的灌溉水源和土壤养分的损失。

确定树木是否需要灌溉,还可直接测定气孔的开张度、叶片的色泽和萎蔫度等。这类测定可以称为灌水时期的生物学指标测定。此外,也可用叶片的细胞液浓度、水势等作为灌水时间的生理指标。还有许多其他测定方法,但目前尚未大量用于生产实践。

2) 主要物候期的灌水

(1) 休眠期灌水 是在秋冬和早春进行的。在中国的东北、西北、华北等地,降水量较少,冬春严寒干旱,休眠期灌水十分必要。秋末冬初灌水(北京为 11 月上中旬),一般称为灌"冻水"或"封冻水"。冬季结冻可放出潜热,可提高树木的越冬安全性,并可防止早春干旱。因此北方地区的这次灌水不可缺少,特别是边缘或越冬困难的树种,以及幼年树木等,灌冻水更为必要。早春灌水不但有利于新梢和叶片的生长,而且有利于开花与坐果,同时还可促进树木健壮生长,是花繁果茂的关键措施之一。

(2) 生长期灌水 分为花前灌水、花后灌水和花芽分化期灌水。

① 花前灌水:花前及时灌水补充土壤水分的不足,是促进树木萌芽、开花、新梢生长和提高坐果率的有效措施,同时还可防止春寒、晚霜的危害。盐碱地区早春灌水后进行中耕,还可起到压碱的作用。花前水可在萌芽后结合花前追肥进行。花前水的具体时间则因地、因树而异。

② 花后灌水:多数树木在花谢后进入新梢速生期,如果水分不足,会抑制新梢生长。而观果树此时如果缺少水分也会引起大量落果,尤其北方各地,春天多风,地面蒸发量大,适当灌水可保持土壤的适宜湿度。前期灌水可促进新梢和叶片生长,扩大同化面积,增强光合作用,提高坐果率和增大果实,同时对后期的花芽分化有良好作用。没有灌水条件的地区,也应积极采取盖草、盖沙等保墒措施。

③ 花芽分化期灌水:这次灌水对观花、观果树木非常重要。因为树木一般是在新梢生长缓慢或停止生长时开始花芽的形态分化,如果水分不足会影响果实生长和花芽分化。因此,在新梢停止生长前及时而适量地灌水,可以促进春梢生长,抑制秋梢生长,有利于花芽分化及果实发育。

3) 灌水流量

灌水流量是单位时间内流入林地的水量。灌水流量过大,水分不能迅速流入土体,造成地面积水,土壤物理性质恶化,又浪费水资源;流量过小使每次灌水时间拉长,地面湿润程度不一。灌水流量随树种、树龄、季节和土壤条件不同而异。一般要求灌水后的土壤湿度达到田间持水量的 60%～80% 即可,并且湿土层要达到主要根群分布深度。灌水量的计算有两种方法。

(1) 根据不同土壤的持水量、灌水前的土壤湿度、土壤容积比重及要求土壤浸湿的深度计算灌水量,即:

灌水流量＝灌溉面积×土壤浸湿深度×土壤容积比重×(田间持水量－灌溉前土壤湿度)

灌溉前的土壤湿度,需要在每次灌水前测定,田间持水量、土壤容积比重、土壤浸湿深度等项,可数年测定一次。在应用上述公式计算出灌水量后,还可根据树种、品种、生命周期、物候期、间作物以及日照、温度、风、干旱期持续的长短等因素,进行调整,酌情增减,以符合实际需要。

(2) 根据树木的耗水系数计算灌水流量。这种方法是通过测定植物蒸腾量和蒸发量来计算一定面积和时期内的水分消耗量,以确定灌水流量。水分的消耗量受温度、风速、空气湿度及太阳辐射、植物覆盖、物候期、根系深度及土壤有效水含量的影响。用水量的近似值可以从平均气象资料、园林树木的经验常数、植物总盖度及蒸发测定值等估算。耗水量与有效水之间的差值,就是灌水流量。

4) 灌水方法

灌水方法是树木灌水的一个重要环节。随着科学技术和工业生产的发展,灌水方法不断得到改进,特别是灌水方法的机械化,使灌水效率大幅度提高。园林树木的灌水方法因其配置方式或规模而有所不同,主要有以下几种:

(1) 盘灌(围堰灌水) 以干基为圆心,在树冠投影以内的地面筑埝围堰,形似圆盘,在盘内灌水。盘深 15～30 cm,以树冠滴水线为准,但实际工作中则视具体操作难度而定。灌水前应先在盘内松土,便于水分渗透,待水渗完以后,铲平围埝,松土保墒,如能覆盖则效果更好。盘灌用水较经济,但浸湿土壤的范围较小,由于树木根系通常可比冠幅大 1.5～2.0 倍,因此离干基较远的根系难以得到水分供应,同时还有破坏土壤结构、使表土板结的缺点。

(2) 穴灌 在树冠投影外侧挖穴,将水灌入穴中,以灌满为度。穴的数量依树冠大小而定,一般为 8～12 个,直径 30 cm 左右,穴深以不伤粗根为准,灌后将土还原。干旱期穴灌,也可长期保留灌水穴而暂不覆土。现代先进的穴灌技术是在离干基一定距离,垂直埋置 2～4 个直径 10～15 cm,长 80～100 cm 的毛蕊管或瓦管等永久性灌水(或施肥)设施。若为瓦管,管壁布满许多渗水小孔,埋好后内装碎石或炭末等填充物,有条件时还可在地下埋置相应的环管并与竖管相连。灌溉时从竖管上口注入,灌足以后将顶盖关闭,必要时再打开。这种方法用于地面铺装的街道、广场等,十分方便。穴灌用水经济,浸湿根系范围的

163

土壤较宽而均匀,不会引起土壤板结,特别适用于水源缺乏的地区。

(3)沟灌(侧方灌溉,图7.4) 成片栽植的树木,可每隔100~150 cm开一条深约20~25 cm的长沟,在沟内灌水,慢慢向沟底和沟壁渗透,达到灌溉的目的。灌溉完毕将沟填平。沟灌能够比较均匀地浸湿土壤,水分的蒸发与流失量较少,可以做到经济用水,防止土壤结构的破坏,有利于土壤微生物的活动,还可减少平整土地的工作量及便于机械化耕作等。因此沟灌是地面灌溉的一种较合理的方法。国外对于传统的沟灌技术有所改进。如美国和苏联采用塑料或合金管浸润灌溉法,即用直径30~50 cm的塑料管或合金管代替水沟,管上按株距开喷水孔,孔上有开关,可调节水流大小,灌水时将管铺设田间,灌完后将管收起,不必开沟引水,节省劳力,也便于机械作业。

(4)漫灌 在地面平整、树木成片栽植的情况下可分区筑埂,在围埂范围内放水淹没地表进行灌溉,待水渗完之后,挖平土埂,松土保墒。这种方法不但浪费水源和劳力,而且容易破坏土壤结构,导致表土板结,应尽量避免使用。

(5)低压管道输水灌溉 低压管道输水灌溉又称管道输水灌溉,是通过机泵和管道系统直接将低压水引入田间进行灌溉的方法。这种利用管道代替渠道进行输水灌溉的技术,避免了输水过程中水的蒸发和渗漏损失,节省了渠道占地,能够克服地形变化的不利影响,省工省力,一般可节水30%,节地5%,普遍适用于我国北方井灌区。

(6)喷灌(图7.5) 它是利用专门设备把水加压,使灌溉水通过设备喷射到空中形成细小的雨点,像降雨一样湿润土壤的一种方法,有以下优点:节约用水,增加灌溉面积,比地面灌溉省水30%~50%;水滴直径和喷灌强度可根据土壤质地和透水性大小进行调整,能达到不破坏土壤的团粒结构,保持土壤的疏松状态,不产生土壤冲刷,使水分都渗入土层内,避免水土流失的目的;可以腾出占总面积3%~7%的沟渠占地,提高土地利用率;节省劳动力;适应性强,不受地形坡度和土壤透水性的限制。

使用喷灌时应注意,风力在3~4级时应停止喷灌。由于水喷洒到空中,比在地面时的蒸发量大,尤其在干旱季节,空气湿度相对较低,蒸发量更大,水滴降低到地面前可以蒸发掉10%,因此可以在夜间风力小时进行喷灌,减少蒸发损失。其中喷灌强度、喷灌均匀度和雾化指标为喷灌技术的三要素。

(7)滴灌 是利用滴头(滴灌带)将压力水以水滴状或连续细流状湿润土壤进行灌溉的方法。20世纪90年代以来全世界的滴灌和微喷灌面积已达160万 hm^2,以色列生产的滴灌和微喷灌系统,由于质量优良,技术先进,越来越受世人瞩目,特别是电脑控制自动化运行使之简便易行。

(8)雾灌 雾灌技术是近几年发展起来的一种节水灌溉技术,集喷灌、滴灌技术之长,因低压运行,且大多是局部灌溉,故比喷灌更为节水、节能;雾化喷头孔径较滴灌滴头孔径大,比滴灌抗堵塞,供水快。江西省南城县的雾灌橘园,平均单产量提高了50%左右。

(9)渗灌 是利用一种特制的渗灌毛管埋入地表以下30~40 cm,压力水通过渗水毛管管壁的毛细孔以渗流形式湿润周围土壤的一种灌溉方法。

(10)小管出流灌溉 是利用直径4 mm的塑料管作为灌水器,以细流状湿润土壤进行灌溉的方法。主要用于果树的节水灌溉。

(11)微喷灌 是利用微喷头将压力水以喷洒状湿润土壤的一种灌溉方法。主要用在果树、花卉、园林、草地、保护地栽培中。

(12)地下灌溉(或鼠道灌溉) 是利用埋在地下的多孔管道输水,水从管道的孔眼中渗出,浸润管道周围的土壤。用此法灌水不致流失或引起土壤板结,便于耕作,节约用水,较地面灌水优越,但要求设备条件较高,在碱性土壤中须注意避免"泛碱"。

图7.4 明沟灌水

图7.5 喷灌

（13）节水灌溉　节水灌溉是美国、苏联、以色列、日本、澳大利亚等国首先采用的先进灌水技术，具有用水少、水分利用率高的特点。包括喷灌、微灌和自动化管理。目前，我国重点推广的节水灌溉技术有管道输水技术、喷灌技术、微灌技术、集雨节水技术、抗旱保水技术等。

5）灌溉中应注意的事项

（1）要适时适量灌溉　灌溉一旦开始，要经常注意土壤水分的适宜状态，争取灌饱灌透。如果该灌不灌，则会使树木处于干旱环境中，不利于吸收根的发育，也影响地上部分的生长，甚至造成旱害；如果小水浅灌，次数频繁，则易诱导根系向浅层发展，降低树木的抗旱性和抗风性。当然，也不能长时间超量灌溉，否则会造成根系的窒息。

（2）干旱时追肥应结合灌水　在土壤水分不足的情况下，追肥以后应立即灌溉，否则会加重旱情。

（3）生长后期适时停止灌水　除特殊情况外，9月中旬以后应停止灌水，以防树木徒长，降低树木的抗寒性。但在干旱寒冷的地区，冬灌有利于越冬。

（4）灌溉宜在早晨或傍晚进行　因为早晨或傍晚蒸发量较小，而且水温与地温差异不大，有利于根系的吸收。不要在气温最高的中午前后进行土壤灌溉，更不能用温度低的水源（如井水、自来水等）灌溉，否则树木地上部分蒸腾强烈，土壤温度降低，影响根系的吸收能力，导致树体水分代谢失常而受害。

4. 园林树木的排水

土壤中的水分与空气含量是相互消长的。排水的作用是减少土壤中过多的水分，增加土壤中的空气含量，促进土壤空气与大气的交流，提高土壤温度，激发好气性土壤微生物的活动，促进有机质的分解，改善土壤的营养状况，使土壤结构、理化性质、营养状况得到综合改善。

有下列情况之一的绿地，必须设置排水系统：

（1）树木生长地段低洼，降雨强度大时径流汇集多，且不能及时外泄，形成季节性过湿地或水涝地。

（2）土壤渗水性不良，表土以下有不透水层，阻止水分下渗，形成过高的假地下水位。

（3）树木临近江河湖海，地下水位高或雨季易淹涝，形成周期性的土壤过湿。

（4）山地与丘陵地，雨季易产生大量地表径流，需要通过排水系统将积水排出树木生长地。

（5）在地势平坦、低洼积水或地下排水管线设置较浅以及土壤通透性较差的地方，树木容易发生根腐，甚至死亡，应该注意及时排水。

遇到以上几种情况，及时的排水对园林树木的生长十分关键。园林树木的排水是一项专业性基础工程，在园林规划设计和土建施工过程中就应该统筹安排，建立完整畅通的排水系统。园林树木的排水方法主要有以下几种：

（1）地表径流　地面坡度控制在0.1%～0.3%，不留坑洼死角。目前大部分绿地是采用地表径流排水至道路边沟的办法。此方法经济有效，但需要精心安排。

（2）明沟排水　在树旁纵横开浅沟，排除积水。这是园林中一般采用的排水方法。如果是成片栽植，则应全面安排排水系统。

（3）暗沟排水　在地下铺设暗管或用砖石砌沟，排除积水。暗沟排水系统与明沟排水系统类似，也有干管、支管和排水管之别。建设时，各级管道需按水力学要求的指标组合施工，以确保水流畅通，防止淤塞。该排水方法优点是不占地面，但设备费用较高，一般较少应用。

（4）盲沟排水　盲沟是用透水性强的材料（如碎砾石、煤渣等）铺成的排水沟，盲沟的主要排水方式就是渗透排水。适用于在低洼积水地以及透水性差的地方栽种树木，或对一些极不耐水湿的树种，在栽植树木前，就在树木生长的土壤下面填埋一定深度的煤渣、碎石等材料，形成滤水层，并在周围设置排水孔，当遇有积水时，就能及时排除。这种排水方法只能小范围使用，能起到局部排水的作用。实践中，盲沟排水经常与暗沟排水联合使用形成排水系统。

在多雨季节或一次降雨过大造成林地积水成涝时，应挖明沟排水。在河滩地或低洼地，雨季时地下水位高于林木根系分布层，则必须设法排水。可在林地开挖深沟排水。土壤黏重、渗水性差或在根系分布区下有不透水层的地方，由于黏土土壤空隙小，透水性差，易积涝成灾，必须搞好排水设施。盐碱地下层土壤含盐量高，盐分会随水的上升而到达地表层，若经常积水，造成土壤次生盐渍化，必须利用灌水淋溶。我国幅员辽阔，南北雨量差异很大，雨量分布集中时期亦各不相同，因而需要排水的情况各异。一般来说，南方较北方排水时间多而频繁，尤以梅雨季节应进行多次排水。北方7、8月多涝，是排水的主要季节。

7.2.4　光照管理

阳光是植物赖以生存的必要条件，是植物制造有机物质的能量源泉，同时也影响着观花观果树木的开花结果。当然不同的园林花木对光照强度的要求是不同的，这是由于植物长期适应不同的光照环境，从而形成了不同的生态习性。有关园林树木对光照的要求前面已有讲解，这里主要讲解光照管理的具体方法。

1. 设施控制光照

太阳光照的强度、质量和时间影响着花卉的生长发育，作为一种热量来源，又间接地通过温度等影响花卉生长。光照的调节就是基于充分利用自然光照，用人工的方法使保护地内的光照强度、光照质量和光照时间较好地满足花卉的需求。光照的调节主要有两种形式。

1）补光

（1）光源　补充光照的光源主要有白炽灯、荧光灯、高压汞灯、金属卤化物灯、高压钠灯等。

① 白炽灯：辐射能主要是红外线，发光效率低(5%～7%)。但是白炽灯价格便宜，仍常使用。

② 荧光灯：又称日光灯，光线较接近日光，对光合作用有利，且发光效率高，使用寿命长，多使用此类灯补光。

③ 高压汞灯：光以蓝绿光和可见光为主，还有约33%的紫外线光，发光效率和使用寿命较高，大功率的高压汞灯受到欢迎。

④ 金属卤化物灯和高压钠灯：发光效率为高压汞灯的1.5～2倍，光质较好。

⑤ 低压钠灯：发光波长仅有589 nm，但发光效率高。

(2) 补光量和补光时间　补光量根据植物种类和生长发育阶段来确定。为促进生长和光合作用，补充光照强度应该在光饱和点减去自然光照的差值之间，实际上，补充光照强度通常为100～300 lx。补光时间因植物种类、天气阴雨状况、纬度和月份而变化。抑制短日照植物开花应延长光照，一般在早晚补光4 h，使暗期不到7 h；深夜间断期需补光4 h。在高纬度地区或阴雨天气，补光时间较长，也有连续24 h补光的。

(3) 补光方法　在缩短暗期方面，60 W白炽灯控制地面1.5 m²，100 W灯控制5 m²，150 W灯控制7 m²，300 W灯可控制18 m²。一般灯上有反光灯罩，安置距植物顶部1～1.5 m，每平方米约需16 W灯功率。用移动机械装置和荧光灯或高压灯，深夜进行间断光照。目前，利用光敏感件自动控光装置进行光照调节已有应用。

2) 遮光

(1) 部分遮光　主要是针对喜阴植物的遮光处理。一般利用草席、苇帘、遮阴网覆盖植物的地上部分而达到减弱光照的目的。

(2) 完全遮光　完全遮光多用于进行花期调控或育苗过程，多用黑色塑料薄膜覆盖。注意加强遮光后的通风，以使黑色塑料薄膜下水蒸气尽快散失。

2. 合理配置与管理光照

根据不同园林树木对光照强度的不同要求，可通过以下措施对园林树木进行光照管理。

(1) 合理配置各类树种，即树木景观为多树种组成时，上层由阳性树种组成，下层由中性或阴性树种组成。单一树种造景时，阳性树种应栽植在阳光充足的地方，而中性或阴性树种应安排在阳光不甚充足或背阴处。

(2) 在树木生长过程中，可通过合理修剪改善阳性树木的光照条件，有利于观花观果树种的花芽分化及开花、结果。

7.3　园林树木自然灾害的防治

由于自然条件复杂、不同季节的气候变化以及树木种类的多样性，树木在生长发育过程中经常遭受冻害、冻旱、寒害、霜害、日灼、风害、旱害、涝害、雹灾、雪害、雷害、盐害、酸雨以及病虫害等自然灾害的威胁。因此，掌握各种自然灾害的规律，采取积极的预防措施是保持树木正常生长，充分发挥其综合效益的关键。对于各种灾害都应贯彻"预防为主、综合防治"的方针。另外，人们在日常生活中对树木的生长环境造成了一定的压力和破坏。所以，在栽植养护过程中，要加强树木的综合管理，促进树木的健康生长，增强其抵抗各种灾害和外界胁迫的能力。

7.3.1　低温危害

无论是生长期还是休眠期，低温都可能对树木造成伤害，在季节性温度变化大的地区，这种伤害更为普遍。低温既可以伤害树木的地上或地下组织与器官，又可改变树木与土壤的正常关系，进而影响树木的生长与生存。在一年中，根据低温伤害发生的季节和树木的物候状况，可分为冬害、春害和秋害。冬害是树木在冬季休眠中所受到的伤害，而春害和秋害实际上就是树木在生长初期和末期，因寒潮突然入侵和夜间地面辐射冷却所引起的低温伤害。

根据低温对树木伤害的机理，可以分为冻害、冻旱和寒害3种基本类型。

1. 冻害

冻害是指气温在0 ℃以下，树木组织内部结冰所引起的伤害。在0 ℃以下，植物组织形成冰晶以后，温度每下降1 ℃，其压力增加12 Pa，在−5 ℃时约增加60 Pa。随着温度的继续降低，冰晶不断扩大，结果使细胞进一步失水，细胞液浓缩，原生质脱水，蛋白质沉淀。另一方面，压力的增加，促使细胞膜变性和细胞壁破裂，植物组织损伤，导致树木明显受害，其受害程度与组织内水的冻结和冰晶溶解速度紧密相关，速度越快，受害越重。冻害一般发生在树木的越冬休眠期。

1) 造成冻害的因素

影响树木冻害发生的因素很复杂。从内因来说，与树种、品种、树龄、生长势及当年枝条的成熟及休眠均有密切关系；从外因来说，与气象、地势、坡向、水体、土壤、栽培管理等因素分不开。因此，当发生冻害时应多方面分析，找出主要矛盾，提出解决办法。

(1) 树种、品种　不同的树种或不同的品种，其抗冻能力不一样。如樟子松比油松抗冻，油松比马尾松抗冻，原产长江流域的梅比广东的黄梅抗寒。

(2) 组织器官　同一树种不同器官，同一枝条不同组织，对低温的忍耐力不同。新梢、根颈、花芽抗寒力弱，叶芽形成层耐寒力强，髓部抗寒力最弱。抗寒力弱的器官和组织对低温特别敏感。

(3) 枝条成熟度　枝条愈成熟其抗冻力愈强。枝条充分成熟的标志主要是木质化的程度高，含水量降低，细胞液浓度增加,积累淀粉多。在低温来临之前,还不能停止生长而进行抗寒锻炼的树木容易遭受冻害。植物抗寒性的获得是在秋天和初冬期间逐渐发展起来的,这个过程称为抗寒锻炼。

(4)枝条休眠 冻害的发生与树木的休眠和抗寒锻炼有密切关系。一般处在休眠状态的植株,抗寒能力强,植株休眠愈深,抗寒能力愈强。一般的植物通过抗寒锻炼才能逐步获得抗寒性。到了春季气候转暖,枝芽开始生长,其抗寒力又逐渐消失,这一消失过程称为锻炼解除。

树木在秋季进入休眠的时间和春季解除休眠的早晚与冻害发生有密切关系。有的树种进入休眠晚,而解除休眠又早,这类树木在冬季气温很低而又多变的北方,容易发生冻害。

枝条及时停止生长,进入休眠,不容易受到过早低温的危害;如果枝条不能及时停止生长,当低温突然来临时,枝条因组织不充实,又没有经过抗寒锻炼而会受冻。解除休眠早的树木,受早春低温威胁较大;反之则避开早春低温的威胁。因此,冻害的发生,一般不在绝对温度最低的深冬,而常在秋末或春初。所以,越冬性不仅表现在对低温的抵抗能力,而且表现在刚刚休眠和解除休眠时,树木对综合环境条件的适应能力。

此外,冻害与低温来临的状况有很大关系,当低温到来的时期早且突然时,植物本身未经抗寒锻炼,人们也没有对其采取防寒措施时,很容易发生冻害;日极端最低温度愈低,植物受冻害就越大;低温持续的时间越长,植物受害愈大;降温速度越快,植物受害越重。树木受低温影响后,如果温度急剧回升,则比缓慢回升受害严重。冻害还与地势、坡向、水体、树木种植的时间及栽培管理水平等具有密切关系。

2)冻害的表现

(1)花芽 花芽是抗寒力较弱的器官,花芽冻害多发生在春季回暖时期,腋花芽较顶花芽的抗寒力强。花芽受冻后,内部变褐色,初期从表面上只看到芽鳞松散,不易鉴别,到后期则芽不萌发,干缩枯死。

(2)枝条 枝条的冻害与其成熟度有关。成熟的枝条,在休眠期以形成层最抗寒,皮层次之,而木质部、髓部最不抗寒。所以随受冻程度加重,髓部、木质部先后变色,严重冻害时韧皮部才受伤,如果形成层变色则枝条失去了恢复能力,但在生长期则以形成层抗寒力最差。

幼树在秋季因雨水过多贪青徒长,枝条生长不充实,易加重冻害,特别是成熟不良的先端对严寒敏感,常首先发生冻害,轻者髓部变色,较重时枝条脱水干缩,严重时枝条可能冻死。

多年生枝条发生冻害,常表现树皮局部冻伤,受冻部分最初稍变色下陷,不易发现,如果用刀挑开,可发现皮部已变褐,以后逐渐干枯死亡,皮部裂开和脱落,但是如果形

成层未受冻,则可逐渐恢复。多年生小短枝受冻枯死后在其着生处周围形成一个凹陷圆圈,容易成为病菌侵袭的入口。

(3)枝杈和基角 枝杈或主枝基角部分进入休眠较晚,位置比较隐蔽,输导组织发育不好,通过抗寒锻炼较迟,因此,遇到低温或昼夜温差变化较大时,易引起冻害。枝杈冻害有各种表现:有的受冻后皮层变褐色,而后干枝凹陷;有的树皮成块状冻坏;有的顺主干垂直冻裂形成劈枝。主枝与树干的基角愈小,枝杈基角冻害也愈严重。这些表现随冻害的程度和树种、品种而有所不同。

(4)主干 主干受冻后有的形成纵裂,一般称为"冻裂"现象,树皮成块状脱离木质部,或沿裂缝方向卷折。一般生长过旺的幼树主干易受冻害,这些伤口极易招致腐烂病。

形成冻裂的原因是气温骤降到零度以下,树皮迅速冷却收缩,致使主干组织内外张力不均,因而自外向内开裂,或树皮脱离木质部。树干"冻裂"常发生在夜间,随着气温变暖,冻裂处又可逐渐愈合。

(5)根颈和根系 在一年中根颈停止生长最迟,进入休眠期最晚,而开始活动和解除休眠又较早,因此在温度骤降的情况下,容易引起根颈冻害。根颈受冻后,树皮先变色,然后干枯,可发生在局部,也可能呈环状,根颈冻害对植株危害很大。

根系无休眠期,所以根系较其地上部分耐寒力差。但根系在越冬时活动力明显减弱,故耐寒力较生长期略强。根系受冻后变褐,皮部易与木质部分离。一般较细根耐寒力强,近地面的粗根由于地温低,较下层根系易受冻,新栽的树或幼树因根系小又浅,易受冻害,而大树则抗寒力相当强。根系受冻害后树木发芽晚,生长弱,待发出新根以后才能恢复正常生长。在根系易受冻害的地区,适当深栽,地面覆盖,选择抗寒砧木以及加强受伤树木的修剪等,可以使冻害得到一定程度的缓解。

3)冻害的类型

(1)溃疡 是指低温下树皮组织的局部坏死。这种冻伤一般只局限于树干、枝条或分叉等某一特定的较小范围,在经历一个生长季后十分明显。如果受冻之后,形成层尚未受伤,可以逐渐恢复。多年生枝杈(特别是主枝基角内侧)、根茎、嫁接口、插穗上切口、外围枝条的先端易遭受积雪冻害或一般冻害。

成熟度较差或抗寒锻炼不够的枝条,冻害可能加重,尤以先端木质化程度较低的部分更易受冻。轻微冻害髓部变色;冻害严重,枝条脱水干缩,甚至从树冠外围向内的各级枝条都可能冻死。枝条受冻伤常与冻旱或者抽条同时发生,但前者表现为组织明显变色,后者则主要表现为枝条干缩。由 0 ℃以下低温引起的这种局部损伤或冻瘤在槭树和二球悬铃木上比较普遍,且主要局限于树干的南向和西南向。冻伤区域由于太阳光的照射,又可能发生灼

伤危及形成层而形成界限明显的伤斑。

（2）冻裂　在气温低且变化剧烈的冬季,树木易发生冻裂。受冻以后,树皮和木质部发生纵裂,树皮常沿裂缝与木质部分离,严重时还向外翻卷;裂缝大时可以插入一只手,沿半径方向扩展到树木中心,甚至超过中心。

由于温度突然降至 0 ℃以下冻结,使树干表层附近植物细胞中的水分不断外渗,导致外层木质部干燥、收缩。同时又由于木材导热性差,内部细胞仍然保持较高的温度和较多的水分,几乎不发生干燥或木材的收缩。因此,木材内外收缩不均引起巨大的弦向张力。这种张力(拉力)终将导致树木的纵向开裂而消失。树干冻裂常常发生在夜间,随着温度的下降,裂缝可能增大,但随着温度的升高,结冰组织解冻,吸收较多的水分又能闭合。开裂的心材不会完全闭合,由于愈合组织的形成而被封在树体内部。如果裂缝开始闭合时不进行支撑加固,则可能随着冬天低温的到来又会重新张开。这样重复地开裂与愈合,终将导致裂缝肿脊的形成。对于冻裂的树木,可按要求对裂缝消毒和涂漆,在裂缝闭合时,每隔 30 cm 弦向安装螺丝或螺栓固定,以防再次张开。冻裂一般不会直接引起树木的死亡,但是由于树皮开裂,木质部失去保护,容易招致病虫,特别是木腐菌的危害,不但严重削弱树木的生活力,而且造成木材腐朽形成树洞。冻裂多发生在树干的西南向。因为这一方向受太阳辐射,加热升温快,夜间突然降温,变幅较大。

一般落叶树的冻裂比常绿树厉害,如苹果属、椴属、悬铃木属、七叶树属的某些种,以及鹅掌楸属、核桃属和柳属等受害严重。孤植树对冻裂比群植树敏感,旺盛生长年龄阶段的树木比幼树或老龄树敏感,生长在排水不良土壤上的树木也易受害。

此外,还有一种所谓轮裂,又称杯状环裂,是指树木在低温之后的剧烈升温所引起的径向开裂。它与冻裂降温失水的过程相反,是在低温以后,树干外部组织在太阳照射下突然加热升温,使这些组织的膨胀比内面组织快,导致木质部沿某一年轮开裂。

（3）冬日晒伤　冬季和早春,在树干向南的一面,结冻和解冻交互发生,有时可发展成数十厘米长的伤口。根据 Gardner 等的研究,日落后茎的迅速结冻是冬日晒伤裂口的主要原因。由于成块的树皮枯死剥落露出木质部,成为病虫容易侵袭的溃疡。老龄或皮厚的树木几乎没有冬日晒伤。冬日晒伤常发生于日夜温差较大的树干向阳面。因为向阳与不向阳的树木组织温度差异较大,同一树干南北两侧树皮的温差可达 28～30 ℃。冬日晒伤多发生在寒冷地区的树木主干和大枝上。树干遮阴或涂白可减少伤害。

（4）冻拔　又称冻举,是指温度降至 0 ℃以下,土壤冻结并与根系联为一体后,由于水结冰体积膨胀 1/10,根系与土壤同时抬高。解冻时,土壤与根系分离,在重力作用下,土壤下沉,苗木根系外露,似被拔出,倒伏死亡。冻拔多发生在土壤含水量过高、质地黏重的立地条件。冻拔与树木的年龄、扎根深浅有很密切的关系。树木越小,根系越浅,受害越严重,因此幼苗和新栽幼树最易受害。

（5）霜害　由于温度急剧下降至 0 ℃甚至更低,空气中的饱和水汽与树体表面接触,凝结成冰晶(霜),使幼嫩组织或器官产生伤害的现象称为霜害,多发生在生长期内。

①霜冻的类型:根据霜冻发生时的条件与特点不同,可分辐射霜冻、平流霜冻和混合霜冻 3 种类型。辐射霜冻延续时间短,一般只是早晨几个小时,一般降温至 -1～-2 ℃,较易预防。平流霜冻是寒流直接危害的结果,涉及范围广,延续时间长,有时可达数夜之久,降温剧烈,可达 -3～-5 ℃以下,甚至达 -10 ℃,一般防霜措施的效果不大,但不同小气候之间差异很大。有时平流霜冻和辐射霜冻同时发生则危害更严重。

②霜冻发生的规律:根据霜冻发生的时间及其与树木生长的关系,可以分为早霜危害和晚霜危害。

早霜又称秋霜,它的危害是因凉爽的夏季并伴随以温暖的秋天,使生长季推迟,树木的小枝和芽不能及时成熟,木质化程度低而遭初秋霜冻的危害。秋天异常寒潮的袭击也可导致严重的早霜危害,甚至使无数乔灌木死亡。

晚霜又称春霜,它的危害是因为树木萌动以后,气温突然下降至 0 ℃或更低,导致阔叶树的嫩枝、叶片萎蔫、变黑和死亡,针叶树的叶片变红和脱落。春天,当低温出现的时间推迟时,新梢生长量较大,伤害最严重。由于霜穴(袋)的缘故,不透风的林分、生长在低洼地或山谷的树木比透风的林分和生长在较高处的树木受霜冻严重。湿度对霜冻有一定影响,湿度大可缓和温度变化,故靠近大水面的地区较无大水面的地区无霜期长,受霜冻较轻。

早春的温暖天气,使树木过早萌发生长,最易遭受寒潮和夜间低温的伤害。黄杨、火棘和朴树等对这类霜害比较敏感。当幼嫩的新叶被冻死以后,母枝的潜伏芽或不定芽发出许多新枝叶,但若重复受冻,终因贮藏的碳水化合物耗尽而引起整株树木的死亡。

春季初展的芽很嫩,容易遭受霜害,但是温度下降幅度过大也能杀死没有展开的芽。园艺学家们发现,树木芽对霜害的敏感性与芽在春天的膨大程度有关。芽越膨大,受春霜冻死的机会越多。

南方树种引种到北方,以及秋季对树木施氮肥过多,尚未进入休眠的树木易遭早霜危害;北方树木引种到南方,由于气候冷暖多变,春霜尚未结束,树木开始萌动,易遭晚霜危害。一般幼苗和树木的幼嫩部分容易遭受霜冻。

树木受低温的伤害程度还决定于自身的抗寒能力,而抗寒性的大小,主要取决于树体内含物的性质和含量。抗寒性一般是和树木体内的可溶性碳水化合物、自由氨基酸,甚至核酸的含量成正相关。因此,不同树种或同一树种不同的发育阶段及其不同器官和组织,抗寒的能力有很大差别。

热带树木,如橡胶、可可、椰子等,当温度在 2～5 ℃时就受到伤害;而原产东北的山定子却能抗－40 ℃的低温。同为柑橘类树木,柠檬抗低温能力最弱,－3 ℃即受害;甜橙在－6 ℃,温州蜜柑在－9 ℃受害;而金柑的抗寒性最强,在－11 ℃时才会受冻。树木在休眠期抗寒性最强,生殖阶段最弱,营养生长阶段居中。花比叶易受冻害,叶比茎对低温敏感。一般实生起源的树木比分生繁殖的树木抗寒性强。

2. 冻旱

冻旱又称干化,是一种因土壤冻结而发生的生理干旱。在寒冷地区,虽然土壤含有足够的水分,但由于冬季土壤结冻,树木根系很难从土壤中吸收水分,而地上部分的枝条、芽及常绿树木的叶子仍进行着蒸腾作用,不断地散失水分。这种情况延续一定时间以后,最终因水分平衡的破坏而导致细胞死亡,枝条干枯,甚至整个植株死亡。

常绿树由于叶片的存在,遭受冻旱的可能性较大。在一般情况下,杜鹃、月桂、冬青、松树、云杉和冷杉类等树种,在极端寒冷的天气很少发生冻旱。然而在冬季或春季晴朗时,常有短期明显回暖的天气,树木地上部分蒸腾加速,土壤冻结,根系吸收的水分不能弥补丧失的水分而遭受冻旱危害。杜鹃属和其他常绿阔叶树对冻旱的伤害特别敏感。在冻旱发生的早期,常绿阔叶树的叶尖和叶缘焦枯,受影响的叶片颜色趋于褐色而不是黄色。在常绿针叶树上,针叶完全变褐或者从尖端向下逐渐变褐,顶芽易碎,小枝易折。

3. 寒害

寒害又称冷害,是指 0 ℃的低温对树木所造成的伤害。这种伤害多发生于高温的热带或亚热带树种,如三叶橡胶在 0 ℃的低温影响下,叶黄、脱落。热带树种在 0～5 ℃时,呼吸代谢就会严重受阻。寒害引起树木死亡的原因,不是结冰,主要是细胞内核酸和蛋白质代谢受到干扰。喜温树种北移时,寒害是一重要障碍,同时也是喜温树种生长发育的限制因子。

4. 抽条

抽条又称灼条或烧条,是指树木越冬以后,枝条脱水、皱缩、干枯的现象。抽条实际上是一种低温危害的综合征。引起抽条的原因包括冻伤、冻旱、霜害、寒害及冬日晒伤等。受害枝条在冬季低温下即开始失水、皱缩,但最初程度较轻,而且可随着气温的升高而恢复。大量失水抽条不是在严寒的 1 月份,而是发生在气温回升、干燥多风、地温低的 2 月中下旬至 3 月中下旬,轻者可恢复生长,但会推迟发芽;重者可导致整个枝条干枯。发生抽条的树木容易造成树形紊乱,树冠残缺,扩展缓慢。

5. 低温伤害的防治

低温对树木威胁很大,严重时常将数十年生大树冻死。如 1976 年 3 月初昆明市出现低温,30～40 年生的桉树都被冻死。树木局部受冻以后,常常引起溃疡性寄生菌病害,使树势大大衰弱,从而造成这类病害和冻害的恶性循环。有些树木虽然抗寒性较强,但花期易受冻害,影响观赏效果,因此防治低温伤害对树木的生长发育和景观效果的发挥有着重要的意义。同时,防止低温伤害对于引种和增加园林树种的多样性也有重大意义。

1) 预防低温危害的主要措施

树木忍耐低温的能力受许多非人为控制因素的影响,但是在一定范围内采取合理的预防措施,可以减少低温的伤害。

(1) 贯彻适地适树的原则 因地制宜种植抗寒力强的树种、品种和砧木,在小气候条件比较好的地方种植边缘树种,这样可以大大减少越冬防寒的工作量,同时注意栽植防护林和设置风障,改善小气候条件,预防和减轻冻害。

(2) 选择抗寒的树种或品种 这是减少低温伤害的根本措施。乡土树种和经过驯化的外来树种或品种,已经适应了当地的气候条件,具有较强的抗逆性,应是园林栽植的主要树种。新引进的树种,一定要经过试种,证明其有较强的适应能力和抗寒性,才能推广。处于边缘分布区的树种,选择小气候条件较好、无明显冷空气集聚的地方栽植,可以大大减少越冬防寒的工作量。在一般情况下,对低温敏感的树种,应栽植在通气、排水性能良好的土壤上,以促进根系生长,提高耐低温的能力。

(3) 加强抗寒栽培管理,提高树木抗性 加强栽培管理(尤其是生长后期管理)有助于树体内营养物质的贮备。经验证明,春季加强肥水供应,合理运用排灌和施肥技术,可以促进新梢生长和叶片增大,提高光合效能,增加营养物质的积累,保证树体健壮;后期控制灌水,及时排涝,适量施用磷、钾肥,勤锄深耕,可促使枝条及早结束生长,有利于组织充实,延长营养物质积累的时间,提高木质化程度,增加抗寒性。正确的松土施肥,不但可以增加根量,而且可以促进根系深扎,有助于减少低温伤害。

此外,夏季适期摘心,促进枝条成熟,冬季修剪,减少蒸腾面积及人工落叶等均对预防低温伤害有良好的效果。同时在整个生长期中必须加强病虫害的防治。

(4) 改善小气候条件,增加温度与湿度的稳定性 通过生物、物理或化学的方法,改善小气候条件,减少树体的温度变化,提高大气湿度,促进上下层空气对流,避免冷空气聚集,可以减轻低温,特别是晚霜和冻旱的危害。

① 林带防护法:主要适用于专类园的保护,如用受害程度较轻的常绿针叶树或抗性强的常绿阔叶树营造防护林,可以提高大气湿度和大气的极限低温,对杜鹃、月桂、茶花等的保温效果十分明显。

② 喷水法:利用人工降雨和喷雾设备,在将要发生霜冻的黎明,向树冠喷水,防止急剧降温。因为水的温度比周围气温高,热容量大,水遇冷冻结时还可放出潜热(1 m³ 的水降低 1 ℃可使 3 300 倍体积的空气升温 1 ℃)。同时,喷水还能提高近地表层的空气湿度,减少地面辐射热的散

失，起到减缓降温、防止霜冻的效果。

③熏烟法：早在1 400年前我国发明的熏烟防霜法，因简单、易行、有效，至今仍在国内外广为应用。事先在园内每隔一定距离设置发烟堆（用秸秆、草类或锯末等），根据当地天气预报，于凌晨及时点火发烟，形成烟幕，减少土壤辐射散热；同时烟粒吸收湿气，使水汽凝结成液体放出热量，提高温度，保护树木。但在多风或温度降至−3℃以下时，效果不明显。

近年来北方一些地区配制的防霜烟雾效果很好。例如，黑龙江省宾西果树场用20%硝酸铵、70%锯末、10%废柴油配制的防霜烟雾剂就是一例。其配制方法是将硝酸铵研碎，锯末烘干过筛。锯末越碎发烟越浓，持续时间越长。

将原料分开贮存，在霜冻来临时，按比例混合，放入铁筒或纸壳筒，根据风向放药剂，在降霜前点燃，烟幕可维持1 h左右，可提高温度1～1.5℃。

④遮盖法（图7.6）：在南方为珍贵树种的幼苗防霜冻多采用此法，用蒿草、芦苇、苫布等覆盖树冠，既可保温，起到阻挡外来寒流袭击的作用，又可保留散发的湿气，增加湿度。但此法需要人力物力较多，所以只有珍贵的幼树采用。广西南宁用破布、塑料薄膜、稻草等保护芒果的幼苗，效果很好。北京2003年春季倒春寒时间较长，不少树木因此而受到伤害，特别是雪松。据调查，凡是树冠用稻草覆盖或风障顶部封严成为"大棚"的雪松均无受害（图7.7）。

⑤吹风法：霜害是在空气静止的情况下发生的，利用大型吹风机增加空气流动，将冷空气吹散，可以起到防霜效果。欧美等国家有些果园采用这种方法，隔一定距离放一个旋风机，在霜冻前开动，可起到一定效果。

⑥加热法：加热法是现代防霜先进而有效的方法。美国、苏联等许多国家在果园每隔一定距离放置加热器，在霜降来临时通电加温，下层空气变暖而上升，上层原来温度比较高的空气下降，在果园周围形成一个暖气层。园中放置多个加热器，而每个加热器放出的热量以小为好。这样既可起到防霜作用，又不会浪费太大。加热法适用于大的园林或果园，面积太小，微风即可将暖气吹走。

（5）加强土壤管理和树体保护，减少低温伤害　加强土壤管理和树体保护的方法很多，一般采用浇"封冻水"和"返青水"防寒。在土壤封冻前浇一次透水，土壤含有较多水分后，严冬表层地温不至于下降过低、过快，开春表层地温升温也缓慢。浇返青水一般在早春进行，由于早春昼夜温差大，及时浇返青水可使地表昼夜温差相对减少，避免春寒危害植物根系。对于一些宿根花卉或花灌木，浇封冻水后在其根茎四周堆起30～40 cm高的土堆进行防寒保护。在冬季土壤冻结、早春干燥多风的大陆性气候地区，有些树种虽耐寒，但易受冻旱的危害而出现枯梢。针对这种情况，对不能弯压埋土防寒的植株，可于土壤封冻前，在树干北面，培一向南弯曲、高40～50 cm左右的月牙形土堆，具体高度可依苗木大小而定。早春可挡风、反射和积累热量，使穴土提早化冻，根系也能提早吸水和生长，即可避免冻、旱的发生。为了防止土壤深层冻结和有利于根系吸水，可用腐叶土或泥炭藓、锯末等保温材料覆盖根区或树盘。在深秋或冬初对常绿树喷洒蜡制剂或液态塑料，可以预防或大大减少冬褐现象。这在杜鹃属、黄杨属及山楂属上已取得良好效果。此外，在树木已经萌动、开始伸枝展叶或开花时，根外追施磷酸二氢钾，有利于增加细胞液的浓度，增强抗晚霜的能力。

树干保护是树体防寒的一项有效措施，常见的有树干包裹和涂白。树干包裹多在入冬前进行，将新植树木或不耐寒品种的主干用草绳或麻袋片等缠绕或包裹，高度可在1.5～2 m左右。树干涂白一般在秋季进行，用石灰水加盐或石硫合剂对树干涂白，利用白色反射阳光，减少树干对太阳辐射热的吸收，从而降低树干的昼夜温差，防止树皮受冻。此法对预防病害虫也有一定的效果。

（6）推迟萌动期，避免晚霜危害　利用生长调节剂或其他方法，延长树木休眠期，推迟萌动，可以躲避早春寒潮袭击所引起的霜冻。例如乙烯利、萘乙酸钾盐（250～500 mg/kg）或顺丁烯二酰肼（MH 0.1%～0.2%）溶液，在萌芽前或秋末喷洒在树上，可以抑制萌动；或在早春多次灌返浆水，降低地温（即在萌芽后至开花前灌水2～3次），一般可延迟开花2～3天。树干刷白或树冠喷白（7%～10%石灰乳），可使树木减少对太阳热能的吸收，使温度升高较慢，发芽可延迟2～3天，从而防止树体遭受早春回寒的霜冻。

图7.6　北京冬季对绿篱遮盖保温　　　　　　　　　　　　　　　**图7.7　风障**

2）受害后的养护管理

为了使受低温伤害的植株恢复生机,应采取适当的养护措施。

花灌木和果树霜冻发生时或过后为了减少灾害造成的损失,可进行叶面喷肥,叶面喷肥既能增加细胞浓度,又能疏通叶片的输导系统,对防霜护树和尽快恢复树势效果很好。霜冻过后不能忽视善后的管养工作,特别是肥水的供应要适时、适量。观果树种还可以进行人工授粉,利用晚开的花和腋花芽等提高坐果率,以弥补损失。

（1）合理修剪　对受害植株重剪会产生有害的副作用,因此修剪中要严格控制修剪量,既要将受害器官剪至健康部分,促进枝条的更新与生长,又要保证地上地下器官的相对平衡。实践证明,经过合理修剪的受害植株,其恢复速度快于重剪或不剪的植株。显然,对常绿树的叶片进行修剪是不现实的,但应去掉所有枯死的枝条。为了便于识别枯死枝条,修剪应推迟至芽开放时进行。

（2）合理施肥　关于受害植株的施肥问题,还存在着某些争论。有些人不主张越冬后立即施化肥。原因是树木严重受害以后,立即施用大量的化肥,不但会进一步损伤根系,减少吸收,而且会增加叶量,增加蒸腾,致使已经受害的输导组织不能满足输水量增加的需要。另一些人则主张越冬后对受害植株适当多施化肥,能够促进新组织的形成,并能提高其越夏能力。两种观点各有道理,但在实际应用中还是要根据植株受害程度及其生长状况灵活掌握。

（3）加强病虫害预防　植株遭受低温危害后,树势较弱,树体上常有创伤,极易引发病虫危害。因此,应结合修剪,在伤口涂抹或喷洒化学药剂(药剂用杀菌剂加保湿黏胶剂或高脂膜制成)。杀菌剂加保湿黏胶剂效果较好,其次是杀菌剂加高脂膜,它们都比单纯使用杀菌剂或涂白效果好。其原因是主剂杀菌剂只起表面消毒和杀菌作用,副剂保湿黏胶剂和高脂膜,既起保湿作用,又起增温作用,这都有利于冻裂树皮愈伤组织形成,从而促进冻伤愈合。

（4）伤口保护与修补　苗木受到低温危害后,要全部清除已枯死的枝条,如果只是枝条的先端受害,可将其剪至健康位置,不要整枝清除。修整的伤口进行消毒与涂漆、桥接修补或靠接换根。

7.3.2　高温危害

树木在异常高温的影响下,生长下降甚至会受到伤害。它实际上是在太阳强烈照射下,树木所发生的一种热害,以仲夏和初秋最为常见。

1. 高温对树木伤害的类型

高温对树木的影响,一方面表现为组织和器官的直接伤害——日灼病,另一方面表现为呼吸加速和水分平衡失调的间接伤害——代谢干扰。

1）日灼

夏秋季由于气温高,水分不足,蒸腾作用减弱,致使树体温度难以调节,造成枝干的皮层或其他器官表面的局部温度过高,伤害细胞生物膜,使蛋白质失活或变性,导致皮层组织或器官溃伤、干枯,严重时引起局部组织死亡,枝条表面被破坏,出现横裂,负载能力严重下降,并且出现表皮脱落、日灼部位干裂,甚至枝条死亡,果实表面先是出现水烫状斑块,而后扩大裂果或干枯。

（1）根颈伤害——灼环、颈烧,又称干切　由于太阳的强烈照射,土壤表面温度增高,当地表温度不易向深层土壤传导时,过高的地表温度灼伤幼苗或幼树的根颈形成层,即在根颈处造成一个宽几毫米的环带,有人称之为灼环。由于高温杀死输导组织和形成层,使幼苗倒伏以致死亡。一般柏科树种在土壤温度为 40 ℃时就开始受害。

幼苗最易发生根颈的灼伤且多发生于茎的南向,表现为茎的溃伤或芽的死亡。

（2）形成层伤害——皮烧或皮焦　由于树木受强烈的太阳辐射,温度过高引起细胞原生质凝固,破坏新陈代谢,使形成层和树皮组织局部死亡。树皮灼伤与树木的种类、年龄及其位置有关。皮烧多发生在树皮光滑的薄皮成年树上,特别是耐阴树种,树皮呈斑状死亡或片状脱落,给病菌侵入创造了有利条件,从而影响树木的生长发育。严重时,树叶干枯、凋落,甚至造成植株死亡。

（3）叶片伤害——叶焦,嫩叶、嫩梢烧焦变褐　由于叶片在强烈光照下的高温影响,叶脉之间或叶缘变成浅褐或深褐色或形成星散分布的褪色区,其边缘很不规则,一些枝条上的叶片差不多都表现出相似的症状。在多数叶片褪色时,整个树冠表现出一种灼伤的干枯景象。

2）干化

树木在达到临界高温以后,光合作用开始迅速降低,呼吸作用继续增加,消耗本来可以用于生长的大量碳水化合物,使生长下降。高温引起蒸腾速率的提高,也间接降低了树木的生长和加重了对树木的伤害。干热风的袭击和干旱期的延长,蒸腾失水过多,根系吸水量减少,造成叶片萎蔫,气孔关闭,光合速率进一步降低。当叶子或嫩梢干化到临界水平时,可能导致叶片或新梢枯死或全树死亡。

2. 高温伤害的防治

1）影响高温伤害的因素

高温对树木的伤害程度,不但因树种、年龄、器官和组织状况而异,而且受环境条件和栽培措施的影响。不同树种对高温的敏感性不同,如二球悬铃木、樱花、檫树、泡桐及香樟的主干易遭皮灼;红枫、银槭、山茶的叶片易得叶焦病。同一树种的幼树,皮薄、组织幼嫩易遭高温的伤害。同一棵树,当季新梢最易遭受高温的危害。当气候干燥、土壤水分不足时,因根系吸收的水分不能弥补蒸腾的损耗,将会加剧叶子的灼伤。在硬质铺装面附近生长的树木,受强烈辐射热和不透水铺装材料的影响,最易发生皮焦和日灼。例如,邻近水泥铺装道路和街道交叉处附近,发生日灼的植株明显高于街道两旁、草坪及乡村道路的树木。树木生长环境的突然变化和根系的损伤也容易引起日灼。如新栽的幼树,在没有形成自我遮阴的树冠之前,暴露在炎热的日光下,或北方树种南移至高温地区,或去冠栽植、主干及大枝突然失去庇荫保护以及习惯于密集丛生、侧方遮阴的树木,移植在空旷地或强度间伐突然暴露于强烈阳光下时,都易发生日灼。当树木遭蚜虫和其他刺吸式昆虫严重侵害时,常可使叶焦加重。此外,树木缺钾可加速叶片失水而易遭日灼。

2) 高温危害的防治

根据高温对树木伤害的规律,可采取以下措施:

(1) 选择耐高温、抗性强的树种或品种栽植。

(2) 在树木移栽前加强抗性锻炼,如逐步疏开树冠和庇荫树,以便适应新的环境。

(3) 移栽时尽量保留比较完整的根系,使土壤与根系紧密接触,以便顺利吸水。

(4) 树干涂白可以反射阳光,缓和树皮温度的剧变,对减轻日灼和冻害有明显的作用。此外,树干缚草、涂泥及培土等也可防止日灼。

(5) 合理整形修剪。可适当降低主干高度,多留辅养枝,避免枝、干的光秃和裸露。在需要去头或重剪的情况下,应分2~3年进行,避免一次透光太多,否则应采取相应的防护措施。在需要提高主干高度时,应有计划地保留一些弱小枝条自我遮阴,以后再分批修除。

(6) 加强综合管理,能促进根系生长,改善树体状况,增强抗性。生长季要特别防止干旱,避免各种原因造成的叶片损伤,防治病虫危害,合理施用化肥,特别是增施钾肥。必要时还可给树冠喷水或抗蒸腾剂。

(7) 加强受害树木的管理。对于已经遭受伤害的树木应进行审慎的修剪,去掉受害枯死的枝叶。皮焦区域应进行修整、消毒、涂漆,必要时还应进行桥接或靠接修补。适时灌溉和合理施肥,特别是增施钾肥,有助于树木生活力的恢复。

7.3.3 雷击伤害

全国每年都有树木遭受雷击伤害的案例和报道。如2005年夏季,南京林业大学校园内1株干径50 cm的喜树就遭雷击,树干被纵向劈裂而死亡。

1. 雷击伤害的症状及其影响因素

1) 伤害症状

树木遭受雷击以后,木质部可能完全破碎或烧毁,树皮可能被烧伤或剥落;内部组织可能被严重灼伤而无外部

症状,部分或全部根系可能致死。常绿树,特别是云杉、铁杉等上部枝干可能全部死亡,而较低部分不受影响。在群状配置的树木中,直接遭雷击者的周围植株及其附近的禾草类和其他植被也可能死亡。

在通常情况下,超过1 370 ℃的"热闪电"将使整棵树燃起火焰,而"冷闪电"则以3 200 km/s的速度冲击树木,使之炸裂。有时两种类型的闪电都不会损害树木的外貌,但数月以后,由于根和内部组织被烧而造成整棵树木的死亡。

2) 影响雷击伤害的因素

树木遭受雷击的数量、类型和程度差异极大。它不但受负荷电压大小的影响,而且与树种及其含水量有关。

树体高大,在空旷地孤立生长的树木,生长在湿润土壤或沿水体附近生长的树木最易遭受雷击。在乔木树种中,有些树木,如水青冈、桦木和七叶树,几乎不遭雷击;而银杏、皂荚、榆、槭、栎、松、杨、云杉和美国鹅掌楸等较易遭雷击。树木对雷击敏感性差异很大的原因尚不太清楚,但有些权威人士认为与树木的组织结构及其内含物有关。如水青冈和桦木等,油脂含量高,是电的不良导体;而白蜡、槭树和栎树等,淀粉含量高,是电的良导体,较易遭雷击。

2. 雷击伤害的防治

1) 雷击树木的养护

对于遭受雷击伤害的树木应进行适当的处理进行挽救,但在处理之前,必须进行仔细的检查,分析其是否有恢复的希望,否则就没有进行昂贵处理的必要。有些树木尽管没有外部症状,但内部组织或地下部分已经受到严重损伤,不及时处理就会很快死亡。在外部损害不大或具有特殊价值的树木应立即采取措施进行救助。

(1) 撕裂或翘起的边材应及时钉牢,并用麻布等物覆盖,促进其愈合和生长。

(2) 劈裂的大枝应及时复位加固并进行合理的修剪,并对伤口进行适当的修整、消毒和涂漆。

(3) 撕裂的树皮应切削至健康部分,也要进行适当的整形、消毒和涂漆。

(4) 在树木根区施用速效肥料,促进树木的旺盛生长。

2) 预防雷击的方法

生长在易遭雷击位置的树木和高大珍稀古树与具有特殊价值的树木,应安装避雷器,消除雷击伤害的危险。

避免雷击危害树木安装避雷器的原理与保护其他高大建筑物安装避雷器的原理相同。主要差别在于所使用的材料、类型与安装方法。安装在树上的避雷器必须用柔韧的电缆,并应考虑树干与枝条的摇摆和随树木生长的可调性。垂直导体应沿树木干用铜钉固定。导线接地端应连接在几个辐射排列的导体上。这些导体水平埋置在地下,并延伸到根区以外,再分别连接在垂直打入地下长约24 m的地线杆上。以后每隔几年检查一次避雷系统,并将上端

延伸至新梢以上,进行某些必要的调整。

7.3.4 风害

园林树木遭受风害,主要表现在风倒、风折或树权劈裂上。

1. 树木遭受风害的各种影响因素

树木遭受风害一是因为 V 形分叉或根系;二是因为土壤内渍地下水位高或土层浅根系发育差;三是市政工程对树体地下与地面部分开挖,破坏了树木的根系。此外在调查中发现,树冠庞大、枝叶浓密、树体高度和修剪状况等对树体的抗风力有较大影响。

1) 树木生物学特性与其抗风性

(1) 树形特征 浅根、高干、冠大、叶密的树种如刺槐、加杨等抗风力弱;相反,根深、矮干、枝叶稀疏坚韧的树种如垂柳、乌桕等则抗风性较强。

(2) 树枝结构 一般髓心大,机械组织不发达,生长又很迅速且枝叶茂密的树种,风害较重。一些易受虫害的树种主干最易风折,健康的树木一般是不易遭受风折的。

2) 环境条件与风害的关系

(1) 如果行道树风向与街道平行,风力汇集成为风口,风压增加,风害会随之加大。

(2) 局部绿地因地势低凹,排水不畅,雨后绿地积水,造成土壤松软,风害会显著增加。

(3) 风害也受绿地土壤质地的影响,如绿地偏沙性,或为煤渣土、石砾土等,因结构差,土层薄,抗风性差。如为壤土、黏土等则抗风性强。

3) 人为经营措施与风害的关系

(1) 苗木质量 苗木移栽时,特别是移栽大树,如根盘小,树身大,则易遭风害。

(2) 栽植方式 凡是栽植株行距适度,根系能自由扩展的,其抗风性强。如树木栽植株行距过大,根系发育不良,再加上护理跟不上,则风害显著增加。

(3) 栽植技术 小坑栽植,树会因根系不舒展,发育不好,重心不稳,易遭风害。

(4) 不合理的修剪 对园林树木修剪时,仅仅对树冠的下半部进行修剪,而对树冠中上部的枝叶不进行修剪,其结果增强了树木的顶端优势和枝叶量,使树木的高度、冠幅与根系分布不相适应,头重脚轻,很容易遭受风害。

2. 风害的防治

(1) 合理的整形修剪 正确的整形修剪,可以调整树木的生长发育,保持优美的树姿,做到树形、树冠不偏斜,冠幅体量不过大,叶幕层不过高和避免 V 形叉的形成。

(2) 加固树体的支撑 在易受风害的地方,特别是在台风和强热带风暴来临前,在树木的背风面用竹竿、钢管、水泥柱等支撑物进行支撑,用铁丝、绳索扎缚固定。

(3) 及时扶正和精心养护风倒树木 对于遭受大风

危害、折枝、损坏树冠或被风刮倒的树木,应根据受害情况,及时维护。首先对被风刮倒的树木及时扶正,折断的根加以修剪填土压实,通常培土为馒头形,修去部分或大部分枝条,并立支柱。对裂枝要顶起或吊起,捆紧基部伤面,涂药膏促其愈合,并加强肥水管理,促进树势的恢复。对难以补救者应加以淘汰,秋后重新栽植新株。

(4) 改善园林树木的生存环境 在养护管理措施上应根据当地实际情况采取相应的防风措施。如排除积水;改良栽植地的土壤质地;培育壮根良苗;采取大穴换土;适当深栽;合理疏枝,控制树形;定植后立即立支柱;对结果多的树及早吊枝或顶枝,减少落果;对幼树、名贵树种可设置风障等。除此以外,对不合理的违章建筑要令其拆除,绝不能在树木生长地形成狭管效应,防止大树倒伏。

(5) 选择抗风树种 在种植设计时,易遭风害的地方尤应选择深根性、耐水湿、抗风力强的树种,如悬铃木、枫杨、无患子、香樟和枫香等。此外应根据不同的地域,不同级别的道路,因地制宜选择或引进各种抗风力强的树种。

7.3.5 根环束的危害

根环束是指树木的根环绕干基或大侧根生长且逐渐逼近其皮层,像金属丝捆住枝条一样,使树木生长衰弱,最终形成层被环割而导致树木的死亡。

1. 根环束形成的原因与过程

根环束是由不适的环境条件导致根从正常的伸展路线偏转逐渐形成的。由于根系生长的趋适性,它们往往在空气、水分和营养供应最好的地方生长最快。如街道两旁生长的树木,在新栽的时候,由于植穴的挖掘和处理,树木的根系通常沿各个方向伸展。如果植穴周围土壤条件良好,许多年后它们仍然可按原来的方向继续生长。但是,如果植穴周围土壤黏紧、贫瘠或由于人行道下条件不适,大根或大根上层的新根将最终在植穴表层盘旋生长或远离街道向路牙和人行道之间的空地或草坪生长。在根系弯曲的过程中,新根横越老根之上,且逼近主干基部。这类根由于有较合适的环境条件,生长和扩展迅速,最终勒伤或绞杀它们所越过的大根或树木根茎。

根环束多发生在土壤板结或铺装不合理的地方,这些地方树木根系无力穿透不适合的土壤,而在穴内客土或土球附近不断偏转生长形成环束根,产生危害。此外,在树木移栽中,根系不舒展或根系密集也可引起环束或根茎腐烂。这种情况不仅在庭荫树和行道树中发生,而且也在美国赤松、美国五针松、欧洲赤松林中发现。在后一种情况下,与栽植时根系不舒展和根茎受真菌和细菌侵染有着直接的关系。由于扭曲根的不断发育,在土壤中形成了气袋或水袋,为导致根和根茎腐烂的微生物造成理想的繁育场所,在幼树周围进行不合理的土壤施肥,也可诱发大量的新根,以致根系过于密集,最终导致根环束的形成。在紧实板结的土壤中,形成根环束的情况比疏松的土壤多,软材树又比硬材树种多。容器中脱出的树木比非容器栽植的树木更易遭受根环束的危害,因为容器中的树木根系多绕容器壁盘旋生长,若在栽植时不让其舒展或进行适当的处理,极易造成根茎环束。

2. 根环束的危害症状

根环束的绞杀作用,限制了环束附近区域的有机物运输。根茎和大侧根被严重环束时,树体或某些枝条的营养生长减弱,并可导致其"饥饿"而死亡。如果树木的主根被严重环束,中央领导干或某些主枝的顶梢就会枯死。沿街道或铺装地生长的树木一般比空旷地生长的树木遭受根环束危害的可能性大,而且中、老龄树受害比幼龄树木多。通常槭树类、栎类、榆类和松类等树种受害较为普遍。

根环束可以通过主干茎的观察和检测进行初步判断。如植株干基像塌方危害一样,树干成直线状进入土壤或某一侧向内凹陷,干茎无正常膨大现象,就可初步诊断其有根环束的危害。

检查根环束是否存在的最好时间是早霜前的晚秋时节。此时与环束区域对应的树冠一侧叶片褪色且有早落的趋势。为了排除产生类似症状的其他因素,应小心挖开枝梢生长弱、树皮发育差的树干一侧基部周围的土壤,即可在地表或地表以下数厘米的地方找到根环束。有时,如果树木主根被环束根绞杀,则根环束的位置可能较深。

3. 根环束危害的防治

预防根环束的产生,需要注意在最初的起苗过程中疏除过密、过长生长的根。栽植整地挖穴过程中,尽量扩大破土范围,改善周边土壤的透水透气性,栽植时将树木根系自然舒展,并尽量减少铺装,或使用透性铺装。

对于已经产生的根环束,如果环束根还未严重影响树木,树木尚能恢复生机,则可将环束根从干基或大侧根着生处切断,再在处理的伤口处涂抹保护剂后回填土壤。如果树木已相当衰弱,在前者情况的基础上还应进行合理的修剪和施用优质肥料,以提高和恢复树木的生活力。

7.3.6 雪害和冰凇

积雪一般对树木无害,但常常因为树冠上积雪过多压裂或压断大枝。如 2000 年 2 月中旬,昆明市大雪将行道树的主枝压断。另外,因融雪期的时融时冻交替变化,冷却不均也易引起冻害。在多雪地区,应在雪前对树木大枝设立支柱,枝条过密的还应进行修剪,在雪后及时将被雪压倒的枝条提起扶正,振落积雪或采用其他有效措施防止雪害。

雨凇(冰挂)对树木也有一定的影响,1957 年 3 月和 1964 年 2 月在杭州、武汉、长沙等地均发生过雨凇,在树上结冰,对早春开花的梅花、蜡梅、山茶、迎春和初结幼果的枇杷、油茶等花果均有一定的危害,还造成部分毛竹、香樟等常绿树折枝、裂干和死亡。发生雨凇,可以用竹竿打击枝叶上的冰,并设支柱支撑。

7.3.7 涝害和雨害

涝害和雨害是园林绿地中常见的危害树木灾害,主要是由于地势处理不当、降雨量过大、树种选择不当、排水不畅等引起的。

树木受涝后虽然表现出黄叶、落叶、落果、部分枝芽干枯,如果受涝时间较短,除耐淹力最弱的少数树种外,大多数树木能逐渐恢复。因此不要急于刨除树木,应积极采取保护措施,促进树势恢复,如及时地排除积水,扶正冲倒的树木,设立支柱防止摇动,铲除根际周围的压沙淤泥,对裸露根系培土。同时,还应及时将受淹的树木表土翻耕晾晒,根据天气情况适时遮阴,对涝后受损较重的树木进行适当修剪,并喷洒消毒药,防止病虫害的滋生和蔓延,受涝后的树木就能重获生机。

7.3.8 旱害

干旱对树木生长发育影响很大,会造成树木生长不正常,加速树木的衰老,缩短树木的寿命。春旱不雨,会延迟树木的萌芽与开花的时间,严重时发生抽条、日灼、落花落果和新梢过早停止生长以及早期落叶等现象,严重地影响园林树木的观赏效果。如果当年秋季雨水多,树木易发生二次生长,推迟枝条的成熟,降低其越冬能力,给以后的生长带来不良影响。

防止树木发生旱害的根本途径是:① 适地适树选栽抗旱性强的树种、品种;② 开发水源,修建灌溉系统,及时满足树木对水分的要求;③ 营造防护林;④ 在养护管理中及时采取中耕、除草、培土、覆盖等既有利于保持土壤水分又有利于树木生长的技术措施。

7.4 园林树木病虫害的防治

园林绿化中为了观赏目的,常收集栽培许多不同种类及品种的观赏植物,乔、灌、草一应俱全,这样为害虫、病菌创造了更多的生存机会和多种寄主。在园林中病虫害一旦发生,经常导致植物生长不良,叶、花、果、根、茎等出现坏死斑或发生畸形、凋谢、腐烂等现象,不但影响树木的正常生长,而且大大降低其观赏价值和经济效益。因此,病虫害防治是一件非常重要的工作。对病虫害的防治,"防重于治"是基本的原则。病虫害防治首先要了解病虫害的发生原因、侵染循环及其生态环境,掌握危害的时间、部位、程度等规律,才能找出科学合理的防治措施。

7.4.1 园林树木的病虫害种类及特点

1. 病害的种类及病原生物的类型

园林树木病害可分为生理伤害引起的非传染性病害

和病原菌引起的传染性病害两大类。如果同一地区有多种作物同时发生相类似的症状，而没有扩大的情况，一般是因冻害、霜害、烟害或空气污染所引起。同一栽培地的同一种植物，其一部分可全部发生相类似的症状，又没有继续扩大的情形时，可能是营养水平不平衡或缺少某种养分所引起。这些都是非传染性的生理病。如果病害从栽培地的某地方发生，且渐次扩展到其他地方；或者病害株掺杂在健康株中发生，并有增多的情形；或者在某地区，只有一种作物发生病害，并增加的情形，这些都可能是由病原菌引起的侵染性病害。

引起侵染性病害的病原菌种类很多，主要有真菌、细菌、病毒、线虫，此外还有少数放线菌、藻类等。

2. 病害发生过程和侵染循环

病害的发生过程包括侵入期、潜育期和发病期3个阶段。侵入期指病原菌从接触植物到侵入植物体内开始营养生长的时期。该时期是病原菌生活中的薄弱环节，容易受环境条件的影响而死亡，因此是防治的最佳时期。潜育期指病原菌与寄主建立寄生关系起到症状出现为止，一般5～10天。可通过改变栽培技术，加强水肥管理，培育健康苗木，使病原菌在植物体内受抑制，减轻病害发生程度。发病期从病害症状出现到停止发展时止，该时期已较难防治，必须加大防治力度。

侵染循环是指病原菌在植物一个生长季引起的第一次发病到下一个生长季第一次发病的整个过程，包括病原菌的越冬或越夏、传播、初侵染与再侵染等几个环节。病原菌种类不同，越冬或越夏场所和方式也不同，有的在枝叶等活的寄生体内越冬越夏，有的以孢子或菌核的方式越冬越夏，因此应有针对性地采取措施加以防治。病原菌必须通过一定的传播途径，才能与寄主接触，实现侵染。传播途径主要有空气、水、土壤、种子、昆虫等。了解其传播方式，切断其传播途径，便能达到防治的目的。病原菌传播后侵染寄主的过程有初侵染和再侵染之分。初侵染是指植物在一个生长季节里受到病原菌的第一次侵染。再侵染是指在同一季节内病原菌再次侵染寄主植物，再侵染的次数与病菌的种类和环境条件有关。无再侵染的病害比较容易防治，主要通过消灭初侵染的病菌来源或阻断侵入的途径来进行。存在再侵染的病害，必须根据再侵染的次数和特点，重复进行防治。绝大多数的树木花卉病害都属于后者。

3. 园林树木病虫害的症状

园林树木受生物或非生物病原侵染后，表现出来的不正常状态，称为症状。症状是病状和病症的总称。寄主植物感病后树木本身所表现出来的不正常变化，称为病状。树木病害都有病状，如花叶、斑点、腐烂等。病原物侵染寄主后，在寄主感病部位产生的各种结构特征，称为病症，如锈状物、霉污等。有些树木病害的症状，病症部分特别突出，寄主本身无明显变化，如白粉病。而有些病害不表现病症，如非侵染性病害和病毒病害等。

树木病害是一个发展的过程，因此树木的症状在病害的不同发育阶段也会有差异。有些树木病害的初期症状和后期症状常常差异较大。但一般而言，一种病害的症状常有它固定的特点，有一定的典型性，但在不同的植株或器官上，会有特殊性。在观察树木病害的症状时，要注意不同时期症状的变化。

每一种树木病害的症状常常是由几种现象综合而成，一般根据其主要症状加以区别。主要的树木病害症状有以下一些类型：

（1）坏死　植物受病原物危害后出现细胞或组织消解或死亡的现象，称为坏死。这种症状在植物的各个部分均可发生，但受害部位不同，症状表现有差异。在叶部主要表现为形状、颜色、大小不同的斑点；在植物的其他部位如根及幼嫩多汁的组织，表现为腐烂；在树干皮层表现为溃疡等，如杨树腐烂病。

（2）枯萎或萎蔫　典型的枯萎或萎蔫指园林植物根部或干部维管束组织感病后表现失水状态或枝叶萎蔫下垂现象。主要原因在于植物的水分疏导系统受阻，如果是根部或主茎的维管束组织被破坏，则表现为全株性萎蔫，侧枝受害则表现为局部萎蔫，如黄栌枯萎病。

（3）变色　主要有3种类型，褪绿、黄化和花叶。园林植物感病后，叶绿素的形成受到抑制或被破坏而减少，其他色素形成过多，使叶片出现不正常的颜色。病毒、支原体及营养元素缺乏等均可引起园林植物出现此症状。

（4）畸形　畸形是由细胞或组织过度生长或发育不足引起的。常见的有植物的根、干或枝条局部细胞增生而形成瘿瘤，如月季根瘤病；植物的主枝或侧枝顶芽生长受抑制，腋芽或不定芽大量发生而形成丛枝，如泡桐丛枝病；感病植物器官失去原来的形状，如花变叶、菊花绿瓣病。

（5）流胶或流脂　植物感病后细胞分解为树脂或树胶流出。

（6）粉霉　植物感病部位出现白色、黑色或其他颜色的霉层或粉状物，着生菌体或孢子，如芍药白粉病和玫瑰锈病等。

4. 害虫的种类及其生活习性

害虫按其口器结构的不同可分为咀嚼式口器害虫和刺吸式口器害虫。前者如蛾类幼虫、金龟子成虫等，后者如蚜虫、红蜘蛛、介壳虫、蓟马等。咀嚼式口器害虫往往造成植物产生许多缺刻、蛀孔、枯心、苗木折断、植物各器官损伤或死亡的症状。刺吸式口器害虫是刺吸植物体内的汁液，使植物受生理损害，受害部位常常出现各种斑点或引起变色、皱缩、卷曲、畸形、虫瘿等症状。不同的害虫有不同的生活习性，掌握害虫的生活习性，才能把握时机，有效地加以防治。

害虫从卵或幼虫离开母体到成虫性成熟能产生后代为止的个体发育周期，称为一个世代。代数多少随害虫种类和气候条件决定，如日本龟蜡蚧，每年发生1代，蚜虫每年发生10～200代。代数少的害虫，容易集中在一段时间内加以消灭；代数多的害虫，各虫态常常交替出现，要多次防治才能控制危害。

害虫从当年虫态开始活动到第二年越冬结束为止的发育过程，称为年生活史，包括每年发生的代数、各世代各虫态发生期和历期、越冬虫态及场所等。害虫的卵、幼虫、蛹和成虫的发生期都可分为初、盛、末3个时期。虫态达20%左右时为始盛期，达50%时为高峰期，达80%时为末盛期，在始盛期前进行防治能收到较好的效果。

害虫的习性包括害虫的活动和行为，是昆虫调节自身、适应环境的结果。掌握了害虫的这些习性，可以准确地进行虫情调查，进而采取各种有效的措施消灭害虫。

（1）食性　按害虫取食植物种类的多少，分为单食性、寡食性和多食性害虫3类。单食性害虫只危害一种植物，寡食性害虫可食取同科或亲缘关系较近的植物，多食性害虫可食取许多不同科的植物。寡食性害虫和多食性害虫的防治范围，不应仅限在可见的被害区域，还应广泛加以防治。

（2）趋性　指害虫趋向或逃避某种刺激因子的习性。前者为正趋势，后者为负趋势。防治上主要利用害虫的正趋势，如利用灯光诱杀具趋光性的害虫。

（3）假死性　指害虫受到刺激或惊吓时，立即从植株上掉落下来暂时不动的现象。对于这类害虫，可采取振荡捕杀方式加以防治。

（4）群集性　指害虫群集生活共同危害植物的习性，一般在幼虫时期有该特性。该时期进行化学防治或人工防治能达到很好的效果。

（5）社会性　指一个昆虫群体中的个体具有不同的分工，如蜜蜂、蚂蚁、白蚁等。

（6）休眠　指在不良环境下，虫体暂时停止发育的现象。害虫的休眠有特定的场所，因此可集中力量在该时期加以消灭。

不同的害虫有不同的生活习性，只有掌握害虫的生活习性及其规律，才能把握时机，有效地加以防治。

7.4.2　病虫害的防治措施

园林植物病虫害防治是一个病虫控制的系统工程，在整个园林植物生产、栽植及养护管理的过程中，应有计划地应用、改善栽植养护技术，调节生态环境，预防病虫害的发生。在综合防治中应以耕作防治法为基础，将各种经济有效、切实可行的办法协调起来，取长补短，组成一个比较完整的防治体系。树木花卉病虫害防治的方法多种多样，归纳起来可分为耕作防治、物理机械防治、生物防治、化学防治、植物检疫技术等。

1. 耕作防治法

耕作防治法是通过改进栽培技术，使环境条件有利于植物生长发育的同时而不利于病虫害的发生。此法是最基本的病虫害防治方法，可长期控制病虫害，但也有一定的局限性，当病虫害发生时必须依靠其他防治措施。

1）选用抗性的优良品种

利用抗病虫害的种质资源，选择或培育适于当地栽培的抗病虫品种，是防治花木病虫害最经济有效的重要途径。

2）培育和选用无病健康苗

在育苗上应注意种子消毒、育苗地选择、土壤或营养土消毒、培育和选择无病状、强壮的苗，或用组织培养的方法大量繁殖无病苗。

3）苗圃地的选择与处理

选择土质疏松、排水透气性好、腐殖质多的地段作为苗圃地。在栽植前进行深耕改土，并经过暴晒、土壤消毒措施，可消灭部分病虫害。

4）栽培措施

（1）合理轮作　木本花卉中不少害虫和病原苗在土壤或带病残株上越冬，如果连年在同一块地上种植同一种树种或花卉，则易发生严重的病虫害。实行轮作可使病原菌和害虫得不到合适的寄主，使病虫害显著减少。

（2）配置得当　将植物搭配种植时，在保证景观观赏性的前提下，需要考虑病虫害之间的传染。如海棠与柏属树种、芍药与松属树种近距离栽植易造成海棠锈病及芍药锈病。

（3）科学间作　每种病虫对树木、花草都有一定的选择性和转移性，在栽培中要考虑寄生植物与病菌的寄主范围及害虫的食性，尽量避免相同食料及相同寄主范围的园林植物混栽或间作。尤其是公园和风景区大片林种植时，提倡多个树种合理地混交配置，有利于预防病虫害的蔓延和爆发。如黑松、油松等混栽将导致日本松干蚧严重发生。

（4）改变栽种时期　病虫害发生与环境条件如温度、湿度有密切关系，因此可把播种栽种期提早或推迟，避开病虫害发生的旺季，以减少病虫害的发生。

5）管理措施

（1）肥水管理　改善植株的营养条件，增施磷、钾肥，使植株生长健壮，提高抗病虫能力，可减少病虫害的发生。水分过分潮湿，不但对植物根系生长不利，而且容易使根部腐烂或发生一些根部病害。合理的灌溉对地下害虫具有驱除和杀灭作用，排水对喜湿性根病具有显著的防治效果。

（2）改善环境条件　改善栽培地的温度和湿度，尤其是温室栽培植物，要经常通风换气、降低湿度以减轻灰霉病、霜霉病等病害的发生。

（3）合理修剪　合理修剪、整枝不仅可以增强树势、花繁叶茂，而且可以减少病虫害。如刺蛾、袋蛾等食叶害虫，可采用修剪虫枝的方法进行防治。

（4）中耕除草　中耕除草可以为树木创造良好的生长条件，增加抵抗能力，也可以消灭地下害虫。冬季中耕可以使潜伏土中的害虫病菌冻死，除草可以清除或破坏病菌害虫的潜伏场所。

（5）翻土培土　结合深耕施肥可将表土或落叶层中的越冬病菌、害虫深翻入土。

2. 物理机械防治法

物理机械防治法是利用各种简单的机械和各种物理因素来防治病虫害的方法。这种方法既包括传统的、简单的人工捕杀，也包括近代物理新技术的应用。

1）人工或机械的防治方法

利用人工或各种简单的机械工具捕杀害虫和清除发病部分，适用于具有假死性、群集性或其他目标明显易于捕捉的害虫，如人工捕杀小地老虎幼虫，人工摘除病叶、剪除病枝等。

2）阻隔法

阻隔法是人为设置各种障碍以切断病虫害的侵害途径，也称障碍物法。对有上下树习性的幼虫可在树干上涂毒环或涂胶环，阻隔和触杀幼虫。对不能飞翔只能靠爬行扩散的害虫，可在未受害区周围挖沟，待害虫坠入沟中后予以消灭。对于只能在树上产卵这类害虫，可在害虫上树前在树干基部设置障碍物阻止其上树产卵。对于温室保护地内栽培的花卉植物，可采用40～60目的纱网覆罩，不仅可以隔绝蚜虫、叶蝉、蓟马等害虫的危害，还能有效地减轻病毒性病害的侵染。

3）诱杀

很多夜间活动的昆虫具有趋光性，可利用灯光诱杀，如黑光灯可诱杀夜蛾类、螟蛾类、毒蛾类等700种昆虫。有的昆虫对某种色彩敏感，可用该昆虫喜爱的色彩胶带吊挂在栽培场所进行诱杀。有的昆虫对某些食物有特殊的嗜食习惯，可利用食物诱杀，在其所喜欢的食物中掺入适量毒剂进行诱杀。有的昆虫在某一时期喜欢某一特殊环境的习性，人为设置类似的环境来诱杀害虫。

4）热力处理法

不适宜的温度会影响病虫的代谢，从而抑制它们的活动和繁殖。因此可通过调节温度进行病虫害防治，如温水（40～60 ℃）浸种、浸苗、浸球根等可杀死附着在种苗、花卉球根外部及潜伏在内部的病原菌害虫，温室大棚内短期升温，可大大减少粉虱的数量。

5）放射处理法

随着生物物理的发展，应用新的物理学成就来防治病虫也有了更加广阔的前景。原子能、超声波、紫外线、红外线、激光、高频电流等物理方法在防治病虫害中得到应用。

3. 生物防治法

生物防治法是利用生物来控制病虫害的方法，其效果持久、经济、安全，是一种很有发展前途的防治方法。

1）以菌治病

以菌治病就是利用有益微生物和病原菌间的拮抗作用，或者某些微生物的代谢产物来达到抑制病原菌的生长发育甚至使病菌死亡的方法，加"5406"菌肥（一种抗菌素）能防治某些真菌病、细菌病及花叶型病毒病。

2）以菌治虫

以菌治虫指利用害虫的病原微生物使害虫感病致死的一种防治方法。害虫的病原微生物主要有细菌、真菌、病毒等，如青虫菌能有效防治柑橘凤蝶、尺蠖、刺蛾等，白僵菌可以防治鳞翅目、鞘翅目等昆虫。

3）以虫治虫和以鸟治虫

以虫治虫和以鸟治虫是指利用捕食性或寄生性天敌昆虫和益鸟防治害虫的方法。如利用草蛉捕食蚜虫，利用红点唇瓢虫捕食紫薇绒蚧、日本龟蜡蚧，利用伞裙追寄蝇寄生大蓑蛾、红蜡蚧，利用扁角跳小蜂寄生红蜡蚧等。

4）生物工程

生物工程防治病虫害是防治领域一个新的研究方向，近年来已取得一定的进展。如将一种能使夜盗蛾产生致命毒素的基因导入到植物根系附近生长的一些细菌内，夜盗蛾吃根系的同时也将带有该基因的细菌吃下，从而产生毒素致死。

4. 化学防治法

利用化学药剂的毒性来防治病虫害的方法称为化学防治法。其优点是具有较高的防治效力，收效快、功效性强、适用范围广，不受地区和季节的限制，使用方便。化学防治也有一些缺点，如使用不当会引起植物药害和人畜中毒，长期使用会对环境造成污染，易引起病虫害的抗药性，易伤害天敌等。化学防治虽然是综合防治中一项重要的组成部分，但只有与其他防治措施相互配合，才能收到理想的防治效果。

在化学防治中，使用的化学药剂种类很多，根据对防治对象的作用可分为杀虫剂和杀菌剂两大类。杀虫剂又可根据其性质和作用方式分为胃毒剂、触杀剂、熏蒸剂和内吸剂等。常用的杀虫剂主要有敌百虫、敌敌畏、乐果、氧化乐果、三氯杀螨砜、杀虫脒等。杀菌剂一般分为保护剂和内吸剂，常用的杀菌剂有波尔多液、石硫合剂、多菌灵、粉锈灵、托布津、百菌清等。在采用化学药剂进行病虫防治时，必须注意防治对象、用药种类、使用浓度、使用方法、用药时间和环境条件等，然后根据不同防治对象选择适宜的药剂。药剂使用浓度以最低的有效浓度为宜。

5. 植物检疫技术

为了防止病虫害随种子、植株或其产品在国际或国内不同地区造成人为的传播,国家设立了专门的检疫机构,对引进或输出的植物材料及产品进行全面检疫,发现有病虫害的材料及产品就地销毁,当发现危险性病虫害已经传入到新的地区时,应积极防治,彻底消灭,限制病区扩大。

7.4.3 常用农药及其使用

1. 杀虫剂

(1) 敌百虫是一种高效低毒的有机磷制剂,对害虫有强烈的胃毒作用,也有触杀作用。毒杀速度快,在田间药效期4～5天,可防治蔷薇叶蜂、大蓑蛾、拟短额负蝗、棉卷叶螟、尺蠖、叶蝉、玫瑰夜蛾、小地老虎等害虫。但不能和碱性药剂混用。

(2) 敌敌畏是一种高效低毒的有机磷制剂,有强烈的触杀、熏蒸、胃毒作用,杀虫范围广,速度快,药效期短,残毒小。可防治白粉虱、叶螨、绿盲蝽、蚜虫、蚧壳虫、石榴夜蛾、玫瑰茎蜂等害虫。敌敌畏乳油易挥发,取药后须将瓶盖盖好。浓度高时,对樱花、梅花易产生药害。

(3) 氧化乐果具有触杀、内吸和胃毒作用,能防治许多刺吸式和咀嚼式口器害虫,对人畜的急性胃毒性较大。可防治蚧壳虫、蚜虫、白粉虱、朱砂叶螨、绿盲蝽、蓟马、叶蝉、柑橘潜夜蛾等害虫。

(4) 乐果是一种高效低毒的广谱性有机磷农药,具有触杀、内吸和胃毒作用,药效期3～5天,可防治蚜虫、红蜘蛛、叶蝉、潜叶蛾、粉虱、蝼蛄等害虫。梅花、樱花对乐果敏感,应慎用。

(5) 马拉硫磷有触杀、胃毒和熏蒸作用,药效高,杀虫范围广,残效期一般1周左右,对人畜毒性小,较安全。可防治蚜虫、红蜘蛛、叶蝉、蓟马、蚧壳虫、金龟子等害虫。稳定性较差,药效时间不太长。

(6) 杀螟松是一种广谱性杀虫剂,具有触杀和胃毒作用,可杀死蛀食性害虫。药效期一般3～4天。可防治蚜虫、刺蛾类、叶蝉、食心虫、蚧壳虫、蓟马、叶螨等害虫。十字花科植株对杀螟松敏感,易产生药害。

(7) 杀虫脒是一种高效低毒的杀虫剂,对鳞翅目幼虫有拒食和内吸杀虫作用,对其成虫具有较强的触杀和拒避作用。可防治螟虫、卷叶蛾、食心虫、红蜘蛛、蚧壳虫等害虫。杀虫脒还具有较好的灭卵作用,对防治红蜘蛛、卷叶蛾等虫卵效果较明显。

(8) 溴氰菊酯有强烈的触杀和胃毒作用,药效期长,可达数个月之久,对皮肤有较大毒性。可防治刺蛾类、青蛾类、棉卷叶螟、小地老虎、蓟马、叶蝉等。

(9) 三氯杀螨醇有很强的触杀作用,作用快,对螨的卵、幼虫、若虫、成虫均有效,残效期10～20天。

(10) 三氯杀螨砜是一种含有机氯的杀螨剂,有强烈触杀作用,具有杀幼螨及卵的效果,能破坏成螨的生理机能,使其不能生育,残效期可达1个月左右。

(11) 呋喃丹是一种广谱性、低残毒的杀虫剂。具有内吸作用和一定的触杀作用,能防治咀嚼式和刺吸式口器的昆虫和线虫。可防治线虫、蚧壳虫、螨虫、叶蝉、螟虫、刺蛾、蚜虫、蓟马等害虫。

(12) 松脂合剂是由松香和烧碱熬制成的黑褐色液体,呈强碱性,具有触杀作用。可防治蚧壳虫、粉虱、红蜘蛛等害虫。

(13) 速灭威有触杀、内吸、熏蒸作用,作用快,药效一般只有2～3天,可防治叶蝉、蚜虫、粉虱、蚧壳虫等害虫。

2. 杀菌剂

(1) 波尔多液是一种良好的保护性杀菌剂,由硫酸铜、生石灰和水配制而成,不耐贮存,必须现配现用,不能与忌碱农药混用。可防治黑斑病、锈病、霜霉病等多种病害。

(2) 石硫合剂也是一种保护性杀菌剂,以生石灰、硫磺粉和水按1∶2∶10的比例经过熬制而成,原液为深红褐色透明液体,有臭鸡蛋味,呈碱性。能防治白粉病、锈病、霜霉病、穿孔病、叶斑病等多种病害,还可防治粉虱、叶螨、蚧壳虫等害虫。石硫合剂可密封贮藏。

(3) 百菌清有保护和治疗作用,杀菌范围广,残效期长,对皮肤和黏膜有刺激作用。可防治锈病、霜霉病、白粉病、黑斑病、炭疽病、疫病等病害。

(4) 多菌灵是一种高效低毒、广谱的内吸性杀菌剂,具有保护和治疗作用,残效期长,可防治褐斑病、菌核病、炭疽病、白粉病等病害。

(5) 托布津是一种高效低毒、广谱的内吸性杀菌剂,残效期长,其杀菌范围和药效与多菌灵相似,对人畜毒性低,对植物安全。可防治白粉病、炭疽病、煤烟病、白绢病、菌核病、叶斑病、灰霉病、黑斑病等病害,常用的还有甲基托布津和乙基托布津。

(6) 代森锌是一种广谱性有机硫杀菌剂,呈淡黄色,稍有臭味。在空气中或日光下极易分解,可防治褐斑病、炭疽病、猝倒病、穿孔病、灰霉病、白粉病、锈病、叶枯病、立枯病等,不能与碱性或含铜、汞的药剂混用。

(7) 退菌特是一种有机砷、有机磷混合杀菌剂,白色粉末,有鱼腥臭味,难溶于水,易溶于碱性溶液中,在酸性、高温及潮湿的环境中易分解。可防治炭疽病、锈病、立枯病、白粉病、菌核病等病害。

(8) 苯来特是一种广谱性的内吸性杀菌剂,兼有保护和治疗作用,不溶于水,微有刺激性臭味,药效期长,可防治灰霉病、炭疽病、白粉病、菌核病等病害。

(9) 代森铵杀菌力强,兼有保护和治疗作用,分解后还有一定肥效作用,呈淡黄色液体,可防治白粉病、霜霉病、叶斑病和立枯病。

(10) 硫磺粉是一种黄色粉末,有明显硫磺气味,具有杀菌杀虫作用,可防治白粉病。

（11）链霉素是一种三盐酸盐，为白色粉末，可喷雾、灌根或注射，防治细菌性病害、霜霉病等。

7.5　园林树木的树体养护与修补

树木在生命周期中，树干或骨干枝会因病虫害、冻害、日灼及机械损伤等造成伤口，这些伤口如不及时保护、治疗和修补，经过长期雨水浸蚀和病菌寄生，易使内部腐烂形成树洞。另外，树木经常受到人为有意无意的损坏，对树木的生长产生很大影响，如树盘内的土壤被长期践踏得很坚实，有个别游人在树干上刻字留念或拉枝折枝等。因此，对树体的保护和修补工作显得非常重要。

7.5.1　树体的养护与修补原则

树体保护应贯彻"防重于治"的原则，做好各方面的预防工作，尽量防止各种灾害的发生，同时还要做好宣传教育工作。对树体上已经造成的伤口，应该早治，防止扩大。

7.5.2　园林树木的伤口与树洞处理

1. 园林树木的伤口处理

树木的伤口有两类。一类是皮部伤口，包括外皮和内皮；另一类是木质部伤口，包括边材、心材或二者兼有。木质部伤口一般在皮部伤口之后形成。

1）树木的创伤与愈合

树木创伤包括修剪和其他机械损伤及自然灾害等造成的损伤，树木受伤后会对创伤产生一系列的保护性反应。

树木腐朽和过早死亡主要原因是忽视早期伤口的处理。树皮起着保护皮下组织的作用，遭到破坏后如不及时处理，就易遭受病原真菌、细菌和其他寄生物的侵袭，导致树体溃烂、腐朽，不但严重削弱机体的生活力，而且会使树木早衰，甚至死亡。因此树皮一旦破裂，就应尽快对伤口进行处理。处理越快，木腐菌或其他病虫侵袭的机会就越少。

2）愈伤组织的形成与伤口愈合

树木幼嫩组织（分生组织）受伤，可使细胞分裂加速，导致伤口边缘细胞的增生，形成愈伤组织；一些分化程度较低的薄壁细胞也会在愈合过程中再次分裂；正常生长的树木更会在伤口形成层的健康部分长出愈伤组织。愈伤组织形成以后，增生的组织又开始重新分化，使受伤的组织逐步"恢复"正常，向外同栓皮层愈合生长，向内形成形成层并与原来的形成层连接，伤口被新的木质部和韧皮部覆盖。随着愈伤组织的进一步增生，形成层和分生组织进一步结合，覆盖整个伤面，使树皮得以修补，恢复其保护能力。

树木的愈伤能力与树木的种类、生活力及创伤面的大小有密切的关系。一般说，树种越速生，生活力越强，伤口越小，愈合速度越快。在树木修剪过程中，一方面过于紧贴树干或枝条的剪口比被剪枝条的相应断面大得多，愈伤组织完全覆盖伤口所花费的时间也长得多；另一方面，留桩越长，愈伤组织在覆盖之前必须沿残桩周围向上生长，覆盖伤口花费的时间也越长，而且容易形成死节，或导致腐朽。

3）伤口处理与敷料

伤口的处理与敷料是为了促进愈伤组织的形成，加速伤口封闭和防止病原微生物的侵染。

（1）伤口修整　伤口修整应满足伤面光滑、轮廓匀称，不伤或少伤健康组织和保护树木自然防御系统的要求。

疏除大枝难免留下伤口，修剪时应适当贴近树干或母枝，决不要留下长桩或凸出的"唇状物"，也不应撕裂，否则难以愈合；切口不要凹陷，否则会积水腐烂。伤口的上下端不应横向平切，而应修剪成长径与枝（干）长轴平行的椭圆形或圆形，否则伤口不易愈合。因为树液是沿着枝或干纵向流动的，如果突然横切，树液通道受阻，使流到伤口上下皮层的树液减少甚至停止，导致皮层干燥或因缺乏营养而死亡。

此外，为了防止伤口因愈合组织的发育形成周围高、中央低的积水盆，导致木质部的腐朽，大伤口应将伤口中央的木质部修整成凸形球面。

（2）树皮损伤的处理　树干或大枝的树皮容易遭受大型动物、人为活动、日灼、冻伤、病虫及啮齿类动物的损伤，应进行适当处理以促进伤口愈合。

如果只是机械或其他原因碰掉了树皮，形成层没有受到损伤，仍具有分生能力，应将树皮重新贴在外露的形成层上促进愈合；对于树皮较厚、只有表层损伤、不妨碍形成层活动的伤口，立即用干净的麻布或聚乙烯薄膜覆盖，就可较快地愈合；如果形成层甚至木质部损伤，应尽可能按照伤口的自然外形修整，顺势修整成圆形、椭圆形或梭形，尽量避免伤及健康的形成层；当伤面的形成层陈旧时，应从伤口边缘切除枯死或松动的树皮，同样应避免伤及健康组织。当树干或大枝受冻害、灼伤或遭雷击时，不易确定伤口范围，最好待生长季末容易判断边界时再行修整。

（3）伤口敷料　伤口涂料的应用已延续数百年，特别是发达国家应用比较普遍。有人认为，虽然现在涂料在促进愈伤组织的形成和伤口封闭上发挥了一定的作用，但是在减轻病原微生物的感染和蔓延中并没有很大的价值。也有人认为，是否应该使用伤口涂料和如何发挥涂料作用的关键，一是涂料性能，二是涂刷质量。理想的伤口涂料应能对处理伤面进行消毒，防止木腐菌的侵袭和木材干裂，并能促进愈伤组织的形成；涂料还应使用方便，能使伤口过多的水分渗透蒸发,以保持伤口的相对干燥;漆膜干燥后应抗风化、不龟裂。伤口的涂抹质量要好,漆膜薄、致密而均匀,不要漏涂或因漆膜过厚而起泡。形成层区不应直接使用伤害活细胞的涂料与沥青。涂抹以后应定期检查,发现漏涂、起泡或龟裂要立即采取补救措施。

经伤口消毒剂与激素修整后的伤口,可应用2%～5%的硫酸铜溶液、0.1%升汞溶液或5%石硫合剂溶液进行消毒。伤口涂料的种类有:

① 紫胶清漆:这是所有使用的涂料中最安全的一种。它不会伤害活细胞,防水性能好,常用于伤口周围树皮与边材相邻接的形成层区。紫胶的酒精溶液还是一种好的消毒剂。但是单独使用紫胶漆不耐久,还应用其他树涂剂覆盖。

② 沥青涂料:以沥青为主配制的各种树木涂料是十分适用的,在国外已成为一种商品,其组成和配制方法是:每千克固体沥青在微火上熔化,加入约2 500 mL松节油或石油,充分搅拌后冷却。这一类型的涂料对树体组织的毒害比水乳剂涂料大,但干燥慢,较耐风化。

③ 杂酚涂料:这是处理真菌侵袭的树洞内部大伤面的最好涂料,但对活细胞有害,因此在表层新伤口上使用应特别小心。普通市售的杂酚是消灭和预防木腐菌最好的材料,但除煤焦油或热熔沥青以外,多数涂料都不易与其黏着。像杂酚涂料一样,杂酚油对活组织有害,主要用于心材的处理。杂酚油与沥青等量混合也是一种涂料,而且对活组织的毒性没有单独使用杂酚油那样有害。

④ 接蜡:用接蜡处理小伤面效果很好。固体接蜡是用1份兽油(或植物油)加热煮沸,加入4份松香和2份黄蜡,充分熔化后倒入冷水配制而成的,使用时要加热,不太方便。液体接蜡是用8份松香和1份凡士林(或猪油)同时加热溶化以后稍微冷却,加入酒精至起泡且泡又不过多而发出"滋滋"声时,再加入1份松节油,最后再加入2～3份酒精,边加边搅拌配制而成。这种接蜡可直接用毛刷涂抹,见风就干,使用方便。

⑤ 房屋涂料:外墙使用的房屋涂料是由铅和锌的氧化物与亚麻仁油混合而成的,涂刷效果很好。但是它不像沥青涂料那样耐久,同时对幼嫩组织有害,因此在使用前应预先涂抹紫胶漆。

⑥ 羊毛脂涂料:用羊毛脂作为主要配料的树木涂料,在国际上得到了广泛的发展。它可以保护形成层和皮层组织,使愈伤组织顺利形成和扩展。

如果大量应用又考虑节约成本,也可用黏土和新鲜牛粪加少量的石灰硫磺合剂的混合物作为保护剂。对于新的伤口,用0.01%～0.1%的萘乙酸膏涂抹形成层区,可促进伤口愈合组织的形成。

4) 伤口检查与重涂

伤口处理一次通常难以获得最好的效果,不管涂料质量的好坏都应对处理伤口进行定期检查。一般每年检查

和重涂一次或两次。发现涂料起泡、开裂或剥落就要及时采取措施。在对老伤口重涂时,最好先用金属刷轻轻去掉全部漆泡和松散的漆皮,除愈合体外,其他暴露的伤面都应重涂。

2. 园林树木的树洞处理

1) 树洞形成的原因及其常见部位

树洞是树木边材或心材或从边材到心材出现的孔穴。树洞形成的根源在于忽视了树皮的损伤和对伤口的不恰当处理。健全的树皮是有效保护皮下其他组织免受病原菌感染的屏障。树体的任何损伤都会为病菌侵入树体、皮下组织腐朽创造条件。事实上,树皮不破是不会形成树洞的。

由于树体遭受机械损伤和某些自然因素的危害,造成皮伤或孔隙以后,邻近的边材在短期内就会干掉。如果树木生长健壮,伤口不再扩展,则2～3年内就可为一层愈伤组织所覆盖,对树木几乎不会造成新的损害。在树体遭受的损伤较大,或不合理修剪留下的枝桩以及风折等情况下,伤口愈合慢,甚至完全不能愈合。这样,木腐菌和蛀干害虫就有充足的时间侵入皮下组织而造成腐朽。这些有机体的活动,又会妨碍新的愈合,最终导致大树洞的形成。

大多数木腐菌引起的腐朽进展相当慢,其速度约与树木的年生长量相等,尽管树上有大洞存在,但是对于一棵旺盛生长的大树来说,仍能长至其应有的大小。美国纽约林学院荣誉病理学家Ray Hirt博士发现白杨上的白心病10年蔓延约59 cm,平均每年约扩展5.9 cm;同一真菌在槭树上10年约扩展46 cm。然而,某些恶性真菌在短时间内可能引起广泛的腐朽。有些树种,如樱和柳等腐朽的速度相当快。此外,在树体心材外露或木材开裂的地方,腐朽的速度更快。树木越老对腐朽也越敏感。

树洞主要发生在大枝分叉处、干基和根部。树干基部的空洞都是由于机械损伤、动物啮食和根颈病害引起的。干部空洞一般源于机械损伤、断裂、不合理地截除大枝以及冻裂或日灼等;枝条的空洞源于主枝劈裂、病枝或枝条间的摩擦;分叉处的空洞多源于劈裂和回缩修剪;根部空洞源于机械损伤,动物、真菌和昆虫的侵袭。

2) 洞口的整形与处理

洞口外缘的处理比树洞其他部位的处理更应谨慎,以保证愈合组织的顺利形成与覆盖。

(1) 洞口整形　洞口整形最好保持其健康的自然轮廓线和光滑而清洁的边缘。在不伤或少伤健康形成层的情况下,树洞周围树皮边沿的轮廓线应修整成基本平行于树液流动方向,上下两端逐渐收缩靠拢,最后合于一点,而形成近椭圆形或梭形开口。同时应尽可能保留边材,防止伤口形成层的干枯。如果在树皮和边材上突然横向切削形成横截形,则树液难以侧向流动,不利于愈合组织的形成与发展,甚至造成伤口上下两端活组织因饥饿而死亡(图7.8)。

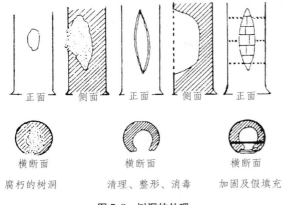

正面　　侧面　　正面　　侧面　　正面

横断面　　　　横断面　　　　横断面

腐朽的树洞　　清理、整形、消毒　　加固及假填充

图7.8　树洞的处理

（2）防止伤口干燥　洞口周围已经切削整形的皮层幼嫩组织,应立即用紫胶清漆涂刷保湿,防止形成层干燥萎缩。

3）树洞处理的方法

（1）开放法　一般对于树洞大而且欲留作观赏用途时,可采用开放法处理(图7.9)。将洞内腐烂的木质部彻底清除,刮除洞口边缘死组织,露出新的组织后,用药剂消毒,改变洞形,以利排水,也可以在树洞下端插入排水管,以后需经常检查防水层和排水情况。保护剂每隔半年左右重涂一次。

图7.9　留作观赏用的树洞

（2）封闭法　清除洞内腐烂的木质部,树洞经处理消毒后,在洞口表面钉上板条,以油灰和麻刀灰封闭(油灰是用生石灰和熟桐油以体积比1∶0.35调制),也可直接用安装玻璃的油灰,俗称腻子,再涂以白灰乳胶,颜料粉面混合涂于表面,还可在上面压树皮状纹或钉上一层真树皮,

以增加美观。

（3）填充法　树洞的填充需要大量的人力和物力,决定填充树洞之前,必须考虑树洞的大小、树木的年龄、树木的生命力及树木的价值与抗性。

此外,在树洞很浅,暴露的木质部仍然完好,愈伤组织几乎封闭洞口的情况下,进行填充需要重新将洞口打开和扩大,在树洞所处位置容易遭受树体或枝条频繁摇动的影响而导致填料断裂或挤出,或者树洞狭长、不易积水以及树体歪斜、填充后不能形成良好愈合组织等情况下,都应使树洞保持开放状态。

填充物最好是水泥和小石砾的混合物,如无水泥也可就地取材,填充材料必须压实。为加强填料与本质部连接,洞内可钉若干电镀铁钉,并在洞口内两侧挖一道深约4 cm的凹槽。填充物从底部开始,每20～25 cm为一层,用油毡隔开,每层表面都略向外斜,以利排水。填充物边缘应不超出木质部,使形成层能在它上面形成愈伤组织。外层用石灰、乳胶、颜色粉涂抹。为了增加美观、富有真实感,可在外面钉一层真的树皮。

洞内的填料一定要捣实、砌严,不留空隙。洞口填料的外表面一定不要高于形成层。这样有利于愈伤组织的形成,当年就能覆盖填料边缘。在实际工作中常见的问题是使填料与树皮表面完全相平,不但会减少愈伤组织的形成,妨碍愈合体生长,而且会挤压或拉出填料,甚至导致洞口覆盖物的脱落。

7.5.3　吊枝与支撑

吊枝多在果园中采用,支撑在园林中应用较多。大树或古树如有树身倾斜不稳时需设支柱,支柱可采用金属、木桩、钢筋混凝土材料。支柱应有坚固的基础,上端与树干连接处应有适当形状的托杆和托碗,并加软垫,以免损害树皮。设支柱时一定要考虑到美观,与周围环境协调。北京故宫将支撑物漆成绿色,并根据松枝下垂的姿态,将支撑物做成棚架形式,效果很好。也有将几个主枝用铁索连接起来,也是一种有效的加固方法。支撑的方法详见本书4.3.7节。

7.5.4　树干涂白

为了防治病虫害和延迟树木萌芽,避免日灼危害,往往应给树干涂白。如桃树涂白后较对照树花期推迟5天。因此,在日照强烈、温度变化剧烈的大陆性气候地区,利用涂白能减弱树木地上部分吸收太阳辐射热,延迟芽的萌动期。由于涂白可以反射阳光,减少枝干温度的局部增高,所以可有效地预防日灼危害。杨柳树栽完后马上涂白,还可防蛀干害虫。

涂白剂的配制成分各地不一,一般常用的配方是水10份,生石灰3份,石硫合剂原液0.5份,食盐0.5

181

份,油脂(动植物油均可)少许。配制时要先化开石灰,把油脂倒入后充分搅拌,再加水拌成石灰乳,最后放入石硫合剂及盐水,也可加黏着剂,以延长涂白的期限。

7.5.5 桥接

桥接是树体在遭受病虫、冻伤、机械损伤后,树皮受到损伤,影响树液流通,树势衰弱,特用几条长枝连接受损处,使上下连通以恢复树势的措施。其方法为:削切坏死树皮,选树干上树皮完好处,在树干连接处(可视为砧木)切开和枝穗宽度一致的上下接口,接穗稍长一点,也上下削成同样的削伤面插入,固定在树皮的上下接口中,再涂保护剂,促进愈合。

7.5.6 洗尘

由于空气污染、裸露地面尘土飞扬、工程施工等原因,树木枝叶上多蒙有烟尘,堵塞气孔,影响植物的光合作用和树木生长,大大降低植物的观赏效果,城市中的植物受影响更大。因此,对园林植物定期进行洗尘是树体养护的必要环节。一般在无雨少雨季节应定期喷水冲洗,夏秋酷热天,宜早晨或傍晚进行。在连续长时间干旱无雨天气,对新栽植苗木要注意每周结合浇水对叶片喷水洗尘一次。

7.5.7 树木围护与隔离

园林树木多数喜欢土质疏松、透气良好的生长环境,然而因长期的人流践踏造成土壤板结,妨碍了树木的正常生长,引起早衰,特别是根系较浅的乔灌木和一些常绿树,反应更为敏感。对这类树木在改善通气条件后,应用围篱或栅栏加以围护,但应以不妨碍观赏视线为原则。为突出主要景观,围篱要适当低些,造型和花色宜简朴,以不喧宾夺主为佳,围护也可用绿篱等形式。对于一些怕践踏的树种,例如树根较浅的树种,应当用绿篱或围篱围护起来,与游人隔离。绿篱要适当低矮一些,围篱的造型要简单朴素,形式需要符合绿地的风格。

7.5.8 看管与巡查

为了保护树木免遭或少受人为破坏,园林绿地应设置专人看管,定期巡视,与有关部门配合协作,及时发现问题,及时处理。主要职责如下:

(1) 看护所管绿地,进行爱护树木的宣传教育,发现破坏绿地和树木的现象,应及时劝阻和制止。

(2) 与有关部门配合,协同保护树木,同时保证各市政部门(如电力、电讯、交通等)的正常工作。

(3) 检查绿地和树木的有关情况,发现问题及时向上级报告,以便得到及时处理。

7.6 园林树木的化学处理栽培措施

园林树木的养护过程中不可避免地要应用一些化学处理方法,除农药、化肥外,可能经常采用的还有植物生长调节剂、保水剂等,所有化学物品的使用多少都会对环境产生负面的影响。近年来提出与环境友好的化学处理方法(environment-friendly treatment),主要是指使用对环境影响最小的化学制剂、在封闭的环境中使用以及不直接排放含有化学物的废水、废物等方法。本章主要介绍园林树木栽培与养护过程中可以采用的一些化学处理方法。

7.6.1 植物生长调节剂

使用生长调节剂控制树体的生长发育,在园林树木的现代栽植中,日益受到重视,发展很快。到 20 世纪 60 年代已确认了至少有五类激素,它们在植物不同发育阶段的相互平衡关系对调节植物的生长发育有重要作用。另外,由于科研和化学工业的发展,合成并筛选出了有特异效应的生长调节剂,如 B-9、乙烯利(CEPA)等。

生长调节剂或叫植物生长调节剂,是泛指施用于植物体外以调节其内部生长发育的非营养性化学试剂。它可以由植物体内提取,如赤霉素(GA);也可以模拟植物内源激素的结构人工合成,如吲哚丁酸(IBA)、6-苄基腺嘌呤(6-BA);还有些在化学结构上与植物内源激素毫无相似之处,但具有调节植物生长发育效应的物质,如西维因、石硫合剂,它们既是农药,也可作为化学疏果或疏花的制剂。因目前在园林树木栽植中,有些问题用一般农业技术不易解决或不易在短期内奏效,而用生长调节剂确为方便有效的办法,如促进生根,促进侧枝萌发,调节枝条开张角度,控制营养生长,促进或抑制花芽分化,提高坐果率,促进果实肥大,改变果实成熟期,增强树体抗逆性,打破或延长休眠,辅助机械操作等。应用生长调节剂还可以提高养护管理效率,降低成本。

1. 主要生长调节剂的种类及应用

(1) 生长素类 生长素类物质可以促进生根,改变枝条角度,促发短枝,抑制萌蘖枝的发生,防止落果等。生长素类物质的生理促进作用,主要是使植物细胞伸长而导致幼茎伸长,促进形成层活动、影响顶端优势,保持组织幼年性,防止衰老等,其作用机制是影响原生质膜的生理功能,影响 DNA 指令酶的合成,或影响核酸聚合酶的活性,因而促进 RNA 合成。常见生长类物质有吲哚乙酸(IAA)及其同系物、萘乙酸(NAA)及其同系物、苯酚化合物。

在这三种生长素类物质中,其活力和持久力的一般表现为吲哚乙酸<萘乙酸<苯酚化合物。不同类型的生长素类物质对树体不同器官的具体活力亦有一定的差别。

如促进插条生根,2,4-D>IBA,NAA>NOA>IAA。IBA 活力虽不如 2,4-D,但它适用范围广,所以商品制剂仍以 IBA 为主。

(2) 赤霉素类　1938 年,日本第一次从水稻恶苗病菌中分离出赤霉素(GA)结晶,至 1983 年已发现有 70 种含有赤霉烷环的化合物,常见的有 GA_1、GA_3、GA_4、GA_7、GA_8 等。在植物活体内,它们可以互相转变,其中 GA_8 的葡萄糖苷可能是一种贮藏形态。

赤霉素只溶于醇类、丙酮等有机溶剂,难溶于水,不溶于苯、氯仿等。作为外源赤霉素,商品生产的主要是 GA_3(俗称 920)及 GA_{4+7}。不同的赤霉素所表现的活性不同,不同树种对赤霉素的反应也不尽相同,故有其特异性。赤霉素的效应如下:

① 促进新梢生长,节间伸长　美国用 GA 来克服樱桃的一种病毒性矮化黄化病,处理后植株恢复正常生长。GA 也可打破种子休眠,使未充分休眠而矮化的幼苗恢复正常生长。

② GA 不像生长素类物质那样呈现极性运转　GA 对树体生长发育的效应,有明显的局限性,即在树体内基本不移动。甚至在同一果实上,如只处理一半,则只有被处理的一半果实增大。GA 作用的生理机制,其显著特点是促进 α 淀粉酶的合成,抑制吲哚乙酸氧化酶的产生,从而防止 IAA 分解。其近期的调节功能,可能是通过激活作用,如使已存在的酶活化、改变细胞膜的成分和某些构造。其较长期的调节作用,可能是促进 RNA 合成,从而影响蛋白质的合成。

(3) 细胞分裂素类　现已知高等植物体内存在的天然细胞分裂素有 13 种,它们主要在根尖和种子中合成。人工合成的细胞分裂素有 6 种,常用的为 BA(6-苄基氨基嘌呤)。此外还有几十种具细胞分裂素活性作用的化合物。细胞分裂素的溶解度低,在植物体内不易运转,故它的应用受到一定限制。

细胞分裂素类物质可促进侧芽萌发,增加分枝角度和新梢生长。细胞分裂素可防止树体衰老,维持叶片绿色。细胞分裂素在有赤霉素存在时,强烈刺激生长,它可改变核酸、蛋白质的合成和降解。细胞分裂素还可导致生长素、赤霉素和乙烯含量的增加。

(4) ABT 生根粉　ABT 生根粉是一种广谱高效的植物生根促进剂。用 ABT 生根粉处理插穗,能补充插条生根所需的外源激素,使不定根原基的分生组织细胞分化成多个根尖,呈簇状爆发生根。新植树的根系用生根粉处理,可有效促进根系恢复、新生。用低浓度的 ABT 生根粉溶液浇灌成活树木的根部,能促进根系生长。

ABT 生根粉忌接触一切金属。在配制药液、浸条、浸根、灌根和土壤浸施时,不能使用金属容器和器具,也不能与含金属元素的盐溶液混合。配好的药液遇强光易分解,浸条、浸根等工作要在室内或遮阴处进行。如在植物上喷洒,最好在下午 4 点后进行。

ABT 生根粉,1～5 号是醇溶性的,配制时先将 1 g 生根粉溶在 500 g 95% 的工业酒精中,再加蒸馏水至 1 000 g,即配成浓度为 1 000 ppm 的原液。6～8 号生根粉能直接溶于水,原液配制时,先将 1 g 生根粉用少量的水调至全部溶解,再加水至 1 000 g,即成 1 000 ppm 的原液。

1～5 号 ABT 生根粉在低温(5 ℃以下)避光条件下可保存半年至 1 年。6～10 号生根粉在常温下避光保存可达 1 年以上。1～10 号 ABT 生根粉,均可在冰箱中贮藏 2 至 3 年。

(5) 乙烯发生剂和乙烯发生抑制剂　至 20 世纪 60 年代,乙烯才被确认是一种植物激素,但作为外用的生长调节剂,是一些能在代谢过程中释放出乙烯的化合物,主要的一种为乙烯利(Ethrel),即 α-氯乙基磷酸的商品名,又叫乙基磷(CEP,CEPA)。自 1968 年发现乙烯利能显著诱导菠萝开花以来,乙烯利的应用研究工作迅速发展,其主要作用如下:

① 抑制新梢生长　当年春季施用 CEPA,可抑制新梢长度仅为对照的 1/4;头年秋天施用,也可使翌年春梢长度变短。CEPA 还可使枝条顶芽脱落,枝条变粗,促进侧芽萌发,抑制萌蘖枝生长。

② 促进花芽形成　可促进多种花果木形成花芽。

③ 延迟花期、提早休眠、提高抗寒性　可延迟多种蔷薇科树种的春季花期,并可使樱桃提早结束生长、提早落叶而减轻休眠芽的冻害,同样可增强某些李和桃品种的耐寒性。

乙烯利的作用受环境 pH 值的影响,pH>4.1 即分解产生乙烯,其分解速度在一定范围内随 pH 值升高而加快。树种不同、树体发育状态不同、器官类别不同,其组织内部的 pH 值也不同,因而乙烯利分解、产生乙烯速度也各异。最适作用温度为 20～30 ℃。乙烯利容易从叶片移向果实,在韧皮部移动多由顶部向基部进行,或因受生长中心的作用而由基部向顶部移动。乙烯利可由韧皮部向木质部扩散,但它不随蒸腾流上升。乙烯的作用机制还不十分清楚,它能引起 RNA 的合成,即能在蛋白质合成的转录阶段起调节作用,而导致特定蛋白质的形成。

(6) 生长延缓剂和生长抑制剂　主要抑制新梢顶端分生组织的细胞分裂和伸长,称为生长延缓剂;若完全抑制新梢顶端分生组织生长、高浓度时抑制新梢全部生长的,则称为生长抑制剂。应用类型有:

① 比久(B-9)又叫 B995、阿拉(Alar),其化学名为琥珀酸-2,2-二甲酰肼(SADH),是一种生长延缓剂。自 1962 年被发现以来,迅速引起人们的重视。其作用如下:

a. 抑制枝条生长　主要是抑制节间伸长,使茎的髓部、韧皮部和皮层加厚,导管减少,故茎的直径增粗。由于节间短,单位长度内叶数增多,叶片浓绿、质厚、干重增加,叶栅状组织延长,海绵组织排列疏松。虽然叶片变绿、变厚,但按单位叶绿素重量计算的光合作用却下降,同时光呼吸强度也下降。

B-9对茎伸长的抑制作用,与增加茎尖内ABA(脱落酸)水平和降低GA类物质含量有关,其抑制生长的效应在喷后1~2周内开始表现,并可持续相当时日,具体数据视当地气温、雨量、树势、营养条件、修剪轻重等条件而异。一般使用浓度2 000~3 000 ppm,可用于抑制幼苗徒长,培育健壮、抗逆性强的苗木,也可作为矮化密植时控制树体的一种手段。在抑制效应消失后,新梢仍可恢复正常生长。

b. 促进花芽分化 B-9可促进樱桃、李和柑橘的花芽分化,于花芽分化临界期喷施1~3次,浓度同上。B-9促进花芽分化与延缓生长有关,但有时新梢生长未见减弱而花量增加,这似乎与B-9改变内源激素平衡有关。

B-9可通过叶、嫩茎、根进入树体。B-9的处理效应可影响下一年的新梢生长、花芽分化和坐果等,这种特点与B-9在树体内的残存有关。在生长期,花芽内的B-9残留量高于果实和顶梢;在休眠枝内累积量的顺序是花芽>叶芽>花序基部>一年生枝韧皮部和木质部。B-9在树体内的残留量受气候条件的影响,在年积温高的地区残留量低,在年积温低的地区则残留量高,这可说明在低积温区其延期效应较强的原因。加用渗透剂,会增加树体内残留量。B-9在土中虽不易移动,但易被某些土壤微生物所分解,故不宜土施。纯B-9在干燥条件下贮藏3年,成分不变,在水中的稳定性为75天以上。

② 矮壮素(CCC)即2-氯乙基三甲铵氯化物,商品名为Cycocel,是一种生长延缓剂。1965年报道矮壮素增进葡萄坐果后,引起广泛关注。

矮壮素有抑制新梢生长的效应,使用浓度高于B-9,为0.5%~1.0%,但过高的浓度会使叶片失绿。受矮壮素抑制的新梢,节间变短,叶片生长变慢、变小、变厚,可取代部分夏季修剪作业。因新梢节间短,有利于花芽分化,可增加第二年的开花量和大果率。新梢成熟早,新梢内束缚水含量增高,自由水含量下降,因而可提高幼树的越冬能力。矮壮素可阻遏内源赤霉素的合成,促进细胞激动素含量的增加,而细胞激动素的增多,对开花坐果有利。

③ 多效唑(PP$_{333}$)可抑制新梢生长,而且效果持续多年;可使叶色浓绿,降低蒸腾作用,增强树体抗寒力。与树体的内源GA互相拮抗,可促使腋芽萌发形成短果枝,提高坐果率。由于它持效性长,抑制枝梢伸长效果明显,且有提早开花、促进早果、矮化树冠等多种效应,应用推广极快。

多效唑能被根吸收,可土施,不易发生药害,使用浓度可高达8 000 ppm。但如使用不当,也会给树体造成不良影响,其注意事项为:使用对象必须是花芽数量少、结果量低的幼旺树及成龄壮树,中庸树、偏弱树不宜使用。药液应随用随配,以免失效,短时间存放要注意低温和避光。秋季和早春施药,以每平方米树冠投影面积施0.5~1 g粉剂为宜。叶面喷施应在新梢旺盛生长前7~10天进行,使用500~1 000 ppm的可湿性粉剂。喷药应选无风的阴天,晴天要在上午10点前或下午2点后进行,以叶片全湿、药滴不下落为宜。对于施用过量或错施的树体,可在萌芽后喷施25~50 ppm的赤霉素1~2次,同时施肥灌水,以恢复生长。树体年龄、树种不同,对多效唑的反应不同,桃、葡萄、山楂对其敏感,处理当年即可产生明显效果,苹果和梨要到第2年才能看出作用,一般幼树起效快,成龄树起效慢,黏土和有机质含量多的土壤对其有固定作用,效果较差。花果木使用多效唑后,树体花芽量增加,挂果量提高,树体对养分的需求也会增高,除秋施基肥、春夏追肥外,于开花期、坐果期、幼果膨大期和果实采收后都要向叶面喷施0.1%~0.3%的尿素或磷酸二氢钾溶液,并注意疏花疏果。

2. 影响生长调节剂效果的因素

植物生长调节剂对树体生长发育有多方面的效应,但在实际应用时,有的效果好,有的效果并不稳定,甚至出现负作用,这和使用时的若干因素密切相关。

(1)器官发育和综合农业措施 外源植物生长调节剂的作用,主要是通过影响内源激素的水平及平衡,来调节树体生长发育。而内源激素的水平及其平衡关系,又受树体本身各器官发育的制约,如细胞分裂素主要在根尖合成,生长素主要在茎尖合成,赤霉素在幼叶、种子和根部合成。因此这些器官的发育状况,也必然影响到内源激素水平及平衡关系。

树体器官的发育有赖于基本营养物质的供应和一定的环境条件,激素只是调节物质,它与器官形成间有反馈作用,但代替不了生长发育所需的营养元素。环境条件影响器官发育,或者就是通过影响内源激素而起作用的。如在干旱条件下,脱落酸(ABA)增加,植物气孔关闭,生长停滞。因此,外用植物生长调节剂的效应,也必然因环境条件而异。管理措施也会改变内源激素平衡,如直立枝被拉成水平,则生长素含量下降,乙烯增多。不同树种或品种、不同发育阶段,内源激素的水平和平衡状态各异。

因此,植物生长调节剂的效应与树种、品种,树体发育阶段、发育状况以及农业措施、环境条件等有关,要注意配合肥水管理,以满足树体对养分增加的需要。过于徒长的旺树,不从肥水、修剪方面加以控制,单靠植物生长延缓剂也不能达到满意的效果。同理,极度衰弱的树,不从根本上改善树体营养状况,单用植物生长促进剂也不能达到健壮生长的预期目的。所以,从栽培上的运用看,根本措施仍然是保证树体正常生长发育所需要的各种基本条件,如肥、水、修剪、病虫防治等。只有在采取综合管理措施的基础上，并考虑树种特性和环境特点，在关键时刻合理施用，植物生长调节剂才能充分显示其效应。

（2）影响药剂吸收和进入的因素　植物生长调节剂必须以各种方式渗入树体内，并到达作用部位，才能发挥其效用，故在施用过程中会受到多方面的限制、影响。如在叶面施用时，需考虑的影响有：

① 进入障碍：植物生长调节剂由叶面进入，要通过几道屏障。第一层是蜡质层（随叶龄的加大，蜡质的密度也加大），其下是角质层，再下是由果胶及果胶纤维素构成的细胞壁，第四层是原生质膜。从吸收情况看，在叶片表面，叶缘部位比近轴表面进入多，下表面比上表面吸收多，表面保卫细胞和副卫细胞是进入部位。

② 吸收速率：药液施于叶面后，最初吸收快，随后减慢呈平衡吸收。开始的快速吸收和液滴在叶表面停留时间有关，而以后缓慢平衡的吸收与在叶表面的残留量有关。液滴的加速干燥会加速开始的吸收率。而残留物的吸收，决定于相对湿度，相对湿度高则吸收多。

③ 溶液性质：施用溶液的 pH 值对弱有机酸类生长调节剂的进入有很大影响。而生长素类物质的极性是不受 pH 值而改变的，故 pH 值影响对其不大。溶液物质分子结构影响溶解度，如果增加分子的脂溶性则有助生长调节剂的进入。使用时加入具有展着、乳化、溶解、附着或渗透等作用的附加剂，可促进生长调节剂的吸收而增强其效应。

④ 环境条件：光、温度、湿度等环境条件，既可影响叶片角质层的理化性质，又可直接影响生长调节剂进入的过程，如温度影响角质层的透性。在一定限度内，生长调节剂随温度升高而进入增加；在低温（10～15 ℃）下发育的叶片比在高温下（22～30 ℃）发育的叶片吸收 NAA、NAAM、2,4-D 等少，这也有温度的间接作用，即包含不单是影响吸收过程本身的作用。喷布药液后，高湿度的环境使叶片角质层处于高度水合状态，也延长了叶面液滴干燥的时间。

（3）生长调节剂的体内运输和代谢　外用植物生长调节剂和天然激素一样，很低浓度即对树体生理代谢活动有效，但在实际应用中，为使其有效到达作用部位，仍需提高施用浓度，如 B-9 不易通过角质层，而 CCC 在韧皮部不易运转。植物生长调节剂在从施用部位到达作用点的过程中受到各种酶的破坏，其破坏速度变化很大，NAA 进入树体 4 h 后可被破坏 75%，2,4-D 进入树体后降解亦很快，但 B-9 过 4 个月才消失 20%。

（4）使用的浓度、次数和剂量　确定不同树种的适用浓度是操作使用中的重要问题。最适浓度因地区、年份而有变化，必须结合具体情况灵活掌握。考虑使用浓度时，应同时考虑用药体积及次数，即实际的施用剂量。据研究，在应用延缓剂抑制生长时，小剂量、多批次比大剂量、一次应用的效果好，因小剂量、多批次可经常保持抑制效果所需水平，并降低施用药剂所致的植物毒害。当然不同生长调节剂种类的具体应用方法有异，不能一概而论。

（5）使用时期和方法　使用时期决定于植物生长调节剂种类、药剂延续时间、预期达到的效果以及树体生长发育阶段等因素。药剂在不同生长发育阶段对树体的效应不同，这主要与树体不同发育阶段的内源激素水平及平衡关系有关。此外树体不同发育阶段对药剂的吸收能力也不同，如用 B-9 抑制新梢生长，以早期有相当数量幼叶时施用好，因幼叶比老叶易于吸收。但施用过早因幼叶数量少、吸收面积小，效果又欠佳。

使用方法有树体喷布（溶液或粉剂）、土壤处理、枝叶浸沾、茎干注射等，常用的为前三种。大多数植物生长调节剂不溶于水，只溶于无机酸或酒精等有机溶剂，须先配制母液，使用时再稀释。常用的附加剂有 6501、中性皂片、洗衣粉、吐温-20、多元乙二醇、三乙醇氨等。粉剂可用滑石粉、木炭粉、大豆粉或黏土调配。对种子或幼苗可用淋水法、生长点滴注法和喷洒法，插穗处理可用低浓度浸泡 12～48 h 或高浓度快速浸沾 5～15 s。

多种植物生长调节剂混合或先后配合施用是新的趋势。如 BA 与 GA_{4+7} 合用可改善果形；B-9 与 CEPA 合用可促进花芽分化。先用 B-9，后期配合 CEPA＋生长素，可促进苹果上色。多种植物生长调节剂合用，有的是利用其互相增益的作用，有的是利用其互相拮抗的原理，视要达到的实际目的而定。

植物生长调节剂与农药合用的问题也应注意。CEPA 不能与碱性药液合用，B-9 不能与铜制剂合用，若需同期应用至少相隔 5 天以上。NAAG 与波尔多液合用时要提高浓度。

7.6.2　植物抗蒸腾保护剂

如何解决新植树木的树冠蒸腾失水、提高树木的栽植成活率，一直是园林工作者的研究方向之一。植物抗蒸腾剂是一种高分子化合物，喷施于树冠枝叶，能在其表面形成一层具有透气性、可降解的薄膜，在一定程度上降低树冠蒸腾速率，减少因叶面过分蒸腾而引起的枝叶萎蔫，从而起到有效保持树体水分平衡的作用。新移栽树木，在根系受到损伤，不能正常吸水情况下，喷施植物抗蒸腾剂可有效减少地上部的水分散失，显著提高移栽成活率。2001年，北京市园林科研所先后多次在大叶女贞、大叶黄杨等树种上进行了喷施试验，结果表明，喷施植物抗蒸腾剂的树体落叶较对照晚 15～20 天，且落叶数量少，在一定程度上增强了观赏效果。在其后的推广试验中，对新移栽的悬铃木、雪松、油松喷施后，树体复壮时间明显加快，均取得了良好的效果。据报道，该植物抗蒸腾剂不仅可以有效降低树体水分散失，还能起到抗菌防病的作用。

清华大学等单位研制出一种抗蒸腾防护剂,主要功能是在树体的枝干和叶面表层形成保护膜,有效提高树体抵抗不良气候影响的能力,减少水分蒸腾以及风蚀造成的枝叶损伤。抗蒸腾防护剂中含有大量水分,在自然条件下缓释期为10~15天,形成的固化膜不仅能有效抑制枝叶表层水分蒸发,提高植株的抗旱能力,还能有效抑制有害菌群的繁殖。该产品形成的防护膜,在无雨条件下有效期限为60天,遇大雨后可以自行降解。抗蒸腾防护剂有干剂和液剂两种,使用效果相同。液体制剂可用喷雾器喷施,如果与杀虫剂、农药、肥料、营养剂一起使用,效果更佳。一般情况下,一亩林地使用液体抗蒸腾防护剂的参考用量为30~150 kg。

7.6.3 土壤保水剂

早在20世纪60年代初,人们就开始将吸水聚合物用于农业和园艺,达到改良土壤的目的。但早期产品常带有毒副作用,试用结果不理想。80年代初,安全无毒、效果显著、有效期长的新一代吸水聚合物开发面世。

保水剂是一类高吸水性树脂,能吸收自身重量100~250倍的水,并可以反复释放和吸收水分,在西北等地抗旱栽植效果优良,在南方应用效果更为显著。南方空气湿润,表土水分蒸发量小;降雨间隔不会太长久,中、小雨频率高,为保水剂完全发挥作用带来了可能。年均降水900 mm以上的地区,施用保水剂后基本不用浇水。对于丘陵山区,雨水不易留存,配合传统节水措施适当增大保水剂拌土比例,也十分有效。实践证明,拌土施用保水剂可节水50%,节肥30%。

目前使用的保水剂大致有两类:一类是由纯吸水聚合物组成的产品,如美国的"田里沃";另一类是复合型保水剂,如比利时的Terra Cottem,简称TC。

1. TC土壤改良剂成分构成

TC土壤改良剂由含有6大类20多种不同物质构成,在树体生长的全过程中协同作用。

(1)生长促进剂 刺激根细胞的扩展,促进根系向更多水分的土壤深层生长,同时也促进叶的发育与新陈代谢。

(2)吸水聚合物 高度吸水的聚合物一接触到水,便协同作用,吸收水分子,很快形成一种类似水凝胶的不溶物质,具有吸存100倍于自身重量的水的能力,可经受从湿到干的无数次循环,增加土壤的贮水保肥能力,供树体生长长期利用。

(3)水溶性矿质肥料 由水凝胶吸收土壤矿质元素形成一种典型的氮-磷-钾盐混合物,供树体移植初期生长所需。

(4)缓释矿质肥料 可在一年时间里不断提供树体生长所需养分,对增强土壤肥力有显著作用,这一作用不

依赖于土壤pH值,也不受降雨量和灌溉水量的影响。

(5)有机肥料 促进土壤中微生物的活力,有效释放氮和其他生长促进剂,全面改善土壤状况。

(6)载体物质 无论大面积撒放还是穴施,包括二氧化硅在内的硅沙石能使多种成分均匀分布、均衡供给,同时还可增加土壤透气性。

TC具有节水、节肥、降低管理费用、提高绿化质量的优点,其主要作用在于促进树体根部吸收水分和营养,强壮根系。在国外,TC不但被成功地用于市政绿化、屋顶花园、高档运动场草坪(如足球场、高尔夫球场),而且在绿化荒地、治理沙漠和土壤退化方面均有独特的作用。

2. TC土壤改良剂的施用方法

(1)施用比例 TC是复合型保水剂,是一种强有力的产品,对使用比例的要求比单一保水剂更高,只有适量施用才能产生明显的效果;使用不当,反而会产生相反效果,使树体生长变慢。土质对TC的用量有影响,一般情况下,沙质土为1.5 kg/m³,沃土为1 kg/m³,黏土为0.5 kg/m³。考虑到气候和树种对TC用量的影响,如在炎热的气候条件下以及种植不耐旱植物时,TC的用量可能增加1倍。

(2)施用方法 将定植穴内挖出的土分成大堆与小堆,将TC与大堆土拌和均匀,将其一部分混合土垫入坑底,树体放入坑内后,填入其余混合土。把预留的小堆土做成1 cm厚的覆盖层,以限制土壤水分蒸发,避免TC的损失。做一个约5 cm高的围堰,浇透水,以使吸水聚合物充分发挥功能。

南方黏壤土地区,最好使用0.5~3 mm粒径的保水剂,以干土重0.1%的比例拌土,可达到最佳成本效益比。干旱季节拌土,只要土壤含水量不低于10%就可以将干保水剂直接拌土,拌土后浇一次水;对于降水多、雨量大的,不必浇水。如果是丘陵地区,可将保水剂吸足水呈饱和凝胶后,放于塑料袋或水桶中,运到目的地,用饱和凝胶拌土后再掺肥。为防止水分蒸发,应将其施于20 cm以下土层中,并最好在土表覆盖3 cm厚的作物秸秆。对于幼树,可挖30 cm深、50 cm底径的树穴,每株施用40~80 g。成龄树,穴底直径挖60 cm,每株施100~140 g。为防止苗木在运输过程中失水,可用保水剂蘸根:将40~80 g粉状保水剂投入容器中,加1 000倍水,经20分钟充分吸水后,将树木根部置于其中浸泡半分钟后取出,再用塑料薄膜包扎,可提高成活率15%~20%。

7.7 特殊环境园林树木的养护措施

特殊环境是指具有大面积铺装表面的立地、盐碱地、干旱地、无土岩石地、环境污染地及容器栽植地等。

7.7.1 屋顶绿化的养护管理

屋顶绿化的环境特点主要表现为土层薄、营养物质少、缺少水分,同时屋顶风大,阳光直射强烈,夏季温度较高,冬季寒冷,昼夜温差变化大。针对屋顶这一特殊立地条件,其绿化的养护与管理主要从以下几个方面展开。

(1)灌溉与排水　屋顶绿化植物的灌溉必不可少,可采用水管灌溉、喷灌或滴灌等方式。要定期检查排水管道和排水口是否堵塞,及时清除排水口的垃圾,做好定期清洁、疏导工作。注意勿使植物的枝叶和泥沙混入排水管道,造成排水管道的堵塞。

(2)施肥　为给屋顶绿化植物充分的养分,在考虑选择疏松、质轻、保水性及通气性良好且肥沃的栽培基质的同时,应按不同的绿化植物特性和物候及生长情况追施适量的液肥。

(3)杂草及病虫害防治　及时清除杂草,病害一般采用综合防治,虫害防治采用人工捕杀及综合防治。

(4)修剪整形　及时对植物进行修剪,以保持优美外形,减少养分的消耗,通过对树木的整形修剪抑制其根部的生长,减少根系对防水层的破坏。

(5)翻土晒土　冬季一些一年生花草枯死后,可将基质进行翻晒,通过太阳辐射进行消毒灭菌。

7.7.2 垂直绿化的养护管理

施肥基本方法与一般园林树木相同,但要注意其特点。垂直绿化植物生长发育的一个显著特点是生长快,表现在年生长期长,年生长量大或年内有多次生长,根系发达而深广或块根、茎等贮藏养分多,因此要求施肥量大、次数多。对多年生木本垂直绿化植物,秋季施肥比提高营养贮存更为重要,但应以钾肥为主,相应少施氮肥,防止徒长而影响抗寒能力。此外木本垂直绿化植物类型、种类、品种多样,既有多年生宿根的,又有类似灌木、乔木的;栽培目的有观叶、观花、观果或遮阳等不同要求;各地区又因气候、土壤条件多样,施肥要求亦不同。

(1)施肥时期及方法应依据栽培植物最需和最佳吸收期、不同物候期、肥料的性质以及气象等条件来确定施肥时期。可以采取叶面施肥的方法,其他方法同一般园林树木。

(2)水分管理根据垂直绿化植物各个需水时期的特点进行,如苗期应适当控水,有利根系的发育,培育壮苗;抽蔓展叶旺盛期需水最多;开花期需水较多且比较严格,过少影响花瓣的舒展和授粉受精,过多引起落花;果实膨大期需水较多,后期供水可增加产量,但降低品质,硬度小,着色差;越冬前灌冻水有利于防寒越冬。

灌水的方法大致有地面灌溉、喷灌、滴灌、地下灌溉等。垂直绿化植物根系较深,灌水量比其他植物要多,尤

其在干旱的早春和冬季要灌足,待稍干后覆土或中耕保墒。要注意多雨季节的排水,防止水涝。

(3)修剪与整形修剪时期分为休眠期修剪和生长期修剪。落叶植物多于落叶后至萌芽前进行修剪,常绿植物可于秋季果熟后至春季萌梢时修剪。生长期修剪是从春至秋末进行,又称夏剪。广义的夏剪包括抹芽、摘心、打杈、除蘖、缚绑、环剥、去蕾、去残花果、摘叶等。修剪方法包括短截、轻短截、缩剪等,同一般园林树木的整形修剪。

7.7.3 建设工地园林树木的养护管理

因房屋建筑及部分地面铺砖等原因,建筑工地园林树木的环境日照时间短,光照条件较差,年温差较小,建筑垃圾、灰渣较多,土壤污染,pH 值一般偏高,同时由于多行人踩踏,土壤紧实,土壤通气和排水时有不畅。针对这些情况,主要从以下几个方面进行园林树木的养护与管理。

(1)常规管理　要加强工程建设前后树木的水肥等常规管理工作,如灌溉、施肥和病虫害防治。加强工程建设前后 1~2 年内树体养分的管理,适时施肥,以增强树体对生态环境条件改变的适应性。

(2)建设期间的树体保护　对计划保留的树木设置临时性栅栏,在此范围内应禁止材料贮放、倾倒垃圾、停车或其他建筑性的活动,同时在这些树木上作明显的标志。防护围栏区域以外的计划栽植区,若有可能遇到建设车辆、材料贮放和设备停放影响时,应覆盖 10~15 cm 的临时护土材料。工程建设中所有项目都应尽量避免影响树木的生长及破坏其生长环境,若有不利因素应及时消除。

(3)避免市政建设对树木的伤害　在大多数情况下,市政建设对树木的影响不可能完全消除,我们的目标是将伤害程度尽可能减小。我国一些城市中已经注意到市政施工对现有树木的伤害,并建立了保护条例。如北京在 2001 年颁发了城市建设中加强树木保护的紧急通知,明确规定"凡在城市及近郊区进行建设,特别是进行道路改扩建和危旧房改造中,建设单位必须在规划前期调查清楚工程范围内的树木情况。在规划设计中能够避让古树、大树的,坚决避让,并在施工中采取严格保护措施"。这里以铺筑路面对树木的伤害及其防治为例进行说明。

铺筑路面对树木的伤害主要表现在一定程度上限制了树木根际土壤中水和空气的流通,影响树木的生长发育。树木对铺筑路面的容忍度取决于在铺筑过程中有多少根系受到影响、树木的种类、生长状况、树木的生长环境、土壤孔隙度和排水系统,以及树木在路面下重建根系的可能性。

防止铺筑路面对树木伤害的措施主要有以下几条:

① 路面铺设中,利用地形处理、调整标高等措施,尽量避免切断根系和压实根际周围的土壤。

图 7.10　树池处理

② 在树木根际周围使用通透性强的路面,在铺设非通透性路面时,采用漏孔的类型或透气系统。

③ 采用最薄断面的铺设模式,如混凝土的断面就比沥青要薄;还应尽可能使要求铺设的断面较厚的重载道路远离树木。

7.7.4　水泥地面园林树木的养护管理

1. 水泥地面园林绿化的特点

(1) 树盘土壤面积小　在有铺装的地面进行树木栽植,大多情况下种植穴的表面积都比较小,土壤与外界的交流受到制约。如城市行道树栽植时容留的树盘土壤表面积一般仅 $1 \sim 2 m^2$,有时覆盖材料甚至一直铺到树干基部,树盘范围内的土壤表面积极少。

(2) 生长环境条件恶劣　栽植在铺装地面上的树木,除根际土壤被压实、透气性差,导致土壤水分、营养物质与外界的交换受阻外,还会受到强烈的地面热量辐射和水分蒸发的影响,其生境比一般立地条件要恶劣得多。在一些城市,夏季中午的铺装地面温度可高达 50 ℃以上,不但土壤微生物致死,树干基部也可能受到高温的伤害。而近年来我国许多城市建设的各类大型城市广场,常采用大理石作大面积铺装,更加重了地表高温对树木生长带来的危害。

(3) 易受机械性伤害　由于铺装地面大多为人群活动密集的区域,树木生长容易受到人为的干扰和难以避免的损伤,如刻伤树皮、钉挂杂物,在树干基部堆放有碍、有害物质,以及市政施工时对树体造成各类机械性伤害等。

2. 水泥地面园林树木的养护管理

(1) 树池处理　树池地面可栽植花草,覆盖树皮、木片、碎石等,一方面提升景观效果,另一方面起到保墒、减少扬尘的作用,也可采用两瓣的铁盖、水泥板覆盖,但其表面必须有通气孔,盖板最好不直接接触土表,以减少铺装地面对树体的伤害。目前树池处理多采用图 7.10 的处理方法,并在深圳、上海等地广泛使用。

(2) 增加土壤的通气性　如是水泥、沥青等表面没有缝隙的整体铺装地面,应在树盘内设置通气管道以改善土壤的通气性。通气管道一般采用 PVC 管,直径 10～12 cm,管长 60～100 cm,管壁钻孔,通常安置在种植穴的四角。

(3) 加强水分管理　对于排水不畅的树木,应从基部安装排水管,并与城市排水系统连为一体,确保多余的水能及时排走。同时,还应保证树木有充足的水分供应,应尽量使树冠的落水线落入种植穴内的土壤中,或从铺装断开的接头处渗入。

7.8　园林树木的安全性管理

有人曾说,城市树木经营中的一个重要方面,就是确保树木不会造成对设施与财产的损害。因此城市树木的经营者不仅要注意已经受损、发现问题的树木,而且要密切关注被暂时看作是健康的树木,并建立确保树木安全的管理体系。在确保安全的前提下,保护树木正常生长发育,进而发挥树木各种功能(图 7.11)。

7.8.1　园林树木的安全性问题

在人们生活的环境中总有许多大树、老树、古树,以及不健康的树木,由于种种原因而生长缓慢、树势衰弱、根系受损、树体倾斜,出现断枝、枯枝等情况,这些树木如遇到大风、暴雨等异常天气就容易折断、倒伏、树枝垂落而危及建筑设施,并构成对人群安全的威胁。事实上几乎所有的树木多多少少都具有潜在的不安全因素,即使健康生长的树木,有的因生长过快枝干强度降低也容易发生意外情况而成为不安全因素。

图 7.11 树木防护

1. 树木的不安全因素

1）危险性树木界定

一般将树体结构发生异常且有可能危及目标的树木定义为具有危险的树木。常见导致树体结构异常的原因如下：病虫害引起的枝干缺损、腐朽、溃烂；各种损伤造成树干劈裂、折断；一些大根损伤、腐朽；树冠偏斜、树干过度弯曲、倾斜；或由于树木生长的立地环境限制及其他因素造成的树木各部构造的异常。树木结构方面的因素主要包括以下几个方面。

（1）树干部分　树干的尖削度不合理，树冠比例过大、严重偏冠，具有多个直径几乎相同的主干，木质部发生腐朽、空洞，树体倾斜等。

（2）树枝部分　大枝（一级或二级分支）上的枝叶分布不均匀，大枝呈水平延伸、过长，前端枝叶过多、下垂，侧枝基部与树干或主枝连接处腐朽、连接脆弱；树枝木质部纹理扭曲，腐朽等。

（3）根系部分　根系浅、根系缺损、裸出地表、腐朽，侧根环绕主根影响及抑制其他根系的生长。

上述这些潜在的危险是可以预测和预防的。必须强调的是，有些树种由于生长速度快，树体高大，树冠幅度大，但枝干强度低、脆弱，也很容易在异常的气候情况下发生树倒或折断现象。另外一种特殊的情况是，树木生长的位置以及树冠结构等方面对交通的影响，也是树木造成的不安全因素。例如，十字路口的大树行道树，过大的树冠或向路中伸展的枝叶可能会遮挡司机的视线；行道树的枝下高过低也可能造成对行人的意外伤害。

2）危险性树木的评测

对树木具有潜在危险性的评测，包括 3 个方面。

（1）对具有潜在危险的树木的检查与评测　一般通过观察或测量树木的各种表现，例如树木的生长、各部形状是否正常，树体平衡性及机械结构是否合理等，并与正常生长的树木进行比较作出诊断。这个方法称为望诊法VTS 方法（Visual Tree Assessment），即通过树木的表现来判断。

树干外表的一些异常变化往往预示其强度上的变化，这是观察评估树木是否存在安全问题的关键。例如树干部位有隆突、肿胀，一般是内部发生腐烂或有空洞；条肋状的突起指示树干内部有裂缝；树皮表面局部的横向裂缝表示该处受轴向的张力，而纵向的裂缝或变形则表示该处受轴向的压力。

（2）对可能造成树木不安全的影响因素的评估　树木的潜在危险取决于树种、生长的位置、树龄、立地特点、危及的目标等，对这些因子有了充分的了解，就能够知道应该注意哪些问题，并及时避免不必要的损失。

① 树种：不同的树种在构成上述潜在的危险方面有极大的差异，例如有的树种枝的髓心比例大、脆弱，如泡桐、复叶槭、薄壳山核桃等，树枝表现的弱点要远大于树干和根系，对于这类树种而言，外界恶劣的天气因素也许不是主要的。一般情况下，阔叶树种具有比较开展的树冠和延伸的侧枝，树枝容易出现负重过度、损伤或断裂。阔叶树多数为阳性，树冠因强趋阳性易成偏冠而造成雪压等伤害。另外，树干心腐也较易向主枝蔓延。针叶树种就不同，其根系及根颈部位易成为衰弱点；而树干的心腐一般不易向主枝延伸；树冠相对较小，因而冰雪造成损害的机会也少。

② 树体的大小和树龄：一般情况大树、老树总是要比小树、幼树容易发生问题，老树对于生长环境改变的适应性较差，因此发生腐朽、受病菌感染的机会就多。但一些速生树种的木质部强度较低，即使在幼龄阶段也容易损伤或断裂，这是必须注意的。而相同树种，特别是分枝部位强度低的树种，树木个体之间具有明显的差异，树势生长旺盛的树木因承受的重量大，受伤、折断的机会要高于生长较弱的树木。

③ 树木培育与养护过程的不当处理：树木栽培与养护过程中的各个环节，同样有可能致使树木受损，造成隐患。

a. 苗圃阶段　目前我国大部分苗圃中的小树一般不采用树干支撑，树干弯曲、树干折断后由萌生枝代替原来的主枝现象常有发生，这些苗木成为成年大树后树干的应力分布就有别于其他树木，构成隐患的可能性也高于其他树木。

b. 树木栽植方法不当　如造成根系环绕，这一现象一般不易发现，但却是风倒的主要原因。

c. 栽植时采用截干苗木　截口下萌发若干侧枝形成新的树冠，这些侧枝距离十分接近，与主干的连接牢固性差，如果树冠修剪不当容易发生劈裂。

d. 修剪不当　例如过度修剪造成不必要的伤口，如果不能很好地愈合，则增加了感染病菌的机会而腐朽；疏剪树冠内部的枝条后，使树冠失去平衡。

e. 灌溉不当　如对耐干旱的树木过多地灌溉，容易造成根系感病及腐烂。

f. 未及时开展病虫害防治　致使树木生长衰退、引发腐朽真菌的侵入，造成树干腐朽等。

④ 立地环境：应考虑的立地环境因素包括气候、土壤和树木生长立地环境。

a. 气候因素　主要是异常的天气如大风、暴雨的出现频度，季节性的降雨分布、集中程度、冰雪积压等。暴风雨，特别是台风暴风雨通常是造成树木威胁城市居民生命财产安全的主要因素之一，特别是对那些已有着各种隐患的树木。冰雪积压可以使树枝的负重超过正常条件的 30 倍，因此常是冬季树枝折断的主要原因。

b. 土壤性质以及灌溉条件　生长在土层浅，土壤干燥、黏重，排水不良立地条件的树木一般根系较浅，这些树木容易受风害，特别是当土壤水分饱和时更是如此。城市的土壤情况十分复杂，特别是在建筑区的环境，由于建筑及其他各种人为活动，如土壤被经常踩踏或机械压实，表面铺装，在树干周围回填土壤，地表整平等，这些都会降低土壤的通透性，影响土壤的气体交换与有机物的分解而影响树木根系的生长。另外树木生长位置的土壤常伴有建筑垃圾，有的栽植坑过小，树木根系的生长受严重影响，导致根系生长衰退而逐渐死亡、腐朽，从而发生根系与树冠生长不平衡。

c. 树木生长立地环境的改变　如树木生长立地的变化，特别是根系部位土壤条件的改变情况。

对树木可能伤害的目标的评估，如上所述，树木可能危及的目标应包括人和物，当然人是首位的。因此在人群活动频繁处的树木是首先要认真检查与评测的，另外包括建筑、地表铺装、地下部分的基础设施等。

（3）检查周期　城市树木的安全性检查应成为制度，进行定期检查与及时处理，一般间隔 1～2 年。我国在这方面还没有明确的规定，一般视具体情况而定，但在其他一些国家均制订具体的要求，例如美国林务局要求每年需检查一次，最好是一年 2 次，分别在夏季和冬季进行；美国加州规定每 2 年一次，常绿树种在春季检查，落叶树种则在落叶以后。应该注意的是，检查周期的确定还需根据树种及其生长的位置，树木的重要性以及可能危及目标的重要程度来决定。

2. 树木安全性的管理

1) 建立管理系统

城市绿化管理部门应建立树木安全的管理体系作为日常的工作内容，加强对树木的管理和养护来尽可能地减少树木可能带来的损害。

该系统应包括如下内容：

① 确定树木安全性的指标，如根据树木受损、腐朽或其他各种原因构成对人群及财产安全的威胁的程度，划分不同的等级，最重要的是对构成威胁的门槛值的确定。

② 建立树木安全性的定期检查制度，对不同生长位置、树木年龄的个体分别采用不同的检查周期。对已经处理的树木应间隔一段时间后进行回访检查。

③ 建立管理信息档案，特别是对行道树、街区绿地、住宅绿地、公园等人群经常活动的场所的树木，具有重要意义的古树、名木，处于重要景观的树木等，建立安全性信息管理系统，记录日常检查、处理等基本情况，可随时了解，遇到问题及时处理。

④ 建立培训制度，从事检查和处理的工作人员必须接受定期培训，并获得岗位证书。

⑤ 应建立专业管理人员和大学、研究机构的合作关系，树木安全性的确认是一项复杂的工作，有时需要应用各种仪器设备，需要有相当的经验，因此充分地利用大学及研究机构的技术力量和设备是必需的。

⑥ 应有明确的经费渠道。

根据上述的要求，对每一株应接受检查及已接受检查的树木，均须建立档案卡片。而目前由于计算机技术的普及，这项工作已被数据库代替了，近年来更是运用地理信息系统来实现管理。

树木安全性的检查和诊断是一项需要经验和富于挑战性的工作，因此在认真观察和记录检查与诊断的结果的同时，应注意比较前后检查诊断期间树木表现，确认前次检查的准确程度，这样有助于今后的工作。

2) 建立分级系统

（1）目的与必要性　评测树木安全性的目的，是为了确认该树木是否可能构成对居民和财产的损害，如果可能发生威胁，那么需要作何种处理才能避免或把损失减小到最低程度。但对于一个城市，特别是拥有巨大数量树木的大城市来讲，这是一项艰巨的工作，几乎不可能对每一株树木实现定期检查和监控。多数情况是在接到有关的报告或在台风来到之前对十分重要的目标进行检查和处理。当然，对于现代城市的绿化管理来说这是远远不够的。因此，必须采用分级管理的方法，即根据树木可能构成威胁程度的不同来划分等级，把那些最有可能构成威胁的树木

作为重点检查的对象,并作出及时的处理。这样的分级管理的办法已在许多国家实施,一般根据以下几个方面来评测:

① 树木折断的可能性。

② 树木折断、倒伏危及目标(人、财产、交通)的可能性。

③ 树种因子,根据不同树木种类的木材强度特点来评测。

④ 对危及目标可能造成的损害程度。

⑤ 危及目标的价值,以货币形式记价。

上述的评测体系包括三个方面的特点:其一,树种特性,是生物学基础;其二,树种受损伤、受腐朽菌感染、腐朽程度,以及生长衰退等因素,有外界的因素也有树木生长的原因;其三,可能危及的目标情况,如是否有危及的目标、其价值等因素。上述各评测内容,除危及对象的价值可用货币形式直接表达外,其他均用%来表示,也可给予不同的等级。

(2)分级监控体系　根据以上的分析,从城市树木的安全性考虑可根据树木生长位置、可能危及的目标建立分级监控与管理系统。

① Ⅰ级监控:生长在人群经常活动的城市中心广场、绿地的,主要商业区的行道树,住宅区、重要建筑物附近单株栽植的、已具有严重隐患的树木。

② Ⅱ级监控:除上述以外人群一般较少进入的绿地、住宅区等树木,虽表现出各种问题,但尚未构成严重威胁的树木。

③ Ⅲ级监控:公园、街头绿地等成片树林中的树木。

7.8.2　园林树木腐朽及其危害

树木腐朽是城市树木管理与经营中的主要内容之一,因为腐朽直接降低树干、树枝的机械强度。理论上讲,当树木出现腐朽的情况时就应看作具有构成对人群与财产安全的潜在威胁,但显然并非所有腐朽的树木都必然构成对安全的威胁,重要的是确认哪些部位的腐朽、到什么程度、如何控制和消除导致腐朽的因素。因此,了解树木腐朽的发生原因、过程,作出科学的诊断和合理的评价是十分重要的,一旦作出正确的诊断并给予适当的处理,那么这些树木不仅不会再构成威胁,更可以成为城市景观的组成,起到特殊的作用。

1. 树木腐朽的过程

1)树木腐朽成因

树木的腐朽过程是木材分解和转化的过程,即在真菌或细菌作用下,木质部这个复杂的有机物分解为简单的形式。虽说腐朽一般发生在木质部,但其致死形成层细胞,最终造成树木死亡。

植物病理学家一直致力研究树干的腐朽问题,1845年 Hartig 就提出树干腐朽是由于真菌通过树干伤口进入

心材发生。

2)树木受伤类型

树木受伤的两个主要类型:

(1)树枝受伤　把树木的组织暴露在外,暴露的组织不仅有受伤表面附近最近形成的组织,还有树木内部老的组织。

(2)外部伤口　一般仅暴露最近形成的组织,但因伤口的深度不同而有差别。

当微生物侵入感染树木,它们不断侵蚀树体,形成柱状的变色或腐朽区,如果在树干上钻取一段,可以在显微镜下清楚地观察到这些纵向平行的柱状变色区。老树及最内部的年轮要比幼树木材的应变变色来得慢。

树枝受伤通常出现上述的沿着年轮的变色或腐朽柱状,如果树木有多个树枝在同时死亡,那么树木的整个中心部位可能出现腐朽,其柱状腐朽部位的直径是树枝死时的直径,但随着腐朽的时间延长腐朽菌会向周边部位蔓延。但是,有一些微生物感染树枝并不侵蚀到树干,这种情况显然十分有利,因为当树枝腐朽发生到最后脱落,就如修剪一样。

然而经过多年来的研究,对于树干腐朽有以下几点认识:

① 树干腐朽与树种有很大关系,一些树种腐烂的速度要高于其他树种,而一个树种的不同个体也存在着差异性。

② 不同的真菌对木材的入侵感染能力不同。

③ 树干的腐朽受水分与空气影响,树干的含水足以满足真菌的需要,如果水分能通过树干的伤口进入木质部,真菌的孢子和细菌也能随水分一起侵入。因此,树干中空气的量对于侵入的真菌是否能生长显得更为重要。

④ 昆虫、鸟类、啮齿动物的活动把空气带入树干木质部,使真菌得以生长,致使木质部腐朽发生。

⑤ 树干腐朽与树木的年龄、生长情况、伤口的位置,以及生长环境都有很大的关系。

木质部腐朽可划分为几个阶段:

(1)初期阶段　腐朽的初期木材变色或不变色,但无论出现何种情况木质部组织的细胞壁变薄,导致强度降低。因此在观察到腐朽变色之前,木材的强度已经发生变化。

(2)早期阶段　已能观察到腐朽的表象,但一般不十分明显,木材颜色、质地、脆性均稍有变化。

(3)中期阶段　腐朽的表象已十分明显,但木材的宏观构造仍然保持完整的状态。

(4)后期阶段　木材的整个结构改变、被破坏,表现为粉末状或纤维状。

当树木的某个部位被诊断为腐朽,下一步应确定其腐朽的范围、腐朽部位的力学性质。因为,树干发生腐朽后在早期其力学性质可能变化不大,强度是逐渐降低的,最终可能形成空洞。因此,对重要树木的腐朽实施监控的重要内容,就是确定其腐朽部位变化的动态过程,并找出其

可能危及安全的临界点,达到有效的管理。目前已有仪器来测量和判断树干或大枝腐朽的程度,如果检测的结果表明腐朽部位残留的强度已不足支持,应及早伐去、修剪或采取其他必要的加固措施。

2. 树木腐朽的类型

1) 树木腐朽类型

真菌可以降解树木所有的细胞壁组成成分,但是不同的真菌种类具有不同的酶以及其他的生化物质,因此造成3种木材腐朽方式。

(1)褐腐　因担子菌纲侵入木质部,降解木材的纤维素和半纤维素,微纤维的长度变短失去其抗拉强度。但褐腐过程并不降解木质素。腐朽的木材颜色从浅褐色到深褐色,质地脆,干燥时容易裂成小块,易用手研成粉末。腐朽木材的纤维素双折射特性的消失可以作为判断木材抗拉强度降低的指示。真菌一般先侵蚀木材年轮中的特定部位的现象在其他树种中同样存在,例如刺槐,早材纤维的形成初期受真菌侵蚀而降解,但不侵蚀邻近的轴向薄壁组织细胞。

(2)白腐　因担子菌纲和一些子囊菌的真菌导致的腐朽,这类真菌的特点是能降解纤维素、半纤维素和木素,降解的速度与真菌种类及木材内部的条件有密切关系。与褐腐的情况相似,白腐真菌在先侵蚀年轮纤维的部位方面有区别,可分为两大类:选择性的降木质化和刺激性的腐朽。

选择性的降木质化,在木材腐朽过程中木质素的降解先于纤维素或半纤维素,至少在腐朽的早期阶段纤维素基本没有发生降解,因为残留的纤维素是线状的,因此影响了木材的刚性和硬性,这一点正好与褐腐相反。这类腐朽由于有残留的纤维常常集中在某些部位,因此形成分散的浅色囊状,如果感染材色较深的木材则更加明显。值得注意的是,如果树木受到上述选择性的降木质真菌的侵蚀,可能导致感染的树枝基部的异常生长,如出现肿胀和突起,这是因为感染部位造成树枝曲折而促使基部形成层活动增加,导致该部位的年轮增宽;而树枝的曲折也致使外部树皮畸变。因此,通过外部的表现特征可以初步诊断是否有腐朽发生。

刺激性的腐朽主要发生在阔叶树种,极少见于针叶树,真菌分泌的酶可以分解木质化细胞壁的所有组成,但纤维素降解时,半纤维素和木质素几乎以相同的速度降解。不同于选择性的降木质化腐朽,由于降解了纤维素而失去抗拉强度,腐朽部位变得十分脆。

(3)心腐　通常发生在树干及根颈部位,真菌经树枝的残桩侵入而引起树干腐朽,经树干基部的伤口侵入则造成根颈的腐朽。树木腐朽的部位是确定该树木是否构成对安全的威胁的重要因素。

有些真菌主要在已死亡的树干、暴露的边材或有氧的部位生长最好,他们需要大量的氧,更容易感染阔叶树,能经由生长极度衰弱趋于死亡的树枝向其他大枝甚或树干蔓延。另外的一些种类能在少氧条件下生长,它们侵入心材,并在垂直方向上蔓延。老树、生长衰弱的树木其侵入真菌后腐朽速度要比幼树、生长旺盛的树木快。

2) 变色

当木材受伤或受到真菌的侵蚀,木材细胞的内含物发生改变以适应代谢的变化来保护木材,这导致木材变色。木材变色是一个化学变化,可发生在边材或心材。木材变色本身并不影响到其材性,但预示木材可能开始腐朽,当然并非所有的木材变色都指示着腐朽即将发生,例如,松类、栎类、黑核桃树木的心材随着年龄增长心材的颜色变深,则是正常的过程。

3) 空洞

木材腐朽后期,腐朽部分的木材部分完全被真菌分解成粉末并掉落,从而形成空洞。树干或树枝的空洞总有一侧向外,有的可能被愈合,有的因树枝的分叉而被隐蔽起来,有的树干心材的大部分腐朽形成纵向很深的树洞。沿着向外开口的树洞边缘组织常常愈合形成创伤材,特别是在沿树干方向的边缘。创伤材表现光滑、较薄,覆盖伤口或填充表面,但向内反卷形成很厚的边,如果树干的空洞较大,该部分为树干提供了必要的强度。

3. 树木腐朽的探测与诊断

1) 树木腐朽的诊断

诊断主要包括两个方面:

(1)通过观测和评测树干和树冠的外观特征来估计树木内部的腐朽情况。例如在树干或树枝上有空洞、树皮脱落、伤口、裂纹、蜂窝、鸟巢、折断的树枝、残桩等,基本能指示树木内部可能出现腐朽。即使伤口的表面愈合较好,内部仍可能有腐朽部分,因此通过外表观测来诊断有时是十分困难的,有的树木树干腐朽已十分严重,但生长依然正常。

(2)通过观测腐朽部位颜色变化等来诊断。这依然是主要的方法,但不同树种、不同真菌的情况有很大的差别,为这项工作带来很大的难度。例如,山毛榉因感染真菌后造成的腐朽经常和根盘的衰退相关。另外,不同真菌感染不同的树种。由此可以说明,我们应更多地了解为什么真菌导致其寄主腐朽,而腐朽的木质部物理性质具有差异性。不同树种具有不同的解剖特性,这在一定程度上决定了因腐朽而造成的物理性质和强度的改变。同样,不同的真菌也产生不同的结果,因为不同种类的真菌其形态特征不同,降解木材细胞壁的生化系统不同,对环境的忍受能力也不同。

2) 树木腐朽的具体诊断方法

采用的方法有多种,例如敲击树干听声来判断内部是否有空洞;用生长锥钻取树干可直接了解树干内部的情况;采用仪器的方法来探测内部的腐朽。

（1）木槌敲击听声法　用木槌敲击树干，可诊断树干内部是否有空洞，或树皮是否脱离。但该方法需要有相当经验的人来做，对已发生严重腐朽的树干效果较好。

（2）生长锥　用生长锥在树干的横断面上抽取一段木材，直接观察木材的腐朽情况，例如是否有变色、潮湿区、可被抽出的纤维，在实验室培养来确定是否有真菌寄生。该方法一般适用处于腐朽早期或中期的树木，当然如果采用实验室培养的方法，则可在腐朽的初期就可有效地诊断。但生长锥造成的伤口可能成为木腐菌侵入的途径，另外对于特别重要珍贵的古树名木也不宜采用。

（3）用小电钻　原理同上，用钻头直径 3.2 mm 木工钻在检查部位钻孔，检查者在工作时要根据钻头进入时感觉承受到的阻力差异，以及钻出粉末的色泽变化，来判断木材物理性质的可能变化，确认是否会有腐朽发生。与生长锥方法相同，可以取样来做实验室的培养，但不能取出一个完整的断面。该方法一般适用于腐朽达到中期程度的树木，但需要有经验的人员来操作，其主要的缺点是损伤了树木，造成新的伤口，增加感染的机会。

（4）Resistograph　是最近设计生产的携带式仪器，用于探测树干内部的腐朽。原理是通过电动机作用把直径为 1.5～3.0 mm 的钻头匀速钻入树干的木质部，钻头转速 20～60 cm/min，钻头穿透树干时遇到的阻力用相连的仪器记录，并以图表曲线表示或输入计算机，针头遇到的阻力的差异反映了木材性质的变化，通过与标准曲线的比较，则可测得处于不同腐朽阶段的部位、程度、是否有裂纹等方面的信息。该仪器已有商业化的生产，使用比较方便，效率高，损伤面小。由于钻头直径很小，当取出钻头时小孔已基本弥合，但这毕竟还是损伤树干的一种方法。

（5）Fractometer　由德国生产的一种携带式可在野外应用的仪器，它和上述 Resistograph 不同的是，必须用生长锥在树干上取出一段木芯，把木芯置于仪器上部固定，通过调节加于木芯的压力使其弯曲、断裂，通过测量其径向抗弯裂强度以及断裂的角度来量化地判断木材腐朽程度。在木材褐腐的初期，真菌分解木材的纤维素，但木质素仍然余留，木材仍有刚性，但比较脆；白腐的早期真菌分解的是木质素，木材刚性弱，但仍有一定的韧性。该仪器就是通过测定这些变化来确定其腐朽类型，如果测定的木芯有较大的缺裂角度而较低的破裂强度，则表明为白腐；如果有较小的破裂角度而较低的强度，则为褐腐。

但该仪器主要测定早期阶段的腐朽，需要与健康树木的木材进行比较，而且需要在一株树木上做几次测量和比较。应用这类仪器来测定树木材强度的变化，主要目的是为了确认树木受损伤或腐朽发生以后，木材的强度减弱是否会发生树干折断、倒伏、树枝断落等安全问题。

（6）层面 X 射线照相技术（Computerised Tomographic）其基本原理是，完好的木材和腐朽的木材对 X 射线的吸收量有差异，随着木材腐朽程度的增加，对 X 射线的吸收系数降低，直到 0，表示出现空洞。木材对 X 射线的吸收增加，可能是因为受到感染或侵蚀以后组织的代谢发射功能变化，或因为组织的生命力降低，或因为木材湿度增加，或因为真菌具含水高的菌丝。在某些情况吸收低于或高于健康木材的水平时，表明木材受到病菌的感染。

（7）应用声波技术来探测活立木的腐朽　上述用于树干腐朽探测的 CT 扫描仪器具有较高的精确度，但应用不方便，需要较长的时间才能获得结果，仪器产生有害的辐射，对操作人员的要求也比较高，而且仪器设备也比较昂贵，因此应用受到很大的限制。

运用声波传输时间技术探测活立木的树干内部腐朽情况，可以克服上述缺点。其基本方法是，在树干的一侧用手锤敲击树干，另一侧接收，通过测量声波传输的时间来探测树干的内部情况。基本原理是，通过树干体的纵波（介质粒子在波前进方向振动的波，如声波）的速度，因树干的强度和密度而有变化，测量其传输的速度即可探测树干内部的这种变化，从而确定是否有腐朽或空洞的存在。该方法表明，即使在树干腐朽的早期阶段，由于木材强度性质的变化，声波在木材中的传播速度也会改变。这一技术仍处于研究阶段，这里不再作详细介绍。

7.8.3　园林树木的损伤修复

园林树木因自然灾害、人为伤害、养护不当，导致树木受到损伤的现象时有发生，对损坏严重、濒于死亡、容易构成严重危险的树木可采取伐除的办法，但对一些有保留价值的大树、老树和古树名木，就要采取各种措施来补救，延续其生命。园林树木一旦受到损伤会影响树冠树干形状及姿态，影响树木的正常生长发育及生态景观功能。因此，在园林树木的养护管理中，必须及时采取相应的保护与修复措施，辅以精细的日常养护管理技术，以便有效地降低不良环境对树木的伤害与损害，从而更好地保护城市园林绿化效果。

1. 树木损伤加固

树木损伤目前主要采用缆索悬吊、杆板支撑和螺栓加固等办法。缆索悬吊是用单根或多股绞集的金属线、钢丝绳，在树枝之间或树枝与树干间连接起来，以减少树枝的移动、下垂，降低树枝基部的承重，或把原来树枝承受的重量转移到树干或另外增设的构架之上。杆板支撑与悬吊作用一样，只是通过支杆从下方、侧方承托重量来减少树枝或树干的压力。加固是用螺栓穿过已劈裂的主干或大枝，或把脱离原来位置与主干分离的树枝铆接固定的办法。

2. 树木损伤治疗

园林树木栽植后需要加强树体管理，促使树木健康与旺盛生长，通过施肥、灌溉、病虫害防治与日常养护管理来提高树木的生长势，从而减少病腐菌的感染。

1) 树木倒伏修复

倒伏分为轻度、中度、重度倒伏 3 种类型,分别是指倒伏倾斜角度在 20°、30°、40°左右。

因轻度倒伏对树木生长影响不太大,因此轻度倒伏的树木可以不修枝就直接扶直。将倒伏的迎风面树基下部土方挖至 1 m 深,然后用人工或机械推拉,缓缓拉动扶直后再对倒伏面用立木及软物隔垫支撑,支撑木与倒伏树木的支点成 25°～30°,绑成三角立木支架支撑,然后将迎风面挖出的土回填,将根系舒展,使之不团根、不窝根,及时进行浇水盖草养护。

对中度倒伏的树木要进行修枝整冠,减少扶直过程中树冠下坠的阻力和枝叶蒸发消耗水分。用双立木支撑斜倒面,在两侧分不同支点和高度进行两点或多点支撑,绑在一起固定好树干不使松动,回填土埋根后分层夯实,立即浇水并连续浇 3 次透水,等根系稳定新枝芽长出后及时追施速效肥,辅之抗寒措施安全过冬。

对重度倒伏的树木则要按重修枝、深挖穴、搞吊扶、支四周依次进行。剪掉大部分三级侧枝,并对大枝伤口喷洒杀菌剂,再涂抹油漆封住伤口,然后在迎风面挖深穴,在根部喷洒生根粉,用吊车缓慢吊起扶直后,将根系舒展开进行分层覆土,四周进行支架加固,并加强浇水、松土、叶面喷施肥料、保湿盖草、防治病虫害等养护措施。

2) 树干损伤修复

若园林树木受到损伤,需要及时除去伤口内及周围的干树皮,减少害虫的隐生场所。修理伤口必须用快刀,除去已翘起的树皮,削平已受伤的木质部,使形成的愈合也比较平整,不随意扩大伤口。同时在伤口表面涂层保护,促进伤口愈合,目前国内多采用沥青、杀菌剂涂抹修剪形成的新鲜伤口表面。

树干受到损伤,可植一块树皮使上下已断开的树皮重新连接,恢复传导功能,或嫁接一个短枝来连接恢复功能。树皮受损与木质部分离,要立即采取措施使树皮恢复原状,保持木质部及树皮的形成层湿度,从伤口处去除所有撕裂的树皮碎片,然后把树皮覆盖在伤口上,并用几个小钉子或强力防水胶带固定。另外用潮湿的布带、苔藓、泥炭等包裹伤口,避免太阳直射。1～2 周后检查树皮是否存活,如已存活,可去除覆盖,但仍需遮挡阳光。

对于被大风吹裂或折伤的枝干,可把裂伤较轻的半劈裂枝干吊起或支起使其复原,并清理伤口处杂物,用消毒剂消毒处理,用绳或铁丝捆紧,使伤口密合无缝,外面用塑料薄膜包严,半年后愈合后便可解绑。

7.9　案例分析

蒲汇塘路基地位于上海市桂林路 909 号,屋顶绿化建筑主体层高 10 m,建筑呈矩形,东西长 330 m,南北宽 110 m,施工面积为 33 000 m²,定位为管理型花园式屋顶绿化,工程于 2005 年夏季竣工。

1. 案例场地绿化种植

绿化种植区面积为 26 000 m²,为上海市目前单体建筑上最大的花园式屋顶绿化,建有园路、景观广场、休闲平台和花架等小品。

基地种植小乔木、灌木和各类地被植物 59 种,铺设草坪 11 000 m²。植物种类包括桧柏、柳杉、罗汉松、含笑、郁李、桂花、海桐、紫玉兰、狭叶十大功劳、鸡爪槭、紫叶小檗、枸骨、杜鹃、黄杨、紫荆、红花檵木、棣棠、南天竹、金丝桃、孝顺竹、栀子花、女贞、石榴、海棠、凤尾竹等 54 种木本植物,及百慕大、葱兰、麦冬、红花酢浆草、花叶燕麦草等 5 种地被植物,形成了植物群落结构丰富、景观色彩变化明显、生态效应较高的特点。

本案的屋顶绿化地处中亚热带北缘,夏季炎热,冬季寒冷,春季回暖早,秋季降温慢,对植物生长非常不利。因此,针对该屋顶绿化植物生长生境特点和景观要求,主要从以下方面进行重点养护。

2. 养护措施

1) 浇水

浇水掌握"看天、看地、看时"原则。

本案建筑屋顶栽培基质薄、透水性好,根系活动层多在 20～30 cm,加之植物的规格较大,如果雨量少的时候减少浇水量和浇水次数,一些地被植物和草坪可以成活,但一些规格较大的苗木如瓜子黄杨球便会死亡。因此,一般而言,在春、秋、冬三季,浇水时间控制在 10～15 天一次。整个夏季的浇水措施尤为重要,如果当天雨量大或温度低,可不浇水;如果雨量少,可只进行自动喷淋;长时间高温不下雨时,要同时进行自动喷淋和人工灌溉方式。浇水掌握"见干见湿,浇则浇透"的原则。此外,浇水的方法主要是大面积草坪以自动喷灌为主,其他植物采用人工浇灌。用喷灌时,以地面出现径流为准。例如,草坪灌溉喷灌利用专门的设备(喷头),将水喷射到空中散成细小水滴,均匀分布至植物间,严禁使用高压水枪喷洒植物,要求雾状喷洒。而小乔木、灌木多采用人工漫灌的方式。

2) 修剪

(1) 小乔木修剪　由于屋顶荷载和屋顶风力大的原因,而且种植的小乔木生长基质薄,对小乔木的修剪以适当控制生长量为主,要缩小树冠,控制其生长速度,结合树形姿态进行,一般高度保持在 3.5～4 m,冠径保持在 3 m 左右,防止倒伏和对房屋及行人造成危害。修剪的方式有短截、疏剪、缩减、疏花、疏果和剪除残花等几种。一般而言,修剪时期以冬季和夏季为好,要根据植物的生长势而定。此外,小乔木等一般具有明显的主干,在地面绿化养护中,修剪时要注意保护主干,只疏枝不短截,如玉兰、杜英等。而在屋顶绿化中,如果体量生长过大,为了安全考

194

虑,就要进行短截。如本案中蜀桧柏就全部短截,杜英作适当短截。

（2）灌木修剪　一般灌木修剪高度控制在 2.5 m 左右。在本案中,灌木种植密度过大,加上长效缓释肥料的作用,植物生长拥挤,缺乏层次感,甚至引起严重病虫害。例如,海桐由于生长过密,通风、透光性差,在头年春夏之初,白粉病、木虱危害严重,后通过修剪和防治,恢复了生长势。为了保持灌丛状态,应逐年循序更新老枝,使上下部树枝都能丰满,避免下部分枝条空秃。对于观赏花灌木的修剪,要根据其不同开花习性进行。对于春末夏初开花的灌木,如石榴、木槿、八仙花、紫薇、月季等,当年春天发的新梢上形成花芽并开放,这类花灌木可在秋末或早春萌动前,对花枝进行短截,防止徒长,促进新的花芽分化。对于夏季开花的灌木,如紫荆、蜡梅、海棠等,花芽隔年形成,宜在花后进行修剪,否则当年新生枝条不能形成花芽,使来年开花量减少。这些花灌木在冬季萌动前花芽基本形成,能明显辨别花芽和叶芽,可适当疏去过密枝、病枝、枯枝等。

（3）绿篱修剪　为了保持绿篱及球形植物的轮廓清晰、外缘树叶紧密的特点,同时防止叶片相互缠绕,影响通风,滋生病虫害,必须对绿篱进行定期整形修剪和疏枝,控制绿篱及球形植物的修剪量。但修剪次数不能太多,以免因无新叶而影响光合作用,从而影响根系生长。在本案中,由红叶小檗、洒金柏、红花檵木、龟甲冬青等组成的模纹图案由于种植密度大,为了减少植株间争夺养分和水分,减少病虫害的发生,适当增加了修剪的力度和次数。在春、夏、秋季基本上是每个月就要修剪一两次,高度控制在 50～60 cm。球形植物如瓜子黄杨可两月修剪一次,枸骨球因为生长慢,只需一季度修剪一次。金边黄杨、瓜子黄杨等组成的绿篱在生长季可增加修剪次数。

（4）草坪修剪　草坪的修剪不仅是为了美观,而且还可以促进植株分蘖,增加草坪的密度、平整度和弹性,提高耐践踏性,延长草坪使用寿命。同时,及时修剪还可以抑制草坪杂草开花结籽,使杂草失去繁衍后代的机会。蒲汇塘路基地屋顶绿化的草坪为矮生百慕大混播黑麦草,在养护中主要了解这两种草的生长习性。从 3、4 月份开始,加大对黑麦草的修剪次数和力度,以防下部的百慕大草因黑麦草生长过厚而得不到生长空间导致闷死。成坪后修剪一般以夏季为主,修剪量不能超过草坪高度的 1/3,一般草长保持在 2～3 cm 最具观赏性。

3）防风与防寒

由于屋顶绿化树种以浅根性为主,再加上屋顶风力大,每年夏季要做好树木的防风抗台工作。台风防护措施在 6 月下旬以前完成。主要采用绑扎、加工、扶正、疏枝、打地桩等方法。由于屋顶冬季温度低,导致一些常绿灌木受到冻害,如桂花落叶。因此,为了使屋顶上种植的树木免受冻害,冬季可采取根基培土、主干包扎等防寒措施。

2013 年 5 月,上海地铁专门成立了屋顶绿化节能研究工作室,对蒲汇塘路基地屋顶绿化开展生态功能测定,结果表明屋顶绿化取得了很好的生态保护效果,表现出了明显的隔热降温、增加空气负氧离子和滞留粉尘（PM10）的主导生态功能。

7.10　实验/实习内容与要求

选择一单位附属绿地,调查绿化养护现状,评价其优缺点,并制定相应的养护管理技术方案。

■ 思考题

1. 园林树木养护管理有何意义?
2. 园林树木松土除草的技术要点有哪些?
3. 土壤改良主要有哪些措施?
4. 园林树木施肥有何特点? 园林树木施肥时应注意哪些原则?
5. 园林树木施肥有何作用? 施肥的方法主要有哪些?
6. 园林树木灌水与排水的原则是什么? 怎样掌握灌水量?
7. 造成冻害的因素主要有哪些? 怎样防治冻害的发生?
8. 低温伤害有哪些类型? 如何进行低温伤害的防治和受害后的养护管理?
9. 防治高温对树木伤害的措施有哪些?
10. 市政工程对树木的危害主要表现在哪些方面?
11. 园林树木病虫害防治主要有哪些?
12. 屋顶绿化的主要养护与管理措施有哪些?
13. 园林树木的保护和修补原则是什么?

8 园林树木的整形修剪

园林树木常强调"三分种、七分管",其中整形修剪技术就是一项极为重要的管理养护措施。通过修剪,能创造良好的树体结构,提高树木观赏效果,改善光照条件,平衡营养分布。同时,整形修剪又能调节控制植物的开花结果、防治病虫害、增强树木的抗逆性。所以在养护过程中,整形修剪是一项关键工作,具有很强的科学性与技巧性。在实际操作中,要根据不同情况区别对待。

"修剪",是指对树木的某些器官,如枝、叶、花、果、根等,加以疏删或剪截,以达到调节生长、开花和结实的目的。"整形",是指对植株施行一定的修剪措施及捆绑、扎等手段,使树木形成某种树体结构形态。整形修剪的关系可理解为整形必须在修剪的基础上完成,修剪必须按照整形的原则来进行。

8.1 树体结构与枝芽特性

整形修剪是提高城市绿化水平的一项重要的技术措施。掌握园林树木的树体结构与枝芽特性,是开展整形修剪工作的基础。

8.1.1 树体形态结构

各类树木(乔木、灌木、藤本)结构组成各有特点,现以

乔木为例来说明。树体形态结构组成主要包括树冠、主干、中干、主枝、侧枝、花枝组、延长枝等(图8.1)。

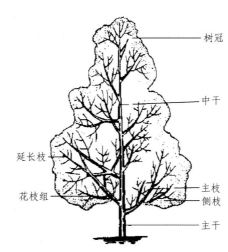

图8.1 树体结构示意图

① 树冠:主干以上枝叶部分的统称;② 主干:第一个分枝点至地面的部分;③ 中干:主枝在树冠中的延长部分;④ 主枝:着生在中干上面的主要枝条;⑤ 侧枝:着生在主枝上面的主要枝条;⑥ 花枝组:由开花枝和生长枝组成的一组枝条;⑦ 延长枝:各级骨干枝先端的延长部分。

组成树冠骨架的永久性树枝统称为骨干枝,如主干、中干、主枝、侧枝等。

8.1.2 枝条的类型

从整形修剪方面,大致可从以下几个方面研究分析枝条的类型,并根据树形考虑需要修剪的枝条(图8.2)。

(1) 根据枝条在树体上的位置,可将枝条分为主干、中干、主枝、侧枝、延长枝等。

(2) 根据枝条的姿势及其相互关系,可将枝条分为直立枝、斜生枝、水平枝、下垂枝、重叠枝、平行枝、轮生枝、交叉枝、逆行枝、内向枝、并生枝等。

凡直立生长垂直地面的枝条,称直立枝;和水平线成一定角度的枝条,称斜生枝;和水平线平行即水平生长的枝条称水平枝;先端向下生长的枝条,称下垂枝;倒逆姿势的枝条,称逆行枝;向树冠内生长的枝条,称内向枝;同在一个垂直面上且相互重叠的枝条,称重叠枝;同在一个水平面上且互相平行生长的枝条,称平行枝;多个枝的着生点相距很近,好似枝条从一点抽生并向四周放射伸展,称轮生枝;两个相互交叉的枝条,称交叉枝;自节位的某一点或某个芽并生两个或两个以上的枝条,称并生枝。

(3) 根据枝条在生长季内抽生的时期及先后顺序分为春梢、夏梢、秋梢和一次枝、二次枝等。

早春休眠芽萌发抽生的枝梢称春梢,七至八月抽生的枝梢称夏梢,秋季抽生的称秋梢。春季萌芽后第一次抽生的枝条称一次枝,当年在一次枝上抽生的枝条称二次枝。

(4) 根据枝龄可分为新梢、一年生枝、二年生枝等。

落叶树种中,凡带有叶的枝或落叶以前的当年生枝称新梢,而常绿树木中由春至秋当年抽生的部分称新梢;落叶以后至翌春萌芽以前的当年抽生的枝,称一年生枝;自萌芽后到第二年春为止的一年生枝,称二年生枝。

(5) 根据性质和用途可分为营养枝、徒长枝、叶丛枝、开花枝(结果枝)、更新枝及辅养枝等。

营养枝是所有生长枝的总称,包括长、中、短生枝,徒长枝,叶丛枝等。生长特别旺盛、枝粗叶大、节间长、芽小、含水分多、组织不充实,往往直立生长的枝条,称徒长枝。

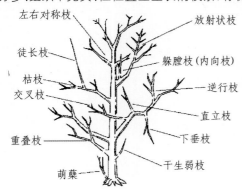

图8.2 着重考虑剪除枝条的种类

枝条节间短、叶片密集、常呈莲座状的短枝,称叶丛枝。花芽着生在观花树木上的枝条,称开花枝,着生在果树上称结果枝,根据枝条的长短又分为长花枝(长果枝)、中花枝(中果枝)、短花枝(短果枝)及花束状枝。不同的树种划分标准不同,用来替换衰老枝的新枝称更新枝;协助树体制造营养而暂时保留的枝条称辅养枝,如幼树主干上保留的枝条可以令其制造养分,以使树干充实。

8.1.3 芽的类型

在整形修剪中,理解芽的类别至关重要。不同类型的芽对应着不同的整形修剪方法。

1. 根据芽在枝条上着生部位,可分为顶芽和侧芽

顶芽指各种枝条顶端的芽。侧芽又称腋芽,指位于枝条叶腋的芽。绝大多数树木的顶芽比侧芽萌发力强,在形成的第二年一般都能萌发,而侧芽在第二年萌发量较少。

2. 根据芽的内部结构,可分为叶芽和花芽

一般来说,花芽比叶芽肥大饱满,鳞片包被紧凑。花芽分为纯花芽和混合芽两类。纯花芽萌发后只开花不抽枝叶,如观赏桃;混合花芽萌发后除抽生花序外,还同时抽生枝叶,如核桃的雌花、海棠花、国槐花等。

3. 根据芽的饱满程度,可分为饱满芽、瘪芽、轮痕

饱满芽指营养充足、芽体发育充实、芽鳞紧凑、芽体比较肥大饱满的芽。这类芽多集生在一年生枝的春梢和秋梢中部及枝条顶端。瘪芽指发育瘦弱的芽,着生在枝条基部轮痕和盲节处。轮痕指小叶脱落后留下的近似环形的叶痕。在旺盛生长的一年生枝上常有两个部位——基部轮痕和春秋梢轮痕。由于轮痕很难萌发枝条,修剪中常把这个部位叫"盲节"。

8.1.4 树相与树势

了解树体的树相和树势,是确定剪枝方法和修剪程度的前提。

1. 树相

树相是指树的长相,用以判断树木生长是否正常、是否过旺和衰老。多以枝条、叶片、皮色、芽的饱满度、绒毛等外部特征进行描述。一般将树相分为虚旺型、健壮型、衰老型,以方便在修剪中采用不同方法来区别对待。

(1) 虚旺型 突出特点是生长旺盛,一年生长枝多,生长节奏不明显,芽内幼叶分化小而少,长短枝数量上两极分化现象极明显,内膛短枝细弱,外围旺枝上叶大色浓。造成的原因常是肥水过量或修剪过重。虚旺型树木修剪调节的重点:采用轻剪缓放,加大旺枝角度,生长季节对旺长枝条进行控制,增加器官和芽的分化深度,以改变营养物质的分配方向、提高储藏营养水平、促进花芽形成;冬剪以轻剪缓放为主,只剪延长枝,其余春季发芽后进行复剪调整。

(2) 健壮型 特点是树体储藏营养水平高,各部外间分配合理,生长季中器官功能相互协调,各器官生长动态稳定,分化深、间歇期长,对不良环境适应性强;叶片较大、厚而整齐;枝类组成稳定,壮短枝多,营养枝稳定在15%左右。这类树的修剪要稳定手法,细致修剪,注意营养枝、壮短枝和花枝三者间的协调关系。

(3)衰老型 多发生在土质、水肥管理均较差的绿地,主要表现是树冠扩展小,枝条生长细弱,叶片较小;枝条生长期短,积累少。对于这类树的修剪调整要先以养树为主,适量留花,选留优质壮芽短截,刺激生长,扩大树冠,增加叶面积,养树养根。另外,配合水肥管理,扩穴深翻,增施有机肥,改变根系生境条件。

有一类树应注意区别,树小、叶小、花少,虽有一定长势,但生长量很低,枝条木质坚硬,枝皮较薄。这类树属于饥饿型,修剪对其调节作用不大,重点在增肥水养树。

2. 树势

树势是指树体营养生长与生殖生长的平衡程度和整体生长的势力强度。判明树势是确定剪枝方法和修剪程度的前提。判断树势的简易方法是根据外围延长枝的长度来确定树势的强、中、弱。一般情况下,幼龄树新梢长60 cm左右为强壮树,40 cm左右为中庸树,30 cm以下特别是低于20 cm的为弱树。枝条粗壮、节间短、枝干无病斑或伤口愈合较好的树,表明树势强壮;反之,表示树势衰

弱。枝条的生长势与花果量有直接关系,结实过多,枝条生长减弱;结实偏少,长势增强。这些现象在紫薇、金银木、石榴、珍珠梅等许多树种上表现都很突出。所以,修剪时可以通过调整花量和枝条角度,结合选枝或选芽来调节枝条的生长势以保持树势的稳定。

8.2 园林树木整形修剪的意义与原则

8.2.1 整形修剪的意义

1. 提高美学价值,增强树木配置效果

一般说来,自然树形是美的,但有时单纯的自然树形不能满足园林景观的需求,必须通过人工修剪整形,使树木在自然美的基础上,创造出人为干预后的自然与艺术融为一体的美。如现代园林中规则式建筑物前的绿化,就要具有艺术美和自然美的树形来烘托,也就是说将树木整修成规则或不规则的特殊形体,更能把建筑物的线条美进一步衬托出来。从树冠结构来说,经过人工修剪整形的树木,各级枝序、分布和排列会更科学合理,使各层的主枝在主干上分布有序,错落有致,各占一定方位和空间,互不干扰,层次分明,主从关系明确,结构合理,树形美观(图8.3)。

图8.3 整形修剪美化树形,增强观赏效果

图 8.4　树木长大后与建筑物矛盾

图 8.5　雪松的修剪应协调与房屋的矛盾

2. 调节树木与环境比例

在园林中放任生长的树木往往树冠庞大,在园林景点中,园林树木有时起着陪衬作用,不需要过于高大,以便和某些景点或建筑物相互烘托,相互协调,或形成强烈的对比,这就必须通过合理的修剪整形来加以控制,及时调节其与环境的比例,保持它在景观中应有的位置。如在建筑物窗前的绿化布置,既要美观大方,还要有利于采光,因此常配置灌木或球形树。与假山配置的树木常用修剪整形的方法控制树木的高度,使其以小见大,衬托山体的高大。

从树木本身来说,树冠占整个树体的比例是否得当,直接影响树形观赏效果。因此合理的修剪整形,可以协调冠高比例,确保观赏效果。

3. 协调各种矛盾,提高树木安全性

在城市街道绿化中,复杂的市政建筑设施常与树木发生矛盾,由于地上地下的电缆和管道关系,通常均需应用修剪整形来解决其与树木之间的矛盾。尤其行道树,上有架空线道,地面有人流车辆等问题。另外,随着树木的长大,与建筑物之间也会有矛盾(图 8.4,图 8.5)。

4. 维持树势,促进衰老树的更新复壮

生长在片林中的树木,由于接受上方光照,因此向高处生长,使主干高大,侧枝短小,树冠瘦长;相反,同样树龄同一种树木的孤植树,则树冠庞大,主干相对低矮。为了避免以上情况,可用人工修剪来控制。另外,树木在地上部分的长势还受根系在土壤中吸收水分、养分多少的影响。利用修剪可以剪掉地上部分不需要的枝条,使营养物质供应更集中,有利于留下的枝条及芽的生长。修剪还可以促进局部生长。由于枝条位置各异,枝条生长有强有弱,往往造成偏冠,极易倒伏,因此要及早修剪改变强枝先端方向和开张角度,以减弱强枝生长或去强留弱。但修剪幅度不能过大,以防削弱树势。具体是"促"还是"抑"要因树而异,也要因修剪方法、时期等而异。另外,对有潜芽、寿命长的衰老树进行适当重剪,结合施肥、浇水可使之更

新复壮。

5. 促进观花、观果树木的开花结果

正确修剪可使树体养分集中,使新枝生长充实,促进大部分短枝和辅养枝成为花果枝,形成较多的花芽,从而达到花开满树、果实满枝的目的。由于目前部分园林不善于修剪,使开花部位上移、外移,内膛空虚,花量大减。通过修剪可以调整营养枝和花果枝的比例,促其提早开花结果,同时克服大小年现象,提高观赏效果。

6. 改善通风透光条件

自然生长的树木或修剪不当的树木往往枝条密生,使湿度大大增加,为喜湿润环境的病虫害(蚜虫、蚧壳虫)的发生创造条件。疏枝使树冠内通风透光,可大大减少病虫害的发生。

8.2.2　整形修剪的原则

园林树木的整形修剪首先要根据园林绿化对该树木的要求。在确定目的要求后,还应根据树种实际的生长发育情况来实施。

1. 根据园林绿化的功能需求

不同的绿化目的各有其特殊的修剪整形要求,而不同的修剪整形措施会造成不同的后果。因此,首先应明确园林绿化对该树木的要求。例如,同是黄金榕,它在草坪上孤植供观赏与作绿篱栽植,就有完全不同的修剪整形要求,因而具体的修剪整形方法也就不同。

2. 根据树木生长发育规律

(1)树种的生长习性　不同树种的生长习性有很大差异,顶端优势强弱也不一样,而形成的树形也不同,必须采用不同的修剪整形措施。例如呈尖塔形、圆锥形树冠的乔木,如钻天杨、毛白杨、银杏等,顶芽的生长势强,形成明显的主干与主侧枝的从属关系,对于这类习性的树种可采用保留中央领导干的整形方式,修剪整形成圆柱形、圆锥形等;对于一些顶端生长势不太强,但发枝力却很强、易于

形成丛状树冠的树种,例如桂花、栀子、榆叶梅、毛樱桃等,可修剪整形成圆球形、半球形等形状;对一些喜光树种,如梅、桃、樱、李等,如果为了多结实,就可采用自然开心的修剪整形方式;而像龙爪槐等具有曲垂而开展习性的树种,则应采用选留外侧上方芽的方式,以便使树冠呈开张的伞形。

各种树木所具有的萌芽发枝力的大小和愈伤能力的强弱,对修剪整形的耐力有着很大的关系。具有很强萌芽发枝能力的树种,大多能耐多次的修剪,例如悬铃木、大叶黄杨、女贞等;萌芽发枝力弱或愈伤能力弱的树种,则应少行修剪或只行轻度修剪,如梧桐、玉兰等。

在园林中还必须运用修剪整形技术来调节各部位枝条的生长状况以保持匀称的树冠,均衡树势,并且使各级枝条的分布主从分明。这就必须根据植株上主枝和侧枝的生长关系来进行。所以欲借修剪措施来使各主枝间的生长势近于平衡时,则对强主枝加以抑制,使养分转至弱主枝方面来,其修剪的原则是"强主枝强剪,弱主枝弱剪",这样就可获得调节生长,使之逐渐平衡的效果。对欲调节生长势的侧枝而言,应掌握的原则是"强侧枝弱剪,弱侧枝强剪",这是由于侧枝是开花结实的基础,侧枝如生长过强或过弱,均不易转变为花枝,所以对强侧枝弱剪可产生适当的抑制生长作用而集中养分使之有利于花芽的分化,而花果的生长发育亦对强侧枝的生长产生抑制作用。对弱侧枝行强剪,则可使养分高度集中,并借顶端优势的刺激而发生出强壮的枝条,从而调节侧枝生长。

(2)根据树木的开花习性　树种的花芽着生和开花习性有很大差异,有的是先花后叶,有的是先叶后花;有的是单纯的花芽,有的是混合芽;有的花芽着生于枝的中部或上部,有的着生于枝梢。这些千变万化的差异均是进行修剪时应予考虑的因素,否则很可能造成较大损失。凡秋季开花的树木,都在当年生的新梢上形成花芽,应在早春发芽前修剪,而不宜在花后即行修剪,以免刺激新梢大量发生而遭冻害。

(3)根据树木的年龄　不同年龄时期的树木,由于生长势和发育阶段上的差异,应采用不同的整形修剪的方法和强度。树木处于幼年期时,由于具有旺盛的生长势,不宜行强度修剪,否则会使枝条不能及时在秋季成熟,从而降低抗寒力,也会造成延迟开花年龄的后果。所以对幼龄小树除特殊需要外,只宜弱剪不宜强剪,以求扩大树冠快速成形。成年期树木正处于旺盛开花结实阶段,此期具有完整优美的树冠,花果类树木主要是调节生长与发育的关系,防止不必要的养分消耗,促进花芽分化,配好花枝与生长枝、叶芽和花芽的比例,延长开花结实的旺盛期。观形类树木,主要是通过修剪,保持丰满的树冠,防止变形和内膛空虚。衰老期树木,因其生长势衰弱,所以修剪时应以强剪为主,以刺激其恢复生长势,并应善于利用徒长枝来达到更新复壮的目的。

3. 根据环境条件

由于树木的生长发育与环境条件具有密切关系,因此即使具有相同的园林绿化目的和要求,但由于环境条件的不同,在进行具体修剪整形时也会有所不同。在良好的土壤条件下,树木生长高大,反之则矮小。因而整形时,在土地肥沃处以修剪整形成自然式为佳,而在土壤瘠薄或地下水位较高处则应适当降低分枝点,使主枝在较低处即开始构成树冠。在无大风袭击的地方可采用自然式树高和树冠,而在风害较严重的地方主干则宜降低高度,并应使树冠适当稀疏。在春夏雨水较多、易发病虫害的南方,应采用通风透光良好的树形和修剪方法,而在气候干燥、降水量少的内陆地区,修剪不宜过重。

此外,还要掌握树木生长空间的大小及其与空中管线、房屋、建筑等的相互关系,以及人们对采光程度的要求等进行合理修剪。

8.3　园林树木修剪的时期与方法

8.3.1　园林树木修剪的时期

园林树木的修剪,理论上来讲一年四季均可进行,只要在实际运用中处理得当,掌握得法,都可以取得较为满意的结果。许多因素对园林树木修剪的时期有着重要的影响,如各树种的抗寒性、生长特性及物候期。有些树木因伤流等原因,要求在伤流最少的时期内进行。总的来说,修剪时期可分为冬季修剪(休眠期修剪)和夏季修剪(生长期修剪)。

1. 冬季修剪(休眠期修剪)

落叶树从落叶开始至春季萌发前修剪,称为冬季修剪或休眠期修剪。在这段时期内,树木生长停滞,树体内养料大部分回归根部,修剪后营养损失最少,且修剪的伤口不易被细菌感染腐烂,对树木生长影响较小。大部分树木及多量的修剪工作在此时间内进行。冬季修剪应视各地气候而异,大抵自土地解冻树木休眠后至次年春季树液开始流动前施行。

冬季修剪对观赏树种树冠的形成、枝梢的生长、花果枝的形成等有重要影响,因此进行修剪时要考虑到树龄等因素。通常对幼树的修剪以整形为主;对于观叶树以控制侧枝生长、促进主枝生长为目的;对花果类树则着重于培养构成树形的主干、主枝等骨干枝,以使其早日成形,提前观花观果。

冬季严寒的地区树木在根系旺盛活动之前修剪对芽的萌发影响不大,修剪后伤口易受冻害,以早春修剪为宜,但不应过晚。早春修剪在树体营养物质尚未由根部向上输送时进行可减少养分的损失,且对花芽、叶芽的萌发影响也不大。

对于生长正常的落叶果树来说,一般要求在落叶后 1 个月左右修剪,不宜过迟。有伤流现象的树种,如核桃、槭类、四照花、葡萄等,在萌发后有伤流发生,伤流使树木体内的养分与水分流失过多,造成树势衰弱,甚至枝条枯死,因此修剪应在春季伤流期前进行。如葡萄冬剪应在落叶后至次年伤流来临前的 20 天进行,南方以 1 月为好,否则伤流严重;核桃在落叶后 11 月中旬开始发生伤流,故应在果实采收后、叶片枯黄之前进行修剪。

2. 夏季修剪(生长期修剪)

夏季修剪在生长季节进行,故也称为生长期修剪,是自萌芽后至新梢或副梢延长生长停止前这一段时期内实施修剪,其具体日期则应视当地气候及树种而异,但勿过迟,否则易促使发生新副梢而消耗养分且不利当年新副梢充分成熟。

在植物的生长季节剪去大量枝叶,对树木尤其对花果类树有一定影响,故宜尽量从轻。对于发枝力强的树,如在冬剪基础上培养直立主干,就必须对主干顶端剪口附近的大量新梢进行短截,目的是控制其生长,调整并辅助主干的长势和方向。对于花果树及行道树的修剪,主要控制竞争枝、内膛枝、直立枝、徒长枝的发生和长势,以集中营养供骨干枝旺盛生长之需。而对于绿篱的夏季修剪,主要为了保持整齐美观,同时可将剪下的嫩枝作插穗。树木在夏季着叶多时修剪,易调节光照和枝梢密度,便于判断病虫、枯死与衰弱的枝条,也便于把树冠修整成理想的形状。幼树整形和控制旺长,更应重视夏季修剪。

常绿树种,尤其是常绿花果类树种,如桂花、山茶、柑橘等,无真正的休眠期,根系与枝叶终年活动,叶片不断进行光合作用,而且能贮藏营养,若过早剪去枝叶,容易导致养分的损失。因此,其修剪时间,除过于寒冷或炎热的天气外,大多数常绿树种的修剪终年都可进行,但以早春萌芽前后至初秋以前最好。因为新修剪的伤口大都可以在生长季结束之前愈合,同时可以促进芽的萌动和新梢的生长。

8.3.2 园林树木修剪的方法

总的来说,修剪的技法包括截、疏、放、伤、变等。其中,休眠期修剪的方法包括截干和剪枝,生长期的修剪包括折裂、除芽、摘心、捻梢、屈枝、摘叶、摘蕾、摘果等,在休眠期和生长期均可施行的方法包括切刻、纵伤、横伤、环剥、断根等。

1. 截

截又称短截、短剪,指对一年生枝条的剪截处理。枝条短截后养分相对集中,可刺激剪口下侧芽的萌发,增加枝条数量,促进营养生长或开花结果。短截程度影响枝条的生长,短剪程度越重,局部发芽越旺,短截可根据短截的程度分为以下几种(图 8.6)。

(1)轻短截　轻剪枝条的顶梢(即剪去枝条全长的 1/5~1/4)。枝条经轻短截后,多数半饱满芽受到刺激而萌发,形成大量中短枝,有利于形成果枝,促进花芽分化。主要用于花果类树木强壮枝的修剪。

(2)中短截　剪截到枝条中部或中上部的饱满芽处(剪去枝条全长的 1/3~1/2)。由于剪口芽强健壮实,养分相对集中,刺激其多发强旺的营养枝。因此剪截后能促进分枝,增强枝势,连续中短截能延缓花芽的形成。主要用于某些弱树复壮以及骨干枝和延长枝的培养。

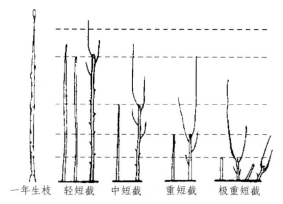

一年生枝　轻短截　中短截　重短截　极重短截

图 8.6　不同程度短截新枝及其生长

(3)重短截　剪到枝条下部饱满芽处(剪去枝条全长的 2/3 以上)。剪截后由于留芽少,刺激作用大,可促使枝条基部隐芽萌发。主要用于弱树、老树、老弱枝的复壮更新。

(4)极重短截　是在春梢基部留 2~3 个侧芽,其余剪去。剪后只能萌发出 1~3 个中短枝条,可降低枝的位置,削弱旺枝、徒长枝、直立枝的生长,以缓和枝势,促进花芽的形成。主要应用于竞争枝处理。

短截的作用如下:

① 轻短截能刺激顶芽下面的侧芽萌发,从而使枝叶量增加,有利于有机物的积累,促进花芽分化。

② 短截缩短了枝叶与根系营养运输的距离,从而便于养分的运输。据测定,休眠季短截后新梢内水分和氮素的含量比对照的高,而糖类含量则较低,说明短截有利于营养生长和更新复壮。

③ 短截可以改变顶端优势的位置,故为了调节枝势平衡,可采用"强枝短剪,弱枝长剪"的做法。

④ 短截后枝梢上下部水分、氮素分布梯度增加,比疏剪明显,说明短截比疏剪更能增强同一枝上的顶端优势,故强枝过度短截,往往顶端新梢长,下部新梢过弱,不能形成花枝。

⑤ 短截可以控制树冠的大小和枝梢的长短,培养各级骨干枝。短截时,根据空间与整形的要求,应注意剪口芽的位置和方向,剪口芽留在可以发展的、有空间的地方,留芽的方向要注意有利于树势的平衡。

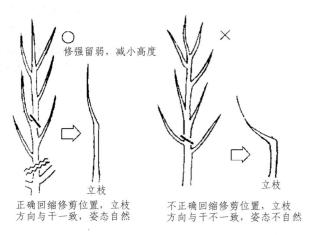

图 8.7　缩剪

回缩(又称缩剪,图 8.7),是指对多年生枝条进行短截的修剪方式。一般修剪量大,对枝条刺激较重,有更新复壮的作用。多用于枝组或骨干枝更新,以及控制树冠辅养枝等。其效果与缩剪程度、留枝强弱、伤口大小等有关。如缩剪时留强枝、直立枝,伤口较小,缩剪适度可促进生长;反之则抑制生长。前者多用于更新复壮,后者多用于控制树冠或辅养枝。

树木经过多年生长,枝梢越伸越远,基部枝条脱落也越来越多,形成光腿枝。为了降低顶端优势位置,促进多年生枝基部更新复壮,如二球悬铃木等,常采用回缩修剪进行树形改造。但此时应注意,为使多年生枝后部较易萌生新枝填空补缺,剪口下应留平伸或下垂的弱小枝条。如果剪口下留较长或直立枝条则抑前促后的作用小,后部发枝也少。例如毛白杨,在回缩大枝时一定要注意,毛白杨主干木材易腐朽,主枝基部一般都有个稍微鼓起、颜色较深的环(或半环状),称皮脊。皮脊往木材里延伸会形成一个膜,将枝与干分开,起保护作用,称之为保护颈。剪除大枝时,剪口或锯口要求在皮脊的外侧,留下保护颈,以防微生物等侵入主干,造成木材朽烂。对于苹果、梨等果树,当主枝选留的数量达到要求,树木又生长得较高时,往往要进行截顶。实践中有很多树木为了降低其高度,通常也要将顶尖剪除,这种截顶实质是一种更新了的回缩,这种回缩因去掉正常树冠而改变树形,伤口又大,很容易导致锯断处的伤口严重腐朽,还可能因为去掉枝叶失去遮阴,使树皮突然暴露在直射光下而发生日灼病。所以,在剪除大枝时剪口应该用石蜡、油漆、沥青等涂抹处理。为了防止破坏树形与日灼,应逐年、分期进行截顶,不能急于求成。

2. 疏

疏又称疏剪或疏删,是将枝条自分生处(枝条基部)剪去。疏剪能减少树冠内部枝条数量,可调节枝条分布趋向合理与均匀,改善树冠内膛的通风与透光,增强树体的同化功能,减少病虫害发生,并促进树冠内膛枝条营养生长或开花结果。疏剪对全树总生长量有削弱作用,但能促进树体局部生长。疏剪的对象主要是枯枝、病虫枝、过密枝、徒长枝、竞争枝、衰弱枝、下垂枝、交叉枝、重叠枝及并生枝等(图 8.8)。

依据疏剪强度可将疏剪分为轻疏(疏枝占全树枝条的 10％,下同)、中疏(10％～20％)、重疏(20％以上)。疏剪强度依树种、长势和树龄而定。萌芽力强、成枝力弱的或萌芽力、成枝力都弱的树种,应少疏枝。如马尾松、雪松等枝条轮生,每年发枝数有限,尽量不疏枝;萌芽力、成枝力都强的树种,可多疏,如悬铃木;幼树宜轻疏,以促进树冠迅速增大,对于花灌木类则可提早形成花芽开花。

疏剪的作用如下:

① 因为疏枝减少树体总枝叶量,所以对植株整体生长有削弱作用。疏枝对局部的刺激作用与短截不同,与枝条的着生位置有关,对同侧的剪口以下的枝条有增强作用,对同侧剪口以上的枝条有削弱作用,因为疏枝后在母枝上产生伤口,影响营养物质的运输。疏枝越多,伤口间距离越近,距伤口越近的枝条,这两种作用越明显。通常用疏枝控制枝条旺长或调节植株整体和局部的生长势。

② 因为疏剪减少枝叶量,使得树冠内光线增强,特别是短波光增强得更多,其有利于组织分化,不利于细胞伸长,故为了减少分枝或促进花芽分化,可采用疏剪的方法。以观果为目的的树木,应适当疏枝疏叶,使果实着色好。

③ 疏剪削弱树体和母枝生长势较短截明显,常用以调节植株整体与局部的生长势。但疏剪反而可以加强植株整体和母枝的生长势。

④ 为了改善树冠内的通风透光状况,增强同化作用,促进花芽分化,同时增加树木的观赏效果,对树木修剪要首先进行常规修剪。园林中绿篱或球形树的修剪,常因短截修剪造成枝条密生,致使树冠内枯死枝、光腿枝过多,因此必须与疏剪交替应用。疏剪的应用要适量,尤其是幼树一定不能疏剪过量,否则会打乱树形,给以后的修剪带来麻烦。疏剪工作贯穿全年,可在休眠期、生长期进行。

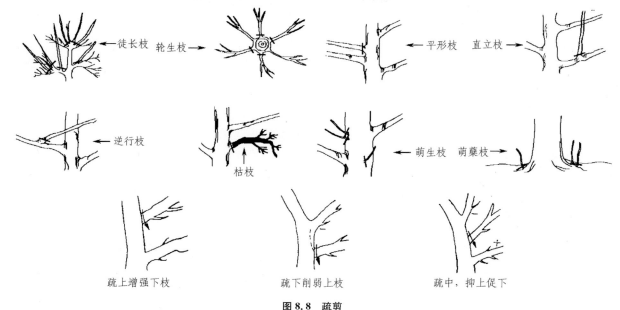

徒长枝 轮生枝 平形枝 直立枝
逆行枝 枯枝 萌生枝 萌蘖枝
疏上增强下枝　　　疏下削弱上枝　　　疏中，抑上促下

图 8.8　疏剪

3. 放

放又称甩放或长放,是指不进行修剪,保留枝条顶芽,让顶芽发枝。其原理是利用单枝生长势逐年递减的自然规律。长放的枝条留芽多,抽生的枝条也相对增多,致使生长前期养分分散,多形成中短枝,生长后期积累养分较多,能促进花芽分化和结果。但是营养枝长放后,枝条增粗较快,特别是背上的直立枝,运用不妥会出现树上长树的现象。一般情况下,对背上的直立枝不采取甩放,如果必须甩放也应结合运用其他的修剪措施,如弯枝、扭梢或环剥等。

甩放一般多应用于长势中等的枝条,其形成花芽把握性较大,不会出现越放越旺的情况。通常对桃花、西府海棠、榆叶梅等花木的幼树,为了平衡树势,增强较弱枝条的生长势,往往采取长放的措施,使该枝条迅速增粗,赶上其他枝的生长势;丛生的花灌木多采用长放的修剪措施,如整剪连翘时,为了形成潇洒飘逸的树形,在树冠的上方往往甩放3～4条长枝,远远看去长枝随风摆动,观赏效果好,杜鹃、金银木、迎春等花木也多采用甩放的修剪方法。

4. 伤

伤是指用各种方法损伤枝条韧皮部和木质部,以达到调整枝条生长势,缓和树势的目的。如环割、刻伤、扭梢等。

1) 环状剥皮

是指在发育盛期对不大开花结果的枝条,用刀在枝干或枝条基部适当部位,剥去一定宽度的环状树皮。环剥在一段时期内可阻止枝梢碳水化合物向下输送,利于其上方枝条营养物质的积累和花芽的形成(图 8.9)。但根系因营养物质减少,受一定影响。环状剥皮深达本质部,剥皮宽度以1个月左右剥皮伤口能愈合为宜。一般为枝粗的1/10左右,弱枝不宜剥皮。

虽然环剥对花芽的形成和坐果率的提高有很大的作用,但采用环剥措施时必须注意以下几点:

① 因为环剥技术是在生长季应用的临时性修剪措施,在冬剪时要将环剥以上的部分逐渐剪除,所以,在主干、中干、主枝、侧枝等骨干枝上不能应用环状剥皮。

② 伤流过旺、易流胶的树种不宜采用环剥。

③ 施用环剥部位以上的枝条要留足够的枝叶量,环剥一般以春季新梢叶片大量形成后最需要同化养分时应用,如花芽分化期、果实膨大期等进行比较合适。

④ 环剥不宜过宽或过窄,宽度一般为2～10 cm,要根据枝的粗细和树种的愈伤能力而决定。过宽,不能愈合,对树木生长不利;过窄,愈合过早,达不到环剥的目的。

图 8.9　环状剥皮

⑤ 环剥不宜过深或过浅,过深会伤其木质部,易造成环剥枝条折断或死亡,过浅会使韧皮部残留,环剥效果不明显。

2)刻伤

用刀在芽(或枝)的上方(或下方)横切(或纵切)而深及木质部的方法。在春季树木发芽前,在芽上方刻伤,可暂时阻止部分根系贮存的养料向枝顶回流,使位于刻伤口下方的芽获得较为充足的养分,有利于芽的萌发和抽新枝,刻伤越宽效果越明显。如果生长盛期在芽的下方刻伤,可阻止碳水化合物向下输送,滞留在伤口芽的附近,同样能起到环状剥皮的效果。主要方法有:

(1)目伤 在枝芽的上方行刻伤,伤口形状似眼睛,伤及木质部,以阻止水分和矿质养分继续向上输送,以在理想的部位萌芽抽生壮枝;反之,在枝芽的下方行刻伤时,可使该芽抽生枝生长势减弱,但因有机营养物质的积累,有利于花芽的形成(图8.10)。

(2)纵伤 指在枝干上用刀纵切而深达木质部的刻伤,目的是为了减小树皮的机械束缚力,促进枝条的加粗生长。纵伤宜在春季树木开始生长前进行,实施时应选树皮硬化部分,细枝可行一条纵伤,粗枝可纵伤数条。

(3)横伤 指对树干或粗大主枝横切数刀的刻伤方法,其作用是阻滞有机养分的向下回流,促使枝干充实,有利于花芽分化,达到促进开花、结实的目的。作用机理同环剥,只是强度较低而已。

此法在观赏树木修剪中广为应用,如雪松的树冠往往发生偏冠现象,用刻伤可补充新枝。再如观花观果树的光腿枝,为促进下部萌发新枝,也可用刻伤方法。

3)扭梢与折梢

在生长季内,将生长过旺的枝条(特别是着生在枝背上的旺枝),将其中上部扭曲下垂称为扭梢(图8.11),将新梢折伤而不断则为折梢(图8.12)。扭梢与折梢是伤骨不伤皮,目的是阻止水分、养分向生长点输送,削弱枝条长势,利于短花枝的形成,如碧桃常采用此法。

5. 变

改变枝条生长方向,以缓和枝条生长势的方法称为变,如曲枝、拉枝、抬枝等。其目的是改变枝条的生长方向和角度,使顶端优势转位、加强或削弱。将直立生长的背上枝向下曲成拱形时,顶端优势减弱,枝条生长转缓。下垂枝因向地生长,顶端优势弱,枝条生长不良,为了使枝势转旺,可抬高枝条,使枝顶向上。曲枝、拉枝、抬枝等的具体操作方法和材料等,可以因地制宜,如图8.13所示,使用钢丝和绳索均可以达到拉枝的目的。

6. 其他

1)摘心

在生长季节,随新梢伸长,随时剪去其嫩梢顶尖的技术措施称为摘心。具体进行的时间依树种、目的要求而异。通常在梢长至适当长度时,摘去先端4～8 cm,可使摘心处1～2个腋芽受到刺激发生二次枝,根据需要二次枝还可再进行摘心(图8.14)。

摘心的作用如下:

(1)促进花芽分化 摘心削弱了枝条顶端优势,改变营养物质运输的方向,促进了花芽分化。因为摘心后养分不能再大量地流入新梢顶端,而集中在下部的叶片和枝条内,所以摘心可促进花芽分化和坐果。

(2)促进分枝 摘心改变了顶端优势,促使下部侧芽萌发,从而增加了分枝。枝条叶腋中的芽生长受阻或不能萌发,与顶芽合成的高浓度生长素抑制的结果有关。摘心后去除了顶端的生长点,生长素的来源减少,使供应腋芽的细胞激动素含量增加,营养供应增多,则引起腋芽萌动加强。摘心时,同时摘除幼叶,使赤霉素的含量也减少,更有利于腋芽的萌发和生长。其结果促使二次梢的抽生,达到快速成形的目的。

(3)促使枝芽充实 适时摘心可以使下部的枝芽得到足够的营养,使枝条生长充实、芽体饱满,从而有利于提高枝条的抗寒力和花芽的发育。

图8.10 目伤　　　　　图8.11 枝条扭梢示意图

图8.12 枝条折梢(枝)示意图

图8.13 拉枝

图8.14 摘心

（4）适时摘心不但增加分枝数，而且增加分枝级次，有利于提早形成花芽　摘心首先要有足够叶面积的保证；其次，要在急需养分的关键时期进行，不宜过迟或过早。而且利用摘心可以延长花期，如夏秋开花的紫薇、木槿、兰香草等，可对部分新梢进行摘心，另一部分不摘心，摘心的部分可提前形成花芽开花，不摘心的部分正常花期开花，则可延长整个植株花期15～20天，而对早开花的枝条花后进行修剪（去残花）又可发生新枝开花，则又可延长花期10～20天，因此利用摘心技术可使整个花期延长很多。

2）摘叶

带叶柄将叶片剪除称摘叶。摘叶可改善树冠内的通风透光条件，使观果的树木果实充分见光后着色好，从而提高观赏效果；对枝叶过密的树冠，进行摘叶有防止病虫害发生的作用；通过摘叶还可以进行催花。

广州每年春节期间的花市上有几十万株桃花上市，其实在广州春节期间并不是桃花正常的花期。为什么在此时桃花会盛开呢？据当地花农介绍，每年根据春节时间的早晚，在前一年的10月中旬或下旬对桃花进行摘叶，方可使桃花在春节期间开放，保证及时上市，否则在春节后开放，则不能上市，没有任何经济价值了。当地花农有这样的谚语："适时开花（春节前）就是宝，不适时（春节后）开花变柴草。"又如，使北京的紫丁香、连翘、榆叶梅等春季开花的花木在国庆节开花，也可以通过摘叶法进行催花，一般在8月中旬摘去一半叶片，9月初，再将剩下的叶片全部摘除，同时加强肥水管理，应用此方法，可使诸多春季开花的花木在国庆期间应时开放。

3）剪梢（除梢）

在生长季节，由于某些树木新梢未及时摘心，使枝条生长过旺，伸展过长，且又木质化。为调节观赏树木主侧枝的平衡关系，调整观花观果树木的营养生长和生殖生长关系，采取剪掉一段已木质化的新梢先端，即为剪梢。

4）除芽（抹芽）

为培养通直的主干，或防止主枝顶端竞争枝的发生，在修剪时将无用或有碍于骨干枝生长的芽除去，即为除芽。如月季、牡丹、花石榴等脚芽。

5）除萌（去蘗）

是指除去主干基部及伤口附近当年长出的嫩枝或根部长出的根蘗。避免枝条和根蘗影响树型，分散树体养分。剪除最好在木质化前进行，亦可用手除掉。此外，碧桃、榆叶梅等易长根茬，也应除掉。

6）摘蕾、摘果（又称疏花疏果）

花蕾或幼果过多，影响存留花果的质量和坐果率，如月季、牡丹等，为促使花朵硕大，过多的花蕾应摘除。如易落花的花灌木，一株上不宜保持较多的花朵，应及时疏花。

7）折裂

为了曲折枝条，使之形成各种艺术造型，常在早春芽略萌动时，对枝条施行折裂处理。具体做法：先用刀斜向切入，深达枝条直径的1/2～2/3处，然后小心地将枝弯折，并利用木质部折裂处的斜面相互顶住（图8.15）。为了防止伤口水分过多损失，往往在伤口处进行包裹。

205

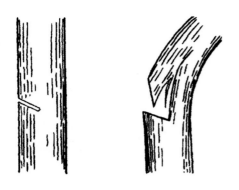
图 8.15 枝条折裂示意图

8）拿枝(梢)

拿枝是用手对旺梢自基部到顶部慢慢捏一捏,响而不折,伤及木质部,即通常花农所说的"伤骨不伤皮"。这些方法可以阻碍养分的运输,从而使生长势缓和,促进中、短枝的形成,有利于花芽的分化。折梢和折枝也有类似的作用,需要时可以应用。

9）曲枝

是在生长季将新梢施行曲枝、绑扎或扶立等诱引技术措施。这一些措施虽未损伤任何组织,但当直立诱引时,可增强生长势;当水平诱引时,则有中等的抑制作用,使组织充实,易形成花芽,或使枝条中、下部形成强健的新梢;当下曲诱引时,则有较强的抑制作用,在对观赏树木造型时经常应用。

10）圈枝

在幼树整形时为了使主干弯曲或成疙瘩状,常采用圈枝的技术措施,使树木生长势缓和,树姿生长不高,且能提早开花。

11）撬树皮

是为了在树干上某部位产生疙状隆起,好似高龄古树的老态龙钟,在生长最旺的时期,用小刀插入树皮下轻轻撬动,使皮层与木质部分离,则经几个月后这个部分就会呈现疙状隆起。

12）断根

是将植株的根系在一定范围内全部切断或部分切断的措施。进行抑制栽培时常常采取断根的措施,断根后可刺激根部发生新的须根,所以在移栽珍贵的大树或移栽山野里自生的大树时,往往在移栽前 1～2 年进行断根,在一定的范围内促发新根,非常有利于大树移栽成活。

8.3.3 园林树木常用修剪工具与机械

1. 小枝和细干的修剪

剪刀适用于小枝和细干的修剪,主要包括桑剪、圆口弹簧剪、小型直口弹簧剪、残枝剪、大平剪、高枝剪、长把修枝剪等。

（1）桑剪 适用于剪截木质坚硬粗壮的枝条,注意在切粗枝时应稍加回转。

（2）圆口弹簧剪 适用于剪截 2 cm 以下的枝条。

（3）小型直口弹簧剪 适用于夏季摘心、折枝及树桩盆景小枝修剪。

（4）残枝剪 刀刃在外侧,可从枝条基部平整、完全地剪除残枝。

（5）大平剪 适用于修剪绿篱、球形树和造型树木的当年生嫩梢。

（6）高枝剪 装有一根能够伸缩的铝合金长柄,使用时可根据修剪要求来调整高度。

（7）长把修枝剪 适用于高灌木丛的修剪。

2. 粗枝和树干的修剪

锯适用于粗枝和树干的修剪,常用的有手锯、单面修枝锯、双面修枝锯、高枝锯和电动锯等。

（1）手锯 适用于花木、果木、幼树枝条的修剪。

（2）单面修枝锯 适用于截断树冠内中等粗度的枝条。

（3）双面修枝锯 适用于锯除粗大的枝干。

（4）高枝锯 适用于修剪树冠上部大枝。

（5）电动锯 适用于大枝的快速锯截。

3. 高大树木的修剪

对高大树木的修剪,采用移动式的升降机辅助能大幅度提高工作效率。

8.3.4 修剪的程序

园林树木在修剪时,最忌讳漫无目的、不假思索地乱剪。这样常会将需要保留的枝条也剪掉了,而且速度也慢。因此,园林树木的修剪程序概括起来,即"一知、二看、三剪、四拿、五处理、六保护"。

① 知:修剪人员要了解修剪的质量要求和技术操作规程以及该地段对植物的特定要求。

② 看:修剪前先绕树观察,明确各级枝的着生状况和树势,以此确定修剪方法、修剪后的树形、修剪程度。

③ 剪:根据因地制宜、因树修剪的原则进行合理修剪。先处理大枝、中枝,后修剪小枝;先疏枝,后短截;先修剪内膛后修剪外围;先修剪上部后修剪下部。这样既能避免碰伤已剪过的部分,保证修剪质量,又可提高修剪速度。

④ 拿:修剪下的枝条及时拿掉,集中运走,保证环境整洁。

⑤ 处理:剪下的枝条,特别是病虫害枝条要及时处理,防止病虫害蔓延。

⑥ 保护:对于已修剪的树木要采取一定的保护措施,防止其受到外界不利因素的伤害。如修剪直径20 cm以上的大树时,截口必须削平,并在截口处涂抹凡士林等。

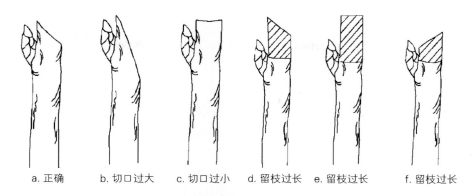

a. 正确　　b. 切口过大　　c. 切口过小　　d. 留枝过长　　e. 留枝过长　　f. 留枝过长

图 8.16　剪口位置与剪口芽的关系

8.4　园林树木修剪中常见问题与注意事项

园林树木修剪是一项繁杂、细致的工作。在树木修剪过程中,常会遇到剪口芽、分枝角度、枝条锯截、竞争枝等需要处理的问题。随着近年来绿地面积迅速扩大,需要探讨和解决的问题越来越多。

8.4.1　剪口芽

在修剪具有永久性各级骨干枝的延长枝时,应特别注意剪口与其下方芽的关系(图 8.16)。剪口要平坦,剪口芽上部分不宜留得过长,剪口斜面不能太大,剪口芽留外芽。同时,剪口最好与剪口芽成 45°角的斜面。从剪口的对侧下剪,斜面上方与剪口芽尖相平,不留残桩,斜面最低部分和芽基相平,芽萌发后生长快。

图中 a 是正确的剪法,即斜切面与芽的方向相反,其上端与芽端相齐,下端与芽的腰部相齐。这样剪口面不大,又利于对芽供应养分、水分,使剪口面不易干枯而可很快愈合,芽也会抽梢良好。图中 b 的剪法则形成过大的切口,切口下端达于芽基部的下方,由于水分蒸腾过快,会严重影响芽的生长势,甚至可使芽枯死。图中 c 的剪法尚属

可行,但技术不熟练者易发生图中 e 或损伤芽的弊病。图中 d、e、f 的剪法,遗留下一小段枝梢,常常不易愈合,并为病虫的侵袭打开门户,而且如果遗留枝梢过长,在芽萌发后易形成弧形的生长现象(图 8.17)。这对于幼苗的延长主干来讲,会降低苗木的品级。但在春季多旱风期亦常行如 d 或 e 的剪法,待度过春季旱风期后再行第二次修剪,剪除芽上方多余的部分枝段。

此外,除了注意剪口芽与剪口的位置关系外,还应注意剪口芽的方向就是将来延长枝的生长方向。因此,须从树冠整形的要求来具体决定究竟应留哪个方向的芽。一般对垂直生长的主干或主枝而言,每年修剪其延长枝时,所选留的剪口芽的方向应与上年的剪口芽方向相反,如此才可以保证延长枝的生长不会偏离主轴(图 8.18)。

至于向侧方斜生的主枝,其剪口芽应选留向外侧或向树冠空疏处生长的方向。

以上所述均为修剪永久性的主干或骨干枝时所应注意的事项,至于小侧枝,则因其寿命较短,即使芽的位置、方向等不适当也影响不大。

另外,留芽的位置不同,未来新枝生长方向也各有不同,留上、下两枚芽时,会产生向上向下生长的新枝;留内外芽时,会产生向内向外生长的新枝(图 8.19)。

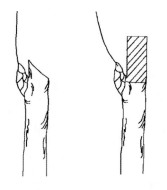

图 8.17　不同剪法剪口芽的发枝趋势

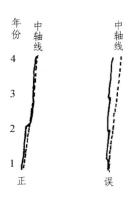

图 8.18　垂直主干延长枝的逐年修剪方法

207

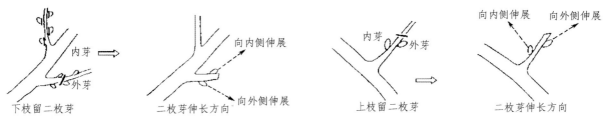

图 8.19　上下枝留芽的生长方向

下枝留二枚芽　　二枚芽伸长方向　　上枝留二枚芽　　二枚芽伸长方向

内芽　外芽　向内侧伸展　向外侧伸展

8.4.2　分枝角度

对高大的乔木而言,分枝角度太小时,容易受风吹、雪压、冰挂或结果等过多压力而发生劈裂现象。因为在二枝间由于加粗生长而互相挤压,不但不能有充分的空间发展新组织,反而使已死亡的组织残留于二枝之间,降低了承压力。反之,当分枝角度较大时,则由于有充分的生长空间,二枝间的组织联系得很牢固而不易劈裂(图8.20)。

基于上述道理,修剪时应剪除分枝角过小的枝条,而选留分枝角较大的枝条作为下一级的骨干枝。对初形成树冠而分枝角小的大枝,可用绳索将枝拉开,或于二枝间嵌撑木板,加以矫正。但是分支角也不宜过大,这会影响树体的稳定性,导致树体劈裂。因此,分枝角的角度应该掌握在50°左右最佳。

8.4.3　枝条锯截

在疏剪或截除粗大的侧生枝干时,应先用锯在粗枝基部的下方,由下向上锯入1/3～2/5,然后再自上方在基部略前方处从上向下锯下,如此可以避免劈裂(图8.21)。最后再用利刃将伤口自枝条基部切削平滑,用20%的硫酸铜溶液来消毒,并涂上保护剂以免病虫侵害和水分蒸腾。伤口平滑有利于愈伤组织的发展,有利于伤口的愈合。保护剂可以用接蜡、涂白剂、桐油或油漆等。同时,注意在枝条锯截时,不能留下残桩。

8.4.4　竞争枝

如果冬剪时对顶芽或顶端侧芽处理不当,常在生长期形成竞争枝,如不及时修剪,往往扰乱树形,影响树木功能效益的发挥。可按如下方法处理:对于一年生竞争枝,如果下部邻枝弱小,竞争枝未超过延长枝的,可从竞争枝基部一次剪除(图8.22a);如果竞争枝未超过延长枝,但下部邻枝较强壮,可分两年剪除,第一年对竞争枝重短截,抑制竞争枝长势,第二年再齐基部剪除(图8.22b);如果竞争枝长势超过延长枝,且竞争枝的下邻枝较弱小,可一次剪去较弱的延长枝,称换头(图8.22c);如果竞争枝超过延长枝,竞争枝的下邻枝又很强,则应分两年剪除延长枝,使竞争枝逐步代替原延长枝,称转头,即第一年对原延长枝重短剪,第二年再疏剪它(图8.22d)。

对于多年生竞争枝,如果是花、果树木,附近有一定的空间时,可把竞争枝一次性回缩修剪到下部侧枝处,如果会破坏树形或会留下大空位,则可逐年回缩删除(图8.23)。

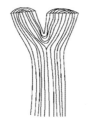

a. 分枝角小,结合不牢固　　b. 分枝角大,结合牢固

图 8.20　分枝角度大小的影响

a. 错误　　b. 正确　　c. 削平伤口并涂护伤剂

图 8.21　大枝锯截

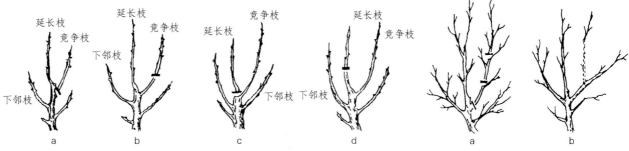

图 8.22　一年生竞争枝的处理　　　　图 8.23　多年生竞争枝的处理

8.4.5 修剪的安全措施

(1) 修剪时使用的工具应当锋利,上树机械或折叠梯在使用前应检查各个部件是否灵活,有无松动,防止发生事故。

(2) 上树操作必须系好安全带、安全绳,穿胶底鞋,手锯一定要拴绳套在手腕上,以保安全。作业时严禁嬉笑打闹,上树前不许饮酒,要思想集中,以免错剪。刮五级以上大风、下雨、雷电天气时,不宜在高大树木上修剪。

(3) 在高压线附近作业时,应特别注意安全,避免触电,必要时应请供电部门配合。

(4) 行道树修剪时,必须有专人维护现场,树上树下要密切配合,以防锯落大枝砸伤行人和车辆,并且要避免在交通高峰期时修剪,以免造成道路堵塞。

(5) 每个作业组,由有实践经验的老工人担任安全质量检查员,负责安全、技术指导、质量检查及宣传工作。

(6) 上大树梯子必须牢靠,要立得稳,单位梯将上部横挡与树身捆住,人字梯中腰拴绳,角度开张适中。

(7) 截除大枝要由有经验的老工人指挥操作,有高血压和心脏病者,不准上树。

(8) 修剪工具要坚固耐用,防止误伤和影响工作,一棵树修完,不准从此树跳到另一棵树上,必须下树重上。

(9) 几个人同时在一棵树上修剪,要有专人指挥,注意协作,避免误伤同伴,使用高车修剪,要检查车辆部件,要支放平稳,操作过程中,有专人检查高车情况,有问题及时处理。

8.4.6 近年绿化中树木修剪的新问题

近年来绿地建植面积迅速扩大,在建植的1~3年内及其后的养护管理中需要探讨的整形问题也迅速增多。从目前情况来看,存在着新建地苗木的树龄偏大,建植密度较高,缺少具体的整形修剪方案以及修剪机械化的问题。

1. 苗龄大密度高

由于移入前苗木管理粗放,整形基础差,高密度建植会导致在短时间内树木个体和群体同时出现郁闭现象,有的群落在建植的当年就已经处于半郁闭状态了。因此,在购买苗木时可尽量选择树龄小、管理精细的植株,在种植设计和施工时应为苗木未来的生长提供足够的空间。

2. 修剪方法单一

树木栽植前都经过了较重的修剪,常见的有两种表现:其一是重疏剪,留下一个轮廓;其二是不疏枝,对外围进行平头式短截。这些做法都有各自的问题。重疏剪时由于伤口过多,先端容易枯死,发枝的部位多集中在枝条的中部;平头短截修剪常见的情况是枝条密集、主从不明,

易出现局部旺长等问题。因此,苗木栽培过程中要选用合适的整形修剪方法,不能简单地"一刀切"。

3. 整形修剪计划性不强

乔木行道树、绿荫树品种的修剪方法、造型缺乏规范化的要求,相当部分的行道树不管是常绿还是落叶品种,就是到冬天就修1次,即使修也是修一些妨碍行人的一些枝条。一些造型的植物也缺少定期的修剪整形。例如,南京绿博园2005年开园时期种植了数株造型罗汉松,但养护中缺乏必要的管理,至2014年这些罗汉松失去了原有的意境,姿态全无。针对这样的问题,一方面应加强整形修剪知识的学习,建立完善、正确的修剪计划,一方面也应依照计划实施,以保证预期的效果。

4. "因树修剪,随树造型"观念缺乏

树木长势如何是决定修剪程度的重要因素,良好合理的修剪促进树势提高,反之削弱树势。例如,以前紫薇整形修剪都是到冬天一次性解决剪成一根棍,后来考虑到冬季也可观枝干、树形,改为扩冠造型,培养"龙骨"树型。但存在不管树势情况一味的放,不管枝条粗细同样长度的放,不知道弱势树要采用增势手法的问题,造成了树势明显减落,开出来的花色品质差了。因此,修剪应做到每株必问,培养树木大冠、牢固的树干结构,节约资源,精细化管理。例如,香樟截干树一级分支保持3~4根强壮枝,法桐行道树"三股六杈十二分枝"等。同时加强园艺整形创新,充分利用树木的特性创作园艺作品。

8.5 园林树木的整形

为满足园林树木正常的生长发育和园林绿化功能的需要,常要对树木进行整形。除特殊情况外,整形工作总是结合修剪进行的,与修剪的时期是统一的。园林绿地中的树木具有多种功能和任务,整形的形式因此而异,概括起来可分为以下3类。

8.5.1 自然式整形

自然式整形的基本方法是利用各种修剪技术,按照树种本身的自然生长特性,对树冠的形状作辅助性的调整和促进,使之早日形成自然树形,对由于各种因子而产生的扰乱生长平衡、破坏树形的徒长枝、冗枝、内膛枝、并生枝以及枯枝、病虫枝等,加以抑制或剪除,注意维护树冠的匀称完整。

自然式整形符合树种本身的生长发育习性,因此常有促进树木生长良好、发育健壮的效果,并能充分发挥该树种的树形特点,提高观赏价值。在园林绿地中,以自然式整形形式最为普遍,施行起来最省工,最易获得良好的观赏效果(图8.24)。

图 8.24 自然式整形

8.5.2 人工式整形

为了满足园林绿化中某些特殊的目的,有时可将树木整剪成各种规则的几何形体或非规则的各种形体,如鸟、兽、城堡等。

1. 几何形体的整形方式

按照几何形体的构成规律作为标准来进行修剪整形,例如正方形树冠应先确定每边的长度;球形树冠应确定半径等(图 8.25)。

2. 非几何形体的其他整形方式

1) 垣壁式

在庭院及建筑附近,为达到垂直绿化墙壁的目的而采用的整形方式,在欧洲的古典式庭院中常见此式。常见的形式有 U 字形、义形、肋骨形、扇形等。垣壁式的整形方法是使主干低矮,在干上向左右两侧呈对称或放射状配列主枝,并使之保持在同一平面上(图 8.26)。

2) 雕塑式

根据整形者的意图匠心,创造出各种各样的形体。但应注意树木的形体应与四周园景协调,线条勿过于繁琐,以轮廓鲜明简练为佳。整形的具体做法全视修剪者技术而定,常借助于棕绳或铅丝,事先做成轮廓样式进行整形修剪(图 8.27)。

图 8.25 几何形体的人工式整形

a. 扇形　　　　　　　b. 肋骨形　　　　　　　c. 单干形

图 8.26 墙垣式的人工式整形

210

图 8.27　雕塑式的人工式整形

8.5.3　自然与人工混合式整形

这是由于园林绿化上的某种要求,以原有自然树形为基础加以或多或少的人工改造而形成的形式,多为观花、观果、果品生产及藤木类树木的整形方式。常见的有以下几种:

1. 杯状形

杯状形树形无中心主干,仅有相当高的一段树干,主干上部分生 3 个主枝,向四周均匀排开,3 个主枝各自再分生 2 枝而成 6 枝,再以 6 枝各分生 2 枝成 12 枝,即所谓"三叉六股十二支"的树形。这种几何状的规整分枝使得树冠扩大很快,且整齐美观,冠内不允许有直立枝、内向枝的存在,一经出现必须剪除。上方有架空线路时,应按规定保持一定距离,勿使枝与线路触及。此种树形在城市行道树中较为常见,如悬铃木、火炬树、槐树等(图 8.28)。

2. 开心形

这是将上法改良的一种形式,适用于轴性弱、枝条开展的树种。整形的方法是不留中央领导干而留多数主枝配列四方,分枝较低(图 8.29)。主枝错落分布,有一定间隔,自主干向四周放射伸出,直线延长,中心展开,但主枝分生的侧枝不似假二叉分枝,而是左右错落分布,因此树冠不完全平面化。这种树形的开花结果面积大,生长枝结构较牢,能较好地利用空间。整个树冠呈扁圆形,树冠内透光良好,有利于开花结果。可在观花小乔木及苹果、桃等喜光果树上应用。

3. 多领导干形

留 2～4 个中央领导干,在其上分层配列主枝,形成匀称的树冠(图 8.30)。本形适用于生长较旺盛的种类,可形成优美的树冠,提早开花年龄,延长小枝寿命,最宜于作观花乔木和庭荫树的整形。

4. 中央领导干形

留一强大的中央领导干,其上配列疏散的主枝(图 8.31),多呈半圆形树冠。如果主枝分层着生,则称为疏散分层形。各层主枝之间的距离,依次向上间距缩小。此式是对自然树形加工较少的形式之一,适用于轴性强的树种,主、侧枝分布均匀,通风透气良好,形成高大的树冠,最宜作庭荫树、独赏树及松柏类乔木的整形。

图 8.28　杯状形　　　　　　　　图 8.29　开心形　　　　　　图 8.30　多领导干形

图 8.31　中央领导干形

图 8.32　灌丛形

5. 灌丛形

主干不明显,每丛自基部留主枝 10 个左右。本形多用于小乔木及灌木的整形(图 8.32)。

6. 棚架形

主要是指应用于园林绿地中的蔓生植物。先建各种形式的棚架、廊、亭,种植植物后,按生长习性加以剪、整等诱引工作。凡是有卷须或具有缠绕特性的植物均可自行依支架攀援生长,如葡萄、紫藤等。不具备这些特性的藤蔓植物,如木香、爬蔓月季等则靠人工搭架引缚,便于它们延长扩展,又可形成一定遮阴面积,其形状由架形而定(图8.33)。

以上 3 类整形方式,在园林绿地中以自然式应用最多,既省人力、物力,又易成功。其次为自然与人工混合式整形,比较费工,也需适当配合其他栽培技术措施。关于人工式整形,一般言之,由于很费人工,且具有较熟练技术水平的人员才能修整,所以常只在园林局部空间或有特殊美化要求处应用。

8.6　各种用途园林树木的整形修剪

园林绿地中栽植着各种用途的树木,即使是同一种树木,由于园林用途的不同,其修剪整形的要求也是不同的。

8.6.1　行道树的修剪与整形

行道树是指在道路两旁整齐列植的树木,每条道路上由 1~2 种树种组成。其主要的作用是美化市容,改善城区的小气候,夏季增湿降温、滞尘和遮阴。在城市中,行道树所处的环境比较复杂,有的受街道走向、宽窄、建筑高低影响,有的受到车辆交通和架空线的制约。因此,要求枝条伸展,树冠开阔、枝叶浓密,冠形依栽植地点的架空线路及交通状况决定。在架空线路多的主干道上及一般干道上,采用规则形树冠,修剪整形成杯状形、开心形等立体几何形状(图 8.34)。在无机动车辆通行的道路或狭窄的巷道内,可采用自然式树冠。

图 8.33　棚架形式因功能和环境等而变化

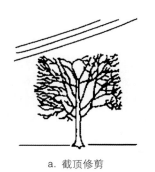
a. 截顶修剪

b. 侧方修剪

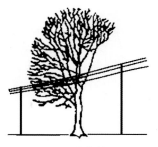
c. 下方修剪

d. 穿过式修剪

图 8.34 行道树修剪与线路的关系

行道树一般使用树体高大的乔木树种,主干高度以不妨碍车辆及行人通行为主,一般以 2.5～4 m 为宜。行道树上方有架空线路通过的干道,其主干的分枝点高度应在架空线路的下方,分枝点不得低于 2～2.5 m。城郊公路及街道、巷道的行道树,主干高可达 4～6 m 或更高。定植后的行道树要每年修剪扩大树冠,调整分枝点高度和枝条的伸出方向,增加遮阴保湿效果,树冠高度以占全树高的 1/2～1/3 为宜,过小则会影响树木的生长量及健康状况,同时也应考虑到建筑物的使用与采光。

1. 杯状形行道树的修剪与整形

杯状形行道树具有典型的"三股六杈十二枝"的冠形,主干高在 2.5～4 m,整形工作在定植后的 5～6 年内完成。以悬铃木为例(图 8.35),春季定植时,于树干 2.5～4 m 处截干,萌发后选 3～5 个方向不同、分布均匀、与主干成 45°夹角的枝条作主枝,其余分期剥芽或疏枝,冬季对主枝留 80～100 cm 短截,剪口芽留在侧面,并处于同一平面上,使其匀称生长。第二年夏季再剥芽疏枝,幼芽顶端优势较强,在主枝呈斜上生长时,其侧芽和背下芽易抽生直立向上生长的枝条,为抑制剪口处侧芽或下芽转上直立生长,抹芽时可暂时保留直立主枝,促使剪口侧向斜上生长。第三年冬季于主枝两侧发生的侧枝中,选 1～2 个作延长

枝,并在 80～100 cm 处再短剪,剪口芽仍留在枝条侧面,疏除原暂时保留的直立枝、交叉枝等,如此反复修剪,经 3～5 年后即可形成杯状形树冠。

骨架构成后,树冠扩大很快,疏去密生枝、直立枝,促发侧生枝,内膛枝可适当保留,增加遮阴效果,并且随时对过长枝条进行短截修剪。上方有架空线路时,勿使枝与线路接触,按规定保持一定距离,一般电话线为 0.5 m,高压线为 1 m 以上。近建筑物一侧的行道树,为防止枝条扫瓦、堵门、堵窗,影响室内采光和安全,应随时对过长枝条行短截修剪。

生长期内要经常进行抹芽,抹芽时不要扯伤树皮。冬季修剪时把交叉枝、并生枝、下垂枝、枯枝、伤残枝及背上直立枝等截除。

2. 开心形行道树的修剪与整形

开心形行道树的修剪与整形多用于无中央主轴或顶芽能自剪的树种,树冠自然展开(图 8.36)。定植时,将主干留 3 m 或者截干,春季发芽后,选留 3～5 个位于不同方向、分布均匀的抽枝进行短剪,促进枝条生长成主枝,其余全部抹去。生长季注意将主枝上的芽抹去,只留 3～5 个方向合适、分布均匀的侧枝。来年萌发后选留侧枝,共留 6～10 个,每侧枝再选留 3～5 枝短截,使其向四方斜生,并进行短截,促发次级侧枝,使冠形丰满、匀称。

图 8.35 杯状形悬铃木的整形

图 8.36 开心形羊蹄甲的整形

213

3. 自然式冠形行道树的修剪与整形

在没有交通、管线、道路和其他市政工程设施的限制下,以树木自然生长习性为整体要求,采用自然式整形方式,此类树木修剪量不大。如行道树多采用自然式冠形,如塔形、卵圆形、扁圆形等。

1) 有中央领导枝的行道树

有中央领导枝的行道树如杨树、水杉、侧柏、金钱松、雪松、银杏、枫杨等(图8.37)。主要是控制好中心干的生长,并在其上选留好主枝,一般要求大主枝上下错开,方向匀称,调整好分支角度。分枝点高度按树种特性及树木规格而定,栽培中要保护顶芽向上生长。郊区多用高大树木,分枝点在4～6 m以上。主干顶端如受损伤,应选择一直立向上生长的枝条或在壮芽处短剪,并把其下部的侧芽抹去,抽出直立枝条代替,避免形成多头现象。整株树的修剪要以疏剪为主,主要针对枯死枝、病虫枝、并生枝、重叠枝、徒长枝、竞争枝和过密枝等。

阔叶类树种如毛白杨,不耐重抹头或重截,应以冬季疏剪为主。修剪时应保持冠与树干的适当比例,一般树冠高占3/5,树干(分枝点以下)高占2/5。在快车道旁的分枝点高至少应在2.8 m以上。注意最下面的三大主枝上下位置要错开,方向匀称,角度适宜。要及时剪除三大主枝上基部贴近树干的侧枝,并选留好三大主枝以上的其他各主枝,使呈螺旋形往上排列。再如银杏,每年枝条短截,下层枝应比上层枝留得长,萌生后形成圆锥状树冠,成形后,仅对枯病枝、过密枝疏剪,一般修剪量不大。但也有根据环境情况,使银杏上下层枝长度留得差不多,如与建筑物、城市交通等有矛盾,或因长期形成的观赏习惯,如图8.37所示是银杏在日本作行道树时一种常见的修剪形式。

2) 无中央领导干的行道树

无中央领导干的行道树选用主干性不强的树种,如旱柳、榆树等(图8.38),分枝点高度一般为2～3 m,留5～6个主枝,各层主枝间距短,使自然长成卵圆形或扁圆形的树冠。每年的常规性修剪主要对象是密生枝、枯死枝、病虫枝和伤残枝等。并且,树木在发芽时,常常是许多芽同时萌发,这样根部吸收的水分和养分不能集中供应所留下的芽,这就需要剥去一些芽,以促使枝条发育,形成理想的树形。特别在夏季,应根据主枝长短和苗木大小进行剥芽。第一次每主枝一般留3～5个芽,第二次定芽2～4个。

行道树定干时,同一条干道上分枝点高度应一致,使整齐划一,不可高低错落,影响美观与管理。总之,行道树通过修剪应达到叶茂形美遮阴大,侧不妨碍建筑,下不妨碍车人行,上不妨碍架空线。

8.6.2 花灌木的修剪与整形

首先要观察植株生长的周围环境、光照条件、植物种类、生长发育习性、长势强弱及其在园林中所起的作用,做到心中有数,然后再进行修剪与整形。

1. 因树势修剪与整形

幼树生长旺盛,以整形为主,宜轻剪。严格控制直立枝,斜生枝的上位芽在冬剪时应剥掉,防止生长直立枝。所有病虫枝、干枯枝、人为破坏枝、徒长枝等用疏剪方法剪去。这时应停止短剪,将丛内过密的枝条从基部疏剪掉一部分,为新枝的生长和发育腾出一定的空间,以保持丰满株型。丛生花灌木的直立枝,选择生长健壮的加以轻摘心,促其早开花。

壮年树应充分利用立体空间,促使多开花。花谢后要及时剪掉残花和幼果,以免消耗营养而影响来年开花。于休眠期修剪时,在秋梢以下适当部位进行短截,同时逐年选留部分根蘖,并疏掉部分老枝,以保证枝条不断更新,保持丰满株形。老弱树木以更新复壮为主,采用重短截的方法,使营养集中于少数腋芽,萌发壮枝,及时疏删细弱枝、病虫枝、枯死枝(图8.39)。

图8.37 银杏在日本作行道树时常见的修剪形式

图8.38 旱柳作行道树只行常规性修剪

图 8.39　因树因地修剪整形

2. 因时修剪与整形

落叶花灌木依修剪时期可分冬季修剪（休眠期修剪）和夏季修剪（花后修剪）。冬季修剪一般在休眠期进行。在北方地区，冬季修剪一般在 12 月至次年的 3 月底进行，易受冻害的树种，如水蜡、火炬树、锦带等，可适当推迟到 4 月初前后。夏季修剪可在花谢之后马上进行，目的是抑制营养生长，增加光照，促进花芽分化，为来年开花做准备。夏季修剪宜早不宜迟，这样有利于控制徒长枝的生长。若修剪时间稍晚，直立徒长枝已经形成。如空间条件允许，可用摘心办法使之生出二次枝，增加开花枝的数量。

3. 根据树木生长习性和开花习性修剪

1）春季开花的花灌木

花芽（或混合芽）着生在二年生枝条上的花灌木如连翘、榆叶梅、迎春、牡丹等灌木是在前一年的夏季高温时进行花芽分化，经过冬季低温阶段于第二年春季开花。这类花灌木修剪的最佳时期是在花谢以后，对花枝进行短截，保留枝条基部 2～4 个饱满芽。否则，营养物质将集中供应给果实，不但会影响植株的长势，而且影响当年的花芽分化。实践证明，凡是不进行短截的植株，来年开花的数量往往会大大减少，有的甚至不开花。其修剪的部位依植物种类及纯花芽或混合芽的不同而有所不同。对于具有拱形枝条的种类，如连翘、迎春等，老枝还应该重剪，以利抽生健壮的新枝，充分发挥其树姿的特点。

2）夏秋季开花的花灌木

花芽（或混合芽）着生在当年生枝条上的花灌木如木槿、珍珠梅等是在当年萌发枝上形成花芽，因此应在休眠期进行修剪。北方地区由于冬季寒冷，春季干旱且风大。因此，修剪最好放在早春萌芽前进行，以免造成剪口受冻抽干而留下枯桩。将二年生枝基部留 2～3 个饱满芽或一对对生芽进行重剪，剪后可萌发出茁壮的枝条，花枝虽少些，但由于营养集中会产生较大的花朵。有些灌木如希望当年开两次花，可在花后将残花及其以下的 2～3 个芽剪除，刺激二次枝条发生，适当增加肥水可使其二次开花。值得注意的是，在修剪时，当新梢抽生以后，千万不能对它

进行短剪，否则会把花芽剪掉。

3）花芽（或混合芽）着生在多年生枝上的花灌木

花芽（或混合芽）着生在多年生枝上的花灌木如紫荆、贴梗海棠等，虽然花芽大部分着生在二年生枝上，但当营养条件适合时多年生的老干亦可分化花芽。对于这类灌木中进入开花年龄的植株，修剪量应较小，在早春可将枝条先端枯干部分剪除，在生长季节为防止当年生枝条过旺而影响花芽分化可进行摘心，使营养集中于多年生枝干上。

4）花芽（或混合芽）着生在开花短枝上的花灌木

花芽（或混合芽）着生在开花短枝上的花灌木如西府海棠等，这类灌木早期生长较强，每年自基部发生多数萌芽，自主枝上发生大量直立枝，当植株进入开花年龄时，多数枝条形成开花短枝，在短枝上连年开花。这类灌木一般不进行修剪，可在花后除残花，夏季生长旺时，将生长枝进行适当摘心，抑制其生长，并将过多的直立枝、徒长枝进行疏剪。

5）一年多次抽梢的花灌木

一年多次抽梢，多次开花的花灌木如月季，可于休眠期对当年生枝条进行短剪或回缩强枝，同时剪除交叉枝、病虫枝、并生枝、弱枝及内膛过密枝。在生长期，当新梢抽生以后，千万不能进行短剪，否则会把花芽剪掉，而应当在花谢后剪去败花，节省养分，促使枝条下部的腋芽萌发而形成更多的花枝。花谢后再剪，如此重复。

寒冷地区可进行强剪，必要时进行埋土防寒。生长期可多次修剪，可于花后在新梢饱满芽处短剪（通常在花梗下方第二芽至第三芽处）。剪口芽很快萌发抽梢，形成花蕾开花，花谢后再剪，如此重复。

在温暖的气候条件下，落叶灌木常因冬季低温不够而使芽在春天到来之后不能正常萌动，并导致不正常的放叶和开花，对于这类灌木应在夏季摘心（剪除 2～6 cm 梢端），以改善下一年的放叶与开花状况。

6）观赏枝条及绿叶的花灌木

应在冬季或早春进行重剪，以后轻剪，促使多萌发枝叶。如红瑞木等耐寒的观枝植物，可在早春修剪，以便冬枝充分发挥观赏作用。

灌木球的修剪过程由幼树开始，培育球形植物的轮廓，并连续几年对其进行轻度修剪以刺激植物生长得密实，一般需要 2～3 年才能成型。修剪时一般先剪上半部分，再修剪下半部分直至土壤。

8.6.3　绿篱的修剪与整形

绿篱又称植篱或生篱，绿篱是萌芽力强、成枝力强、耐修剪的树种，密集呈带状栽植而成，起防范、美化、组织交通和分隔功能区的作用。适宜作绿篱的植物很多，如女贞、大叶黄杨、锦熟黄杨、桧柏、侧柏、石楠、冬青、火棘、野

蔷薇等。

绿篱依其高度可分为：矮篱，高度控制在 0.5 m 以下；中篱，高度控制在 1 m 以下；高篱，高度在 1.0～1.6 m；绿墙，高度在 1.6 m 以上。对绿篱进行修剪，既为了整齐美观，增添园景，也为了使篱体生长茂盛，长久不衰。

1. 绿篱的整形方式

绿篱在剪整时应注意设计意图和要求，它的整形方式根据篱体的形状和整形修剪程度，可分为自然式绿篱、半自然式绿篱和整形式绿篱。

1）自然式

自然式绿篱绿墙、高篱和花篱采用较多。一般可不行专门的剪整措施，适当控制高度，并疏剪病虫枝、干枯枝，任枝条生长，使其枝叶相接紧密成片，提高阻隔效果。用于防范的枸骨、火棘等绿篱和玫瑰、蔷薇、木香等花篱，也以自然式修剪为主。开花后略加修剪使之继续开花，冬季修去枯枝、病虫枝。对蔷薇等萌发力强的树种，盛花后进行重剪，新枝粗壮，篱体高大美观。

2）半自然式

半自然式绿篱这种类型的绿篱虽不进行特殊整形，但在一般修剪中，除剔除老枝、枯枝与病枝外，还要使绿篱保持一定的高度，基部分枝茂密，使绿篱成半自然生长状态（图 8.40）。

3）整形式

整形式绿篱多用于中篱和矮篱，以观叶树种为主。中篱和矮篱常用于草地、花坛镶边，或组织人流的走向。这类绿篱低矮，为了美观和丰富园景，多采用几何图案式的修剪整形，如矩形、梯形、倒梯形、篱面波浪形等（图 8.41）。绿篱种植后剪去高度的 1/3～1/2，修去平侧枝，统一高度和侧面，促使下部侧芽萌发生成枝条，形成紧枝密叶的矮墙，显示立体美。绿篱每年最好修剪 2～4 次，使新枝不断发生、更新和替换老枝。整形绿篱修剪时，中篱大多为半圆形、梯形断面，整形时先剪其两侧，使其侧面成为一个弧面或斜面，再修剪顶部呈弧面或平面，整个断面呈半圆形或梯形。由于符合自然树冠生长规律，篱体外形美观易保持。矩形断面较适宜用于组字和图案式的矮篱，要求边缘棱角分明，界限清楚，篱带宽窄一致。由于每年修剪次数较多，枝条更新时间短，不易出现空秃，文字和图案清晰。

图 8.40　半自然式绿篱

图 8.41　整形式绿篱

216

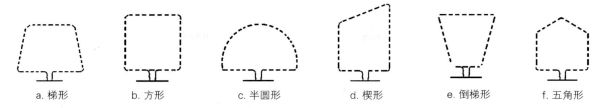

| a. 梯形 | b. 方形 | c. 半圆形 | d. 楔形 | e. 倒梯形 | f. 五角形 |

图 8.42　绿篱修剪整形的横断面图

整形式绿篱的配置形式和断面形状可根据不同的条件而定。但凡是外形奇特的篱体，修剪起来都比较困难，需要有熟练的技术和比较丰富的经验。因此，在确定篱体外形时，一方面应符合设计要求，另一方面还应与树种生长习性和立地条件相适应。

2. 绿篱横断面的形状

根据绿篱横断面的形状可以分为以下几种形式（图8.42）：

（1）梯形　这种篱体上窄下宽，有利于基部侧枝的生长和发育，不会因得不到阳光而枯死稀疏。篱体下部一般应比上部宽 15～25 cm，而且东西向的绿篱北侧基部应更宽些，以弥补光照的不足。

（2）方形　这种造型比较呆板，顶端容易积雪受压、变形，下部枝条也不易接受充足的阳光，以致部分枯死而稀疏。

（3）半圆形　这种绿篱适合在降雪量大的地区使用，便于积雪向地面滑落，防止篱体压弯变形。

（4）楔形　这种绿篱需选用基部侧枝萌发力强的树种，要求中央主枝能通直向上生长，不扭曲，多用作背景屏障或防护围墙，适于展示一个观赏面。

（5）倒梯形　这种造型虽然显得美观别致，但是由于上大下小，下部侧枝常因得不到充足的阳光而枯死，造成基部裸露，更不能抵抗雪压。

（6）五角形　这种造型适于枝叶稠密，生长速度较缓慢的常绿阔叶灌木，适于展示多个观赏面。

3. 整形式绿篱的形式

1）组字图绿篱

一般用长方形整形方式，要求边缘棱角分明，界限清楚，篱带宽窄一致，每年修剪次数应比一般镶边、防范的绿篱多。枝条的替换、更新时间应短，不能出现空秃，以保持文字和图案的清晰。用植物培养和修制成的鸟兽、牌楼、亭阁等立体造型，为保持其形象逼真，不能任枝条随意生长而破坏造型，应每年多次修剪（图8.43）。

2）条带式绿篱

这种植篱在栽植方式上，通常多用直线形，但在园林中，为了特殊的需要，如便于安放坐椅和塑像等，也可栽植成各种曲线或几何图形。在整形修剪时，立面形体必须与平面配置形式相协调。此外在不同的小地形中，运用不同的整形方式，也可改造小地形，而且有防止水土流失的作用（图8.44）。

3）拱门式绿篱

为了便于人们进入由稠密的绿篱所围绕的花坛和草坪，最好在适当的位置把绿篱断开，同时制作一个绿色拱洞，作为进入绿篱圈内的通道。这样既可使整个绿篱连成一体而不中断，又有较强的装饰作用。最简单的办法是在绿篱开口两侧各种植一棵枝条柔软的乔木，两树之间保持 1.5～2.0 m的间距，让人们从中通过，然后将树梢相对弯曲并绑

图 8.43　组字图绿篱

图 8.44　条带式绿篱

扎在一起,从而形成一个拱形门洞。这一工作应在早春新梢抽生前进行。为了防止拱洞上的枝条向两侧偏斜,最好事先用木料预制一个框架,把枝条均匀地绑扎在上面,用支架承托树冠,使之始终保持在一定的范围内(图8.45)。

图 8.45　拱门式绿篱

有支架的绿色拱门还可以用藤本植物制作,由于它们的主枝柔软且具有攀援习性,因此造型相当自然,并能把整个支架遮挡起来。

不论用什么树种制作绿色拱门,都应当经常进行修剪,从而防止新枝横生下垂而影响游人通行,同时还应始终保持较薄的厚度,否则既不美观,内膛枝也会因得不到充足的阳光而逐渐稀疏,以致支架裸露,降低观赏效果。

4)伞形树冠式绿篱

这种绿篱多栽植在庭园四周栅栏式围墙的内侧,其树形和常见的绿篱有很大不同。首先,它要保留一段高于栅栏的光秃主干,让主枝从主干顶端横生而出,从而构成伞形或杯形树冠。每株之间的株距和栅栏立柱的间距相等,但需准确地栽在栅栏的两根立柱之间(图8.46)。在养护时应经常修剪树冠顶端的突出小枝,使半圆形树顶始终保持高矮一致和浑圆整齐。同时还要对树干萌条进行经常性的修整,以防止滋生根蘖条和旁枝,扰乱树形。这种高大的伞形绿篱外形相当美观,并有较好的防风作用,还能减少闹市中的噪声,但是修剪起来比较困难。

5)雕塑式绿篱

选择侧枝茂密、枝条柔软、叶片细小而且极耐修剪的树种,通过扭曲和铅丝蟠扎等手段,按照一定的物体造型,由它们的主枝和侧枝构成骨架,然后对细小的侧枝通过线绳牵引等方法,使它们紧密抱合,或者直接按照仿造的物体进行细致的修剪,从而剪成各种雕塑式形状,有龙凤呈祥、双龙戏珠等造型。

适合制作雕塑式绿篱的树种主要有榕树、枸骨、罗汉松、大叶黄杨、小叶黄杨、迎春、金银花、圆柏、侧柏、榆树、珊瑚树、女贞等。制作时可以用几棵同树种、不同年龄的苗木拼凑。养护时要随时剪掉突出的新枝,才能始终保持整体的完美而不变形(图8.47)。

4. 老龄绿篱的更新复壮

绿篱的栽植密度都很大,不论怎样精心地修剪和养护,随着树龄的不断增长,最终必将无法控制在应有的高度和宽度之内,从而失去规整的篱体状态。

大部分阔叶树种的萌发和再生能力都很强,当它们年老变形以后,可以采用台刈或平茬的办法进行更新,不留主干或仅保留一段很矮的主干,将地上部分全部锯掉。更新过程一般需要3年。第1年,首先是疏除过多的老干,保留新的主干,使树冠内部具备良好的通风透光条件,为更新后的绿篱生长打下基础。然后,短截主干上的枝条,将保留的主干逐个进行回缩修剪。第2年,对新生枝条进行多次轻短截,促其发侧枝。第3年,再将顶部修剪至略低于目标高度,以后每年进行重剪。选择适宜的更新时期很重要,常绿树种可选在5月下旬至6月底进行,落叶树种以秋末冬初进行为好。用作绿篱的落叶花灌木大部分具有较强的愈伤和萌芽能力,可用平茬的方法强剪更新。平茬后,因植株拥有强大的根系,萌芽力特别强,可在1~2年中形成绿篱的雏形,3年后恢复原有的绿篱形状。绿篱的更新应配合土肥水管理和病虫害防治。

图 8.46　伞形树冠式绿篱　　　　　　　　　　　　　　　　　　　　　　　**图 8.47　雕塑式绿篱**

8.6.4 孤植树的修剪与整形

（1）孤植树的树冠一般大一些为宜，对阔叶大乔木要运用"放宽控高"的技术措施，即树冠不小于树高的一半，以占树高的2/3以上为佳。这类树木整形时，首先要培养一般高矮适中，挺拔粗壮的树干。树木定植后，尽早疏除1.5 m以下的全部侧枝。

（2）孤植树的修剪一般以自然型为主，以丰满、端正为美，但有时为和周围环境相协调或为满足其他特殊要求，也可整剪成几何造型、桩景造型等。

8.6.5 片林的修剪与整形

（1）有主轴的树种组成片林，修剪时注意保留顶梢。当出现竞争枝（双头现象），只选留一个；如果领导枝枯死折断，树高尚不足10 m者，应于中央干上部选一强的侧生嫩枝扶直，培养成新的中央领导枝。

（2）适时修剪主干下部侧生枝，逐步提高分枝点。分枝点的高度应根据不同树种、树龄而定。同一分支点的高度应大体一致，而林缘分支点应低留，使其呈现丰满的林冠线。

（3）对于一些主干很短，但树已长大，不能再培养成独干的树木，可以把分枝的主枝当作主干培养，逐年提高分枝，或呈多干式。

（4）应保留林下的树木、地被和野生花草，增加野趣和幽深感。

8.6.6 藤木的修剪与整形

藤本多用于垂直绿化或绿色棚架的制作。在自然风景中，对藤本植物很少加以修剪管理，但在一般的园林绿地中则有以下几种处理方式：

1）棚架式多用于卷须类及缠绕类藤本植物。剪整时，应在近地面处重剪，使发生数条强壮主蔓，然后垂直诱引主蔓至棚架的顶部，并使侧蔓均匀地分布架上，则可很快地成为荫棚（图8.48）。如紫藤、木香等，对其主干上主枝，仅留2～3个作抚养枝，夏季对抚养枝摘心，促使主枝生长，以后

每年剪去干枯枝、病虫枝、过密枝。除了隔年将病、老或过密枝疏剪外，一般不必每年修剪整形。但对结果类如葡萄、百香果等，需每年下架，将病弱衰老枝剪除，均匀地选留结果母枝，经盘卷扎缚后埋于土中，翌年再去土上架。

另外，也可将某些具有细长气根的藤本植物引导至主棚架或墙体，气根悬挂于架下，独具风格，微风中似门帘摇曳，如锦屏藤（图8.49）。对悬挂而下的气根可修剪成拱形的帘子，绑扎各异的辫子等。在春、夏、秋为了保持造型，可依据长势修剪气根，在冬季一般将枯枝、病虫枝、过长过密枝进行剪除，保持植株整洁健壮。

（2）凉廊式常用于卷须类及缠绕类植物，亦偶尔用吸附类植物。因凉廊有侧方格架，所以主蔓勿过早诱引至廊顶，否则容易形成侧面空虚。

（3）篱垣式多用于卷须类及缠绕类植物。将侧蔓进行水平诱引后，每年对侧枝施行短剪，形成整齐的篱垣形式（图8.50）。图中a为适合于形成长而较低矮的篱垣形式，通常称为"水平篱垣式"，又可依其水平分段层次有多少面分为二段式、三段式等。图中b为"垂直篱垣式"，适于形成距离短而较高的篱垣。

（4）附壁式多用吸附类植物为材料。方法简单，初栽时只需重剪短截，后将藤蔓牵引到墙面，即可自行依靠吸盘或吸附根而逐渐布满墙面。例如爬墙虎、凌霄、扶芳藤、常春藤等均用此法。此外，在某些庭园中，有在壁前20～50 cm处设立格架，在架前栽植植物的，例如蔓性蔷薇等开花繁茂的种类多在建筑物的墙面采用本法。修剪时应注意使墙面基部全部覆盖，各蔓枝在里面上应分布均匀，勿使互相重叠交错为宜。

在本式修剪与整形中，最易发生的毛病为基部空虚，不能维持基部枝条长期茂密，可配合轻、重修剪以及曲枝诱引等综合措施，并加强栽培管理工作。

（5）直立式对于一些茎蔓粗壮的种类，如紫藤等，可以修剪整形成直立灌木式，用于公园道路旁或草坪上，可以收到良好的效果。如图8.51所示，可以修剪整形成篱笆式和柱杆式等。

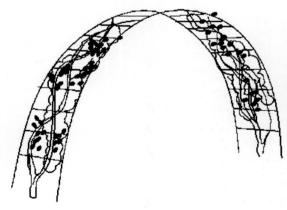

图8.48 棚架式造型

图8.49 锦屏藤气根形成的特殊景观

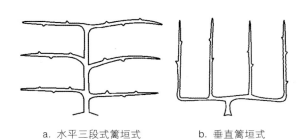
a. 水平三段式篱垣式　　　　b. 垂直篱垣式

图 8.50　篱垣式修剪与整形

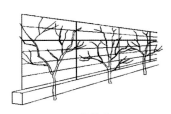
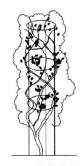
a. 篱笆式　　　　　　b. 柱杆式

图 8.51　直立式造型

8.6.7　树状花木的修剪与整形

树状花木通常指没有主干的、低于 3 m 的木本灌木，通过整形修剪及嫁接等方式将灌木整形成酷似乔木的树形，使其具有直立、光秃无分叉的主干。其树干不高，通常仅为 0.4~2.0 m，主枝数目也只有 3~4 根，且都集中于主干上端。树冠呈瀑布形、圆盖形、半球形、圆球形、平顶状、卵形及蘑菇形等(图 8.52)。树状花木因造型别致、富有装饰性的艺术效果，在营造立体竖向空间上有优势，丰富了中层景观，常用作大型花坛、草坪中心的主景树，绚丽多姿的行道树，以及美化庭园的庭荫树。欧美国家树状花木的应用已经相当普遍，在我国园林应用中较为少见，因此园林应用前景广阔。

观赏花灌木大多都可以通过整形修剪把它们培养成乔木状树形。对一些本身就具有小乔木性状的灌木来说，要达到上述要求并不困难，只要经常剪除根蘖条和主干上萌发出来的小侧枝，同时疏去树膛内的过密枝条和相互干扰的交叉枝，再按照修剪原则和基本方法，每年对新生侧枝进行合理的短截，防止树冠中空和徒长，不用彻底改造就能使它们长成乔木状树形。而要把丛生树冠花灌木改造成乔木状，则需要下一番工夫，一般需要 3 年以上的时间：第一年先把绝大部分丛生主枝剪掉，仅保留中央 1 根最粗壮的主枝；第二年仍剪掉树干下部的新生侧枝和新生根蘖条，同时保留树干上部的 4 根侧枝和 1 根中央领导枝；第三年仍按照第二年的基本树形将树干上新长出来的小侧枝和根蘖条剪掉，保留侧主枝和中央领导枝上的新生侧枝，于是杂乱丛生的花灌木就变成了株形规整、层次分明的树状花木。

园林中可用于树状花木的植物种类依其观赏特性可以分为：

（1）观花型树状花木：倒挂金钟、五色梅、三角梅、扶桑、夹竹桃、月季、紫丁香、小叶丁香、碧桃、连翘、一品红、迎春、紫藤、凌霄、金银花等。

a. 树状金银花　　　　　　b. 树状月季

图 8.52　树状花木

（2）观叶型树状花木：大叶黄杨、花叶垂榕、月桂、九里香、铺地柏、红花檵木、垂枝榆、金叶女贞、花叶柳等。

（3）观果型树状花木：柑橘、火棘等。

8.7 案例分析

垂榆是白榆的变种，枝条向下垂直生长，又叫垂枝榆、倒榆。由于种子不育，多采用白榆作砧木嫁接繁殖而成。垂榆枝条柔软，树冠独特，枝条萌芽能力强，生长快，如不整型修剪，任其生长，一两年内垂枝长达 1～1.5 m，同时枝条发展不均匀，树冠偏形，有失观赏价值。一般说来，垂榆的树冠可修剪成伞状、圆柱状、长廊状。

1. 伞状

适宜于孤植、散生、株行距大的苗木。嫁接 1 或 2 年生的枝条细，侧枝少，定植后，可视枝条的长势，从 30 cm 处剪去枝梢，确定培养骨干枝。若定植后春季未修剪，到 10 月初苗木基本停长时，修剪 1 次以蓄积营养，为翌年萌发新枝打基础。对偏冠的树木，当年不断整形，向缺枝的方向引绑骨干枝或骨干枝上的侧枝，使四周枝条均匀。定植后保留弱枝，培养匀称圆形的树冠。一般定植后第 2 年，垂枝成长速度加快，可视枝条的长势在 5 月和 8 月修剪 1 次，在枝条水平延伸 20～30 cm、下垂弯曲的部位剪去枝梢；10 天以后长出嫩枝，又水平延伸，形成弧形下垂，再从圆弧形下垂处剪去。年复一年用同样的方法修剪，树

冠直径可达 3～4 m。成型的伞状树冠，要适当修剪内膛枝、骨干枝，在冠内利用树干绑筋架，以减轻树冠的整体负荷量，防止大风、积雪折断枝条。培养骨干枝时，选角度大、上方高的枝条作延长枝，形成顶部呈拱形的树冠（图 8.53）。

2. 圆柱状

适宜定植株行距小、空间少、不易伸展的环境位置。圆柱状培养不修剪以充分发挥其自然下垂的特点，形成圆柱状景观。在造型过程中，多次整枝、引绑，解决偏冠的缺陷，使枝条布局圆满。当下垂枝接近地面或拖地时，从离地面 30 cm 处剪去枝梢，保持外形呈圆柱体，树冠内自然形成一个绿色小屋（图 8.54）。

3. 长廊状

适宜单排定植、株距在 2～3 m 的树木，通过整形修剪培育成长廊造景。修剪方法与伞形状相同，根据排行方向处理，如将南北向的枝条东西向连接起来，形成一条空中绿色长廊，并适当修剪南北向过长的侧枝以形成廊檐（图 8.55）。

8.8 实验/实习内容与要求

理解梅花整形修剪的时间与原则，掌握不同品种、不同长势、不同树龄的梅花整形修剪方法。了解盆栽梅花与地栽梅花整形方法的区别。

图 8.53　伞状形垂榆

图 8.54　圆柱状垂榆

图 8.55　长廊状垂榆

■ **思考题**

1. 园林树木整形修剪有何意义？修剪和整形的原则是什么？
2. 园林树木修剪的方法主要有哪些？各种修剪方法分别对树木有何作用？
3. 简述修剪的程序及安全措施。
4. 园林树木整形的形式有哪些？
5. 简述行道树和花灌木的修剪与整形的技术要点。
6. 思考近年来整形修剪中的问题并提出改进意见。

9 古树名木的养护管理

■ **学习目标**

了解保护古树名木的意义;掌握古树衰老的原因;掌握古树养护管理技术措施;了解国家和地方保护古树名木的有关政策和法规;了解城市园林树木的价值及其估算方法。

■ **篇头案例**

黄山风景区有一株古树麒麟松生于狮子峰,海拔 1 470 m,胸径 47.4 cm,地径 55.9 cm,树高 4.6 m,树龄约 450 年,在树高 1.5 m 处分一叉,左高右低,状似昂首翘盼的麒麟,故得名。1983 年麒麟松遭受松落针病、松栎锈病和中华松针蚧等的病虫危害,生长势减弱,当时采取摘除球果,清理病死枝,清除周围树木根系,变更游道以减轻人为影响等措施,生长状况得到好转。但 1997 年再度发现严重衰弱,几乎濒于死亡,当时诊断的结果表明麒麟松有严重的衰退现象,表现为:全树枯枝败叶多,当年生长的针叶不足 60%,新梢生长不足 1 cm;在营养生长减弱的同时,出现大量的球果,过度地消耗了树体的营养;主干与西向主侧枝树皮的 70% 表皮组织坏死,主干基部木质部腐朽深达 5 cm,并有黄蚂蚁筑巢;树干及主侧枝有伤痕 5 处,面积 150~2 160 cm²;其中一个主侧枝树皮纵裂宽达 17 cm;地下部分根系在向南与向东方位的 5 m 范围内根系减少,发现多处烂根,甚至在东向地表 1 m 处还发现水渍烂根,直径约 3 cm。引起麒麟松衰退的原因有哪些? 如何进行挽救和养护?

9.1 概述

古树名木是历史的见证,不仅可以为文化艺术增光添彩,亦是研究自然演变史和树木生理特性的重要资料,可为树种规划提供重要参考。因此,加强古树名木的保护和养护管理具有重要的意义。

9.1.1 古树名木的含义

《中国农业百科全书》对古树名木的内涵界定为:"树龄在百年以上的大树,具有历史、文化、科学或社会意义的木本植物"。古树名木是国家重要的生物资源和历史文化遗产。

根据国家林业局《全国古树名木普查建档技术规定》,古树是指树龄在 100 年以上的树木,根据树龄大小,其保护级别分为三级:500 年以上为国家一级保护古树,300~499 年为国家二级保护古树,100~299 年为国家三级保护古树。名木是指树种稀有珍贵,国家予以重点保护的,或由历史、社会上有重大影响的中外历代名人所种植的,具备某种重要历史、文化价值和纪念意义的树木。

古树名木往往一身而二任,当然也有名木不古或古树未名的,但都应引起重视,加以保护和研究。

9.1.2 保护古树名木的意义

中国古树名木种类之多,树龄之长,分布之广,数量之大,均为世界罕见。它是历史的见证,是研究植物区系发生、发展及植物起源、演化和分布的重要实物,也是研究历史文化、气候、地理、水文和园林史的重要素材。据建设部初步统计,我国百年以上的古树约 20 万株,大多分布在城区、城郊及风景名胜地,其中约 20% 为千年以上的古树。由于生态环境恶化及诸多急功近利的原因,使得这些古树均有不同程度的衰老甚至导致死亡,因此研究和保护古树名木具有突出的现实意义。

图 9.1　古树

图 9.2　泰山汉柏

图 9.3　浙江省乌镇唐朝银杏

1. 古树名木是历史的见证

古树记载着一个国家、一个民族的文化发展历史，是国家、民族、地区文明程度的标志，是活历史(图 9.1)。我国传说的周柏、秦松、汉槐、汉柏(图 9.2)、隋梅、唐杏(银杏)(图 9.3)等均可以作为历史的见证。北京景山公园内崇祯皇帝上吊的古槐(目前之槐已非原树)是记载农民起义军伟大功绩的丰碑；北京颐和园东官门内有两排古柏，八国联军火烧颐和园时曾被烧烤，靠近建筑物的一面从此没有了树皮，它是帝国主义侵华罪行的记录。

2. 古树名木为文化艺术增光添彩

不少古树名木曾使历代文人、学士为之倾倒，吟咏抒怀，它在文化史上有着独特的作用，例如"扬州八怪"中的李方膺，曾有名画《五大夫松》，是泰山名木的艺术再现。此类为古树名木而作的诗画为数颇多，是我国文化艺术宝库中的珍品。

也有不少古树被民间赋予了各种故事和传说，在一定程度上丰富了民间艺术。如陕西黄陵轩辕庙院内 1 株侧柏，估计树龄约 5 000 年，高 19 m，胸围 7.6 m。相传系轩辕黄帝手植，树旁现立有"黄帝手植柏"石碑。传说，黄帝战败蚩尤后建立部落联盟，定居桥山，开始建造房屋，改变了当地群众栖居于树和洞穴的历史。因伐木建房，附近树被毁殆尽。一场暴雨冲走不少人、物。雨后，黄帝带人上山查看，明白了这是砍树毁林的后果，就亲手栽了一棵柏树，臣民纷纷效仿。不几

年，在桥山的山坡上就长起郁郁葱葱的柏树林(图 9.4)。

又如陕西省兴平市马嵬镇黄后宫后院有 1 株古槐树，树龄约 1 500 年，高 8.15 m，胸径 3.83 m。主干中空，皮螺旋状扭曲。此树已被兴平市列为保护文物。清雍正时《陕西通志》卷四十四记，"明皇幸蜀至马嵬，手植槐焉。及肃宗即位，銮舆返京见之，曰：此太上槐也。"即此树(图 9.5)。

一些古树被当地居民和游人赋予了某种意义，在寺庙和风景区等处的古树因此而被挂上了寄托某种情感的物品。如西藏高山枯古树被当地人披上了"哈达"(图 9.6)，一些游人也效仿。在河南洛阳关公庙里的"凤凰柏"被游人挂上了红条布，以表达对关羽的尊敬(图9.7)。

3. 古树名木具有很高的旅游价值

古树名木苍劲古雅，姿态奇特，在园林中可构成独特的景观，也常成为名胜古迹的最佳景点。黄山风景名胜区的黄山松以顽强、奇异著称于世，苑若黄山的灵魂。它干身矮挺坚实，树冠短平针密，同湿雾、怪石抗争，显示出独特的魅力。浙江天目山海拔约 960 m 处的号称"五世同堂"的古银杏，这丛古树包括胸径 1 m 左右的银杏树共有 6 株，胸径 1 m 以下的银杏超过 15 株，树高约 18 m，树龄2 000 多年。该丛银杏古树早已成为天目山自然保护区重要旅游景点之一。

另外，如北京天坛的"九龙柏"、团城的"遮阴侯"、中山

图 9.4　陕西"黄帝手植柏"

图 9.5　陕西兴平马嵬古槐

图 9.6　西藏枯古树被披上"哈达"

图 9.7　河南神龙山古白皮松挂满"吉祥"

223

公园的"槐柏合抱"、香山公园的"白松堂",观赏价值极高而闻名中外,令无数中外游客流连忘返。

4. 古树是研究树木生理特性的重要素材

目前,人们还很难用跟踪的方法去研究长寿树木从生到死的全部生理过程,而不同年龄的古树可以同时存在,能把树木生长、发育在时间上的顺序,以空间上的排列形式展现出来,使人们能以处于不同年龄阶段的树木作为研究对象,从中发现该树种从生到死的规律。

5. 古树是研究自然史的重要资料

古树是进行科学研究的宝贵资料,它们对研究一个地区千百年来气象、水文、地质和植被的演变,有着重要的参考价值。其复杂的年轮结构和生长情况,既可反映出历史上的气候变化轨迹,又可追溯树木生长、发育的若干规律。

6. 古树可供树种规划作重要参考

古树多属乡土树种,保存至今的古树名木,是久经沧桑的活文物,可就地证明其对家乡风土具有很强的适应性。故调查本地栽培及郊区野生树种,尤其是古树名木,可作为制订城镇树种规划的可靠资料。

9.2 古树衰老的原因

古树衰老是内因和外因共同作用的结果,树木在生命周期中有衰老期这个阶段,是树木一生的规律,这是内因;同时也受外界环境的影响。

9.2.1 古树衰老的内因

任何树木都要经过生长、发育、衰老、死亡等过程,这是客观规律。古树有着几百乃至上千年的树龄,其所以长寿,一是树木本身具有长寿的遗传因子,如根系发达,萌发力强,生长缓慢,树体结构合理,木材强度高,起源于种子繁殖;二是环境的适宜,如原生的环境得以很好的保护。树木由于生存环境的变化,易于衰老。若养护管理措施不当,轻者树势衰弱,生长不良,影响其观赏、研究价值,严重

时会导致死亡。一旦死去则无法再现,因此我们应该非常重视古树名木的复壮与养护管理,为古树名木复壮创造一个适宜的生态环境,通过人为的措施延迟衰老以致死亡,使树木最大限度地为人类造福。

9.2.2 古树衰老的外因

引起古树名木加速衰老乃至死亡的原因,遗传因素以外,还有下面的一些环境因素。摸清古树衰老的原因便于有效地采取保护措施。

1. 土壤板结,通气不良

许多古树成为旅游景点,招来的游客密集,车压、人踏等,土壤密实度过高,通透性差,限制了根系的发展,甚至造成根系,特别是吸收根的大量死亡,极大地影响了古树根系的生长。据测定,北京中山公园,人流密集的古柏林地,土壤容重为 1.70 g/cm³,非毛管孔隙度 2.2%;天坛"九龙柏"周围的土壤容重 1.59 g/cm³,非毛管孔隙度2.0%,都超过了适宜古树生长的范围。

2. 土壤剥蚀,根系外露

古树历经沧桑,土壤裸露,表层剥蚀,水土流失严重(图9.8),不但使土壤肥力下降,而且表层根系易遭干旱和高温伤害或死亡,还易造成人为擦伤,抑制树木生长。

3. 挖填方及地面铺装的影响

挖方的危害与土壤剥蚀相同,填方则易造成根系缺氧窒息。道路及道路工程施工,破坏了古树的形态及其立地条件。古树周围地面不合理的铺装严重影响古树根系与地上部分的气体和水分交换,进而影响根系的生长。如图9.9所示,地面铺装几乎接近根颈,使树木感到"窒息"。

4. 土壤污染

不少人在公园古树林中搭帐篷,开展各种活动,不但增加了土壤的密实度,而且乱倒污水,甚至有的还增设临时厕所,导致土壤糖化、盐化。还有些地方在古树下乱堆水泥、石灰、沙砾、炉渣等,恶化了土壤的理化性质,加速了古树的衰老。

图 9.8 土壤剥蚀严重,根系外露

图 9.9 地面铺装几乎接近根颈

图 9.10 病虫害导致树木破皮伤害

图 9.11 遭雷击而死亡的古松

5. 土壤营养不足

古树经过成百上千年的生长,消耗了大量的营养物质,养分循环利用差,几乎没有什么枯枝落叶归还给土壤。这样,不但有机质含量低,而且有些必需的元素也十分缺乏;另一些元素可能过多而产生危害。据对北方古树营养状况与生长关系的研究发现,古柏土壤缺乏有效铁、氮和磷,古银杏土壤缺钾而镁过多。

6. 病虫害

树体衰老时常常会诱发各种病虫害,导致各种伤残,如主干中空、破皮形成树洞、主枝死亡、树冠失衡、树体倾斜等,蚜虫、松毛虫、红蜘蛛及天牛类等害虫的侵入都会加速古树的衰老,如图 9.10 所示。

7. 自然灾害

主要是风害、雨涝、雪压、雷击(图 9.11)以及病虫害等,特别是南方古树受雷击伤害时有发生,无雷击防护设施,造成古树衰弱、生长衰退甚至烧伤死亡。酸雨及其他空气污染(如光化学烟雾等)也对古树造成不同程度的影响,严重时可使部分古树叶片(针叶)变黄、脱落。

8. 人为伤害

许多古树因树体高大、奇特而被人为神化,成为部分人进香朝拜的对象,成年累月,导致香火伤及树体;有人保护意识不强,人为地刻划钉钉、缠绕绳索、攀树折枝、剥损树皮,借用树干做支撑物,甚至开设树上餐馆、茶座等;管理不当,如修剪过重,超过了树的再生能力,喷药、施肥浓度把握不当造成古树衰退。

9.3 古树名木养护管理技术措施

树木衰老死亡是客观规律,但人们可以通过合理的人工措施减缓衰老过程,延长其生命周期。根据古树衰老的原因,尤其是影响衰老的外部因素,古树的养护管理措施可以从土壤、养分、水分、病虫害、自然灾害、人为损伤等方面来入手。经科研工作者和园林工作者长期研究、实践,探索出下面这些行之有效的养护管理技术措施。

9.3.1 土壤管理

1. 保持土壤的通透性

生长季进行多次中耕松土,冬季进行深翻,施有机肥料,改善土壤的结构及透气性,使根系和好气性微生物能够正常地生长和活动。

为防止人为破坏和保持土壤的疏松透气性,在古树名木周围应设立栅栏隔离游人,避免践踏,同时在树木周围一定范围内,不得铺装水泥路面。

2. 埋条促根

分放射沟埋条和长沟埋条。放射沟埋条方法是在树冠投影外侧挖放射状沟 4～12 条,每条沟长 120 cm 左右,宽为 40～70 cm,深 80 cm。沟内先垫放 10 cm 厚的松土,再把剪好的树枝绑成捆,平铺一层,每捆直径 20 cm 左右,上撒少量松土,同时施入粉碎的麻酱渣和尿素,每沟施麻渣 1 kg,尿素 150 g,为了补充磷肥可放少量脱脂骨粉。覆土 10 cm 后放第二层树枝捆,最后覆土踏平。如果株距大,也可以采用长沟埋条。沟宽 70～80 cm,深 80 cm,长 200 cm 左右,然后分层埋树条施肥、覆盖踏平。

3. 采用生态铺装和地被植物

在地面上铺置上大下小的特制梯形砖,砖与砖之间不勾缝,留有通气道,下面用石灰砂浆衬砌,砂浆用石灰、沙子、锯末配制,比例为 1∶1∶0.5,但要注意土壤 pH 值的变化。可以在被埋树条的上面种上花草,并围栏禁止游人践踏,或铺上带孔的或有空花条纹的水泥砖或铺铁筛盖。另外,用挑空的木栈道取代水泥路面可以减少对树木土壤的压迫,如图 9.12 所示,南京太平门外在道路拓宽中使用木栈道,降低了对树木的破坏程度。

4. 作渗井

依埋条法挖深 120～140 cm,直径 110～120 cm 的渗井,井底壁掏 3～4 个小洞,内填树枝、腐叶土、微量元素等。井壁用砖砌成瘘盂形,不用水泥砌实,周围埋树条、施肥,井口盖上盖子,以透气存水,将新根引过来,改善根的生长条件。

图 9.12　用木栈道以减少对树木的破坏

5．埋透气管

在树冠半径 4/5 以外挖放射状沟，一般宽 80 cm，深 80 cm，长度视条件而定。挖沟时保留直径 1 cm 以上的根，1 cm 以下可以断根，在沟中适当位置垂直安放透气管，每株树 2～4 根，管径 10 cm，管壁有孔，管外缠棕，外填酱渣、腐叶土、微量元素和树枝的混合物。

9．3．2　肥水管理

根据树木的需要，及时进行施肥，并掌握"薄肥勤施"的原则。当土壤质地恶化，不利树木生长时，可进行换土。在地势低洼或地下水位过高处，要注意排水。当土壤干旱时，应及时补水。也可根据需要对树木进行喷水，一方面满足树体对水分的需要，同时也可以清洗树体灰尘。可根据具体情况采取换土、浇水、增施机肥等综合措施，以改善其营养条件，一般措施有：

（1）挖沟施肥，以氮、磷、钾混合肥为主，离树干 2.5 m 处开宽 0.4 m、深 0.6 m 的半圆沟，施入量按 1 m 沟长撒施尿素 250 g，磷酸二氢钾 125 g，每年共施肥两次，一次于 3 月底，另一次于 6 月底。经观察，施氮、磷、钾混合肥远大于仅施氮肥的根生长量，全面营养有利于古树更新复壮。

（2）叶面施肥，能局部改善古树的营养状况，但稳定性差。综合性施肥优于单一，包括植物所需的大量、微量元素，有机物及生长素的叶肥，6 月中旬喷于叶面，每月一次，每次 500 mL，共 3 次。

9．3．3　各种灾害的防治

古树因为衰老，更容易招受病虫害、自然灾害、人为损伤等多方面的灾害，从而加速古树的死亡，对灾害的防治，应贯彻以防为主、防治结合的方针，要经常观察、掌握古树的生长情况，对自然灾害进行预测，及时防治，并为古树提供良好的生存环境。

1．病虫害防治

应注意及时防治病虫害，樟萤叶甲主要危害樟树，银

杏大蚕蛾主要危害枫香、枫杨、银杏等，马尾松毛虫主要危害马尾松、湿地松、火炬松等。改善古树名木的生存环境，保护利用天敌、人工捕杀虫茧，蛀干防治与喷烟防治相结合的方法是病虫害防治的有效措施。

2．自然灾害的防治

自然灾害通常包括雷击、暴风雪、冻害等，可以通过设避雷针加以防治，如千年古银杏大部分曾遭雷击，严重影响树木生长，有的在雷击后未采取补救措施，很快死亡。所以，高大的古树应加避雷针，如遭雷击，应立即将伤口刮平，涂上保护剂，并堵好树洞。

3．人为损伤的防治

古树名木不要随意搬迁，也不应在古树名木周围修建房屋，挖土，架设电线，倾倒废土、垃圾及污水等，以免改变和破坏原有的生态环境。

9．3．4　衰老古树的救治措施

古树名木是有生命的文物，在其生命过程中需要有适合其生存的生态环境。古树名木一旦遭到破坏或环境恶化，可能导致死亡。对古树周围环境的变化如建筑、地基、地下水位、空气污染、排水、光照等变化要及时发现采取措施，根据情况采取必要的救治措施。

1．补洞、治伤

衰老的古树加上人为的损伤，病菌的侵袭，使木质部腐烂蛀空，造成大小不等的树洞，对树木生长影响极大。除有特殊观赏价值的树洞外，一般应及时填补。先刮去腐烂的木质，用硫酸铜或硫磺粉消毒，然后在空洞内壁涂水柏油防腐剂。为恢复和提高观赏价值，表面用 1∶2 的水泥黄沙加色粉面，按树木皮色皮纹装饰。较大树洞则要用钢筋水泥或填砌砖块补树洞并加固，再涂以油灰和粉饰。

2．支架支撑

古树年代久远，主干、主杈常有中空或死亡，造成树冠失去均衡，树体倾斜。又因树体衰老，枝条容易下垂，遇此情况需进行树体加固。图 9.13 是常用的支架形式，材料选用水泥柱、钢管或木柱。

3．修枝消毒、防止病变

对因断枝、折干等树体受损原因引起的，应及时清除断折枝干，对截口进行消毒防腐处理，防止霉变腐烂。

4．开沟排水、防旱防涝

对因根部失水引起的，要及时补充水分，若是由地下水位太低引起的缺水，还应在树体周围修筑护坡、树池等，以保证根部的水分供应。对因根部长期浸水导致腐烂的，采取开挖排水沟，降低地下水位等措施，以恢复正常的根部水分供给。

5．设围栏、堆土、筑台

可起保护作用，也有防涝效果。砌台比堆土收效尤佳，可在台边留孔排水，切忌围栏造成根部积水。设围栏

a. 用水泥柱作支撑 　　　　　　　　　　　　　　　　b. 用原木作支撑

c. 用钢管作支撑

图 9.13　古树支撑

的形式应根据具体情况确定,如在风景区还应结合周围环境,尽量与周围环境一致。图 9.14 是两种常用的围栏形式,材料均使用水泥。

6. 整形、修剪

对于一般古树可将弱枝进行缩剪或锯去枯死枝,改变根冠之比,集中供应养分,有利发出新枝。对特别珍贵的古树,应少整枝、少短截,以轻剪、疏剪为主,基本保持原有树形。对病虫枝、枯弱枝、交叉重叠枝进行修剪时应注意修剪方法,以疏剪为主,利于通风透光并减少病虫害滋生。

7. 设立标示牌

标示牌应标明树种、树龄、等级、编号,明确养护管理负责单位,设立宣传牌,介绍古树名木的来源、意义与现况,发动群众自觉保护古树名木。

图 9.14　常用的古树围栏形式

8. 加强地方立法

依法保护古树名木,地方各级政府应根据《中华人民共和国森林法》等现有法律条例,为古树名木确立法律保障。严厉打击破坏古树名木的行为,并对其生态环境、生长发育状况和保护现状进行动态监测和管理。

另外,为增加古树名木的观赏价值,在以上的各种日常管理技术措施中,均应考虑树体的整体效果以及与环境的协调性。有些地方还可种植一些藤本植物,与古树共生,效果较好。对一些有历史渊源或有重要价值的古树,即便是枯死,也可以加以利用,如进行防腐处理后观赏,或植藤本攀援等。

9.4 古树名木养护管理国家和地方法规简介

为了加强古树名木的养护与管理,国家和地方相继出台了一些法规和管理办法,这里仅介绍中华人民共和国国家建设部 2000 年 9 月 1 日发布实施的《城市古树名木保护管理办法》和北京、上海市古树名木养护管理地方标准,以供参考。

9.4.1 建设部《城市古树名木保护管理办法》

国家建设部于 2000 年 9 月 1 日,就古树名木的定义、等级的划分、主管部门的职责、经费的筹措、移植审批权限、奖励及法律追究等方面,制定了相应的管理办法,现予摘录。

城市古树名木保护管理办法
中华人民共和国国家建设部(2000 年 9 月 1 日)

第一条 为切实加强城市古树名木的保护管理工作,制定本办法。

第二条 本办法适用于城市规划区内和风景名胜区的古树名木保护管理。

第三条 本办法所称的古树,是指树龄在一百年以上的树木。

本办法所称的名木,是指国内外稀有的以及具有历史价值和纪念意义及重要科研价值的树木。

第四条 古树名木分为一级和二级。

凡树龄在 300 年以上,或者特别珍贵稀有,具有重要历史价值和纪念意义,重要科研价值的古树名木,为一级古树名木;其余为二级古树名木。

第五条 国务院建设行政主管部门负责全国城市古树名木保护管理工作。

省、自治区人民政府建设行政主管部门负责本行政区域内的城市古树名木保护管理工作。

城市人民政府城市园林绿化行政主管部门负责本行政区域内城市古树名木保护管理工作。

第六条 城市人民政府城市园林绿化行政主管部门应当对本行政区域内的古树名木进行调查、鉴定、定级、登记、编号,并建立档案,设立标志。

一级古树名木由省、自治区、直辖市人民政府确认,报国务院建设行政主管部门备案;二级古树名木由城市人民政府确认,直辖市以外的城市报省、自治区建设行政主管部门备案。

城市人民政府园林绿化行政主管部门应当对城市古树名木,按实际情况分株制定养护、管理方案,落实养护责任单位、责任人,并进行检查指导。

第七条 古树名木保护管理工作实行专业养护部门保护管理和单位、个人保护管理相结合的原则。

生长在城市园林绿化专业养护管理部门管理的绿地、公园等的古树名木,由城市园林绿化专业养护管理部门保护管理;

生长在铁路、公路、河道用地范围内的古树名木,由铁路、公路、河道管理部门保护管理;

生长在风景名胜区内的古树名木,由风景名胜区管理部门保护管理。

散生在各单位管界内及个人庭院中的古树名木,由所在单位和个人保护管理。

变更古树名木养护单位或者个人,应当到城市园林绿化行政主管部门办理养护责任转移手续。

第八条 城市园林绿化行政主管部门应当加强对城市古树名木的监督管理和技术指导,积极组织开展对古树名木的科学研究,推广应用科研成果,普及保护知识,提高保护和管理水平。

第九条 古树名木的养护管理费用由古树名木责任单位或者责任人承担。

抢救、复壮古树名木的费用,城市园林绿化行政主管部门可适当给予补贴。

城市人民政府应当每年从城市维护管理经费、城市园林绿化专项资金中划出一定比例的资金用于城市古树名木的保护管理。

第十条 古树名木养护责任单位或者责任人应按照城市园林绿化行政主管部门规定的养护管理措施实施保护管理。古树名木受到损害或者长势衰弱,养护单位和个人应当立即报告城市园林绿化行政主管部门,由城市园林绿化行政主管部门组织治理复壮。

对已死亡的古树名木,应当经城市园林绿化行政主管部门确认,查明原因,明确责任并予以注销登记后,方可进行处理。处理结果应及时上报省、自治区建设行政部门或者直辖市园林绿化行政主管部门。

第十一条 集体和个人所有的古树名木,未经城市园林绿化行政主管部门审核,并报城市人民政府批准的,不得买卖、转让。捐献给国家的,应给予适当奖励。

第十二条　任何单位和个人不得以任何理由、任何方式砍伐和擅自移植古树名木。

因特殊需要,确需移植二级古树名木的,应当经城市园林绿化行政主管部门和建设行政主管部门审查同意后,报省、自治区建设行政主管部门批准;移植一级古树名木的,应经省、自治区建设行政主管部门审核,报省、自治区人民政府批准。

直辖市确需移植一、二级古树名木的,由城市园林绿化行政主管部门审核,报城市人民政府批准。

移植所需费用,由移植单位承担。

第十三条　严禁下列损害城市古树名木的行为:

(一)在树上刻划、张贴或者悬挂物品;

(二)在施工等作业时借树木作为支撑物或者固定物;

(三)攀树、折枝、挖根摘采果实种子或者剥损树枝、树干、树皮;

(四)距树冠垂直投影5米的范围内堆放物料、挖坑取土、兴建临时设施建筑、倾倒有害污水、污物垃圾,动用明火或者排放烟气;

(五)擅自移植、砍伐、转让买卖。

第十四条　新建、改建、扩建的建设工程影响古树名木生长的,建设单位必须提出避让和保护措施。城市规划行政部门在办理有关手续时,要征得城市园林绿化行政部门的同意,并报城市人民政府批准。

第十五条　生产、生活设施等生产的废水、废气、废渣等危害古树名木生长的,有关单位和个人必须按照城市绿化行政主管部门和环境保护部门的要求,在限期内采取措施,清除危害。

第十六条　不按照规定的管理养护方案实施保护管理,影响古树名木正常生长,或者古树名木已受损害或者衰弱,其养护管理责任单位和责任人未报告,并未采取补救措施导致古树名木死亡的,由城市园林绿化行政主管部门按照《城市绿化条例》第二十七条规定予以处理。

第十七条　对违反本办法第十一条、十二条、十三条、十四条规定的,由城市园林绿化行政主管部门按照《城市绿化条例》第二十七条规定,视情节轻重予以处理。

第十八条　破坏古树名木及其标志与保护设施,违反《中华人民共和国治安管理处罚条例》的,由公安机关给予处罚,构成犯罪的,由司法机关依法追究刑事责任。

第十九条　城市园林绿化行政主管部门因保护、整治措施不力,或者工作人员玩忽职守,致使古树名木损伤或者死亡的,由上级主管部门对该管理部门领导给予处分;情节严重、构成犯罪的,由司法机关依法追究刑事责任。

第二十条　本办法由国务院建设行政主管部门负责

解释。

第二十一条　本办法自发布之日起施行。

9.4.2 《北京市古树名木保护管理条例》

北京市古树名木保护管理条例

(1998年6月5日北京市第十一届人民代表大会常务委员会第三次会议通过)

第一条　为了加强古树名木的保护管理,维护古都风貌,根据本市实际情况,制定本条例。

第二条　本条例所称古树,是指树龄在百年以上的树木。凡树龄在三百年以上的树木为一级古树;其余的为二级古树。本条例所称名木,是指珍贵、稀有的树木和具有历史价值、纪念意义的树木。

本市古树名木由市园林、林业行政主管部门确认和公布。

第三条　市和区、县园林、林业行政主管部门(以下简称古树名木行政主管部门)按照人民政府规定的职责,负责本行政区域内古树名木的保护管理工作。

第四条　本市鼓励单位和个人资助古树名木的管护。

第五条　古树名木行政主管部门应当对管护古树名木成绩显著的单位或者个人给予表彰和奖励。

第六条　任何单位和个人都有保护古树名木及其附属设施的义务,对损伤、破坏古树名木的行为,有权劝阻、检举和控告。

第七条　古树名木行政主管部门应当加强对古树名木保护的科学研究,推广应用科学研究成果,普及保护知识,提高保护和管理水平。

第八条　古树名木行政主管部门应当对本行政区域内的古树名木进行调查登记、鉴定分级、建立档案、设立标志。制定保护措施、确定管护责任者。

古树名木行政主管部门应当定期对古树名木生长和管护情况进行检查;对长势濒危的古树名木提出抢救措施,并监督实施。

第九条　国家所有和集体所有的古树名木的管护责任,按下列规定承担:

(一)生长在机关、团体、部队、企业、事业单位或者公园、风景名胜区和坛庙寺院用地范围内的古树名木,由所在单位管护;

(二)生长在铁路、公路、水库和河道用地管理范围内的古树名木,分别由铁路、公路和水利部门管护;

(三)生长在城市道路、街巷、绿地的古树名木,由园林管理单位管护;

(四)生长在居住小区内或者城镇居民院内的古树名木,由物业管理部门或者街道办事处指定专人管护;

(五)生长在农村集体所有土地上的古树名木,由村经济合作社管护或者由乡镇人民政府指定专人管护。

个人所有的古树名木,由个人管护。

变更古树名木管护责任单位或者个人,应当到古树名木行政主管部门办理管护责任转移手续。

第十条 古树名木管护费用由管护责任单位或者个人负担;抢救、复壮费用,管护责任单位或者个人负担确有困难的,由古树名木行政主管部门给予补贴。

第十一条 古树名木的管护责任单位或者个人,应当按照技术规范养护管理,保障古树名木正常生长。

古树名木受害或者长势衰弱,管护责任单位或者个人应当及时报告古树名木行政主管部门,并按照古树名木行政主管部门的要求进行治理、复壮。

古树名木死亡,应当报经市古树名木行政主管部门确认,查明原因、责任,方可处理。

第十二条 禁止下列损害古树名木的行为:

(一)刻划钉钉、缠绕绳索、攀树折枝、剥损树皮;

(二)借用树干做支撑物;

(三)擅自采摘果实;

(四)在树冠外缘三米内挖坑取土、动用明火、排放烟气、倾倒污水污物、堆放危害树木生长的物料、修建建筑物或者构筑物;

(五)擅自移植;

(六)砍伐;

(七)其他损害行为。

第十三条 对影响和危害古树名木生长的生产、生活设施,由古树名木行政主管部门责令有关单位或者个人限期采取措施,消除影响和危害。

第十四条 制定城乡建设详细规划,应当在古树群周围划出一定的建设控制地带,保护古树群的生长环境和风貌。

第十五条 建设项目涉及古树名木的,在规划、设计和施工、安装中,应当采取避让保护措施。避让保护措施由建设单位报古树名木行政主管部门批准,未经批准,不得施工。

因特殊情况确需迁移古树名木的,应当经市古树名木行政主管部门审核,报市人民政府批准后,办理移植许可证,按照古树名木移植的有关规定组织施工,移植所需费用,由建设单位承担。

第十六条 古树名木保护措施与其他文物保护单位的保护措施相关时,由古树名木行政主管部门和文物行政主管部门共同制定保护措施。

第十七条 违反本条例第六条规定,损坏古树名木标志和其他附属设施的,由古树名木行政主管部门责令恢复原貌,赔偿损失,并可处以损失额1倍以下的罚款。

第十八条 违反本条例第十一条第一款、第二款规定,不按技术规范养护管理或者不按要求治理、复壮的,由古树名木行政主管部门责令改正;造成古树名木损伤的,每株可以处500元至2000元的罚款;造成死亡的,每株可以处1万元至5万元的罚款。

违反本条例第十一条第三款规定,未经确认擅自处理死亡古树名木的,每株处以2000元至1万元的罚款。

第十九条 违反本条例第十二条第(一)项、第(二)项、第(三)项、第(四)项规定,损害古树名木的,由古树名木行政主管部门责令改正,并处以罚款:

(一)对古树名木损害较轻的,每株处以200元至1000元的罚款;

(二)损害枝干或者根系的,处以损失额1倍至2倍的罚款;

(三)造成死亡的,处以损失额2倍至3倍的罚款。

第二十条 违反本条例第十二条第(六)项规定,砍伐古树名木的,由古树名木行政主管部门处以损失额3倍至5倍的罚款。

第二十一条 违反本条例第十五条第一款规定,未采取避让保护措施的,避让保护措施未经批准或者不按批准的避让保护措施施工的,古树名木行政主管部门有权责令停止施工,造成古树名木损害的,依照本条例有关规定处理。

第二十二条 违反本条例第十二条第(五)项和第十五条第二款规定,擅自移植古树名木的,由古树名木行政主管部门处以损失额1倍至2倍的罚款;造成死亡的,处以损失额2倍至3倍的罚款。原古树名木保护范围不得擅自作为建设用地。

第二十三条 违反本条例规定,损害古树名木的,应当向所有者赔偿损失。

古树名木损失鉴定办法由市古树名木行政主管部门制定。

第二十四条 砍伐毁坏古树名木,构成犯罪的,依法追究刑事责任。

第二十五条 古树名木行政主管部门的工作人员在古树名木的保护管理工作中,滥用职权,玩忽职守,徇私舞弊的,由其所在单位或者上级主管机关给予行政处分;情节严重,构成犯罪的,依法追究刑事责任。

第二十六条 本条例具体应用中的问题,由市古树名木行政主管部门负责解释。

第二十七条 本条例自1998年8月1日起施行,1986年5月14日市政府发布的《北京市古树名木保护管理暂行办法》同时废止。

9.4.3 《上海市古树名木保护管理条例》

上海市古树名木和古树后续资源保护条例

(2002年7月25日上海市第十一届人民代表大会常务委员会第四十一次会议通过)

第一条 为了加强古树、名木和古树后续资源的保护,根据有关法律、法规,结合本市实际情况,制定本条例。

第二条 本条例所称古树是指树龄在一百年以上的树木。

本条例所称名木是指下列树木:

(一)树种珍贵、稀有的;

(二)具有重要历史价值或者纪念意义的;

(三)具有重要科研价值的。

本条例所称古树后续资源是指树龄在八十年以上一百年以下的树木。

第三条 本市行政区域内古树、名木和古树后续资源的保护,适用本条例。

第四条 上海市绿化管理局(以下简称市绿化局)是本市古树、名木和古树后续资源保护的行政主管部门,负责本条例的组织实施;其所属的上海市园林绿化监察大队(以下简称市绿化监察大队)按照本条例的授权,实施行政处罚。

区、县管理古树、名木和古树后续资源的部门(以下简称区、县管理古树名木的部门)按照本条例的规定,负责本辖区内古树、名木和古树后续资源的保护工作,业务上受市绿化局的指导。

本市规划、建设、农林、市政、房地资源、水务、铁路、环保、旅游、民族宗教等有关管理部门按照各自的职责,协同实施本条例。

第五条 本市有关部门应当加强对古树、名木和古树后续资源保护的科学研究,推广应用科研成果,宣传普及保护知识,提高保护水平。

第六条 任何单位和个人都有权对损害古树、名木和古树后续资源的行为予以制止或者举报,市绿化局或者区、县管理古树名木的部门应当及时查处。

第七条 对保护古树、名木和古树后续资源有突出贡献的单位和个人,由市绿化局或者区、县管理古树名木的部门给予表彰和奖励。

第八条 本市对古树、名木和古树后续资源按下列规定实施分级保护:

(一)名木以及树龄在三百年以上的古树为一级保护;

(二)树龄在一百年以上三百年以下的古树为二级保护;

(三)古树后续资源为三级保护。

第九条 区、县管理古树名木的部门应当定期在本辖区内进行古树、名木和古树后续资源的调查,并按照下列规定进行鉴定和确认:

(一)一级保护的古树、名木,由市绿化局组织鉴定,报市人民政府确认;

(二)二级保护的古树,由市绿化局组织鉴定并予以确认;

(三)古树后续资源由区、县管理古树名木的部门组织鉴定,报市绿化局确认。

鼓励单位和个人向市绿化局或者区、县管理古树名木的部门报告未登记的古树、名木和古树后续资源。市绿化局或者区、县管理古树名木的部门应当按照前款的规定,及时组织鉴定和确认,经鉴定属于古树、名木或者古树后续资源的,应当给予适当的奖励。

古树、名木和古树后续资源的鉴定标准和鉴定程序由市绿化局另行制定。

第十条 区、县管理古树名木的部门应当对本辖区内的古树、名木和古树后续资源进行登记,建立档案,并报市绿化局备案。

市绿化局应当对古树、名木和古树后续资源进行统一编号。

第十一条 市绿化局应当在古树、名木和古树后续资源周围醒目位置设立标明树木编号、名称、保护级别等内容的标牌。

第十二条 市绿化局应当会同市规划管理部门,按照下列规定,划定古树、名木和古树后续资源的保护区:

(一)列为古树、名木的,其保护区为不小于树冠垂直投影外五米;

(二)列为古树后续资源的,其保护区为不小于树冠垂直投影外二米。

第十三条 在古树、名木和古树后续资源保护区内,应当采取措施保持土壤的透水、透气性,不得从事挖坑取土、焚烧、倾倒有害废渣废液、新建扩建建筑物和构筑物等损害古树、名木和古树后续资源正常生长的活动。

因城市重大基础设施建设,确需在古树、名木和古树后续资源保护区内施工的,规划管理部门在核发建设工程规划许可证前,应当征求市绿化局的意见;市绿化局应当自收到征求意见之日起五个工作日内,提出相应的保护要求。建设单位应当根据市绿化局的保护要求制定具体保护措施,并组织实施。

第十四条 本市对古树、名木和古树后续资源实行养护责任制,并按照下列规定确定养护责任人:

(一)机关、部队、社会团体、企业、事业单位用地范围内的古树、名木和古树后续资源,养护责任人为所在单位;实行物业管理的,养护责任人为其委托的物业管理企业。

(二)铁路、公路、河道用地范围内的古树、名木和古树后续资源,养护责任人为铁路、公路、水务管理部门委托的养护单位。

(三)公共绿地范围内的古树、名木和古树后续资源,养护责任人为绿化管理部门委托的养护单位。

(四)居住区内的古树、名木和古树后续资源,养护责任人为业主委托的物业管理企业。

（五）居民庭院内的古树、名木和古树后续资源，养护责任人为业主。

前款规定以外的古树、名木和古树后续资源，养护责任人由所在区、县管理古树名木的部门确定。

房屋拆迁范围内有古树、名木或者古树后续资源的，建设单位应当按照本条例有关养护责任人的规定进行保护。古树、名木或者古树后续资源在居民庭院内的，建设单位应当给予原养护责任人适当的补偿。

第十五条　区、县管理古树名木的部门应当与养护责任人签订养护责任书，明确养护责任。养护责任人发生变更的，养护责任人应当到区、县管理古树名木的部门办理养护责任转移手续，并重新签订养护责任书。

第十六条　市绿化局应当根据古树、名木和古树后续资源的保护需要，制定养护技术标准，并无偿向养护责任人提供必要的养护知识培训和养护技术指导。

养护责任人应当按照养护技术标准进行养护。在日常养护中，养护责任人可以向市绿化局或者区、县管理古树名木的部门咨询养护知识。

第十七条　古树、名木和古树后续资源的日常养护费用由养护责任人承担。接受委托承担养护责任的，养护费用由委托人承担。承担养护费用确有困难的单位或者个人，可以向所在区、县管理古树名木的部门申请养护补助经费。养护补助经费应当专项用于古树、名木和古树后续资源的养护。

市和区、县人民政府应当设立古树、名木和古树后续资源保护的专项经费，专门用于古树、名木和古树后续资源的抢救、复壮，保护设施的建设、维修，以及承担对养护经费有困难者的补助。

鼓励单位和个人以捐资、认养等形式参与古树、名木和古树后续资源的养护。捐资、认养古树、名木和古树后续资源的单位和个人可以在古树、名木和古树后续资源标牌中享有一定期限的署名权。

第十八条　古树、名木和古树后续资源保护区外的建设项目，养护责任人认为其施工可能影响古树、名木和古树后续资源正常生长的，应当及时向市绿化局或者区、县管理古树名木的部门报告。市绿化局或者区、县管理古树名木的部门可以根据古树、名木和古树后续资源的保护需要，向建设单位提出相应的保护要求，建设单位应当根据保护要求实施保护。

第十九条　市绿化局和区、县管理古树名木的部门应当确定专门管理人员负责古树、名木和古树后续资源保护管理工作，并按照下列规定，定期进行检查：

（一）一级保护的古树、名木至少每三个月进行一次；

（二）二级保护的古树至少每六个月进行一次；

（三）古树后续资源至少每年进行一次。

在检查中发现树木生长有异常或者环境状况影响树木生长的，应当及时采取保护措施。

第二十条　禁止移植一级保护的古树以及树龄在一百年以上的名木。

因城市重大基础设施建设，确需移植树龄在一百年以下的名木或者二级保护的古树的，应当向市绿化局提出申请。市绿化局应当自收到申请之日起十个工作日内提出审查意见，并报市人民政府批准。

因市重大工程项目或者城市基础设施建设，需要移植古树后续资源的，应当向区、县管理古树名木的部门提出申请。区、县管理古树名木的部门应当自收到申请之日起五个工作日内提出审查意见，并报市绿化局批准。市绿化局应当自收到审查意见之日起五个工作日内作出审批决定，并通知区、县管理古树名木的部门。

古树、名木和古树后续资源的移植和移植后五年内的养护，应当由具有相应专业资质的绿化养护单位进行。古树、名木和古树后续资源的移植费用以及移植后五年内的养护费用，由建设单位承担。

第二十一条　生产、生活产生的废水、废气或者废渣等危害古树、名木和古树后续资源正常生长的，养护责任人可以要求有关责任单位或者个人采取措施，消除危害。

第二十二条　禁止下列损害古树、名木和古树后续资源的行为：

（一）砍伐；

（二）剥损树皮、攀折树枝或者刻划、敲钉；

（三）借用树干做支撑物，在树上悬挂或者缠绕其他物品；

（四）损坏古树、名木和古树后续资源的支撑、围栏、避雷针、标牌或者排水沟等相关保护设施；

（五）其他影响古树、名木和古树后续资源正常生长的行为。

第二十三条　古树、名木和古树后续资源养护责任人发现树木衰萎、濒危的，应当及时向市绿化局或者区、县管理古树名木的部门报告。市绿化局或者区、县管理古树名木的部门应当及时组织具有相应专业资质的绿化养护单位进行复壮和抢救。

第二十四条　古树、名木死亡的，养护责任人应当及时向市绿化局报告，经核实、鉴定和查清原因后，予以注销。

古树后续资源死亡的，养护责任人应当及时向区、县管理古树名木的部门报告，经核实、鉴定和查清原因后，予以注销，并报市绿化局备案。

古树、名木和古树后续资源死亡未经市绿化局或者区、县管理古树名木的部门核实注销的，养护责任人不得擅自处理。

第二十五条　违反本条例规定，有下列情形之一的，由市绿化局或者区、县管理古树名木的部门或者市绿化监察大队按照下列规定予以处罚：

（一）违反本条例第十三条第一款规定，在保护区内不采取措施保持土壤的透水、透气性，或者从事损害古树、名木和古树后续资源正常生长活动的，责令其限期改正，可以并处三百元以上三千元以下的罚款；造成树木严重损伤的，处二千元以上二万元以下的罚款；造成树木死亡的，每株处五千元以上五万元以下的罚款。

（二）违反本条例第十三条第二款规定，建设单位未按照保护要求实施保护的，责令其限期改正；造成树木死亡的，每株处五千元以上五万元以下的罚款。

（三）违反本条例第十六条第二款规定，不按照养护技术标准进行养护的，责令其限期改正；逾期不改正的，处三百元以上三千元以下的罚款；造成树木死亡的，每株处三千元以上三万元以下的罚款。

（四）违反本条例第二十条第一款、第二款、第三款规定，移植一级保护的古树或者树龄在一百年以上的名木的，每株处一万元以上十万元以下的罚款；未经批准移植树龄在一百年以下的名木或者二级保护的古树的，每株处五千元以上五万元以下的罚款；未经批准移植古树后续资源的，每株处二千元以上二万元以下的罚款；未经批准进行移植并造成树木死亡的，以砍伐论处。

（五）违反本条例第二十条第四款规定，委托不具备相应专业资质的单位进行移植或者养护的，责令其限期改正，逾期不改正的，处一千元以上一万元以下的罚款；不具备相应专业资质的单位从事古树、名木和古树后续资源的移植或者养护的，没收其违法所得，并处违法所得一倍以上五倍以下的罚款。

（六）违反本条例第二十一条规定，危害古树、名木和古树后续资源正常生长的，责令其限期改正；逾期不改正的，处五百元以上五千元以下的罚款；造成树木死亡的，每株处五千元以上五万元以下的罚款。

（七）违反本条例第二十二条第（一）项规定，砍伐一级保护的古树、名木的，每株处三万元以上三十万元以下的罚款；砍伐二级保护的古树的，每株处二万元以上二十万元以下的罚款；砍伐古树后续资源的，每株处一万元以上十万元以下的罚款。

（八）违反本条例第二十二条第（二）项、第（三）项、第（四）项、第（五）项规定，损害古树、名木和古树后续资源的，责令其限期改正，可以并处三百元以上三千元以下的罚款；造成树木死亡的，每株处五千元以上五万元以下的罚款。

（九）违反本条例第二十四条第三款规定，树木死亡未经核实注销擅自处理的，处一千元以上一万元以下的罚款。

第二十六条　违反本条例规定，损坏古树、名木和古树后续资源及其相关保护设施的，应当依法承担赔偿责任；构成犯罪的，依法追究刑事责任。

第二十七条　市绿化局、区县管理古树名木的部门、市绿化监察大队的工作人员在本条例的执行过程中，玩忽职守、滥用职权、徇私舞弊的，由其所在单位或者上级主管部门依法给予行政处分；构成犯罪的，依法追究刑事责任。

第二十八条　当事人对市绿化局、区县管理古树名木的部门、市绿化监察大队的具体行政行为不服的，可以依照《中华人民共和国行政复议法》或者《中华人民共和国行政诉讼法》的规定，申请行政复议或者提起行政诉讼。

当事人在法定期限内不申请复议，不提起诉讼，又不履行的，作出具体行政行为的行政管理部门或者市绿化监察大队可以申请人民法院强制执行。

第二十九条　本条例自 2002 年 10 月 1 日起施行。《上海市古树名木保护管理规定》同时废止。

9.5　园林树木的价值与评估

9.5.1　园林树木的价值

树木具有巨大的生态环境与经济价值，主要包括：提供视觉景观的美学效果；创造轻松和优雅健康的氛围，达到心理与生理上的治疗作用；创造个人企求的私人环境和隐秘的场所，改善居住的环境质量；获得动静结合，声、色、味变化的动态效果，使城市生活丰富多彩；减少街头眩光，缓和辐射效应；增加户外游憩活动的场所，为儿童和老年人提供了自然的课堂以及接触自然的机会；平衡城市的碳循环，节约能源消耗；创造动物栖息的居地环境，带来自然的野趣；促使房地产增值等等。所有这些价值都可以运用货币的形式加以表现。因此在经营管理和维护城市的树木时，为了对其表现的各类价值作出评价，必须建立评价的方法。

1. 园林树木的景观价值

1）美学价值

每一种植物习性、体态、形状、色彩各不相同。树木通过其色彩、形状、质地表现出各种视觉效应。如植物的季相变化给予一种动态的色彩变幻，使得景观更加丰富，对人们的视觉和心理产生刺激。树木的各种形状起到不同的视觉效果。高耸的树木用来突出重点，增加景观的高度感；垂枝型的植物使景观变得柔和，并与地面协调；攀缘植物使原本单调硬直的墙体变得丰富多彩。各种植物由于其分枝习性、叶序、叶片的大小与浓密程度的不同而表现为不同的质地，把不同质地的植物按一定顺序设计种植，将产生一种空间的视觉效果。如植物材料以其质地性质从粗糙到细小的顺序排列，会使空间距离变小，相反则增大了距离感。

从美学的角度来分析，上述各种特性的结合有三种类型:① 和谐与统一:表现为组成景观的所有植物成分是相对一致的,在视觉上是协调的,而没有分散注意力的特殊景物。② 变化与多样性:通过不同性质、质地、大小、色彩的植物材料的配置,形成丰富多彩的景观镶嵌,避免单调和重复。③ 视觉上的想象:以某一个重点突出的景物来制造视觉上的注意点。城市中树木的各种美学效果的体现,均是这三种类型的集合和反映,它们成功地组合则景观效果得以充分地发挥,否则会毫无特色可言。

2)空间效应

树木与其他建筑体一样可以构成各种各样的环境,取得建筑物所能具有的景观空间效果。① 构成屏障:由多数树木成行地种植在一起,或在垂直结构上层次相接,类似建筑墙体营造一个独立的环境、遮蔽人们不希望见到的物体等,称为树木建筑学的功能。② 创造和谐:树木是生命体,它与城市中其他人工建筑成分形成强烈反差,因而能有效地调和城市景观中各种钢筋混凝土建筑、广场与路面所表现的刚直轮廓,增加城市最为缺乏的自然色彩。树木与建筑恰恰在这种矛盾中取得和谐与统一。

3)心理与生理功能

树木在许多方面与人类心理和生理方面有着联系,特别是在城市环境方面。由于人们远离自然,因此城市树木成为居民与自然联系的最好纽带。树木与森林能使人们精神上得到放松。树木的气味更是能触发感觉上的、认识上的反应。另外较之所看到的景色,人们能更清晰地记住嗅觉上的感受。

2. 园林树木的生态价值

城市森林能影响城市的小气候,其表现的气候效应是多方面的,如降温增湿、减轻污染、净化空气、平衡碳循环,这仅是其生态效益的一个方面,除此之外还有提供野生动物的栖息,保护城市坡地,减少水土流失,降低温室效应等作用。

1)气候效应

城市森林改变太阳辐射平衡,降低温度及热岛效应。树冠明显地削减太阳投向地面的辐射,树木使得蒸腾和蒸发的潜热交换量增大,乱流交换值较小,因此耗失的热量增大,降温效果明显。单株树木和树木群体对气温的影响作用不同,单株的树木对热平衡作用的影响主要是树冠阻隔太阳的辐射,其能发挥的直接降温作用很小。整个城市森林对城市气候的影响属于中气候的范畴,城市森林的蒸腾作用向城市环境提供可观的水分及潜热,由此产生温度的变化,城市树木遮阴对住宅的降温作用最为明显,树木覆盖增加到 25% 时,夏季下午 2 时的温度可降低 3~5℃;树木覆盖率每差异 10%,气温差异将近 1℃。

2)降低风速、改变风向

树木对风速衰减作用最强的是树冠,因此通常将乔木

和灌木种植在一起,构成密度较大的风障,极大地减少了通过林带的气流量。城市环境中即使分散的树木同样能有效地降低风速。在住宅区根据建筑物的密度及不同类型,树木覆盖每增加 10% 能减少风速 3%~8%。

3)降低能源消耗

温室效应以及城市的热岛现象使得城市气温逐渐增加并产生热岛效应。这一过程对人们经济的直接影响是,夏季用于降温的空调消耗电能大大增加。能源消耗与气温增加有直接的关系,有关研究指出,浓密的树木遮阴能降低夏天空调费用 7%~40%。但必须指出,树木的遮阴效应是十分复杂的,例如住宅附近树木在夏天有利建筑的降温,但在冬天这种效应是居民所不希望有的。同样树木在冬天能阻挡寒风,因而有助于建筑体的保温,但在夏天树木降低风速的结果却使建筑体的散热受阻。因此,树木对能源消耗的作用是正反两个方面的。这两方面的消长关系直接决定于种植设计的优劣,例如树种选择,种植的位置、距离、方向、密度等。

4)平衡水分关系

据研究,城市森林覆盖达到 22% 时,减少暴雨造成的地表径流 7%,推迟径流 6 h;如果覆盖增加至 50%,则可减少径流 12%。在夏季叶面积指数达 6.1 的地区(常绿阔叶大树为主)树冠截留高达 36%,叶面积指数 3.7 的地区(中等大小的针叶树与阔叶树混合的地区)树冠截留约为 18%。

5)减少大气污染物

除了 CO_2 以外,主要考虑的大气污染物有 SO_2、NO_x、O_3、CH_4 等,大气污染是影响人们健康的主要因素之一,同时危害植被,损害建筑物。

城市树木对净化大气的作用是多方面的。首先树木因遮阴、挡风、蒸腾作用等减少或增加城市的能源消耗,从而改变向大气排放污染物的量;其次,树木明显的降温作用影响臭氧的光化学反应,减低臭氧的释放速度;再次,树木直接吸收、固定、滞留大气中的污染物,这是树木最重要的净化空气的作用。关于城市森林净化空气的作用所知尚少,据一些文献报道,城市树木对 SO_2、NO_2 的净化作用可达 0.03~0.59 kg/hm^2 不等。吴泽民等进行了合肥市中心区树木减少大气污染的研究,在市区约 20 km^2 研究范围内,总数 35 万株左右的树木(乔木、小乔木)从大气中吸收约 151.1 t 污染物,创造价值相当于 70 万美元;全年中 6 月份树木吸收的污染物最多,达到 20 t。

9.5.2 园林树木的价值估算方法

1. 园林树木的价值估算

城市树木是城市有价的财产,它的价值不仅体现其木材的使用价值,也包括通过发挥各类功能的价值。许

多学者一直在企图寻找合理的、被社会所接受的方法计算出树木或森林的确实价值,但城市树木的价值存在以下问题:一方面城市树木的价值理论上应包含其发挥的所有功能之和;另一方面,一直存在着如何计算以及结果的合理性。

我国目前对城市树木价值的评估仍没有统一的体系,多数的计算是针对新栽植的树木,一般按照苗木的价格、栽植过程中发生的投入,以及栽植后的短期养护费用加上一定的利润来计算,而对现有的树木基本没有统一的计价方法。对于一些比较复杂的情况,例如近几年我国大多数城市在新建绿地时采用大树移植,投入很高,如何评估这类树木的价值就值得探讨。国外在这方面已有比较成熟的做法,因此本节主要介绍这些常用的概念和方法,以供参考。

2. 园林树木景观功能的评价

森林景观作用的评价技术是最近二十年发展起来的,早期对森林美的评价是基于主观描述,目前发展了称为景观美学评价的模型(Scenic Beauty Estimates Model,简称SBE模型)。主要采用以下的几种针对树木群体的景观评价方法。

(1) 描述调查法 通过对景观特征的四个要素(成分),即线条、结构、对比、色彩进行打分、统计后评估其美学的质量。

(2) 问卷调查法 设计一些比较直接的、简单的、便于回答的问卷,对应用这些景观的人群或专业性人员、专家进行采访或以邮寄的方式进行调查。这种方法可使调查的范围扩大,统计结果优于第一种方法,但问题的内容以及措辞有时会影响结果,有时回答的真实性可能存在问题,某些人群对这一方式可能会采取排斥的态度,使得取样发生偏差,失去应有的代表性,但这种方法目前一直被广泛地应用。

(3) 景观美学的评估模式 是以特定的形式向被调查的人群展示景观的幻灯片,人们在相同的场合、相同的时间范围内观看欲评价的景观,最后根据给予的分数统计结果。

① 拍摄景观的彩色幻灯片:为避免拍摄人员的主观影响,幻灯片必须采用随机的方式拍摄,一般固定相机后随机旋转一定角度拍摄,然后重复这一过程,直至取得足够的幻灯片。

② 播放幻灯:一般向20～30位被调查者播放幻灯,所放的幻灯片是从所有拍摄的片子中随机取出的,不同景观的放映次序也是随机的,每片放映相同的时间,一般5～8秒。

③ 评分:每片幻灯放映后给予一定时间让参加者按自己的喜欢程度打分,记分按1～9等级。

④ 统计:类似的方法可以用来评价不同结构的林分

(树种组成、年龄结构、排列方式),不同的经营方式(间伐方法、强度、边界的形状)对森林美质的影响。

3. 园林树木的经济价值与法律价值

(1) 经济价值 城市树木的经济价值不仅表现为树木本身的价值,还应体现在由于树木的存在而使房地产增值的间接价值等其他方面。研究表明,树木的价值几乎为土地价值的19%,如美国的南加州,拥有良好树木景观的独户住宅与树木很少的房产相比,前者的价值可提高12%～15%。我国最近也相继有许多报道反映城市绿化对房地产开发和商品住房销售的作用,如上海《解放日报》报道,市区靠近大型绿地的商品房每平方米的销售价可提高1 500元,约是房价的15%～20%;而具有良好绿化布局的住宅销售情况要明显优于其他楼盘。

应该注意的是,城市环境中一株树木的价值与其生长的立地环境有密切的关系,如果把同样年龄、大小、同一树种的两株树木比较,一株生长在市中心的广场,另一株生长在居民的宅院中,其表现的价值显然会有极大的差别,但如果两株树木都被砍伐了,那么它们仅表现木材的使用价值。由此我们可以知道,城市树木的木材应用价值用一般林业的计算方法就可,但其综合经济价值的计算比较复杂。

(2) 法律价值 计算城市树木的经济价值的目的有许多,但多数的情况是用于法律的原因。例如一株具有重要景观作用的核桃树,其价值可达上万美元,但是事实上是无法兑现的,因为它的价值是与这个特定的环境相联系的,也只有在一些特定的情况下才发生作用。一般情况是,市政府在估计拥有树木的固定资产时,业主在出卖房产估算周围树木价值的时候,或用于保险、诉讼时才会发生。而最常见的是当树木受到各类的损伤,而需要获得法律的赔偿、保险索赔时得以体现,这时其价值的计算就十分重要,否则无法律依据,难以得到认赔方的认可。

20世纪80年代末,在上海出现过这样的一桩案例,位于市中心的城市标志性建筑上海展览馆院内的日本五针松,被人盗剪了枝条因而破坏了树型,据报道,破坏者被法庭判罚5 000元。据我国法律,盗窃属于刑事法范围,量刑的依据包括情节的严重程度和盗窃财物的价值。但在当时对被盗剪的五针松的价值计算是无依据的,可能是比较盆景的价值来折算,也可能仅是凭法官的感觉,可见计算树木价值的重要意义。

法律价值的计算具有特定的计算内容或规则,在美国,城市树木的法律价值主要体现在以下几个方面:① 保险:美国的保险业是把植被作为保险内容的,例如住宅周围的植物可以连同房屋一起保险,当发生突然的意外损失(不包括病虫害、风害)时可以索赔。一般的规定是,大多情况理赔额度在每株500美元以下,而总额不超过整个财产的5%。但如果诉讼案例涉及对原告植被的损坏而需要保险公司理赔的时候,受损的价值一般就采用 CTLA(见下文叙述)的计算方法来计算。② 诉讼:当发生对树木的人为损坏,提出诉讼时,需对案子涉及的树木作出价值及损失的评估。③ 税收方面:例如美国税收法规定,损失景观植物是一种财产损失的表现,可以扣除一定的所得税,而依据就是参照专家计算的树木价值。

应该说明的是,这些方面的内容在美国社会应用起来也十分复杂,而对我国来讲还是全新的概念,但随着我国法制建设的逐渐健全,城市树木的法律价值必然会得到现实的运用,并愈来愈重要,当然这需要时间。

4. 北美国家景观树木价值计算方法

评估城市树木最简单的方法是通过对栽植树木的投入来计算,但它不同于城市其他基础设施,后者随时间而降值,但树木则不断增值。因此,在计算中考虑栽植当时的投入、以后周期性的管理和养护支出、最终树木必须伐去的费用,同时必须考虑所有投入的复利。

北美国家采用的计算公式称为 CTLA(Council of Tree and Landscape Appraisers)公式,即:

树木的价值＝胸高 1.4 m 处的树干断面积×树木基价(元/单位断面积)×树种系数(Species)×生长位置系数(Location)×生长情况系数(Condition)

树木基价的确定有两种方法:

① 更新该株树木需要的价值作为基价,即为购买树木的价值加上种植养护的代价,主要应用于灌木及胸径小于 30 cm 的树木,但各个地方根据自身的特点有所调整,例如密歇根州则规定,胸径小于 17 cm 的树木应用该法。

② 通过公式计算获得基本价值,主要用于树干胸径在 30～100 cm 的树木,基价＝胸高 1.4 m 处的树干断面积×单位价值(元/每平方英寸树干断面)

各项系数值为 0.0～1.0。

5. 其他各国采用的方法

1) 澳大利亚的 Burnley 方法

基本原则是参照美国 CTLA 的方法:

树木价值＝(树木体积×树木基价)×年龄系数×树型和生长情况系数×生长位置系数

树木基价为单位树木体积的价值,所有的系数定为 0.5～1.0。

此公式表示树木的价值同样为从树木的最高计算价值根据系数而递减,与美国 CTLA 方法不同处是,该公式的系数不出现 0。

2) 英国的 AVTW(Amenity Valuation of Trees and Woodlands)方法

主要依据树木的视觉价值来计算,考虑了 7 个因子,每一个因子给予 1～4 分,低于 1 的因子表明该因子对树木价值不产生影响,7 个因子的乘积再乘以一个基价,2000 年基价确定为 14 英镑。公式如下:

树木价值＝[树木尺度×树木年龄×景观中的重要性×与其他树木的关系(周围是否有其他树木)×相对于背景的关系×树型×特殊因素]×14 英镑

3) 新西兰的 STEM(Standard Tree Evaluation Method)方法

与上述英国的方法类似,确定三个方面的 20 个评价因子,每个因子给予 3～27 分。指标如下:

① 生长情况方面,包括 5 个因子,即树型,出现频率,生长势及活力,作用(应用性),树龄。

② 景观的美学方面,包括 5 个因子,即树体的大小(高度及树冠延伸的幅度),可见度(km)(指几公里以外可见),与其他树木的关系(周围是否有其他树木),景观作用,气候。

③ 特殊性,仅用于 50 年树龄以上的树木,包括状态,特性(具有特别的观赏价值、意义等),形状(树冠的完整性或特殊的形状等),历史性,树龄,人文意义,纪念性,自然生态系统的残留,环境变化过程中的遗留,科学价值,种质资源情况,濒危性,珍稀性。

采用公式如下:

树木价值＝(总分×批发价＋该树木的种植价＋养护价)×零售转换因素

上式中,总分,指上述各因子评分的总和;批发价,为 5 年生树苗的出圃价(不考虑树种因素的平均价);养护价,指该树木种植以后的养护费用(一般采用复利计算);零售转换因素,指从批发价转换成零售价,一般为 2。

4) 西班牙的 Norman Granda 方法

公式为:树木价值＝(价值指数×批发价×生长情况指数)×(1＋树龄＋美学观赏性指数＋树种的稀有性指数＋生长立地的适应性指数＋特别指数)

公式中价值指数是树种、生长情况、寿命等分指数的和,批发价即出圃的价格。

6. 各种计算方法的比较

专家运用上述的几种方法对生长在美国中北部的 6 株树木进行价值的估算,以比较这些公式的实用性。结果表明,不同国家采用的方法其结果出现较大的差别。其中,美国的 CTLA 和英国的 ATVW 公式计算的结果最小,而澳大利亚及新西兰的方法其结果最高。可见计算公式的建立是与各国的具体情况有关,因此在一定程度上说明各国计算的树木价值具有很小的可比性。

本节列举各国的一些典型的方法,其目的是要说明在开展城市树木价值估算时应该考虑的一些因素,并应建立适合国情、比较容易掌握、使用简单的计算公式。应该注意的是,目前各国采用的计算公式中均没有考虑生态功能的价值这一方面,可能的原因是:一方面,目前这方面的研究方兴未艾,定量研究的资料很少,至少在目前还难以采用;另一方面,树木的生态效应是多方面的,考虑因素过多会造成计算过于复杂;再者,单株树木的生态效应是相对有限的,对城市环境的影响是基于整个城市森林水平。

我国对城市树木的价值研究至今没有系统地进行,随着我国城市森林建设和管理得到进一步的重视,建立适合我国的评价体系已经是十分必要。

9.6 案例分析

9.6.1 黄山麒麟松的养护管理案例

经分析引起麒麟松衰退的原因主要有:
① 病虫害及机械性伤害造成树皮受损;
② 20 世纪 80 年代实施改道后形成的表土层过厚,修筑的石围栏影响根系的伸展,同时排水不畅造成部分积水;
③ 周围植被对麒麟松构成影响,特别是附近的灌木生长过快,引起对麒麟松侧枝的遮阴。

诊断结果认为,造成麒麟松衰退的主要原因是在根部,因此除了及时处理损坏的枝干外,主要采取的处理措施有以下几点:

1. 地下部分的处理

(1) 更换部分土壤,改善排水条件　鉴于当时回填土不当的情况,取走土壤 3.8 m³,回填森林营养土 2 m³,使原来的根颈部位重新露出。回填土时,森林土与灌木小枝分层填埋,在增加土壤通气性的同时也增加有机质。另外在树干的上坡开设排水沟,使上坡方向来的地表径流可绕过麒麟松的根部。

(2) 增设通气管道　在麒麟松的东南方位垂直设 4 根通气管道,管道用毛竹打通竹节,并在壁上打孔。另外在水平方向也设通气管道,首先开挖 4 条水平沟,宽60 cm、深 70 cm,沟中回填森林土壤 10 cm 厚,在其上面铺设一层碎树枝,再在其上设毛竹通气管道;同时再横向采取类似的铺设,形成纵横通气管道相连,最后在表层铺设混沙后的原表土层。

2. 地上部分的处理

(1) 除去枯枝败叶与球果。

(2) 用药棉饱蘸甲胺磷 50 倍液堵塞树干木质部裸露的所有树蜂和黄蚂蚁的孔道。

(3) 树皮脱落裸出木质部的部位以及树洞进行密封处理。用刮刀修理腐朽部分后,用农抗 120 稀释液与愈伤剂(生物激素)按 25∶1 比例混合,做消毒处理,然后将密封剂DB－XM－Ⅱ(北京航空材科研究所制)与 DR－2 号硫化剂按 10∶1 的配比进行混合,用专用注入器填注,不留有空隙,然后抹平,外面贴上树皮作修饰。

(4) 清理周围环境,保持通气透光。

(5) 结果经过上述的处理,第二年麒麟松就表现出良

好的生长,逐渐恢复其健康,至今生长正常。

9.6.2 北京市古柏养护管理案例

1995 年 11 月,北京市园林局古树规划处对 19981 号古柏进行移植复壮研究。专家的现场诊断为:"生长衰弱,环境恶化,树体细高冠小,生长量很低,为濒弱树。土壤为黄沙壤,土质瘠薄,周围还有其他树木,根系交叉,且分布较远,需于第二年冬休眠期进行移植,一般在移前进行断根,缓养 2～3 年,发出新根后进行;但因工程紧迫,需马上移植,这给保证成活造成了极大困难,需多方采取措施,进行实验研究。"

1. 移植过程及采取的措施

(1) 挖坨　11 月 17 日,采取木箱包装法进行挖掘。箱体用 5 cm 厚木板,上口 2.5 m×2.5 m,下口 2.4 m×2.4 m,高 1.7 m;立面为四扇组合木板,加底加盖,全封闭包装;立面四个拐角及底面、上盖均使用铁腰进行连接固定,最后拦腰用紧线器紧固,以确保土球万无一失。箱体四周及下部挖空后,在底部用直径 30 cm 的木墩垫起,尽量保护根系,并有利于起吊。

(2) 根系保护　按照专家意见,进行寻根,没有盲目切根,以尽量保持根系完整。木箱容积虽已够大,但根本无法容纳全部根系,因此对木箱进行特殊处理,打洞留缝,将 2 m 多长的主根系留在箱外,并用生根剂 IAA(吲哚乙酸)1 000 mg/L+1 mL Azone(透皮剂)均匀涂抹在裸根上,再用保湿剂处理,加裹麻袋片,以充分保护根系水分不致很快散失。

(3) 吊装栽植　用 45 t 吊车垂直起吊,重量表显示为10 t,用大型平板车转运至 30 m 外的移植坑中,坑底最低点设置一处渗水井。种植时用树叶腐殖质肥料、一层杨树枝条、一层酱渣,交叉叠放。在坑底四角及边缘垂直安置6 根直径为 8～10 cm 的通风管,移植完成后用直径 8 cm 的长铁管,支撑固定高约 15 m 的古柏。

2. 移植后的养护

(1) 树体修剪　移植前后,进行部分修剪,以减少水分蒸腾散失。

(2) 水分管理　定植后按常规连灌 3 遍水,因时值冬日,相当于灌防冻水。1996 年春季至 7 月中旬,在正常灌水时沿通风管施用尿素。同期,每周用高压泵进行叶面喷水 2 次。1997 年 4 月中旬至 6 月底,每周叶面喷水 3 次。同期,用高压泵进行叶面施肥 5 次。

(3) 肥分管理　1997 年 4 月 9 日上午,喷洒高效叶面肥(N 28%、P₂O₅ 7%、K₂O 13%,并含 Mg、Mn、B、Zn、Cu、Mo 等中、微量元素),稀释浓度 300 倍。4 月 9 日下午,施用稀土元素加兑尿素,进行叶面稀释喷施,以提高光合作用,促进树体生长。1997 年 5 月 13 日上午,继续施用稀土元素加兑尿素,进行叶面稀释喷施。1997 年 6

月 15 日,喷洒绿帝牌高效叶面肥,稀释浓度 300 倍。1997 年 7 月 13 日,再次喷洒绿帝牌高效叶面肥,稀释浓度 300 倍。

(4) 叶绿素监测 为监测古柏移植后的生长情况,采用分光光度法,连续三年测试叶绿素 a+b 含量(μg/mL)。移植前,1995 年 11 月 17 日测试值为 9.46 μg/mL;移植后,1996 年 11 月 3 日测试值为 6.14 μg/mL;1997 年 11 月 24 日测试值为 10.83 μg/mL。

叶绿素监测结果表明,在移植后的第一年指标值是移植前的 65%;在移植后的第二年,加大了科学养护力度,监测指标迅速上升,达移植前的 115%。古柏移植后,从外观看生长情况良好,并于 1998 年 1 月 23 日通过专家组的鉴定:"19981 号古柏目前长势良好,移植过程中采用的方法、措施科学、恰当、可行,特别是用分光光度法测叶绿素含量作为量化监测指标,值得进一步试验、总结、推广。"

9.6.3 广东省古秋枫养护管理案例

千年古树古秋枫位于广东省东莞市企石镇,已被列入广东省重点保护古树。该树历经 1 000 多年风雨,是东莞最老的古树之一。古树胸径达 3 m,树高 20 m,冠幅约 16 m,整体长势仍较好。当地政府对这株千年秋枫十分重视,此前已在周围划出近万平方米用地建成秋枫公园。随着秋枫知名度的提升,游人越来越多,人与树的矛盾逐步显现。针对古秋枫周围现状,从影响古秋枫生长的生态因子出发,根据系统方法保护古树的理念,提出以下改造保护方案:

(1) 在周围 12 m 直径范围安装石栏杆,阻隔游人入内,栏杆范围内表土进行松土,换入部分富含有机质和养分的塘泥,种植假花生,既可固氮,又为蚯蚓等土壤动物提供食物,利于松土。

(2) 树周围 25 m×25 m 范围内,凿除现有混凝土休息平台,全部改为用粗砂铺砌 10 cm 厚石板或青砖,并且在下面建几道通气暗沟以利于土壤水气循环。这个设计大体上符合《公园设计规范》的保护空间要求,但做法上根据城市环境有所变通。

(3) 清除树上的桑寄生等寄生植物,并对已开始腐朽的伤口进行杀菌消毒并封堵。

(4) 做好白蚁防治工作。

(5) 把秋枫公园内新种的秋枫树换成番石榴、阳桃等乡土诱鸟树种。把现有疏林草地的种植形式改造为疏密结合的自然风格,在公园角落处营造一片乔木、灌木、草本结合的密林区。树上布置人工鸟巢,提升整个公园的生物多样性,使其生态系统更趋稳定。

(6) 为古秋枫树安装避雷装置。

(7) 在古秋枫树旁边树立石碑,宣扬古秋枫的历史及历代先人对古树保护的事迹,教育游客增强古树保护的意识。

(8) 建议地方政府派专人定期对古秋枫进行检测并记录,及时发现问题,及时整改。对记录进行分析,制定更科学的保护措施。通过以上措施,古秋枫树作为东莞自然生态、文明历史和我们这一代社会昌明的见证,会得到更好的保护。

上述改造设计方案实施后,千年古秋枫得到了良好的恢复和保护,同时以古秋枫树为核心的主题公园发挥了良好的综合效益。

9.7 实验/实习内容与要求

实地调查所在地古树名木的分布状况和养护管理情况,针对个别树种生长状况,进行科学分析,制定管理保护对策。

■ 思考题

1. 为何要保护古树名木?
2. 古树衰老的原因有哪些?分析本地区古树名木生长衰弱的原因。
3. 简述古树养护管理技术措施。
4. 如何处理好古树与周围其他植物之间的关系?
5. 古树移植工程必须是由具有什么园林绿化施工资质的企业承担?
6. 一级古树名木由哪一级人民政府确认?二级古树名木由哪一级人民政府确认?分别报哪个部门备案?
7. 简述园林树木价值估算方法。

10 常用园林树木的栽培养护技术

各类园林树木在其栽培技术和养护管理措施上，既有其共性的地方，也有其特殊的要求。在学习其共性的基础上，分门别类地研究和掌握其个性方面的栽培技术和管护措施，对于充分发挥园林树木在园林建设中的作用以及指导生产实践都具有重要意义。本章选入了我国南北方常见的一些园林树木，分为常绿乔木、落叶乔木、常绿灌木、落叶灌木、常绿藤本、落叶藤本、观赏竹类等，重点介绍了其分布与习性、栽培养护要点、园林用途和最新研究进展。

10.1 常绿乔木

10.1.1 南洋杉 *Araucaria heterophylla* 南洋杉科南洋杉属

（1）分布与习性 原产于南美洲、大洋洲、新几内亚等热带、亚热带和温带地区，广东、福建、海南等地引种栽培。喜温暖和湿润，不耐寒冷与干燥，能耐阴；适生在土壤肥沃和排水良好的山地；生长快，萌蘖力强。

（2）栽培养护要点 播种、扦插育苗。春季带土球栽植，栽后应经常保持土壤湿润，成活后适当施肥，并保持空气湿润；在较寒的地区栽植，冬季应注意防寒；栽后不修剪，以保持其端正秀丽的树形。我国中部及北方各城市，多行盆栽观赏，冬季入温室越冬，越冬温度要求在5℃以上，宜在春季翻盆。北方地区气候干燥，夏季置于荫棚架下，并经常喷水增湿。

（3）园林用途 南洋杉树姿优美，高大挺直，净干少枝，冠形匀称，端庄秀美，与雪松、巨杉、金钱松、日本金松并称为世界著名五大公园树种，是我国南方园林绿化的优良树种。孤植、列植、群植均宜，也可盆栽观赏或布置会场。

（4）研究进展 南洋杉科树种近年引进较多的是贝壳杉、肯氏南洋杉和异叶南洋杉。肯氏南洋杉和贝壳杉适应性强，保存率高，生长较快，在低山丘陵栽培有较大发展潜力。由于南洋杉扦插的插穗必须用顶芽而不能用侧枝，苗木繁殖速度慢，向红贵、周土生（2003）研究了"以苗繁苗"技术，将母株截干，暴露根须，促使根蘖大量萌发，使用半木质化的插穗在 ABT 生根粉溶液浸泡 2 h 后，可以提升繁殖速率。南洋杉长到 2 m 以上时，下部侧枝易干枯死亡，失去观赏价值，研究表明可采用靠接法、高压法降低其高度（陈进友，1999）。

10.1.2 罗汉松 *Podocarpus macrophyllus* 罗汉松科罗汉松属，又名土杉

（1）分布与习性 原产云南，现长江流域以南各地均有栽培，日本亦有分布。中性树种，较耐阴，喜生于排水良好而土层深厚的酸性土壤。耐潮风，在海边也能生长良好，耐寒性较弱，在华北只能盆栽，培养土可用砂和腐质土等量配合。耐修剪，寿命很长。能抗病虫害危害，对多种有毒气体抗性也较强。

（2）栽培养护要点 常用扦插和播种繁殖。移植较易成活，小苗根部粘泥浆，在 3 月进行。定植时，如果是壮龄以上的大树，须在梅雨季带土球移植，定植树穴要大，定植后夯实覆土并浇透水，冠幅较大的应设立支柱扶持，以防风吹摇动。盆栽时，要放在半阴处培养，下枝繁茂，亦很耐修剪。若遇轻霜，嫩叶和秋梢会全部黄枯，冬季室内要保持5℃以上室温，并控制浇水量；植株的中央主枝生长较快，要及时短截，以促使发生侧枝。

（3）园林用途 罗汉松树形古雅优美，绿色的种子下有比其大 10 倍的红色种托，犹如披着红色袈裟正在打坐参禅的罗汉，故得名；满树紫红点点，颇富奇趣，深受人们喜爱，在寺院多有种植。罗汉松宜孤植作庭荫树，或对植或散植于厅、堂之前。因耐修剪且又适海岸环境，故常用于海岸边植作美化及防风高篱等。罗汉松的变种

短小叶罗汉松因叶小枝密,作盆栽或一般绿篱用,也很美观。

(4) 研究进展 传统栽培的品种有'中叶'罗汉松、'雀舌'罗汉松、'二乔'罗汉松、'珍珠'罗汉松;近年引种有'米叶珍珠'罗汉松、'尖叶珍珠'罗汉松、'宽叶菊花珍珠'罗汉松、'水边珍珠'罗汉松、'台湾金钻'罗汉松、'贵妃'罗汉松、'日本'罗汉松。研究表明,在夏季高温条件下罗汉松扦插以生根促进剂 ABT+遮光率 90%遮阳网+半木质化的绿枝,插穗切口为斜切型,基质为 80%红心土+20%珍珠岩的方法,生根率高,生根多且长(赵青毅、刘德朝,2008)。韩文军等(2004)研究发现从罗汉松木粉中提取的生理活性物质对家白蚁有较好的毒害作用。黄宝灵等(2005)对分布在广西的几种罗汉松属植物自然结瘤的根瘤形态和显微结构的研究中,发现瘤的形态和结构与豆科植物的根瘤有较多相似之处,但又不完全一致,这种差异是否会导致两类根瘤在功能上的差异有待进一步研究。

10.1.3 云杉 *Picea asperata* 松科云杉属

(1) 分布与习性 分布于四川、甘肃、陕西等地高山,分布较广,常形成大面积纯林。较喜光,耐干冷,耐阴,耐旱;喜凉而湿润、肥沃、排水良好的酸性土壤。根系浅,抗风、抗烟能力差。

(2) 栽培养护要点 播种繁殖。春季栽植,小苗可裸根粘泥浆,大苗需带土球,栽前 2 年,在炎热、干旱季节应浇水 4~5 次,5~7 月生长期施肥,休眠期施基肥。云杉根系浅,易暴露死亡,注意经常培土保护根系。云杉不耐修剪,以自然式树形为宜,但老树下部枝条干枯后应及时剪去。云杉易患云杉枯梢病及受松针毒蛾、双条天牛危害,应及时防治。

(3) 园林用途 云杉树冠塔形,苍翠雄伟,宜作为庭园观赏及风景树;孤植、群植、列植或对植于景区,可增色不少。

(4) 研究进展 近年选用的种类有红皮云杉、白杆云杉、青杆云杉、欧洲云杉、蓝云杉、鱼鳞云杉、长白鱼鳞云杉等。由于云杉外生菌根真菌与宿主植物是共生关系,何华等(2010)研究发现菌根化育苗可促进栽培。在红皮云杉人工林培育方面,配套技术尚缺乏系统全面、深入的研究,在密度控制技术、定向培育技术等方面的研究还处于空白和落后状态。青藏高原云杉针叶水提物 NAEPA 具有有效的抑菌物质和抗氧化、降血脂以及抗血栓的功能,是一种可应用于食品和饲料工业的潜在天然植物防腐剂资源(李珍,2012)。

10.1.4 雪松 *Cedrus deodara* 松科雪松属

(1) 分布与习性 原产于喜马拉雅山西部及喀喇昆仑山区海拔 1 200~3 300 m 地带,我国喜马拉雅山北坡海拔 1 200~3 000 m 地带有天然林。我国于 1920 年引种,广植为行道树和庭园树,经过多年驯化后现已广泛栽植于大江南北。

温带树种,常绿大乔木。喜温暖、湿润气候,抗寒性较强,大苗可耐-25℃的短期低温;对土壤要求不严,耐旱力较强,在酸性土、微碱性土以及瘠薄、岩石裸露的地段均能生长,但在深厚、肥沃和排水良好的土壤上生长最好,忌低洼湿涝和地下水位过高;性喜光,幼年稍耐庇荫,大树要求充足的上方光照,否则生长不良或枯萎;系浅根性树种,易被风刮倒;抗烟尘和二氧化硫等有害气体能力差;通常雄株在 15 年后开花,雌株要迟几年才能开花结籽,因花期不遇,需预先采集花粉进行人工授粉,方能得到良种。

(2) 栽培养护要点 播种、扦插法繁殖;播种可在 3 月份进行,扦插则一般在春、秋两季进行,插穗母株以实生苗幼树为好。栽植应在春季萌芽前进行,栽植须带土球,栽植土壤要疏松、湿润而不积水,土质过差应进行换土栽植。栽后视天气情况酌情浇水,并时常向叶面喷水。栽植时不要疏除大枝,定植后可适当疏剪枝条,使主干上侧枝间距拉长,过长枝应短截,以致不影响观赏价值,提高栽植成活率。在成活后的秋季施以有机肥,促其发根,生长期可施 2~3 次追肥,并经常中耕松土,保持土壤疏松。移植大雪松时,除采用大穴、大土球外,应进行浅穴堆土栽植,土球高出地面 1/5,捣实、浇水后,覆土成馒头形;2~3 m 以上的大苗栽植必须立支架,防止风吹摇动。壮年雪松生长迅速,中央领导枝质地较软,常呈弯垂状,最易被风吹折而破坏树形,应及时用细竹竿扶直;顶梢被毁时,可在顶端生长点附近,选一生长强健的侧枝,扶直绑以竹竿,并适当剪去被扶枝条周围的侧枝,加大顶端优势,经过 2~3 年,树冠可恢复如初,然后除去竹竿。一般雪松树冠下部的大枝、小枝均应保留,使之自然地贴近地面才显整齐美观;作行道树时因下枝过长妨碍车辆行人通行,故常剪除下枝而保持一定的枝下高度。雪松的虫害在幼苗期主要有地老虎、蝼蛄,大树主要有大袋蛾、红蜡蚧、松毒蛾等,要及时防治。

(3) 修剪整形 幼苗具有主干顶端柔软而自然下垂的特点,为了维护中心主枝顶端优势,幼时重剪顶梢附近粗壮的侧枝,促使顶梢旺盛生长。若原主干延长枝长势较弱,而其相邻的侧枝长势特别旺盛时,则剪去原头,以侧代主,保持顶端优势。其干的上部枝要去弱留强,去下垂枝,留平斜向上枝。回缩修剪下部的重叠枝、平行枝、过密枝。剪口处应留生长势弱的下垂侧枝、平斜侧枝作头。主枝数量不宜多,过密,以免分散养分。在主干上间隔 0.5 m 左右,组成一轮主枝。主干上的主枝条一般要缓放不短截,使树形疏朗匀称,美观大方(图 10.1)。

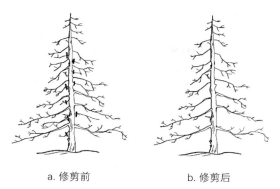

a. 修剪前　　　　　b. 修剪后

图 10.1　雪松修剪

（4）园林用途　雪松树冠塔形、树姿端庄、挺拔苍翠，与南洋杉、金钱松被誉为世界著名的三大珍贵观赏树种。宜孤植于草坪中央、建筑前庭的中心和广场中心，也可对植于主要建筑物的两旁及园门的入口，其主干下部的大枝近地面处平展，长年不枯，能形成繁茂雄伟的树冠，冬季皎洁的雪片纷积于翠绿色的枝叶上，成为高大银色的金字塔，引人入胜；可作较宽的绿带列植，形成甬道，也可作成片或成行栽植，观赏效果均佳。雪松还具有较强的防尘、减噪与杀菌能力，是学校、机关、厂矿和公园等的优良绿化树种。

（5）研究进展　近年选用的品种有'银叶'雪松、'金叶'雪松等。雪松在土壤严重积水、根部通气不良、土壤酸性偏低等不良环境中会引起传染性的落梢病，杀菌剂、硫酸亚铁混合料能有效地抑制微生物的侵染和提高土壤酸度（唐三定、俞一见，2003）。雪松精油及其单烯对松墨天牛引诱作用强，可开发为引诱剂以切断松墨天牛、松材线虫和松树的联系治疗松材线虫病（乔飞等，2011）。雪松还具有镇痛、解痉、抗菌、抗炎、抗病毒、抗癌等多种药理活性，具有广阔的药用前景。

10.1.5　日本五针松 *Pinus parviflora*　松科松属，又名五针松、日本五须松

（1）分布与习性　原产日本本州中部及北海道、九州、四国等地，我国长江流域及青岛沿海各地已引种栽培。阳性树，稍耐阴；喜高燥，怕炎热，伏天易焦叶。对土壤要求不严，喜深厚、肥沃、排水良好而又适当湿润的微酸性土壤，碱性土上生长不良，也不适于砂地生长；对海风有较强的抗性，生长速度慢，寿命长。

（2）栽培养护要点　虽可用播种、扦插繁殖，但开花结实不正常，种子常瘪粒；扦插生根要求时间较长，近年实践中多用嫁接法繁殖。移植以春秋两季为宜，且以萌芽前1个月（3月份）为最好；因日本五针松移植较难成活，故不论大小苗移植时均需带土球，略用稻草包装，用微酸性的山泥或腐叶土栽种，栽后灌足水。

盆栽日本五针松每逢春季萌芽抽枝时必须摘心，以促分枝紧密，同时可用铁丝、棕绳进行扎形，构成各种姿态，若任其自然生长，会影响树形的美观。造型基本原则是：先主干后枝条，先主枝后侧枝，先粗枝后细枝，由下至上，先背后顶，先里后外。造型方法丰富，如取自然界的自然生态型，用直线或曲线造型，取直立、高低参差的植物加以修剪虬扎，组合栽成"丛林式"（图 10.2a）。选奇、特、水纹路较深的石材，将松树按"丈山尺树，寸马分人"的规律组合栽植其上，加工成"附石式"盆景（图 10.2b），如"梦笔生花"、天都峰式或迎客松式盆景等。"悬崖式"特点表现在主干以 90°左右下垂弯至盆底平线或超出盆底平线（图 10.2c）。"云片式"将主干虬扎成"两弯半"（图 10.2d），逢弯有臂，臂臂有弯，讲究臂、项严整平稳，切记"扁担式"的枝臂。

（3）园林用途　日本五针松针叶紧密秀丽，又因长期嫁接使高生长受到抑制，人为形成灌丛状的小乔木，树枝优美，为珍贵的园林观赏树种。日本五针松可塑性强，过去常栽为盆景，而今在庭园、广场露地栽植较多，可孤植为主景，最适配以假石山。

（4）研究进展　五针松品种很多，其中以针叶最短（叶长 2 cm 左右）、枝条紧密的'大板松'最为名贵。常见栽培品种有'银尖五针松'，叶先端黄白色。'短叶五针松'，叶细，极短，密生。'丛矮五针松'，枝叶密生。'旋叶五针松'，叶螺旋状弯曲。'黄叶五针松'，叶全部黄色或生黄斑。五针松易发生的病害主要有锈病、根腐病、煤污病等，可在冬季喷施1～2次波尔多液进行防治（李武，2011）。

a. 丛林式

b. 附石式

c. 悬崖式

d. 云片式

图 10.2　五针松造型

10.1.6 白皮松 *Pinus bungeana* 松科松属

（1）分布与习性　中国特产，是东亚少有的三针松。分布于山西、河北、河南、陕西、甘肃等地，生于海拔 500～1 800 m 地带，在陕西蓝田有成片纯林，现各地均有栽培。

喜光，幼时稍耐阴，耐寒性强；对土壤要求不严，喜生于排水良好而又适当湿润的土壤，在中性、酸性及石灰性土壤中均能生长，土壤 pH 值 7.5～8.0 时亦能适应，不耐涝。白皮松是深根性树种，主根长，侧根少，较抗风，亦能耐干旱和瘠薄；生长速度中等，20 年生高可达 4 m，寿命很长，有千余年的古树。白皮松对 SO_2 气体及烟尘均有较强的抗性。

（2）栽培养护要点　北方用播种繁殖，长江以南多用嫁接繁殖；移植以春季 3 月为宜，也可秋季移栽；因白皮松主根长，侧根稀少，故移植时以少伤根，要带椭圆形土球，并保持土球完好。白皮松对病虫害的抗性较强，较易管理；对主干较高的植株，需注意避免干、皮受日灼伤害。

（3）园林用途　白皮松树冠青翠，干皮呈乳白色的斑驳状，且随其年龄增长，白色越来越显著，既醒目又奇特，自古以来即配置于宫廷、寺院以及名园。现多和假山岩洞相配，形成苍松奇峰异洞相映成趣的景观，在土丘上群植，一片苍翠葱茏，壮观非凡。

（4）研究进展　白皮松有'喜马拉雅白皮松'、'五针白皮松'等品种。白皮松的育苗技术进展较快，有高寒、抗寒、盐碱地育苗技术，有地膜覆盖、容器袋、营养袋等育苗技术及无土栽培育苗技术。周明洁、任桂芳、王志良（2012）在北京地区发现白皮松的新害虫——中穴星坑小蠹，提出了加强树木养护管理和人工合成信息素诱集等防治方法。目前白皮松的遗传学基础研究不足，良种选育和繁殖无法满足生产实践的要求，在园林绿化应用中涉及的树形培养和控制、群落组成配置等问题还需要深入研究（王铁燕、王晓冰，2009）。

10.1.7 马尾松 *Pinus massoniana* 松科松属，又名青松

（1）分布与习性　是我国分布最广、数量最多的一种松树，北自河南及山东南部，南至两广、台湾，东至沿海，西至四川中部及贵州，遍布于华中、华南各地，在南方各省森林蓄积量中，马尾松占一半以上。马尾松喜光，要求温暖湿润的气候，对土壤要求不严，在石砾土、沙质土、黏土、山脊及岩石裸露的石缝里都能生长。忌水涝，不耐盐碱，喜酸性和微酸性土壤，pH 值 4.5～6.5 生长最好。在钙质土和石灰岩风化的土壤上往往生长不良。

（2）栽培养护要点　用种子繁殖，播种前应进行种子消毒，通常采用 0.5% 的硫酸铜溶液浸种 4～6 h，采用撒播方式，播后 20～30 d 种子陆续发芽，应适时适量分批揭

覆盖草，并做好苗间除草、松土、浇水等管护工作。间苗在雨后天晴、阴天或灌溉后进行。栽培期间注意防治松苗猝倒病、松苗叶枯病、马尾松毛虫、松干蚧。大面积种植时以混植方式为好，多与栎树、枫香、黄檀、化香、木荷等混植。

（3）园林用途　马尾松树姿挺拔，苍劲雄伟，是江南及华南自然风景区、生态林及山地绿化的良好树种。

（4）研究进展　近年在马尾松种源研究方面发现，江西崇义和福建武平种源生长对初植密度反应敏感，广西岑溪和广东高州种源生长对初植密度反应较小（赵颖，2008）。在马尾松的施肥方法上，由于传统一次性或周期性等量供应营养物质的方法在苗木指数生长过程中的不适应性，滕汉书（2004）提出温室马尾松容器苗指数施肥技术。在菌根化育苗研究中，马琼（2004）分离出代表三峡库区生态条件的松乳菇，并选择出具有中国南方代表性的华南牛肝菌和双色蜡蘑用于苗床育苗。

10.1.8 黑松 *Pinus thunbergii* 松科松属，又名白芽松

（1）分布与习性　原产日本及朝鲜。山东沿海、辽东半岛、江苏、浙江、安徽等地有栽植。阳性树种，喜光，耐寒冷，不耐水涝，耐干旱、瘠薄及盐碱土。适生于温暖湿润的海洋性气候区域，喜微酸性沙质壤土，最宜在土层深厚、土质疏松，且含有腐殖质的沙质土壤处生长。因其耐海雾，抗海风，也可在海滩盐土地方生长。抗病虫能力强，生长慢，寿命长。

（2）栽培养护要点　种子繁殖，播种前种子应消毒和催芽。当年苗高约 10～15 cm，次春移植 1 次，将主根剪留 15 cm，第 3 年再移植 1 次。黑松自然生长难得整齐的树形，需整形修剪，修剪时期可在 4～5 月间或秋末。

（3）园林用途　黑松树冠葱郁，干枝苍劲，是著名的海岸绿化树种，是我国东部和北部沿海地区优良的海岸风景林、防风、防沙林带及行道树或庭荫树树种。

（4）研究进展　近年培育出新品种'花叶黑松'，常绿灌木，冬芽银白色，小枝淡黄褐色，针叶粗硬，有斑点。'花叶黑松'叶色优美，抗风力强，耐干旱瘠薄，具有防风固沙、保持水土的效能。金晓红等（2012）利用长白松、黑松、樟子松和赤松进行人工杂交育种试验，培育出抗逆性强、速生的优良造林、绿化新品种'黑美人松'。朱丽华等（2006）以黑松带子叶顶芽为外植体建立了包括丛生芽诱导、伸长和生根的植株再生体系。

10.1.9 湿地松 *Pinus elliottii* 松科松属

（1）分布与习性　原产美国东南部，我国于 20 世纪 30 年代开始引种，山东平邑以南，至海南岛，东自台湾，西至成都的广大地区均表现良好。湿地松喜光、喜温，在中性至微酸性的水土流失红壤丘陵区，以及表土 50 cm

下为铁结核层的排水不良的沙黏土地均生长良好，尤以在低洼沼泽地的边缘生长最佳，在石灰性土上生长不良。

（2）栽培养护要点　选用优良家系或优良单株的种子播种，待幼苗大部分出土后，揭除覆盖草。幼苗出土后40 d内应特别注意保持苗床湿润。也可采用优良母株的穗条进行扦插繁殖或容器育苗。

（3）园林用途　湿地松树姿挺秀，叶翠荫浓，宜丛植于山间坡地、溪边池畔作荫蔽及背景树，宜造风景林和水土保持林。

（4）研究进展　周世均、李立华（2006）用加勒比松与湿地松杂交育种，获得的杂种综合了双亲的优良性状，并通过无性繁殖和组织培养繁育了大量杂种植株。杜青华（2008）采取芽苗截根、Pt菌根剂接种、果尔除草剂处理土壤、苗期切根和截顶等技术培育湿地松苗木，证明经综合措施处理的苗木在成活率和生长率上有明显的提高。刘力恒等（2008）采用水蒸气蒸馏法提取马尾松和湿地松松针挥发油的油相部分，发现主要化学成分大致相同，都是以单萜和倍半萜为主，但在含量上有较大差别。

10.1.10　柳杉 *Cryptomeria fortunei*　杉科柳杉属

（1）分布与习性　是我国特有的树种，产于长江以南地区，浙江天目山、江西庐山、福建南屏以及云南昆明有树龄达数百年的古树，河南郑州等地也有栽培，生长良好。

喜阳光，略耐阴，亦略耐寒，在年平均温度为14～19℃，1月份平均气温在0℃以上的地区均可生长。喜空气湿度较高，怕夏季酷热或干旱，在降水量达1 000 mm左右处生长良好。喜深厚肥沃的沙质壤土，若在西晒强烈的黏土地则生长极差；喜排水良好，在积水处根易腐烂。柳杉为浅根性树种，尤其在青年期以前，根群密集于30 cm以内的表土层中，壮年期后根系才较深，故抗暴风能力不强。生长速度中等，年平均可长高50～100 cm，一般树龄达30年后生长缓慢，但胸径生长仍可持续，故常长成极粗的大树。寿命很长，在江南山野中常见数百年的古树，如江西庐山及浙江西天目山之古柳杉已成名景。枝条柔韧，能抗雪压。柳杉在自然界中，常与杉木、桠树、金钱松等混生。

（2）栽培养护要点　可用播种及扦插法繁殖，三年生实生苗高约60 cm。在江南，幼苗期常发生赤枯病，即先在下部的叶和小枝上发生褐色斑点，逐渐扩大而使枝叶死亡，再由小枝逐渐扩展至主茎形成褐色溃疡状病斑，终至全株死亡，且会传染至全圃。可在发病季节用1份硫酸铜、1份生石灰和200份水配制的波尔多液喷洒防治。移植宜在初冬或春季3月进行，栽植时注意勿使根

部风干，大苗需带土球栽植。在园林中平地初栽后，夏季最好设临时性荫棚，以免枝叶枯黄，待充分复原后再行拆除。

（3）园林用途　柳杉树形高大挺拔、树干粗壮，极为雄伟，枝叶秀丽、细柔而下垂，刚中有柔，适独植、对植，亦宜丛植或群植。在江南习俗中，自古以来常用作墓道树，也可作风景林栽植。柳杉对二氧化硫、氯气、氟化氢等有害气体抗性较强，又具杀菌能力，因此又是抗污染、净化空气的优良树种。

（4）研究进展　在柳杉种源方面，谢巧银（2008）筛选出四川洪雅、日本精英后、安徽灰州和福建柘荣共4个种源，具有较强的适应性、抗逆性且生长量较高，适宜作为用材林在闽东沿海较高海拔山地引种栽培与推广示范。俞飞等（2010）研究发现柳杉未分解凋落物对其种子萌发具有明显的抑制的自毒作用，影响柳杉的天然更新。张翠萍（2009）采用组织培养和试管重复嫁接（即将成年老芽的茎尖嫁接到幼年的实生苗上，使其恢复幼龄状态）技术可使古柳杉复幼。研究显示，柳杉叶精油具有极强的抗白蚁活性，其作用方式有毒杀、驱避和熏蒸。因此，柳杉叶精油可能成为一种潜在的天然白蚁毒杀剂（秦伟等，2011）。

10.1.11　圆柏 *Sabina chinensis*　柏科圆柏属，又名桧柏、刺柏、柏树

（1）分布与习性　原产我国，广泛分布于华北、华东、华中及西南各地；北达内蒙古及沈阳，南至广东、广西北部，东自滨海，西抵四川、云南。

喜阳光，也耐阴，喜温暖气候，也较耐寒、耐热；要求深厚、中性、排水良好的土壤，也耐干旱、潮湿和瘠薄，但忌水湿，在酸性及石灰性土壤上也能生长；生长较慢，寿命很长，可达千年以上。对氯气和氟化氢等多种有害气体有一定抗性。

（2）栽培养护要点　常用播种繁殖，对优良的品种、变种等则采用扦插和嫁接繁殖，嫁接繁殖时用侧柏作砧木。圆柏小苗春季栽植可带宿土，大苗却必须带土球，否则成活困难；大苗栽植时，在树穴内先放水作成泥浆再行栽植，可明显提高成活率。用作观赏的大树，不必进行修剪或少修剪，如下部枝条凋枯严重，可剪去下部侧枝，露出主干。用作绿篱栽培时，可单行，株距30～40 cm，成活后注意浇水，翌春于一定高度定干，将顶梢截去，每年于春季或节日前修剪1～2次，即可保持篱体的紧密与整齐；耐修剪，枝条细软易造型，也可修剪成塔形、球形或通过盘扎，进行艺术造型而成狮、虎、鹤等形状（图10.3）。圆柏的变种龙柏、蜀桧生长中常有侧枝顶梢生长特快者扰乱树形，可进行摘心令其均衡发育，维持优美树形。

a. 基本修剪　　　　b. 修剪前　　　　c. 修剪后

图 10.3　圆柏修剪

圆柏常见的病害有圆柏梨锈病、圆柏苹果锈病及圆柏石楠锈病等。这些病以圆柏为越冬寄主，对圆柏本身虽危害不太严重，但对梨、苹果、海棠、石楠等则危害颇大，故应注意防治，应避免在苹果园、梨园等附近栽植。虫害主要有侧柏毒蛾、双条杉天牛、红蜘蛛，也要及时防治。

（3）园林用途　圆柏树体高大，枝叶密集葱郁，老树奇姿古态，树形变化多样。圆柏常配置于陵园、园路转角、亭室附近，适宜树丛林缘列植或丛植，或作行道树或植于高大建筑物北侧；也可群植于草坪边缘作主景树的背景，或作绿篱柏墙，颇为相宜。尤其是变种龙柏，树形挺秀，枝叶紧密，叶色苍翠，稍加整扎，形似宝塔，侧枝扭转，宛若游龙盘旋。

（4）研究进展　圆柏的栽培变种龙柏小枝密集，叶密生，全为鳞叶，幼叶淡黄绿色，老后为翠绿色，可修剪为龙柏小球栽培应用。兰丽萍（2013）提出圆柏种子的含仁率比较低，主要是由一些病虫害所导致，故必须防治圆柏苗木的病虫害问题。董沁（2010）研究发现圆柏水提液对多年生黑麦草、草地早熟禾、高羊茅和白三叶种子萌发和幼苗生长均有抑制作用。因此园林植物的配置需充分考虑化感作用，以保证各植物均能良好生长。

10.1.12　侧柏 _Platycladus orientalis_　柏科侧柏属

（1）分布与习性　原产于我国北方，以华北为主；人工栽培遍布全国。喜光，幼时稍耐阴，适应性强，对土壤要求不严，耐干旱瘠薄，较耐寒，浅根性，侧根发达，萌芽力强，耐修剪。抗烟尘，抗二氧化硫、氯化氢等有害气体。

（2）栽培技术要点　播种繁殖，发芽率 70%～80%，种子可保存 2 年。栽培品种用扦插法或嫁接法繁殖。侧柏在幼苗期须根发达，易移植成活。

（3）园林用途　侧柏树冠参差，枝叶低垂，生长缓慢，寿命极长，被视为长寿永恒的象征。既可配置于陵园墓地、庙宇古迹，也可种植于山坡、草坪，或用于道路遮阴。

（4）研究进展　齐明（2008）运用 ISSR 分子标记鉴定杉木×侧柏远交杂种，研究表明杉木与侧柏远缘杂交是可配的，杉木远缘杂交育种是一条多性状改良途径。目前侧柏育苗有普通育苗和容器育苗，由于普通育苗方法简单，

投资少，广泛应用于生产。营养钵栽植的侧柏苗一般选用根系良好的一年生苗木，成活率可达 95% 以上（刘香妮、任引潮，2009）。造林方面，一些植物激素、保水剂等广泛应用并取得一定成效。韩恩贤等（2004）用 AS 型保水剂进行了不同施量造林试验，结果表明：不同施量以穴施 2.5 g 最优，保水持效期达 3 个月以上，对半干旱地区提高造林成活率起到了关键作用。李园园等（2008）研究表明侧柏叶、小枝、球果和种子乙醇提取物均具有一定抑菌活性，叶乙醇提取物的活性最好，活性成分主要集中在石油醚萃取物和乙酸乙酯萃取物中。

10.1.13　柏木 _Cupressus funebris_　柏科柏木属

（1）分布与习性　我国特有树种，分布很广，是亚热带代表性的针叶树种之一，尤以中亚热带的四川及贵州分布、栽培最多，生长良好。

阳性树，略耐侧方庇荫，但需上方光照充足才能生长好；要求温暖湿润的气候条件；对土壤适应性广，中性、微酸性、微碱性及钙质土均能生长，尤以钙质土生长良好，为钙质土指示植物。耐干旱、瘠薄，也耐水湿，抗寒能力较强。主根浅细，侧根发达，贯穿能力强，因而适应能力强；生长快、寿命长。具有很强抗有害气体的能力。

（2）栽培养护要点　播种繁殖，春播、秋播均可，生产上以春播为主。移植以立春到雨水进行为好。由于根较浅，起苗时应多带根，并带土球。柏木管理粗放，只需修去下部枯枝即可。

（3）园林用途　柏木树冠浓密，广卵形，小枝细长下垂，营造出垂首哀悼的氛围，适宜散植、列植；若丛植，则形成柏木森森的景观，特别适合陵墓、纪念性建筑物四周使用；若以柏木为背景树，前面配置观叶树种，则会形成俏丽葱绿的景观。

（4）研究进展　湖北省引入墨西哥柏木、四川柏木表现较好（刘宗恒等，2010）。浙江省对 15 年生柏木种子园自由授粉家系子代测定林进行研究，筛选出 11 个优良家系（骆文坚等，2006）。史胜青等（2012）研究发现受鞭角华扁叶蜂害而产生的柏木植物挥发物（VOCs）可能是柏木抵御虫害的主要防御机制之一，这为优良抗虫柏木选育提供理论依据和参考指标。在柏木无纺布轻基质容器育苗试验研究中，发现容器袋长度和缓释基肥施入量对柏木轻基质无纺布袋容器苗的苗高、基径、分枝数、高径比等 4 个苗期主要性状均有明显影响，而基质配比则影响较小。建议适当减少基质中泥炭的比例（可降至 50% 左右）以降低成本（何贵平等，2010）。

10.1.14　广玉兰 _Magnolia grandiflora_　木兰科木兰属，又名荷花玉兰、洋玉兰

（1）分布与习性　原产北美东部，约于 1913 年引入

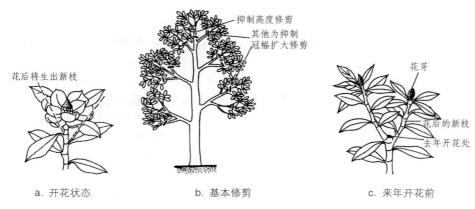

图 10.4 广玉兰修剪

我国,长江流域至珠江流域的园林中常见栽培。亚热带树种。喜阳光,幼时亦颇耐阴。喜温暖湿润气候,亦有一定的耐寒力,能经受短期的−19℃低温而叶部无显著损害,但在长期的−12℃低温下,则叶片会受冻害。不耐干燥及石灰质土,在土壤干燥处生长变慢且叶易变黄,在排水不良的黏性土和碱性土上也生长不良,总之以肥沃湿润富含腐殖质的沙壤土生长最佳。根系发达,故能抗风,但花朵巨大且富肉质,最不耐风害。幼年期生长缓慢,10年后可逐渐加速,生长速度中等,每年可增高0.5 m以上。对各种自然灾害均有较强的抵抗力,抗病虫能力强,适用于城市园林。

(2)栽培养护要点　一般以嫁接繁殖,播种次之,扦插国内尚少提倡。嫁接于3—4月进行,用紫玉兰等作砧木。广玉兰栽植较难,通常在4月下旬至5月,或于9月进行;栽植时须带土球,还应进行卷干,为利于成活,在不破坏树形的原则下,适当摘叶或剪稀枝叶,留下的侧枝应上下相互错落着生在主干上,切忌上下层枝重叠生长;枝条脆而易折,抗风力弱,栽后应及时架立支柱。成活后生长期施肥1~2次,并根据需要定枝下高。广玉兰萌芽力不强,不耐修剪,对保留的侧枝不要随便疏去或短截,只对密枝、弱枝、病虫枝等适当疏剪,任其自然生长(图10.4)。长江以北各地冬季较冷,栽植后头几年应卷干防寒,4~5年后逐渐撤除。广玉兰一般很少受病虫害侵袭。

(3)园林用途　广玉兰树姿雄伟,叶厚而四季常青,花硕大且芳香馥郁,枝浓叶茂,花、叶兼美,为阔叶树类上等的优美观赏树种。广玉兰孤植或丛植均相宜,列植于道路两旁效果亦佳,庭园、公园、游园多有栽培;大树可孤植于草坪边缘,中小者可群植于花坛之中,成为纯林小园,其与古建筑或西式建筑尤为和谐。由于它耐烟抗毒,尤其对二氧化硫等有害气体有较强的抗性,是净化空气、美化及保护环境的优良树种。

(4)研究进展　近年来开发出新品种'小叶'广玉兰和'杂种京玉兰'。抗涝方面,研究发现在我国雨水较多的夏秋季节对广玉兰进行树根培土覆膜＋Ca^{2+}法,能有效地防止涝害。在研究光照度对广玉兰一年生幼苗移栽成活率的影响中发现,以光强47％时移栽成活率最高,适当的遮阴更能促进苗木的生长。研究表明广玉兰通过微生物—土壤提高了柴油污染土壤中多环芳烃的降解率。目前开展速生、抗寒的广玉兰良种选育研究意义重大,从分子水平揭示玉兰的抗寒机理、化学的性质和变化尚是空白(刘艳萍等,2013)。

10.1.15　深山含笑 *Michelia maudiae*　木兰科含笑属,又名光叶白兰、莫氏含笑、莫夫人玉兰

(1)分布与习性　原产于长江流域至华南地区,是常绿阔叶林中常见树种。喜温暖湿润环境,有一定耐寒能力。喜光,幼时较耐阴。喜土层深厚疏松、肥沃而湿润的酸性沙质土。生长快,适应性广。

(2)栽培技术要点　常用种子繁殖,也可采用嫁接、扦插、压条等方法繁殖。种子于10—11月果实呈红色或褐红色时采收,播种前用0.5％高锰酸钾溶液浸种30 min,清水洗净后播种。幼苗怕水浸,圃地内涝积水易导致幼苗根系呼吸受阻而烂根死亡,应经常采取措施使圃地内排水畅通和畦面平整。

(3)园林用途　深山含笑枝叶茂密,树形美观,是早春优良芳香观花树种,也是优良的园林和四旁绿化树种。

(4)研究进展　周同林(2004)以三年生望春花为砧木,高枝嫁接深山含笑,成活率97％,可快速繁殖株高2.5 m的绿化大苗。毕慧敏等(2008)按1∶30的料液比加入体积分数为70％的乙醇,深山含笑叶片65℃条件下用超声波辅助提取30 min,总酚提取率达到11.41％,优化了总酚提取工艺。

10.1.16　香樟 *Cinnamomum camphora*　樟科樟属,又名樟树

(1)分布与习性　中亚热带常绿阔叶林的代表树种,分布于长江流域以南各地,栽培区域较广,其中台湾、福

建、浙江、江西、广东、广西最多；垂直分布一般在海拔500～600 m以下。

常绿大乔木。喜光，较耐阴，喜温暖湿润，不耐严寒，极端最低温度−10℃时即遭冻害，适生于年平均温度为16～17℃的地区。对土壤要求较严格，栽植于肥沃的黏性壤土、沙质壤土及酸性、中性土中最好，含盐碱0.2％以下的土壤亦能生长；但只要气候温暖，土质肥沃，不论山地、丘陵、台地及江河堤坝都可栽植；不耐干旱和瘠薄，能耐短期水淹。主根发达，侧根少，深根性，能抗风，而在平原地下水位高处生长则扎根浅，易遭风害。生长速度中等偏慢，幼树生长快，中年后转慢，寿命可长达千年以上。对氯气、二氧化硫、氟化氢、臭氧等有较强的抗性，且有一定的抗海潮风、耐烟尘的能力。

（2）栽培养护要点　主要用播种繁殖，也可分蘖繁殖，在生长期间及时打杈，保护顶端优势，水肥充足，当年苗高可达50～75 cm。移植时间以春季芽刚要萌发时为宜，江南一带在清明前后，广东在冬季1—3月均可；若为大苗栽植，要注意少伤根，必须带完整土球，并适当疏去1/3枝叶，栽植穴应大，内施一层基肥，再覆土20 cm后栽入苗木，填土捣实，如土壤过差要换土；若为大树移植，应重剪树冠（疏剪枝叶的1/2左右），带大土球，且用草绳卷干保湿，栽植完毕，立即浇透水，同时对枝叶进行喷水，并于下风方向立支柱。定植后除水肥等日常管理外，每年还需在春秋季节进行整形修剪工作，保持主枝的生长优势，防止树冠过偏、过矮和主干弯曲，以形成优美的树冠；对一些交叉枝、徒长枝、过密枝适当疏除，同时剪去病、枯枝（图10.5）。在土壤pH值较高时，叶片易缺铁黄化，严重的逐渐死亡，应每年喷施硫酸亚铁或柠檬酸水溶液2～3次，以补充铁元素的匮乏。主要虫害有香樟巢蛾、红蜡介壳虫、樟叶蜂、樟梢卷叶蛾等，应及时防治。

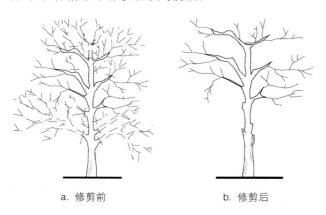

a. 修剪前　　　　　　b. 修剪后

图10.5　香樟修剪

（3）樟树的非适宜季节移植

① 苗木选择：　植物本身的特性在很大程度上决定了植物的成活率和种植效果，因而用于绿化特别是用于反季节绿化的苗木选择显得尤为重要。反季节栽植的樟树应从以下几方面入手：选择移植过的树木，采用假植的苗木，选择土球较大的苗木，尽量选用小苗。

② 修剪整形：裸根香樟树苗修剪：栽植前应对其根部进行整理，剪掉断根、枯根、烂根，短截无细根的主根；还应对树冠进行修剪，一般要剪掉全部枝叶的1/3～1/2，使树冠的蒸腾作用面积大大减少。但裸根移植香樟很少使用，尤其是在非正常栽植季节，裸根移植香樟成活率很低。

带土球香樟树苗的修剪：带土球的苗木不用进行根部修剪，只对树冠修剪即可。修剪时，可连枝带叶剪掉树冠的1/3～1/2，以大大减少叶面积的办法来降低全树的水分损耗，但应保持基本的树形，以加快成景速度，尽快达到绿化效果。

③ 栽植：栽植的过程同一般树木栽植，但要特别注意保持栽植环境的湿润。如对树干进行浸湿草绳缠绕包裹直至到主干顶部，如果分枝较大也要进行缠绕，经常对树干喷水保湿，对断根、破根和枯根进行修剪后用黏土泥浆浸裹树根，泥浆中如果加入0.03％的萘乙酸，可以促进新根的生长。

（4）园林用途　香樟树姿雄伟、树冠广展、四季常青、枝叶繁茂，是作为庭荫树、行道树、风景林、防风林和隔音林带的优良树种，配置于池边、湖畔、山坡、平地无不相宜。孤植草坪旷地，树冠充分舒展，浓荫覆地，尤觉宜人；丛植、片植作为背景树，酷似绿墙，入秋后部分叶片变红，亦颇美观；如在树丛之中作常绿基调树种时，搭配落叶小乔木和灌木，富有层次，季相变化亦多。香樟能吸收多种有害气体，亦可选作厂矿绿化树种。

（5）研究进展　新品种'涌金'系香樟种子变异种，叶、花呈金黄色，初生新枝为嫩黄色，半木质化后为浅红色，后转鲜红色；该品种叶、花艳丽，枝干夺目，并有季相的色彩变化（王建军，2010）。为了解决香樟过江北移而出现的寒害问题，可选用种子繁育过程中的遗传变异性和幼苗可塑性培育抗寒性强的群体或单株。在香樟的扦插繁殖实验中，张建忠等（2006）发现以一年生香樟苗为插穗，ABT生根粉300～500 mg/kg和白膜覆盖为优。金国庆等（2005）在香樟容器苗的生长实验中发现，苗木对基质的磷素含量最为敏感，配比基质的全磷含量与容器苗高生长呈显著正相关，而与根冠比呈显著负相关。李建勇等（2008）研究发现香樟对蔬菜有较强的化感作用，香樟林地发展林—菜复合种植一定要选择合适的蔬菜种类和科学的管理措施。在香樟叶石油醚提取物中，段丹萍（2011）研究发现含有抑制灰葡萄孢菌活性的次生物质，可增强果实抗真菌的能力。

10.1.17　浙江樟 Cinnamomum chekiangense　樟科樟属

（1）分布与习性　原产于浙江、安徽南部、湖南、江西等地,我国东南部地区常见栽培。喜温暖、湿润气候及排水良好的微酸性土壤,中性土壤及平原地区也能适应,但不耐积水。

(2)栽培技术要点 播种繁殖。秋季采种,洗净果肉后沙藏至次年春播。移植应在3月中下旬进行,带土球。

(3)园林用途 浙江樟树干端直,树冠整齐,叶茂荫浓,气势雄伟,适合于园林绿地中的孤植、丛植、列植,对二氧化硫抗性强,是良好的保健树、厂矿绿化及营造混合林和隔离带的树种。

(4)研究进展 於朝广、殷云龙、芦治国(2011)从选地建池、扦插基质的配置、插穗采集与处理、扦插、扦插后管理、移栽等方面研究了浙江樟抗寒良种扦插繁殖技术,提出了一套简单易行,繁殖成活率高的繁育方法。董立军(2011)研究表明浙江樟容器苗适宜的最佳施肥配比为尿素 5.32 g/株、钙镁磷肥 13.32 g/株、氯化钾 3.56 g/株,对地径影响较大的是钾肥,其次为氮肥和磷肥。

10.1.18 榕树 *Ficus microcarpa* 桑科榕属,又名细叶榕

(1)分布与习性 分布在热带和亚热带地区,浙江南部、福建、江西南部、广东、广西、贵州及云南等地多有栽培。福州市的榕树特别多,故称为"榕城"。

热带雨林的代表树种。喜温暖多雨气候,要求酸性土壤,但对土质选择性不严,只要排水良好而黏性不强的土壤均能成长,若土质肥沃,生长自然更加旺盛;榕树生性强健,栽培处光照需良好,极耐旱,春至秋季是生长盛期;生长快,寿命长;对风和烟尘有一定抗性。

(2)栽培养护要点 可用播种、扦插、高压或嫁接法繁殖,春至夏季为适期;实生苗根部容易肥大,有利于养成盆景;高压法育苗速度快,为园艺业普遍采用的方法。榕树最佳栽植时期为冬末春初,一般于2~3月带土球栽植,成活后注意松土、施肥和浇水,并严防摇动;榕树萌芽力很强,当枝叶过密时应及时修剪,如任其自然生长不加破坏,数年即可成荫;如要养成乔木状,需常年进行修枝,把主干下方的侧枝及时修剪,以保证养分供应和主干通直,达到所需高度后,注意摘心整枝,培育树冠。盆栽时应注意温度、湿度、阳光的调节,经常保持盆土湿润,越冬室温不得低于8℃,光照要充分,每年追肥4~5次。榕树枝条柔软,伤口易愈合,很容易进行绑扎或嫁接造型(图10.6)。

内膛枝修剪

徒长枝修剪

为培养乔木状,修剪下方侧枝

a. 修剪前

b. 修剪后

图 10.6 榕树自然式整形

(3)园林用途 榕树能从其树枝上向下生长垂挂的"气根",落地入土后成为"支柱根",柱根相连、柱枝相托、枝叶扩展、冠大枝密,郁郁葱葱,形成遮天蔽日、独木成林的奇观。榕树抗风耐潮、耐旱耐贫瘠、耐修剪,适作防风林、风景林、庭荫树和行道树;常见种于庙旁视为神树;北方地区可在温室盆栽或制作盆景。

(4)研究进展 常见的绿化榕属树种有细叶榕、柳叶榕、对叶榕、高山榕、黄褐榕等,用于制作盆景的榕树有细叶榕、石榕、印度榕、台湾榕、琴叶榕等。罗志军(2004)采用高枝扦插的繁殖方法,选取高度为 80~100 cm 的 1~2 年生榕树枝条作插穗,保留叶片 3~5 片。该方法可缩短育苗时间,使成苗提前出圃,且不受母株多少和栽植地点限制,可异地、大量繁殖榕树。目前榕树以根(根皮、气生根)、树皮、枝、叶、果实、树浆等入药,大多具有清热解毒、祛风化湿、舒筋活络、通利乳汁的功效(陆海南、吴强、麦进琳,2012)。榕树果水分含量极为丰富,蛋白质、总果胶、粗纤维、粗脂肪都有较高的含量,具有较大的开发利用价值(张丽霞、管志斌,2004)。

10.1.19 杨梅 *Myrica rubra* 杨梅科杨梅属

(1)分布与习性 原产我国温带、亚热带湿润气候的山区,主要分布在长江流域以南、海南岛以北;东南亚各国也有分布。中等喜光树种,喜温暖、湿润气候。在酸性沙质壤土上生长良好。萌芽力强,要求空气湿度大,长江以北不宜栽培。

(2)栽培技术要点 常用播种、压条及嫁接繁殖。于7月初采种,洗净果肉后随即播种或低温沙藏至次年春播种。幼苗需适当遮阴。压条在3、4月进行,也可用高压法;嫁接法多用于生产果实。

(3)园林用途 杨梅树冠整齐,枝繁叶茂,绿荫深浓,初夏红果累累。丛植、列植于路边、草坪、庭院均很适宜。

也可用密植的方式分隔空间,起遮蔽作用。

（4）研究进展　杨梅品种很多,依果实成熟期可分为早熟品种、中熟品种和晚熟品种;依果实的色泽可分为红色品种、紫色品种和白色品种。杨梅需钾较多,施钾肥有利于杨梅的生长发育和根瘤的形成,但浓度过高反而抑制生长。何新华等(2004)研究表明杨梅对铅离子有较强的吸收能力和抗性,叶片中铅含量1 107.9 mg/kg(干重),植株没有出现铅毒害症状,而且生长正常,因而杨梅可用于铅污染土壤的修复。杨梅具有共生固氮特性,但固氮机理和固氮的最佳环境尚不清楚。

10.1.20　青冈栎 *Cyclobalanopsis glauca*　壳斗科青冈属,又名青冈、青栲、花梢树

（1）分布与习性　主要分布于我国长江流域及其以南各地,是青冈属中分布范围最广且最北的一种。朝鲜、日本、印度也有分布。

幼树稍耐阴,大树喜光,为中性喜光树种;适应性强,对土壤要求不严,在酸性、弱碱性或石灰岩土壤上均能生长,但在肥沃、深厚湿润地方生长旺盛,在土壤瘠薄处生长不良。幼年生长较慢,5 年后生长加快;萌芽力强,耐修剪;深根性,可防风、防火。对氟化氢、氯气、臭氧的抗性强,对二氧化硫的抗性也强,且具吸收能力。

（2）栽培养护要点　播种繁殖。秋季落叶后至春季芽萌动前进行移植,移栽时需带土球,并适当修剪部分枝叶,栽后充分浇水;对大树移植,需采用断根缩坨法,以促使根系发育,利于成活。

（3）园林用途　青冈栎树冠扁广椭圆形,树姿优美,叶革质,枝叶茂密,四季常青,是良好的园林观赏树种;但以往多用于造林,园林绿化中却很少应用,今后应予以大力发展。宜丛植、群植,也可与其他树种混交成林,或作背景树。又因其抗污染、抗风、抗火,萌芽力强,也可作四旁绿化、工厂绿化、防火林、防风林及绿篱、绿墙等树种。

（4）研究进展　张中峰等(2012)研究发现土壤干旱胁迫能显著降低青冈栎地径和枝条生长量,但在岩溶层有水的条件下,地径生长量不受土壤干旱胁迫影响。温度对青冈栎幼苗的苗高、叶长和叶宽影响显著,对幼苗的地径、叶片数量影响不显著(张德楠等,2013)。青冈栎果实提取液具有较高的抗癌活性,能选择性地抑制体外培养的肿瘤细胞生长,但具体是什么成分具有抗癌作用,需进一步探讨(甘耀坤等,2010)。

10.1.21　杜英 *Elaeocarpus sylvestris*　杜英科杜英属,又名山杜英、胆八树、山橄榄、青果

（1）分布与习性　产于浙江、江西、福建、台湾、湖南、广东及贵州等地也有分布。性喜阳光,也较耐阴;耐寒,喜温暖湿润环境;在排水良好的酸性土生长良好。根系发达,萌芽力强,较耐修剪,生长速度较快。对二氧化硫抗性强。

（2）栽培养护要点　播种、扦插繁殖。移植以初秋和晚春进行为好,小苗要带宿土,大苗则要带土球;移植时需适当修剪部分枝叶,以保证成活。

（3）园林用途　杜英树冠圆整,枝叶稠密,小枝红褐色,叶薄革质且秋冬部分叶变红;花下垂,白色,花瓣裂为丝状,核果熟时略紫色;叶片红绿相间,颇引人入胜。在园林中常丛植于草坪、路口、林缘等处;也可列植,起遮挡及隔音作用,或作为花灌木或雕塑等的背景树,都具有很好的烘托效果。杜英还可作厂区的绿化树种,目前有些地区已应用为行道树。

（4）研究进展　目前常见的有山杜英、中华杜英、秃瓣杜英等。张强、林雄、马化武(2007)研究发现芽苗移栽对杜英幼苗生长和出圃移栽成活率的提高起促进作用;经过引种驯化的大苗适应性及苗木质量显著提高。杜英落叶含有丰富的天然红色素,色素颜色鲜艳,在偏酸性条件下对光、热稳定性良好,是极具开发前景的天然色素资源,其固体废弃物可制备成生物吸附剂材料(蒋新龙、蒋益花,2006)。

10.1.22　枇杷 *Eriobotrya japonica*　蔷薇科枇杷属,又名卢橘

（1）分布与习性　原产四川,湖北有野生;长江以南各地多作果树栽培,浙江塘栖、江苏洞庭及福建莆田为我国枇杷三大名产区,早已应用于园林观赏。

常绿小乔木。喜光,稍耐阴;最适排水良好、富含腐殖质、中性或微酸性的沙壤土、黏土和少风害之地;种植时宜选择东向或东南向的向阳地栽种,在排水不良处易感染根腐病;温度过高、降雨过多易徒长;有一定耐寒性;生长缓慢,寿命长;对氯气、氯化氢的抗性强。

（2）栽培养护要点　以播种和嫁接为主,也可采用扦插、压条。枇杷移植无论大小苗均需带土球,移植一般在10—11月或3—4月进行,也可在梅雨季移植。定植应选择向阳避风处,并疏去部分枝叶;枇杷树冠整齐自然,平时不需过多的人工修剪,尤应注意保护上部枝条。当顶芽发育成花房以后,花群集中开放,一般是从圆形花房中疏除部分果实。因为分枝少,可将不美观的杂乱枝从基部剪去,也可从上至下剪去横向枝,以形成上升树冠,以保证开花结果,并提高观赏性(图10.7)。

目前栽培品种很多,已育出 30～40 个优良品种,根据果肉颜色可分为红沙、白沙两大类,且以白沙枇杷最为优良,果味鲜美。

（3）园林用途　枇杷树形端正美观,叶革质且大,光亮荫浓,四季常青;顶生圆锥花序密生白花,冬日盛开,芳香四溢;果球形呈黄色或橘黄色,夏日累累满树,煞是诱人,为园林中观叶、观花、观果的佳品,更是园林结合生产的优良树种。枇杷一般适宜群植于草坪和坡路的边缘、湖边等处,也可与山石相配,皆能取得较好的观赏效果。

去梢
回缩修剪
剪内膛枝

a. 花枝   b. 不伤果实修剪   c. 形成上升形树冠的修剪

图 10.7　枇杷修剪

（4）研究进展　中国原产枇杷属植物 15 个种，分为温带型和热带型两大品种群。温带型品种耐寒性较强，如浙江的'软条白沙'、'洛阳青'；热带型品种耐寒性较差，如福建的'解放钟'、'白梨'。谢文堂、李碧莲（2003）研究发现通过适时早播、剪顶切接的精细管理方法，可使从播种至嫁接出圃时间缩短到不足一年，且苗木符合标准，种植成活率高。近年研究发现枇杷不仅具有止咳的药用价值，枇杷花的提取液对细菌、真菌也有抑制作用，枇杷叶、枇杷核具有多种功能成分，枇杷的深加工及其综合利用还有待于加强。

10.1.23　大叶冬青 *Ilex latifolia*　冬青科冬青属，又名苦丁茶

（1）分布与习性　原产于长江流域下游及以南各地。喜光，亦耐阴，喜温暖、湿润气候，耐寒；萌蘖性强，适应性强，生长较快；病虫害少。

（2）栽培技术要点　播种繁殖，种子需经湿沙贮藏 1～1.5 年，并进行变温处理。约需 3 个月左右种子可陆续萌动，经处理的种子发芽可提早 9～12 个月，发芽率 30%左右。幼苗移植后怕高温日灼和干旱，要及时搭设荫棚遮阴，用遮光度 75%的遮阳网覆盖保湿。大叶冬青苗在－5～－6℃情况下，1 年生苗顶梢受冻害 20%～30%。应注意冬季防寒。

（3）园林用途　大叶冬青枝叶茂密，树形优美；萌动幼芽及新叶呈紫红色，正常生长叶为青绿色，老叶呈墨绿色；5 月花为黄色，秋季果实由黄色变为深红色，经冬不凋。适宜植为庭荫树、孤植树、行道树，是城市园林绿化的优良观赏树种。

（4）研究进展　大叶冬青容器育苗方面，李晓储等（2003）总结提出了种子处理、催芽移植、遮阴保湿、峰值期适时根外追肥、冬季防寒保苗、复层混交培育等关键技术，为生产上异地栽培、研发资源提供了依据。近年来在大叶冬青中提取出多酚类、黄酮类、氨基酸、苦丁皂苷、维生素 C、咖啡碱、蛋白质等 200 多种成分，具有清热解毒、抑菌消炎、解痉止痛、降压减肥、抑癌防癌等功效（任廷远、安玉红、王华，2009）。

10.1.24　大叶女贞 *Ligustrum lucidum*　木犀科女贞属，又名冬青、蜡树

（1）分布与习性　原产我国和日本，主要分布于长江流域以南各地，现山东、河南、陕西甚至全国各地均有栽培，其垂直分布东部地区在海拔 500 m 以下，西南可达 2 000 m。

喜阳光，稍耐阴，喜温暖、湿润气候，不耐寒，不耐干旱贫瘠；在微酸性或微碱性土壤上均能生长；深根性，须根发达，生长迅速，萌芽力强，耐修剪。

（2）栽培养护要点　播种繁殖为主，随采随播，发芽率高；扦插、压条也可，但以春插者成活率较高。栽植时，小苗、中苗皆可裸根或于根部沾泥浆，大苗栽植则要带土球。如果培养单干的植株，在栽植时要密植，并将下部枝条修剪掉；栽植胸径 5 cm 以上的大苗，也可进行抹头定干，露根栽植，但根系直径不宜低于胸径的 12～14 倍，锯口涂防腐剂，并剪去部分枝叶，以提高成活率；栽植时根系要舒展，栽后灌水一定要及时并视天气情况见旱即浇。大叶女贞生长迅速，如果用作绿篱栽植，株距 30～40 cm，成活后统一高度截顶，很快便可形成密集的篱带，然后每年要修剪 2～3 次，以保持良好形状；篱体衰老后，在春季萌芽前齐地面截干更新，可重新养护修剪成绿篱带，但截干时间不宜选在高温少雨的季节。

（3）园林用途　大叶女贞树冠倒卵形，枝叶葱翠，终年常绿，夏日满树白花，芳香四溢，可作为庭园小乔木孤植或丛植观赏，或作为庭园行道树，或修剪作绿篱用。小苗可做嫁接桂花的砧木。大叶女贞抗二氧化硫、氟化氢，对氯气也有一定抗性，能吸收铅蒸气，还具有滞尘抗烟的功能，适合厂矿区绿化。

（4）研究进展　李忠喜等（2012）采用 5 株优势木法对郑州市区的大叶女贞进行了抗寒型筛选，共筛选出 20 株抗寒优树，并发现大叶女贞的抗寒能力与其叶片相对电导率关系密切，抗寒能力越强，持续低温处理时叶片相对

电导率回归系数越小。鲁世亲(2004)将金叶女贞嫁接到大叶女贞上获得成功。李淑瑜(2009)研究了大叶女贞组培快繁,结果表明外植体采取的最佳时间为4月份,最佳外植体为萌蘖茎段和幼嫩新梢。初代培养中最适基本培养基是MS培养基。当MS培养基中大量元素用量为全量时,大叶女贞的增殖系数达到最高。最适生根配方为1/2 MS+NAA 0.3 mg/L。

10.1.25 棕榈 *Trachycarpus fortunei* 棕榈科棕榈属,又名棕树

(1) 分布与习性　原产我国,为我国特有的经济树种;北自秦岭以南、长江中下游地区,直至华南沿海都有栽培,以湖南、湖北、四川、贵州、云南等地栽培最多。

热带及亚热带树种,是棕榈科中最耐寒的植物,成年树可耐一7℃低温,但在北方地区露地栽植的头几年,冬季需采取防寒措施,随着树龄的增长及抗寒锻炼,以后可正常生长。棕榈喜温暖湿润,有较强的耐阴能力,幼苗尤耐阴;能耐一定的干旱和水湿;根系浅,须根发达,生长缓慢,易被风吹倒,自播繁衍能力强。耐烟尘,抗二氧化硫及氟化物污染,有吸收有害气体的能力。

(2) 栽培养护要点

① 繁殖与移植　播种繁殖,果实充分成熟后,剪取果穗,阴干脱粒,在温水中洗搓掉外层果皮后播下,30 d胚芽即可破土而出。幼苗出土后要经常保持土壤湿润,夏季要及时除杂草、施肥,当年即可长出3~4片披针形叶,霜降前搭塑料小拱棚,防寒越冬;第二年3月中旬至4月上旬分苗移栽,栽后加强肥水管理;第三年的秋季地径周长可达15 cm,株高70~80 cm,叶展53 cm,掌状叶片的横展最长达60 cm;第四个春季即可用于庭园定植。

② 栽植地的要求与栽植季节　棕榈除低湿、黏土、死黄泥和风口等处外均可以栽植,但以土壤湿润、肥沃深厚、中性、石灰性、微酸性黏质壤土为好,并要注意排水。一般在春季和梅雨季节栽植。

③ 植株的选择与挖掘　棕榈属于浅根性树种,无主根,但肉质根系发达,起苗时应多留须根,小苗可以裸根,大苗需带土球。园林中栽植的苗木以生长旺盛的、高度为2.5 m的健壮树为好。目前园林中应用的棕榈,有的植株过高,栽植不久很快开始衰老;有的苗木过小,既起不到绿化效果,又易遭到人为的破坏,存活率低。棕榈无主根,根系分布范围为30~50 cm,有的可扩展到1.0~1.5 m,爪状根分布紧密,深为30~40 cm,最深可达1.2~1.5 m。根密集,根系互相盘结带土,土球大小多为40~60 cm,深度视根系密集层决定。植株起好后运输的距离较远,应进行包扎,运输的距离较近,一般不包扎,但要注意保湿。

④ 栽植　栽种不宜过深,否则易引起烂心;栽后浇透水,保持土壤湿润。棕榈叶大柄长,所以成片栽植时株行距不应小于3.0 m。植穴应大于土球1/3,植穴挖好后先回填一些疏松的土壤,并踩实。然后放入植株,分层回填土,填土到植穴深的一半时,将树向上提起,然后将土拍实,继续填土再拍实,直至填土至根颈处。栽植不能过深,也不要过浅,更不能积水,否则容易烂根,影响成活。四川西部及湖南宁乡等地群众有“栽棕垫瓦,三年可剥”的说法,也就是说,栽棕榈时先在穴底放几片瓦,以便于排水,促进根系的生长发育,有利于成活生长。

移栽棕榈时留叶片的多少,应根据不同种类、移栽时的气候、移植及养护条件等综合因素决定。一般应以保留原叶片数的30%~60%为宜。栽后除剪去开始下垂变黄的叶片外,不要重剪。如发现某些新栽植株生长不良,难以成活,应立即加大剪叶范围,以减少地上水分的蒸发,促使根冠水分代谢相对均衡,加以挽救。但要防止剪叶过度,否则着叶部分的茎干易发生萎缩,同时长势难以恢复,影响生长和降低观赏效果(图10.8)。

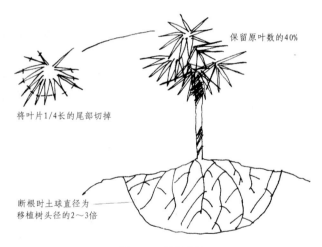

保留原叶数的40%

将叶片1/4长的尾部切掉

断根时土球直径为——移植树头径的2~3倍

图10.8　棕榈移植

⑤ 养护管理　棕榈栽植后除进行常规养护管理外,新叶发出后,要及时剪去下部干枯的老叶,待干径长到10 cm左右时,要注意剥除外面的棕皮,以免棕丝缠紧树干影响加粗生长。群众有“一年两剥其皮,每次剥5~6片”的经验。第一次剥棕片在3~4月份,第二次剥棕片在9~10月份,但要特别注意“三伏不剥”和“三九不剥”,以免发生日灼和冻害。剥棕片时应以不伤树干,茎不露白为度。如果剥棕片过度必将影响植株生长,如果不剥皮既影响观赏效果,又容易酿成火灾。

总之,棕榈科树种移植要注意五个方面:选择壮苗;起好土球,运苗、栽植要精心;适当修剪叶片;栽植地土壤通气、排水良好;栽植后注意保湿和防晒。

(3) 园林用途　棕榈树干挺拔,株形丰满,叶形如扇,翠影婆娑,颇具南国风光。园林中可作行道树,也可列植、丛植或对植、孤植或群植于窗前、池边、林缘及草地,或与

其他树种搭配作为林下树种,均郁郁葱葱,别具韵味;另外,还可盆栽,布置会场。棕榈对多种有害气体有抵抗和吸收能力,也是工矿企业绿化的优良树种。

(4)研究进展　陈星等(2003)对棕榈在北方不同生态环境下越冬栽培适应性进行了研究,研究发现冬季寒潮所造成的极端低温以及大风引发的生理干旱,是棕榈在北方户外越冬的限制因子。

10.2　落叶乔木

10.2.1　银杏 *Ginkgo biloba*　银杏科银杏属,别名白果、公孙树

(1)分布与习性　广州以北,沈阳以南均有栽培,以江南最盛。性喜光,较耐寒,喜湿润、肥沃土壤,在酸性、石灰性(pH值8.0)土上均能生长,怕积水。寿命长,对大气污染有一定的抗性。

(2)栽培养护要点　早春萌动前裸根栽植。若根系过长,栽时适当修剪,株距6～8 m。定植后每年春秋各施肥一次。银杏主干发达,应保护好顶芽,不需修剪任其生长(图10.9)。银杏怕积水,当积水深15 cm,10余天即死亡,雨季应及时排水,以免影响生长。

(3)园林用途　银杏雄伟挺拔,古朴清幽,叶形如扇,秋叶金黄,临风如金蝶飞舞,别具风韵。寿命长病虫害少,是理想的独赏树、庭荫树和行道树,也是制作盆景的好材料。

(4)研究进展　近年来南京林业大学对银杏的杂交育种进行了深入研究,从叶用良种选育的角度出发,杂交种中的JY2、JY1、NL3、NL2、贵州×马铃、贵州×小圆子、南京×小圆子和福建×小圆子8个品种作为进一步叶用良种选育的重点;从材用良种选育的角度出发,杂交种中的NL2、JY1、贵州×马铃和贵州×大佛指应作为材用良种选育的重点。

曹福亮采用−20℃低温处理方法,分析了39个银杏无性系枝条的LT50,选育出了优良抗寒性的无性系有16♯、41♯、36♯、45♯、19♯、17♯、38♯、40♯;以邳州市银杏种质资源圃20个银杏无性系为材料,利用耐热性、种核产量、单核重以及光合生产力等指标对20个银杏无性系进行综合评价,选育出耐热优良核用无性系'铁马2号'、'郯城马铃2号'、'桂林9号'。祝遵凌等研究了黄叶银杏新品系"万年金"区域化试验,发现该种具较高观赏价值,值得推广。

在银杏的栽培方面,当前应侧重发展叶用银杏良种和丰产栽培措施,包括育苗、嫁接、人工授粉、矮化密植、修剪整形以及水肥管理,病虫防治等集约栽培技术;营建良种繁育圃、采穗圃。银杏外种皮提取物氢化白果酸对常见农作物致病菌有较强抑制效果和较高杀虫率;银杏叶提取物及其制剂具临床医疗和生物制药价值。

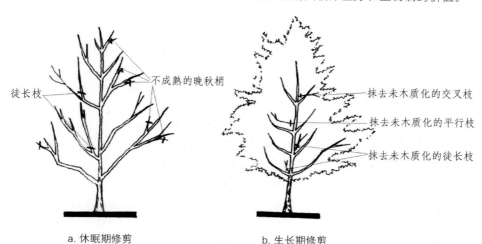

a. 休眠期修剪　　　　　b. 生长期修剪

图10.9　银杏修剪

10.2.2　水杉 *Metasequoia glyptostroboides*　杉科水杉属

(1)分布与习性　产于湖北、重庆、湖南三省交界的局部地区,垂直分布一般为海拔800～1 500 m,各地广泛栽培;性喜光,耐寒耐旱,耐贫瘠,也耐水湿,根系发达,生长于酸性山地的黄壤、紫色土或冲积土。

(2)栽培技术要点　播种和扦插繁殖,栽植时随起随栽,栽前要挖大穴,施基肥,勿伤根。栽后要充分灌水,浇足浇透。生长期可施追肥,苗期可适当修剪,4～5年后不要修剪,以免破坏树形。水杉喜湿,怕涝,使土壤经常保持湿润状态,才能保证成活率。

(3)园林用途　水杉树干通直挺拔,高大秀顽,树冠呈圆锥形,姿态优美,叶色翠绿秀丽,入秋后叶色金黄,是著名的庭院观赏树。水杉可于公园、庭园、草坪、绿地中孤植、列植或群植,也可成片栽植营造风景林。

（4）研究进展　近年由日本引种选育出整个生长期叶片都是金黄色的金叶水杉，是新优彩叶乔木品种；近年来水杉育苗开始由种子育苗繁殖，逐步发展为硬枝扦插、嫩枝扦插；但采用扦插苗营造的水杉林与采用实生苗营造的相比，生长势明显减弱并出现早衰现象，就此提出了大力推行水杉实生苗造林，有关水杉育苗造林生理生态机理仍需要深入系统的研究（王希群等，2004）。水杉提取物总黄酮 TFM 具有抗心律失常和抗心肌肥厚的功能，是开发心脑血管疾病药物的良好材料。

10.2.3　落羽杉 *Taxodium distichum*　杉科落羽杉属

（1）分布与习性　原产北美东南部，与其同属不同种的墨西哥落羽杉原产墨西哥；广州、杭州、上海、南京等地均引种栽培。喜光，耐低温、盐碱、水淹，适应性强，抗污染、抗台风，且病虫害少，生长快。常栽种于平原地区及湖边、河岸、水网地区。

（2）栽培技术要点　播种、扦插繁殖。播种落羽杉时，选择肥沃、湿润的微酸性沙壤土做床条播，行距为 20 cm，每亩播种量 8～10 kg，播后常规管理。夏季扦插当年苗高可达 50 cm 左右；秋季扦插当年可生根，翌春移栽，继续培育。

（3）园林用途　落羽杉为高大乔木，其树形优美，羽毛状的叶丛极为秀丽，入秋后树叶变为古铜色，是良好的秋色观叶树种。

（4）研究进展　新品种优良无性系'落羽杉中山 302'是通过人工授粉杂交选育而成；目前还需加强落羽杉的良种选育及速生丰产栽培技术研究，并在适宜地区大力发展落羽杉人工林，以促进森林培育的良性循环（陈永辉等，2006）。落羽杉木材材质轻软，纹理细致，易于加工，耐腐朽，可作建筑、船舶、家具等用材。

10.2.4　池杉 *Taxodium ascendens*　杉科落羽杉属

（1）分布与习性　产于美国弗吉尼亚南部，杭州、武汉、庐山、广州、南京等地均引种栽培。强阳性树种，不耐阴。喜温暖、湿润环境，稍耐寒，适生于深厚疏松的酸性或微酸性土壤，生长迅速，抗风力强。

（2）栽培技术要点　播种和扦插繁殖，播种繁殖从人工辅助授粉开始，应在 5～6 天盛花期间重复授粉 3～4 次。池杉出苗期胚轴长且脆嫩，应注意及时揭去覆草，以防伤苗。然后根据出苗情况进行疏密补缺，使苗木均匀分布。进入幼苗期，苗木对水分亏缺反应敏感，应重视水分管理，经常保持苗床湿润，此后追肥也应增加，为防苗木黄化，还应及时施入适量的硫酸亚铁，每次施肥和灌水后应及时松土除草。

（3）园林用途　树形婆娑，枝叶秀丽，秋叶棕褐色，是观赏价值很高的园林树种，适生于水滨湿地条件，特别适合水边湿地成片栽植、孤植或丛植为园景树。可在河边和低洼水网地区种植，亦可列植作行道树。

（4）研究进展　近年来研究发现新品种金叶池杉，观赏价值极高；根据池杉的生长规律，可合理利用地上和林下空间，并与复合经营有机结合，充分发挥其生长潜力。在池杉的提取物研究中发现 L-苹果酸、莽草酸是抗肿瘤药物，也可作为食品添加剂广泛应用于化妆品、食品和医疗保健等领域。

10.2.5　中山杉 *Ascendens mucronatum*　杉科落羽杉属

（1）分布与习性　是落羽杉属落羽杉、池杉、墨西哥杉 3 个树种的优良种间杂交种，由中国科学院南京植物园经多年试验研究后选育而成。树干挺直，树形美观，树叶绿色期长，耐盐碱、耐水湿，抗风性强，病虫害少，生长速度快。

（2）栽培技术要点　扦插繁殖，中山杉是速生优良无性系，喜湿耐肥，除施足基肥外，在生长期间还应根据苗木情况，适时追施速效性有机肥或化肥，促进苗木旺盛生长。在移栽苗成活生长后，适时锄草松土，有一部分苗当年不易形成直立生长茎干，出现一定的偏冠或弯斜现象，需进行整形修剪，剪除过多的侧枝和弯斜的枝梢，促进顶部芽的萌发和生长，培养直立向上生长的萌枝作主干。必要时也可在苗旁插竹竿或树枝牵引扶正，使其直立向上生长。

（3）园林用途　中山杉是农田林网、滩涂造林的优良树种，在城市园林绿化、水源涵养、水土保持、绿色景观通道、生态建设等方面呈现广阔的发展前景。

（4）研究进展　'苏杉一号'、'中山杉 302'、'中山杉 401'是落羽杉与墨西哥落羽杉、池杉杂交选育出来的优良无性系，主要采用嫩枝扦插（马林等，2011）。在培育中山杉无性系方面，应提高中山杉无性繁殖能力的同时，营建中山杉无性系示范林，实行多个无性系的推广栽培，以扩大其适应性，并采取混交造林的方式，避免单一无性系大面积栽种后引起的遗传基因窄化、品种退化现象（陆小清等，2004）。

10.2.6　白玉兰 *Magnolia denudata*　木兰科木兰属，别名玉兰、望春花

（1）分布与习性　原产我国中部山野，现国内外庭园常见栽培。喜光，稍耐阴，颇耐寒，能在－20℃条件下安全越冬，北京地区于背风向阳处能露地越冬。喜肥沃、适当湿润而排水良好的弱酸性土壤（pH 值 5～6），但亦能生长于碱性土（pH 值 7～8）中。根肉质，畏水淹。生长速度较慢。

（2）栽培养护要点　成活的苗木在苗圃培养 4～5 年

后即可出圃。玉兰不耐移植,在北方更不宜在晚秋或冬季移植。一般在春季开花前或花谢而刚展叶时进行为佳;秋季则以仲秋为宜,过迟则根系伤口愈合缓慢。移栽时应带土团,并适当疏芽或剪叶,以免蒸腾过盛,剪叶时应留叶柄以便保护幼芽。对已定植的玉兰,欲使其花大香浓,应当在开花前及花后施以速效液肥,并在秋季落叶后施基肥。因玉兰的愈伤能力差,故一般多不行修剪,如必须修剪时,应在花谢而叶芽开始伸展时进行。此外,玉兰也易进行促成栽培供观赏。

(3)园林用途 玉兰花大,洁白而芳香,是我国著名的早春花木,最宜列植堂前、点缀中庭。民间传统的宅院配置中讲究"玉棠春富贵",其意为吉祥如意、富有和权势。所谓玉即玉兰、棠即海棠、春即迎春、富为牡丹、贵乃桂花。玉兰盛开之际有"莹洁清丽,恍疑冰雪"之赞。如配置于纪念性建筑之前则"玉洁冰清"象征着品格的高尚和具有崇高理想,即脱俗之意。如丛植于草坪或针叶树丛之前,则能形成春光明媚的景境,给人以青春、喜悦和充满生气的感染力。此外玉兰亦可用于室内瓶插观赏。

(4)研究进展 红花玉兰以及黄玉兰是近年选育的新品种。近年来木兰科植物组织培养的技术有了较大的发展,但是一些重要问题如褐化和生根困难还没有得到普遍解决,需要继续深入开展组织培养研究。白玉兰叶提取物在酸性介质中是绿色天然缓蚀剂,总黄酮具有良好的体外抗氧化活性,广泛用于化妆品、香精香料、医药等工业。

10.2.7 鹅掌楸 Liriodendron chinense 木兰科鹅掌楸属,别名马褂木

(1)分布与习性 原产我国,主要分布于浙江、江苏、湖南、湖北、四川、贵州、广西、云南等省区。垂直分布于海拔 500～1 700 m,间与各种阔叶落叶或阔叶常绿树混生。为中性偏阳性树种,性喜光及温和湿润气候,有一定的耐寒性,可经受一15℃低温而完全不受伤害。喜深厚肥沃、适湿而排水良好的酸性或微酸性土壤(pH 值 4.5～6.5),在干旱土地上生长不良,亦忌低湿水涝。生长速度快,本树种对空气中的 SO_2 有中等的抗性。

(2)栽培养护要点 不耐移植,大苗移植时需带土球。大树移植必须分步进行,先切根后移植,否则即使移植成活,恢复仍比较困难,导致长期生长不良。移栽后应加强养护。一般不行修剪,如需轻度修剪时应在晚夏,暖地可在初冬。具有一定的萌芽力,可行萌芽更新。

(3)园林用途 树形端正,叶形奇特,是优美的庭荫树和行道树种。花淡黄绿色,美而不艳,最宜植于园林中安静休息区的草坪上。秋叶呈黄色,很美丽。病虫害少,不污染环境,生长迅速,耐修剪,是城市行道树中取代悬铃木的较好选择。可独栽或群植,在江南自然风景区中可与木荷、山核桃、板栗等混交种植。

(4)研究进展 南京林业大学叶培忠教授培育出的杂交鹅掌楸(Liriodendron chinense×tulipifera)具有极高的应用价值,多年来各地广泛栽培。鹅掌楸结籽率较低,限制了实生苗的繁育,不能满足园林市场需求,应对其生育过程以及生理特性进行深入研究。杂种鹅掌楸在培育过程中扦插生根率不高,需要抓好优良生根无性系的筛选,采穗原株的管理以及插穗促根处理等环节。鹅掌楸碱广泛分布于不同科属的天然植物中,但含量均较低;其在抗肿瘤、抗细菌、抗真菌以及抗老年痴呆等方面表现出广泛的药理活性。

10.2.8 枫香 Liquidambar formosana 金缕梅科枫香属,别名枫树

(1)分布与习性 产于长江流域及其以南地区,西至四川、贵州,南至广东,东到台湾,日本亦有分布。垂直分布一般在海拔 1 000～1 500 m 以下的丘陵及平原。为亚热带树种,性喜光,幼树稍耐阴,喜温暖湿润气候及深厚湿润土壤,也能耐干旱瘠薄,但不耐水湿。深根性,主根粗长,抗风力强。幼年生长较慢,入壮年后生长转快。对 SO_2、Cl_2 等有较强抗性。

(2)栽培养护要点 移栽大苗时最好采用预先断根措施,否则不易成活。移栽时间在秋季落叶后或春季萌芽前。

(3)园林用途 枫香树高干直,气势雄伟,深秋叶色红艳,美丽壮观,是南方著名的秋色叶树种,宜在我国南方低山、丘陵地区营造风景林,亦可在园林中作庭荫树,或于草地孤植、丛植于山坡、池畔与其他树木混植。若与常绿树丛配合种植,秋季红绿相衬,会显得格外美丽。但因不耐修剪,大树移植又较困难,故一般不宜作行道树。

(4)研究进展 近年来对枫香彩叶新品种的选育研究进展迅速,如引进美国枫香的种质资源进行种间杂交,以获得地理上较远的种间杂种优势。枫香脂有通窍、祛痰的功效,广泛应用于生产伤湿止痛膏等药品,叶提取物可提炼芳香油,药用可为"苏合香"的代用品(江聂等,2008)。

10.2.9 榔榆 Ulmus parvifolia 榆科榆属

(1)分布与习性 分布于华南、华中地区,生于平原、丘陵、山坡及谷地。喜温暖气候,喜光,耐干旱,在酸性、中性及碱性土上均能生长,但肥沃、排水良好的中性土壤为最适宜,对有毒气体烟尘抗性较强。

(2)栽培技术要点 常用播种繁殖,还可采用插根繁殖。榔榆性喜湿润,浇水宜充足,冬季施一次厩肥或饼肥作基肥,4—10月间可每半个月施一次稀薄的有机肥,以保持正常生长养分的需要。榔榆枝叶生长快,为保持盆景造型宜经常进行修剪,一般在新芽枝伸长至 5～6 cm 时,仅留存 2～3 叶片,其余均剪去。为了控制生长,还可随时

进行摘芽去梢。

（3）园林用途　榔榆树形优美，姿态潇洒，树皮斑驳，枝叶细密，具有较高的观赏价值。在庭园中孤植、丛植或与亭榭配置均很适宜，作庭荫树、行道树或制作盆景均有良好的观赏效果。因抗性较强，还可选作厂矿区绿化树种。

（4）研究进展　近年我国选育出了生长迅速、干型优良、抗虫的榆树新无性系，并已经在生产中推广应用。但榆树杂交育种在观测周期、多点区域化试验及量化评价等方面仍有很多工作要做，尤其是需要长期持续的育种工作。

10.2.10　桑树 *Morus alba*　桑科桑属

（1）分布与习性　原产华中、华北地区，现由东北至西南各省区，西北直至新疆均有栽培。桑树在12℃以上时萌芽生长，最适温度为25～30℃，以有机质丰富、土质疏松、土层深厚、地下水位在1 m以上、pH值接近中性的土壤为宜。

（2）栽培技术要点　桑树实生苗主根明显，压条和扦插苗无明显主根。根系主要分布在40 cm的土层内，少数根能深入土中1米至数米，腋芽一般当年不萌发。栽植时施用基肥，如厩肥、杂肥等为好，桑苗定植前应修剪掉过长、破损的桑根，留根长约15 cm。别除病虫苗，大小苗分开种植。种前先用磷肥加黄泥水浆根，提高成活率。

（3）园林用途　桑树树冠丰满，枝叶茂密，秋叶金黄，适生性强，管理容易，为城市绿化的先锋树种，宜孤植作庭荫树，或与其他树种混植风景林，是农村"四旁"绿化的主要树种。

（4）研究进展　我国学者通过杂交育种选育出'农桑系列'、'强桑系列'、'皖桑'等新品种，产叶量高，抗病性强。通过诱变育成'嘉陵16号'、'嘉陵25号'、'大中华'、'粤桑3号'等三倍体品种（许涛等，2014）。桑叶提取物多糖具明显降血糖作用，桑叶中的SOD和含量较高的类黄酮类化合物可清除自由基和抗衰老（姚芳等，2004）。目前，我国桑树品种选育周期长、效率低，应加强杂交、多倍体、特异桑种质（果用、观赏用、药用）等方面的选育创新（潘一乐等，2003）。

10.2.11　枫杨 *Pterocarya stenoptera*　胡桃科枫杨属

（1）分布与习性　产于陕西、河南等海拔1 500 m以下的沿溪涧河滩、阴湿山坡地的林中，喜光，耐寒能力不强。在酸性及微碱性土壤中均可生长；耐干旱瘠薄，耐水湿，不耐修剪，不耐移植。

（2）栽培技术要点　以播种繁殖为主，当年秋播出芽率较高，幼苗易生侧枝，应及时整形修剪，以保持良好的干形，春栽宜随起随栽，假植越冬新梢易受冻害且成活率低。枫杨喜欢湿润环境，在栽培中应保持土壤湿润而不积水。

（3）园林用途　枫杨树冠广展，枝叶茂密，生长快速，根系发达，为河床两岸低洼湿地的良好绿化树种。枫杨既可以作为行道树，也可成片种植或孤植于草坪及坡地，均可形成良好景观。

（4）研究进展　目前对优良枫杨品种的快速繁殖技术研究仍较为落后，需制订不同环境下枫杨的优树标准，开展优树选择，为快速繁殖及丰产栽培奠定基础（袁传武、胡兴宜，2011）。在资源利用方面，枫杨提取物和相关成分有抗肿瘤、抗病毒、抗菌、抗氧化等多种活性和治癣、生态灭螺等医药新用途和潜在的开发前景，其木材色质轻、少翘、易加工，可供家具、农具、造纸等用材；树皮富含纤维，质坚，可作麻类代用品。

10.2.12　薄壳山核桃 *Carya illinoensis*　胡桃科山核桃属

（1）分布与习性　原产北美东部；我国河南、河北、江苏等省均有栽培。适生于疏松排水良好、土层深厚肥沃的沙壤土、冲积土中。不耐干旱，耐水湿，阳性树种，喜温暖湿润气候，深根性，萌蘖力强，生长速度中等，寿命长。

（2）栽培技术要点　以播种为主，也可利用根蘖幼苗繁殖；栽植地应土层深厚疏松、水源充足、背风向阳；早期修剪宜轻，适当多留主枝，使其早结果。修剪时要做到树冠内膛通风透光，进入衰老期后，可将树冠发生更新枝处以上部位全部锯去，培养已萌发的更新枝，将衰老树冠主枝枯死的部分全部剪去。在进行截枝更新的同时，最好结合深翻和施肥。

（3）园林用途　树体高大，枝叶茂密，树姿优美，是很好的城乡绿化树种，在长江中下游地区可做行道树、庭荫树或大片造林。又因根系发达，耐水湿，适于河流沿岸、湖泊周围及平原地区绿化造林。在园林绿地中孤植、丛植于坡地或草坪，亦颇为壮观。

（4）研究进展　南京林业大学等科研单位利用现有实生资源繁育了'赣选系列'、'亚林系列'、'金华1号'、'沼兴1号'、'云光'、'云星'、'云早丰'等抗性强的优良新品种。薄壳山核桃73%成分是单不饱和脂肪酸，具有降低冠心病发病率的作用。今后应开展其成花机制、花芽分化与性别调控、雌花促成、矮化机理等方面研究，培育出果材两用的优良品种（彭方仁，2012）。

10.2.13　欧洲鹅耳枥 *Carpinus betulus*　桦木科鹅耳枥属

（1）分布与习性　分布于亚洲东部、中南半岛至尼泊尔、美洲及欧洲。我国有33种8变种，是鹅耳枥属植物的分布中心，云南、贵州、四川等西南地区是鹅耳枥属植物

a. 自然式造型   b. 盆景造型   c. 编结与绑扎造型

图 10.10　欧洲鹅耳枥造型

的主要分布区,包括浙江、福建及台湾在内的东南沿海是我国鹅耳枥另一个重要的分布区。鹅耳枥属植物稍耐阴,喜生于背阴山坡及沟谷中,喜肥沃湿润之中性及石灰质土壤,亦能耐干旱瘠薄。

(2) 栽培技术要点　播种和扦插繁殖。因种子寿命短,不耐贮藏。11月中旬扦插后,次年4月上旬出土,但成苗率不高,幼苗纤弱须遮阴。当年生苗高5~15 cm,第三年春进行分栽,苗木平均高可达100 cm,平均地径为1.5 cm。扦插繁殖,采用二年生苗的侧枝于3月中旬扦插繁殖,当年平均苗高8 cm,最高可达17 cm。

(3) 园林用途　欧洲鹅耳枥枝叶茂密,叶形秀丽,果穗奇特,颇为美观,可植于庭园观赏,尤其宜作盆景(见图10.10)。

(4) 研究进展　欧洲鹅耳枥著名栽培变种有冠窄呈圆柱形的'倾斜'欧洲鹅耳枥(*Carpinus betulus* '*fastigiata*'),枝条下垂的'垂枝'欧洲鹅耳枥(*Carpinus betulus* '*Vienna Weeping*')及嫩叶略带紫色的'紫叶'欧洲鹅耳枥(*Carpinus betulus* '*purpurea*')等。欧洲鹅耳枥主要通过种子繁殖,但种子层积历时较长,且发芽率不甚理想,可以通过扦插、嫁接等繁殖。近年来,祝遵凌等在欧洲鹅耳枥引种驯化、良种选育、抗性机理、施肥效应、组织培养、扦插和嫁接繁殖、内含物提取、区域化试验等方面开展了系统研究,并取得了初步成果。今后应开展鹅耳枥属植物分类研究及种质资源调查保护与收集。对一些处于濒危状态的鹅耳枥属植物,如普陀鹅耳枥、天台鹅耳枥要首先保护其生境,更要对其致濒机制进行深入研究。加速对鹅耳枥属植物进行引种驯化的研究,把选择得到的优良单株进行无性繁殖,建立采穗圃,加快推进苗木的产业化进程。

10.2.14　梧桐 *Firmiana simplex*　梧桐科梧桐属,别名青桐

(1) 分布与习性　原产中国及日本;华北至华南、西南各省区广泛栽培,尤以长江流域为多。性喜光,喜温暖湿润气候,耐寒性不强,在北京栽培幼枝常因干冻而枯死;喜肥沃、湿润、深厚而排水良好的土壤,在酸性、中性及钙质土上均能生长,但不宜在积水洼地或盐碱地栽种,不耐草荒。积水易烂根,通常在平原、丘陵、山沟及山谷生长较好。深根性,直根粗壮;萌芽力强,一般不宜修剪。生长快,寿命较长,能活百年以上。发叶较晚,秋天落叶早。对多种有毒气体都有较强抗性。

(2) 栽培养护要点　梧桐栽培容易,管理简单,一般不需要特殊修剪。病虫害常有梧桐木虱、霜天蛾、刺蛾等食叶害虫,要注意及早防治。在北方,冬季对幼树要包草防寒,如条件许可,每年入冬前和早春各施肥、灌水一次。

(3) 园林用途　梧桐树干端直,树皮青翠,叶大而形美,绿荫浓密,洁净可爱。梧桐很早就被植为庭园观赏树。我国长江流域各省栽培尤多,其枝叶繁茂,夏日可得浓荫。入秋则叶凋落最早,适于草坪、庭园、宅前、坡地、湖畔孤植或丛植;在园林中与棕榈、修竹、芭蕉等配置尤感和调,且颇具我国民族风味。梧桐也可栽作行道树及居民区、工厂区绿化树种。

(4) 研究进展　梧桐栽培品种较少,同属的云南梧桐是世界濒危物种。应加快全国性的梧桐种资源调查进程,从中选育出生长速度更快的品种;做好梧桐树苗的扦插繁育工作,解决种子育苗速度慢、初期生长不快的问题;并抓好梧桐木材和种子深加工,延长产业链条。叶提取物含黄酮苷、香豆素等,可治风湿疼痛、腰腿麻木,可杀蝇蛆,根能祛风湿、活血脉、通经络。

10.2.15　垂柳 *Salix babylonica*　杨柳科柳属

(1) 分布与习性　主要分布于长江流域及其以南各省区平原地区,华北、东北亦有栽培。垂直分布在海拔1 300 m以上,是平原水边常见树种。亚洲、欧洲及美洲许多国家都有悠久的栽培历史。湿生阳性树种。喜光,喜温暖湿润气候及潮湿深厚的酸性及中性土壤。较耐寒,特耐水湿,但亦能生于土层深厚的高燥地区。萌芽力强,根系

发达。生长迅速,15 年生树高达 13 m,胸径 24 cm。寿命较短,30 年后渐趋衰老。

(2)栽培养护要点　垂柳发芽早,江南适栽期在冬季,北方宜在早春。株距 4～6 m,用大穴,穴底施基肥后,再铺 20 cm 疏松土壤,栽入苗木后分层压实,栽后浇水,成活后每年施以氮为主的肥料 1～2 次,促其尽快成荫。垂柳主要有光肩天牛危害树干,被害严重时易遭风折枯死。还有星天牛、柳毒蛾、柳叶甲等害虫,应注意及时防治。

(3)园林用途　垂柳枝条细长,柔软下垂,随风飘舞,姿态优美潇洒,植于河岸及湖池边最为理想,是著名的庭园观赏树。也是江南水乡地区、平原、河滩地重要的速生用材树种,亦可用作行道树、庭荫树、固岸护堤树及平原造林树种。此外,垂柳对有毒气体抗性较强,并能吸收二氧化硫,故也适用于工厂区绿化。

(4)研究进展　近期选育出柳树新品种'渤海柳 1号'、'渤海柳 2 号'、'渤海柳 3 号'和观赏品种如金丝垂柳无性系 J1010,J1011,J842,垂爆 109 柳等。我国具有丰富的柳树遗传资源,有良好的遗传改良基础,今后应在柳树群体遗传学和分子遗传学等方面开展深入研究(王源秀、徐立安、黄敏仁,2008)。在提取物方面,树皮含鞣质,可提制栲胶;柳叶功同柳絮,含有丰富的鞣质,水煎服可治疗上呼吸道感染、支气管炎等炎症。

10.2.16　毛白杨 *Populus tomentosa*　杨柳科杨属

(1)分布与习性　分布广泛,在河北、山东、山西、安徽、江苏等省均有分布,以黄河流域中、下游为中心分布区。深根性,耐旱力较强,黏土、壤土、沙壤上或低湿轻度盐碱土均能生长。在水肥条件充足的地方生长最快,20年生即可成材,是中国速生树种之一。

(2)栽培技术要点　选择雄性毛白杨优良品种培育小苗,移栽宜在早春或晚秋进行,适当深栽;培育胸径 7～8 cm 的苗木定植,冠高比 3：5,每层留 3 个主枝,全株留 9个主枝左右,保持主干通直。因毛白杨喜大肥大水,还容易发生病虫害,因此要加强水肥管理和病虫害防治。

(3)园林用途　毛白杨材质好,生长快,寿命长,较耐干旱和盐碱,树姿雄壮,冠形优美,是各地群众喜欢栽植的优良庭园绿化或行道树,也是华北地区速生用材造林树种。

(4)研究进展　繁育的新品种有原变种毛白杨、截叶毛白杨、抱头毛白杨。由于毛白杨有天然杂交的特性,嫁接、根繁、扦插等不能满足经济发展的需要,故发展组织培养具有重要意义。同时毛白杨雌株飞絮较多,污染环境,危害健康,需要深入进行新品种的选育和繁殖研究,有效解决飞絮问题并拓宽其用途(朱莉飞、王华芳,2010)。

10.2.17　柿树 *Diospyros kaki*　柿树科柿树属

(1)分布与习性　原产我国,南自广东、北至华北北部

均有栽培,喜阳树种,耐寒耐旱,喜湿润,能在空气干燥而土壤较为潮湿的环境下生长,忌积水。深根性,根系强大,吸水、吸肥力强,也耐瘠薄,适应性强,喜肥沃通透性土壤。

(2)栽培技术要点　一般采用嫁接法繁殖,常用的砧木有君迁子,枝接时期应在树液刚开始流动时为好,芽接应在生长缓慢期。定植期可以在深秋或春季,株距以 6～8 m 为宜。定植后应在休眠期施基肥,在萌芽期、果实发育期和花芽分化期施追肥,并适当灌溉,避免干旱;早春修剪时多行疏剪,并将病虫枝、枯枝和细小的冗枝剪除。

(3)园林用途　广泛应用于城市绿化,在园林中孤植于草坪或旷地,列植于街道两旁,尤为雄伟壮观,又因其对多种有毒气体抗性较强,有较强的吸滞粉尘的能力,常被用于城市及工矿区。还能吸收有害气体,适用于工厂、道路绿化,广场、校园也颇为合适。

(4)研究进展　我国优良柿品种主要有磨盘柿、镜面柿、火晶柿、橘蜜柿、大红柿等,以及从日本引进的平核无、富有、次郎等品种。我国柿树组织培养快繁技术研究尚处于初步阶段,目前仅有少数品种获得了组培苗。将组培育苗与常规育苗相结合可加快良种繁育速度,使柿树良种大面积推广成为可能(郭伟珍、赵京献、刘建婷,2010)。

10.2.18　梅花 *Prunus mume*　蔷薇科李属,别名春梅

(1)分布与习性　原产我国西南,以四川、湖南、湖北最多。性喜温暖,不惧寒冷,要求阳光充足。抗性较强,喜疏松肥沃深厚的沙质壤土,黏重湿冷土壤不宜。黄河以南各省可露地栽植越冬,黄河以北地区越冬困难,应选择避风向阳干燥处栽植,但北方多行盆栽观赏。梅花对气温很敏感,故全国各地花期差异较大。

(2)栽培养护要点　地栽应选向阳、土层深厚肥沃、表土疏松、心土略黏重处栽植,植株生长较好。春季用一二年生小苗裸根栽植易于成活,三年以上的梅花大苗,必须带土球栽植。穴底先施基肥,栽后浇一次透水,使根系与土壤紧密结合。梅花喜肥,每年冬季在树冠投影圈内挖沟施肥,花后再追施一次以氮为主的肥料,促使枝条生长充实粗壮,6 月份开始植株转入生殖生长阶段。6—8 月是梅花花芽分化时期,树体营养状况对花芽分化影响甚大,此时应施以磷钾为主的追肥,保证花芽分化顺利进行。梅花忌水湿,夏季多雨时应注意排水,如土壤过湿根系易腐烂。

整形修剪是促进梅花多开花和保持树形的重要措施(见图 10.11)。

① 修剪时间的确定:梅花的修剪分为花前修剪和花后修剪,对于成年梅树而言,花后修剪尤为重要。梅花的花后修剪时间很短暂,一般以梅花谢 85％时至展叶前为宜。幼树的花后修剪包括夏季修剪和冬季修剪。夏季修剪主要指抹芽摘心,冬季修剪指疏剪枯枝和病虫枝、短截

徒长枝和弱花枝。

②整形与修剪原则：修剪时先除去严重扰乱树形、影响美观的枝条，如交叉枝、重叠枝、徒长枝以及枯死枝、病虫枝等。再逐一疏去过密过弱的枝条，以求通透、疏密有致，最后根据不同梅花的品种特性对所留的枝条进行不同程度的短截、回缩或缓放处理。枝干上空膛处发出的新芽应保留以补缺，使枝条分布均匀、层次合理、疏密有致。梅花以曲为美，直则无姿，故修剪时应去直留斜，多留斜生枝，增强枝条的美感，根据枝条的方向留好剪口芽。最好是"见芽剪"，同时去除朝内、朝下芽以及生长过多的芽。无芽的枝条、徒长枝及刺花枝、短花枝等花后应齐根部剪除，以减少不必要的养分消耗。

③不同品种的整形与修剪：以短花枝开花为主的品种如'金钱绿萼'、'素白台阁'等，要采取轻截缓放的措施，切忌因重剪而造成大量徒长枝的形成，无谓的消耗养分，影响开花数量、质量和开花效果。而以长花枝开花为主的品种如'舞朱砂'、'跳雪垂枝'等品种，就要重剪促进中长枝的萌发。

梅花的萌芽发枝力也因品种类型的不同而不同，真梅系的品种发枝能力强，故可适当重剪。杏梅类的品种如'丰后'、'淡丰后'等品种萌芽发枝能力弱，故多留一年生枝条并适当短截，尽量少重剪，否则几年内不能恢复树势。

④不同长势的整形与修剪：长势旺盛的树要适度轻剪，清理徒长枝和内膛枝，增加通风透光度，以保证树势和树形优美；长势弱的树要重剪，主要的目的是保证后续生长，使其重新萌发新的枝条。总之要掌握强势轻剪、弱势重剪的原则。

⑤不同树龄的整形与修剪：幼树的整形从一年生苗开始。a.定主干。离地高60～80 cm剪顶，定为主干。b.定主枝。主干萌芽分枝后，新梢生长5～6 cm长时，选择3～5个位置，方向适宜，分布均匀健壮的新梢作为主枝，并促使向外倾斜生长，成为主枝。其余的新梢进行抹芽或摘心处理，削弱其生长势，促使主枝生长健壮，结构牢固。主枝延长生长到40～70 cm，按照弱枝长留、强枝短留的原则，进行摘心或短截，并注意剪口芽向外留，以利主枝向外延伸。同时，对强枝采取撑、吊等方式，开张角度，削弱生长势；对弱枝进行拉枝，缩小分枝角度，增强长势，促进树冠平衡生长。c.培养侧枝。主枝剪截萌芽分枝，形成侧枝，留枝数量与位置要因树制宜，做到不与主枝延长枝竞争为原则。侧枝容易形成花芽，短截修剪的方法与主枝相反，强枝轻剪多留芽，弱枝重剪少留芽，这样树冠生长健旺，成形快，开花早。

成年树枝条生长减缓、大量开花。修剪时要解决生长与开花的矛盾，平衡树势，改善通风透光状况，维护良好树形。因此修剪要逐年加重，对骨干枝要及时进行回缩更新。

衰老树的修剪主要是保证树干更新，此时修剪主要目的是树冠复壮。修剪时及时重剪衰老干瘪的老枝，切忌剪去新萌发的一年生枝条，要留住使其重新发育成骨干枝。

⑥盆栽梅花与地栽梅花的区别：庭园地栽梅花相对

于梅花盆景的修剪粗放许多，它是以树木的自然生长为基础，以树冠健壮、树形优美、开花繁密为目的，修剪时遵循有利于树木生长的原则。梅花盆景是将梅花通过修剪培养成我们想要的观赏形态和姿态。修剪技法除了一般修剪方法外，还包括蟠扎、攀折撕裂、雕凿等方法。

基本修剪方法见图10.11。

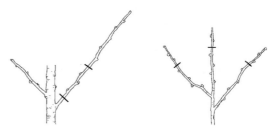

a.梅花枝条的基本修剪方法

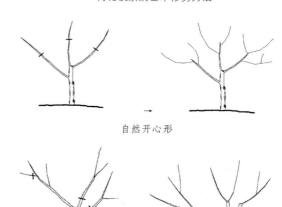

自然开心形

不规划整形

b.梅花整形方法

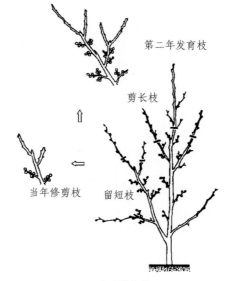

第二年发育枝

剪长枝

当年修剪枝　　留短枝

c.落叶期修剪

图10.11　梅花修剪

257

梅花易患白粉病和煤烟病,应及早防治,以免引起植株提早落叶。虫害常见的有蚜虫、红蜘蛛、卷叶蛾等。在防治害虫时,不能使用乐果喷杀,乐果易引起梅花生理落叶,使树势衰弱。另外,梅花在排水不良处,易发生根腐病,轻者将植株挖出曝晒,重新栽植,重则挖出后将根部患处刮除,曝晒1～2 h后,再用2％硫酸铜溶液浸后栽回。

(3)园林用途　梅花是我国十大名花之首,它苍劲古雅,清香宜人,凛寒而放,浓而不艳,历来为人们所喜爱。在配置上,梅花最宜植于庭园、草坪、低山丘陵,可孤植、丛植及群植。传统的用法常是以松、竹、梅为"岁寒三友"进行配置,若再配以怪石,则诗情画意,跃然而出。

(4)研究进展　梅花品种众多,近年由实生苗选育出树形优美、花繁艳丽的优良新品种'艳红照水'、'粉羽'、'雪海宫粉'、'粉皮垂枝'、'红台垂枝'、'多子玉蝶'等。梅花主含挥发油、苯甲醛、异丁香油酚,对痢疾、结核等杆菌及皮肤真菌均有抑制作用,且提取芳香油可作为食品添加剂,梅果可食用。梅花虽具有一定抗寒力,但在三北地区能安全露地越冬的梅花品种很少,同时抗干旱、耐盐碱、抗污染、抗病虫害的梅花品种也十分紧缺。随着对梅花花果的开发和利用,花果兼用的梅花也成为梅花新品种选育的趋向(晏晓兰、程汉武、易明飘,2012)。

10.2.19　樱花 *Prunus serrulata*　蔷薇科李属

(1)分布与习性　原产日本,中国东北、华北均有栽培,尤以华北及长江流域各城市为多。为温带树种,性喜光,喜深厚肥沃而排水良好的土壤,有一定耐寒能力,除极端低温及寒冷之地外,一般均可生长。生长快但树龄较短,盛花期在20～30年,50～60年则进入衰老期。

(2)栽培养护要点　移植在落叶后至发芽前进行。栽植后除幼树适当修剪外,大树尽量少修剪。

(3)园林用途　著名观花树种,花期早,开花时满树灿烂,甚为壮观。宜于山坡、庭园、建筑物前及路旁种植。并可以用常绿树作背景,对比鲜明。

(4)研究进展　近年发现的新品种有'短梗山樱'、'毛柱山樱'、'齿萼红山樱'(王贤荣等,2007);樱花性喜冷凉,在我国南方夏季易滋生病菌,导致树势严重衰弱,必须根据当地气候条件进行选种或培育耐高温新品种,目前缺乏有关适应性和抗性的研究。另外对本土资源开发利用不够重视,缺乏我国传统文化和观赏习惯的品种,特别缺乏红色花系和早花类品种,在株型上缺乏低矮品种(王铖等,2010)。樱花种仁含脂肪油32％,主要含α-桐酸,用于治疗咳嗽、发热等症状。

10.2.20　紫叶李 *Prunus cerasifera* '*Atropurpurea*'　蔷薇科李属

(1)分布与习性　原产亚洲西南部,中国华北及其以南地区广为种植。性喜光,在庇荫条件下叶色不鲜艳。喜温暖、湿润气候,不耐寒,较耐湿,萌枝力较强。

(2)栽培养护要点　移植春秋两季均可进行,以春季为好。栽培管理中,需注意剪除砧木的萌蘖条,并对长枝进行适当修剪。以冬季修剪为宜。当幼树长到一定高度时,选留3个不同方向的枝条作为主枝,并对其进行摘心,以促进主干延长枝直立生长。如果顶端主干延长枝弱,可剪去,由下面生长健壮的侧枝代替。每年冬季修剪各层主枝时,要注意配备适量的侧枝,使其错落分布,以利通风透光。平时注意剪去枯死枝、病虫害枝、内向枝、重叠枝、交叉枝、过长的过密的细弱枝(图10.12)。

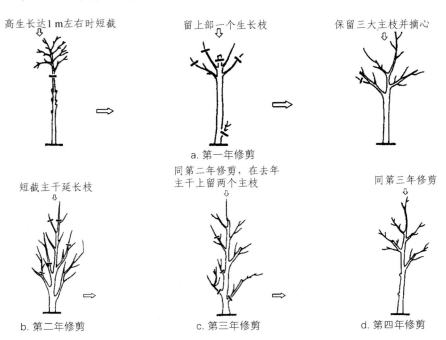

高生长达1 m左右时短截　　留上部一个生长枝　　保留三大主枝并摘心

a. 第一年修剪

短截主干延长枝　　同第二年修剪,在去年主干上留两个主枝　　同第三年修剪

b. 第二年修剪　　c. 第三年修剪　　d. 第四年修剪

图10.12　紫叶李修剪

（3）园林用途　紫叶李整个生长季叶都为紫红色，宜于建筑物前及园路旁或草坪角隅处栽植，需慎选背景之色泽，方可充分衬托出其色彩美。

（4）研究进展　以'孔雀蛋'实生李为母本、'紫叶李'为父本杂交选育的'北国红'，是拥有抗寒性、成枝力强、叶片色泽艳丽、适应性广等具诸多优良性状的新品种（张艳波等，2013）。紫叶李一般采用嫁接繁殖，常选择毛桃、李、毛樱桃等作为砧木。由于繁殖系数较低，而且长期使用无性繁殖方法容易引起品种退化以及病毒的积累，因此在离体组织培养等其他繁殖方式方面还需深入研究（胡迎芬、孟洁、胡博路，2002）。紫叶李提取物具抗氧化活性，可临床治疗心脏病和癌症。

10.2.21　垂丝海棠 *Malus halliana*　蔷薇科苹果属

（1）分布与习性　产于江苏、浙江、安徽、陕西、甘肃、四川、云南等省，各地广泛栽培。喜温暖湿润气候，不耐寒冷、干燥，北京在良好的小气候条件下勉强能露地栽植。

（2）栽培养护要点　移植在落叶后至发芽前进行，中小苗留宿土或裸根栽植，大苗需带土球。

（3）园林用途　海棠种类繁多，树形多样，叶茂花繁，丰盈娇艳，为著名观赏花木，有"花中神仙"之美誉，各地无不以海棠的丰姿艳质来装点园林。可在庭门两侧对植，或在亭台周围、丛林边缘、水滨湖畔布置，若在观花树丛中作主体树种，其下配置春花灌木，其后以常绿树为背景，则尤显绰约多姿，妩媚动人。若在草坪边缘、水边湖畔成片群植，或在公园步道两侧列植或丛植，亦具特色。垂丝海棠的修剪见图10.13。

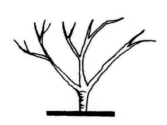

剪去上年枝条顶部以促进分枝

修剪内膛枝

a. 修剪前　　　　b. 修剪后

图10.13　垂丝海棠修剪

（4）研究进展　垂丝海棠品种众多，包括直枝海棠、小花海棠、单叶海棠、多叶海棠、垂枝垂丝海棠五个品种群。品种包括红叶直枝海棠、单瓣直枝海棠、南京紫海棠、单叶小花海棠、直梗小花海棠、送春海棠、垂枝垂丝海棠。国内繁殖多采用扦插、嫁接，成活率低，繁殖系数小，不能满足生产需要，限制了垂丝海棠苗木的发展。今后应在快速繁殖技术方面深入研究。垂丝海棠药用价值明显，可调经活血，主治血崩（刘志强、汤庚国，2004）。

10.2.22　木瓜 *Chaenomeles sinensis*　蔷薇科木瓜属

（1）分布与习性　原产中国，山东、河南、陕西等地均有栽培，喜光喜温暖，有一定的耐寒性，喜肥沃且排水良好的壤土或沙壤土，不耐盐碱和低湿地。

（2）栽培技术要点　主要用分株繁殖，也可用扦插和种子繁殖，砧木通常选用海棠。定植成活后，每年春秋两季结合施肥中耕除草2次。

（3）园林用途　木瓜花色烂漫，树形好，病虫害少，可丛植于庭园墙隅、林缘等处，春可赏花，秋可观果，是庭园绿化的良好树种。

（4）研究进展　种类有皱皮木瓜、光皮木瓜、毛叶木瓜。木瓜株型分雌株、雄株、两性株三种，在食用木瓜苗木的生产前应进行性别鉴定。当前的形态学鉴定法在生产中应用十分有限，今后需要在遗传基因水平上进行性别鉴定的深入研究。木瓜提取物蛋白酶、黄酮和酚性成分不仅药理作用明显，用于临床医疗，而且可广泛应用于食品、化妆品和饲料中，前景广阔（惠丽娟等，2007）。

10.2.23　合欢 *Albizzia julibrissin*　含羞草科合欢属，别名夜合树、绒花树

（1）分布与习性　华南、西南、华北均有分布。性喜光，较耐寒，对土壤要求不严，耐干旱瘠薄，怕积水。

（2）栽培养护要点　春季芽刚萌动时，裸根栽植，成活后在主干一定高度处选留3～4个分布均匀的侧枝作主枝，然后在最上部的主枝处定干，冬季对主枝短截，各培养几个侧枝，以扩大树冠，以后任其生长，形成自然开心形的树冠。当树冠外围出现光秃现象时，应进行缩剪更新，并疏去枯死枝。合欢主要病虫害有天牛、溃疡病，应注意防治。

（3）园林用途　合欢叶形雅致，绒花飞舞，有色有香，枝条婀娜，是美丽的庭园观赏树种，常用作庭荫树、行道树，孤植、群植均适宜。

（4）研究进展　目前合欢选育的新品种有适用作饲料、绿肥、燃料等用途的以及作为园林应用的观赏品种'红羽毛'（张凡、张云，2009）。合欢皮提取物具有抑制肿瘤的效果。国内对合欢提取物的研究主要是针对其药理和化学成分等内容，对其综合利用的基础理论和应用性研究都比较缺乏（花慧等，2010）。

10.2.24　槐树 *Sophora japonica*　蝶形花科槐属，别名国槐

（1）分布与习性　我国南北方普遍栽培，华北最常见。温带树种，性喜光，喜干冷气候，在高温、高湿的华南一带也能生长，要求深厚、肥沃、排水良好的土壤，石灰性、

中性和酸性土上均能生长,能耐烟尘,适应城市环境,深根性,寿命很长。

（2）栽培养护要点　春季裸根栽植,对树冠行重剪,必要时可截去树冠以利成活,待成活后重新养冠。栽植穴宜深,务使根系舒展,根与土壤密接,栽后浇水3～5次,并适当施肥,冬季封冻前灌一次透水防寒。栽后2～3年内要注意调整枝条的主从关系,多余的枝条可疏除,如树木上方有线路通过,应采用自然开心形的树冠。主要的虫害有蚜虫和尺蠖,应注意防治。

（3）园林用途　槐树是良好的行道树,也是园林中优美的庭荫树,树姿优美,浓荫如盖,串串绿珠般的果实,惹人喜爱。

（4）研究进展　国槐观赏价值较高的栽培新品种有龙爪槐、五叶槐、聊红槐、黄金槐、金叶槐、紫花槐等。国槐根系生长缓慢,需要对其根系快速生长的调控技术进行研究,为园林绿化中苗木的培育提供理论依据(朱衍杰、张秀省、穆红梅,2013)。槐米提取物黄酮以及槲皮素为强氧化剂,可临床治疗癌症、冠心病等,药用价值突出。

10.2.25　龙爪槐 *Sophora japonica* 'Pendula' 蝶形花科龙爪槐属

（1）分布与习性　产于华北、西北,广州以北各地均有栽培,以江南最多。喜光,稍耐阴。能适应干冷气候。喜生于土层深厚、湿润肥沃、排水良好的沙质壤土。深根性,根系发达,抗风力强,萌芽力亦强,寿命长。

（2）栽培技术要点　嫁接繁殖,选择树体优美、无病虫害的龙爪槐外围枝条。枝条的采集可结合母树的修剪来进行。在4月下旬至5月中旬自龙爪槐的前一年生枝上采取休眠芽作接穗,接于槐树的1～2年新枝上。6月中旬、7月中旬追肥两次,以氮肥为主,并结合追肥浇水,及时防治病虫害和清除杂草。

龙爪槐的伞状造型需要正确的修剪方式,其中包括夏剪和冬剪,1年各1次。夏剪在生长旺盛期间进行,要将当年生的下垂枝条短截2/3或3/4,促使剪口发生更多的枝条,扩大树冠。短截的剪口留芽时必须注意留上芽(或侧芽),因为上芽萌发出的枝条,可呈抛物线形向外扩展生长。到了冬季,首先要调整树冠,用绳子或铅丝改变枝条的生长方向,将邻近的密枝拉到缺枝处固定住,使整个树冠枝条分布均匀。然后剪除病死枝以及内膛细弱枝、过密枝,再根据枝条的强弱将留下的枝条在弯曲最高点处留芽短截。

（3）园林用途　龙爪槐观赏价值高,多对称栽植于庙宇堂所等建筑物两侧,以点缀庭园。叶、花供观赏,其姿态优美,是优良的园林树种,宜孤植、对植、列植。

（4）研究进展　研究表明龙爪槐提取物对铜绿微囊藻生长有抑制作用,可作净化水域的生态"良方"。花和荚果入药,有清凉收敛、止血降压作用;叶和根皮有清热解毒作用,可治疗疮毒。

10.2.26　凤凰木 *Delonix regia*　苏木科凤凰木属

（1）分布与习性　原产马达加斯加岛及热带非洲,现广植于热带各地,台湾、福建南部、广东、广西、云南均有栽培。性喜光,热带树种不耐寒,生长迅速,根系发达,抗风力强,要求排水良好的土壤,耐烟尘性差。

（2）栽培养护要点　移植易成活,管理较粗放。目前应加强修剪整形等管理养护,以美化树体和减少病虫害、风害。凤凰木抵御台风能力较强,但抗污染能力较弱,工业厂区生长势弱,易发生根腐病导致死亡,不宜种植。

（3）园林用途　树冠宽阔,叶形如鸟羽,有轻柔之感,花大而色艳,初夏开放,满树如火,与绿叶相映更为美丽,是热带地区优美的庭园观赏树及行道树。

（4）研究进展　凤凰木花和种子有毒,树皮提取物可作药用,平肝潜阳,解热,治眩晕;根可治风湿痛。

10.2.27　巨紫荆 *Cercis gigantea*　苏木科紫荆属

（1）分布与习性　原产浙江、河南、湖北等地,是现存极少的乡土树种。常散生于山坡、沟谷两旁的天然杂木林中,适应能力很强。喜光,较耐水湿,对土质要求不高,不论肥瘠均能生长。

（2）栽培技术要点　常用播种繁育,也可分株。发芽后枝条速生期正值春末夏初干旱期,应根据土壤含水状况及时补充水分。生长季节需要施肥。巨紫荆萌枝力强,叶片硕大,易造成主干因枝头下坠而弯曲,对培养通直的干形不利。在培养主干过程中,当枝条萌发后,可用竹竿绑缚主干,帮助主干垂直生长。树高5～6 m时,即可结束截干修枝措施,进入常规管理。

（3）园林用途　适合绿地孤植、丛植,或与其他树木混植,也可作庭园树或行道树,与常绿树配合种植,春花秋景,红绿相映,情景非凡。

（4）研究进展　近年来对巨紫荆园艺性状和园林应用研究报道较少,对资源利用不够,目前开展了种苗快速繁育技术研究(张林,刘念中,2012)。园林用苗多以实生繁殖为主,生长差异大且会影响应用效果。为尽快发挥优良乡土树种的园林应用价值,应加强巨紫荆自然优良类型或单株的收集、保存、选优等研究,并拓宽巨紫荆利用途径(乔保水、郭凌,2010)。

10.2.28　紫薇 *Lagerstroemia indica*　千屈菜科紫薇属

（1）分布与习性　原产亚洲南部及澳洲北部,我国为其分布和栽培的中心,现各地普遍栽培。紫薇喜光,稍耐阴,喜温暖湿润气候,具一定的抗寒力和耐旱力,在北京,小气候条件好时可露地越冬。喜生于石灰性土壤和肥沃的沙壤土,在黏性土壤上也能生长,但速度缓慢,在低洼积水的地方容易烂根。对SO_2、HF和Cl_2等有毒气体的抗性和吸收能力都很强。

(2)栽培养护要点 用播种和扦插繁殖。栽植在春季进行,小苗可裸根栽植,大苗要带土,在北方栽培紫薇宜选择背风向阳的地方,幼时冬季要包草防寒,以保证安全越冬。紫薇喜肥,栽前要施足基肥。常规性修剪如图10.14。

a. 剪去多余枝　　b. 短截去年枝　　c. 剪去瘤

图10.14　紫薇修剪

(3)园林用途 紫薇树型优美,树皮光滑清净,花色艳丽,花朵繁密,花期长,是盛夏时节极佳的观赏花木。可植于庭园、房前屋后、池畔湖边、疏林草地及草坪边缘等处,丛植、群植和林植均可,成片的紫薇开花时呈现鲜艳热烈的气氛,如与常绿树种配置,可构成美丽画面。紫薇也可作盆景、桩景和切花。紫薇对有毒气体抗性强,是厂矿区绿化的理想树种。

(4)研究进展 我国特有种质狭瓣紫薇和川黔紫薇,观赏品种有'垂枝白'、'白密香'、'红叶紫薇'等品种。在种质资源方面,存在名称不详、缺少完整种质资源圃等问题。在新品种选育方面较为落后,花色单调,应充分利用基因工程为核心的现代生物工程技术为紫薇育种提供更多更优良的紫薇种质(牟少华、刘庆华、王奎玲,2002)。紫薇木材坚硬耐腐,可作农具、家具、建筑等用材;树皮、叶及花为强泻剂;根和树皮煎剂可治咯血、吐血、便血。

10.2.29　石榴 *Punica granatum*　石榴科石榴属

(1)分布与习性 原产伊朗和阿富汗,黄河流域及以南地区均有栽培。石榴喜光,喜温暖湿润气候,有一定耐寒能力,在北京地区可于背风向阳处露地越冬。对土壤要求不严,对酸碱土壤的适应性强,在pH值4.5～8.2能栽培,能耐旱,在肥沃的壤质土壤上生长良好,怕积水。

(2)栽培养护要点 可用播种、扦插、压条、嫁接或分株繁殖,以扦插为主。石榴喜光、喜肥,栽植地点应阳光充足,栽前施足基肥,培育中应加强水肥管理。在北方露地

栽植的石榴,冬季要采取防寒措施。石榴易受蚜虫、蚧壳虫危害,可用40%的氧化乐果1 000～1 500倍液防治。

(3)园林用途 石榴枝繁叶茂花艳,既可观花,又可食果,初春嫩叶碧绿,婀娜多姿;盛夏繁花似锦,争奇斗艳;深秋硕果累累,华贵庄严;冬季铁杆虬枝,苍劲古朴,深受人们喜爱。可植于庭园、路旁和各种空坪隙地,也可营建石榴专类园,矮生品种可作盆景,老树可作桩景。

(4)研究进展 石榴的品种包括以观赏为主的白石榴、红石榴、重瓣石榴、月季石榴、主要供盆栽观赏用的墨石榴以及杂色花的彩花石榴等。石榴病虫害较多,需要将生物防治与化学防治相结合,选用无病虫害的健壮种苗,并培育抗病虫的品种。石榴提取物含高水平抗氧化剂类黄酮,含有延缓衰老、预防动脉粥样硬化和减缓癌变等功效。

10.2.30　喜树 *Camptotheca acuminata*　蓝果树科喜树属

(1)分布与习性 分布于长江流域及南方各省区,本属仅有1种,为我国特产,贵州产地较多。喜光,不耐严寒。需土层深厚、湿润而肥沃的土壤,深根性,萌芽力强。较耐水湿,在酸性、中性、微碱性土壤均能生长。

(2)栽培技术要点 种子繁殖,种子熟后应在2周内及时采集以免散落。春播后当年苗高可达1 m左右,大面积绿化时可用截干栽根法,定植后的管理主要是培育通直的主干,春季注意抹除蘖芽。在风景区可与栾树、榆树、水杉等混植,因幼树耐阴,故可天然更新。

(3)园林用途 主干通直,树冠宽展,本种生长迅速,为优良的庭园树和行道树,可作为绿化城市和庭园的优良树种。

(4)研究进展 在喜树的种质资源方面,由于在应用上缺乏重视,野生资源破坏严重,要加强野生种质资源库的建立以及人工栽培和引种技术的研究,实现喜树资源的充分利用和可持续发展。在提取物方面,喜树皮提取物喜树碱CPT具有独特的抗癌机理,可用于开发抗癌、防癌、治癌和治疗艾滋病的成品药。

10.2.31　重阳木 *Bischofia polycarpa*　大戟科重阳木属

(1)分布与习性 中国原产树种,产于秦岭、淮河流域以南各地,在长江中下游地区常见栽培,喜光也略耐阴,耐干旱瘠薄,也耐水湿。喜深厚肥沃的沙质土壤,对土壤的酸碱性要求不严,适应能力强。

(2)栽培技术要点 繁殖多用播种法。果熟后采收,种子晾干后装袋于室内贮藏或拌沙贮藏,翌年早春2—3月条播,行距约20 cm,每亩播种量2～2.5 kg。苗木主干下部易生侧枝,要及时剪去,使其在一定的高度分枝。移

栽要掌握在芽萌动时带土球进行,成活率高。重阳木修剪的轻重取决于移树的季节、当时气温等条件,一般应修剪掉枝叶的1/3～2/3。修剪枝叶后,可用防腐剂涂抹伤口,以免感染病菌。

(3)园林用途　树姿优美,冠如伞盖,花叶同放,花色淡绿,秋叶转红,艳丽夺目,是良好的庭荫和行道树种,抗风耐湿,生长快速,用于堤岸、溪边、湖畔和草坪周围作为点缀树种,极具观赏价值。

(4)研究进展　在新品种培育方面,应选择树形优美、特性优良、色相稳定的优良单株,进行引种驯化、资源培育,开发具有较高商品价值的品种资源(陆支悦、姜卫兵、翁忙玲,2009)。重阳木中含有白桦脂酸,对白细胞具有较强的抑制作用。据临床观察,重阳木制剂对胃溃疡有明显的疗效。

10.2.32　乌桕 Sapium sebiferum　大戟科乌桕属

(1)分布与习性　主要分布于黄河以南各省区,北达陕西、甘肃。喜光,不耐阴。喜温暖环境,不甚耐寒。适生于深厚肥沃、湿润的土壤,对酸性、钙质土、盐碱土均能适应。主根发达,抗风力强,耐水湿。寿命较长。

(2)栽培技术要点　播种繁殖为主,优良品种采用嫁接法。秋季当果壳呈黑色时采收,暴晒后脱粒干藏。次年早春播种,暖地也可当年冬播。一般采用条播,行距约25 cm。嫁接繁殖用优树树冠中上部1～2年生壮枝作接穗,1～2年实生苗作砧木,多行枝接。乌桕树干不易长直,主要是侧枝生长强于顶枝。为了促使顶枝生长,在育苗过程中可采用适当密植、剪除侧芽以及增施肥料等栽培措施。乌桕移栽宜在萌芽前春暖时进行。

(3)园林用途　乌桕树冠整齐,叶形秀丽,入秋叶色红艳可爱。可孤植、丛植于草坪和湖畔、池边,在园林绿化中可栽作护堤树、庭荫树及行道树。

(4)研究进展　我国乌桕种源及个体间变异较大,存在葡萄桕和鸡爪桕2种不同的基因型。自然界大量存在的杂种表现型和后代的变异性具备选育良种的基础条件。应充分利用种间变异的遗传优势并结合我国困难立地特点,开展种源试验,选育出适于特殊生境的抗逆种源(李冬林等,2009)。乌桕的桕脂与桕蜡是我国传统出口物质和重要的工业原料。乌桕叶水提取物和乙酸乙酯提取物有较强的杀螺作用。

10.2.33　栾树 Koelreuteria paniculata　无患子科栾树属

(1)分布与习性　产于中国北部及中部,北自东北南部,南到长江流域及福建,西到甘肃东南部及四川中部均有分布,华北较为常见,日本、朝鲜亦产。多分布于海拔1 500 m以下的低山及平原,最高可达海拔2 600 m。性喜光,半耐阴;耐寒,耐干旱、瘠薄,喜生于石灰质土壤,也能耐盐渍及短期水涝。深根性;萌蘖力强;生长速度中等,幼树生长较慢,以后渐快。有较强的抗烟尘能力。

(2)栽培养护要点　由于栾树树干往往不易长直,栽后可采用平茬养干的方法养直苗干。苗木在苗圃中一般要经2～3次移植,每次移植时适当剪短主根及粗侧根,这样有利于多发须根,出圃定植后容易成活。栾树适应性强,病虫害少,对干旱、水湿及风雪都有一定的抵抗能力,故栽培管理较为简单。

(3)园林用途　栾树树形端正,枝叶茂密而秀丽,春季嫩叶多为红色,入秋叶色变黄;夏季开花,满树金黄,是理想的绿化、观赏树种。宜作庭荫树、行道树及园景树。

(4)研究进展　栾树的新品种为金叶栾,又称皇冠栾。栾树叶含水解类鞣质24.43%,可提制拷胶,还具有很强的抗菌作用。在采叶园建设的基础研究方面,应加强种质资源的收集和保护及生态地理学的研究,避免基因资源的流失,还应加强叶用栾树的矮化集约栽培技术的研究(窦全琴、袁惠红等 1999)。

10.2.34　无患子 Sapindus mukorossi　无患子科无患子属

(1)分布与习性　原产长江流域以南以及中南半岛、印度和日本。喜光,稍耐阴,耐寒能力较强。对土壤要求不严,深根性,抗风力强。不耐水湿,能耐干旱。萌芽力弱,不耐修剪。生长较快,寿命长。

(2)栽培技术要点　播种繁殖,秋季果熟后采收,水浸沤烂后搓去果肉,洗净种子后阴干,湿沙层积越冬,春天播种。条播行距25 cm,覆土厚约2.5 cm。播后约30～40 d发芽出土,当年苗高约40 cm。移栽在春季芽萌动前进行,小苗带宿土,大苗带土球。

(3)园林用途　树干通直,枝叶广展,绿荫稠密。到了冬季,满树叶色金黄,故又名黄金树。到了10月,果实累累,橙黄美观,是绿化的优良观叶、观果树种。

(4)研究进展　目前无患子是靠实生苗繁殖,结果性能差,个体间差异大,性状不稳定,制约了无患子产业的发展,因此培育优质丰产的果用型无患子良种,建立配套的苗木无性快繁及丰产高效栽培技术已成为亟待解决的问题(姜翠翠等,2013)。无患子果皮提取物具有很强的非离子表面活性,常用于日化行业中。

10.2.35　七叶树 Aesculus chinensis　七叶树科七叶树属,别名梭椤树

(1)分布与习性　黄河流域及东部各省均有栽培,自然分布在海拔700 m以下山地。为亚热带北缘及温带树种,性喜光,稍耐阴,怕日灼;喜温暖气候,也能耐寒;喜深

厚、肥沃、湿润而排水良好的土壤。

（2）栽培养护要点　为保证绿化定植成活率高，栽植需带土球，栽植坑要挖得深些，多施基肥。栽后还要用草绳卷干，以防树皮受日灼之害。移栽时间应在深秋落叶后至翌春发芽前进行。注意旱时浇水，适当施肥，可促使植株生长旺盛。因树皮薄，易受日灼，故在深秋及早春要在树干上刷白。常有天牛、吉丁虫等幼虫蛀食树干，应注意及时防治。

（3）园林用途　七叶树树干耸直，树冠开阔，树姿优美，叶大而形美，遮阴效果好，初夏白花开放，是世界著名的观赏树种之一，最宜栽作庭荫树及行道树。在建筑前对植、路边列植、或孤植、丛植于草坪、山坡都很合适。为防止树干遭受日灼之害，可与其他树种配置。

（4）研究进展　七叶树提取物七叶素，通过抑制胶原蛋白酶等与肌肤纹理和完整性密切相关的酶类，可促进细胞代谢，广泛用于化妆品及药用行业。我国七叶树分布虽广泛，但种群较小，野生资源蕴藏量小，难以满足医药及绿化等需求，应加强资源、生态保护、综合利用等方面的深入研究（李鹏丽、时明芝、王绍文，2009）。

10.2.36　元宝枫 *Acer truncatum*　槭树科槭树属，别名平基槭

（1）分布与习性　主产黄河中、下游各省，东北南部及江苏北部、安徽南部也有分布。弱阳性，喜侧方庇荫，喜生于阴坡及山谷；喜湿凉气候及肥沃、湿润而排水良好的土壤，在酸性、中性及钙质土上均能生长；有一定的耐旱力，但不耐涝，土壤太湿易烂根。萌蘖性强，深根性，有抗风雪能力。不耐干热及强烈日晒，能耐烟尘及有害气体，对城市环境适应性强。

（2）栽培养护要点　春季移栽后要注意主干的培养，及时修去侧枝，使主干达到要求高度后再培养树冠，一般要4～5年生苗才可出圃定植。此外，为了保持某些单株秋季红叶的特性，可采用软枝扦插繁殖。硬枝扦插生根较难。

（3）园林用途　元宝枫冠大荫浓，树姿优美，春天满树黄花，嫩叶红色，秋季叶又变成橙黄色或红色，是北方重要的秋色叶树种。华北各省广泛栽作庭荫树和行道树，在堤岸、湖边、草地及建筑附近配置皆甚雅致；也可在荒山造林或营造风景林中作伴生树种。春天叶前满树开黄绿色花朵，颇为美观。

（4）研究进展　在元宝枫的良种选育方面，要将有性繁殖和无性利用相结合。以外部形态为依据进行元宝枫的变异类型划分，再针对叶用或果用不同目的，评选出优良的变异类型（吴裕、段安安，2006）。元宝枫叶提取物黄酮具有抗氧化活性和抗血栓作用，其叶还富含优质蛋白资源，具广阔开发前景。

10.2.37　鸡爪槭 *Acer palmatum*　槭树科槭树属

（1）分布与习性　自然分布于贵州、湖南、湖北、江西、安徽、江苏、浙江、河南、山东等，现在长江流域和黄河流域以南广泛栽培，朝鲜、日本也有分布。喜温暖气候，适应于半阴环境，不耐水涝，较耐寒。要求疏松、肥沃之地，对二氧化硫和烟尘抗性较强。

（2）栽培养护要点　移植应选择阴湿肥沃地，在落叶期进行，大苗要带土球移栽。12月至翌年2月或5—6月进行修剪。幼树易产生徒长枝，应在生长期及时将徒长枝从基部剪去。5—6月短剪保留枝，调整新枝分布，使其长出新芽，创造优美的树形。成年树，要注意在冬季修剪直立枝、重叠枝、徒长枝、枯枝、逆枝以及基部长出的无用枝。由于粗枝剪口不易愈合，木质部易受雨水侵蚀而腐烂成孔，所以应尽量避免对粗枝的大剪。10—11月剪去对生树枝其中的一个，以形成相互错落的生长形式（图10.15）。

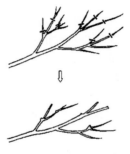

a. 6月修剪过强分枝或摘心　　b. 10—11月基本整形修剪

图 10.15　鸡爪槭的修剪

（3）园林用途　鸡爪槭树姿优美，叶形秀丽，秋叶艳红，其园艺品种甚多，均为珍贵的观叶佳品。无论栽植何处，无不引人入胜。在园林中植于溪边、池畔、溪涧、山坡、路隅、墙垣，红叶摇曳，颇有自然雅趣。

（4）研究进展　鸡爪槭新品种'金陵黄枫'是通过实生苗选育的彩叶新品种，生长期叶色金黄，观赏价值极高。鸡爪槭在干旱季节的育苗需搭建荫棚，有利于提高苗期生长量。采用先温床催芽再移栽的方法育苗，有利于苗木生长整齐，节约用种，可使鸡爪槭芽苗移栽成活率达90%以上。鸡爪槭叶提取物黄酮类物质对脂肪合酶具抑制作用，临床可用于抗肿瘤药物的研发（李倩中等，2011）。

10.2.38　三角枫 *Acer buergerianum*　槭树科槭树属

（1）分布与习性　分布于华东、华中及广东和贵州，主产长江中下游各省。弱阳性树种，稍耐阴。喜温暖、湿润环境及中性至酸性土壤。耐寒，较耐水湿，萌芽力强，耐修剪。树系发达，根蘖性强。

（2）栽培技术要点　播种繁殖，秋季采种，去翅干藏、

至翌年春天在播种前2周浸种、混沙催芽后播种,也可当年秋播。一般采用条播,条距25 cm,覆土厚1.5～2 cm。每亩播种量3～4 kg。幼苗出土后要适当遮阴,当年苗高约60 cm。三角枫根系发达,裸根移栽不难成活,但大树移栽要带土球。

(3)园林用途　三角枫枝叶浓密,夏季浓荫覆地,入秋叶色变成暗红。宜孤植、丛植作庭荫树,也可作行道树及护岸树;其老桩常制成盆景,主干扭曲隆起,颇为奇特。

(4)研究进展　三角枫野生资源种类较少,需要加强其优良品种的选育,繁殖出适应性更强、园林观赏效果更好的新优品种。三角枫提取物类黄酮具有保护心血管系统、抗肿瘤、抗病毒、抗消化性溃疡、镇痛、止咳平喘等重要的药用价值,还具有清除自由基、抗氧化等生物活性,可用作食品、化妆品的天然添加剂。

10.2.39　火炬树 *Rhus typhina*　漆树科漆树属,别名鹿角漆

(1)分布与习性　原产北美洲,现欧洲、亚洲及大洋洲许多国家都有栽培。中国自1959年引入栽培,目前已推广到华北、西北等许多省市。性喜光,适应性强,抗寒、抗旱,耐盐碱。根系发达,萌蘖力强。生长快,但寿命短,约15年后开始衰老。

(2)栽培养护要点　火炬树寿命虽短,但自然根蘖更新非常容易,只需稍加抚育,就可恢复树相,管理上比较粗放。

(3)园林用途　火炬树因雌花序和果序均红色且形似火炬而得名,即使在冬季落叶后,雌株上仍可见到满树"火炬",颇为奇特。秋季叶色红艳或橙黄,是著名的秋色叶树种。宜丛植或群植于园林观赏,或用以点缀山林秋色。近年在华北、西北山地推广作水土保持及固沙树种。

(4)研究进展　火炬树叶含有单宁,是制取鞣酸的原料;果实含有柠檬酸和维生素C,可作饮料;木材黄色,纹理致密美观,可雕刻、旋制工艺品;根皮可药用。今后,应在抗逆性生理生态机理、防风固沙、水土保持、涵养水源作用机理以及种群演替过程及其调控机理等方面开展研究(马松涛,2005)。

10.2.40　黄连木 *Pistacia chinensis*　漆树科黄连木属

(1)分布与习性　黄连木原产我国,分布很广,北自黄河流域,南至两广及西南各省。喜光,幼时稍耐阴;喜温暖,畏严寒;耐干旱瘠薄,对土壤要求不严,微酸性、中性和微碱性的沙质、黏质土均能适应,深根性,主根发达,抗风力强,萌芽力强。

(2)栽培技术要点　播种繁殖,扦插或分蘖法。秋季果实成熟时采收(蓝紫色果实为宜)。采后用草木灰水浸泡数日,揉去果肉,除净浮粒,晾干后播种,或沙藏至次年

2—3月播种。条播行距约30 cm,播幅约5 cm,覆土2 cm左右。幼苗易受冻害的北方地区,要进行越冬假植,次春再行移栽。栽植后注意保护树形,一般不加修剪。

(3)园林用途　枝叶繁茂而秀丽,早春嫩叶红色,入秋叶又变成深红或橙黄色,红色的雌花序也极美观。宜作庭荫树、行道树及山林风景树,也常作"四旁"绿化及低山造林树种。

(4)研究进展　黄连木是一种重要的药用植物、木本油料树种,在三荒地绿化等边际土地生态重建、生物能源林建设、森林保健及新型药物开发等方面具有多重作用,综合利用价值极高。但目前种群数量和规模跟其他造林树种相比处劣势地位,应进一步加强对黄连木现有资源的保护,扩大人工种植面积,增加种群数量,加深综合利用程度(秦飞等,2007)。

10.2.41　白蜡 *Fraxinus chinensis*　木犀科白蜡树属,别名白荆树

(1)分布与习性　我国东北、西北、华北至长江下游以北多有引种栽培。性喜光,颇耐寒,耐水湿,也稍耐干旱;对土壤要求不严,碱性、中性、酸性土壤上均能生长。萌芽、萌蘖力均强,耐修剪,生长快,寿命较长。

(2)栽培养护要点　幼苗移后生长缓慢,定植后养护应注意,初期不宜留枝过高,也不宜再去下枝,以免徒长,上重下轻,易遭风折或使主干弯曲。

(3)园林用途　白蜡树形体端正,树干通直,枝叶繁茂,叶色深绿而有光泽,秋叶橙黄,是城市绿化的优良树种,常植作行道树和遮阴树。

(4)研究进展　近年来发现的新品种金冠白蜡属自然变异植株。目前白蜡体细胞无性系技术仍处在开始时期,应扩大外植体的选用范围,单就优良无性系快繁而言,营养器官作外植体比种子作外植体更具有实际意义(孔冬梅、谭燕双、沈海龙,2003)。因此需要扩大供采集外植体的白蜡树种的范围,并增强再生植株的适应性以提高白蜡移栽成活率。

10.2.42　泡桐 *Paulownia fortunei*　玄参科泡桐属

(1)分布与习性　北起辽宁南部、北京、延安一线,南至广东、广西,东起台湾,西至云南、贵州、四川都有分布。喜光,较耐阴;喜温暖气候,耐寒性不强;对黏重瘠薄土壤有较强适应性。幼年生长极快,是速生树种。

(2)栽培技术要点　繁殖方法主要有插根、播种、留根等,以插根育苗最普遍。苗圃地应选用排灌方便、土壤通气良好、地下水位在1.5～2.0 m以下的沙壤土和壤土,重茬地不宜。在苗木生长发育过程中加强水肥管理和病虫害防治。

(3)园林用途　泡桐树干端直,树冠宽大,叶大荫浓,

花大而美,宜作行道树、庭荫树,也是重要的速生用材和"四旁"绿化树种。

(4)研究进展 泡桐花叶具有止咳利尿、降压止血功能,所含的泡桐素可增强杀虫剂除虫菊酯的杀虫作用,可有效杀灭蚊蝇及其幼体。目前泡桐的提取物研究主要集中于叶和花,果次之,根茎极少,其不同部位含有不同生物活性的化合物还有待进一步研究(罗江华等,2010)。

10.2.43 梓树 *Catalpa ovata* 紫葳科梓树属

(1)分布与习性 分布于东北、华北、南至华南北部,以黄河中下游为分布中心。适应性较强,喜温暖,也能耐寒。以深厚、湿润、肥沃的沙壤土较好,不耐干旱瘠薄。抗污染能力强,生长较快。

(2)栽培技术要点 播种繁殖于11月采种干藏,次春4月条播,发芽率约40%,也可用扦插和分蘖繁殖,采用混合式整形中的自然开心形。为培养通直健壮主干,在苗木定植的第二年春,可从地面剪除干茎,使其重新萌发新枝,选留一个生长健壮且直立的枝条作为主干培养,其余去除。以后树体只作一般修剪,剪掉干枯枝、病虫枝、直立徒长枝。对树冠扩展太远、下部光秃者应及时回缩,对弱枝要更新复壮。

(3)园林用途 梓树树体端正,冠幅开展,叶大荫浓,春夏满树白花,秋冬蒴果悬挂,具有一定观赏价值。可作行道树、庭荫树以及工厂绿化树种。木材白色稍软,可做家具。

(4)研究进展 目前梓树在全国各地只有零星的分布,数量少,分布不均,且品种和类型研究国内还未见报道,在良种选育方面还是空白,今后应在繁殖方面深入研究(朱国飞等,2010)。梓树有清热解毒、活血消炎和杀菌杀虫的功效。梓醇的酰化产物还具有良好的降血糖活性。

10.2.44 二球悬铃木 *Platanus acerifolia* 悬铃木科悬铃木属

(1)分布与习性 华东、中南、西北各地均有栽培。阳性速生树种,性喜光,不耐阴,在北方,春季晚霜常使幼叶、嫩梢受冻害,并使树皮冻裂;对土壤适应性强,喜深厚肥沃土壤,根系浅,耐修剪。

(2)栽培养护要点 采用树池栽植,树池见方1.5 m,深70~80 cm,穴底施腐熟基肥,当土壤太差时应换土。一般春季裸根栽植,城市干道株距8 m,城郊4 m。栽进土壤捣实,使土面略低于路面,栽植后立即浇水,立支柱。

杯状形行道树定植后,4~5年内应继续进行修剪,方法与苗期相同,直至树冠具备4~5级侧枝时为止。以后每年休眠期对1年生枝条留15~20 cm短截,称小回头,使萌条位置逐年提高,当枝条顶端将触及线路时,应行缩剪降低高度,称大回头,大小回头交替进行,使树冠维持在一定高度。每年5月开始进行抹芽除蘖3~4次,当萌蘖长至15~20 cm尚未木质化时进行,抹芽时勿伤树皮。

如果苗木出圃定植时未形成杯状形树冠,栽植后再造型。将定植后的苗木在一定高度截干,待萌发后于整形带内留3枝分布均匀、生长粗壮的枝条做主枝,冬季短截,以后按上述整形修剪方法进行即可(图10.16)。

a. 杯状树形修剪法

b. 杯状树形修剪效果

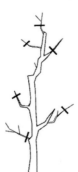

c. 合轴主干形修剪

d. 合轴主干形修剪效果

图10.16 悬铃木修剪

在干道不是很宽，上方又无线路通过，可采用开心形树冠，在栽植定干后，选留 4～6 根主枝，每年冬季短截后，选留 1 个略斜而向上方生长的枝条做主枝延长枝，使树冠逐年上升，而冠幅扩张不大，几年后任其生长，即可形成长椭圆形内膛中空的冠形。修剪时应强枝弱剪，弱枝强剪，使树冠均衡发展。

栽植的行道树，每年需中耕除草，保持树池内土壤疏松，及时灌水与施肥，生长期以氮肥为主，使枝叶生长茂盛。悬铃木虫害较多，主要虫害有星天牛、刺蛾、大袋蛾等，应及时防治。

（3）园林用途　树形雄伟端正，叶大荫浓，树冠广阔，干皮光洁，繁殖容易，具有极强的抗烟、抗尘能力，对城市环境的适应能力极强，有"行道树王"之称。但在实际应用上应注意，由于其幼枝幼苗上具有大量星状毛，如吸入呼吸道会引起肺炎。除做行道树栽植外，还可植为庭荫树、孤植树，效果也很理想，做庭荫树、孤植树栽植时，以自然冠形为宜。

（4）研究进展　二球悬铃木在我国种植广泛，其幼芽含黄酮、糖苷及多酚类化合物，具有明显的抗氧化作用；其花粉对肺部细胞有明显毒性，显示了一定的抗肿瘤及抗 HIV 生物活性。目前对二球悬铃木树枝和果实的研究还相对比较空白，而且其果实是过敏原，并且有致小鼠肺炎的毒性，今后应加强对其果实和树枝的研究，使二球悬铃木得到更充分的开发利用（朱国飞等，2013）。

10.3　常绿灌木

10.3.1　苏铁 *Cycas revoluta*　苏铁科苏铁属

（1）分布与习性　原产中国南部，福建、台湾、广东各地均有分布和栽培。日本、印度尼西亚及菲律宾亦有分布。喜暖热湿润气候，不耐寒，在温度低于 0℃ 时容易受冻害。生长缓慢，寿命较长，可达 200 年。

（2）栽培养护要点　以播种繁殖为主，秋末采种贮藏，于春季稀疏点播，高温有利于发芽，培养 2～3 年后即可移植。冬季气温较低会导致叶色变黄凋萎，可用稻草将茎叶全体自下向上方扎缚，直至春暖时解缚。盆栽忌用黏土，不宜浇水过多，否则易烂根。一般不需施肥。

（3）园林用途　苏铁体型优美，展现热带风光的观赏效果，常布置于花坛的中心或盆栽布置于大型会场内供装饰用。

（4）研究进展　近年来选育的苏铁品种有'四川苏铁'、'刺叶苏铁'、'攀枝花苏铁'、'贵州苏铁'、'德宝苏铁'等。蔡祖国（2012）研究发现利用植物生长调节剂能诱导苏铁水生根的形成。苏铁内含有的苏铁素具有抗癌活性，由于苏铁商业价值高，野生的苏铁植物资源被肆意采挖，

加上苏铁的原生环境被破坏，导致苏铁植物资源锐减。

10.3.2　含笑 *Michelia figo*　木兰科含笑属

（1）分布与习性　原产华南、福建等地，现从华南至长江流域各地均有栽培。含笑为常绿灌木或小乔木，性喜温暖、湿润及通风良好的环境，有一定的耐寒性，在 −13℃ 低温条件下虽有落叶现象，但全株并未冻死。喜半阴环境，不耐烈日曝晒；要求肥沃、排水良好的弱酸性壤土，在石灰质土壤上生长不良，不耐盐碱；对氯气抗性较强。

（2）栽培养护要点　含笑主要用扦插繁殖，也可播种、压条和嫁接，芽接繁殖的砧木一般是黄兰。移植宜在 3 月中旬至 4 月中旬进行，秋季也可，移植需带土球，需修剪。栽培必须选用弱酸性、通透性好、富含腐殖质的土壤，若选用塘泥必须腐熟，否则根部易腐烂；栽植地应选避风、适当庇荫、向阳温暖之处。南方可以地栽或盆栽，北方一般用盆栽，冬季移入温室保温，每年在春暖后移出室外；盆栽每年最好换盆、换土 1 次，以适应植株生长发育需要。花后应剪去残花，并适当修剪过密枝，使其内部通风透光良好。为避免冻害，秋季不宜施肥过多、过晚。

（3）园林用途　含笑树形端正，绿叶葱茏，常年青翠，花乳白色，气味芬芳，花开放时呈半开状，花朵又时常下垂，模样娇羞，似笑非笑，恰如深情的少女，耐人寻味；花香浓而不腻，醇而不浊，是著名的芳香花木，适于在庭园、公园或街道上成丛种植，也可配植于草坪边缘或稀疏林丛之下。

（4）研究进展　近年来选育的品种有'晚春含笑'、'墨紫含笑'、'郁金含笑'、'沁芳含笑'、'云霞含笑'等。曹战波（2013）研究发现用深山含笑和野含笑作为砧木能够有效地保持紫花含笑诸多变异的优良品质。有关含笑属植物的组织培养的报道不多，大都处于初步探索阶段。提取物方面，用冷浸、硅胶柱层析、高效液相色谱等分离方法，从含笑属植物中分离得到一大批具有生物活性的化合物，具有消炎、清热的功效。

10.3.3　南天竹 *Nandina domestica*　小檗科南天竹属

（1）分布与习性　南天竹原产中国和日本，现国内外庭园广泛栽培。丛生少分枝，喜光，在强光下叶色常发红，也耐阴；喜温暖、湿润气候，有一定耐寒性；喜肥沃、湿润而排水良好的土壤，是石灰岩钙质土指示植物；生长较慢，在瘠薄干燥处生长不良。

（2）栽培养护要点　通常以分株、播种、扦插等法繁殖。春秋两季皆可移植，小苗裸根沾泥浆而大苗需带土球；南天竹根系较浅，栽植不宜过深；浅根不耐干旱，平时应注意浇水，特别是在干旱季节。对茎干过高的南天竹，一般在秋后将高干剪除，仅留孤根，翌春根基重新萌发新

枝;通过修剪使新枝均匀分布,剪后树形既通风透光且又丰满,所结果实也会增多。

（3）园林用途　南天竹为2～3回羽状复叶,枝叶扶疏,秋冬红叶片片;花小色白,成顶生圆锥花序;浆果球形鲜红色,经久不落,是观叶、观花、赏果的优良树种,宜配置于偏阴的假山石旁、墙前屋后、墙角隅处或花坛、花境之处。

（4）研究进展　常见的品种有'红叶南天竹'、'火焰南天竹'、'玉果南天竹'、'红果南天竹'、'蓝果南天竹'、'五彩南天竹'等。组织培养方面,王春(2011)研究表明在培养基中添加50％多菌灵可湿性粉剂并且进行高温灭菌,对南天竹的内生菌有显著抑制作用。南天竹含多种生物碱,其根、梗、叶、果实均可药用,南天竹种子含油约为12％,可以榨油。叶含鞣质,可以作为鞣料植物。

10.3.4　蚊母树 *Distylium racemosum*　金缕梅科蚊母树属

（1）分布与习性　蚊母树产于我国东南沿海各地,现长江流域广为栽培;蚊母树为常绿乔木或灌木,栽培常成灌木状。喜光,能耐阴,喜温暖湿润气候,耐寒性不强;对土壤要求不严,但在肥沃、排水良好的土壤上生长最好;对土壤酸碱度的适应性较强,在酸性、中性或微碱的土壤上均能正常生长;萌芽力强,发枝力强,特别是侧枝的延长枝长势强,耐修剪。对烟尘及多种有毒气体的抗性强,能适应城市环境。

（2）栽培养护要点　播种扦插均可繁殖。栽植在秋末或春季进行,一二年生的小苗可裸根起苗,大苗移植要带土球,并适当疏去枝叶,养护过程中也要适时修剪;蚊母树一般病虫害较少,但若处在潮湿、阴暗、不透风的环境中,易遭蚧壳虫危害,要注意防治。

（3）园林用途　蚊母树枝叶密生,树冠开展整齐,叶色浓绿,是良好的庭园绿化树种。抗性强,滞尘及隔音效果好,常用于厂矿区绿化和观赏;耐修剪,可修剪成球形种植于路旁、草坪、门前及大树下,也可作绿篱和盆栽。

（4）研究进展　近年来培育的品种有'中华蚊母树'、'杨梅叶蚊母树'、'大叶蚊母树'、'圆头蚊母树'、'窄叶蚊母树'等。付素静(2013)研究表明生长激素以及扦插时间对蚊母树扦插繁殖效果有影响,扦插时间以春节为理想,生根时间为40～60 d,在春季选取半木质化蚊母树枝条为插穗,用浓度为1 000 mg/L的NAA处理后扦插生根效果最好。杨梅叶蚊母树根入药可治手脚浮肿;果和树皮含鞣质,可作栲胶原料。有关蚊母树属其他植物的利用研究,研究论文、生产试验、项目成果都较少,有很大的研究开发利用空间。

10.3.5　红花檵木 *Loropetalum chinense* var. *rubrum*　金缕梅科檵木属

（1）分布与习性　产于长江中下游以南地区。红花

檵木是檵木的野生变种,生长于檵木群落中,1985年首次在江西萍乡被发现,经陈艺林教授定名,为我国特有的珍稀花木树种。目前在长江流域中下游各省广为栽培,也出口到新加坡、马来西亚等国家。喜温暖湿润气候,不耐寒,半耐阴,喜酸性土壤,在碱性土壤上生长不良;耐修剪,发枝力强,栽培容易。

（2）栽培养护要点　常用扦插繁殖,易插易活;可利用白花檵木作树桩,嫁接红花檵木作桩景,达到移花接木的效果。嫁接时期为3月底4月初,或5月底6月初,或8月底9月初,注意对不同时期嫁接的红花檵木及时进行解膜、除萌、修剪和引枝补缺,逐步培育成优美的树型。栽植红花檵木要选择肥沃湿润、质地疏松、排水良好的酸性、微酸或中性土壤,穴的大小依苗木、树桩大小而定,宜在2月至3月底栽植,栽植前每穴施基肥或复合肥1～2 kg。栽植后的管理包括松土除草、施肥、修剪、造型、除萌、防治病虫害等。

（3）园林用途　红花檵木树姿优美,花叶红艳,色彩绚丽,是叶花俱红、常年有花观赏树木,园林中广泛用于造景、盆景(栽)制作。

（4）研究进展　红花檵木常见的类型有长叶、圆叶、尖叶三种类型,花色有玫瑰红、紫红、大红三种类型。唐前瑞等选育出了'惜红'、'紫唇'、'景圆红'、'紫双娇'4个新品种。目前红花檵木苗木品种、质量的鉴别方法主要以其外形特征为依据,依靠观赏来判断,缺少一个权威严谨的鉴别体系。在栽培技术方面,NAA溶液对红花檵木扦插成活、生根及新梢生长都有促进作用,但浓度不是越高越好,达到一定浓度后,随着浓度的升高其成活率、生长量和生根数都有降低的趋势。高浓度的NAA会抑制插穗新根的形成。红花檵木是天然食用色素提取的重要原料,可用于开发抗菌消炎药物,还可作为食品抗菌防腐剂和增色剂及其他产品的添加剂。

10.3.6　山茶 *Camellia japonica*　山茶科山茶属

（1）分布与习性　为常绿灌木或小乔木,原产中国、日本和朝鲜,我国中部及南方各省露地多有栽培,北方则进行盆栽。山茶为暖温带树种,最适合夏无酷日、冬无严寒、雨量充沛、空气湿润之地;有一定耐寒性,生长的最适温度在18～25℃之间,适于花朵开放的温度为10～20℃;喜生于半阴处,最好为侧方庇荫,忌晒;喜肥沃、疏松、微酸性的壤土或腐殖土,pH值以5.5～6.5之间为佳,偏碱土壤不利于山茶生长;肉质根,喜湿忌涝,对海潮风有一定抗性。

（2）栽培养护要点　常用播种、扦插、嫁接、压条等法繁殖;播种繁殖主要是培育砧木和新品种,应随采随播,否则会失去发芽力,一般秋播比春播发芽率高。种植时间以秋植较春植为好,不论苗木大小均应带土球。施肥要掌

好三个关键时期:2—3月施肥,以促进春梢和起花后补肥的作用;6月间施肥,以促进二次枝生长,提高抗旱力;10—11月施肥,使新根吸收肥分,提高植株抗寒力,为明年春梢生长打下良好基础。山茶不宜强修剪,只要删去病虫枝、过密枝和弱枝即可,修剪多在花谢后进行。由于山茶易生花蕾,为保持植株健壮,常将弱株或弱枝上的花蕾摘除一部分,一般每个枝条留3个花蕾即可;但对健壮的大树则不必如此,可在花朵近凋谢时摘除,以减少养分的消耗。

(3)园林用途 山茶树姿优美,叶色翠绿有光泽,终年常青,花大色艳,是我国传统十大名花之一。由于山茶品种繁多,花期长(自11月至翌年5月),开花季节正当冬末春初,时值诸多春花怒放前夕,是丰富园林景色的好材料。孤植、群植均宜,或作为花坛、树坛的主景树皆可。

(4)研究进展 我国的山茶品种以红山茶、云南红山茶、茶梅、西南红山茶、怒江红山茶等为亲本,杂交培育出了许多新品种。现在已知的山茶有250多个变种,其中白花山茶160多种,红花山茶70多种,黄花山茶28种加5个变种。目前对云南山茶的研究主要集中在系统分类、育种和细胞学方面,而在分子生物学、花色、芳香品种以及适应性方面研究较少。从山茶花中提取的多酚类物质是一种天然抗氧化剂,具有清除自由基、阻止脂质过氧、提高机体免疫力和延缓衰老等生物作用。卢国忠(2012)研究表明,对山茶进行高枝嫁接繁殖可以延长开花,促进生长,1年可成形,2～3年就能见花;嫁接成活率可达85%～90%。

10.3.7 杜鹃 Rhododendron simsii 杜鹃花科杜鹃花属,别名映山红

(1)分布与习性 原产中国南部,在福建、台湾、广东各地均有分布栽培。日本、越南、印度尼西亚、英国、美国广泛引种栽培。喜半阴温凉气候、酸性土壤,忌碱忌涝,较耐热,不耐寒。

(2)栽培养护要点 常用播种、扦插和嫁接法繁殖。一般于5—6月间选当年生半木质化枝条作插穗,插后设棚遮阴,在温度25℃左右的条件下,1个月即可生根。长江以北均以盆栽观赏。盆栽土施饼肥、厩肥等,拌匀后进行栽植。长江以南地区春季萌芽前栽植,土壤要求疏松、肥沃,含丰富的腐殖质,以酸性沙质壤土为宜。

(3)整形修剪 根据杜鹃花的分枝习性,一般将其整剪成有主干圆头形和多主干扁圆形。

① 整形:1～4年生的杜鹃花,树体很小,所以修剪和培育的目的是尽一切可能加快生长,培养良好的树体骨架。采用的方法是摘心和疏枝,但也要看幼苗的长势决定。如果长势旺盛,在当年新梢长到4～5 cm时进行摘心。摘心后,一般在枝的顶端不同方向长出2～3个分枝,多的能长出4个分枝。但为了使以后树冠开展不乱,只宜留2枝。第二年这2枝摘心后,再保留2～3个分枝,第三年继续摘心,当达到20个左右分枝时,树体即具雏形。

对于长势弱的小苗,可加强肥水管理,暂不摘心,否则摘心后萌发的分枝更加细弱。同时在此期间形成的花蕾应剥除,目的是保持养分,使其多发枝,发好枝,以尽快成形。

摘心的次数,一般每年1次,摘心次数多,会影响植株的高生长和今后树冠的开展。同时,摘心次数多,分枝多,养分消耗亦多,造成枝条不充实,第二年生长势会减弱。

② 修剪:修剪时期一般在春季花后和11月以后进行。不同的年龄阶段则修剪的目的和方法不同,所以杜鹃花的修剪一般根据其年龄阶段进行。

5～10年生的杜鹃花,树体骨架初步形成,但未完善,还处于初花阶段。根据这个特点,修剪的方法是疏枝结合短截,继续完善树体结构,在花期适当抹芽、剥蕾和疏花。

早期将不定芽随时抹掉,不使其长成枝条,对植株基部丛生的萌蘖枝也要全部疏除,以免消耗养分。对生长过高和过长的枝条进行短截,是为了将树冠培养成圆头形,因为杜鹃花是顶生花芽,短截会失去花朵,故通常不宜使用。短截后许多不定芽要萌发,因此还要进行抹芽,以保留理想的分枝。花蕾过多,使营养分散不集中,所以此时一般要进行剥蕾,其方法是一手捏紧枝条顶端,一手捏住花蕾尖头,向一边掰即可。花蕾绽开后,要进行疏花,以每个花蕾留一朵花为宜。

10～20年生杜鹃花已经成形,进入盛花期。此期修剪的目的是为了保持植株的健壮生长和正常开花。采用的方法是疏枝结合疏花。疏弱枝、病虫枝、干枯枝、交叉枝、重叠枝、过密枝、萌蘖枝等,即一切有碍生长和树形的枝条均疏除。同时,对于花蕾过多的枝条,还要适当摘除花蕾,以免影响新梢萌发。为了防止出现隔年开花的现象,还要对植株进行适当疏花,以保证年年开花的质量(图10.17)。

20年生以上的杜鹃花枝条开展,树冠丰满,并且开花多,此时为观赏的最佳期。修剪主要是疏枝和疏花。除疏去前面讲的几种枝外,还要剪除不开花只消耗养分和扰乱树形的枝条。适当疏花是为了保持树势强健,延长花期。

(4)园林用途 成丛配置于林下、溪旁、池畔、岩边、缓坡形成自然美,又可栽植于庭园或加以整形修剪,培养成各式桩景。

(5)研究进展 近年来毛白杜鹃的栽培观赏变种主要有'玉蝴蝶'、'紫蝴蝶'、'玉铃'、'琉球红'等。我国拥有丰富的毛白杜鹃野生种质资源,但一些品种往往因为出身不明而无法获得国际认可。因此建立科学合理的品种分类体系将为我国杜鹃花品种的发展和国际登陆打下坚实的基础。组织培养方面,顾地周(2008)应用均匀设计法筛选出适合腋芽萌发生长及生根的最佳培养基为:MS(改良)

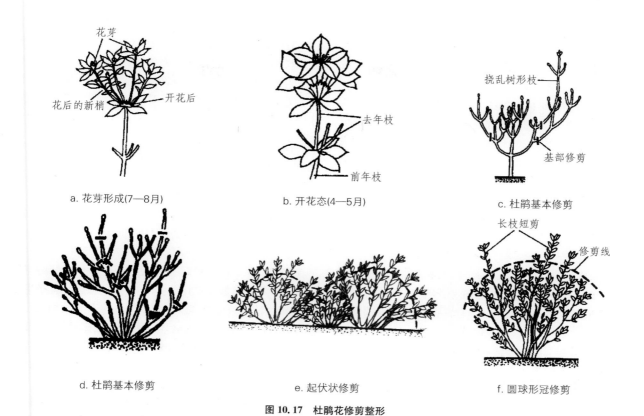

a. 花芽形成(7—8月)　　　b. 开花态(4—5月)　　　c. 杜鹃基本修剪

d. 杜鹃基本修剪　　　　e. 起伏状修剪　　　　f. 圆球形冠修剪

图10.17　杜鹃花修剪整形

＋IAA 0.110 mg/L＋KT 0.130 mg/L＋IBA 0.112 mg/L＋GA 3.1 180 mg/L,再生率达 95% 以上。李标(2013)对毛白杜鹃挥发油的化学成分进行研究,发现挥发油对亚硝酸钠清除能力明显优于维生素 C。

10.3.8　海桐 *Pittosporum tobira*　海桐花科海桐花属

(1) 分布与习性　海桐产于江苏南部、浙江、福建、台湾、广东等地,现各地庭园均有栽培,变种有银边海桐、光叶海桐等。喜光,略耐阴,喜温暖、湿润气候及肥沃、排水良好的酸性或中性土壤,但黏土、沙土及轻盐碱土亦能适应;有一定耐寒性和抗旱性,华北地区常不能露地越冬;萌芽力强,耐修剪,生长快;抗海潮风及二氧化硫等有毒气体。

(2) 栽培养护要点　海桐可用播种法繁殖,扦插也易成活,一般要培育4～5年方可出圃定植;栽植一般在3月中旬,也可在10月前后进行;小苗栽植可沾泥浆,大苗栽植要带土球,海桐枝条特别脆,大苗栽植运输过程中应注意不要伤枝,以保优美形状;海桐生长强健,栽培容易,无需特别管护,若要培养成海桐球,应自小去其顶,生长期1年修剪2次,并注意整形。海桐具有较强的抗病虫能力,但若遇通风不良时,则有蚧壳虫发生,可在春季用石硫合剂或氧化乐果喷杀,每隔7 d用1次,连喷2～3次即可根治。

(3) 园林用途　海桐树形美观,枝叶茂盛,叶色油绿光亮,四季常青;花香浓烈,随风远溢,可达数里之遥,故俗称"七里香";秋季蒴果成簇,不易脱落,冬季果实开裂,红色鲜艳,挂果时间较长,实为庭园中观形、观叶、闻香、赏果的优良绿化树种;可丛植、列植并修剪成形,均很美观。在华北多作为盆栽观赏,温室越冬。海桐具有较强的抗风、滞尘、隔音和抗 SO_2 等有毒气体的能力,可作为海岸防潮林、防风林及厂矿区绿化、香化的好材料。

(4) 研究进展　近年栽培的品种有'薄片海桐'、'斑叶海桐'、'台湾海桐'、'成都海桐'、'秀丽海桐'、'管花海桐'、'光叶海桐'、'带叶海桐'等。米银法(2011)对海桐扦插生根的研究表明,用 50 mg/mL 的吲哚乙酸和萘乙酸浸泡 3 h,采用腐叶土和珍珠岩 1:1(体积比)的基质进行扦插效果最好。海桐皮的提取物具有一定的抗病毒及抗肿瘤活性,海桐叶片挥发性物质对大肠杆菌、白葡萄球菌、枯草芽孢杆菌和酵母菌具有较好抑菌作用。

10.3.9　火棘 *Pyracantha fortuneana*　蔷薇科火棘属

(1) 分布与习性　火棘产于我国东部、中部及西南部。为常绿灌木或小乔木。喜光,稍耐阴,有一定耐寒性;耐旱,耐瘠薄,对土壤要求不严,但以湿润疏松的微酸性土和中性土生长良好。萌芽力强,耐修剪。对二氧化硫、氟化氢抗性较强。

（2）栽培养护要点　用播种或扦插繁殖。火棘主根长而粗，侧根稀少，较难移植；移植宜在 3 月进行，起苗要深挖，少伤根，带土球，并需重剪。成长后易生强长枝，需疏剪或短截，以调整树形。

（3）园林用途　火棘枝拱形下垂、侧枝短且先端呈棘刺状，枝叶茂密；春夏白花繁多，入秋红果累累，悬挂枝梢长久，观赏效果极佳。在园林中可孤植或丛植于草坪边缘、园路转角，散植于林缘、山坡、溪边或作绿篱，也是切花的材料；作为盆景栽植，亦很美观。

（4）研究进展　常见的品种有小丑火棘、细圆齿火棘、窄叶火棘。在火棘的扦插繁殖中，用 1 000 mg/L 的萘乙酸和 800 mg/L 的生根灵处理火棘分枝的硬枝插条，对促进插条生根有良好作用。火棘具有较高的开发利用价值，含有丰富的碳水化合物、维生素、氨基酸和矿物质等营养成分，可以用来加工开发火棘系列产品，已经开发出了果饮、果醋、保健酒等系列产品。目前国内对火棘的精深加工研究较少，总体技术含量较低，火棘资源有待进一步开发。

10.3.10　石楠 *Photinia serrulata*　蔷薇科石楠属

（1）分布与习性　分布于华东、华中、华南及西南等地区，河南、山东、陕西也有栽培，是亚热带树种。常绿小乔木或灌木，阳性树，也耐阴，喜温暖湿润气候；喜肥沃、湿润、土层深厚、排水良好的壤土或沙壤土，也耐干旱瘠薄，能在石缝中生长；不耐水湿，较耐寒，在河南洛阳等地能露地栽培越冬；萌芽力强，耐修剪整形，生长较慢。

（2）栽培养护要点　以播种为主，也可扦插繁殖。可在 11 月份采种，于第二年春季播种；扦插可在雨季进行。2 月下旬至 3 月中旬，或秋末均可移植；小苗栽植多带宿土，大苗栽植要带土球，并修去部分枝叶；栽植时要施足基肥，并注意保护下部枝条，使树形圆整美观；石楠萌芽力强，适合造型，可修剪成各种形状，对用于造型的树种一年要修剪 1～2 次，如用作绿篱，更应经常修剪以保持良好形态；作为乔木观赏时，一般可任其生长。

（3）园林用途　石楠枝繁叶茂，树冠圆球形，早春嫩叶绛红，初夏白花点点，盛夏叶绿光亮，秋末累累赤果，鲜艳夺目，是园林绿化中重要的观叶、观果树种。适于孤植、丛植在园林绿地、路边、花坛中心，对植于建筑物门庭两侧；叶片终年常绿，可用作绿篱或修剪成型，以供观赏；因对 SO_2 抗性和吸收能力强，对 HF、Cl_2 的抗性较强，也适于街道、厂矿绿化。

（4）研究进展　石楠有毛瓣石楠、宽叶石楠、窄叶石楠 3 个变种，近年来红叶石楠作为新兴彩化树种异军突起，在园林绿化中备受推崇。李素华等（2009）对石楠组培苗生根的影响因素进行研究，结果表明生长素是石楠生根

所必需的物质，石楠组培苗在 1/2 MS ＋ IBA 0.5 mg/L ＋NAA 0.5 mg/L＋蔗糖 20 g/L 培养基中生根率和生根数最高。石楠叶的甲醇粗提物、氯仿提取物对朱砂叶螨成虫有较好的触杀活性。石楠属植物作为药用、观赏及绿化的重要树种，应用前景广阔，今后应主要在种质资源库、新品种选育、抗性生理、药用价值等方面开展研究。

10.3.11　胡颓子 *Elaeagnus pungens*　胡颓子科胡颓子属

（1）分布与习性　分布于长江以南各地。日本亦有分布。性喜光，耐半阴；喜温暖气候，不耐寒。对土壤适应性强，耐干旱又耐水湿。

（2）栽培养护要点　可播种或扦插繁殖，每年 5 月中下旬将果实采下后堆积起来，经过一段时间腐烂，再将种子淘洗干净立即播种。扦插多在 4 月上旬进行，剪充实的 1～2 年生枝条做插穗，截成 12～15 cm 长一段，保留 1～2 枚叶片，入土深 5～7 cm。如在露地苗床扦插需搭棚遮阴。

（3）园林用途　适于草地丛植，也用于林缘、树群外围作自然式绿篱，亦可点缀于池畔、窗前。

（4）研究进展　近年培育的胡颓子品种有金边胡颓子、银边胡颓子、佘山胡颓子、披针叶胡颓子等。唐初奎等（2007）对佘山胡颓子扦插繁殖技术研究表明，以沙土为扦插基质，一年生的插穗用 90 mg/L 的 ABT 处理，成活率高达 93.3％。王长青等（2013）采用水蒸气蒸馏法从披针叶胡颓子花中提取出挥发油，研究表明提取出的挥发油对大肠杆菌、金黄色葡萄球菌的生长均有较强的抑制作用。目前，胡颓子属植物只有佘山胡颓子、南胡颓子等品种有扦插繁殖的相关报道，在胡颓子组培快繁方面的研究有待加强。

10.3.12　枸骨 *Ilex cornuta*　冬青科冬青属

（1）分布与习性　产于长江中下游地区，现各地园林多有栽培。为常绿灌木或小乔木，喜阳光充足，也颇耐阴；较耐寒，在山东、河南露地栽培能安全越冬；喜温暖气候及湿润、排水良好的酸性、肥沃土壤，但在土壤贫瘠的沙粒土中也能生长，对石灰质土壤也有一定的适应能力；生长缓慢，萌枝力强，耐修剪；颇能适应城市环境，对有害气体有较强的抗性。

（2）栽培养护要点　枸骨栽植可在春季或秋季进行，因枸骨直根系多，须根少，栽植时须带土球，尽量少伤根，栽前适当重剪枝叶，减少蒸腾量，促进成活。枸骨易受蚧壳虫危害，可喷 40％氧化乐果 1 500～1 800 倍液进行防治，也可在 4 月及 7 月各埋一次 5％涕灭威颗粒，埋药量根据植株大小而定，效果较好。

（3）园林用途　枸骨枝繁叶茂，深绿光亮，叶形奇特，入秋红果累累，艳丽可爱，且经冬不落，是园林中叶、果俱

将需要其来芽伸枝的部位留下枝叶，其余的去掉

a. 修剪前   b. 修剪后

图 10.18　枸骨盆景造型

佳的观赏树种；耐修剪，可整形；可作基础种植及岩石园材料，与欧式建筑相配更为相宜；也可孤植于花坛中央，对植于前庭、路口，或用作盆栽造型观赏（图 10.18）；叶具锐刺，也常用于绿篱栽植。

（4）研究进展　常见变种有无刺枸骨和黄果枸骨。教忠意等（2007）在研究不同基质对无刺枸骨扦插成活率的影响时发现，山黄土与珍珠岩按 1∶1 的体积比混合最适合作为无刺枸骨的扦插基质。旷春桃等（2009）从枸骨叶中提取出多酚类物质，并进行了抗氧化活性研究，结果表明枸骨叶提取物具有较高的抗氧化活性。枸骨作为苦丁茶的一种来源植物，对其化学成分和药理作用的研究还不够，应进一步分离具有活性的单体化合物。

10.3.13　大叶黄杨 *Euonymus japonicus* 卫矛科卫矛属

（1）分布与习性　原产日本南部，我国南北各地均有栽培，尤以长江流域城市为多。为常绿灌木或小乔木，喜光，也能耐阴；喜温暖湿润的海洋性气候及肥沃湿润的土壤，也能耐干旱瘠薄；耐寒性不强，温度低达 −17℃ 左右即受冻害，黄河以南地区可露地栽培；极耐修剪整形；生长较慢，寿命长；对各种有毒气体及烟尘有较强的抗性。

（2）栽培养护要点　主要用扦插繁殖，也可用嫁接、压条和播种繁殖；小苗栽植用泥浆法，大苗栽植或远距离运输需带土球，在春季栽植成活率最高；栽后浇透水 1 次，以后的浇水要根据天气和土壤墒情而定，一般春季需浇水 2～3 次，并结合浇水于 5、7 月各追施氮肥 1 次，促进植株生长，8 月底追施复合肥或磷、钾肥 1 次，增强植株抗性；因幼树植株矮小，松土除草要视土壤板结和杂草生长情况。极耐修剪，可剪成球形，培养成双层或多层灯台形，也可剪成方形及其他形状；用作绿篱或剪扎造型的，一年要修剪 2～3 次。大叶黄杨幼苗不耐寒，冬季要搭设风障防风、堆土防寒，或带土球假植，以防冻伤；第二年春季栽后要进行剪枝，促使多发壮枝；病虫害较少，以蚜虫较常见，可于春末夏初喷洒 40% 乐果乳油进行防治，并注意通风透光（图 10.19）。

（3）园林用途　大叶黄杨叶色浓绿光亮，厚革质，枝叶繁茂，新叶嫩绿可爱，生长迅速，易于成活，是庭园绿化的优良树种；耐修剪蟠扎，是修剪造型和用作绿篱、色块等的好材料，广泛用于各种绿地，也可盆栽观赏。

（4）研究进展　近年来选育的品种有北海道黄杨、金心大叶黄杨、金边大叶黄杨、银边大叶黄杨。北海道黄杨组培快繁选用 MS 作为培养基，加入适量的生长调节物质，繁殖速度快且一年四季均可进行。大叶黄杨病虫害种类多，目前防治工作主要通过人为的补救，而关于提高大叶黄杨抗病性的研究较少。研究表明，大叶黄杨叶片可以固定有害悬浮颗粒物并使之从大气环境中消除。大叶黄杨的叶片是制备叶绿素铜钠盐的好材料，被广泛用于食品

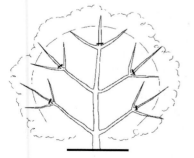
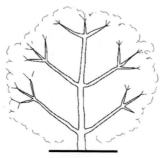

a. 剪除小枝中心枝   b. 小枝增加形成球形叶幕   c. 修剪整形后的效果

图 10.19　大叶黄杨修剪整形（球形）

工业中。

10.3.14　变叶木 *Codiaeum variegatum*　大戟科变叶木属

（1）分布与习性　原产于亚洲马来半岛至大洋洲，现广泛栽培于热带地区。我国南部各省区常见栽培。喜高温、湿润和阳光充足的环境，不耐寒；土壤以肥沃、保水性强的黏质土壤为宜。

（2）栽培养护要点　可用播种、扦插、压条繁殖。在深秋、早春季或冬季播种后，遇到寒潮低温时，可以用塑料薄膜把花盆包起来，以利保温保湿，待幼苗出土后，要及时把薄膜揭开。扦插选取当年生的嫩枝，常于春末秋初进行扦插。压条繁殖时选取健壮的枝条，从顶梢以下大约15～30 cm处把树皮剥掉一圈，剪取一块长10～20 cm、宽5～8 cm的薄膜把环剥的部位包扎起来，约四到六周后生根。

（3）园林用途　变叶木因在其叶形、叶色上变化显示出色彩美、姿态美，深受人们喜爱。华南地区多用于公园、绿地和庭园美化，既可丛植，也可做绿篱；在长江流域及以北地区均做盆花栽培，装饰房间、厅堂和布置会场。其枝叶是插花理想的材料。

（4）研究进展　近年来栽培较多的品种有细叶变叶木、阔叶变叶木、戟叶变叶木、旋叶变叶木、花叶变叶木。戴必胜（2007）用三唑酮＋乙蒜素混合杀菌剂对变叶木插穗进行浸泡处理试验，发现能防止变叶木插穗腐烂，改善幼苗品质，提高扦插成活率。目前有关变叶木提取物的研究较少，应加强变叶木提取物方面的研究。

10.3.15　八角金盘 *Fatsia japonica*　五加科八角金盘属

（1）分布与习性　原产日本，现广泛栽培于长江以南地区。喜阴湿温暖的气候。不耐干旱以及严寒。以排水良好而肥沃的微酸性土壤为宜，中性土壤亦能适应。

（2）栽培养护要点　常用扦插法繁殖，扦插时间2—3月或梅雨季节均可，要注意遮阴和保持土壤湿润，成活率较高。移栽须带土球，时间以春季为宜。

（3）园林用途　叶大，光亮而常绿，是良好的观叶树种，对有害气体具有较强的抗性，是庭园、街道及工厂绿地的适宜种植材料。北方盆栽供室内绿化观赏。

（4）研究进展　八角金盘的主要栽培变种有白斑八角金盘、黄斑八角金盘、黄纹八角金盘、波缘八角金盘等。李福江（2010）通过多年栽培研究发现"小苗盆栽—大田栽植—大苗上盆"的分段栽培方式，比过去单一的盆栽方式单株生长量增加一倍以上。孙建厅等（2010）研究发现八角金盘叶的提取物对碳钢有较好缓蚀作用，并且具有低毒、低残留的优点。八角金盘精油有一定的药理活性，目前关于八角金盘精油化学成分的研究鲜有报道，需进一步研究其生物活性。

10.3.16　夹竹桃 *Nerium indicum*　夹竹桃科夹竹桃属

（1）分布与习性　常绿大灌木，原产印度、伊朗、阿富汗，我国栽培已久，长江以南地区广为栽植。喜光，稍耐阴；喜温暖、湿润气候，有一定耐寒能力，耐旱力强，不耐湿；对土壤要求不严，喜酸性、微酸性土壤，在碱性土壤上也能正常生长，喜肥；萌蘖性强。对 SO_2、Cl_2、HF 和 O_3 的抗性和吸收能力强，是著名的抗污染树种。

（2）栽培养护要点　一般用压条或扦插繁殖，易生根成活。移栽春秋两季皆可进行，但以春季3月为宜，移栽需带土球；种植时必须浇足水分，还需适当重剪，生长期应施追肥。夹竹桃的生长势强，易栽易活，病虫少，在粗放管理下也能良好生长。

（3）园林用途　夹竹桃叶形潇洒，花色艳丽，花期长且又适逢盛夏少花季节，并兼有桃竹之胜，对城市环境的适应性强，可广植于公园、庭园、街头、草坪等处，也可作背景树栽植；夹竹桃耐污抗污，也是厂矿区吸收有毒气体、净化空气的首选树种。夹竹桃全株有毒，应用时需注意，尤其在幼儿园等处应禁用。

（4）研究进展　常见栽培变种有红花夹竹桃、白花夹竹桃、重瓣夹竹桃、淡黄夹竹桃等。张玲（2011）研究表明：不同基质对夹竹桃插穗生根影响很大，其中以珍珠岩＋蛭石＋泥炭（1：1：1）效果最好，对扦插生根最为有利。王猛（2006）研究发现夹竹桃树皮和树叶的酒精提取物对松材线虫有很强的毒性。夹竹桃在生物防治中显示了一定的实用性，应进一步加快研究，为科学应用夹竹桃提供理论基础。

10.3.17　栀子花 *Gardenia jasminoides*　茜草科栀子属

（1）分布与习性　长江流域及其以南地区栽培较多。喜光，但忌强光直射；能耐阴，在庇荫条件下叶色浓绿，但开花稍差；喜温暖、湿润气候，能耐热，稍耐寒；喜肥沃、排水好的酸性轻黏壤土，在碱性土中易生黄化病；能耐干旱瘠薄，但植株易衰老；萌芽力、萌蘖力均强，耐修剪。抗 SO_2、HF、O_3 能力强。

（2）栽培养护要点　常用扦插繁殖，极易生根成活。移栽在春季3—4月进行最佳，苗木需带土球，梅雨季节也可移植。夏季需多浇水；花前施磷肥，可促使开花且花肥大。因栀子花的萌蘖力和萌芽力强，且叶肥花大，如任其自然生长，往往枝叶重叠，瘦弱紊乱，降低观赏价值，故应适时整形修剪；修剪时，主枝宜少不宜多，及时剪去交叉枝、重叠枝、并生枝；花谢后要剪除残花，促使抽生新梢，新梢长至2～3个节时，进行第一次摘心，并适当抹去部分腋芽，8月二次枝摘心，以培育树冠。

（3）园林用途　四季常青，叶色亮绿，花大洁白，芳香馥郁，绿化、美化和香化效果俱佳，抗污能力又强，在园林上广泛应用。可成片丛植或植于林缘、庭园和路旁，作花篱种植也很适宜；也常作阳台绿化、切花或盆景等。

（4）研究进展　目前栀子主要栽培品种及其变种有大花栀子、水栀子、雀舌栀子、黄栀子、斑叶栀子和四季栀子等。吴丽芳等（2009）研究发现：相同培养基上，栀子花有光培养远比暗培养效果好，茎段附芽痕的外植体可一步成苗，无需经愈伤组织诱导、脱分化和再分化过程。甘秀梅（2013）采用微波辅助—水蒸气蒸馏法提取栀子花精油，并且发现栀子花精油具有较强的消除自由基能力。随着栀子种植业的发展，栀子花的综合利用将日益引起重视。

10.3.18　桂花 *Osmanthus fragrans*　木犀科木犀属

（1）分布与习性　原产我国西南部，现广泛栽培于长江流域各地，华北多行盆栽，是传统的香花。桂花为常绿灌木或小乔木，喜光，稍耐阴，尤其在幼龄时期要求一定的庇荫；适生于温暖湿润的亚热带气候，不耐严寒和干旱；对土壤要求不太高，除涝地、盐碱地外都可栽培，而以疏松、肥沃、湿润、排水良好的沙质壤土最为适宜；怕积水，土壤不宜过湿，一遇涝渍危害，根系就会腐烂，叶片也要脱落，导致全株死亡。对二氧化硫、氯气等有中等抵抗力，怕烟尘。

（2）栽培养护要点　可采用播种、压条、嫁接、扦插等方法进行繁殖，而以扦插和嫁接法应用较为普遍。扦插宜在6月中下旬或8月下旬，选取半熟枝带踵插条，亦可用硬枝扦插。嫁接是繁殖桂花苗木最常用的方法，以腹接成活率高，一般在3—4月进行，砧木多用女贞，初期生长快，但亲和力差，接口愈合不好，风吹容易断离，要注意保护。

桂花耐移植，春、秋季均可进行，但以春植为宜，暖地则以秋植为好。植穴要大，多施基肥；大苗应带土球栽植，春季芽未萌动前栽植成活率较高；幼树应每年施一次基肥，7—8月间再施1～2次以磷、钾为主的水肥，可保枝叶生长旺盛，利于花芽分化，开花繁茂；在烟尘较大的路边，叶片滞尘太多，不易开花，应每年用水冲洗1～2次。

北方地区多行盆栽，培养土要疏松肥沃。盆栽桂花应放置在阳光下，浇水要适当，每年施2～3次追肥，以满足枝叶和花生长的需要；冬季入温室越冬，室温5～10℃为宜，放在无烟尘处，保持盆土略湿即可；春季当昼夜平均气温稳定在10℃以上才可出房，以免新梢受冻；6—8月为花芽分化期，应施磷、钾肥，以保证发育良好。

（3）整形修剪　合理的修剪是保证桂花栽植成活和促进生长的主要措施，通过整形修剪使树体结构合理，通风透光，立体着花，而且开花多。整形方式通常有中干分层形（适于干性较强的如金桂、丹桂等）、自然圆头形（适用于干性较弱的银桂）、灌木丛状形（适用于银桂类、四季桂和月桂）3种。

桂花以短花枝开花为主，因此，在对桂花修剪时，应尽量少短截或不短截，特别注意防止短截过重，刺激新梢旺长，减少花芽数量，影响观赏效果。除因树势、枝势衰弱需要回缩更新外，应以疏枝为主，以克服树冠外围枝条密集而影响树冠内膛通风透光。

为了更新需要短截枝条时，剪口芽的选留视枝条开张角度大小而定，枝条开张角度大，留上芽，以恢复生长势；枝条开张角度小时，可留下芽，以缓和生长势。各枝上除出现与延长枝发生竞争者要进行控制修剪外，其余枝条可一律保留不剪。

桂花树应根据不同年龄时期进行修剪，始花前的幼树主要是整形，培养主干，选留主枝和各级侧枝，迅速扩大树冠。在整形过程中，对主干上的萌蘖枝，除留作压条繁殖外，要及时疏除，以免消耗养分，扰乱树形，妨碍骨干枝生长。

对妨碍骨干枝生长的竞争枝，必须及时控制或疏除。骨干枝的延长枝要选留壮枝壮芽当头，使其直线延伸，减少弯曲，保证树势。除要疏除骨干枝上的竞争枝外，扰乱树形的徒长枝、交叉枝、重叠枝、内向枝等也应一律剪除，以利通风透光。同时要特别注意外围枝密集的现象，本着去弱留强的原则，采取"逢五去二（或三），逢三去一（或二）"，及时进行疏剪，使留下的枝条分布均匀，疏密有致。

桂花树在刚进入始花年龄时，树形尚未很好地形成，修剪要兼顾整形和开花，正确处理好生长和开花的关系。初期应继续选留培养主枝、侧枝和副侧枝，建造树形。在保证骨干枝生长的前提下，应轻剪多留。但对扰乱树形、妨碍骨干枝生长的枝条要及时回缩控制，改造成花枝组。

对中干分层形，要拉开层次，控制各层的叶幕厚度，使树冠内膛通风透光，促发新梢，形成花芽。对自然圆头形、灌木丛状形的树冠，需注意疏除树冠外围的密生枝、交叉枝，使树冠内抽生新梢，形成花芽，达到立体开花的效果。

当进入盛花期，新梢生长量逐年下降。据调查，盛花期桂花树的花枝长度多数在5～15 cm之间，是开花的主要枝条。因此，进入盛花期后的树，修剪的目的是正确地调节生长和开花，使其抽生足够数量的壮枝，维持树势，防止衰老，年年开花。对生长过密的外围枝要疏除，去弱留强，增强枝势。其余枝条适当短截，用壮芽当头，刺激发枝，维持旺盛的长势。疏枝时，要使枝与枝的先端间隔一定的距离，做到左右不挤，上下不叠，通风透光，枝条分布均匀。在采收桂花时，采取"采收"和"折枝"结合的方法，适当疏除外围密生枝，采花与修剪并举，一举两得。对扰乱树形的大枝进行回缩或疏除;对徒长枝除填补空间留用外,其余的要及时疏除,必要时可以改造成花枝组,同时,还要进行常规修剪。这样才能将光线引进树冠内,达到立体开花的效果。

老年桂花树多数树势衰弱,新梢生长短,开花稀少,修剪的主要任务是更新复壮。对骨干枝进行回缩,抑前促后,促使中下部萌发新梢,增加枝叶量,扩大同化面积。回缩过长的"光杆枝"。疏除外围的密生枝,开通光路。短截内膛纤弱枝,促使在内膛萌发新梢,形成花芽,继续开花。

正确处理徒长枝,对徒长枝的修剪应慎重,需视其生长的部位和长势决定:若处于空缺部位,可以保留,而用摘心处理,促其分枝填补空缺;若处于枝条拥挤的中心,可于暂停或假休眠的弱芽处截断以减弱长势,如其周围枝已衰弱,则可稍短截促分枝,减弱长势,次年去掉周围弱枝保留其替代周围枝。切不可完全在一次全部剪掉,更不可重短截,因其基部已形成强势,全剪或短截反会导致再发新的徒长枝争夺水分、养分,扰乱树形。加强土肥水管理,更好地养好根系,恢复树势(图 10.20)。

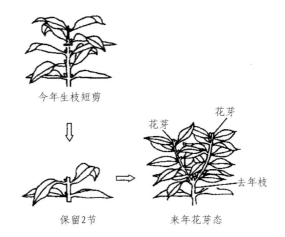

今年生枝短剪

保留 2 节　　　　来年花芽态

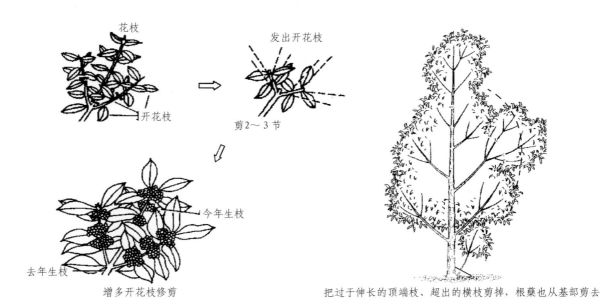

增多开花枝修剪　　　　把过于伸长的顶端枝、超出的横枝剪掉,根蘗也从基部剪去

图 10.20　桂花修剪

(4)园林用途　桂花树形端正,四季常青,花期正值仲秋,花香浓郁,是人们喜爱的传统园林花木。园林中常作园景树,有孤植、对植,也有成丛成片栽种在古典园林中的亭、台、楼、阁附近,常与建筑、山、石相配;旧式庭园常用对植,古称"双桂留芳";在住宅四旁或窗前栽植桂花,秋末浓香四溢,能收到"秋风送香"的效果;与秋色叶树种同植,有色有香,也是点缀秋景的极好材料。对二氧化硫、氟化氢等有害气体有一定的抗性,同时可作为工矿区绿化之用。

(5)研究进展　近年来桂花在园林中应用普遍,通过育种培育出了 37 个新品种,其中四季桂品种群 6 个,银桂品种群 11 个,金桂品种群 7 个,丹桂品种群 13 个。目前有关将抗寒基因通过转基因技术导入桂花的报道较少,需要加强研究。桂花扦插繁殖时采用封闭扦插法可使成活率大幅提高。在香料工业中，将桂花加工成桂花浸膏和精油用于化妆香精和食品香精中。

10.3.19　云南黄馨 *Jasminum mesnyi*　木犀科茉莉属，又名云南黄素馨

（1）分布与习性　产于四川西南部、贵州、云南，南方庭园中常见。耐寒性不强，北方常温室盆栽。喜温暖湿润和充足阳光，怕严寒和积水，稍耐阴，较耐旱，以排水良好、肥沃的酸性沙壤土最好。

（2）栽培养护要点　以扦插繁殖为主，也可用压条和分株法繁殖。常于春末秋初用当年生的枝条进行嫩枝扦插。插穗生根的最适温度为 20～30℃；扦插后必须保持空气的相对湿度在 75％～85％；在扦插后必须遮光 50％～80％，待根系长出后，再逐步移去遮光网。

（3）园林用途　云南黄馨枝条长而柔弱，下垂或攀援，碧叶黄花，可于堤岸、台地和阶前边缘栽植，特别适用于宾馆、大厦顶棚布置，也可盆栽观赏（图 10.21）。

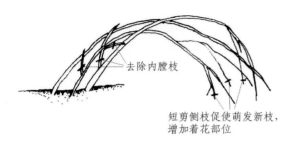

去除内膛枝

短剪侧枝促使萌发新枝，增加着花部位

a. 修剪前

b. 修剪后

图 10.21　云南黄馨修剪

（4）研究进展　曹玲玲（2011）研究发现，云南黄馨花未开时，其花粉活力及柱头可授性均较高，且开花当天柱头可授性最强，随着开花时间的延长，柱头可授性及花粉的活力逐渐降低。黄秀香（2003）对云南黄馨色素的乙醇提取液进行研究，结果表明该色素水溶性好，对光、热有一定的耐受性，对 NaCl、FeCl₃、蔗糖、柠檬酸等添加剂影响不明显，在食品工业中有一定的开发利用价值。目前，对云南黄素馨的研究主要集中于系统分类、药物化学及繁殖技术等方面，对其观赏价值和园林应用报道较少。

10.3.20　小蜡 *Ligustrum sinense*　木犀科女贞属

（1）分布与习性　分布于长江以南各省区，喜光，稍耐阴，较耐寒，耐修剪。对土壤湿度较敏感，干燥瘠薄地生长发育不良。

（2）栽培养护要点　播种、扦插繁殖。果熟后采下，晒干，除去果皮贮藏。次春 3 月底至 4 月初用热水浸种，经 4～5 天后即可播种。春、秋插条都可。

（3）园林用途　小蜡有多个变种，常植于庭园观赏，丛植林缘、池边、石旁都可，规则式园林中常可修剪成长方形、圆形等几何形体，也常栽植于工矿区。其干虬曲多姿，宜作树桩盆景，江南常作绿篱应用。

（4）研究进展　近年来小蜡的栽培品种主要有'银姬小蜡'、'光叶小蜡'、'金边小蜡'等。王谨（2007）通过金边小蜡的扦插繁殖试验发现：金边小蜡顶芽嫩枝部位的插穗扦插成活率最高。杨静等（2006）采用水蒸气蒸馏法从光叶小蜡树叶中提取到大量的熊果酸及其衍生物，具有抗菌消炎、降低血清转氨酶及抗癌作用。从小蜡花的挥发油中得到的主要是萜醇类、苯丙素衍生物，其化学成分与其疗效之间的关系有待进一步探索。

10.3.21　珊瑚树 *Viburnum odoratissimum*　忍冬科荚蒾属

（1）分布与习性　产于华东、华南及西南等地，长江流域各地均有栽培。喜光，稍耐阴，稍能耐寒，适应性较强；喜湿润肥沃土壤，对土壤要求不严，但以中性土为好；根系发达，萌蘖力强，易整形修剪，耐移植；生长较快，病虫少。珊瑚树对 SO₂、HF 的抗性和吸收能力强，对 Cl₂ 的抗性较强；具有较强的隔音、减噪和滞尘能力；因枝叶含水量高，故具防火功能。

（2）栽培养护要点　一般用扦插繁殖，极易生根成活。移栽以春秋两季进行为好，移植需带土球，冬季不宜移栽；栽培简易，平日管理粗放，注意保持土壤湿润，夏季多施有机肥。作为中、高绿篱，应时加修剪。

（3）园林用途　珊瑚树枝繁叶茂，叶色终年光亮碧绿，秋季红果挂于枝头，状如珊瑚，极具观赏价值；可孤植，园林中常作绿篱或绿墙栽植，也可作基础栽植或丛植装饰墙角，还可作为防火、隔音和抗污染树种栽植。

（4）研究进展　主要栽培变种有日本珊瑚树、云南珊瑚树等。张义（2006）对珊瑚树嫩枝扦插成苗的影响因素进行研究，发现扦插前用 NAA、IAA、IBA 快速浸蘸插条基部，均能显著地提高珊瑚树嫩枝扦插成苗率。刘洁（2013）从珊瑚树中分离得到十一元环二萜类化合物，具有抑制多种肿瘤细胞增殖活性。目前对珊瑚树的研究主要集中在抗寒性研究和生理研究上，今后应加强对珊瑚树组

培快繁的研究。

10.3.22 凤尾兰 *Yucca gloriosa* 百合科丝兰属

（1）分布与习性 原产北美东部及东南部，现长江流域各地普遍栽培。适应性强，喜光，也耐阴；耐旱，也耐水湿；耐寒，在－25℃低温条件下仍能安全越冬。对土壤要求不严，有粗壮的肉质根，地下块根很容易生长萌蘖，扩展植株，生长强健，更新能力和生命力很强。

（2）栽培养护要点 主要用分株及扦插繁殖。当根上生出萌蘖，萌芽露出地面时，可挖取分栽；如果栽植大的植株，根部有很多根状芽，用利刃割下分栽，也能长成新的植株。扦插可于春季或夏季剪取茎叶，剥去叶片做插材，取地下根更易成活。栽培宜选择沙质土壤和雨季不积水处，华北地区在避风向阳处可露地越冬。凤尾兰生长健壮，管理粗放，将下部叶片剪除，仅栽其茎干，很易成活；栽植第二年不需经常浇水、施肥，也能生长良好；花后要及时从花序基部剪除残梗，剪除茎下部干枯的叶片；生长多年的茎干过高或歪斜时，可截干更新。开花时金龟子等常咬食花瓣，要注意防治。

（3）园林用途 凤尾兰叶色终年浓绿、叶片似剑、花茎高耸、花序特大、白花繁多、下垂如铃、花期持久、幽香宜人，为花、叶俱美的庭园观赏植物；可丛植于草坪一隅、花坛中央、建筑物进出口两旁，可利用其叶端之尖刺栽作保护性绿篱，也可盆栽观赏。凤尾兰抗 SO_2、HF、Cl_2 和 HCl 的能力较强，可在厂矿污染区作为绿化材料。

（4）研究进展 凤尾兰常见的栽培品种是'金边凤尾兰'。胡军荣（2011）以顶芽和吸芽为外植体建立了金边凤尾兰的组织培养快繁体系。陈庆敏（2007）研究发现凤尾兰 60％乙醇提取液对指状青霉等主要果蔬致病菌有明显的抑制效果。目前对凤尾兰的研究主要集中在组培快速繁殖技术上，对新品种的报道较少。

10.4 落叶灌木

10.4.1 蜡梅 *Chimonanthus praecox* 蜡梅科蜡梅属

（1）分布与习性 分布范围遍及华中、华东以及四川等地。全国除华南外各大城市均有栽植。喜光，略耐侧阴，耐寒。在肥沃排水良好的土壤上生长最好，碱土、重黏土生长不良；喜肥，耐干旱，忌水湿。在风口处种植花苞不易开放，花瓣易焦枯。发枝力强，耐修剪，当年生枝多数可以形成花芽。抗氯气和二氧化硫污染能力强。

（2）栽培养护要点 常用嫁接、扦插、压条、分株、组培法等繁殖，以嫁接法为主。移植蜡梅，宜在秋、冬落叶后至春季发芽前进行，大苗要带土球，种植深度与原地相同。

在管理中要掌握勤施肥、巧修枝、少浇水三个原则。蜡梅常见的病害主要有炭疽病、蜡梅叶斑病、蜡梅黑斑病，因此应及时进行人工和药物防治。

（3）园林用途 蜡梅色娇香郁，传统造型除河南鄢陵的屏扇式、疙瘩式、悬枝式外，还有顺风式、垂枝式、游龙式等，树形大都以斜干式、自然式为主。蜡梅常配置于墙隅、窗外、山边、庭前，还惯于和南天竹搭配在假山石旁，构成山石小景，是冬季主要观赏花木。

（4）研究进展 近年选育的栽培品种有蜡梅品种群、白花蜡梅品种群、绿花蜡梅品种群，新品种有'黄卷素心'、'圆被红心'、'红心冰莲'、'素心金莲'、'乔荷玉蕊'、'丹心玉轮'、'倒挂金钟'等，可作为切花材料。有学者通过使用 CME 生根剂大大提高扦插生根率，而对将砧木替代用于嫁接的试验甚少，因此还有待于进一步研究和发现。蜡梅叶中的非挥发油成分包含生物碱类、黄酮类及香豆素等，具有很高的药用价值。

10.4.2 牡丹 *Paeonia suffruticosa* 毛茛科芍药属

（1）分布与习性 原产秦岭一带，华中、华北各省均有栽培。由于栽培历史悠久，变种和品种极多。喜光，但忌夏季暴晒，尤花期阳光不能太强，以在弱阴下生长最好。喜温暖凉爽气候，较耐寒，不耐温热。喜深厚肥沃、排水良好、略带湿润的沙质壤土，在黏土及低洼积水地上生长不良。在微酸、中性或微碱的土壤上均能生长，但以中性土壤最佳。

（2）栽培养护要点 可用播种、扦插、嫁接或分株繁殖。对立地条件的要求较高，栽植时要做到适地适树，栽植时期以 9 月下旬至 10 月上旬为宜，栽植深度以根颈部平于或略低于地面为准，栽后应及时灌水和封土。每年花期前后应加强水肥管理，平时注意松土除草，抗旱排涝。牡丹为肉质根，生长过程中既要有充足的水分供应，又怕积水烂根，必须合理灌溉，一般在春季发芽前应灌溉一次，以促进发叶开花，花期正值旱季，风大干燥，在浇透土壤后，每天早晨和傍晚再喷一次叶面水，越冬前再浇一次封冻水。为了保证花艳叶茂，一年中要重点施好三次肥，即秋季落叶后施基肥，早春萌芽后施腐熟的有机肥，花后追施一次磷肥和饼肥。

牡丹根颈部芽具很强的萌芽力，常长出许多萌蘖条，当年不能开花，消耗大量养分，故应及时除萌，一般在 3～4 月，萌条长至 3～6 cm 时，扒开根颈部土壤，一次剪除。牡丹的发枝力强，从幼年期起，就要有意识地培养 5～7 个主枝，其余的疏除，冬季要剪去枯死的花枝和各种无用的枝条，并对弱枝进行短剪，促发壮芽（图 10.22）。

危害牡丹的害虫主要是地下害虫蛴螬（金龟子幼虫），可用辛硫磷 800 倍液在 9、10 月浇灌根部，或在施肥时拌入肥中挖穴埋入根部，进行毒杀，注意所施有机肥要充分腐熟，以免害虫滋生。

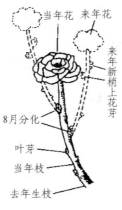

a. 花枝　　　　　　　b. 花与花芽着生位置　　　c. 摘心(促使花芽在下面叶腋分化)

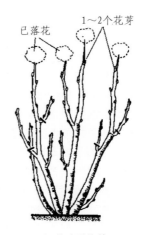

d. 花后修剪　　　　　　e. 秋天修剪　　　　　　f. 落叶后修剪

图 10.22　牡丹修剪

（3）园林用途　牡丹花大色艳,富丽堂皇,号称"国色天香"、"百花之王",色、姿、香、韵俱佳,河南洛阳和山东菏泽每年都要举行牡丹花会。牡丹在园林中的应用十分广泛,除营建牡丹专类园外,可植于庭园、草坪、花坛、孤植、丛植或群植均可,也可制作盆景供室内观赏,还是切花的上等材料。

（4）研究进展　近年研究发现,中原牡丹品种群主要野生原种是矮牡丹和紫斑牡丹,西北牡丹品种群的主要野生原种是紫斑牡丹,但也带有矮牡丹的血缘,江南牡丹品种群主要原种为杨山牡丹,其根系浅,耐湿热,适合在我国南方广大地区推广栽植。西南牡丹品种群天彭牡丹根系浅,生长势强。将牡丹根加工制成"丹皮",是名贵的中草药。吴震生等(2013)采用超声波提取牡丹花蕊中的总黄酮化合物,探索一种快速简便、最大限度地提取的方法。牡丹的组织培养研究大多集中在鳞芽、愈伤组织、胚、茎、花药、花粉等方面,这些研究通过不同的途径培养出了不定芽,但不定芽的生根困难,在组培苗过渡到商品苗期间其生长发育开花过程中还有很多问题有待进一步研究(翟敏,2007)。

10.4.3　小檗 *Berberis thunbergii*　小檗科小檗属

（1）分布与习性　原产日本,秦岭地区有分布,现全国各地广泛栽培。小檗喜光,也能耐半阴,能耐寒、耐旱,喜凉爽湿润气候。对土壤要求不严,但以肥沃、排水良好的土壤生长最好。萌蘗性强,耐修剪。

（2）栽培养护要点　繁殖以扦插和播种为主。栽植可在3月上中旬进行,带土球,多留宿土,如裸根栽植则要保持根系完整,大苗移栽可对地上部分行重剪,以减少蒸腾。植株成活后,每年修剪两次,如做绿篱,更应及时修剪整形,促发枝丛。

（3）园林用途　小檗枝细而密,春季开黄色小花,入秋叶即变红,果熟后亦红艳美丽,是花、叶、果俱佳的花木,最宜作刺篱,也可作盆景,果枝还可作室内装饰之用。

（4）研究进展　近年来选育的品种有'紫叶小檗'、'矮紫叶小檗'、'金叶小檗'。张丽丽等(2010)对紫叶小檗的栽培特性研究表明种子繁殖的关键是对种子消毒及催芽,两者可结合起来同时进行,定植时宜栽植在排水良好的沙壤土中。于凤兰等(1992)首次报道细叶小檗中除含有小檗碱之外还有花青苷类色素成分,这种红色素性质稳定,颜色美观。细叶小檗果实酸甜可食,富含营养成分,是我国北方广泛分布的野生资源。其果汁可作为天然添加剂,应用于饮料、糖果等食品工业。

10.4.4　木槿 Hibiscus syriacus　锦葵科木槿属,又名木棉、荆条

(1) 分布与习性　原产我国中部,现全国各地均有栽培,尤以长江流域多见。常见变种有重瓣白木槿、重瓣红木槿、斑叶木槿、大花木槿等。喜光,稍耐阴,喜温暖湿润气候,对土壤要求不严,在干燥、贫瘠的土地上也能生长。枝条萌芽力强,耐修剪。

(2) 栽培养护要点　以扦插繁殖为主,极易生根成活。木槿适应性强,栽培成活率高,可粗放管理,但春旱时要及时浇水。木槿易遭蚜虫危害,可用40%的氧化乐果1 000～1 500倍液防治。

(3) 园林用途　木槿枝繁叶茂,栽培容易,夏季炎热时节开花,花朵硕大,花期达4个月之久,且有多种花色,是难得的观花花木,可作为庭院中的花篱、绿篱,或丛植于绿地、草坪之中,点缀于建筑物旁。木槿对烟尘和有毒气体的抗性强,是厂矿绿化、美化的好材料。

(4) 研究进展　近年来选育的品种有'白花重瓣木槿'、'粉紫重瓣木'、'短苞木槿'、'大花木槿'、'长苞木槿'、'牡丹木槿'、'花单瓣木槿'、'雅致木槿'、'紫花重瓣木槿'。木槿根皮中含有松脂醇和一个新的木脂素化合物能显著抑制鼠肝微粒体脂质过氧化;从木槿根皮中分离出的2个三萜化合物分别对人体癌细胞有显著细胞毒性。嫁接法繁殖木槿在国外运用广泛,但是在国内园林苗圃中应用不多(张辛华,2008)。

10.4.5　木芙蓉 Hibiscus mutabilis　锦葵科木槿属,又名芙蓉花

(1) 分布与习性　长江流域及其以南地区均有分布。喜温暖湿润和阳光充足的环境,稍耐半阴,有一定的耐寒性。对土壤要求不严,但在肥沃、湿润、排水良好的沙质土壤中生长最好。

(2) 栽培养护要点　常用扦插、分株或播种法繁殖。栽培宜选择通风良好、土质肥沃处,尤以临水栽培为佳。平时管理较为粗放,干旱时注意浇水,每年冬季或春季在植株四周开沟施些腐熟的有机肥,施肥后及时浇水、封土。可盆栽,盆土要求疏松肥沃,排水透气性良好,生长季节要有足够的水分,以满足生长的需求,冬季移到室内越冬,维持0～10℃的温度,以保证其休眠。

(3) 园林用途　木芙蓉花期长,开花旺盛,品种多,其花色、花型随品种不同有丰富变化,是一种很好的观花树

种。由于花大色丽,中国自古以来多在庭园栽植,可孤植、丛植于墙边、路旁、厅前等处,现代园林中可在公园的路边栽植,也可在风景林区片植,特别宜于水滨配置。在寒冷的北方也可盆栽观赏。

(4) 研究进展　近年来选育的品种包括'白芙蓉'、'粉芙蓉'、'红芙蓉'、'黄芙蓉'、'醉芙蓉'、'水芙蓉'等。木芙蓉提取物的主要化学成分是黄酮类和甾醇类,具有高度的抗炎活性、抑菌活性以及对肾缺血再灌注损伤有保护作用。木芙蓉茎皮含纤维素39%,茎皮纤维柔韧而耐水,可作缆索和纺织品原料,也可造纸。

10.4.6　八仙花 Hydrangea macrophylla　虎耳草科八仙花属,又名绣球、紫阳花

(1) 分布与习性　原产日本及中国四川一带。1736年引种到英国,在荷兰、德国和法国栽培比较普遍。喜温暖湿润的环境,生长适温18～28℃,冬季不低于5℃。喜半阴,光照太强会灼伤叶片。喜疏松肥沃土壤,水分需求量大,但忌积水。对二氧化硫等有害气体抗性较强。

(2) 栽培养护要点　以扦插法为主,亦有分株、压条和组培繁殖等。栽培宜选择庇荫处,保持土壤湿润,不宜浇水过多。雨季要注意排水,防止受涝而烂根。寒冷地区难以露地越冬,可盆栽在5℃以上的室内越冬。每年春季换盆一次。适当修剪摘心,保持株形优美。八仙花为短日照植物,平时栽培要避开烈日照射,以60%～70%遮阴最为理想。常见病害多为叶部病害,如白腐病、灰霉病、叶斑病等,因此要定期喷施杀菌药剂加以预防。八仙花虫害少,多为蚜虫、叶螨等,可在通风良好的同时,定期喷内吸性杀虫剂加以防治。

(3) 园林用途　可配置于稀疏的树荫下及林荫道旁,片植于阴向山坡。因对阳光要求不高,故最适宜栽植于阳光较弱的小面积庭园中。更适于植为花篱、花境。如将整个花球剪下,瓶插室内,也是上等点缀品。

(4) 研究进展　近些年选育的品种有'阿尔彭格卢欣'、'红帽'、'恩齐安多姆'、'弗兰博安特'、'雪球'、'法国绣球'、'奥塔克萨'、'雷古拉'、'大雪球'、'德国八仙花'、'大八仙花'、'紫茎八仙花'、'齿瓣八仙花'、'银边八仙花'。冯润东等(2011)利用组织培养技术建立和完善八仙花的离体培养与快速繁殖技术体系,同时繁殖了大量的八仙花试管苗,为八仙花的规模化生产提供了一种新途径。八仙花叶化学成分有异香豆素、环烯醚萜、黄酮和三萜等成分,具有预防糖尿病综合征、抗过敏作用等(王知斌,2012)。

10.4.7　榆叶梅 Prunus triloba　蔷薇科李属,又名小桃红、鸾枝

(1) 分布与习性　原产我国北部,分布于黑龙江、河北、山东、山西、浙江、江苏等地,主要栽培变种有鸾枝榆叶

梅、单瓣榆叶梅、复瓣榆叶梅、重瓣榆叶梅等,品种极为丰富。喜光、不耐阴,耐寒、耐旱,对土壤要求不严,在深厚肥沃疏松、中性至微碱性的土壤上生长最好,忌水涝。根系发达,萌芽力强,耐修剪。

(2)栽培养护要点　可用播种或嫁接繁殖,栽植可在秋季落叶后至春季萌芽前进行。榆叶梅生长旺盛,枝条密集,为了保持树型的姿态优美,使其花繁叶茂,对过长的枝条应作适当短截或疏剪,花后应追施肥料,促进花芽分化。

(3)园林用途　榆叶梅叶似榆,花如梅,枝叶茂盛,花团锦簇,色彩艳丽,先花后叶,是早春庭园中常见的观花树种,在北方园林中宜大量应用,为春色增辉添彩。宜栽植于公园草地、路边或墙脚、池畔,可用苍松翠柏作背景丛植,与连翘、迎春搭配,开花时红、黄花朵竞相斗艳,更能烘托出春的景象。榆叶梅也可作切花或制作盆景。

(4)研究进展　杨华等(2011)采用超声波—水蒸气蒸馏提取法提取榆叶梅花中的精油,分析出榆叶梅花精油中主要的化学成分有烯烃类、烷烃类、醇类、醛酮类、酸酯类等。目前榆叶梅繁殖技术的研究已相对比较成熟,但在细节方面仍然存在着一些问题,如在播种、扦插繁殖时间的选择,组织培养中外植体的褐化,接种萌芽率低等。今后还需在完善繁殖体系、天然食用色素开发与利用、改良果实品质等方面作进一步研究(杜瑛,2010)。

10.4.8　珍珠梅 *Sorbaria kirilowii*　蔷薇科珍珠梅属

(1)分布与习性　中国、苏联、朝鲜、日本、蒙古均有分布。珍珠梅耐寒,耐半阴,耐修剪,在排水良好的沙质壤土中生长较好。

(2)栽培养护要点　包括种子繁殖、枝条扦插、分根繁殖、组培快繁等,其中组培快繁技术体系的建立为优质珍珠梅苗木的快速生产提供了有效途径。

(3)园林用途　生长快,易萌蘖,是良好的夏季观花植物,同时也是园林绿化的优良树种,其叶片可散发出挥发性的植物杀菌素,对结核杆菌有非常突出的杀伤作用,具有强而稳定的杀菌作用,在医院和疗养院等公共场所广泛种植,可增加园林景观价值,又可用来净化空气,防止结核病的传播。

(4)研究进展　近年选育的品种有'高丛珍珠梅'、'星毛珍珠梅'变种。熊翠翠等(2012)从温度、光照和贮藏时间等方面对珍珠梅种子萌发特性进行研究,发现不同光照条件对两种珍珠梅种子萌发影响较小,温度是影响珍珠梅种子萌发的主要因素。张学武等(2003)从珍珠梅中提取到珍珠梅黄酮,具有明显的抗肿瘤作用。

10.4.9　棣棠 *Kerria japonica*　蔷薇科棣棠属

(1)分布与习性　原产于华北南部,华中和华东地区

及秦岭山区也有野生分布。喜温暖湿润和半阴环境,耐寒性较差。

(2)栽培养护要点　常用分株、扦插和播种繁殖,分株适用于重瓣品种。扦插分春季硬枝扦插和梅雨季嫩枝扦插。棣棠花可地栽,亦可盆栽。对土壤要求不严,以肥沃、疏松的沙壤土生长最好。

(3)园林用途　棣棠花枝叶秀丽,是枝、叶、花俱美的春花植物。因其能耐阴,常配置于荫蔽处、院墙墙基边缘。又因其花枝繁茂,最适于列植、群植为花篱、花境、花丛。若大片栽植于自然山林的空地、坡地,开花时更是耀眼夺目。

(4)研究进展　近年选育的品种常见的是单瓣棣棠花,此外还有重瓣棣棠花和白棣棠花两个变种。张继东等(2009)采用组织培养技术繁殖棣棠,得到整齐一致的无性系材料。邓运川等(2009)对棣棠的栽培管理技术研究表明,采用分株法和扦插法多用于重瓣棣棠的繁殖。播种法不能用于重瓣棣棠的繁殖。此外,棣棠花入药有消肿、止痛、止咳、助消化等作用。

10.4.10　菱叶绣线菊 *Spiraea vanhouttei*　蔷薇科绣线菊属

(1)分布与习性　分布于山东、江苏、广东、广西、四川等省。耐寒冷、耐盐碱、耐瘠薄。

(2)栽培养护要点　主要有播种繁殖、扦插繁殖和分株繁殖等。种子在初夏成熟期较干燥时,可以采后即播,可以盆栽,也可露地播种。南方地区秋季播种即能很快发芽,以幼苗状态越冬。我国春季用硬枝扦插,夏季用软枝扦插。用枝剪截取1~2年生插穗,长10~15 cm,用 ABT 生根粉浸泡1昼夜,插后用遮阳网遮阴,并喷雾以保持苗床湿润,成活率达95%以上。

(3)园林用途　菱叶绣线菊花色艳丽,花朵繁茂,盛开时枝条全部为细巧的花朵所覆盖,形成一条条拱形花带,树上树下一片雪白,十分惹人喜爱。而且菱叶绣线菊繁殖容易,耐寒、耐旱,是一类极好的观花灌木,适于在城镇园林绿化中应用。

(4)研究进展　近年选育的品种是麻叶绣线菊和三裂绣线菊的杂交种。花虽小,但集成绣球状,密集着生在细长而拱形的枝条上,甚为美丽,国内外广为栽培,宜墙栽或做基础种植。

10.4.11　玫瑰 *Rosa rugosa*　蔷薇科蔷薇属

(1)分布与习性　原产于华北、西北、西南等地,现各地广泛栽培,以山东、北京、河北、河南、陕西、新疆、江苏、浙江、四川、广东最多。喜光照充足,阴处生长不良,开花少。耐寒,耐旱,喜凉爽通风的环境,喜肥沃排水良好的壤土、沙壤土,忌黏土,忌地下水位过高或低洼地。萌蘖性

强,生长迅速。

（2）栽培养护要点　常用分株、扦插、嫁接繁殖。砧木多用多花蔷薇。每年秋分时节应进行一次松土培土，并进行修剪，冬季施有机肥，促使翌年萌发新枝多开花，但分蘖过多时应适当除去一部分。主要采用两种栽培类型：一是剪枝法。该方法修剪技术要求高，成花慢，产量高，商品花比例低。二是压枝法。该方法对修剪技术要求不高，成花快，产量低，鲜花质量好。

（3）园林用途　玫瑰花色艳香浓，是著名的观花闻香花木。在北方园林应用较多，江南庭园少有栽培。可植花篱、花境、花坛，也可丛植于草坪，点缀坡地，布置专类园。风景区结合水土保持亦可大量种植。

（4）研究进展　近年选育的变型有粉红单瓣、白花单瓣、白花重瓣等供观赏用。杨明、赵兰勇（2003）对山东平阴玫瑰的部分品种也进行了初步的分类，但是对其他地区玫瑰品种的研究未见报道。在玫瑰的种质资源方面研究较少，野生种类亟须系统地研究和开发。近年来玫瑰精油成为人们研究的热点。牛淑敏等（2006）提取了吉林省珲春产冷香玫瑰和四季红玫瑰的挥发油成分。

10.4.12　贴梗海棠 *Chaenomeles speciosa*　蔷薇科木瓜属

（1）分布与习性　原产陕西、甘肃、河南、山东、安徽等省，缅甸也有分布。适生于深厚肥沃、排水良好的酸性、中性土，耐旱、忌湿，耐修剪，萌生根蘖能力强。

（2）栽培养护要点　常用分株法繁殖，也可压条、扦插和嫁接。分株于春、秋两季进行。压条多在早春进行。春季扦插成活率较高。移植和修剪可于深秋或早春进行。盆栽催花，在15～20℃条件下，25～30 d即可开花。

（3）园林用途　贴梗海棠花色艳丽，是重要的观花灌木，适于庭园墙隅、路边、池畔种植，也可盆栽观赏或制作盆景，是春赏花，秋观果的优良园林植物。

（4）研究进展　近年选育的栽培品种主要有'大红花'、'无刺矮白'、'日本粉'、'重瓣贴梗海棠'、'白贴梗海棠'、'红贴梗海棠'、'矮贴梗海棠'，变种有木瓜海棠、龙爪海棠、日本贴梗海棠（日本木瓜）。王金梅等（2010）首次采用顶空固相微萃取结合气质联用技术提取并分析了贴梗海棠花蕾和花的挥发油成分，提出邻苯二甲酸二酯与二酸二酯在贴梗海棠开放过程中生物转化假说。

10.4.13　紫荆 *Cercis chinensis*　豆科紫荆属

（1）分布与习性　广布于中国南北各地。较耐寒，喜肥沃和排水良好的土壤。春季萌芽前移植，冬季移栽不易成活。喜光，喜暖热湿润气候，不耐寒。喜酸性肥沃的土壤。成活容易，生长较快。

（2）栽培养护要点　一般以播种繁殖为主，亦可压条、扦插、分株。常春播，播前将种子低温层积处理2个月以上，播后30 d可发芽，如播前用温水浸种24 h，发芽率高。分株宜在春季萌动前进行，成活率高。压条繁殖，在整个生长季节均可进行，但要在翌年才可生根。适宜在排灌良好的沙质壤土中生长。

（3）园林用途　紫荆在庭园单植，姿容优美，若与连翘、海棠等搭配，满院万紫千红，更显欣欣向荣。可与绿树配置，或栽植于公园、庭园、草坪、建筑物前，观赏效果极佳。紫荆对氯气有一定的抵抗性，滞尘能力强，是工厂、矿区绿化的好树种。

（4）研究进展　近年选育较多的品种是加拿大紫荆，有紫叶和红叶两个品种，花期长、颜色艳。紫荆中的其他种类如红花羊蹄甲、宫粉羊蹄甲，都具有花叶美丽的特点。赵燕燕等（2005）研究发现，紫荆中的乙醇提取物对癌细胞周期有明显的抑制作用。此外，紫荆中的碱性物质对抗衰老有着显著作用，可应用于保健行业。

10.4.14　结香 *Edgeworthia chrysantha*　瑞香科结香属

（1）分布与习性　原产我国，分布于长江流域以南各省及河南、陕西和西南，暖温带树种。喜半阴，也耐日晒。喜温暖气候，耐寒力较差。宜排水良好的肥沃壤土。根肉质，怕积水。根颈处易长萌蘖。

（2）栽培养护要点　可用种子繁殖，也可用分株、扦插、压条等方法。分株宜在春季萌动之前进行，扦插一般在2—3月进行，栽培十分容易，无需特殊管理，每当老枝衰老之时，及时修剪更新。移植在冬春季节进行，一般可裸根移植，成丛大苗宜带泥球。

（3）园林用途　结香树冠球形，早春开花，枝叶美丽，宜栽于庭园或盆栽观赏。姿态优雅，柔枝可打结，十分惹人喜爱，适植于庭前、路旁、水边、石间、墙隅。在园林应用中适宜孤植、列植、丛植于草坪，或点缀于假山岩石旁，也可盆栽。

（4）研究进展　近年选育的优良品种主要来自日本的'静冈种'、'高知种'。日本曾将结香作为一种很有经济价值的作物进行了大量的研究，将其所含大量纤维（含量约46.45%）用于造纸工业，制造纤维素、活性炭等获得良好的经济效益（颜继忠，2003）。其花蕾、茎和根皮均可入药。花蕾中所含的化学成分主要为挥发油成分，多具有祛痰、止咳、平喘、祛风、健胃、解热、镇痛、抗菌消炎等作用。

10.4.15　枸杞 *Lycium chinense*　茄科枸杞属

（1）分布与习性　原产于我国，自辽宁西南部陕西到长江流域均有分布。枸杞喜冷凉气候，耐寒力很强。喜光照充足。多生长于碱性土和沙质壤土，最适合栽于土层深厚、肥沃的壤土上栽培。

（2）栽培养护要点　一般通过无性繁殖如扦插、根蘖，可保持原代性状的稳定性和一致性。

（3）园林用途　枸杞树形婀娜，叶翠绿，花淡紫，果实鲜红，是很好的观果盆景观赏植物，现已有部分枸杞作观赏栽培。耐盐碱、适应性广的枸杞可作为固沙造林、改良土壤的先锋树种和美化庭园、装饰家居的观赏植物。

（4）研究进展　近年选育的品种有'中华枸杞'、'宁夏枸杞'。枸杞是我国一种重要的经济植物资源，枸杞中含有枸杞多糖、氨基酸、类胡萝卜素、维生素、矿物质及微量元素，具有极高的医药、保健价值，因而成为享誉中外的名贵药材和滋补品。在枸杞育种方面，我国已成功运用杂交、诱变多倍体、试管授精、原生质融合、花药培养等育种技术获得高产优质新品种。近年来又利用转基因技术将抗虫、抗病毒等外源基因导入枸杞，以提高枸杞品质和产量（胡博然等，2001）。

10.4.16　丁香 *Syringa oblata*　木犀科丁香属，又名紫丁香、华北紫丁香

（1）分布与习性　原产华北，现全国各地均有栽培。喜光，稍耐阴，在荫蔽条件下能生长，但花少或无花。耐寒性强，也能耐旱，对土壤要求不严，能耐瘠薄，除强酸性和低洼积水地外，各类土壤都能正常生长，但以深厚肥沃、湿润、排水良好的中性土壤最适宜丁香生长。萌蘖性强，耐整形修剪。

（2）栽培养护要点　可用播种、扦插、嫁接或分株等方法繁殖。丁香树势较强健，幼时要注意浇水施肥，成年树按常规管理即可。

（3）园林用途　丁香枝繁叶茂，花序硕大繁茂，花色柔和优雅，花气芳香袭人，树型清雅美观，是我国北方园林中应用最普遍的花木之一，可植于庭园、建筑物前、公园、园路两旁或草坪，丛植、群植都可，也可建成丁香专类园，还可盆栽，亦是切花的上好材料。

（4）研究进展　近年选育的品种有'华北紫丁香'、'白丁香'、'蓝丁香'、'北京丁香'、'暴马丁香'、'红丁香'及'欧洲丁香'等少数种类，大多数种类还处于野生状态或仅限于局部地区栽培。杨焕霞等（2013）对丁香播种育苗技术研究表明，春季播种前要对种子进行催芽处理，若在秋季播种，可采后直接使用，但是切忌暴晒。丁香叶中黄酮提取液对白葡萄球菌、大肠杆菌、金黄色葡萄球菌均有明显抑制作用。丁香的干燥花蕾是我国传统的调味品和中草药，其性辛温，挥发油的主要成分为丁香酚，具有较强的杀虫、抑菌和防腐保鲜作用，但目前尚需对丁香酚的抑菌机理及改性途径作进一步研究（曾荣等，2013）。

10.4.17　迎春 *Jasminum nudiflorum*　木犀科素馨属

（1）分布与习性　原产我国中部及北部，现全国各地均有栽培，喜光，稍耐阴，喜温暖湿润气候，较耐寒，在北京可露地栽培，能耐旱、怕涝，对土壤要求不严，但在排水良好、土壤肥沃且向阳的地方生长最好。萌芽力和萌蘖力强。

（2）栽培养护要点　可采用分株、扦插和压条繁殖，容易生根成活。迎春生长强健，适应性强，栽植容易成活，不需精细管理，每年春季发芽期间，灌水2～3次，夏季不旱不浇，入冬前浇一次封冻水，每年秋季在根部穴施腐熟的堆肥。在雨水多的季节，其枝端着地后易生根，可用棍棒挑动枝条几次，不让其接触湿土。每年应摘心3～4次，促使多发新枝，一般5、6、7月各一次。盆栽可在秋季上盆，每年花谢后换盆一次，并修剪残枝。图10.23利用自然株形的修剪，把蘖生枝条及老枝从基部剪掉，对内膛枝要疏枝。

图10.23　自然株形的修剪

（3）园林用途　迎春植株铺散，枝条鲜绿披垂，早春花先于叶开放，树丛绿翠，花色金黄，对冬季漫长缺绿的北方地区，装点冬春之景意义很大，宜配置于池边、溪畔、悬崖、坡地、台地，也可丛植于庭前阶旁，草坪边缘，亦可作切花或作花篱、绿篱。

（4）研究进展　赵兰枝等（2006）研究迎春花水培表明水培迎春很适宜置于居室内。王泽帝等（1998）在迎春花的极性实验中发现了迎春花极性"逆转"现象。迎春花含有多种裂环烯醚萜类化合物，其花、叶、枝中含有较为丰富的黄酮类，已有研究证实迎春花提取液具有很好的抗心律失常、镇痛镇静、耐缺氧等作用。

10.4.18　连翘 *Forsythia suspensa*　木犀科连翘属

（1）分布与习性　原产我国中部和北部，现全国各地均有栽培。

（2）栽培养护要点　可用扦插、压条、分株或播种繁殖，以扦插为主。栽植宜在秋季落叶后进行，早春移植的当年开花不盛。连翘适应性强，生长强健，给予常规管理即可，在栽后的头几年，可于花后在离地10 cm处截去老枝，促其丛生，每年落叶后的修剪以修去无用枝为主。

（3）园林用途　连翘早春花先叶而开，满树金黄，艳丽可爱，是点缀早春园林景色的佳品。宜丛植于草坪、角隅、岩石假山下，或阶前台下、路旁转角处，可作花篱或绿篱，群植常以常绿树为背景，与榆叶梅、紫荆、绣线菊等配置，花开时更能衬托出金黄夺目的色彩。老树可制作桩景。

（4）研究进展　变种主要有三叶连翘、垂枝连翘、花叶连翘、毛叶连翘等。在扦插育苗方面，宗福生等（2008）采用悬臂式全光照自动喷雾扦插育苗设备进行连翘嫩枝扦插育苗研究，发现其生根率达 95.2%，移栽成活率达 93%。张学顺等（2011）采用不同浓度 ABT 生根粉处理不同苗龄的连翘，发现 100 mg/L 的 ABT 生根粉处理过的生长状况较好，一年生枝条的成活率及生长均好于二年生枝条。任和平（2011）研究发现用 500 mg/L 吲哚乙酸处理插穗，成活率可达 90.5%。连翘是传统的药用树种，也可做食品天然防腐剂或化妆品，应用广泛，市场前景广阔。

10.4.19　金钟花 *Forsythia viridissima*　木犀科连翘属

（1）分布与习性　产于江苏、安徽、浙江、江西、福建、湖北、湖南、云南西北部。多生长在海拔 500～1 000 m 的沟谷、林缘与灌木丛中。喜光照，又耐半阴。耐热、耐寒、耐旱、耐湿；尤以在温暖湿润、背风面阳处生长良好。在黄河以南地区夏季不需遮阴，冬季无need入室。对土壤要求不严，盆栽要求疏松肥沃、排水良好的沙质土。

（2）栽培养护要点　以扦插为主，亦可压条、分株、播种繁殖。硬枝或嫩枝扦插均可，于节处剪下，插后易于生根。春秋二季 1～2 日浇 1 次，夏季每日 1～2 次，冬季见土面干时再浇。地植冬末春初应保持土壤湿润，以促进花芽膨大与开花。盆栽每半月施 1 次稀薄液肥，孕蕾期增施 1～2 次磷钾肥，可使花大色艳。地植于冬春开沟施 1 次有机肥即可。每年花后剪去枯枝、弱枝、过密枝，短截徒长枝，使之通风透光，保持优美株形。病虫害较少发生。

（3）园林用途　先叶而花，金黄灿烂，可丛植于草坪、墙隅、路边、树缘、院内庭前等处。

（4）研究进展　近年来，关于金钟花的报道主要集中在扦插培育技术、水提取物和叶片色素应用方面。其中史素霞（2012）使用不同的生长激素处理金钟花的插穗，平均生根量和生根质量都有显著提高，萘乙酸、吲哚乙酸 5 000 mg/L 以及吲哚丁酸 3 000 mg/L、5 000 mg/L 的平均生根量都在 10 条以上，从根的质量来看，以萘乙酸 3 000 mg/L 最好，根量多且粗壮。目前已经发现金钟花叶的水提取物（FSE）具有体外抗氧化、抗衰老和降血脂作用。金钟花叶片色素在氧化剂和还原剂中比较稳定，对大多数的金属离子也比较稳定，具有较大的开发价值（蒋本国，2004）。

10.4.20　小叶女贞 *Ligustrum quihoui*　木犀科女贞属

（1）分布与习性　原产于长江流域以南及陕西、甘肃和日本等地，喜光，略耐阴，喜温暖湿润气候，亦较耐寒，适生于土壤湿润之处，溪谷水边较为常见，在干燥处生长不良。对土壤要求不严，除盐碱土外，中性土、石灰性土、微酸性土均能生长。萌生力强，极耐修剪。

（2）栽培养护要点　一般以播种繁殖为主，亦可用扦插和分株方法繁殖。4～5 月开花，11～12 月种子成熟，成熟时果皮呈黑色，要适时采收，果实成熟后并不自行脱落，可用高枝剪取果穗，捋下果实，将果实浸水，搓去果皮，洗净，阴干。如不立即播种，可装袋干藏或用 2 份湿沙和 1 份种子混合贮藏。

（3）园林用途　因其叶小，萌芽力强，耐修剪，生长迅速，盆栽可制成大、中、小型盆景。长江及淮河流域小叶女贞野生资源非常丰富，老桩移植极易成活，幼枝柔嫩易绑扎定型，选留合适枝条或剪或扎，经常进行修剪、摘心，一般三四年就能成型，极富自然野趣。所以，小叶女贞是盆景制作的一种非常适合的植物。

（4）研究进展　小叶女贞适于除盐碱土外的任何土壤，但盆土中应含有一定量的铁元素，否则易发生黄化，造成株形矮小，幼嫩部分叶肉失绿黄化，严重时叶片呈白色至新梢枯死（王凯，2011）。叶和果实中主要含有齐墩果酸、熊果酸等物质，有抗氧化作用。

10.4.21　金银木 *Lonicera maackii*　忍冬科忍冬属

（1）分布与习性　产于我国东北、华北、华东、西北、西南等地。生于山地林中。喜光，略耐阴。耐寒、耐旱，对土壤适应性强。

（2）栽培养护要点　主要有播种繁殖、扦插繁殖。播种繁殖中，10—11 月种子充分成熟后采集，将果实捣碎，用水淘洗，搓去果肉，水选得纯净种子，阴干，干藏至翌年 1 月中下旬，取出种子催芽。先用温水浸种 3 h，捞出后拌入 2～3 倍的湿沙，置于背风向阳处增温催芽，外盖塑料薄膜保湿，经常翻倒，补水保温。3 月中下旬，种子开始萌动时即可播种。苗床开沟条播，行距 20～25 cm，沟深 2～3 cm，播种量为 5 g/m²，覆土约 1 cm，然后盖农膜保墒增地温。播后 20～30 d 可出苗，出苗后揭去农膜并及时间苗。当苗高 4～5 cm 时定苗，苗距 10～15 cm。5、6 月各追施一次尿素，每次每亩施 15～20 kg。及时浇水，中耕除草，当年苗可达 40 cm 以上。

扦插繁殖一般多用秋末硬枝扦插，用小拱棚或阳畦保湿保温。6—8 月份，选当年健壮母株枝条，用 100 ppm ABT 生根粉泡两个小时，插穗深度为 2～2.5 cm。

（3）园林用途　金银木的枝条繁茂、叶色深绿、果实鲜红,观赏效果颇佳。春天可赏花闻香,作蜜源树种,秋天可观红果累累,作鸟食树种。常将金银木丛植于草坪、山坡、林缘、路边或点缀于建筑周围。

（4）研究进展　近年选育的品种有'变叶金银木'和'长绿期金银木'。对金银木的研究主要集中于观赏、绿化和其体内的绿原酸、多糖成分(王英臣,2012)。石进朝等(2011)近年对变叶金银木组织培养研究发现,适宜的外植体材料为日光温室内生长的新梢带芽枝段,可诱导出不定芽,木质化带芽枝段、成熟叶片、叶柄均不适宜作为外植体的材料。

10.4.22　六道木 *Abelia biflora*　忍冬科六道木属

（1）分布与习性　产于辽宁、河北、山西、内蒙古、陕西等省区。喜温暖、湿润气候,亦耐干旱瘠薄。根系发达,萌芽力、萌蘖力均强。在空旷地、溪边、疏林或岩石缝中均能生长。

（2）栽培养护要点　主要用播种、扦插或分株繁殖。六道木新品种萌蘖力强,生长势较旺盛,要及时去除基部的萌条。生长季轻修剪,控制枝条生长,防止徒长,以轻剪为主,如摘心、短剪等,及时剪除多余的花束,促进发芽及花芽分化,延长花期。生长过于旺盛的枝条,可截断过长的主枝控制其徒长,抽出的分枝适当多留,侧枝也应多留,作为开花枝。徒长的新梢,可喷多效唑、矮壮素等生长调节剂。同时,剪除枯枝、病虫害枝、交叉枝、密生枝、徒长枝等,改善通风透光条件。进入休眠期,则以整形为主,植株修剪成冠幅圆满、高度一致、枝条分布均匀的树形,增强植株观赏效果。

（3）园林用途　六道木枝叶婉垂,树姿婆娑,花美丽,萼裂片特异,可丛植于草地边、建筑物旁,或列植于路旁作为花篱。

（4）研究进展　近年选育的六道木新品种有'金叶六道木'、'金边六道木'、'大花六道木'、'红花六道木'等(王晓明,2008)。汪思奇等(2012)以具生长点的嫩茎为材料,采用组织培养的方法,进行了生长点的生长、生长芽的分化、分化芽的生根、试管苗的生根及生根继代增殖培养、试管苗的移栽与定植的研究。研究表明,30 d 为一个继代增殖培养周期,其繁殖系数为 2.8。吕剑等(2007)对大花六道木的盆栽管理技术进行研究表明,大花六道木一年四季均可扦插,冬季或早春可用成熟枝扦插,当年即可开花;春、夏、秋季节用半成熟枝或嫩枝进行扦插。

10.4.23　月季 *Rosa chinensis*　蔷薇科蔷薇属

（1）分布与习性　原产湖北、四川、云南、湖南、江苏、江西、广东等地,现中国及世界各地均有栽培。变种、变型主要有月月红、小月季、绿月季和变色月季等,品种极多,全世界栽培品种有近万余种,我国栽培的主要类群有杂种香水月季、杂种长春月季、丰花月季、杂种藤本月季和微型月季等。

月季喜光,不耐阴,对温度的适应能力各品种群间差异大,丰花月季、杂种藤本月季一般能耐−15℃低温,杂种香水月季群最不耐寒。月季喜肥沃湿润、排水良好的土壤。

（2）栽培养护要点　月季以扦插和嫁接繁殖为主。可在春季芽萌动前进行裸根栽植,栽前行强修剪,栽后浇透水,月季常年开花不断,需要及时补充肥料,供给营养,春季萌动前,可结合浇发芽水施一次稀薄的液肥,以后每隔半月施一次液肥,肥料可用稀释的人畜粪尿,也可与化肥交替使用,夏季炎热要停止施肥,秋季可用腐熟的有机肥穴施。在淮河流域以北地区要注意做好安全越冬工作。

月季的主要病害有白粉病、黑斑病,要选择通风、光照足和地势高的地方栽种,注意环境卫生,及时清除枯落物和病残体,消灭越冬菌原,发病严重时用 50% 的多菌灵 600~800 倍液喷洒。月季的虫害主要有蚜虫、红蜘蛛、蚧壳虫等,也要及时防治。

（3）整形修剪　月季的修剪分冬剪和夏剪,冬剪在落叶后进行,对杂种香水月季和杂种长春月季,可将当年生充实枝条短截,留 4~5 个芽,每株留 3~4 根枝;夏剪在生长期进行,及时修去萌蘖枝,花后剪除残花,月季一年可多次开花,第一批开花后,要将花枝短截于 10~20 cm 或一健壮腋芽处,以增强其生长势,第二批花开后,仍需留壮去弱,促进开花。

① 整形:根据月季的分枝习性,无论是直立型品种,还是扩张型品种,均可采用多干瓶状形,多干瓶状形实际上是多主干型的一种表现形式。当前园林中月季广泛采用此种整形方式。其特点是无主干,分枝点接近地面;初期主枝为 3~5 个,5~6 年后,由于根萌蘖条的不断萌生,主枝数可达 10 个左右。

具体做法:当扦插或嫁接成活的月季幼苗长出 4~6 片叶时,要及时进行摘心或剪梢,可以暂缓形成第一个花蕾,如果已经形成了花蕾,也要摘去,有利于枝干内养分的积累,促进根系发展和剪口下分枝的发育与成长。在栽培管理得当的情况下,当年即能在植株下部抽生 2~3 个互相错落分布的新枝,为形成优美的多干瓶状形打下基础。

第一次冬剪时因为月季苗小,根系不发达,枝条也不多,故宜以轻截为主,多留腋芽,以便在早春多发枝条。这次剪截长度根据枝条的强弱及其所处位置而决定,一般位于上部的枝条长势较强,因此可酌情多留芽,约留7~8个芽剪截;位于较下部位枝条角度较大,生长势由上至下依次递减,因此,留芽数量也宜适当减少,一般留 3~5 个芽。在肥水条件较好的情况下,春季每株可发9~12 个新枝,约开 9~12 朵花,初步形成了多干瓶状树形。但要注意,同级侧枝要留同方向,避免产生交叉枝。短截时,扩张型品种,剪口留里芽;直立型品种,剪口要留外芽。

除多干瓶状整形外,园林工作者常将直立型品种中,干形比较强的整剪成小乔木状,即常见的树状月季。具体做法如下:首先要培养一个通直的主干,当壮年植株的基部发出一个很大的蘖芽时,通过适当的修剪及加强管理,有目的地促使其生长得挺拔壮实,留作主干。待主干长至80~100 cm时,进行摘心,在主干上端剪口下选留3~4个主枝,其余枝条均疏除。当主枝长到10~15 cm时,也要进行摘心,促使抽生分枝作为侧枝,在生长期内对主干和侧枝要注意及时进行摘心,其目的就是增加枝条数量。到生长末期,树状月季基本成形。

有的将"树状月季"整剪成伞形即伞形月季。伞形月季一般是采用高接培养而形成的,通常用根系发达、少刺的藤本为砧木,在1.5~1.8 m处短截,再选用四季开花的大花藤本月季作接穗,嫁接在主干顶端20 cm范围内,待接穗成活长至20 cm时进行摘心(留4~6个芽),促使抽生分枝。因为月季一年有多次生长的特性,所以每当新枝长到20 cm左右时,就进行摘心,促其不断抽生分枝,以便及早布满事先做好的伞形支架。摘心时要注意选留两侧腋芽,有时侧芽上方的芽优先发育(两侧新枝反而很弱),开花后可回缩到该芽的新生分枝处。冬剪时,伞面上每个新枝,可根据枝条强弱情况留芽4~8个短截。肥水得当,第二年即可开花,在以后的修剪时要注意防止枝条下部光秃。具体做法:冬剪时,将每个侧枝的延长枝剪去,用处于较后部的一年枝作枝头;如果侧枝生长过长,为了不使后部光秃,可在后部向上枝或较健壮的侧枝处回缩。

② 修剪:新栽月季(图10.24)在定植前首先疏去衰老枝、细弱枝、伤残枝;同时掘苗后对根系也要进行修剪,把老根、病根剪除,将伤根截面剪平以利愈合。苗木定植好后一般需要进行一次较强的修剪。修剪程度,杂种长春月季每株留5~6个主枝,每枝留7~8个芽短截;杂种香水月季每株留4~5个主枝,每枝留4~5个芽;藤本月季在枝条近基部10 cm处剪截,先养好根系,以后才能抽生枝条,一般栽植后1~2年不需要修剪。

越冬前修剪:月季在进入冬季休眠前一定要进行一次修剪,在长江以南地区,约在12月份开始进行,此次修剪在北京地区是在11月上、中旬防寒之前进行。首先要检查植株,若为嫁接苗应同时剪除砧木上的不定芽和根蘖。然后根据植株健壮程度和年龄大小确定留主枝的数目,一般留3~7个。如果需要去掉主枝时,则要根据全株枝条分布的疏密情况,适当将枝密的部位剪去。当主枝数确定后,对全株进行修剪,一般每个枝条留2~3个芽(不可多留)。剪口芽的方向,直立型品种:尽量选留外芽,但务必将剪口附近的向上芽抹除,以免产生竞争枝,破坏株形,以获得较为开张的树形,有利于通风透光;扩张型品种:剪口芽宜留里芽,使新枝长得直立,株形紧凑。

在同一主枝上,往往同时存在几个侧枝,在冬剪时,要注意各枝间的主从关系。侧枝剪留长度,自下而上地逐个缩短,彼此占有各自空间。这样,整个植株开花有高低,上下错落,富于立体感。修剪的切口应在腋芽的上方约0.5~1 cm的地方,而且切口应向芽的生长反方向倾斜,倾斜的角度约为30°~40°。

春季修剪:春季地栽月季解除防寒物或盆栽月季出窖以后,除浇水、施肥、喷药等正常养护管理工作外,要进行一次细致的修剪工作,这次修剪与第一次花开的大小和多少有很大关系。先要剪去干枯枝、细弱枝、病虫枝、伤残枝;嫁接苗要剪除砧木上抽发的萌蘖枝。区别萌蘖枝的方法:一般砧木上的萌蘖枝通常具小叶7~9枚,而由接穗基部萌发的脚芽通常具小叶5枚;砧木上的萌蘖枝颜色通常较淡,刺较多。遇到某些多花月季的品种,接穗上的脚芽与砧木上的萌蘖芽相似不易辨认时,可以挖开根边泥土,凡是从接口以下长出的新芽都是砧芽。如果是扦插苗则可用根蘖枝填补株丛的空缺,也可用来更新老枝,因而要根据具体情况决定对根蘖枝的取舍。如果留用根蘖枝,由于根蘖枝是从根部发出,早春因其能获得大量的养分,长得又粗又壮,如果任其自然生长,其优势将超过树冠内各级枝条,则会扰乱树形。因此,必须视具体情况进行摘心,减缓长势并促其多生分枝,以增加花量。这种健壮的根蘖枝,绝对不能齐地重载,因为重载后,养分集中应用,很快又长出更为健壮的直立枝,最后根据株形平衡的需要还要剪掉过长枝,造成养分的浪费。

在越冬前修剪时,在北方寒冷地区,往往剪口芽上方留的枝头较长,目的是防止枝头干枯影响剪口芽的生长。在复剪时一定要将过长的枝头剪去,以免影响剪口芽生长的方向。在北京,春季复剪后约60天开花,通常情况下,第一批花期约在5月20日至6月20日。

花后修剪:花后为了集中营养萌发新枝,应及时剪去残花,避免结实。

控制花期的修剪:由于月季品种繁多,加之其花芽是一年多次分化型,只要环境条件适宜,四季均能开花。但是令月季在"五一"、"十一"等各大节日集中开出色彩艳丽的花朵也是件不容易的事情。北京市天坛公园通过修剪、控制温度、加强肥水管理,成功地使月季花在各大节日盛开。

更新修剪:更新修剪是对10年生以上的老月季而言,因为月季经过多年生长和开花,树体高大,下部干皮粗糙,呈灰褐色,芽眼及叶痕已无法判断。对这种老年月季修剪应特别注意,千万不要在干皮粗糙处下剪,因为这部分被冬春季干风吹袭,会失水枯死,发不出新枝。

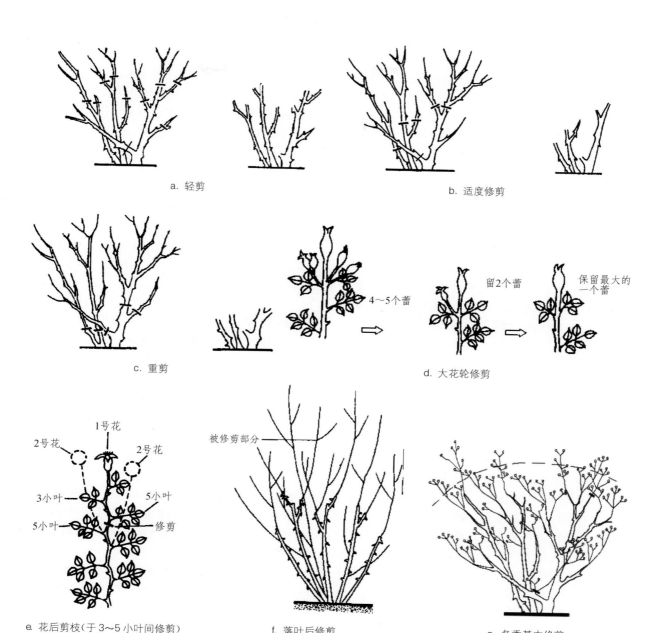

a. 轻剪　　　　　　　　　　　b. 适度修剪

c. 重剪　　　　　　　　　　　d. 大花轮修剪

4～5个蕾

留2个蕾　　　保留最大的一个蕾

1号花

2号花　　　　　　2号花

3小叶　　　　　　5小叶

5小叶　　　　　　修剪

e. 花后剪枝(于3～5小叶间修剪)

被修剪部分

f. 落叶后修剪

g. 冬季基本修剪

图 10.24　月季修剪

（4）园林用途　月季花容俊美,千姿百态,四季花开,品种繁多,易于栽植和管理,被誉为"花中皇后",是绿化、美化、香化的好材料,园林用途广泛,可布置花坛、花境、花带,也可建专类园,还可做切花,经济价值高,市场需求大,是制作花篮、花环、花车、花束的常用材料。

10.5　常绿藤本

10.5.1　薜荔 *Ficus pumila*　桑科榕属

（1）分布与习性　产于华东、华中及西南,日本、印度

也产。喜温暖湿润气候,耐阴,耐旱,不耐寒。可生长于酸性、中性土。

（2）栽培技术要点　常用播种、扦插和压条繁殖。播种育苗将种子阴干贮藏至翌年春播,一般发芽率可达90％以上,成苗达85％以上。春、夏、秋三季都可扦插,插穗可选择当年萌发的半木质化或一年生木质化的大叶枝条(结果枝)以及小叶枝条(营养枝)。

（3）园林用途　常用于点缀山石及绿化墙垣、树干,也可作为地被观赏。

（4）研究进展　近年来常用的品种有小叶薜荔和斑叶薜荔;同属种锦荔初生茎直立,成熟枝蔓下垂,叶面波皱,浅灰绿色,具白色斑点。姜傲芳等(2007)以薜荔茎段

为外植体,研究了其丛生芽诱导和快繁技术,表明各激素对诱导丛生芽的作用大小为:6-BA＞NAA＞KT＞IAA。吴文珊等(2004)研究发现薜荔的水提液对大肠杆菌抑菌效果明显,毛彩霓等(2011)发现用乙酸乙酯、醇、水饱和正丁醇提取的薜荔提取液有明显的抗炎活性。

10.5.2 叶子花 *Bougainvillea spectabilis* 紫茉莉科叶子花属,又名三角花、三角梅

(1) 分布与习性 原产巴西,我国各地有栽培。性喜温暖湿润的气候,喜光不耐阴,不耐寒,在排水良好的沙壤土上生长良好。

(2) 栽培养护要点 南方地栽。在距建筑物 1 m 处挖穴栽植,穴深 40 cm,宽 60 cm,施基肥后栽植,浇透水,适当遮阴,成活后立支架,让其攀援而上,植株生长快,2 年即可满架。生长期追肥 2～3 次,追肥后及时浇水,叶子花需水量多,如夏季供水不足,易引起落叶。花后将密枝、枯枝及顶梢剪除,使多发壮枝开花。衰老植株可重剪更新。

(3) 园林用途 叶子花枝叶繁茂,花大美丽,是优良的垂直绿化植物,广东一带常作棚架、绿廊、拱门、绿篱使用,效果很好。

(4) 研究进展 叶子花的种类有 300 种之多,可按其花色、叶色、枝条等形态特征分类。按苞片的颜色划分,可细分为紫色系、红色系、粉色系、橙色系、黄色系、白色系和杂色系等;按叶的形色划分,叶有斑叶、金边、银边、洒金、皱叶、小叶、暗斑叶等不同类型;按枝条的形态划分,枝有软枝、硬枝之分;按苞片的形态划分可分为单瓣和重瓣系列(周群,2008)。龚伟等(2005)研究发现,同属树种光叶子花的组培苗既可直接从茎段基部诱导产生不定芽,也可从茎段基部形成大块愈伤组织后再从愈伤组织上分化出不定芽。研究发现叶子花的苞片内含有丰富的甜菜色素,具有消炎作用,长期食用添加甜菜色素的食品有助于缓解外部压力引起的身体失调。但对其抗逆性机制的研究目前国内外鲜见报道(赵玉梅、任红梅,2011)。

10.5.3 木香 *Rosa banksiae* 蔷薇科蔷薇属,又名木香藤

(1) 分布与习性 原产我国南部、西南部,野生遍布陕西、甘肃、青海、福建、云南等地,现广泛栽培。亚热带树种,性喜阳光,适应性较强,对土壤要求不严。耐寒性不强,北京须选背风向阳处栽植。萌芽力较强,耐修剪,生长快。

(2) 栽培养护要点 生长迅速,栽植应设棚架或立架,生长初期因其无缠绕能力,还需作适当牵引和绑附,否则生长紊乱。栽植初期要控制基部萌发的新枝,促进主蔓生长,选留主蔓须视支架大小而定,一般 3～4 支即可;主

蔓过老时要适当短截更新,促发新蔓,否则花都在上部,下面空虚。

(3) 园林用途 木香是很好的棚架、山石和墙垣攀附材料,花香沁人,可作簪花、襟花和切花插瓶,也可盆栽扎成“拍子”供室内欣赏。

(4) 研究进展 木香花小白色,还有红色、粉红、浅黄变种,花径约 2 cm,单瓣或重瓣。胡申明(2012)采用不同基质、不同 IBA 浓度处理木香插穗,研究扦插基质、激素浓度对扦插生根的影响,结果表明木香在 200 mg/L IBA＋珍珠岩组合中成活率、生根数、平均根长最好。木香作为各类月季的砧木具有很强的亲和力,彭春生(2004)介绍了将山木香(*Rosa cymosa*)作为乔木月季砧木的方法。

10.5.4 常春油麻藤 *Mucuna sempervirens* 蝶形花科油麻藤属

(1) 分布与习性 原产于我国西南至华南、华东等地区。喜温暖湿润气候,耐阴,耐旱,抗病虫害能力强,畏严寒。对土壤要求不严,但以排水良好的石灰质土壤栽培最为适宜。

(2) 栽培技术要点 常播种、扦插或压条繁殖。播种在春、秋季进行,播前将种子用 35℃ 左右的温水浸泡 8～10 h,播后覆土。扦插和压条,可在 3 月至 4 月中旬,8 月中旬至 9 月下旬,剪去半木质化嫩枝,带叶扦插,扦插后半月之内要注意抗旱和防涝。

(3) 园林用途 常春油麻藤枝叶浓密,四季常绿,花序下垂数尺,形状独特,老茎古朴苍劲,盘石穿缝,长势顽强,能形成独特的景观,是屋顶绿化、墙面绿化、凉棚、花架、绿篱的好材料。

(4) 研究进展 陈柯(2008)研究了常春油麻藤抗逆性,以应用已较广泛的中华常春藤、扶芳藤等为对照材料,发现抗旱性排序为:扶芳藤＞常春油麻藤＞中华常春藤;半致死高温及耐热性排序为:常春油麻藤(68.12℃)＞扶芳藤(56.38℃)＞中华常春藤(46.99℃);抗寒能力:扶芳藤＞常春油麻藤＞中华常春藤。陈高等(2012)研究发现常春油麻藤花蜜释放的挥发物以脂肪族化合物为主(87.2%),其中酮类占 56.1%,对酸臭蚁有慢性毒杀作用,而对中华蜜蜂则有吸引作用。该研究为该属亚洲类群的传粉机制提供数据,并为其他植物类群花蜜成分及功能研究提供新的视角。

10.5.5 扶芳藤 *Euonymus fortunei* 卫矛科卫矛属

(1) 分布与习性 原产我国中部地区,河南及陕西南部、山东、安徽、浙江、江西、湖南、四川等地均有野生分布,现各地普遍栽培。在北方落叶或半常绿,南方则常绿,能忍受 −5～−6℃ 的低温。抗风力强,耐暑热。对土壤要求

不严,抗旱力强。

（2）栽培养护要点　扦插、播种、压条繁殖。在华北以南的园林中可栽在湖边湿地上或干旱的坡地上,栽时灌足水,成活后不必经常灌水,栽培管理较粗放。

（3）园林用途　南方多栽植在矮墙角隅、假山石旁、岩石园的石缝中,或栽在老树的下面,让茎蔓延着树干攀援,也可在竹篱的一侧使茎蔓布满篱垣。

（4）研究进展　目前开发应用的品种有'大叶扶芳藤'、'圆叶扶芳藤'、'皱叶扶芳藤'、'尖叶扶芳藤'、'彩叶扶芳藤'、'攀援扶芳藤'、'树状扶芳藤'、'多果扶芳藤'。王茂良等(2004)对扶芳藤的再生研究中发现预培养时间较短的下胚轴对植物生长调节剂浓度反应敏感,较老的下胚轴在 MS+6-BA 1.3～1.7 mg/L+NAA 0.1 mg/L 或 IBA 0.1 mg/L 培养基上分化效果最好。扶芳藤中含有的黄酮类和儿茶类化学成分具有良好的抗氧化作用,具有抗衰老和提高肌体免疫能力的作用。目前扶芳藤的应用研究中还未选育出更适合我国北方气候特点的低成本、低养护、生态效益高的扶芳藤种源类型或品种(刘伟峰等,2010)。

10.5.6　常春藤 *Hedera nepalensis*　五加科常春藤属

（1）分布与习性　世界各地均有栽培,广泛栽培于我国大江南北,是典型的阴性藤本植物,也能生长在全光照的环境中。性喜温暖、湿润,不耐寒,要求深厚、湿润和肥沃的土壤,不耐盐碱。

（2）栽培养护要点　在建筑物的阴面或半阴面栽植。春季带土球穴植,栽后对主蔓适当短截或摘心,使大量萌发侧枝,尽快爬满墙面。生长期对密生枝疏剪,保持均匀的覆盖度,并适当施肥和浇水,同时应控制枝条长度使之不翻越屋檐,以免爬入屋瓦,造成掀瓦漏雨。

（3）园林用途　常春藤由于枝蔓叶密,是理想的室内外壁面垂直绿化材料,又是极好的地被植物。在庭园中可用以攀援假山、岩石,或在建筑阴面作垂直绿化材料。

（4）研究进展　目前常用的常春藤品种有'金边常春藤'、'日本常春藤'、'彩叶常春藤'、'金心常春藤'、'银边常春藤'、'三色常春藤'等。杨永生(2007)研究发现 NAA 8 mg/L 和 IBA 500 mg/L 处理后的常春藤插条表现出生根快、持续生根时间长、生根量多且长、生根率高、叶数多等优点,是水培常春藤插条最适宜的处理浓度。扦插繁殖方面,研究表明倒插的常春藤枝条可以像正插繁殖的枝条一样长成成熟的植株(周银丽等,2008)。常春藤的提取液中含石竹烯、香紫苏醇衍生物、柏木烯等,具有一定的平喘作用和抗菌活性,可用于治疗老年慢性支气管炎,也可应用于合成香料生产(童星,2007)。

10.5.7　络石 *Trachelospermum jasminoides*　夹竹桃科夹竹桃属,又名白花藤

（1）分布与习性　主产长江流域,在我国分布极广,朝鲜、日本也有。喜光,耐阴;喜温暖湿润气候,耐寒性不强;对土壤要求不严,且抗干旱;萌蘖性强。

（2）栽培养护要点　黄河以南地区均可露地栽培。扦插与压条繁殖。植后应立支架诱引攀援,秋季可将茎部分枝剪除,翌年 4—5 月,再将壮枝稍加修剪,促其早日均衡生长。

（3）园林用途　络石叶色浓绿,四季常青,花白繁茂,且具芳香,长江流域等地及华南等暖地,多植于枯树、假山、墙垣旁,令其攀援而上,botanical颇优美自然;其耐阴性较强,故宜作林下或常绿孤立树下的常青地被;北方地区常温室盆栽观赏。

（4）研究进展　目前常用的品种有'金叶络石'、'花叶络石'、'斑叶络石'、'狭叶络石'、'黄金锦络石'。近年研究集中于各品种的组织培养,研究表明花叶络石较理想的腋芽诱导培养基为 MS+BA 3.0 mg/L+NAA 0.2 mg/L,其诱导率为 88%;最佳的腋芽增殖培养基为 MS+BA 1.5 mg/L+NAA 0.2 mg/L,增殖系数为 4;最佳的生根培养基为 1/2 MS+NAA 0.2 mg/L,生根率均达到 90% 以上(邹清成等,2009)。由于在组织培养过程中,容易产生不同程度的体细胞变异,从而出现纯型植株的风险。因此在繁殖方式上选用增强腋芽生枝能力较为安全(高燕会等,2006)。

10.5.8　金银花 *Lonicera japonica*　忍冬科忍冬属

（1）分布与习性　产于东北、华北、华东、华中及西北东部、西南北部,朝鲜、日本也有分布。温带及亚热带树种,性强健,耐寒,耐旱,喜光,耐半阴,喜湿润肥沃及深厚的壤土。

（2）栽培养护要点　栽培极为粗放,管理方便。移植应在春季进行,选择 2～3 年生苗,每 2～3 株一丛,植于半阴处。需有他物任其攀援,否则萌蘖就地丛生,彼此缠绕,影响观赏。一般每年开两次花,当第一批花谢后要对新梢进行适当摘心,以促进第二批花芽的萌发。

（3）园林用途　金银花植株轻,藤蔓缭绕,冬叶微红,花先白后黄,富含清香,是色香俱备的藤本植物,可缠绕篱垣、花架、花廊等作垂直绿化;或附在山石上,植于沟边,于山坡作地被,也富有自然情趣;花期长,花芳香,又值盛夏酷暑开放,是庭园布置夏景的极好材料;植株轻,是美化屋顶花园的好材料。

（4）研究进展　目前常用的金银花品种有'九丰1号'、'中花1号'、'细毡毛忍冬'、'灰毡毛忍冬'、'湘蕾一号'等,园林上应用的新品种有'树型金银花',蔓状小灌

木，一年4～5茬花，五年生株产干品可达1.2 kg(王拉、雷开寿、吴振海，2010)。目前金银花的组织培养研究不多，仅有灰毡毛忍冬和南江金银花实现了快繁生产，至今尚未见到金银花茎尖脱毒、原生质、胚乳等培养的有关研究报道(王晓明、李永欣、聂启英，2006)。金银花的有效成分绿原酸等具有广谱抗菌作用(赵薇、邹峥嵘，2009)。

10.6　落叶藤本

10.6.1　铁线莲 *Clematis florida*　毛茛科铁线莲属

(1)分布与习性　产于广西、广东、湖南、湖北、浙江、江苏、山东等地；日本及欧美多有栽培。喜光，但侧方庇荫时生长更好。喜肥沃疏松、排水良好的石灰质土壤。耐寒性较差。

(2)栽培养护要点　播种、压条、嫁接、分株或扦插繁殖均可。子叶出土类型的种子春季播种，约3～4周可发芽，秋季播种则春暖时萌发。子叶留土类型的种子需要经过春化阶段才能萌发。扦插时选取7～8月半成熟枝条，扦插深度为节上芽刚露出地面。生根后上盆，在防冻的温床或温室内越冬。春季换盆，移出室外。夏季需遮阴防雨，10月底定植。

(3)园林用途　可种植于墙边、窗前，或依附于乔、灌木之旁，配置于假山、岩石之间，攀附于花柱、花门、篱笆之上；也可盆栽观赏。少数种类适宜作地被植物。有些铁线莲的花枝、叶枝与果枝还可作瓶饰、切花等。

(4)研究进展　铁线莲常见栽培变种有柱果铁线莲、毛叶铁线莲、转子莲、红花铁线莲等。王辉(2012)以当年生带芽茎段为外植体建立了铁线莲组织培养快繁体系。王祥培(2008)采用水蒸气蒸馏法提取柱果铁线莲挥发油，分析表明其挥发油的主要成分是亚油酸，有降低血清胆固醇的作用。目前国内对铁线莲的研究主要集中在种质资源调查、系统分类和栽培繁殖等方面，对新品种选育方面的研究较少。

10.6.2　木通 *Akebia quinata*　木通科木通属

(1)分布与习性　广布于长江流域、华南及东南沿海各地，北至河南、陕西。朝鲜、日本亦有分布。喜阴湿，较耐寒。常生长在低海拔山坡林下草丛中，在微酸、多腐殖质的黄壤中生长良好，也能适应中性土壤。

(2)栽培养护要点　可用播种、压条或分株法繁殖。播种苗开花结实较晚，开花期花朵不能受雨淋和暴晒，否则不利于授粉。同株授粉常致早期落果。

(3)园林用途　花叶秀美可观，作园林花架绿化材料

或令其缠绕树木、点缀山石都很合适，亦可作盆栽桩景材料。

(4)研究进展　木通属常见栽培品种有'三叶木通'、'川木通'、'关木通'、'白木通'等。曹岚等(2008)研究表明采用60%遮光度及地膜覆盖管理，可以大大提高三叶木通扦插成活率。胡冰峰(2012)发现降酸和除水后，白木通种子油通过酯交换反应可制备生物柴油。目前市场流通的木通品种混乱，缺乏切实可行的质量评价标准。需要对该属植物进行化学成分和药理活性的深入研究，以建立更适合于木通药材的质量标准。

10.6.3　野蔷薇 *Rosa multiflora*　蔷薇科蔷薇属

(1)分布与习性　产华北、华东、华中、华南及西南，朝鲜、日本也有。性强健，喜光，耐寒，对土壤要求不严，在黏重土壤中也可正常生长；不耐水湿。

(2)栽培养护要点　高温时期不通风易染白粉病、煤烟病等，应注意防治。花后残枝应及时剪除，以保持植株整洁。

(3)园林用途　根据不同品种，可以用作棚架、墙垣或斜坡坡岸栽植，也可作草地丛植和高坡悬垂种植，让枝条从上下垂，美化坡壁。

(4)研究进展　常见栽培种类有'粉团蔷薇'、'白玉堂'、'荷花蔷薇'、'金罂子'等。张明忠(2009)研究发现：影响野蔷薇种子萌发的主要因素是冷藏时间。野蔷薇果色素属水溶性色素，耐光性、耐高温性好，在酸性介质以及常用食品添加剂等条件下有较好的稳定性，可作为食品饮料的天然植物色素。目前野蔷薇在园林美化应用中相对较少，没有发挥其应有的园林美化作用。

10.6.4　紫藤 *Wisteria sinensis*　蝶形花科紫藤属，又名藤萝

(1)分布与习性　我国东北南部至广东各地均有栽培。为亚热带及温带植物，性喜光略耐阴，较耐寒，对土壤适应力强，耐干旱，怕积水。主根深，侧根浅，不耐移植，耐修剪，生长较快，寿命很长。缠绕能力很强，能绞杀其他植物。

(2)栽培养护要点　春季萌芽前裸根栽植，如成年大树桩应带土球或重剪后栽，均易成活。作棚架栽培时，定植后选1～2个主蔓缠于植株旁的支柱上，将基部萌蘖枝除去，使养料集中供给主蔓生长，主蔓上部应留少数侧枝，冬季对主、侧枝短截，使翌春抽出强壮的延长枝和大量侧枝，尽快覆盖棚面。紫藤枝条顶端易干枯，萌蘖处枝条易枯死，注意调整枝条数量与位置，避免过多和重叠。

紫藤衰老时，可进行更新修剪，冬季留3～4个粗壮、分布均匀的骨干枝，回缩修剪，其余疏剪，翌春可萌发出粗壮的新枝。在草坪、池畔、厅堂门口两侧灌木状栽植的紫

藤，不应接触他物，使直立生长，可修剪成单杆、双杆式。

紫藤应栽在光照充足处，否则难开花，每年于休眠期施肥，春季花多，花后适当疏枝，并及时除蘖。

（3）园林用途　紫藤枝叶茂密，庇荫效果好，春天先叶后花，穗大而美，有芳香，是优良的棚架、门廊、枯树及山体绿化材料。

（4）研究进展　同属种多花紫藤花序大，观赏价值高，品种繁多，常见的有'阿知'、'安了寺'、'八重'、'拌岛'、'开东'、'熊野'等品种。戴小芬（2012）总结了紫藤容器育苗技术的主要环节，包括适时采种、种子处理、圃地选择、营养土配制、容器选择、容器苗管理等。紫藤花精油主要成分是龙涎香精内酯、A-松油醇、7,8-二羟基香豆素、2,3-二氢-苯并呋喃、吲哚等（吴江等，2004）。

10.6.5　葛藤 *Pueraria lobata*　蝶形花科葛藤属

（1）分布与习性　原产于中国、朝鲜、韩国、日本等地，在华南、华东、西南、华北、东北等地区广泛分布。喜温暖湿润，阳光充足的气候。对土壤适应性广，以湿润和排水良好的土壤为宜。耐酸性强，耐旱、耐寒，在寒冷地区，越冬时地上部分冻死，但地下部分仍可越冬。

（2）栽培养护要点　主要用种子繁殖和扦插。春季清明前后，将种子在40℃温水中浸泡1～2 d，并常搅动，取出晾干，在整好的畦中部开穴播种。扦插繁殖时，秋季采挖葛根，选留健壮藤茎，取中间部分剪成25～30 cm的插条放在阴凉处拌湿沙假植，注意保持通气，防止腐烂。第二年清明前后，在畦上开穴扦插。

（3）园林用途　葛藤性强健，不择土壤，生长迅速，蔓延力强，枝叶稠密，是良好的水土保持地被植物。在自然风景区中可多加利用。

（4）研究进展　葛藤栽培的优良品种有'粉葛'、'葛麻姆'、'广西85-1号'、'江西葛博士一号'、'三裂叶葛藤'等。陈培燕等（2011）研究发现葛藤扦插的基质越疏松其出苗速度越快，出苗率越高。周珺（2007）研究表明葛藤茎皮韧性强劲 是良好的纤维植物，可用于地毯、麻绢等产品生产。葛根的开发利用潜力较大，应进一步研究其人工高产栽培技术。

10.6.6　爬山虎 *Parthenocissus tricuspidata*　葡萄科爬山虎属

（1）分布与习性　广泛分布于我国东北南部以南各地，国外见于日本和朝鲜。性喜阴湿，常攀缘于北向墙壁及岩石上。耐阴，耐干旱瘠薄，适应性强。

（2）栽培养护要点　一般不必搭设棚架，只要将其主茎导向墙壁或其他支持物即可自行攀缘。定植初期需适当浇水及防护，避免意外损伤。成活后则管理粗放。

（3）园林用途　爬山虎叶大而密，叶形美丽，可以大面积地在墙面上攀缘生长，是一种优良的墙面攀缘绿化和建筑物美化装饰植物，尤其适宜于高层建筑物。用它覆盖墙面，可以增强墙面的保温隔热能力，并能大大减少噪音的干扰。

（4）研究进展　常见种类有东南爬山虎、花叶爬山虎、三叶爬山虎、五叶爬山虎。在栽培技术方面，研究发现供氮量对爬山虎幼苗生长有显著影响，低氮处理的爬山虎侧枝发育较小，高氮处理的侧枝长度显著大于低氮处理。爬山虎的根茎是我国传统中药，结实性好，产量高，果实可用于酿酒。

10.6.7　凌霄 *Campsis grandiflora*　紫葳科凌霄属

（1）分布与习性　分布于华北、华中、华南、华东和陕西等地。性喜光而稍耐阴，幼苗宜稍庇荫；喜温暖湿润，耐寒性较差，北京幼苗越冬需加保护；耐旱，忌积水，喜微酸性、中性土壤。萌蘖力、萌芽力均强。花期自6月下旬至8月中下旬，长达3个多月。

（2）栽培养护要点　凌霄栽培管理比较容易。移植在春秋两季均可进行，植株通常需带土球，植后应立支架诱引攀援，在萌芽前剪除枯枝和密枝，以整树形（图10.25）。

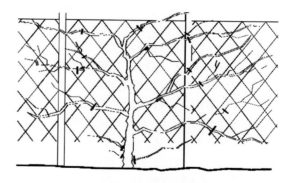

图10.25　凌霄的修剪整形

（3）园林用途　凌霄干枝虬曲多姿，夏季开红花，鲜艳夺目，花期甚长，为庭园中棚架、花门的良好绿化材料；适宜用以攀援墙垣、枯树、石壁，点缀于假山间隙，繁花艳彩，更觉动人；经修剪、整枝等栽培措施，可成灌木状栽培观赏；管理粗放，适应性强，是理想的城市垂直绿化材料。

（4）研究进展　常见栽培种类有南非凌霄和美国凌霄。齐雨等（2008）以凌霄的生长点为材料，对生长点的生长、不定芽的分化、试管苗的生根进行了研究，完成了凌霄的组织培养，建立起凌霄的无性系。韩海燕等（2012）研究发现美洲凌霄花醇提取物具有抗凝血作用。目前，凌霄在我国以散落种植观赏为主，有少量的大户种植供给凌霄花药材原料，规模化种植凌霄还处于初始阶段。

10.7 观赏竹类

10.7.1 孝顺竹 *Bambusa multiplex* 禾本科簕竹属

（1）分布与习性 主产广东、广西、福建等省，江苏、浙江、安徽南部栽植亦能正常生长，为南方暖地竹种，是丛生竹类中较为耐寒者。喜光，喜向阳高爽的地方，能耐阴。适生于温暖湿润、背风、土壤深厚的环境中。

（2）栽培技术要点 以母竹移栽最为简便。应于3月间进行，以竿基芽眼肥大、须根发达者为佳，母竹留枝2～3盘。移蔸栽植，则不留竿部，只栽竹蔸也会成活。也可用分根或埋条繁殖，剪取每节带叶枝条埋土繁育。

（3）园林用途 孝顺竹秆青绿色，枝叶密集下垂，形状优雅、姿态秀丽，为传统观赏叶竹种。多栽培于庭园供观赏，在庭园中可孤植、群植，作划分空间的高篱，也可在大门内外入口角道两侧列植、对植，或散植于宽阔的庭园绿地，还可以种植于宅旁作基础绿地中缘篱用。也常见在湖边、河岸栽植。若配置于假山旁侧，则竹石相映，更富情趣。

（4）研究进展 近年对孝顺竹的研究主要集中在组培快繁、开花生物学特征和花药培养取材等方面。刘正娥等（2012）对孝顺竹组培快繁的研究表明，在芽增殖诱导中，$CaCl_2 \cdot 2H_2O$ 起主要作用，浓度以 220 mg/L 为最佳，$MgSO_4 \cdot 7H_2O$ 在诱导生根和促进苗木高生长方面起主导作用，浓度以 370 mg/L 为最佳。袁金玲等（2011）为发掘利用孝顺竹在耐寒性和纤维品质方面的优良遗传基因，开展孝顺竹开花生物学特性和杂交试验研究，结果表明，孝顺竹花期较长，柱头可授性好，花粉生活力高，非常适宜作为杂交的亲本。徐川梅等（2010）利用激光共聚焦显微镜研究了孝顺竹花粉粒发育，雄配子体发育单核靠边期持续时间较长，单核靠边期花药长度为 4～6 mm，这为孝顺竹花药培养取材提供理论依据。

10.7.2 凤尾竹 *Bambusa multiplex* 'Fernleaf' 禾本科簕竹属

（1）分布与习性 原产中国、东南亚及日本，中国华南、西南至长江流域都有分布。喜光，稍耐阴。喜温暖、湿润环境和土层深厚肥沃、排水良好的土壤。与孝顺竹相比，其耐寒性较差，在上海地区栽植，冬季叶片会出现枯萎现象，但入春后会重展新叶。萌枝力强，十分耐修剪。

（2）栽培技术要点 在生长季节会不断地从根际抽出嫩秆，可截去过高的部分。凤尾竹盆景讲究姿态与神韵，须有立有俯、疏密有致、高低参差。茎秆过多时会有密实气塞之感，影响盆景的观赏效果，应疏去过密及生长衰弱的枝秆。

（3）园林用途 秆茎矮小，密生小枝，细柔下垂，风姿秀雅，能给人以清新爽快之感。宜栽于河边、宅旁，也可和假山、叠石配置。既可让其自然生长，也可修剪成球形。可用于盆栽观赏，点缀小庭园和居室，也可制作盆景或作低矮绿篱。

（4）研究进展 陈应等（2008）对凤尾竹的形态特征和光合生理特性进行研究，结果表明，凤尾竹适宜庇荫环境下（每天直射光照 2～4 h）且于适当通风处栽培，一天中 9:30 和 15:30、一年中 7—8 月生长量最大。董建文等（2000）研究表明，地栽时光照时间短，凤尾竹植株高大，而盆栽时光照时间长则植株矮小。选择光照适当、通风的地方进行地栽可提高观赏价值，盆栽凤尾竹在不同光照条件下可产生不同视觉效果，具有很强的观赏性。

10.7.3 紫竹 *Phyllostachys nigra* 禾本科刚竹属

（1）分布与习性 原产中国，分布于华北经长江流域以至西南及陕西等省区。北京紫竹院亦有分布。紫竹适应性强，性耐寒，可耐 −20℃ 的低温，亦耐阴，但忌积水，山地平原都可栽培，对土壤要求不严，以疏松肥沃的微酸性土最为适宜。栽于地往往矮化而丛生。

（2）栽培养护要点 紫竹移竹植鞭成活较易，母竹选 2～3 年的为好，除冰冻季节外，从春到秋都可进行，但以 2—3 月栽种最宜。紫竹易发笋，过密应随时删除老竹，作为盆景用竹，须抑制其生长，使秆节缩短，故当竹笋拔节长至 10～12 片笋箨时剥去基部 2 片，尔后随生长状况陆续向上层层剥除，至分枝以下一节为度。

（3）园林用途 紫竹秆紫黑，叶翠绿，颇具特色，常植于庭园观赏，与黄槽竹、金镶玉竹、斑竹等秆具色彩的竹种同栽于园中，增添色彩变化。

（4）研究进展 孙茂盛等（2012）使用竹子秆枝连体（枝条与竹秆不分离）埋穗育苗技术，研究发现在钢架大棚内，采用沙壤土育苗基质，选取粗 1 cm 以上、2 年生母竹及侧枝，于枝叶萌发前半月内埋穗，并在埋枝前用 100 mg/kg 的 ABT 1 号生根粉或 IBA 溶液浸泡基部 30 min，能够明显提高埋穗的出苗率和成活率，最高可达到 87.5% 和 76.3%。该方法能够大大降低育苗成本，是目前较为理想的育苗方法，具有极高的推广价值。黄敬林在 2005 年报道紫竹细胞内存在黄酮提取物。王明悦等（2012）通过分光光度法测定紫竹茎中总黄酮的含量，并经正交实验选定紫竹茎中总黄酮的最佳提取工艺条件为：提取温度为 90℃，提取次数为 4 次，回流时间为 60 min，料液比为 1：15。

10.7.4 毛竹 *Phyllostachys pubescens* 禾本科刚竹属

（1）分布与习性 分布自秦岭、汉水流域至长江流域

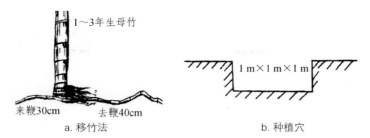

图 10.26　毛竹移植

以南和台湾省,黄河流域也有多处栽培。1737 年引入日本栽培,后又引至欧美各国。喜欢温暖湿润的气候条件,要求年平均温度 15～20℃,年降水量为 1 200～1 800 mm。对土壤的要求也高于一般树种,既需要充裕的水湿条件,又不耐积水淹浸。板岩、页岩、花岗岩、砂岩等母岩发育的中、厚层肥沃酸性的红壤、黄红壤、黄壤上分布多,生长良好。在土质黏重而干燥的网纹红壤及林地积水、地下水位过高的地方则生长不良。在造林地选择上应选择背风向南的山谷、山麓、山腰地带,土壤深度在 50 cm以上。

(2) 栽培技术要点　播种或移竹法繁殖(图 10.26)。毛竹苗怕涝、怕旱、怕冻,容易发生病虫害。要选择深厚、肥沃、湿润、排水良好的壤土作圃地和细致地整地做床。播前,用 0.3% 的高锰酸钾浸种消毒 2～4 h 后即可播种。条播、撒播、穴播均可。穴播的株行距为 30 cm 左右,每穴均匀点播 8～10 粒,用细焦泥灰覆土,以不见种子为度,再盖草淋水。条播时,条距 30 cm 左右。亩用种 2 kg 左右。播后要注意鼠、雀、虫及蚯蚓的侵害。

(3) 园林用途　毛竹四季常青,竹秆挺拔秀伟,最适宜大面积种植,是城市绿化的良好材料,适宜大面积种植和建风景林。

(4) 研究进展　黄仁炎(2013)对毛竹林丰产栽培管理技术研究结果表明,影响毛竹林产量的因子主要有气候、土壤、地形、立地等外部条件以及毛竹林本身的结构,这些因子互相影响,决定着毛竹林的生产力水平。为实现丰产、稳产、高效,培育毛竹丰产林应选择在毛竹林分布最适宜区和适宜区范围内,立地级Ⅰ、Ⅱ级应占 70% 以上。卿芳(2013)对延平区毛竹竹腔施肥效果进行研究表明,采用BNP 毛竹增产剂能有效促进细胞分裂、笋芽分化、笋粗度增大,显著提高出笋数量、成竹数量及新竹胸径等,并能及时补充营养,缩小大、小年差距,促进竹林持续丰产、稳产。

10.7.5　龟甲竹 *Phyllostachys heterocycla* 'Heterocycla'　禾本科刚竹属

(1) 分布与习性　分布各毛竹产区,长江流域有栽植,北方的一些城市公园亦有引种。喜温暖湿润气候,喜肥沃、深厚、排水良好土壤。

(2) 栽培养护要点　移竹法或移鞭法移植。

(3) 园林用途　形态别致,观赏价值高。

(4) 研究进展　孙章节(2011)对龟甲竹的特性及栽培技术的研究表明,龟甲竹的培育选择坡度小于 20°、土层深厚肥沃、排灌方便、通风、光照充足的旱地螃田作为培育龟甲竹的圃地。龟甲竹都以母竹移竹方式进行栽培。在管理上,要加强垦覆、埋青,适当施肥,谨慎挖冬笋,精心管理春笋。枯梢病是我国龟甲竹产区的一种危险性病害,病菌为核菌纲球壳菌目间座壳菌喙球菌属的竹喙球菌。防治上,清除并烧毁病枯枝,严禁从疫区和疫情发生区将带有该病原的母竹及竹苗等调出移植。李迎春等(2011)对龟甲竹的光合生理特性及其与主要影响因子关系的研究表明,影响龟甲竹净光合速率日变化的主要生理生态因子为大气湿度＞叶温＞气孔导度＞光照有效辐射。

10.7.6　金镶玉竹 *Phyllostachys aureosulcata* 'spectabilis'　禾本科刚竹属

(1) 分布与习性　分布于江苏、北京及浙江等地。适应性较强,耐−20℃低温,在干旱瘠薄地呈低矮灌木状,笋期 4 月下旬至 5 月上旬。

(2) 栽培养护要点　移竹法分株移植。

(3) 园林用途　秆色优美,为优良观赏竹种,常植于庭园观赏。

(4) 研究进展　近年对金镶玉竹的报道主要在栽培技术等方面。李朝娜等(2013)认为埋鞭比母株移植繁殖效率高,所需时间短,影响金镶玉竹埋鞭育苗的因子有生长调节剂类型及浓度、鞭龄鞭长和温度。孙耀清(2012)对金镶玉竹的引种栽培技术进行研究表明,冬季和早春(即11 月份至次年 3 月份)是营造竹林的良好季节。母竹应选择生长健壮、分枝节位低、竹节分布均匀、枝叶繁茂、无病虫害、竹鞭外表鲜嫩、扁平粗壮、鞭芽饱满新鲜的竹子,母竹在运输过程中,短距离运输可以不包扎,长距离运输必须包扎,途中要进行覆盖,做好母竹竹梢喷水,减少运输途中叶面水分的蒸发。

10.7.7　早园竹 *Phyllostachys propinqua*　禾本科刚竹属

(1) 分布与习性　产于河南、江苏、安徽、浙江、贵州、广西、湖北等省区,喜温暖湿润气候。早园竹秆高叶茂,生长强壮,耐旱力、抗寒性强,能耐短期－20℃低温;适应性强,轻碱地、沙土及低洼地均能生长。

(2)栽培技术要点 除大伏天、冰冻天和竹笋生长期外均可种植,但以5月下旬、6月的梅雨季节和9月为好。定植密度一般2.5 m×3 m或3 m×3 m,每亩70～90株。有坡度的栽植地,按等高线种植或筑成梯田,挖80 cm×50 cm×40 cm定植穴,穴底要平整,表土放在一边,先在穴内放10 kg左右经过腐烂的厩肥或1 kg左右菜饼,用10 cm细泥盖住底肥料后再种上竹苗,先覆表土,再覆心土;也可暂不施底肥,先种上竹,到次年母竹成活后再施肥料。切忌在穴内施较多的尿素、复合肥及浓畜肥,否则会造成母竹肥害,影响成活率。种竹宜浅不宜深,可比原来略深,一般以竹鞭在土中20～24 cm为好,母竹种植后,如遇降水不足,应适当浇水。

(3)园林用途 早园竹姿态优美,生命力强,可广泛用于公园、庭园、厂区等,也用于绿化边坡、河畔、山石。

(4)研究进展 徐志明等(2012)对早园竹栽培技术进行研究表明,早园竹适应性强,对土壤要求不严,适宜光照充足、土层深厚、疏松透气、排水良好的沙质壤土和红、黄壤土,忌积水,应在栽植过程中设置隔离带。梅晶等(2012)研究了北京早园竹叶的提取物,发现其对正常细胞可能产生有害作用的活性组分可能是酚酸类。

10.7.8 菲白竹 *Sasa fortunei* 禾本科赤竹属

(1)分布与习性 原产日本,南京、杭州有引种。喜湿润肥沃土壤。

(2)栽培养护要点 春季分株繁殖。

(3)园林用途 叶淡黄色或白色,具绿色条纹,置阴处色彩艳丽,放阳处青绿老态。园林上可作地被、绿篱,或做花坛绿化。

(4)研究进展 近年选育出菲白竹的一个新栽培型菲绿竹。许宏海等(2009)对菲白竹容器育苗试验进行总结,得出菲白竹最佳栽培季节为春季2月下旬至3月中旬,栽培容器为纸质软盆12 cm×10 cm,栽培基质以园土加5%(以重量计)干鸡粪(已充分发酵)拌匀。容器育苗方面,早春在容器内竹根栽培育苗,竹鞭三节六芽容器扦插育苗成功率达90%以上,加强肥水管理,育苗当年可达到绿化工程用苗要求。繁殖方面,由于菲白竹的分蘖主要从竹鞭中节的芽发育而来,因此要提高菲白竹的分蘖数,必须提高地下竹鞭的长度和竹鞭中节的数量。ABT生根粉可提高菲白竹的生根能力,达到明显的增产效果(何奇江,2009)。

10.7.9 铺地竹 *Sasa argenteastriatus* 禾本科赤竹属

(1)分布与习性 原产日本。现分布于浙江、江苏,并已引种至山东和北京。耐修剪,抗旱,病虫害极少。

(2)栽培技术要点 繁殖方法为丛状移植母竹或以鞭根移植。

(3)园林用途 铺地竹生长初期为绿色,间有白或黄色条纹,后全变为绿色,具有很好的观赏价值,且枝叶浓密,适宜于堤岸山坡或林下作防护材料栽培,也适宜于花境和绿坪应用。

(4)研究进展 抗性方面,李善春(2005)应用隶属函数研究了铺地竹的抗盐性,结果表明铺地竹具有较强的抗盐性。刘国华(2006)对其抗寒性研究表明,相对于抗寒性强的淡竹、刚竹其抗寒性较弱,在山东潍坊冬季地上部分受冻害严重,但地下部分能安全过冬,第二年能正常发芽。赵康等(2006)研究认为铺地竹适应性较强,在北京地区地下部分能安全过冬。林树燕(2006)研究了铺地竹的抗旱性。林树燕(2007)研究了铺地竹发笋情况,发笋期33天,在发笋和退笋数量上呈现出"少—多—少"的趋势。

10.7.10 茶秆竹 *Pseudosasa amabilis* 禾本科矢竹属

(1)分布与习性 系亚热带竹类,生长快,分布于福建、台湾、广东等地区,要求年平均温度8℃以上,低于5℃则会冻死,年降雨量要求在1 500 mm以上。茶秆竹多生长于平地、山坡、河岸及房前屋后;对土壤要求严格,一般要求土壤深厚、肥沃、质地疏松,pH值为4.5～7.0的土壤。喜水湿,忌积水,在干旱平瘠多石砾的黏重土地不宜栽植。

(2)栽培技术要点 一般采用枝插育苗和带蔸(根)埋杆育苗方法。枝插育苗栽植比传统用移母竹栽植可提高成活率32.1%～42.5%,生长快,具有较高的经济效益。

(3)园林用途 适用于庭园绿化,可配置于亭榭叠石之间,作温室花卉支柱、花园竹篱。

(4)研究进展 古定球(1993)研究了广东省茶秆竹的分布和造林技术,并对茶秆竹笋、竹产量和笋的加工进行了较深入的分析。徐英宝(1984)等系统地研究了广东省怀集县茶秆竹的生物学特性,描述了鞭、笋、幼竹的生长过程,并探讨了生态因子对茶秆竹生长的影响和茶秆竹三个变种竹材的显微结构。符国瑗(1994)对海南省茶秆竹属一新种进行了鉴定,但未能涉及茶秆竹这一新种的具体形态特征。梁天干(1988)等对茶秆竹的分类和形态结构特征作了较为详细的阐述,研究了茶秆竹的几种变种。

10.7.11 鹅毛竹 *Shibataea chinensis* 禾本科鹅毛竹属

(1)分布与习性 广布于江苏、安徽、江西、福建等省。喜温暖、湿润环境,稍耐阴。浅根性,在疏松、肥沃、排水良好的沙质壤土中生长良好。

（2）栽培技术要点　采用移母竹栽植或鞭节育苗栽植。

（3）园林用途　鹅毛竹竹秆矮小密生，叶大而茂密，可作地被植物栽培。

（4）研究进展　近年选育出的鹅毛竹变种有黄条纹鹅毛竹、细鹅毛竹。谢寅峰等（2009）对鹅毛竹花后叶片衰老生理特性进行研究表明，鹅毛竹开花后随着时间的延长，开花竹与未开花竹叶绿素相对含量、可溶性蛋白和MDA含量均呈不断下降趋势，表明叶片生理功能逐渐衰退，处于衰老进程。到后期上述指标变幅增大，说明开花竹后期叶片衰老明显加快。同时谢寅峰于2008年研究了镧对鹅毛竹开花后光合特性的影响，表明镧有效改善了鹅毛竹花后光合性能，延缓了开花鹅毛竹的衰老进程。

10.7.12　慈竹 *Neosinocalamus affinis*　禾本科慈竹属

（1）分布与习性　原产中国，分布在西南地区。喜温暖湿润气候及肥沃疏松土壤，干旱瘠薄处生长不良。

（2）栽培技术要点　可用播种或移竹法繁殖。移竹时将带秆竹蔸放入栽植穴内，栽植深度比原土深3～5 cm，栽紧压实后，浇足定根水。同时用钢筋从上向下打通1～2个竹节，在竹筒中浇满水以提高成活率。

（3）园林用途　慈竹秆丛生，枝叶茂盛秀丽，于庭园内池旁、石际、窗前、宅后栽植，都极适宜。

（4）研究进展　慈竹育苗研究始于20世纪60年代，刘讽吾等总结慈竹造林有扦插、碎竹环栽、母竹移植等方法，提出慈竹造林应以1、2年生母竹移植为佳。20世纪90年代初，谭宏超等人用慈竹次生枝、竹秆、竹节做育苗试验，在不使用生根剂情况下得出2年生次生枝成活率为13.6%，不带蔸埋秆2年生成活率达91.6%，2年生竹节育苗成活率达61.4%；后又用ABT生根粉、2,4-D、KMnO₄等对天然次生枝进行单一浓度浸泡处理，得出ABT生根粉浸泡1 h，生根率最高达到53%。王曙光等（2013）选择当年生生长健壮半木质化尚未萌芽的枝条作为外植体，对慈竹组织培养中的消毒方法进行筛选，表明将外植体用自来水冲洗2 h，然后用70%酒精擦拭1遍，最后用0.1%的升汞消毒2次，每次12 min的消毒效果最好，污染率较低，褐化率也较低。竹叶中含有大量对人体有益的活性物质，包括黄酮酚酸类、生物活性多糖、氨基酸肽类、蒽醌类、萜类内酯等（李洪玉，2003），其中如酚酸类化合物、蒽醌类化合物、萜类内酯和生物碱等都有着较强的抑菌、杀菌作用（吴传茂，2000）。慈竹在我国南方特别是在四川省资源很丰富，其幼苗慈竹笋是含有丰富营养成分的食物，而慈竹茹、慈竹叶、慈竹沥均是传统中药。

参考文献

白岗栓.1998.陕北丘陵沟壑区不同栽植时期不同保护措施对苹果幼树成活的影响[J].水土保持通报,18(1):22-25.

毕慧敏,何开跃,李晓储.2008.深山含笑叶片总酚超声波提取工艺的优化[J].植物资源与环境学报,17(4):41-45.

曹福亮.2002.中国银杏[M].南京:江苏科技出版社.

陈昌斌,倪兵,徐寿彭,等.2003.凤尾竹硅酸体形态及其发生初探[J].植物研究,23(4):424-428.

陈发棣,房伟民.2004.城市园林绿化花木生产与管理[M].北京:中国林业出版社.

陈其兵.2007.园林植物培育学[M].北京:中国农业出版社.

陈星,冯宝华,张凌俊,等.2003.棕榈在北方不同生态环境下越冬栽培适应性的生理研究[J].北京师范大学学报(自然科学版),39(3):390-396.

陈雪英,霍金海,刘芳萍.2013.正交试验法优选丁香叶中总黄酮提取工艺[J].东北农业大学学报,44(6):144-148.

陈有民.2003.园林树木学[M].北京:中国林业出版社.

储博彦,赵玉芬,牛三义,等.2006.八仙花花期调控影响因素研究[J].林业科技开发,20(4):27-30.

邓雄,彭晓春,覃超梅.2010.屋顶绿化的功能、特点及其在我国的现状和存在的问题[J].中山大学学报(自然科学版),49(1):99-101.

迪丽努尔·马里克,米丽班·霍加,古丽娜尔,等.2008.野蔷薇果皮色素的提取和稳定性研究[J].食品科学,29(3):116-118.

董建文,陈东华,王炳贵,等.2000.栽培条件对凤尾竹形态的影响[J].园艺学报,27(4):305-306.

高家翔,胖铁良,唐征,等.2009.早园竹叶绿体ATPA基因序列及系统进化分析[J].西南林学院学报,29(2):31-36.

高燕会,童再康,黄华宏.2006.花叶络石的组织培养[J].浙江林学院学报,23(6):701-704.

龚伟,胡庭兴,宫渊波,等.2005.光叶子花茎段愈伤组织的诱导及其植株再生的研究[J].园艺学报,6:20-23.

韩文军,何钢,廖飞勇.2004.罗汉松抗白蚁成份的提取及生物测定[J].经济林研究,22(1):32-34.

何贵平,麻建强,冯建民,等.2010.珍贵用材树种柏木轻基质容器育苗试验研究[J].林业科学研究,23(1):134-137.

何平,彭重华.2001.城市绿地植物配置及其造景[M].北京:中国林业出版社.

侯晶东,宋丽华,曹兵,等.2010.外源药剂处理对柠条苗木晾晒失水与栽植成活的影响[J].中国农学通报,26(12):86-89.

侯元凯.2009.彩叶白蜡树新品种'金冠白蜡'[J].林业科学,45(6):178.

胡博然,徐文彪,赵吉强,等.2001.枸杞生物技术研究进展[J].西北植物学报,21(4):811-817.

胡长龙.1996.观赏花木整形修剪图说[M].上海:科学技术出版社.

胡迎芬,孟洁,胡博路.2002.紫叶李提取物的抗氧化活性及稳定性研究[J].食品科学,12(2):274-276.

花慧,冯磊.2010.合欢皮提取物抑制血管生成作用的研究[J].天然产物研究与开发,22:215-218.

黄宝灵,吕成群,于新宁,等.2005.几种罗汉松属植物根瘤的形态与结构[J].广西植物,25(3):226-228.

姜傲芳,田大伦,谭晓风,等.2007.薜荔茎段的组织培养与植株再生技术[J].中南林业科技大学学报(自然科学版),27(3):10-13.

蒋新龙,蒋益花.2006.杜英叶红色素的提取及性质研究[J].江苏农业科学,2:125-127,134.

蒋永明,翁智林.2002.园林绿化树种手册[M].上海:上海科学技术出版社.

教忠意,张纪林,李淑琴,等.2008.枸骨裸根移植技术[J].林业科技开发,22(1):94-95.

金国庆,周志春,胡红宝,等.2005.3种乡土阔叶树种容器育苗技术研究[J].林业科学研究,18(4):387-392.

金雅琴,张祖荣.2012.园林植物栽培学[M].上海:上海交通大学出版社.

孔冬梅,谭燕双,沈海龙.2003.白蜡树属植物的组织培养和植株再生[J].植物生理学通讯,39(6):677-680.

李桂伶.2009.3种金银木抗性生理特性比较[J].中国农学通报,25(18):208-211.

李火根,施季森.2009.杂交鹅掌楸良种选育与种苗繁育[J].林业科技开发,23(3):1-4.

李建勇,杨小虎,奥岩松.2008.香樟根际土壤化感作用的初步研究[J].生态环境,17(2):763-765.

李玲,李厚华,王亚杰,等.2013.紫叶小檗叶片色素成分分析[J].东北林业大学学报(自然科学版),41(7):58-62.

李倩中,李淑顺.2011.鸡爪槭新品种'金陵黄枫'[J].园艺学报,38(8):1627-1628.

李睿,维尔格.1997.施肥对毛竹竹笋生长的影响[J].植物生态学报,21(1):19-26.

李晓储,黄利斌,朱惜晨.2003.优良观赏保健树大叶冬青容器育苗技术[J].林业科技开发,17(5):44-45.

李妍,崔逢德,张学武.2012.珍珠梅黄酮固体脂质纳米粒的制备工艺[J].时珍国医国药,23(10):2549-2550.

李迎春,杨清平,陈双,等.2011.龟甲竹光合生理特性及其与主要影响因子关系[J].林业科技开发,25(2):35-39.

李园园,郝双红,万大伟,等.2008.侧柏乙醇提取物对21种植物病原真菌的抑菌活性[J].西北植物学报,28(5):1056-1060.

李忠喜,姚莹莹,罗晓雅,等.2012.抗寒型大叶女贞的筛选及其抗寒性与相对电导率的关系[J].上海农业学报,28(2):21-22.

梁立中,聂思铭,梁盛华,等.2010.中国东北圆柏属新品种——直立型偃柏[J].植物研究,30(5):632-633.

刘岑岑,李宝江,赵万林,等.2010.化学试剂处理对平欧杂种榛栽植成活和生长影响[J].中国农学通报,26(10):235-238.

刘广勤,生静雅.2012.薄壳山核桃新品种——'茅山1号'[J].经济林研究,30(2):125-127.

刘艳萍,朱延林,康向阳,等.2013.广玉兰在我国的研究进展[J].上海农业学报,29(2):95-99.

刘正娥,朱颜,楼崇.2012.大量元素组成对孝顺竹苗组培快繁的影响[J].竹子研究汇刊,31(1):46-51.

芦建国.2000.园林植物栽培学[M].南京:南京大学出版社.

罗锡.2003.园林植物栽培养护[M].沈阳:白山出版社.

骆文坚,金国庆,徐高福,等.2006.柏木无性系种子园遗传增益及优良家系评选[J].浙江林学院学报,23(3):259-264.

马凯.2003.城市树木栽培与养护[M].南京:东南大学出版社.

毛彩霓,谭银丰,杨卫丽,等.2011.薜荔不同提取部位抗炎作用研究[J].时珍国医国药,7:15.

毛春英.1998.园林植物栽培技术[M].北京:中国林业出版社.

南京林业学校.1991.园林植物栽培学[M].北京:中国林业出版社.

欧应田,钟孟坚,黎华寿.2008.运用生态学原理指导城市古树名木保护——以东莞千年古秋枫保护为例[J].中国园林,23(12):71-74.

齐明.2008.运用ISSR分子标记鉴定杉木×侧柏远交杂种[J].浙江林学院学报,25(5):666-669.

秦飞,郭同斌,刘忠刚.2007.中国黄连木研究综述[J].经济林研究,25(4):90-96.

[日]青木司光.2001.观赏树木栽培图解[M].高东昌,译.沈阳:辽宁科学技术出版社.

沈国舫.2001.森林培育学[M].北京:中国林业出版社.

施振周,刘祖祺.1999.园林花木栽培新技术[M].北京:中国农业出版社.

石宝錞.2001.园林树木栽培学[M].北京:中国建筑工业出版社.

石进朝,陈兰芬,王晶,等.2011.变叶金银木组织培养研究[J].中南林业科技大学学报(自然科学版),31(6):116-121.

石进朝,李桂伶,陈秀新,等.2009.长绿期金银木耐寒生理机制研究[J].西北植物学报,29(1):111-115.

石进朝.2012.园林植物栽培与养护[M].北京:中国农业大学出版社.

史胜青,胡永建,刘建锋,等.2012.鞭角华扁叶蜂对自然生境柏木挥发物释放的影响[J].植物研究,32(2):248-252.

孙耀清.2012.金镶玉竹引种栽培技术[J].林业科技开发,26(6):99-101.

孙中元,马艳军,高健.2013.慈竹竹枝扦插及埋节育苗技术[J].东北林业大学学报(自然科学版),41(9):14-18.

田如男,祝遵凌.2000.园林树木栽培学[M].南京:东南大学出版社.

宛敏渭,刘秀珍.1979.中国物候观测方法[M].北京:科学出版社.

王长青,潘素娟,左国防,等.2013.披针叶胡颓子花挥发油气相色谱-质谱联用分析及抑菌作用[J].食品科学,34(2):

191－193.

王建军.2010.香樟新品种'涌金'[J].林业科学,46(8):181.

王金梅,康文艺.2010.贴梗海棠挥发性成分研究[J].天然产物研究与开发,22:248－252.

王茂良,赵梁军,任桂芳,等.2004.扶芳藤再生体系的建立[J].园艺学报,31(2):241－244.

王娜,罗乐,张启翔,等.2013.榆叶梅品种资源调查及已知品种数据库管理信息系统构建[J].南方农业学报,44(5):
865－870.

王希群,马履一.郭保香.2004.中国水杉造林历史和造林技术研究进展[J].西北林学院学报,19(2):82－88.

王贤荣,孙美萍.2007.无锡樱花种与品种资源分类研究[J].南京林业大学学报(自然科学版),31(6):21－24.

王源秀,徐立安.黄敏仁.2008.柳树遗传学研究现状与前景[J].植物学通报,25(2):240－247.

吴福建,李凤兰,黄凤兰,等.2008.杜鹃花研究进展[J].东北农业大学学报,39(1):139－144.

吴裕,段安安.2006.元宝枫研究现状及未来发展趋势[J].西南林学院学报,26(3):71－75.

吴泽民.2003.园林树木栽培学[M].北京:中国农业出版社.

谢寅峰,林侯,蔡贤雷,等.2008.镧对鹅毛竹开花后光合特性的影响[J].北京林业大学学报(自然科学版),30(5):7－12.

谢寅峰,林侯,张千千,等.2009.鹅毛竹花后叶片衰老生理特性[J].南京林业大学学报(自然科学版),33(6):39－43.

徐川梅,高欣,汤定钦.2010.利用激光共聚焦显微镜研究孝顺竹花粉粒发育[J].林业科学,46(11):158－161.

许晓岗,丁芳芳.2013.垂丝海棠、楸子扦插生根的生理机制[J].东北林业大学学报(自然科学版),41(5):90－96.

晏晓兰,程汉武,易明翾.2012.梅花快速实生选育新品种技术初探[J].北京林业大学学报(自然科学版),34(1):
210－212.

杨伟波,卢成瑛,陈功锡,等.2008.迎春花研究进展[J].食品科学,29(4):474－477.

叶要妹,包满珠.2012.园林树木栽植养护学[M].北京:中国林业出版社.

殷丽青,胡永红,汤桂钧,等.2010.优良八仙花品的离体培养与快速繁殖[J].上海农业学报,26(1):38－41.

于凤兰,王华亭,吴承顺.1992.细叶小檗果色素成分研究[J].天然产物研究与开发,4(4):23－26.

俞飞,侯平,宋琦,等.2010.柳杉凋落物自毒作用研究[J].浙江林学院学报,27(4):494－500.

袁金玲,顾小平,岳晋军,等.2011.孝顺竹开花生物学特性及杂交试验[J].林业科学,47(8):61－64.

袁金玲,郭广平,岳晋军,等.2012.孝顺竹开花过程中DNA甲基化水平动态研究[J].西北植物学报,32(1):60－66.

曾荣,陈金印,林丽超.2013.丁香精油及丁香酚对食品腐败菌的抑菌活性研究[J].江西农业大学学报,35(4):852－857.

张春霞,丁雨龙,骆仁祥,等.2009.菲白竹新栽培型——菲绿竹[J].林业科技开发,23(3):43.

张建忠,姚小华,任华东,等.2006.香樟扦插繁殖试验研究[J].林业科学研究,19(5):665－668.

张涛.2003.园林树木栽培与修剪[M].北京:中国农业出版社.

张秀英.2000.观赏花木整形修剪[M].北京:中国农业出版社.

张秀英.2012.园林树木栽培养护学[M].北京:高等教育出版社.

赵和文.2004.园林树木栽培养护学[M].北京:气象出版社.

赵燕燕,崔承彬,蔡兵,等.2005.洋紫荆化学成分研究[J].中国药物化学杂志,15(5):302－304.

周海华,王双龙.2007.我国古树名木资源法律保护探析[J].生态环境,3:153－155.

周群.2008.中国叶子花属植物种质资源及其繁殖技术研究[J].中国农学通报,24(12):321－324.

周世均,李立华.2006.加勒比松与湿地松杂交育种研究进展[J].林业科技,31(2):32－33.

周世良,Funamoto Tsuneo,文军.2004.六道木属六道木组种间关系的AFLP分析和黄花六道木中国分布新记录的认
定[J].云南植物研究,26(4):405－412.

周维伟,高慧,张利萍.2013.炭化预处理对毛竹化学组成的影响[J].东北林业大学学报(自然科学版),41(10):94－97.

朱国飞,姜卫兵.2010.梓树的文史内涵及其在园林绿化中的应用[J].中国农学通报,26(15):301－305.

朱丽华,郑丹,吴小芹.2006.黑松丛生芽的诱导及植株再生[J].南京林业大学学报(自然科学版),30(3):27－31.

祝遵凌,曹福亮.2012.黄叶银杏新品种'万年金'区域化试验[J].中南林业科技大学学报(自然科学版),32(12):
126－127.

祝遵凌,金建邦.2013.鹅耳枥属植物研究进展[J].林业科技开发,27(3):10－13.

祝遵凌,王瑞辉.2005.园林植物栽培养护[M].北京:中国林业出版社.

纵横,靳学远.2006.大叶紫薇多酚超声波提取工艺及其抗氧化性研究[J].中国农学通报,22(5):91－93.

内 容 提 要

本书是园林及相关专业的必修课教材,系统讲授园林树木栽培的理论与实践。编者以 20 余年教学、科研和生产实践成果为基础,结合我国园林事业的历史、现状与发展趋势,全面介绍了园林树木生长发育规律及其与环境的关系、各种用途园林树木的选择与配置方法、园林树木栽培技术、大树移栽技术、园林树木养护管理技术、特殊环境园林树木的栽植、园林树木的整形修剪、古树名木养护管理,以及常用园林树木养护管理技术等。

本教材自 2007 年初版以来,相关院校广泛采用,得到广大师生的好评,同时也收到了一些宝贵的改进意见。这次修订后的案例更丰富,内容更新颖,可读性与实用性更强,更全面反映了园林树木栽培领域的最新研究成果。

本书适于高等院校园林、城乡规划、城市设计、环境艺术设计等相关专业的教师和学生使用,亦可为从事相关科研、生产的工作者和园林爱好者提供参考。

图书在版编目(CIP)数据

园林树木栽培学/祝遵凌主编.—2 版.—南京:
东南大学出版社,2015.6(2022.1 重印)
(高等院校园林专业系列教材/王浩)
ISBN 978 - 7 - 5641 - 5804 - 0

Ⅰ.①园… Ⅱ.①祝… Ⅲ.①园林树木—栽培学—高校学
校—教材 Ⅳ.①S68

中国版本图书馆 CIP 数据核字(2015)第 120043 号

园林树木栽培学(第 2 版)

出版发行:东南大学出版社
社　　　址:南京市四牌楼 2 号(邮编　210096)
出　版　人:江建中
网　　　址:http://www.seupress.com
电子邮箱:press@seupress.com
经　　　销:全国各地新华书店
印　　　刷:南京玉河印刷厂
开　　　本:889mm×1 194mm　1/16
印　　　张:20
字　　　数:698 千字
版　　　次:2015 年 6 月第 1 版
印　　　次:2022 年 1 月第 4 次印刷
书　　　号:ISBN 978 - 7 - 5641 - 5804 - 0
定　　　价:58.00 元

(本社图书若有印装质量问题,请直接与营销部联系。电话:025 - 83791830)